GHEORGHE VRANCEANU

VORLESUNGEN ÜBER DIFFERENTIALGEOMETRIE

TEIL II

MATHEMATISCHE LEHRBÜCHER UND MONOGRAPHIEN

HERAUSGEGEBEN VON DER
DEUTSCHEN AKADEMIE DER WISSENSCHAFTEN ZU BERLIN
INSTITUTE FÜR MATHEMATIK

II. ABTEILUNG
MATHEMATISCHE MONOGRAPHIEN
BAND XIII

VORLESUNGEN ÜBER DIFFERENTIALGEOMETRIE

TEIL II

VON
GHEORGHE VRANCEANU

AKADEMIE-VERLAG · BERLIN
1961

GHEORGHE VRANCEANU

VORLESUNGEN ÜBER DIFFERENTIALGEOMETRIE

TEIL II

In deutscher Sprache bearbeitet und herausgegeben

von

MAX PINL

Professor an der Universität Köln

AKADEMIE-VERLAG · BERLIN

1961

Gheorghe Vranceanu

Lecţii de geometrie diferenţială II
Erschienen im Akademie-Verlag,
Bukarest, R. P. R., 1951

Leçons de Géometrie Différentielle II
Vom Autor verfaßte französische Ausgabe.
Erschienen im Akademie-Verlag,
Bukarest, R. P. R., 1957.

Erschienen im Akademie-Verlag GmbH, Berlin W 8, Leipziger Straße 3–4

Lizenznummer 202 · 100/498/61
Gesamtherstellung: Druckhaus „Maxim Gorki", Altenburg
Printed in Germany
Bestellnummer: 5361/II · ES 19 B 3

VORWORT ZUR DEUTSCHEN BEARBEITUNG

Im ersten Band seiner Vorlesungen über Differentialgeometrie hatte Professor VRANCEANU die Theorie dreier linearer Übertragungen behandelt: Räume mit affinem Zusammenhang, RIEMANNsche Räume und Räume mit projektivem Zusammenhang. 1930 begann B. KAGAN die Theorie subprojektiver Räume zu entwickeln, welche bald einen Umfang gewann, der es begründete, den zweiten Band dieser Vorlesungen mit einem eigenen Kapitel über diese teilweise projektiven Räume zu beginnen.

Die Untersuchung von Räumen mit konformen Zusammenhang hatte demgegenüber bereits früher eingesetzt und die Darstellung dieser Theorie beginnt im zweiten Kapitel sinngemäß mit der Behandlung der WEYLschen Ergebnisse aus dem Jahre 1921.

Nach zahlreichen anderen Versuchen, eine einheitliche weltgeometrische Deutung des Schwere- und des elektromagnetischen Feldes zu gewinnen, hat A. EINSTEIN in seinem Buch „The Meaning of Relativity" 1950 bekanntlich die Weltgeometrie dieser beiden Felder auf einen kovarianten asymmetrischen Tensor zweiter Stufe begründet. Die mathematische Durchführung dieser Theorie ist seither in zahlreichen Arbeiten von V. HLAVATÝ gegeben worden, worauf wir im Anhang näher eingehen wollen. Die Darstellung der Theorie der Räume mit gegebenen kovarianten, kontravarianten oder gemischten Tensoren zweiter Stufe im dritten Kapitel dieser Vorlesungen ist von den hier erwähnten Problemen der theoretischen Physik unbeeinflußt und legt vor allem auf die Theorie der sogenannten symplektischen Räume besonderes Gewicht.

Da es sich bei nichtholonomen Räumen um Integralmannigfaltigkeiten allgemeiner (nicht vollständig integrabler) PFAFFscher Systeme handelt, wird der Leser im vierten Kapitel dieser Vorlesungen zunächst mit der CARTANschen Theorie PFAFFscher Systeme vertraut gemacht. Dies ist an sich zu begrüßen, da seit Jahrzehnten eine gründliche Darstellung dieser Theorie — vergleichbar etwa E. GOURSATS „Leçons sur le problème de Pfaff" — in der deutschen Fachliteratur fehlt.

Auch Kapitel V ist berufen, erhebliche Lücken in der deutschen Fachliteratur zu schließen. Dies gilt zunächst in differentialgeometrischer Hinsicht. Zwar herrscht an deutschen Darstellungen der Theorie partieller Differentialgleichungen zweiter Ordnung gegenwärtig kein Mangel, doch stehen für die meisten Autoren Eindeutigkeits- und Randwertprobleme im Vordergrund, wie dies typische physikalische Fragestellungen mit sich brachten. Demgegenüber geht es dem Autor um die Invariantentheorie partieller Differentialgleichungen zweiter Ordnung und damit um deren „Geometrisierung" und differentialgeometrische Klassifikation. Die damit eng verknüpfte Transformationstheorie bringt wiederum analytische Gesichtspunkte ins Treffen. Zunächst werden allgemeine partielle Differentialgleichungen zweiter Ordnung behandelt, dann lineare solche insbesondere LAPLACEsche Gleichungen. Außer Punkt- und Berührungstransformationen werden auch die zu Unrecht in der letzten Zeit vergessenen BÄCKLUND-Transformationen wieder herangezogen.

Im Grenzgebiet differentialgeometrischer Forschung stehen heute in zunehmendem Maße Probleme der globalen Differentialgeometrie. Da es hier noch an einer einheitlichen Systematik gebricht, wird der Leser nicht überrascht sein, wenn ihm im letzten Kapitel dieser Vorlesungen eine Blütenlese sehr verschiedener Forschungsergebnisse geboten wird. Den Algebraiker werden die hyperkomplexen Methoden interessieren, welche der Autor der Behandlung von Räumen mit konstantem affinem Zusammenhang assoziiert oder die Behandlung quaternional-projektiver Räume, der Analytiker wird die globale Untersuchung autoparalleler Kurven oder die Verallgemeinerungsmöglichkeiten des GAUSS-BONNETschen Integralsatzes in der Lektüre bevorzugen.

Bei den Korrekturarbeiten an der vorliegenden deutschen Bearbeitung wurde ich von Herrn Professor G. VRANCEANU und Herrn Professor E. KREYSZIG in freundlichster Weise unterstützt. Ich bin beiden Herrn für diese Hilfe zu großem Dank verpflichtet. Ebenso bin ich dem Verlag dankbar für die gute Ausstattung des Werkes und für die stets erfreuliche Zusammenarbeit.

Köln, im Herbst 1961 M. PINL

INHALT

KAPITEL I

TEILWEISE PROJEKTIVE RÄUME

Die teilweise projektiven Räume A_n sind zum erstenmal 1930 von V. F. KAGAN betrachtet worden, und wir nennen sie daher auch KAGANsche *Räume.*[1]) Es handelt sich um Räume A_n von affinem Zusammenhang, deren Autoparallele, dargestellt in gewissen Variablensystemen, in linearen zwei- oder mehrdimensionalen Mannigfaltigkeiten liegen. KAGANs Untersuchung enthält vor allem wichtige Ergebnisse, die sich auf Räume A_n mit affinem Zusammenhang und auf RIEMANNsche Räume V_n beziehen, deren geodätische Kurven in linearen zweidimensionalen Räumen liegen, die durch einen Fixpunkt gehen. Räume V_n mit dieser Eigenschaft wurden schon von SCHUR 1886 betrachtet als Räume, für welche alle durch einen festen Punkt gehenden geodätischen Flächen doppelt unendlich viele geodätische Linien des Raumes enthalten.[2]) Andere wichtige Ergebnisse haben hinsichtlich solcher Räume P. RASCHEVSKY, H. SCHAPIRO, P. SIROKOV, A. P. NORDEN und J. A. SCHAPIRO erzielt.[3]) Das Interesse an teilweise projektiven Räumen beruht auf dem Umstand, daß diese Räume in der Theorie der Räume mit affinem oder projektivem Zusammenhang die natürliche Verallgemeinerung der projektiv-euklidischen wie auch der RIEMANNschen Räume V_n mit konstanter Krümmung darstellen.[4])

§ 1 KAGANsche Räume mit affinem Zusammenhang

Liegt ein Raum A_n vom affinen Zusammenhang Γ^i_{jk} vor, so kann ihm[5]) in invarianter Weise eine Schar von Autoparallelen zugeordnet werden, die durch die Gleichungen

$$\frac{d^2x^i}{dt^2} = \Gamma^i_{jk}\frac{dx^j}{dt}\frac{dx^k}{dt}, \qquad i, j, k = 1, 2, \ldots, n \tag{1}$$

---

[1]) Vgl. V. F. KAGAN, Sur les espaces sous-projectifs, C. R. **191** (1930), S. 548; Über eine Erweiterung des Begriffs von projektiven Räumen und dem zugehörigen Absolut, Travaux du Sémin. de Calcul vectoriel et tensoriel, Moscou 1933, vol. I, S. 12–101.

[2]) F. SCHUR, Über den Zusammenhang der Räume konstanten Krümmungsmaßes mit den projektiven Räumen, Math. Anm. **27** (1886), S. 537–567.

[3]) Vgl. P. K. RASCHEVSKY, Caractères tensoriels de l'espace sous-projectif; H. SCHAPIRO, Über die Metrik der subprojektiven Räume, ibidem, S. 102–142. P. SIROKOV, Über den Schurschen Raum, Iswestija Phys. Math. Kazan **7** (1934–1935), S. 64–76. A. P. NORDEN, Doklady **50** (1945), S. 53–56. J. A. SCHAPIRO, Math. Sbornik **36** (78) (1955), S. 125–148.

[4]) Vgl. G. VRANCEANU, Sur les espaces de Kagan, Bul. ştiinţ. Acad. R. P. R., Série Mathém., Physique et Chimie **2** (1950), S. 299.

[5]) Vgl. Band I dieses Werkes, Kapitel IV, § 4, S. 147–153.

gegeben sind mit t als affinem Parameter zum Zusammenhang Γ^i_{jk}. Da die Koeffizienten der Gleichungen (1) durch

$$S^i_{jk} = \frac{1}{2}(\Gamma^i_{jk} + \Gamma^i_{kj}), \qquad i, j, k = 1, 2, \ldots, n$$

gegeben sind, sind die Autoparallelen mit dem symmetrischen Zusammenhang, der zu Γ^i_{jk} gehört, verbunden. Wir nehmen daher von vornherein an, daß A_n ein symmetrischer Zusammenhang zukommt, d. h., daß $S^i_{jk} = \Gamma^i_{jk}$ gilt. Dann ist es äquivalent, ob man den Zusammenhang eines A_n oder seine Autoparallelen vorgibt.

Tatsächlich erhalten wir aus der Variablentransformation

$$x'^i = x'^i(x^1, \ldots, x^n) \tag{2}$$

durch zweimalige Differentiation nach dem Parameter t, die Gleichungen

$$\frac{dx'^i}{dt} = \frac{\partial x'^i}{\partial x}\frac{dx^j}{dt}, \quad \frac{d^2x'^i}{dt^2} = \frac{\partial^2 x'^i}{\partial x^j \partial x^k}\frac{dx^j}{dt}\frac{dx^k}{dt} + \frac{\partial x'^i}{\partial x^j}\frac{d^2x^j}{dt^2}. \tag{3}$$

Sind

$$\frac{d^2x'^i}{dt^2} = \Gamma'^i_{rs}\frac{dx'^r}{dt}\frac{dx'^s}{dt}, \qquad i = 1, 2, \ldots, n$$

die Gleichungen der Autoparallelen (1) im System der Veränderlichen x'^i, so zeigen die Formeln (3), daß die Γ^i_{jk} und Γ'^i_{jk} durch die Beziehungen

$$\frac{\partial^2 x'^i}{\partial x^j \partial x^k} = \Gamma'^i_{rs}\frac{\partial x'^r}{\partial x^j}\frac{\partial x'^s}{\partial x^k} - \Gamma^r_{jk}\frac{\partial x'^i}{\partial x^r}, \qquad i = 1, 2, \ldots, n \tag{3'}$$

verknüpft sind und die Γ^i_{jk} daher Komponenten eines affinen Zusammenhangs sind.[6]) Wir haben auch gesehen, daß eine Transformation des Parameters t auf eine projektive Abänderung

$$\bar{\Gamma}^i_{jk} = \Gamma^i_{jk} + \delta^i_j\varphi_k + \delta^i_k\varphi_j, \qquad i, j, k = 1, 2, \ldots, n \tag{4}$$

hinauskommt mit einem kovarianten Vektor φ_k. Nimmt man andererseits eine der Veränderlichen $x^1, \ldots, x^n$, etwa x^1, als Parameter t, so schreiben sich die Gleichungen (1)

$$\frac{d^2x^\alpha}{(dx^1)^2} = -\frac{dx^\alpha}{dx^1}\Gamma^1_{\beta\gamma}\frac{dx^\beta}{dx^1}\frac{dx^\gamma}{dx^1} + (\Gamma^\alpha_{\beta\gamma} - \delta^\alpha_\beta\Gamma^1_{1\gamma} - \delta^\alpha_\gamma\Gamma^1_{1\beta})\frac{dx^\beta}{dx^1}\frac{dx^\gamma}{dx^1}$$
$$+ (2\Gamma^\alpha_{\beta 1} - \delta^\alpha_\beta\Gamma^1_{11})\frac{dx^\beta}{dx^1} + \Gamma^\alpha_{11}, \qquad \alpha, \beta, \gamma = 2, \ldots, n. \tag{5}$$

Die Gleichungen (5) bilden ein System von gewöhnlichen Differentialgleichungen zweiter Ordnung in $n - 1$ unbekannten Funktionen $x^2, \ldots, x^n$ der unabhän-

[6]) Vgl. Band I dieses Werkes, S. 135.

gigen Veränderlichen x^1. So ergibt sich, daß die Autoparallelen des A_n eine $(2n-2)$-parametrige Kurvenschar bilden. Man kann demnach das allgemeine Integral der Differentialgleichungen der autoparallelen Kurven (5) in der Gestalt

$$F^\alpha(x^1, \ldots, x^n, c^1, \ldots, c^{2n-2}) = 0, \qquad \alpha = 2, \ldots, n \tag{6}$$

schreiben, wobei die F^α Funktionen darstellen, die nach $n-1$ der Veränderlichen $x^1, \ldots, x^n$ aufgelöst werden können.

Wir setzen jetzt die Gleichungen (6) in bezug auf die Veränderlichen $x^1, \ldots, x^n$ linear voraus. Lösen wir dann bezüglich $x^2, \ldots, x^n$ auf, so gewinnen wir Gleichungen der Gestalt

$$x^\alpha = a^\alpha x^1 + b^\alpha, \qquad \alpha = 2, \ldots, n. \tag{7}$$

Sie sind die Gleichungen der Geraden eines euklidischen Raumes E_n, wobei $x^1, \ldots, x^n$ kartesische Koordinaten bedeuten. Da jetzt die linken Seiten in (5) verschwinden, gilt notwendig dasselbe für die rechten Seiten, und man bekommt demnach

$$\Gamma^1_{\beta\gamma} = 0, \quad \Gamma^\alpha_{\beta\gamma} - \delta^\alpha_\beta \Gamma^1_{1\gamma} - \delta^\alpha_\gamma \Gamma^1_{1\beta} = 0, \quad 2\Gamma^\alpha_{\beta 1} - \delta^\alpha_\beta \Gamma^1_{11} = 0, \quad \Gamma^\alpha_{11} = 0.$$

Setzt man

$$\Gamma^1_{1\beta} = -\varphi_\beta, \quad \Gamma^1_{11} = -2\varphi_1$$

und führt diese Werte in die Gleichungen (4) ein, so entsteht $\overline{\Gamma}^i_{jk} = 0$. Der Raum A_n ist dann notwendig ein projektiv-euklidischer Raum. Dann existiert notwendig ein Parameter $\bar{t}$, für welchen die autoparallelen Kurven durch die Differentialgleichungen $\frac{d^2x^i}{d\bar{t}^2} = 0$ bestimmt werden, äquivalent mit dem Umstand der Existenz eines Vektors φ_k, für welchen

$$\overline{\Gamma}^i_{jk} = \Gamma^i_{jk} + \delta^i_j \varphi_k + \delta^i_k \varphi_j = 0 \tag{7'}$$

gilt. So bekommen wir den

Satz. *Ein symmetrisch affinzusammenhängender Raum A_n ist genau dann ein projektiv-euklidischer Raum, wenn ein Koordinatensystem existiert, in welchem die Gleichungen* (6) *seiner Autoparallelen linear sind.*

Wir nehmen jetzt an, daß der Raum A_n nicht projektiv-euklidisch sei, daß es jedoch möglich sei, eventuell durch Neuwahl der Veränderlichen einen Teil der Gleichungen (6) in lineare zu verwandeln. Ist k die Maximalzahl solcher linearer Gleichungen, so sprechen wir nach KAGAN von einem *k-fach projektiven Raum* oder auch von einem *projektiven Raum der Ordnung k*. Einen solchen Raum nennen wir auch *teilweise projektiv*. Nach KAGANs Terminologie ist der projektiv-euklidische Raum A_n $(n-1)$-fach projektiv. Man kann jetzt $(n-2)$-, $(n-3)$-, ..., 1-fach projektive Räume betrachten, also Räume, für welche sich unter den Gleichungen (6) $n-2, n-3, \ldots, 1$ lineare ergeben.

$(n-2)$-fach projektive Räume. Wir betrachten zunächst den Fall projektiver Räume der Ordnung $n-2$. Dann gibt es ein Variablensystem $x^1, \ldots, x^n$ in welchem $n-2$ der Gleichungen (6) linear sind. Löst man nach $x^3, \ldots, x^n$ auf, so ergeben sich Ausdrücke der Gestalt

$$x^\alpha = a^\alpha x^1 + b^\alpha x^2 + k^\alpha, \qquad \alpha = 3, \ldots, n, \tag{8}$$

worin die $3(n-2)$ Konstanten a, b, k von den $2n-2$ Konstanten c^s ($s \leqq 2n-2$) aus den Gleichungen (6) abhängen. Daher können unter den Konstanten $a^\alpha, b^\alpha, k^\alpha$ höchstens $2n-2$ unabhängige sein. Man bemerkt jedoch, daß mindestens $2n-4$ von ihnen unabhängig sind. Denn berüchsichtigt man die Beziehungen (8) in den Gleichungen (5), so erscheint die Veränderliche x^2 durch eine Differentialgleichung zweiter Ordnung als Funktion von x^1 definiert und führt daher, im allgemeinen Integral (6), höchstens auf zwei weitere von den a, b, k verschiedene Konstanten. Für die Konstanten a, b, k bestehen daher Beziehungen der Art

$$\Phi^\sigma(a, b, k) = 0, \qquad \sigma = 1, \ldots, l, \tag{8'}$$

worin l entweder den Wert $n-4$, $n-3$ oder $n-2$ annimmt.

Das bedeutet, daß die linearen Räume (6), also die Ebenen in A_n, welche dessen Autoparallele enthalten, zu mindestens für $n > 4$ nicht beliebig sein können.

Wenn diese linearen Räume durch einen endlichen festen Punkt $P_0(x_0^1, \ldots, x_0^n)$ gehen, so spricht KAGAN von *subprojektiven* Räumen. Wird dann P_0 als Koordinatenursprung gewählt, so bekommen die Gleichungen (8) die Gestalt

$$x^\alpha = a^\alpha x^1 + b^\alpha x^2, \qquad \alpha = 3, \ldots, n, \tag{9}$$

und die Beziehungen (8′) reduzieren sich auf die Gleichungen $k^\alpha = 0$.

Gleichwie eine autoparallele Kurve durch einen vorgegebenen Punkt $M_0(x_0^1, \ldots, x_0^n)$ und eine dort vorgegebene Richtung d, welche durch die Parameter

$$\left(\frac{dx^1}{dt}\right)_0, \ldots, \left(\frac{dx^n}{dt}\right)_0$$

definiert ist, vollständig bestimmt ist, gilt das Analoge für die Ebenen (9), sobald

$$x_0^1\left(\frac{dx^2}{dt}\right)_0 - x_0^2\left(\frac{dx^1}{dt}\right)_0 \neq 0 \tag{9'}$$

ist. Jedenfalls bedeutet die Gleichung

$$A_1 x^1 + \cdots + A_n x^n = 0 \tag{10}$$

einer jeden Hyperebene durch den Ursprung für die Gleichungen (1) eine invariante Beziehung. Anders ausgedrückt liegt eine autoparallele Kurve ganz in E_{n-1}, wenn sie durch M_0 mit der Richtung d verläuft und anfänglich in E_{n-1} liegt, d. h., wenn in M_0 die Gleichungen

$$A_i x^i = 0, \; A_i\left(\frac{dx^i}{dt}\right)_0 = 0 \tag{10'}$$

gelten. Denn liegt eine Kurve in einer Ebene E_2, so liegt sie auch in einer linearen Mannigfaltigkeit, die E_2 enthält, insbesondere also in den Hyperebenen E_{n-1}, die durch E_2 gehen.

Nimmt man umgekehrt an, daß die Gleichungen (1) die invariante Beziehung (10) mit beliebigen Koeffizienten $A_1, \ldots, A_n$ gestatten, so ist $A_n (n-2)$-fach subprojektiv. Tatsächlich ergeben die Gleichungen (10′) dann

$$x^i = \lambda x_0^i + \mu \left(\frac{dx^i}{dt}\right)_0,$$

und jede der autoparallelen Kurven durch M_0 mit der Richtung d liegt also in einer linearen Mannigfaltigkeit E_2 von zwei Dimensionen (λ, μ), welche durch den Ursprung geht. Sieht man die Bedingungen (9) als erfüllt an, so kann man λ und μ eliminieren und gewinnt die Gleichungen der E_2 in der Gestalt (9). So bekommen wir den

Satz. *Ein Raum A_n ist subprojektiv von der Ordnung $n-2$ in den Veränderlichen $x^1, \ldots, x^n$, wenn das System* (1) *eine invariante* $(n-1)$*-parametrige Integralschar von Hyperebenen gestattet, die durch einen endlichen festen Punkt gehen.*

Gleichungen von KAGAN. Indem man die invariante Gleichung (10) zweimal (nach t) differenziert und (1) berücksichtigt, gewinnt man die Gleichungen

$$A_i \frac{dx^i}{dt} = 0, \quad A_i \Gamma^i_{jk} \frac{dx^j}{dt} \frac{dx^k}{dt} = 0, \tag{11}$$

die zugleich mit (1) bestehen müssen. Die zweite Gruppe der Gleichungen (11) läßt sich mit Rücksicht auf die ersten Gleichungen (11) in die Gestalt

$$A_i (\Gamma^i_{jk} + \delta^i_j \varphi_k + \delta^i_k \varphi_j) \frac{dx^j}{dt} \frac{dx^k}{dt} = 0 \tag{12}$$

bringen, wobei φ_k einen beliebigen kovarianten Vektor bezeichnet, da das Einführen von φ_k darauf hinauskommt, den letzten der Gleichungen (11) Terme hinzuzufügen, die auf Grund der ersten Gleichungen (11) verschwinden. Umgekehrt können die Gleichungen (12) für beliebige φ_k nur dann bestehen, wenn (11) gilt. Berücksichtigt man jetzt, daß mit (12) auch (10) gilt, so folgt notwendig

$$\Gamma^i_{jk} + \delta^i_j \varphi_k + \delta^i_k \varphi_j = x^i f_{jk}, \qquad i, j, k = 1, 2, \ldots, n, \tag{13}$$

wobei die Größen f_{jk} in j und k symmetrisch sind. Die Gleichungen (13) bilden die KAGANschen Gleichungen. Sie zeigen, daß die Komponenten Γ^i_{jk} eines symmetrischen affinen Zusammenhangs eines subprojektiven Raumes A_n der Ordnung $n-2$ in den Veränderlichen $x^1, \ldots, x^n$ mit dem Ursprung als Fixpunkt mit Hilfe von $\frac{n(n+1)}{2} + n$ Funktionen f_{jk}, φ_k ausgedrückt werden können. Eliminiert man f_{jk} und φ_k, so entsteht

$$\begin{aligned} &x^j \Gamma^i_{kl} - x^i \Gamma^j_{kl} = 0, \\ &x^j \Gamma^i_{ll} - x^i \Gamma^j_{ll} = 2(x^j \Gamma^i_{il} - x^i \Gamma^j_{il}), \end{aligned} \qquad k, l \neq i, j \tag{13'}$$

mit verschiedenen festwertigen Indizes i, j, l. Ist umgekehrt (13′) erfüllt, so sind die Komponenten Γ durch KAGANS Formeln (13) bestimmt.

Die Bedingungen (13) sind auch hinreichend für subprojektive Räume A_n. Denn mit Rücksicht auf (13) kann man (1) in die Gestalt

$$\frac{d^2 x^i}{dt^2} = x^i f - 2 \frac{d x^i}{dt} \varphi$$

mit

$$f = f_{jk} \frac{dx^j}{dt} \frac{dx^k}{dt}, \quad \varphi = \varphi_k \frac{dx^k}{dt}$$

bringen. Zwischen den Größen

$$x^i, \frac{dx^i}{dt}, \frac{d^2 x^i}{dt^2}$$

besteht daher offenbar eine lineare Beziehung für jeden Indexwert i. Anders ausgedrückt, erweisen sich die Funktionen $f^3, \ldots, f^n$ als Integrale derselben Differentialgleichung

$$\frac{d^2 x}{dt^2} + A \frac{dx}{dt} + B = 0,$$

sobald die Funktionen f^1, f^2 der autoparallelen Kurve $x^i = f^i(t)$, $i = 1, 2, \ldots, n$, zwei unabhängige Integrale dieser linearen und homogenen Differentialgleichung zweiter Ordnung sind. Wir bekommen auf diese Weise Gleichungen der Gestalt (9), in welche $x^3 = f^3, \ldots, x^n = f^n$ als in $x^1 = f^1$, $x^2 = f^2$ lineare homogene Funktionen mit konstanten Koeffizienten eingehen.

Erste Integrale. Wir nehmen jetzt an, daß die Ebenen (8) durch den Fernpunkt der x^1-Achse gehen. Dann ergibt sich aus den Gleichungen (8)

$$x^\alpha = b^\alpha x^2 + k^\alpha, \qquad \alpha = 3, \ldots, n. \tag{14}$$

Offensichtlich gelangt man von den Gleichungen (9) zu (14) durch eine projektive Variablentransformation. Denn setzen wir

$$x'^1 = \frac{1}{x^1}, \; x'^i = \frac{x^i}{x^1}, \qquad i = 2, \ldots, n, \tag{15}$$

so wird aus (9)

$$x'^\alpha = a^\alpha + b^\alpha x'^2,$$

in Übereinstimmung mit (14). Durch (15) wird aus (10)

$$A_1 + A_2 x'^2 + \cdots + A_n x'^n = 0.$$

Man kommt auf diese Weise zu ersten Integralen und erhält in Ergänzung zum vorhergehenden Satz das folgende Ergebnis:

Ein Raum A_n ist subprojektiv von der Ordnung $n - 2$ in den Veränderlichen $x^1, \ldots, x^n$, wenn das System (1) *der autoparallelen Kurven parallel zur x^1-Achse die*

$(n-1)$-parametrige Hyperebenenschar

$$A_1 + A_2 x^2 + \cdots + A_n x^n = 0 \tag{16}$$

als Schar erster Integrale gestattet.[7])

Differenziert man (16) zweimal, so entsteht

$$A_\alpha \frac{dx^\alpha}{dt} = 0, \qquad A_\alpha \Gamma^\alpha_{kl} \frac{dx^k}{dt}\frac{dx^l}{dt} = 0, \qquad \alpha = 2, 3, \ldots, n,$$

wodurch wir auf die Bedingungen

$$\Gamma^\alpha_{kl} + \delta^\alpha_k \varphi_l + \delta^\alpha_l \varphi_k = 0, \qquad \alpha = 2, 3, \ldots, n \tag{16'}$$

geführt werden, welche die Gleichungen (7') unmittelbar verallgemeinern. Wir bekommen so den

Satz von VRANCEANU. *Ein Raum A_n ist subprojektiv von der Ordnung $n-2$, wenn es einen Zusammenhang*

$$\bar{\Gamma}^i_{jk} = \Gamma^i_{jk} + \delta^i_j \varphi_k + \delta^i_k \varphi_j \tag{17}$$

gibt, der aus Γ^i_{jk} durch eine projektive Transformation dieses Zusammenhangs entsteht, wobei

$$\bar{\Gamma}^\alpha_{jk} = 0, \qquad \alpha = 2, \ldots, n \tag{17'}$$

gilt.

Um zu zeigen, daß (16') auch dafür hinreicht, daß (14) besteht, muß man von der besonderen Gestalt

$$\frac{d^2 x^\alpha}{dt^2} = -2\varphi \frac{dx^\alpha}{dt} \qquad \left(\varphi = \varphi_k \frac{dx^k}{dt}\right)$$

der Gleichungen (1) im vorliegenden Fall ausgehen. Ist dann x^2 längs einer autoparallelen Kurve nicht konstant und Lösung der Differentialgleichung zweiter Ordnung

$$\frac{d^2 x}{dt^2} + A \frac{dx}{dt} = 0, \tag{18}$$

so gilt dasselbe für $x^3, \ldots, x^n$. Daher sind diese Funktionen linear abhängig von dem Paar x^2 und „1" linear unabhängiger Integrale der Gleichung (18), so daß auch die Gleichungen (14) erfüllt sind.

Die Gleichungen (14) lassen sich jetzt als Darstellung der Geraden eines euklidischen Raumes E_{n-1} deuten, der auf die kartesischen Koordinaten $x^2, \ldots, x^n$ bezogen ist. Man kann daher sagen, daß die linearen zweidimensionalen Mannigfaltigkeiten des A_n, welche die autoparallelen Kurven enthalten, sich in E_{n-1} als

---

[7]) Vgl. G. VRANCEANU, Sur les espaces partiellement projectifs, Bull. Math. Soc. Roum. Sci. 49 (1947), S. 43–61.

dessen Geraden projizieren und umgekehrt. Wir werden die $x^2, \ldots, x^n$ als kartesische Koordinaten des subprojektiven Raumes A_n auffassen und die $x^1, \ldots, x^n$ der KAGANschen Gleichungen als homogene kartesische Koordinaten. Tatsächlich bleiben die Gleichungen (14) bei einer Variablentransformation der Gestalt

$$x'^1 = \varphi^1(x^1, \ldots, x^n), \quad x'^\alpha = \frac{a^\alpha_\beta x^\beta + a^\alpha}{a_\beta x^\beta + a}, \qquad \alpha, \beta = 2, \ldots, n \tag{18'}$$

ungeändert. Dabei sind a eine Konstante und φ^1 eine beliebige Funktion. Demgegenüber bleiben die Gleichungen (9) bei Transformationen der Gestalt

$$x'^i = \varrho a^i_j x^j, \qquad i, j = 1, \ldots, n$$

mit konstanten a^i_j und beliebig veränderlichem ϱ ungeändert.

Sollen die Transformationen (18') die Gleichungen (17') bestehen lassen, so sind die x^α bis auf eine affine Transformation definiert, und man assoziiert daher dem Raum die Transformationsgruppe

$$x'^1 = \varphi^1(x^1, \ldots, x^n), \quad x'^\alpha = a^\alpha_\beta x^\beta + a^\alpha, \qquad \alpha, \beta = 2, \ldots, n. \tag{18''}$$

Allgemeine $(n-2)$-fach projektive Räume. Wir haben nur solche $(n-2)$-fach projektive Räume betrachtet, deren die geodätischen Linien enthaltende E_2 durch einen festen Punkt gehen. Wir untersuchen jetzt den allgemeinen Fall. Dreifache Differentiation der Gleichung (8) ergibt uns

$$\frac{dx^\alpha}{dt} = a^\alpha \frac{dx^1}{dt} + b^\alpha \frac{dx^2}{dt},$$

$$\frac{d^2x^\alpha}{dt^2} = a^\alpha \frac{d^2x^1}{dt^2} + b^\alpha \frac{d^2x^2}{dt^2},$$

$$\frac{d^3x^\alpha}{dt^3} = a^\alpha \frac{d^3x^1}{dt^3} + b^\alpha \frac{d^3x^2}{dt^3}.$$

Diese Gleichungen erweisen auch $x^3, \ldots, x^n$ als Lösungen der Differentialgleichung

$$\frac{d^3x}{dt^3} = \Phi \frac{d^2x}{dt^2} + \Psi \frac{dx}{dt}, \tag{19}$$

wenn x^1, x^2 ein System von Fundamentallösungen dieser Gleichung ist. Die Funktionen Φ und Ψ sind dann durch $x^1(t)$, $x^2(t)$ bestimmt, wenn

$$\frac{d^2x^2}{dt^2}\frac{dx^1}{dt} - \frac{d^2x^1}{dt^2}\frac{dx^2}{dt} \neq 0$$

ist. x^2 ist daher eine nichtlineare Funktion von x^1. Dies kann indessen für jedes Paar x^1, x^α nur zutreffen, wenn A_n ein projektiv-euklidischer Raum ist. Differenzieren wir jetzt die Gleichungen (1) nach t und berücksichtigen (1) selbst wieder, so entsteht

$$\frac{d^3 x^a}{dt^3} = A^a_{bcd} \frac{dx^b}{dt} \frac{dx^c}{dt} \frac{dx^d}{dt}, \tag{19'}$$

wobei

$$A^a_{bcd} = \frac{\partial \Gamma^a_{bc}}{\partial x^d} + \frac{\partial \Gamma^a_{cd}}{\partial x^b} + \frac{\partial \Gamma^a_{db}}{\partial x^c} + 2\Gamma^a_{bf}\Gamma^f_{cd} + 2\Gamma^a_{cf}\Gamma^f_{db} + 2\Gamma^a_{df}\Gamma^f_{bc}$$

gesetzt worden ist.

Setzt man (19) in (19') ein, so ergibt sich Φ und Ψ mit Rücksicht auf die Homogenität offenbar in der Gestalt

$$\Phi = p_b \frac{dx^b}{dt}, \qquad \Psi = p_{bc} \frac{dx^b}{dt} \frac{dx^c}{dt},$$

und die Gleichungen (19) erweisen sich äquivalent zu den folgenden von VRANCEANU[8]) angegebenen Formeln

$$A^a_{bcd} = p_b \Gamma^a_{cd} + p_c \Gamma^a_{db} + p_d \Gamma^a_{bc} + \delta^a_b p_{cd} + \delta^a_c p_{db} + \delta^a_d p_{bc}.$$

Das Bestehen dieser Gleichungen mit passend gewählten Werten p_b und p_{cd} erweist sich so für $(n-2)$-fach projektive A_n als charakteristisch.

$(n-m-1)$-fach projektive Räume. Wir betrachten jetzt den Fall, daß $n-m-1$ $(m > 1)$ unter den $n-1$ Gleichungen (6) linear in den Veränderlichen $x^1, \ldots, x^n$ sind. Die autoparallelen Kurven liegen in diesem Fall in linearen E_{m+1} von $m+1$ Dimensionen, die man in der Gestalt

$$x^\alpha = a^\alpha_1 x^1 + \cdots + a^\alpha_{m+1} x^{m+1} + b^\alpha, \qquad \alpha = m+2, \ldots, n \tag{19''}$$

darstellen kann. Auch in diesem Fall können nicht alle Konstanten $a^\alpha_1, \ldots, a^\alpha_{m+1}$, b^α unabhängig sein, genauer, mindestens $2n-2m-2$ und höchstens $2n-2$ dieser Konstanten sind unabhängig, da für $\alpha = m+2, \ldots, n$ jede der Gleichungen (19'') die entsprechende Gleichung des Systems (5) ersetzen kann.

Wir legen jetzt die Räume E_{m+1} durch denselben eigentlichen linearen $(m-1)$-dimensionalen Raum

$$x^m = x^{m+1} = \cdots = x^n = 0.$$

Dann gewinnen die Gleichungen (19'') die einfache Gestalt

$$x^\alpha = c^\alpha x^m + d^\alpha x^{m+1}, \qquad \alpha = m+2, \ldots, n \tag{20}$$

und zeigen uns, daß die Differentialgleichungen (1) die Schar invarianter linearer Gleichungen

$$A_m x^m + A_{m+1} x^{m+1} + \cdots + A_n x^n = 0 \tag{20'}$$

zulassen, mit beliebigen Konstanten $A_m, \ldots, A_n$.

---

[8]) Für die weitere Entwicklung der Theorie der teilweise projektiven Räume vgl. P. MOCANU, Espaces partiellement projectifs (rumänisch mit russischem und französischem Resumé), Studii şi cercetări mat. 6 (1955), S. 495—528.

Gehen die Räume E_{m+1} jedoch durch die Fernpunkte der Achsen $x^1, \ldots, x^m$, so wird aus (19″) das System

$$x^\alpha = a^\alpha x^{m+1} + b^\alpha, \qquad \alpha = m+2, \ldots, n, \tag{21}$$

welches zeigt, daß (1) in diesem Fall die Schar erster Integrale

$$A_{m+1} x^{m+1} + \cdots + A_n x^n = C \tag{21'}$$

zukommt, wobei $A_{m+1}, \ldots, A_n$, C beliebige Konstante bezeichnen. Das Bestehen der invarianten Gleichungen (20′) führt uns mit gleichen Schlüssen wie früher auf die Gleichungen

$$\Gamma^r_{jk} = -x^r f_{jk} - \delta^r_j \varphi_k - \delta^r_k \varphi_j, \qquad r = m, m+1, \ldots, n, \tag{22}$$

die eine Verallgemeinerung der KagANschen Formeln sind, während das Bestehen der ersten Integralschar (21′) auf die Formeln

$$\Gamma^\alpha_{jk} = -\delta^\alpha_j \varphi_k - \delta^\alpha_k \varphi_j, \qquad \alpha = m+1, \ldots, n \tag{23}$$

führt, die eine Verallgemeinerung der Gleichungen (16′) darstellen oder auch der Gleichungen (7′), welche die Komponenten des Zusammenhangs eines projektiv-euklidischen A_n liefern. Wiederum kann man hier bemerken, daß die Gleichungen (21) Geraden eines euklidischen E_{n-m} darstellen, der auf kartesische Koordinaten $x^{m+1}, \ldots, x^n$ bezogen ist. Wir bezeichnen die $x^{m+1}, \ldots, x^n$ als kartesische Koordinaten des Raumes A_n, die $x^m, x^{m+1}, \ldots, x^n$ der Gleichungen (20) dagegen als homogene kartesische Koordinaten desselben Raumes.

Einfach projektive Räume. Man kann die Frage aufwerfen, inwiefern in der Annahme, daß die E_{m+1}, in welchen die Autoparallelen eines $(n-m-1)$-fach projektiven Raumes liegen, durch einen festen E_{m-1} gehen, eine Einschränkung der Allgemeinheit liegt. Dazu betrachten wir jetzt an erster Stelle den Fall eines einfach projektiven Raumes, eines Raumes also, dessen autoparallele Kurven in den Hyperebenen

$$x^3 = a_1 x^1 + a_2 x^2 + a_4 x^4 + \cdots + a_n x^n + a_{n+1} \tag{24}$$

liegen. Wir nehmen jetzt an, daß unter den Konstanten $a_1, a_2, a_4, \ldots, a_{n+1}$ nur zwei unabhängige sind und sprechen dann von einem speziellen einfach projektiven Raum. Sind a_1, a_2 diese unabhängigen Konstanten, so gilt

$$a_s = \varphi_s(a_1, a_2), \qquad s = 4, \ldots, n+1. \tag{24'}$$

Da nun eine autoparallele Kurve durch Vorgabe eines Punktes $M_0(x_0^1, \ldots, x_0^n)$ und einer Richtung d durch M_0

$$\left(\frac{dx^1}{dt}\right)_0, \ldots, \left(\frac{dx^n}{dt}\right)_0$$

eindeutig bestimmt ist, muß notwendig auch die Hyperebene (24) durch M_0 und d eindeutig bestimmt sein, d. h. durch die Gleichungen

$$\begin{gathered} x_0^3 = a_1 x_0^1 + a_2 x_0^2 + \varphi_4(a_1, a_2) x_0^4 + \cdots + \varphi_n(a_1, a_2) x_0^n + \varphi_{n+1}(a_1, a_2), \\ \left(\frac{dx^3}{dt}\right)_0 = a_1 \left(\frac{dx^1}{dt}\right)_0 + a_2 \left(\frac{dx^2}{dt}\right)_0 + \varphi_4 \left(\frac{dx^4}{dt}\right)_0 + \cdots + \varphi_n \left(\frac{dx^n}{dt}\right)_0. \end{gathered} \tag{25}$$

Wählen wir dann als Richtung d eine solche, für die

$$\left(\frac{dx^4}{dt}\right)_0 = \cdots = \left(\frac{dx^n}{dt}\right)_0 = 0$$

gilt, so wird die zweite der Gleichungen (25) linear in a_1, a_2 und stellt somit eine Gerade in einer (a_1, a_2)-Ebene dar. Andererseits können aber die

$$\left(\frac{dx^1}{dt}\right)_0, \quad \left(\frac{dx^2}{dt}\right)_0, \quad \left(\frac{dx^3}{dt}\right)_0$$

beliebige Werte annehmen; die zweite der Gleichungen (25) kann daher als Darstellung einer beliebigen Geraden in der (a_1, a_2)-Ebene gedeutet werden. Dann muß die erste der Gleichungen (25) als Darstellung einer Kurve in der (a_1, a_2)-Ebene gedeutet werden, die von jeder der Geraden dieser Ebene in einem einzigen Punkt geschnitten wird. Diese Kurve muß daher selbst eine Gerade sein, d. h., die Funktionen (24′) sind in a_1, a_2 linear. Daher bestehen Gleichungen der Gestalt

$$\varphi_s = p_s a_1 + q_s a_2 - r_s, \qquad s = 4, \ldots, n+1,$$

wobei p_s, q_s, r_s bestimmte Konstanten sind. Mit diesen Werten ergibt (24)

$$\begin{gathered} x^3 + r_i x^i + r_{n+1} = a_1(x^1 + p_i x^i + p_{n+1}) + a_2(x^2 + q_i x^i + q_{n+1}), \\ i = 4, \ldots, n. \end{gathered} \tag{26}$$

Wir setzen jetzt die Variablentransformation

$$\begin{aligned} x'^1 &= x^1 + p_i x^i + p_{n+1}, \quad x'^2 = x^2 + q_i x^i + q_{n+1}, \\ x'^3 &= x^3 + r_i x^i + r_{n+1}, \quad x'^i = x^i, \qquad i = 4, \ldots, n \end{aligned}$$

an und erhalten damit von (26)

$$x'^3 = a_1 x'^1 + a_2 x'^2$$

und sehen, daß die Hyperebene durch die lineare $(n-3)$-dimensionale Mannigfaltigkeit $x'^1 = x'^2 = x'^3 = 0$ hindurchgehen, sie bilden, wie man auch sagt, einen Hyperebenenstern. Für $n = 3$ gehen die Ebenen (24) durch einen festen Punkt, und der Raum ist dann subprojektiv.

Man kann somit die Hyperebenen eines einfach projektiven Raumes, deren lineare Gleichung für das allgemeine Integral nur zwei willkürliche Konstanten beisteuert, entweder in der Gestalt

$$Ax^1 + Bx^2 + Cx^3 = 0 \tag{27}$$

annehmen, wenn es sich um eine eigentliche feste Mannigfaltigkeit handelt und x^1, x^2, x^3 homogene kartesische Koordinaten in A_n sind, oder in der Gestalt

$$Ax^1 + Bx^2 + C = 0, \tag{28}$$

wenn es sich um eine feste Fernmannigfaltigkeit handelt und x^1, x^2 nichthomogene kartesische Koordinaten in A_n sind. Im ersten Fall gelten die Gleichungen (22) für $r = 1, 2, 3$; im zweiten gelten die Gleichungen (23) für $\alpha = 1, 2$.

Die Gleichungen (28) bestimmen die Geraden eines euklidischen E_2, dessen kartesische Koordinaten durch x^1, x^2 gegeben sind. Man bekommt so den

Satz. *Wenn die Hyperebenen, welche die autoparallelen Kurven eines einfach-projektiven A_n enthalten, eine zweiparametrige Schar bilden, so bilden sie die Projektionen der Geraden eines euklidischen Raumes E_2 auf A_n.*

Offenbar verhalten sich die Gleichungen (28) auch gegenüber einer Variablentransformation der Gestalt

$$x'^i = \frac{a^i_j x^j + a^i}{a^0_j x^j + a^0}, \qquad i, j = 1, 2$$

$$x'^\alpha = \varphi^\alpha(x^1, \ldots, x^n), \qquad \alpha = 3, 4, \ldots, n$$

invariant, wobei die a Konstanten und die φ^α beliebige Funktionen bedeuten.

$(n - m - \sigma)$-fach spezielle projektive Räume. Wenn ein Raum zweifach projektiv ist und jede der linearen Gleichungen nur zwei beliebige Konstanten beisteuert, kann man zu A_n zwei euklidische Räume E_2 und E'_2 assoziieren und muß zwei Fälle unterscheiden je nachdem, ob die E_2, E'_2 eine Variable gemeinsam haben oder nicht. Im ersten Fall schreiben sich die beiden linearen Mannigfaltigkeiten des A_n

$$x^2 = ax^1 + b, \quad x^4 = cx^1 + d.$$

Sie sind also dann die Projektionen der Geraden eines Raumes E_3, der durch E_2 und E'_2 bestimmt wird. Im zweiten Fall haben wir

$$x^2 = ax^1 + b, \qquad x^4 = cx^3 + d,$$

und die linearen Mannigfaltigkeiten des A_n erscheinen als Projektionen der Geraden der beiden Räume E_2 und E'_2, die ihrerseits nicht in demselben E_3 liegen.

Diese Überlegungen kann man auf den Fall eines speziellen k-fach projektiven A_n ausdehnen, d. h. auf Räume, deren jede ihrer linearen Gleichungen nur zwei Konstanten einführt, indem man ihm k Räume E_2 assoziiert. Diese Räume können paarweise verschieden sein oder auch paarweise eine Variable gemeinsam haben. In diesem zweiten Fall erhält man die Gleichungen (21), und die linearen Mannigfaltigkeiten des A_n sind dann die Projektionen der Geraden ein und desselben Raumes E_{n-m} auf A_n. Das ist der speziellste Fall, der sich einstellen kann, wir nennen ihn den subprojektiven Fall. Er enthält für $k = n - 2$ KAGANS subprojektive Räume.

Im allgemeinen sind die linearen Mannigfaltigkeiten eines speziellen k-fach projektiven Raumes A_n die Projektion der Geraden aus $\sigma \leqq k$ euklidischen Räumen von zwei oder mehr Dimensionen auf A_n. Wenn diese Mannigfaltigkeiten die Projektionen zweier euklidischer Räume E_{p-m} und E_{n-p} darstellen, lassen sie sich in der Gestalt

$$\begin{aligned} x^\varrho &= a^\varrho x^{m+1} + b^\varrho, \qquad \varrho = m+2, \ldots, p, \\ x^\alpha &= a^\alpha x^{p+1} + b^\alpha, \qquad \alpha = p+2, \ldots, n \end{aligned} \tag{28'}$$

schreiben, wobei $p - m \geqq 2$ und $n - p \geqq 2$. In diesem Fall handelt es sich also um einen $(n - m - 2)$-fach projektiven A_n, und die Komponenten des Zusammenhangs genügen den Gleichungen

$$\begin{aligned} \Gamma^\lambda_{jk} &= -\delta^\lambda_j \varphi_k - \delta^\lambda_k \varphi_j, \qquad \lambda = m+1, \ldots, p, \\ \Gamma^\mu_{jk} &= -\delta^\mu_j \psi_k - \delta^\mu_k \psi_j, \qquad \mu = p+1, \ldots, n, \end{aligned} \tag{28''}$$

worin die φ_k und ψ_j beliebige verschiedene Vektoren bedeuten. Natürlich erhält man, wenn die linearen Mannigfaltigkeiten des A_n Projektionen von Geraden von σ euklidischen Räumen darstellen, σ analoge Formelgruppen.

Wir bemerken hier, daß man $m > 0$ annehmen kann. Denn für $m = 0$ ist der Raum A_n direktes Produkt von σ euklidischen Räumen.

Wenn A_n $(n - 2)$-fach projektiv ist, muß $m + \sigma = 2$ gelten. Daher ist entweder $\sigma = m = 1$, und die linearen Mannigfaltigkeiten des A_n sind die Projektionen der Geraden eines einzigen euklidischen Raumes von $n - 1$ Dimensionen, oder es gilt $\sigma = 2$, $m = 0$, sobald der Raum in das Produkt zweier projektiv-euklidischer Räume zerfällt. Wir bekommen so den

Satz. *Ein spezieller $(n - 2)$-fach projektiver Raum A_n ist entweder subprojektiv, d. h., die linearen Mannigfaltigkeiten, in welchen seine autoparallelen Kurven liegen, sind die Projektionen der Geraden eines euklidischen $(n - 1)$-dimensionalen Raumes, oder er ist das Produkt zweier projektiv-euklidischer Räume.*

§ 2 Invariante Bedingungen

Die im vorstehenden angegebenen notwendigen und hinreichenden Bedingungen für einen speziellen teilweise projektiven Raum sind in kartesischen Koordinaten des Raumes ausgedrückt worden. Man kann sich das Problem stellen, diese Bedingungen in invarianter Gestalt zu formulieren, unabhängig vom gewählten Variablensystem.

Satz von WEYL. Wir untersuchen zunächst den Fall $m = 0$, d. h. die projektiv-euklidischen Räume A_n und gehen wiederum von den Transformationsgleichungen (17) des Zusammenhangs Γ^i_{k} aus. Verwendet man die Gleichungen (21) aus

§ 8 des vierten Kapitels des ersten Bandes, so ergibt sich für die Krümmungstensoren der beiden affinen Zusammenhänge Γ^i_{jk} und $\overline{\Gamma}^i_{jk}$ das System

$$\overline{\Gamma}^i_{jkl} = \Gamma^i_{jkl} + \delta^i_j(\varphi_{kl} - \varphi_{lk}) + \delta^i_k\varphi_{jl} - \delta^i_l\varphi_{jk}, \tag{29}$$

in welchem die φ_{jk} die Abkürzungen

$$\varphi_{jk} = \frac{\partial \varphi_j}{\partial x^k} + \varphi_r \Gamma^r_{jk} + \varphi_j \varphi_k \tag{29'}$$

bedeuten. Nun seien Γ_{jl} und R_{jl} die folgenden Verjüngungen des Krümmungstensors:

$$\Gamma_{jl} = \Gamma^i_{jil}, \quad R_{jl} = \Gamma^i_{ijl}.$$

Dann können wir nach § 6 des sechsten Kapitels des ersten Bandes den WEYL*schen Tensor*

$$K^i_{jkl} = \Gamma^i_{jkl} - \delta^i_j \frac{R_{kl}}{n+1} - \delta^i_k\left(\frac{\Gamma_{jl}}{n-1} - \frac{R_{jl}}{n^2-1}\right) + \delta^i_l\left(\frac{\Gamma_{jk}}{n-1} - \frac{R_{jk}}{n^2-1}\right) \tag{30}$$

bilden, der für $n = 2$ identisch verschwindet, wie wir gesehen haben. Mit Rücksicht auf (29) ergibt sich

$$\overline{\Gamma}_{jl} = \Gamma_{jl} + n\varphi_{jl} - \varphi_{lj}, \quad \overline{R}_{kl} = R_{kl} + (n+1)(\varphi_{kl} - \varphi_{lk}) \tag{30'}$$

und daraus

$$\varphi_{jl} = \frac{1}{n-1}(\overline{\Gamma}_{jl} - \Gamma_{jl}) - \frac{1}{n^2-1}(\overline{R}_{jl} - R_{jl}). \tag{30''}$$

Bei projektiven Transformationen (4) des Zusammenhangs bleibt der WEYLsche Tensor invariant, $\overline{K}^i_{jkl} = K^i_{jkl}$.

Im Fall eines projektiv-euklidischen Raumes mit den kartesischen Koordinaten $x^1, \ldots, x^n$ gibt es einen Vektor φ_k, für welchen

$$\overline{\Gamma}^i_{jk} = \Gamma^i_{jk} + \delta^i_j\varphi_k + \delta^i_k\varphi_j = 0$$

und daher auch $\overline{K}^i_{jkl} = 0$ gilt. Dies gilt natürlich auch für K^i_{jkl} und führt für $n > 2$ auf den

Satz von Weyl. *Ein Raum A_n ($n > 2$) ist genau dann projektiv-euklidisch, wenn $K^i_{jkl} = 0$ ist.*

Die Bedingung ist offensichtlich notwendig. Sie ist aber auch hinreichend, denn verschwindet K^i_{jkl}, so gilt dies auch von der kovarianten Ableitung $K^i_{jkl,p}$. Andererseits gilt nach (28') und den Ergebnissen des ersten Bandes, S. 176

$$R_{kl} = \frac{\partial \Gamma_k}{\partial x^l} - \frac{\partial \Gamma_l}{\partial x^k} \qquad (\Gamma_k = \Gamma^i_{ik}),$$

und man bekommt durch eine projektive Transformation (4) des Zusammenhangs mit $\varphi_k = -\frac{\Gamma_k}{n+1}$ die Beziehungen $\overline{R}_{kl} = 0$. Daher kann man auch $R_{kl} = 0$ annehmen. Dann führen jedoch die Gleichungen (28‴) (vgl. S. 177 des ersten Bandes) auf die Symmetrie $\Gamma_{jl} = \Gamma_{lj}$. Ferner ist φ_k innerhalb der Transformationen (4), welche das Verschwinden von R_{kl} invariant lassen, notwendig der Gradient einer Funktionen $\varphi(x^1, \ldots, x^n)$. Differenziert man andererseits (30) im Fall $R_{kl} = 0$, so kommt

$$K^i_{jkl,p} = \Gamma^i_{jkl,p} - \delta^i_k \frac{\Gamma_{jl,p}}{n-1} + \delta^i_l \frac{\Gamma_{jk,p}}{n-1}$$

und daher durch Verjüngen über $i = p$

$$K^i_{jkl,i} = \Gamma^i_{jkl,i} + \frac{\Gamma_{jk,l} - \Gamma_{jl,k}}{n-1}.$$

Verjüngt man jedoch die Identitäten von Bianchi (vgl. S. 171 des ersten Bandes)

$$\Gamma^i_{jkl,p} + \Gamma^i_{jlp,k} + \Gamma^i_{jpk,l} = 0$$

über $i = p$, so entsteht

$$\Gamma^i_{jkl,i} + \Gamma_{jk,l} - \Gamma_{jl,k} = 0,$$

und man kommt auf die Gleichung von Weyl

$$K^i_{jkl,i} = -\frac{n-2}{n-1}(\Gamma_{jk,l} - \Gamma_{jl,k}). \tag{30‴}$$

Demnach folgt für $n > 2$ aus dem Verschwinden des Weylschen Tensors die Symmetrie des Tensors $\Gamma_{jk,l}$ in k und l. Jetzt betrachten wir die Gleichungen (30″) im Fall $R_{kl} = 0$ für ein Gradientenfeld φ_k. Dann ist auch $\overline{R}_{kl} = 0$. Sollen auch die $\overline{\Gamma}_{kl}$ verschwinden, so müssen die φ_{jl} den Gleichungen

$$\varphi_{jl} = -\frac{\Gamma_{jl}}{n-1} \tag{31}$$

genügen. Beachten wir die Beziehungen

$$\varphi_{jl} = \varphi_{j,l} + \varphi_j\varphi_l,$$

in welchen die $\varphi_{j,l}$ kovariante Ableitungen bezeichnen und leiten wir (31) kovariant ab, so entsteht

$$\varphi_{j,lk} + \varphi_{j,k}\varphi_l + \varphi_j\varphi_{l,k} = -\frac{\Gamma_{jl,k}}{n-1}$$

oder auch

$$\varphi_{j,lk} = \frac{\Gamma_{jk}\varphi_l}{n-1} + \frac{\Gamma_{lk}}{n-1}\varphi_j - \frac{\Gamma_{jl,k}}{n-1} + 2\varphi_j\varphi_k\varphi_l,$$

so daß die Integrabilitätsbedingungen für (31) in der Gestalt

$$\Gamma'_{jlk}\varphi_l = \frac{\Gamma_{jk}}{n-1}\varphi_l - \frac{\Gamma_{jl}}{n-1}\varphi_k - \frac{\Gamma_{jl,k} - \Gamma_{jk,l}}{n-1}$$

geschrieben werden können. Sie reduzieren sich, wenn der Weylsche Tensor und R_{kl} verschwinden, nach (30) auf $\Gamma_{jl,k} = \Gamma_{jk,l}$ und sind für $n > 2$ erfüllt (vgl. (30‴)), wenn der Weylsche Tensor verschwindet. Daher gestattet das System (31) eine Lösung. Für eine solche gilt gleichzeitig $\overline{R}_{kl} = \overline{\Gamma}_{kl} = \overline{K}^i_{jkl} = 0$, und daher verschwinden dann auch alle Komponenten $\overline{\Gamma}^i_{jkl}$ des Krümmungstensors, und $\overline{A}_n$ ist projektiv-euklidisch. Daher gibt es dann ein Variablensystem, in welchem die $\overline{\Gamma}^i_{jk}$ verschwinden, und der Weylsche Satz ist damit bewiesen.

Desgleichen ist im Fall $n = 2$ der Raum A_2 mit $R_{12} = 0$ projektiv-euklidisch, sobald $\Gamma_{j1,2} = \Gamma_{j2,1}$ ist, denn dann sind die Gleichungen (31) vollständig integrabel. Man kann auch feststellen, daß die projektiv-euklidischen Räume A_n $(n > 2)$ die Eigenschaft haben, daß für $i \neq j, k, l$, alle ihre Krümmungskomponenten verschwinden. Verschwindet nämlich der Weylsche Tensor, so ergeben die Gleichungen (30)

$$\Gamma^i_{jkl} = \delta^i_j \frac{R_{kl}}{n+1} + \delta^i_k\left(\frac{\Gamma_{jl}}{n-1} - \frac{R_{jl}}{n^2-1}\right) - \delta^i_l\left(\frac{\Gamma_{jk}}{n-1} - \frac{R_{jk}}{n^2-1}\right), \tag{31'}$$

was $\Gamma^i_{jkl} = 0$ zum Ausdruck bringt für $i \neq j, k, l$. Offensichtlich gilt die gleiche Eigenschaft auch in einem beliebigen System von Kongruenzen, weil in diesem Fall auch die Gleichungen

$$\gamma^a_{bcd} = \delta^a_b \frac{r_{cd}}{n+1} + \delta^a_c\left(\frac{\gamma_{bd}}{n-1} - \frac{r_{bd}}{n^2-1}\right) - \delta^a_d\left(\frac{\gamma_{bc}}{n-1} - \frac{r_{bc}}{n^2-1}\right)$$

gelten und damit $\gamma^a_{bcd} = 0$ für $a \neq b, c, d$ ist.

Gilt daher für mindestens eine der Komponenten γ^a_{bcd} eines A_n die Bedingung $\gamma^a_{bcd} \neq 0$, $a \neq b, c, d$, so ist dieser Raum nicht projektiv-euklidisch.

Wir werden den folgenden **Satz** beweisen: *Die einzigen Räume A_n $(n \geqq 3)$, deren Komponenten des Krümmungstensors in beliebigen Variablen- oder Kongruenzensystemen verschwinden, sobald ihr kontravarianter Indexwert von den kovarianten Indexwerten verschieden ausfällt, sind die projektiv-euklidischen Räume.*

Zum Nachweis nehmen wir an, in einem Kongruenzensystem sei immer $\gamma^a_{bcd} = 0$, wenn $a \neq b, c, d$ ist. Dann müßten nichtverschwindende Komponenten durch

$$\gamma^a_{acd}, \gamma^a_{bad}, \gamma^a_{aad}$$

gegeben sein. Nun transformieren wir den Krümmungstensor entsprechend der Kongruenztransformation

$$d\overline{s}^1 = ds^1, \; d\overline{s}^\alpha = ds^\alpha + c^\alpha_1 ds^1 \tag{32}$$

und erhalten[9])

$$
\begin{aligned}
\bar{\gamma}^1_{\beta\gamma\delta} = \gamma^1_{\beta\gamma\delta} = 0, \quad \bar{\gamma}^\alpha_{\beta\gamma\delta} = \gamma^\alpha_{\beta\gamma\delta}, \qquad & \alpha, \beta, \gamma, \delta, f \neq 1, \\
\bar{\gamma}^\alpha_{1\gamma\delta} + \gamma^\alpha_{\alpha\gamma\delta} c^\alpha_1 = \gamma^1_{1\gamma\delta} c^\alpha_1, \qquad & \alpha \neq \gamma, \delta, \\
\bar{\gamma}^\alpha_{\gamma 1\delta} + \gamma^\alpha_{\gamma\alpha\delta} c^\alpha_1 = \gamma^1_{\gamma 1\delta} c^\alpha_1, & \\
\bar{\gamma}^\alpha_{11\delta} + (\bar{\gamma}^\alpha_{\alpha 1\delta} + \bar{\gamma}^\alpha_{1\alpha\delta}) c^\alpha_1 + (\gamma^\alpha_{\alpha f\delta} + \gamma^\alpha_{f\alpha\delta}) c^\alpha_1 c^f_1 - \gamma^\alpha_{\alpha\alpha\delta} (c^\alpha_1)^2 = \gamma^1_{11\delta} c^\alpha_1, & \\
\bar{\gamma}^\alpha_{\alpha 1\delta} + \bar{\gamma}^\alpha_{\alpha f\delta} c^f_1 = \gamma^\alpha_{\alpha 1\delta} + \gamma^1_{\alpha 1\delta} c^\alpha_1, & \\
\bar{\gamma}^\alpha_{1\alpha\delta} + \bar{\gamma}^\alpha_{f\delta} c^f_1 = \gamma^\alpha_{1\alpha\delta} + \gamma^1_{1\alpha\delta} c^\alpha_1. &
\end{aligned}
\tag{32'}
$$

Im neuen Kongruenzsystem können für $\alpha \neq 1, \gamma, \delta$ nichtverschwindende Komponenten $\bar{\gamma}^\alpha_{1\gamma\delta}, \bar{\gamma}^\alpha_{\gamma 1\delta}, \bar{\gamma}^\alpha_{11\delta}$ auftreten abgesehen von dem Fall, daß

$$
\begin{aligned}
\gamma^\alpha_{\alpha\gamma\delta} = \gamma^1_{1\gamma\delta}, \ \gamma^\alpha_{\gamma\alpha\delta} = \gamma^1_{\gamma 1\delta}, \\
\gamma^\alpha_{\alpha 1\delta} + \gamma^\alpha_{1\alpha\delta} = \gamma^1_{11\delta}, \ \gamma^1_{\alpha 1\delta} + \gamma^1_{1\alpha\delta} = \gamma^\alpha_{\alpha\alpha\delta}
\end{aligned}
\tag{32''}
$$

gilt, und zwar ergeben sich die ersten dieser Bedingungen aus den ersten der Gleichungen (32′), während die letzten dieser Bedingungen aus den letzten drei der Gleichungen (32′) hervorgehen. Da die Bedingungen (32″) von der Wahl der jeweiligen Kongruenz unbeeinflußt bleiben müssen, erweisen sich die Komponenten $\gamma^a_{acd}, \gamma^a_{cad}$ notwendig unabhängig vom Index a, sobald $a \neq c \neq d$ ist; man kann dann

$$
\begin{aligned}
\gamma^a_{acd} = m_{cd}, \ \gamma^a_{cad} = n_{cd}, \qquad & a \neq c \neq d, \\
\gamma^a_{aad} = m_{ad} + n_{ad}, \qquad & a \neq d
\end{aligned}
\tag{32'''}
$$

setzen mit festen Werten a, b, c, d. Für die verjüngten Krümmungstensoren

$$r_{cd} = \gamma^a_{acd}, \ \gamma_{cd} = \gamma^a_{cad}$$

(wobei rechts über a summiert wird) ergibt sich

$$r_{cd} = n m_{cd} + n_{cd} - n_{dc}, \quad \gamma_{cd} = (n-1) n_{cd} + m_{cd}.$$

Da der Raum torsionsfrei ist, gilt

$$\gamma_{cd} - \gamma_{dc} = r_{cd},$$

und man kann

$$n_{cd} - n_{dc} = m_{cd}, \quad r_{cd} = (n+1) m_{cd}$$

und für den Weylschen Tensor nach (30)

$$K^a_{bcd} = \gamma^a_{bcd} - \delta^a_b m_{cd} - \delta^a_c n_{bd} + \delta^a_d n_{bc}$$

---

[9]) In diesen Gleichungen sind $\alpha, \beta, \gamma, \delta$ Indizes mit festen Werten, während f ein Summationsindex ist.

schreiben. Aber an Hand der Formeln (32‴) ergibt sich jetzt leicht, daß $K^{a}_{bcd} = 0$ ist. Damit ist der Satz bewiesen.

Da

$$m_{cd} = \frac{r_{cd}}{n+1}, \quad n_{cd} = \frac{\gamma_{cd}}{n-1} - \frac{r_{cd}}{n^2-1}$$

gilt, folgt überdies, daß die Krümmung eines projektiv-euklidischen Raumes bereits durch die verjüngten Tensoren r_{cd} und γ_{cd} vollständig bestimmt ist.

$(n-m-1)$-fach projektive Räume. Ist A_n $(n-m-1)$-fach subprojektiv in den Veränderlichen $x^1, \ldots, x^n$, so existiert ein Vektor φ_k derart, daß die Beziehungen

$$\overline{\Gamma}^{\alpha}_{jk} = \Gamma^{\alpha}_{jk} + \delta^{\alpha}_{j}\varphi_k + \delta^{\alpha}_{k}\varphi_j = 0, \qquad \alpha = m+1, \ldots, n \tag{32^{IV}}$$

gelten. Diese Bedingungen liefern uns die Gleichungen

$$\overline{\Gamma}^{\alpha}_{jkl} = \Gamma^{\alpha}_{jkl} + \delta^{\alpha}_{j}(\varphi_{kl} - \varphi_{lk}) + \delta^{\alpha}_{k}\varphi_{jl} - \delta^{\alpha}_{l}\varphi_{jk} = 0, \tag{33}$$

nach welchen ein Vektor φ_k existiert, für den die Matrix

$$\|\overline{\Gamma}^{i}_{jkl}\| = \|\Gamma^{i}_{jkl} + \delta^{i}_{j}(\varphi_{kl} - \varphi_{lk}) + \delta^{i}_{k}\varphi_{jl} - \delta^{i}_{l}\varphi_{jk}\| \tag{33'}$$

höchstens vom Rang m ausfällt (dabei sind in (33′) i der Kolonnenindex und alle verschiedenen Kombinationen der Indizes j, k, l die entsprechenden Zeilenindizes). Daher kann man φ_k so wählen, daß das lineare System

$$\lambda_i \overline{\Gamma}^{i}_{jkl} = 0 \tag{34}$$

mindestens $n-m$ unabhängige Lösungen λ^{α}_{i} $(\alpha > m)$ gestattet, und diese Bedingungen sind offensichtlich invariant gegenüber Variablentransformationen.

Es handelt sich demnach vorerst um das algebraische Problem der Existenz solcher Größen φ_{jk}, mit welchen die Matrix (33′) den Rang m gewinnt. Dabei gilt höchstens $m = n-2$, nämlich im Falle einfach projektiver Räume und mindestens $m = 1$, nämlich im Falle $(n-2)$-fach projektiver Räume. In diesem Fall müssen alle Unterdeterminanten zweiter Ordnung in der Matrix (33′) verschwinden. Nun kann man aber bemerken, daß unter diesen Determinanten einige von φ_{cd} unabhängige vorkommen, wenn $n \geqq 4$ ist, z. B. die Determinante

$$\begin{vmatrix} \overline{\Gamma}^{1}_{334} & \overline{\Gamma}^{2}_{334} \\ \overline{\Gamma}^{1}_{434} & \overline{\Gamma}^{2}_{434} \end{vmatrix} = \begin{vmatrix} \Gamma^{1}_{334} & \Gamma^{2}_{334} \\ \Gamma^{1}_{434} & \Gamma^{2}_{434} \end{vmatrix},$$

und zwar im allgemeinen Determinanten, deren Kolonnenindex i von den Zeilenindizes j, k, l verschieden ist. Ist daher wenigstens eine dieser Determinanten ungleich Null, so kann man behaupten, daß der Raum nicht projektiv von der Ordnung $n-2$ ist.

Nun sei das allgemeine Problem gelöst, und ψ_{kl} bezeichne eine Lösung φ_{kl}, mit welcher die Matrix (33′) den Rang m gewinnt ($1 \leqq m \leqq n-2$). Damit diese Lösung brauchbar ist, müssen zwei Bedingungen erfüllt sein. Zunächst muß das System

$$\frac{\partial \varphi_k}{\partial x^l} + \varphi_r \Gamma^r_{kl} + \varphi_k \varphi_l = \psi_{kl} \tag{35}$$

kompatibel sein, d. h., seine Integrabilitätsbedingungen

$$\varphi_r \Gamma^r_{jkl} = \psi_{jl}\varphi_k - \psi_{jk}\varphi_l + \frac{\partial \psi_{jk}}{\partial x^l} - \frac{\partial \psi_{jl}}{\partial x^k} \tag{35'}$$

müssen erfüllt sein. Diese Integrabilitätsbedingungen sind linear in φ_i, und eine Lösung muß dann (35) erfüllen. Sodann muß das PFAFFsche System

$$ds^\alpha = \lambda^\alpha_i dx^i = 0, \tag{36}$$

dessen Koeffizienten λ^α_i ($\alpha = m+1, \ldots, n$) $n-m$ Lösungen der Gleichungen (34) darstellen, vollständig integrabel sein. Ist dies nämlich der Fall, so gibt es eine Variablentransformation, zufolge welcher $\lambda^\alpha_i = \delta^\alpha_i$ erreicht wird. In einem solchen Variablensystem fallen aber die Gleichungen (34) mit den Gleichungen (33) zusammen. Damit hat sich ergeben:

Eine notwendige Bedingung für einen subprojektiven Raum A_n der Ordnung $n-m-1$ besteht in der Existenz eines Vektors φ_k, mit welchem sich der Rang der Matrix (33′) *auf m reduziert, und einer Transformation der Variablen, nach welcher $n-m$ Kolonnen der Matrix* (33′) *identisch verschwinden.*

Ob nun diese Bedingung zutrifft oder nicht, ist offensichtlich durch algebraische Operationen zu entscheiden, abgesehen von der Behandlung der Systeme (35) und (36), die von der Integration eines PFAFFschen Systems abhängt.

Wir nehmen jetzt an, daß die Gleichungen (33) erfüllt sind, da ja unter den zu den Γ^i_{jk} projektiv verwandten $\overline{\Gamma}^i_{jk}$ ein Komponentensystem existiert, welches (33) genügt. Man kann als solches Γ^i_{jk} selbst wählen, so daß man

$$\Gamma^\alpha_{jkl} = 0, \qquad \alpha = m+1, \ldots, n \tag{37}$$

bekommt.

Mit Rücksicht auf das Transformationsgesetz des Krümmungstensors bei einer Variablentransformation bleiben die Gleichungen (37) ungeändert, wenn

$$\Gamma^h_{jkl} \frac{\partial x'^\alpha}{\partial x^h} = 0, \qquad h = 1, \ldots, m$$

gilt. Dann muß aber $\dfrac{\partial x'^\alpha}{\partial x^h} = 0$ sein, wenn die Matrix (33′) vom Rang m ist. Jedenfalls bleiben die Gleichungen (37) bei Variablentransformationen der Gestalt

$$x'^h = x'^h(x^1, \ldots, x^n), \; x'^\alpha = x'^\alpha(x^{m+1}, \ldots, x^n), \qquad h \leqq m$$

bestehen, bei welchen sich die Komponenten Γ^{α}_{jk} des Zusammenhangs gemäß

$$\Gamma'^{\alpha}_{rs}\frac{\partial x'^r}{\partial x^h}\frac{\partial x'^s}{\partial x^k}-\Gamma^{\lambda}_{hk}\frac{\partial x'^{\alpha}}{\partial x^{\lambda}}=0,\qquad h,k,r,s\leqq m$$

$$\Gamma'^{\alpha}_{rs}\frac{\partial x'^r}{\partial x^h}\frac{\partial x'^s}{\partial x^\beta}+\Gamma'^{\alpha}_{r\lambda}\frac{\partial x'^r}{\partial x^h}\frac{\partial x'^{\lambda}}{\partial x^\beta}-\Gamma^{\lambda}_{h\beta}\frac{\partial x'^{\alpha}}{\partial x^{\lambda}}=0,\tag{37'}$$

$$\frac{\partial^2 x'^{\alpha}}{\partial x^\beta\partial x^\gamma}=\Gamma'^{\alpha}_{ij}\frac{\partial x'^i}{\partial x^\beta}\frac{\partial x'^j}{\partial x^\gamma}-\Gamma^{\lambda}_{\beta\gamma}\frac{\partial x'^{\alpha}}{\partial x^{\lambda}},\qquad i,j=1,\ldots,n$$

umsetzen. Diese Gleichungen zeigen, daß die Γ^{α}_{hk}, $\Gamma^{\alpha}_{h\beta}$ die Komponenten eines Tensors bilden. Dieser Tensor muß verschwinden, soll A_n subprojektiv von der Ordnung $n-m-1$ sein. In diesem Fall zeigen die letzten der Gleichungen (37′) zusammen mit (37), daß man die x'^{α} so wählen kann, daß die $\Gamma'^{\alpha}_{\beta\lambda}$ verschwinden. Daher existiert ein Variablensystem, in welchem alle Komponenten Γ^{α}_{jk} verschwinden und der Raum subprojektiv der Ordnung $n-m-1$ wird. So kann man den Satz aussprechen: *Ein affinzusammenhängender Raum A_n ist subprojektiv von der Ordnung $n-m-1$, wenn die Komponenten seines Krümmungstensors den Bedingungen* (37) *genügen und die Komponenten Γ^{α}_{hk}, $\Gamma^{\alpha}_{h\beta}$ des Zusammenhangs verschwinden.*

Ist nämlich A_n vom Zusammenhang Γ^{i}_{jk} subprojektiv von der Ordnung $n-m-1$, so gilt dasselbe vom Raum $\overline{A}_n$, dessen Zusammenhang $\overline{\Gamma}^{i}_{jk}$ aus Γ^{i}_{jk} durch eine projektive Transformation hervorgeht. Man kann daher neue Vektoren φ_k suchen, welche den Rang der Matrix (33) auf p reduzieren ($p\leqq m-2$) und dann die gleichen Überlegungen anwenden.

Kann man allein durch algebraische Operationen entscheiden, ob der Raum A_n subprojektiv von der Ordnung $n-m-1$ ist? Dazu kann man von den Gleichungen

$$\Gamma'^{i}_{jkl}=\frac{\partial x'^i}{\partial x^s}B'^{s}_{jkl}-\delta^i_j(\varphi'_{kl}-\varphi'_{lk})+\delta^i_k\varphi'_{jl}-\delta^i_l\varphi'_{jk}$$

ausgehen, welche mit Rücksicht auf (33) in einem beliebigen Variablensystem $x'^1,\ldots,x'^n$ gelten, wenn man zur Abkürzung

$$B'^{s}_{jkl}=\overline{\Gamma}^{s}_{pqr}\frac{\partial x^p}{\partial x'^j}\frac{\partial x^q}{\partial x'^k}\frac{\partial x^r}{\partial x'^l},\qquad s\leqq m,\qquad \varphi'_{kl}=\varphi_{pq}\frac{\partial x^p}{\partial x'^k}\frac{\partial x^q}{\partial x'^l}$$

setzt. Man erhält dann den folgenden

Satz. *Eine notwendige Bedingung dafür, daß ein Raum A_n $(n-m-1)$-fach subprojektiv ist, besteht darin, daß sein Krümmungstensor die Gestalt*

$$\Gamma^{i}_{jkl}=a^i_sB^s_{jkl}-\delta^i_j(\psi_{kl}-\psi_{lk})+\delta^i\psi_{jl}-\delta^i_l\psi_{jk},\qquad s\leqq m\tag{37''}$$

annimmt.

Offensichtlich läßt sich durch rein algebraische Methoden entscheiden, ob dies zutrifft oder nicht. Wenn $i\leqq m$ ist, kann man $a^i_s=\delta^i_s$ annehmen, da dies nur darauf hinauskommt, als neue B^i_{jkl} die Linearkombinationen $a^i_sB^s_{jkl}$ einzuführen.

Wir betrachten jetzt das System partieller Differentialgleichungen

$$X_s f = a_s^i \frac{\partial f}{\partial x^i} = \frac{\partial f}{\partial x^s} + a_s^\beta \frac{\partial f}{\partial x^\beta} = 0, \qquad s \leqq m,\ \beta > m.$$

Dieses System muß vollständig integrabel sein, wenn der Raum A_n subprojektiv von der Ordnung $n - m - 1$ sein soll. Dann müssen $n - m$ unabhängige Lösungen $y^\alpha\,(\alpha > m)$ vorhanden sein. Als Funktionen der $x^1, \ldots, x^n$ genügen sie den Gleichungen

$$X_s y^\alpha = \frac{\partial y^\alpha}{\partial x^s} + a_s^\beta \frac{\partial y^\alpha}{\partial x^\beta} = 0, \qquad s = 1, \ldots, m \tag{37'''}$$

mit den Integrabilitätsbedingungen

$$\frac{\partial a_s^\alpha}{\partial x^p} - \frac{\partial a_p^\alpha}{\partial x^s} + a_p^\varrho \frac{\partial a_s^\alpha}{\partial x^\varrho} - a_s^\varrho \frac{\partial a_p^\alpha}{\partial x^\varrho} = 0, \qquad s, p \leqq m;\ \alpha, \varrho > m. \tag{37^{IV}}$$

Ergänzt man die y^α durch weitere Funktionen $y^i\ (i \leqq m)$ der Variablen $x^1, \ldots, x^n$, so kommt man auf ein Variablensystem $y^1, \ldots, y^n$, in welchem die Komponenten des Zusammenhangs durch die Gleichungen (32^{IV}) gegeben sind, wobei die φ_s jetzt gewisse Funktionen der Veränderlichen $y^1, \ldots, y^n$ darstellen. Aus dem Transformationsgesetz des affinen Zusammenhangs des Raumes A_n ergeben sich jetzt bei Übergang von den Veränderlichen $x^1, \ldots, x^n$ zu den Veränderlichen $y^1, \ldots, y^n$ die Gleichungen

$$\frac{\partial^2 y^\alpha}{\partial x^i \partial x^j} = -\frac{\partial y^\alpha}{\partial x^i}\psi_j - \frac{\partial y^\alpha}{\partial x^j}\psi_i - \Gamma_{ij}^l \frac{\partial y^\alpha}{\partial x^l} \qquad \left(\psi_i = \varphi_l \frac{\partial y^l}{\partial x^i}\right),$$

wobei die ψ_i gewisse Funktionen der Variablen $x^1, \ldots, x^n$ bezeichnen, die man passend bestimmen muß. Diese Gleichungen gelten notwendig gleichzeitig mit (37'''). So bekommen wir für $i, j > m$ die Gleichungen

$$\frac{\partial^2 y^\alpha}{\partial x^\beta \partial x^\gamma} = -\frac{\partial y^\alpha}{\partial x^\beta}\psi_\gamma - \frac{\partial y^\alpha}{\partial x^\gamma}\psi_\beta - (\Gamma_{\beta\gamma}^\varrho - a_s^\varrho \Gamma_{\beta\gamma}^s)\frac{\partial y^\alpha}{\partial x^\varrho}, \tag{37^{V}}$$

während sie uns für $i \leqq m$ zusammen mit den Ableitungen von (37) auf endliche Beziehungen führen. Um diese Relationen aufzuschreiben und die Symbolik zu vereinfachen, werden wir $y_i^\alpha = \dfrac{\partial y^\alpha}{\partial x^i}$ setzen und die vorstehenden Gleichungen in die Gestalt

$$y_{i,j}^\alpha = -y_i^\alpha \psi_j - y_j^\alpha \psi_i \qquad \left(y_{i,j}^\alpha = \frac{\partial y_i^\alpha}{\partial x^j} + \Gamma_{ij}^l y_l^\alpha\right)$$

setzen, wobei die $y_{i,j}^\alpha$ kovariante Ableitungen bedeuten. Leiten wir andererseits die Beziehung (37''') ab und berücksichtigen, daß $a_s^i = \delta_s^i\ (i \leqq m)$ gilt, so können wir

$$a_{s,j}^i y_i^\alpha + a_{s,j}^\beta y_\beta^\alpha + y_{s,j}^\alpha + a_s^\beta y_{\beta,j}^\alpha = 0, \qquad i, s = 1, \ldots, m$$

schreiben, wobei die $a^i_{s,j}$, $a^\beta_{s,j}$ kovariante Ableitungen bezeichnen. Durch Elimination der Ableitungen $y^\alpha_{s,j}$, $y^\alpha_{\beta,j}$ mit Hilfe der vorstehenden Gleichungen und mit Rücksicht auf (37''') (die Determinante $|y^\alpha_\beta|$ verschwindet nicht), bekommen wir die Bedingungen

$$\begin{aligned} &a^\beta_{s,p} - a^i_{s,p} a^\beta_i + a^\beta_p \Phi_s = 0 \qquad (\Phi_s = \psi_s + a^\beta_s \psi_\beta), \\ &a^\beta_{s,\lambda} - a^i_{s,\lambda} a^\beta_i - \delta^\beta_\lambda \Phi_s = 0, \qquad i, s \leqq m, \end{aligned} \tag{37^{VI}}$$

die ein endliches Bedingungssystem für die Komponenten des Zusammenhangs des Raumes A_n und die Ableitungen der Größen a^β_s darstellen. Die zweiten dieser Gleichungen lassen sich für $\beta = \lambda$ nach den Φ_s auflösen, und die Φ_s lassen sich also mit Hilfe der anderen der Gleichungen (37^{IV}) eliminieren.

Das Problem reduziert sich somit darauf, die Integrabilitätsbedingungen der Gleichungen (37''') und (37^{V}) zusammen mit den endlichen Bedingungen (37^{IV}) und (37^{VI}) nach passender Bestimmung der Funktionen Φ_s und ψ_α aufzustellen.

Was die Gleichungen (37^{V}), dargestellt in Funktionen y^α ($\alpha > m$) der x^α, anbetrifft, so sieht man leicht, daß ihre Integrabilitätsbedingungen für $n - m > 2$ durch den Umstand gegeben sind, daß der Weylsche Tensor des Raumes $\bar{A}_{n-m}$, dessen Zusammenhang durch die Gleichungen

$$\bar{\Gamma}^\alpha_{\beta\gamma} = \Gamma^\alpha_{\beta\gamma} - \Gamma^s_{\beta\gamma} a^\alpha_s$$

gegeben ist, verschwindet. So bekommen wir den

Satz. *Damit ein Raum A_n vom Krümmungstensor* (37'''), *dessen zugehöriges System* (37''') *vollständig ist, einen subprojektiven Raum der Ordnung $n - m - 1$ darstellt, muß der Raum $\bar{A}_{n-m}$ projektiv-euklidisch sein.*

Andere Integrabilitätsbedingungen ergeben sich, wenn man (37^{V}) nach x^i ableitet ($i \leqq m$) und (37''') berücksichtigt.

Wir wollen diese Bedingungen nicht aufschreiben, sondern nur bemerken, daß im Fall $a^\beta_s = 0$, d. h., wenn (37''') integriert vorliegt, die Bedingungen (37^{IV}) identisch erfüllt sind und die Gleichungen (37^{VI}) in der Gestalt

$$\Gamma^\alpha_{sp} = 0, \quad \Gamma^\alpha_{\beta p} = -\delta^\alpha_\beta \psi_p$$

geschrieben werden können. Bringt man noch die ψ_p durch eine projektive Transformation des Zusammenhanges zum Verschwinden, so erweist sich der Raum A_n als subprojektiv von der Ordnung $n - m - 1$, sofern die $\Gamma^\alpha_{\beta\gamma}$ von x^i unabhängig sind ($i \leqq m$) und der Weylsche Tensor des Raumes $\bar{A}_{n-m}$ verschwindet.

Das Problem von Adati. Die vorhergehenden Überlegungen lassen sich auf das Problem von Adati[10]) anwenden. Dieses besteht darin, Bedingungen anzugeben, unter welchen der Raum A_n, dessen Zusammenhang durch

$$\Gamma^i_{jk} = \delta^i_j \varphi_k + \delta^i_k \varphi_j + p_{jk} v^i, \qquad p_{jk} = p_{kj} \tag{37^{VII}}$$

[10]) Vgl. J. A. Schouten, Ricci-Calculus, Springer-Verlag, Berlin/Göttingen/Heidelberg 1954, S. 321.

gegeben ist, ein subprojektiver Raum ist. Dabei sind die φ_k, v^i und p_{ik} gewisse Funktionen der $x^1, \ldots, x^n$. Wenn $v^i = x^i$ ist, liegt offensichtlich ein subprojektiver A_n vor, da dann der Zusammenhang durch KAGANs Formeln (13) gegeben ist. Ebenso verhält es sich im Fall $v^\alpha = 0$ $(\alpha > 1)$, denn dann ist der Zusammenhang durch (16′) gegeben. Im allgemeinen Fall betrachten wir den Krümmungstensor des Zusammenhangs (37^{VII}).

Haben wir der Einfachheit halber durch eine projektive Transformation des Zusammenhangs das Verschwinden von φ_k erreicht, so kommt

$$\Gamma^i_{jkl} = v^i\left(\frac{\partial p_{jk}}{\partial x^l} - \frac{\partial p_{jl}}{\partial x^k} + p_{rk}p_{jl}v^r - p_{rl}p_{jk}v^r\right) + \frac{\partial v^i}{\partial x^l}p_{jk} - \frac{\partial v^i}{\partial x^k}p_{jl}.$$

Nun sei v^i den Bedingungen

$$\frac{\partial v^i}{\partial x^k} = \varrho\,\delta^i_k + \varrho_k v^i \qquad (37^{\text{VIII}})$$

unterworfen mit beliebigen Funktionen ϱ, ϱ_k. Diese Bedingungen enthalten die von ADATI angegebenen, wobei man links $\frac{\partial v^i}{\partial x^k}$ durch die kovarianten Ableitungen

$$v^i_k = \frac{\partial v^i}{\partial x^k} - \Gamma^i_{rk}v^r = \frac{\partial v^i}{\partial x^k} - \varphi_k v^i - p_{rk}v^r v^i - \delta^i_k\varphi_r v^r$$

zu ersetzen hat, da die Terme, die man links in (37^{VIII}) hinzuzufügen hat, von gleicher Gestalt sind wie die auf der rechten Seite derselben Formeln. Nach S. 268 des ersten Bandes erweist sich v^i als torsenbildender Vektor.[11]) Man bekommt jetzt

$$\Gamma^i_{jkl} = v^i A_{jkl} + \delta^i_l p_{jk} - \varrho\,\delta^i_k p_{jl}$$

mit

$$A^i_{jkl} = \frac{\partial p_{jk}}{\partial x^l} - \frac{\partial p_{jl}}{\partial x^k} + p_{jl}p_{rk}v^r - p_{jk}p_{rl}v^r + \varrho_l p_{jk} - \varrho_k p_{jl},$$

und der Krümmungstensor ist also offenbar durch Gleichungen der Gestalt (37″) gegeben, worin jetzt der Vektor v^i die Rolle der m Vektoren a^i_s spielt. Der Raum (37^{VII}) ist dann ein KAGANscher subprojektiver Raum. Ist umgekehrt der Krümmungstensor des Zusammenhangs (37^{VII}) von der Gestalt (37″) mit v^i an Stelle der a^i_s, so besagen uns die Bedingungen (37^{VI}), daß der Vektor v^i den Gleichungen (37^{VIII}) genügen muß, welche also ein notwendiges und hinreichendes Bedingungssystem dafür abgeben, daß der Krümmungstensor die Gestalt (37″) hat. Indem man einen Zusammenhang der Gestalt

$$\Gamma^i_{jk} = \delta^i_j\varphi_k + \delta^i_k\varphi_j + a^i_s p^s_{jk}, \qquad s = 1, \ldots, m$$

betrachtet, kann man das Problem von ADATI verallgemeinern und Bedingungen suchen, unter welchen dieser Zusammenhang der eines subprojektiven Raumes

---

11) Vgl. Fußnote (10) auf S. 144 des ersten Bandes.

der Ordnung $n - m - 1$ ist, was darauf hinauskommt, Bedingungen zu suchen, unter welchen der Krümmungstensor die Gestalt (37″) gewinnt, wenn man die oben getroffenen Überlegungen anwenden kann.

§ 3 Riemannsche teilweise projektive Räume V_n

Projektive Riemannsche Räume. Wir betrachten einen projektiven Riemannschen Raum V_n, auf welchem ein Variablensystem von der Beschaffenheit existiert, daß $n - 1$ der Gleichungen seiner Geodätischen linear sind. Dann gibt es einen Vektor φ_k, so daß man aus den Formeln (7′) die Beziehungen

$$\left\{{i \atop jk}\right\} = \delta^i_j \varphi_k + \delta^i_k \varphi_j \tag{38}$$

erhält, wobei die $\left\{{i \atop jk}\right\}$ Christoffels Symbole zweiter Art des V_n bezeichnen (vgl. S. 227 des ersten Bandes).

Den Gleichungen (38) sind die Gleichungen

$$\frac{\partial a_{ij}}{\partial x^k} = 2a_{ij}\varphi_k + a_{ik}\varphi_j + a_{jk}\varphi_i \tag{38′}$$

äquivalent. Überdies gewinnen Riemanns Symbole zweiter Art R^i_{jkl} des V_n mit Rücksicht auf (38) die Gestalt

$$R^i_{jkl} = -\delta^i_j(\varphi_{kl} - \varphi_{lk}) - \delta^i_k \varphi_{jl} + \delta^i_l \varphi_{jk}, \tag{38″}$$

wobei die φ_{kl} nach (29′) durch

$$\varphi_{kl} = \frac{\partial \varphi_k}{\partial x^l} - \varphi_k \varphi_l$$

gegeben sind. Wir zeigen jetzt, daß der Raum V_n konstante Krümmung hat. Dazu betrachten wir in dem V_n ein orthogonales Kongruenzensystem (λ) mit Riccis Vierzeigersymbolen

$$\gamma^a_{bcd} = R^i_{jkl}\lambda^a_i \mu^j_b \mu^k_c \mu^l_d = -\delta^a_b(\Phi_{cd} - \Phi_{dc}) - \delta^a_c \Phi_{bd} + \delta^a_d \Phi_{bc} \tag{39}$$

(vgl. S. 240 des ersten Bandes), wobei Φ_{cd} die Komponenten des Tensors φ_{kl} auf den Kongruenzen (λ) bezeichnen. Aus den Gleichungen (39) folgt, daß die γ^a_{bcd} gleich Null sind, wenn $a \neq b, c, d$ ist, dagegen gleich $-\Phi_{bd}$, sobald $a = c$ ist und a, b, d verschieden sind ($n \geqq 3$). Andererseits gilt auf Grund der schiefen Symmetrie der γ^a_{bcd} noch

$$\gamma^a_{bad} + \gamma^b_{aad} = 0,$$

und die Φ_{bd} verschwinden also, wenn $b \neq d$ und $n \geqq 3$ ist. Wenn $n = 2$ ist, verschwinden sie auch, da man

$$\gamma^1_{112} = -2\Phi_{12} + \Phi_{21} = 0, \quad \gamma^2_{221} = -2\Phi_{21} + \Phi_{12} = 0$$

und daher

$$\Phi_{12} = \Phi_{21} = 0$$

erhält. Wir nehmen jetzt an, daß $a = c$, $b = d$ und $a \neq b$ gilt. Wir werden so

$$\gamma^a_{bab} = \gamma^b_{aba} = -\Phi_{bb} = -\Phi_{aa}$$

bekommen und finden auf diese Weise Φ_{aa} unabhängig vom Indexwert a. Der Raum V_n ($n \geqq 3$) ist also ein isotroper Raum und daher nach dem Satz von SCHUR von konstanter Krümmung. Das gilt auch für $n = 2$, weil dann

$$\Phi_{bc} = -\delta^b_c k$$

gilt, wobei k die Krümmung des Raumes bezeichnet. Demnach besteht

$$\varphi_{ij} = \Phi_{bc} \lambda^b_i \lambda^c_j = -k a_{ij},$$

und die φ_{ij} sind also symmetrisch in i und j, und φ_i ist der Gradient eines Potentials φ; man hat also

$$\frac{\partial^2 \varphi}{\partial x^i \partial x^j} - \frac{\partial \varphi}{\partial x^i}\frac{\partial \varphi}{\partial x^j} = -k a_{ij} \tag{39'}$$

und bekommt durch Differentiation nach x^l mit Rücksicht auf (38')

$$\frac{\partial^3 \varphi}{\partial x^i \partial x^j \partial x^l} - 2\frac{\partial \varphi}{\partial x^i}\frac{\partial \varphi}{\partial x^j}\frac{\partial \varphi}{\partial x^l} = -\frac{\partial k}{\partial x^l} a_{ij} - 2k\left(a_{ij}\frac{\partial \varphi}{\partial x^l} + a_{il}\frac{\partial \varphi}{\partial x^j} + a_{jl}\frac{\partial \varphi}{\partial x^i}\right).$$

Alle diese Terme außer $a_{ij}\dfrac{\partial k}{\partial x^l}$ sind in i, j, l symmetrisch. Daher gilt notwendig

$$\frac{\partial k}{\partial x^l} a_{ij} = \frac{\partial k}{\partial x^j} a_{il}$$

und nach Überschieben mit a^{ir}

$$\frac{\partial k}{\partial x^l} \delta^r_j = \frac{\partial k}{\partial x^j} \delta^r_l,$$

was nur für konstantes k möglich ist. So bekommen wir einen

Satz von WEYL. *Ein projektiver* RIEMANN*scher Raum ist ein Raum konstanter Krümmung.*

Auch die Umkehrung gilt: Ein RIEMANNscher Raum von konstanter Krümmung ist ein projektiver Raum. Die Behauptung kommt darauf hinaus, daß die Gleichungen (38') und (39') mit $k = \text{const}$ in a und φ kompatibel sind. Ist nämlich die Krümmung nicht Null, so sind die Komponenten a_{ij} des metrischen Tensors des V_n durch die Gleichungen

$$a_{ij} = \frac{1}{k}\left(\frac{\partial \varphi}{\partial x^i}\frac{\partial \varphi}{\partial x^j} - \frac{\partial^2 \varphi}{\partial x^i \partial x^j}\right)$$

gegeben, und φ muß so gewählt werden, daß diese Werte (38) befriedigen. Setzt man

$$\varphi = -\frac{1}{2}\lg\theta,$$

so muß θ zufolge (38′) ein Polynom zweiten Grades in $x^1, \ldots, x^n$ sein. Ein RIEMANNscher Raum V_n konstanter nichtverschwindender Krümmung ist also immer ein projektiver Raum, und seine metrischen Fundamentalkomponenten sind in projektiven Veränderlichen durch die Gleichungen

$$a_{ij} = \frac{1}{4k}\left(\frac{2}{\theta}\frac{\partial^2\theta}{\partial x^i\partial x^j} - \frac{1}{\theta^2}\frac{\partial\theta}{\partial x^i}\frac{\partial\theta}{\partial x^j}\right) \tag{40}$$

gegeben, wobei θ ein Polynom zweiten Grades ist.

Im Fall eines Raumes mit verschwindender Krümmung ergibt sich aus (39′)

$$\frac{\partial^2\varphi}{\partial x^i\partial x^j} = \frac{\partial\varphi}{\partial x^i}\frac{\partial\varphi}{\partial x^j},$$

welche Gleichungen man durch

$$\varphi = -\lg u$$

befriedigen kann, wobei u eine in den Veränderlichen $x^1, \ldots, x^n$ lineare Funktion ist. Beachtet man diesen Umstand in den Gleichungen (38′), so schreiben sich diese

$$\frac{\partial}{\partial x^k}(u a_{ij}) = -a_{ij}u_k - a_{ik}u_j - a_{jk}u_i.$$

Setzt man jetzt

$$u a_{ij} = \left(\frac{v}{u}\right)_{ij} = \frac{1}{u}\frac{\partial^2 v}{\partial x^i\partial x^j} - \frac{1}{u^2}\frac{\partial v}{\partial x^i}\frac{\partial u}{\partial x^j} - \frac{1}{u^2}\frac{\partial v}{\partial x^j}\frac{\partial u}{\partial x^i} + 2\frac{v}{u^3}\frac{\partial u}{\partial x^i}\frac{\partial u}{\partial x^j},$$

so muß v ein Polynom zweiten Grades sein und hat daher

$$a_{ij} = \frac{1}{u}\left(\frac{v}{u}\right)_{ij}, \tag{40′}$$

worin u ein in $x^1, \ldots, x^n$ lineares und v ein quadratisches Polynom ist. Man bemerkt noch, daß das Polynom v durch diese Gleichungen noch nicht vollständig bestimmt ist, sofern man v stets durch $\bar{v} = v + \eta u$ ersetzen kann, wobei η ein lineares Polynom darstellt. Ist daher P_0 $(x_0^1, \ldots, x_0^n)$ ein fester Punkt, der nicht auf der Hyperebene $u = 0$ liegt, so kann man es so einrichten, daß $v = 0$ ein Kegel mit dem Scheitel P_0 wird.

Demnach können wir den Satz von KAGAN formulieren: *Die Komponenten des metrischen Tensors eines V_n von konstanter Krümmung $k \neq 0$ drücken sich in projektiven Koordinaten durch die Gleichungen* (40) *aus, wobei θ ein Polynom zweiten Grades ist. Wenn $k = 0$ ist, sind die Gleichungen* (40′) *für die a_{ij} des Raumes* *verbindlich, wobei v ein in $x^i - x_0^i$ homogenes Polynom zweiten Grades bezeichnet und u ein lineares, das in $P_0(x_0^i)$ nicht verschwindet.*

Nun sei die Funktion θ, die in die Gleichungen (40) eingeht, auf die Quadratsumme

$$\varepsilon_1(x^1)^2 + \cdots + \varepsilon_n(x^n)^2 + \varepsilon_0 = 0$$

reduziert mit Koeffizienten $\varepsilon_1, \ldots, \varepsilon_n, \varepsilon_0 = -1, 0, +1$. Da im Ursprung

$$(a_{ij})_0 = \frac{1}{\varepsilon_0 k} \varepsilon_i \delta_j^i$$

gilt, ergibt sich, daß die Metrik a_{ij} nur dann positiv definit ausfällt, wenn keines der ε verschwindet und ε_i und ε_0 das gleiche Vorzeichen wie die Krümmung k haben. Ist also $k > 0$, so kann man die (imaginäre) Hyperquadrik $\theta = 0$ in der Gestalt

$$\theta = (x^1)^2 + \cdots + (x^n)^2 + 1 = 0 \tag{40''}$$

schreiben, während sie für $k < 0$ reell ausfällt:

$$(x^1)^2 + \cdots + (x^n)^2 - 1 = 0. \tag{40'''}$$

Für $\theta = 0$ sind die Komponenten a_{ij} nicht mehr beschränkt. $\theta = 0$ ist daher die absolute Maßhyperfläche des Raumes konstanter nichtverschwindender Krümmung.

Man sieht, daß die Automorphismengruppe eines RIEMANNschen Raumes konstanter Krümmung gleichzeitig eine Untergruppe der projektiven Gruppe ist. Es handelt sich um die Gruppe, welche die kanonischen Formen der absoluten Hyperquadriken (40'') und (40''') invariant läßt, und man gewinnt so wieder das Ergebnis, daß diesen Gruppen $\frac{n(n+1)}{2}$ Parameter zukommen (vgl. § 4 des fünften Kapitels im ersten Band).

Sind A und B zwei Punkte des auf projektive Koordinaten bezogenen Raumes V_n und M und N die Durchstoßpunkte der Geraden AB durch die absolute Hyperquadrik $\theta = 0$, so ist das Doppelverhältnis $(ABMN)$ dieser vier Punkte eine Invariante der projektiven Transformationen, welche die absolute Hyperquadrik invariant lassen, und daher eine Invariante des Raumes V_n. Man gewinnt so leicht den Zusammenhang dieser Invarianten mit dem Abstand δ der beiden Punkte A und B durch die Formel

$$\delta = c \lg (ABMN),$$

wobei c eine beliebige nicht verschwindende Konstante bedeutet. Darin liegt CAYLEYS Deutung der Metrik eines Raumes von konstanter Krümmung.[12]) Die

[12]) Vgl. L. BIANCHI, Lezioni sulla teoria dei gruppi continui finiti, Bologna 1928, S. 537.

Gleichungen (40) bleiben ungeändert, wenn θ durch $-\theta$ ersetzt wird, und man kann daher immer θ positiv annehmen und in kanonischen Koordinaten

$$\theta = 1 + \varepsilon[(x^1)^2 + \cdots + (x^n)^2], \varepsilon = \pm 1$$

schreiben. Dann erhalten die Gleichungen (40) die Gestalt

$$a_{ij} = \frac{1}{k\sqrt{\theta}} \cdot \frac{\partial^2 \sqrt{\theta}}{\partial x^i \partial x^j}.$$

Was die Gleichungen (40′) angeht, welche die metrischen Komponenten eines V_n verschwindender Krümmung bestimmen, so kann man für diese $u = 0$ oder auch $u^2 = 0$ als absolute Mannigfaltigkeit ansehen, nämlich als Hyperquadrik, die in eine Doppelhyperebene zerfallen ist. Wählt man insbesondere u konstant, d. h., ist $u = 0$ die Fernhyperebene, und reduziert v auf eine Quadratsumme, so kann man $a_{ij} = \pm \delta_{ij}$ erreichen und die Metrik des V_n auf die kanonische euklidische Form zurückführen.

Subprojektive Riemannsche Räume. Wir nehmen an, daß ein subprojektiver Riemannscher Raum V_n gegeben sei und daß demnach die Differentialgleichungen der geodätischen Linien

$$\frac{d^2 x^i}{ds^2} + \left\{ {i \atop jk} \right\} \frac{dx^j}{ds} \frac{dx^k}{ds} = 0 \tag{41}$$

dieses Raumes die Schar erster Integrale (21′) gestatten. Die Christoffel-Symbole genügen dann den Bedingungen

$$\left\{ {\alpha \atop jk} \right\} = \delta_j^\alpha \varphi_k + \delta_k^\alpha \varphi_j, \qquad \alpha = m+1, \ldots, n. \tag{41′}$$

Indem man in der Metrik des V_n die Veränderlichen $x^{m+1}, \ldots, x^n$ abtrennt, kann man

$$\begin{gathered} ds^2 = a_{ij} dx^i dx^j + 2 a_{i\alpha} dx^i dx^\alpha + a_{\alpha\beta} dx^\alpha dx^\beta, \\ i, j = 1, \ldots, m; \alpha, \beta = m+1, \ldots, n \end{gathered} \tag{42}$$

schreiben. Im Fall einer positiv definiten Metrik kann in V_n ein orthogonales Kongruenzensystem

$$ds^\alpha = \lambda_\beta^\alpha dx^\beta, \, dx^\beta = \mu_\alpha^\beta ds^\alpha$$

derart eingeführt werden, daß die $n - m$ letzten Kongruenzen Tangenten der Mannigfaltigkeiten $x^\alpha = \text{const}$ sind und man also

$$ds^2 = (ds^1)^2 + \cdots + (ds^m)^2 + (ds^{m+1})^2 + \cdots + (ds^n)^2 \tag{42′}$$

bekommt. Die Momente und Parameter dieser orthogonalen Kongruenzen genügen den Bedingungen

$$\lambda_i^\alpha = \mu_i^\beta = 0, \qquad i \leqq m; \; \alpha, \beta > m. \tag{42″}$$

Unter diesen Voraussetzungen betrachten wir jetzt RICCIS Rotationskoeffizienten der n orthogonalen Kongruenzen (λ). Allgemein gilt

$$\gamma^a_{bc} = \left(\frac{\partial \lambda^a_i}{\partial x^j} - \left\{ {l \atop ij} \right\} \lambda^a_l \right) \mu^i_b \mu^j_c ,$$

mit Rücksicht auf (41′) und (42″) bekommen wir jedoch

$$\gamma^a_{bc} = \frac{\partial \lambda^a_\beta}{\partial x^i} \mu^\beta_b \mu^i_c - \delta^a_b \Phi_c - \delta^a_c \Phi_b \qquad (\Phi_c = \varphi_i \mu^i_c),$$

wobei die Φ_c die Komponenten des Vektors φ_c auf den Kongruenzen (λ) bezeichnen. Berücksichtigt man (42″), so ergeben sich die Formeln

$$\gamma^\alpha_{r\beta} = -\gamma^r_{\alpha\beta} = 0, \qquad \alpha \neq \beta .$$

Da im System orthogonaler Kongruenzen

$$w^a_{bc} = \gamma^a_{bc} - \gamma^a_{cb}$$

gilt, folgt $w^r_{\alpha\beta} = 0$, und das PFAFFsche System

$$ds^r = 0, \qquad r = 1, \ldots, m$$

ist vollständig integrabel (vgl. S. 39 im ersten Band). Man kann also ein Variablensystem $x^1, \ldots, x^m$ so wählen, daß

$$ds^r = \lambda^r_s dx^s, \qquad r, s \leqq m$$

gilt, und für dieses Variablensystem verschwinden die Komponenten $a_{r\alpha}$ der Metrik (42).

Man kann demnach den Satz aussprechen: *Ist ein RIEMANNscher Raum V_n subprojektiv von der Ordnung $n - m - 1$ in bezug auf die Veränderlichen $x^{m+1}, \ldots, x^n$ und seine Metrik positiv definit, so kann man die Variablen so wählen, daß die Metrik (42) die Gestalt*

$$ds^2 = a_{rs}\, dx^r\, dx^s + a_{\alpha\beta} dx^\alpha dx^\beta , \quad \alpha, \beta = m + 1, \ldots, n \tag{43}$$

gewinnt, so daß die Scharen von Mannigfaltigkeiten $dx^\alpha = 0$, $dx^r = 0$ in V_n orthogonal liegen.

Wir nehmen jetzt die Metrik des V_n in der reduzierten Gestalt (43) an und legen ihr die Bedingungen (41′) auf. Man hat dann für $j, k = 1, \ldots, m$

$$a^{\alpha\varrho}\, [\varrho, r\, s] = 0, \qquad \frac{\partial a_{rs}}{\partial x^\lambda} = 0,$$

und die Komponenten a_{rs} müssen daher von den projektiven Veränderlichen $x^{m+1}, \ldots, x^n$ unabhängig sein.

Was die Bedingungen (41′) im Fall $j, k = \beta, r$ oder $j, k = \beta, \gamma$ anbelangt, so hat man

$$\frac{\partial a_{\alpha\beta}}{\partial x^r} = 2\,a_{\alpha\beta}\varphi_r,$$
$$\frac{\partial a_{\alpha\beta}}{\partial x^\gamma} = 2a_{\alpha\beta}\varphi_\gamma + a_{\alpha\gamma}\varphi_\beta + a_{\beta\gamma}\varphi_\alpha. \tag{44}$$

Man kann demnach die ersten der Gleichungen (44) durch den Ansatz

$$a_{\alpha\beta} = \psi b_{\alpha\beta}$$

befriedigen, wobei ψ eine Funktion der Veränderlichen $x^1, \ldots, x^n$ bezeichnet und die $b_{\alpha\beta}$ von den Veränderlichen $x^1, \ldots, x^m$ unabhängig sind. Damit ergibt sich für die letzten der Gleichungen (44)

$$\frac{\partial \lg \psi}{\partial x^\gamma} b_{\alpha\beta} + \frac{\partial b_{\alpha\beta}}{\partial x^\gamma} = 2b_{\alpha\beta}\varphi_\gamma + b_{\alpha\gamma}\varphi_\beta + b_{\beta\gamma}\varphi_\alpha \tag{44′}$$

und durch weitere Differentiation nach x^r

$$\frac{\partial^2 \lg \psi}{\partial x^r\,\partial x^\gamma} b_{\alpha\beta} = 2b_{\alpha\beta}\frac{\partial \varphi_\gamma}{\partial x^r} + b_{\alpha\gamma}\frac{\partial \varphi_\beta}{\partial x^r} + b_{\beta\gamma}\frac{\partial \varphi_\alpha}{\partial x^r}. \tag{44″}$$

Setzt man $\alpha = \beta = \gamma$, so gewinnt man die Bedingungen

$$b_{\alpha\alpha}\left(\frac{\partial^2 \lg \psi}{\partial x^r\,\partial x^\alpha} - 4\frac{\partial \varphi_\alpha}{\partial x^r}\right) = 0$$

und damit

$$\frac{\partial^2 \lg \psi}{\partial x^r\,\partial x^\alpha} = 4\frac{\partial \varphi_\alpha}{\partial x^r},$$

sofern die $b_{\alpha\alpha}$ nicht verschwinden (das ist stets der Fall, wenn die Metrik $b_{\alpha\beta}dx^\alpha\,dx^\beta$ positiv definit vorausgesetzt wird). Aus (44″) wird dann

$$2b_{\alpha\beta}\frac{\partial \varphi_\gamma}{\partial x^r} = b_{\alpha\gamma}\frac{\partial \varphi_\beta}{\partial x^r} + b_{\beta\gamma}\frac{\partial \varphi_\alpha}{\partial x^r}$$

und durch Vertauschen von β und γ und Subtraktion

$$b_{\alpha\beta}\frac{\partial \varphi_\gamma}{\partial x^r} = b_{\alpha\gamma}\frac{\partial \varphi_\beta}{\partial x^r}.$$

Die φ_α sind demnach von den Veränderlichen x^r unabhängig und ψ von den Veränderlichen x^α. Auf diesem Weg erweisen die Formeln (44′) die Metrik

$$h = b_{\alpha\beta}dx^\alpha\,dx^\beta$$

als Metrik eines projektiven V_{n-m} und damit den Raum V_{n-m} als einen solchen von konstanter Krümmung. Nach KAGANs Formeln sind also die Komponenten $b_{\alpha\beta}$ durch die Gleichungen (40) oder (40′) gegeben, je nachdem, ob die Krümmung des Raumes V_{n-m} verschwindet oder nicht. Man erhält so den

Satz. *Die positiv-definite Metrik eines* RIEMANN*schen subprojektiven Raumes der Ordnung* $n - m - 1$ *kann auf die kanonische Gestalt*[13])

$$ds^2 = a_{ij}dx^i dx^j + \psi b_{\alpha\beta} dx^\alpha dx^\beta \tag{45}$$

reduziert werden, wobei ψ *und die Komponenten* a_{ij} *Funktionen der Veränderlichen* $x^1, \ldots, x^m$ *sind und die* $b_{\alpha\beta}$ *Komponenten einer in den Variablen* $x^{m+1}, \ldots, x^n$ *projektiven Metrik bezeichnen.*

Da nun ψ bei einer Variablentransformation der Gestalt

$$x'^i = x'^i(x^1, \ldots, x^m), \qquad i = 1, 2, \ldots, m,$$

$$x'^\alpha = x'^\alpha(x^{m+1}, \ldots, x^n), \qquad \alpha = m + 1, \ldots, n$$

invariant bleibt, zeigt sich, daß die Metrik (45) durch eine m-äre Metrik $a_{ij}dx^i dx^j$, durch eine $(n - m)$-äre Metrik $b_{\alpha\beta}dx^\alpha dx^\beta$ von konstanter Krümmung und durch eine Invariante $\psi(x^1, \ldots, x^m)$ charakterisiert wird.

Die quadratische Differentialform (45) kann auch in der Gestalt

$$ds^2 = \psi(k + h) \tag{45'}$$

geschrieben werden (k enthält die Veränderlichen $x^1, \ldots, x^m$, h ist von konstanter Krümmung). Sind die Maßbestimmungen k und h beide von der Krümmung Null, so kann man (45′) in die Gestalt

$$ds^2 = \psi(x^1, \ldots, x^m)\,[(dx^1)^2 + \cdots + (dx^n)^2]$$

setzen, wie SCHAPIRO angegeben hat, als ein Beispiel eines projektiven RIEMANNschen Raumes der Ordnung $n - m - 1$.

Wir haben bis jetzt den RIEMANNschen Raum V_n $(n - m - 1)$-fach projektiv vorausgesetzt, so daß die linearen Träger seiner geodätischen Kurven Projektionen der Geraden eines einzigen euklidischen E_{n-m} in V_n darstellen. Im allgemeinen Fall eines projektiven RIEMANNschen Raumes V_n der Ordnung $n - m - \sigma$ sind die linearen Träger seiner geodätischen Kurven die Projektionen der Geraden von σ euklidischen Räumen in den V_n, und dessen Metrik reduziert sich auf die Gestalt

$$ds^2 = a_{ij}dx^i dx^j + \psi^k h_k, \qquad k = 1, \ldots, \sigma, \tag{46}$$

wobei die a_{ij} und ψ^k Funktionen der $x^1, \ldots, x^m$ sind und die h_k mindestens binäre metrische Grundformen von Räumen konstanter Krümmung darstellen.

---

[13]) Vgl. Fußnote auf S. 7. Man kann auch zeigen, daß eine notwendige und hinreichende Bedingung, um (45) zu bekommen, lautet $|a_{ij}| \neq 0$. Für den Fall, daß wir in (42) $|a_{ij}| = 0$ haben, vgl. G. VRANCEANU, Metrik der teilweise projektiven Räume V_n, Revue de Math. pures et appl. 5 (1960), S. 211–227.

Offenbar ist die Metrik (46) durch eine beliebige m-äre Metrik, durch σ projektive Maßbestimmungen und durch σ invariante Funktionen $\psi^k(x^1, \ldots, x^m)$ charakterisiert.

$(n-2)$-fach projektive RIEMANNsche Räume. Wir betrachten noch kurz die Eigenschaften $(n-2)$-fach projektiver RIEMANNscher Räume. Die Metrik eines solchen Raumes schreibt sich

$$ds^2 = a(dx^1)^2 + \psi h, \tag{47}$$

worin a und ψ Funktionen der Veränderlichen x^1 ausdrücken und h eine $(n-1)$-äre Metrik konstanter Krümmung bedeutet.

Das ist der Fall einer positiv definitiven Metrik oder mehr allgemein der Fall $a_{11} \neq 0$. Im Fall $a_{11} = 0$, welcher mit dem sogenannten Ausnahmefall von KAGAN eintritt, kann man zeigen, daß die Metrik in der Form

$$ds^2 = \psi\,[2\,dx^1\,dx^2 + c_{\lambda\varrho}\,dx^\lambda\,dx^\varrho] \tag{46'}$$

geschrieben werden kann, wo $c_{\lambda\varrho}$ konstant sind.[14]

Durch eine Variablentransformation

$$\bar{x}^1 = \varphi(x^1)$$

bekommt man in (47)

$$\bar{a}\left(\frac{d\varphi}{dx^1}\right)^2 = a, \bar{\psi} = \psi,$$

und die Funktionen $\bar{a}(\bar{x}^1)$ und $\bar{\psi}(\bar{x}^1)$ werden gleich, wenn die Funktion φ so gewählt wird, daß

$$\psi\left(\frac{d\varphi}{d\,x^1}\right)^2 = a$$

gilt. Daher kann man (47) in der Gestalt

$$ds^2 = \psi[(dx^1)^2 + h] \tag{47'}$$

annehmen. Ist h von der Krümmung Null, so unterscheidet sich (47) nur durch einen Faktor von einer euklidischen Metrik und ist daher wie (46') eine konformeuklidische Metrik. Das gilt auch im Falle, daß die Krümmung der Metrik h nicht verschwindet, und wir bekommen den

Satz von RASCHEVSKY. *Ein RIEMANNscher projektiver Raum V_n der Ordnung $n-2$ ist eine konformeuklidischer Raum.*

Zum Beweis beschränken wir uns auf einen Raum mit negativer konstanter Krümmung $k = -1$. Für h gilt dann BELTRAMIS kanonische Form (vgl. Glei-

[14]) V. F. KAGAN, Der Ausnahmefall in der Theorie subprojektiver Räume, Trudy sem. Stekloff 2–3 (1935), S. 151–170. G. VRANCEANU, Metrica spatiitor riemanneie partial projective, ştiinţ. Inst. ped., Timişoara (1960).

chung (46) im fünften Kapitel des ersten Bandes)

$$h = \frac{(dx^2)^2 + \cdots + (dx^n)^2}{(x^2)^2},$$

so daß sich (47′) in der Gestalt

$$ds^2 = \frac{\psi(x^1)}{(x^2)^2} [(x^2)^2 (dx^1)^2 + (dx^2)^2 + \cdots + (dx^n)^2]$$

schreiben läßt. Führt man an Stelle der x^1, x^2 die neuen Veränderlichen

$$x = x^2 \cos x^1, \quad y = x^2 \sin x^1$$

ein, so entsteht die konformeuklidische Metrik

$$ds^2 = \frac{\psi\left(\operatorname{arctg} \frac{y}{x}\right)}{x^2 + y^2} [(dx)^2 + (dy)^2 + (dx^3)^2 + \cdots + (dx^n)^2]. \tag{47''}$$

Ist insbesondere h von der Krümmung Null, so läßt sich (47′) in der Gestalt

$$ds^2 = \psi(x^1) [(dx^1)^2 + \cdots + (dx^n)^2] \tag{48}$$

schreiben, wodurch man eine der von SCHAPIRO angegebenen metrischen Grundformen für einen $(n-2)$-fach projektiven RIEMANNschen Raum V_n erhält.

Nun sei h von nichtverschwindender Krümmung und ψ nicht konstant. Da ψ positiv sein muß, soll (47) positiv definit ausfallen, kann man $\psi = \varrho^2$ setzen. Man kann an Stelle von x^1 die Veränderliche ϱ einführen. Man erhält so die Metrik

$$ds^2 = A(\varrho)\, d\varrho^2 + \varrho^2 h \qquad \left(A = 4a \frac{\psi^2}{\psi'^2}\right). \tag{49}$$

Nun sei ferner h die Metrik einer Hypersphäre von der Gleichung

$$(u^1)^2 + \cdots + (u^n)^2 = \frac{1}{K}$$

und K die Krümmung dieser Metrik.

Indem man $y^i = \varrho u^i$ setzt, ergibt sich

$$(dy^1)^2 + \cdots + (dy^n)^2 = \frac{1}{K} d\varrho^2 + \varrho^2 [(du^1)^2 + \cdots + (du^n)^2] = \frac{1}{K} d\varrho^2 + \varrho^2 h$$

und daher an Stelle von (49)

$$\begin{gathered} ds^2 = (dy^1)^2 + \cdots + (dy^n)^2 + K^2 \left[A(\varrho) - \frac{1}{K}\right] \frac{(y^i dy^i)^2}{\varrho^2}, \\ \frac{\varrho^2}{K} = (y^1)^2 + \cdots + (y^n)^2, \end{gathered} \tag{49'}$$

das ist eine Metrik mit sphärischer Symmetrie, die auch von SCHUR und SCHAPIRO angegeben worden ist. Offensichtlich sind die Veränderlichen, die in (49′) eingehen, nur dann reell, wenn h von positiver Krümmung ist.

Die Differentialform (49′) ist eine Verallgemeinerung der Metrik

$$ds^2 = (dy^1)^2 + \cdots + (dy^n)^2 + \frac{K'}{1 - K'\varrho^2}(y^i dy^i)^2 \tag{49''}$$

einer Hypersphäre der Gleichung

$$(y^0)^2 + (y^1)^2 + \cdots + (y^n)^2 = \frac{1}{K'},$$

und (49′) fällt mit (49″) zusammen, sobald

$$K^2 A(\varrho) = K + \frac{K'\varrho^2}{1 - K'\varrho^2} \tag{49'''}$$

ist. Dieser Fall muß ausgeschlossen werden, wenn man vermeiden will, daß der V_n subprojektiv ist. Ist schließlich ψ in (47) eine Konstante, so bekommen wir die Metrik

$$ds^2 = (dx^1)^2 + h \tag{50}$$

und den

Satz. *Die Metrik eines* $(n - 2)$*-fach subprojektiven* RIEMANN*schen Raumes* V_n *ist entweder durch* (48) *gegeben oder durch eine der Gleichungen* (49), (50), *wenn die Krümmung von h konstant ist und nicht verschwindet.*

Unterscheidet man noch die Fälle konstanter positiver bzw. konstanter negativer Krümmung, so erhält man fünf Typen $(n - 2)$-fach subprojektiver Räume RIEMANNscher V_n mit positiv definiter Metrik, da zu jeder der metrischen Grundformen (49) und (50) zwei solche Raumtypen gehören.

§ 4 Die Klasse teilweise projektiver RIEMANNscher Räume V_n

Wir wollen jetzt die Klasse RIEMANNscher teilweise projektiver Räume V_n mit positiv definiter Metrik betrachten und beginnen damit zu zeigen, daß $(n - 2)$-fach projektive RIEMANNsche Räume von der Klasse 1 sind. Diese Eigenschaft teilen sie mit den Räumen konstanter Krümmung. Tatsächlich hatten wir (vgl. Gleichungen (41) des fünften Kapitels im ersten Band) für einen Raum konstanter Krümmung das Bestehen der Gleichungen

$$R_{ijkl} = K(a_{ik}a_{jl} - a_{il}a_{jk}) \tag{51}$$

nachgewiesen, wobei R_{ijkl} RIEMANNS Symbole erster Art und K die Krümmung des Raumes bezeichnen.

Ferner sagen uns die GAUSSschen Gleichungen (vgl. Gleichung (54) des fünften Kapitels des ersten Bandes), daß ein V_n von der Klasse 1 ist, sobald Komponenten

b_{ij} derart existieren, daß

$$R_{ijkl} = b_{ik} b_{jl} - b_{il} b_{jk} \tag{52}$$

gilt und überdies Symmetrie der kovarianten Ableitungen besteht,

$$b_{ij,k} = b_{ik,j}. \tag{52'}$$

Für einen V_n konstanter Krümmung dürfen wir also

$$b_{ij} = \sqrt{K}\, a_{ij} \tag{53}$$

setzen, und (52) ist dann auf Grund von (51) erfüllt. Auch (52′) ist dann erfüllt wegen

$$b_{ij,k} = a_{ij,k} = 0,$$

und damit ist für die V_n konstanter Krümmung die Klasse 1 nachgewiesen. Man muß jedoch bemerken, daß die durch (53) gegebenen Komponenten b_{ij} zwar reell sind, wenn die Krümmung K des Raumes positiv ist, jedoch rein imaginär, wenn K negativ ist. Wir fragen uns, ob es einen anderen Weg gibt, reelle b_{ij} auch im Fall negativer K verwenden zu können. Wir nehmen zu diesem Zweck an, die Metrik des V_n sei in der BELTRAMIschen kanonischen Form

$$ds^2 = \frac{(dx^1)^2 + \cdots + (dx^n)^2}{-K(x^1)^2}$$

gegeben, und bekommen dann aus (51) und (52)

$$b_{ik} b_{jl} - b_{il} b_{jk} = K^{-1}(x^1)^{-4}(\delta^i_k \delta^j_l - \delta^i_l \delta^k_j). \tag{53'}$$

Wenn $n \geqq 3$ ist, bekommen wir Beziehungen der Gestalt[15])

$$b_{11} b_{22} - b_{12}^2 \quad = K^{-1}(x^1)^{-4},$$

$$b_{11} b_{23} - b_{12} b_{13} = 0,$$

$$b_{22} b_{13} - b_{12} b_{23} = 0,$$

nach welchen b_{13}, b_{23} und allgemeiner b_{ij} $(i \neq j)$ verschwinden und (53′) in

$$b_{ii} b_{jj} = K^{-1}(x^1)^{-4}$$

verwandelt wird. Damit ergibt sich

$$b_{11}^2 b_{22}^2 b_{33}^2 = K^{-3}(x^1)^{-12},$$

Für $K < 0$ und $n \geqq 3$ können daher die b_{ij} unmöglich reell sein, da die rechte Seite der letzten Gleichung negativ ist. Die „reelle" Klasse eines V_n $(n \geqq 3)$ konstanter negativer Krümmung ist daher notwendig größer als 1.

---

[15]) Der Fall $n = 2$ kann unberücksichtigt bleiben, da jeder V_2 bekanntlich von der reellen Klasse 1 ist.

Satz von Weise. Man kann zeigen, daß die reelle Klasse eines Riemannschen V_n von konstanter negativer Krümmung höchstens gleich $n - 1$ ist. Setzt man nämlich in der metrischen Grundform von Beltrami $\varrho = \frac{1}{\sqrt{-K}\, x^1}$, so entsteht

$$ds^2 = \frac{d\varrho^2}{-K\varrho^2} + \varrho^2[(dx^2)^2 + \cdots + (dx^n)^2],$$

und wir können

$$ds^2 = \frac{d\varrho^2}{-K\varrho^2} - (n-1)\alpha^2 d\varrho^2 + \alpha^2 d\varrho^2 + \varrho^2(dx^2)^2 + \cdots + \alpha^2 d\varrho^2 + \varrho^2(dx^n)^2$$

mit konstantem α schreiben. Setzen wir dann

$$y^i = \alpha\varrho\cos\frac{x^i}{\alpha}, \quad z^i = \alpha\varrho\sin\frac{x^i}{\alpha}, \qquad i = 2, \ldots, n,$$

so bekommen wir

$$ds^2 = \left[\frac{1}{-K\varrho^2} - (n-1)\alpha^2\right] d\varrho^2 + (dy^2)^2 + (dz^2)^2 + \cdots + (dy^n)^2 + (dz^n)^2.$$

Diese Differentialform ist jedoch die Metrik eines euklidischen $(2n - 1)$-dimensionalen Raumes und als solche positiv definit, wenn

$$\frac{1}{-K\varrho^2} - (n-1)\alpha^2 > 0$$

oder wenn

$$\varrho < \frac{1}{\alpha\sqrt{-K(n-1)}}$$

ist. Wir bekommen so den

Satz von K. H. Weise.[16]) *Die reelle Klasse eines Riemannschen Raumes V_n von konstanter negativer Krümmung ist höchstens gleich $n - 1$.*

Darüber hinaus hat Liber und Otsuki[17]) bewiesen, daß die reelle Klasse eines Riemannschen Raumes V_n $(n \geqq 3)$ von konstanter negativer Krümmung genau gleich $n - 1$ ist.

Die Klasse der subprojektiven Riemannschen Räume V_n der Ordnung $n - 2$. Um zu zeigen, daß die subprojektiven Riemannschen Räume der Ordnung $n - 2$ von der Klasse 1 sind, muß man zeigen, daß jede der metrischen Grundformen (48), (49) und (50) von der Klasse 1 ist.

---

[16]) Vgl. K. H. Weise, Beiträge zum Klassenproblem der quadratischen Differentialformen, Math. Ann. **110** (1935), S. 522.

[17]) Vgl. A. E. Liber, J. Univ. Saratow **1** (14) (1938), S. 105—122; und T. Otsuki, Isometric imbedding of Riemann manifolds in a Riemann manifold, J. Math. Soc. Japan **6** (1954), S. 221—233.

Man sieht dies unmittelbar von der Metrik (50), sofern deren Klasse durch die Form h bestimmt ist. Die Metrik (50) ist aus diesem Grunde von der reellen Klasse 1, wenn h von konstanter positiver Krümmung ist und von der reellen Höchstklasse $n-2$, wenn h von negativer konstanter Krümmung ist. Um die Klasse 1 für die Metrik (49) nachzuweisen, schreiben wir sie in der Form (49') und setzen mit SCHAPIRO

$$y^0 = F[(y^1)^2 + \cdots + (y^n)^2]. \tag{54}$$

Danach kann diese Metrik (49) offensichtlich als Metrik der Hyperfläche (54) in einem euklidischen Raum

$$ds^2 = (dy^1)^2 + \cdots + (dy^n)^2 + (dy^0)^2$$

angesehen werden, wenn

$$4F'^2(\varrho) = \frac{K^2}{\varrho^2}\left[A(\varrho) - \frac{1}{K}\right]$$

gilt, was im komplexen Gebiet immer möglich ist. Demnach ist (49) von der Klasse 1. Es folgt, daß (49) von der reellen Klasse 1 ist, wenn h von positiver Krümmung ist und wenn $A(\varrho) > \frac{1}{K}$, d. h. wenn

$$\psi'^2 < 4Ka\psi^2$$

ist. Diese Beziehung gilt jedoch immer, wenn man sich auf die Nachbarschaft einer Nullstelle von ψ' beschränkt. Darüber hinaus ist (49) von der Klasse Null, sobald

$$\psi'^2 = 4Ka\psi^2$$

gilt und V_n ein euklidischer Raum ist in Übereinstimmung mit (49'') für $K' = 0$. Wir gehen jetzt zur Metrik (48) über und nehmen an, daß diese in der Gestalt (49), also durch

$$ds^2 = A(\varrho)\,d\varrho^2 + \varrho^2[(dx^2)^2 + \cdots + (dx^n)^2], \quad A\psi'^2 = 4\psi^2 \tag{55}$$

gegeben ist. Wir setzen

$$y^i = \varrho x^i, \qquad i = 2, \ldots, n$$

und bekommen

$$ds^2 = (dy^2)^2 + \cdots + (dy^n)^2 + A(\varrho)\,d\varrho^2 - 2\varrho x^i dx^i d\varrho - x^i x^i d\varrho^2.$$

An Stelle der letzten drei Terme können wir den Ausdruck

$$(dy^1)^2 - (dy^0)^2$$

einführen, indem wir

$$y^1 = y^0 + \varrho, \quad 2y^0 = \int [A(\varrho) - 1]\,d\varrho - \varrho x^i x^i$$

ansetzen. Damit ist auch von der Metrik (48) die Klasse 1 nachgewiesen, sofern es sich um die Metrik einer Hyperfläche im Raum $E_{n+1}(y^0, y^1, \ldots, y^n)$ handelt. Doch ist die Metrik in E_{n+1} indefinit und die Klasse daher offensichtlich nicht reell. Der Satz von WEISE läßt sich auch auf Räume V_n der Metrik (48) ausdehnen. Tatsächlich läßt sich diese Metrik, wenn man von der Gestalt (55) ausgeht,

$$ds^2 = [A(\varrho) - \alpha^2(n-1)]\, d\varrho^2 + (dy^2)^2 + (dz^2)^2 + \cdots + (dy^n)^2 + (dz^n)^2 \quad (56)$$

schreiben, wobei

$$y^i = \alpha\varrho \cos\frac{x^i}{\alpha}, \qquad z^i = \alpha\varrho \sin\frac{x^i}{\alpha}$$

mit konstantem α gesetzt worden ist. Die Metrik (56) ist offensichtlich euklidisch positiv-definit, sobald

$$\psi'^2 < \frac{4\psi^2}{(n-1)\alpha^2}$$

ist. Daher folgt, daß die Metrik (48) höchstens von der Klasse $n - 1$ ist.

Im Fall $\psi = ce^{px^1}$ mit konstantem c und p ist (48) höchstens von der reellen Klasse $n - 2$, da der Koeffizient von $d\varrho^2$ in (56) zum Verschwinden gebracht werden kann, indem man α die Bedingung

$$(n-1)\,\alpha^2 p^2 = 4$$

auferlegt. Man erhält das Ergebnis: *Die Maßbestimmungen* (48) *mit* $\psi = ce^{px^1}$ *sind höchstens von der reellen Klasse* $n - 2$.

Dies kommt auch darauf hinaus zu sagen, die Maßbestimmungen

$$p^2 d\varrho^2 + \varrho^2[(dx^2) + \cdots + (dx^n)^2] \quad (57)$$

mit konstantem $p \neq 0$ seien höchstens von der reellen Klasse $n - 2$. Das gilt z. B. im Spezialfall auch von der ternären Metrik

$$e^{px^1}[(dx^1)^2 + (dx^2)^2 + (dx^3)^2]; \quad (58)$$

sie ist von der reellen Klasse 1.

Wir zeigen jetzt, daß der einzige Raum (48) der reellen Klasse 1 durch die Gleichung (58) charakterisiert wird. Dazu betrachten wir eine konformeuklidische Metrik der Gestalt

$$ds^2 = \frac{1}{u^2}[(dx^1)^2 + \cdots + (dx^n)^2], \qquad u = u(x^1, \ldots, x^n). \quad (59)$$

Ihre CHRISTOFFEL-Symbole erster Art sind durch

$$[ij, k] = 0, \quad i \neq j \neq k, \quad [ij, i] = -\frac{u_j}{u^3},$$

$$[ii, j] = \frac{u_j}{u^3}, \quad [ii, i] = -\frac{u_i}{u^3} \quad \left(u_i = \frac{\partial u}{\partial x^i}\right)$$

gegeben und diejenigen zweiter Art durch

$$\left\{{k \atop ij}\right\} = 0, \quad i \neq j \neq k, \quad \left\{{i \atop ij}\right\} = -\frac{u_j}{u},$$

$$\left\{{j \atop ii}\right\} = \frac{u_j}{u}, \quad \left\{{i \atop ii}\right\} = -\frac{u_i}{u}.$$

Für RIEMANNS Symbole zweiter Art errechnet man nach § 4 des fünften Kapitels des ersten Bandes

$$R^i_{jkl} = 0, \quad i \neq j \neq k \neq l, \quad R^i_{jil} = \frac{u_{jl}}{u}, \quad \left(u_{jl} = \frac{\partial^2 u}{\partial x^j \, \partial x^l}\right),$$

$$R^i_{jij} = \frac{u_{ii} + u_{jj}}{u} - \frac{\Delta}{u^2}, \qquad \left(\Delta = \left(\frac{\partial u}{\partial x^1}\right)^2 + \cdots + \left(\frac{\partial u}{\partial x^n}\right)^2\right).$$

Durch Multiplikation mit u^{-2} erhält man RIEMANNS Symbole erster Art und wird auf die GAUSSschen Gleichungen

$$\begin{aligned} &b_{ik} b_{jl} - b_{il} b_{jk} = 0, \qquad i \neq j \neq k \neq l, \\ &b_{ii} b_{jl} - b_{il} b_{ij} = u_{jl} u^{-3}, \\ &b_{ii} b_{jj} - b_{ij}^2 = (u_{ii} + u_{jj}) u^{-3} - \Delta u^{-4} \end{aligned} \tag{60}$$

geführt, wenn der Raum von der Klasse 1 sein soll. Im allgemeinen ist ein konformer V_n nicht von der Klasse 1. Denn erteilt man den Indizes der b_{ij} vier verschiedene Werte i, j, k, l und bildet aus ihnen eine Determinante D_{ijkl} vierter Ordnung, so ergibt die LAPLACEsche Entwicklung nach Minoren zweiter Ordnung der Zeilen und Kolonnen ij und kl

$$\begin{aligned} D_{ijkl} = {} & [(u_{ii} + u_{jj}) u^{-3} - \Delta u^{-4}] \, [(u_{kk} + u_{ll}) u^{-3} - \Delta u^{-4}] \\ & - (u_{ik}^2 + u_{il}^2 + u_{jk}^2 + u_{jl}^2) u^{-6} \end{aligned}$$

und durch Vertauschung von j und k

$$D_{ijkl} = D_{ikjl}$$

oder

$$u_{ii} u_{jj} - u_{ij}^2 + u_{kk} u_{ll} - u_{kl}^2 = u_{ii} u_{kk} - u_{ik}^2 + u_{jj} u_{ll} - u_{jl}^2, \tag{60'}$$

und diese Bedingung für die Funktion u muß nicht von vornherein erfüllt sein. Doch ist (60′) identisch erfüllt, wenn $u = u(x^n)$ ist, und man erhält dann aus (60)

$$\begin{aligned} &b_{ii} b_{kl} - b_{il} b_{ik} = 0, \quad b_{11} b_{ss} - b_{1s}^2 = u^{-3} u_{11} - u_1^2 u^{-4}, \\ &b_{rr} b_{ss} - b_{rs}^2 = -u_1^2 u^{-4}, \qquad r, s = 2, \ldots, n. \end{aligned} \tag{60''}$$

Da (59) nichteuklidisch sein soll, gilt notwendig $u_1 \neq 0$ und für $n \geq 3$ auch $b_{rr} b_{ss} - b_{rs}^2 \neq 0$. Dann führen jedoch die Gleichungen

$$b_{rr} b_{js} - b_{rj} b_{rs} = 0, \quad b_{ss} b_{jr} - b_{js} b_{rs} = 0$$

aufgefaßt als Gleichungen in b_{js}, b_{jr} auf $b_{js} = b_{jr} = 0$ für beliebige $j \neq r \neq s$ $(r, s = 2, \ldots, n)$. Aus (60″) folgt dann

$$b_{11} b_{ss} = u_{11} u^{-3} - u_1^2 u^{-4}, b_{rr} b_{ss} = -u_1^2 u^{-4}.$$

Gilt jetzt für u die Ungleichung

$$u u_{11} - u_1^2 \neq 0,$$

so müssen alle b_{ss} den gleichen Wert b haben, wobei $b^2 = -u_1^2 u^{-4}$ ist. Dann ist der Raum $V_n (n \geq 3)$ notwendig von der imaginären Klasse 1.

Ist jedoch u eine Lösung der Gleichung

$$u u_{11} - u_1^2 = 0 \tag{60‴}$$

und daher von der Gestalt $c e^{-p x^1}$ mit konstanten c und p und $b_{11} = 0$, so bekommen wir für $n > 3$

$$b_{22} b_{33} = b_{33} b_{44} = b_{22} b_{44} = -u_1^2 u^{-4}.$$

Dann sind die b_{22}, b_{33}, b_{44} nicht reell, und daher ist die Klasse des Raumes nicht reell. So kommen wir auf den noch übrigen Fall zurück, sobald die Metrik durch Gleichung (58) gegeben ist. Wir haben gesehen, daß dann der Fall der reellen Klasse 1 vorliegt. Man kann so den Satz aussprechen: *Eine Metrik der Gestalt* (48) *ist von der imaginären Klasse* 1, *eine Metrik von der Gestalt* (58) *ist von der reellen Klasse* 1.

Wir haben das Problem reeller Klassen eines $(n-2)$-fach projektiven Riemannschen Raumes in allen Fällen behandelt mit der einzigen Ausnahme (47), für welche h von negativer Krümmung ist. Es ist jedoch gezeigt worden, daß die Metrik in diesem Fall auf die Gestalt (47″) reduziert werden kann, die eine konformeuklidische Metrik darstellt, deren Konformitätsfaktor u von zwei Veränderlichen abhängt.

So werden wir auf die Frage geführt, ob die Metrik (59) mit $u = u(x^1, x^2)$ von der reellen Klasse 1 sein kann. Wie wir bemerken, liefern uns in diesem Fall die Gleichungen (60)

$$\begin{aligned} b_{rr} b_{12} - b_{1r} b_{2r} &= u_{12} u^{-3}, \qquad r, s = 3, \ldots, n, \\ b_{rr} b_{sl} - b_{rs} b_{rl} &= 0, \\ b_{jj} b_{rr} - b_{jr}^2 &= u_{jj} u^{-3} - (u_1^2 + u_2^2) u^{-4}, \qquad j = 1, 2, \\ b_{rr} b_{ss} - b_{rs}^2 &= -(u_1^2 + u_2^2) u^{-4}, \\ b_{11} b_{22} - b_{12}^2 &= u^{-3}(u_{11} + u_{22}) - u^{-4}(u_1^2 + u_2^2). \end{aligned} \tag{61}$$

Nun gilt für $n \geqq 4$

$$b_{rr} b_{ss} - b_{rs}^2 \neq 0, \qquad r, s = 3, \ldots, n,$$

da andernfalls u entweder imaginär oder konstant ausfallen würde. Somit folgt, daß alle $b_{jk} (j \neq k)$ bis auf b_{12} verschwinden.

Auch die Größen

$$u_{12}, u_{ii} u - u_1^2 - u_2^2, \qquad i = 1, 2$$

können nicht alle verschwinden, da sonst u konstant ausfallen würde. Ist jedoch eine unter diesen Größen von Null verschieden, so gilt

$$b_{33} = \cdots = b_{nn} = b,$$

und b muß für $n \geqq 4$ der Gleichung

$$b^2 = - u^{-4} (u_1^2 + u_2^2)$$

genügen. Die letzte der Gleichungen (61) führt jetzt nach Elimination der b_{11}, b_{22}, b_{12} mit Hilfe der ersten der Gleichungen (61) auf eine Bedingung für die Funktion u

$$u_{11} u_{22} - u_{12}^2 = 0, \tag{62}$$

welche überdies die Bedingungen (60') vertritt.

Demnach kann die Metrik (59) mit $u = u(x^1, x^2)$ nicht von der reellen Klasse 1 sein, wenn $n \geqq 4$, so daß man den Satz erhält: *Die Metrik* (49), *für welche h von konstanter negativer Krümmung ist, kann für $n \geqq 4$ nicht von der reellen Klasse* 1 *sein.*

Die Klasse eines RIEMANNschen projektiven Raumes V_n von der Ordnung $n - m - \sigma$. Wir nehmen zunächst an, der V_n sei $(n - m - 1)$-fach subprojektiv, so daß seine Metrik die Gestalt

$$ds^2 = k + \varrho^2 h \tag{63}$$

gewinnt, wobei k eine beliebige m-äre Metrik, ϱ eine Funktion der gleichen Veränderlichen und h eine $(n - m)$-äre Metrik der Veränderlichen $x^{m+1}, \ldots, x^n$ von konstanter Krümmung bedeutet. Wenn ϱ im allgemeinen Fall keine Konstante ist, schreiben wir (63) in der Gestalt

$$ds^2 = k - A(\varrho) d\varrho^2 + A(\varrho) d\varrho^2 + \varrho^2 h, \tag{64}$$

wobei $A(\varrho)$ eine nichtverschwindende Funktion von ϱ bedeutet. Somit läßt sich die Metrik (63) als Summe der beiden Maßbestimmungen

$$k - A(\varrho) d\varrho^2 \quad \text{und} \quad A(\varrho) d\varrho^2 + \varrho^2 h$$

auffassen, einer m-ären in den Veränderlichen $x^1, \ldots, x^m$ (die erste) und einer zweiten in $\varrho, x^{m+1}, \ldots, x^n$. Die Klasse der ersten Metrik ist höchstens $\dfrac{m(m-1)}{2}$, diejenige der zweiten ist 1 hinsichtlich der Veränderlichen $\varrho, x^{m+1}, \ldots, x^n$ und 2 hinsichtlich der Veränderlichen $x^{m+1}, \ldots, x^n$. Die Klasse c der Metrik (63) genügt somit den Bedingungen

$$c \leqq \frac{m(m+1)}{2} + 2, \qquad m > 1. \tag{65}$$

Wenn ϱ konstant ist, übertrifft die Klasse c des Raumes V_n die Klasse k höchstens um eine Einheit, und man hat daher

$$c \leqq \frac{m(m-1)}{2} + 1. \tag{66}$$

Bezeichnet c_1 die reelle Klasse des V_n und ist h von positiver konstanter Krümmung, so gilt

$$c \leqq c_1 \leqq \frac{m(m-1)}{2} + 1,$$

und wenn h von konstanter negativer Krümmung ist,

$$c_1 \leqq \frac{m(m-1)}{2} + n - 1.$$

Ist ϱ in (63) nicht konstant, so schreiben wir diese Metrik in der Gestalt

$$ds^2 = \varrho^2(k\varrho^{-2} + h).$$

Nun seien die Maßbestimmungen $k\varrho^{-2}$ und h beide von der Krümmung Null. Dann kann man

$$ds^2 = \varrho^2[(dx^1)^2 + \cdots + (dx^n)^2] \tag{67}$$

schreiben. Die Klasse der Metrik (67) ist höchstens 2, wie dies H. W. Brinkmann[18]) für alle konformeuklidischen Maßbestimmungen bewiesen hat. Um dies einzusehen, setzen wir in (59)

$$z^i = \frac{x^i}{u}, \quad z^0 = \frac{1}{u}\left(x^i x^i - \frac{1}{4}\right), \quad z^{n+1} = \frac{1}{u}\left(x^i x^i + \frac{1}{4}\right)$$

und können dann

$$(dz^0)^2 + (dz^1)^2 + \cdots + (dz^n)^2 - (dz^{n+1})^2 = \frac{1}{u^2}\,[(dx^1)^2 + \cdots + (dx^n)^2]$$

schreiben. Damit ist (59) als konformeuklidische Metrik mit der imaginären Höchstklasse 2 nachgewiesen.

---

[18]) Vgl. H. W. Brinkmann, On Riemann spaces conformal to Euclidean spaces, Proc. Nat. Acad. Sci 9 USA (1923), S. 1.

Man bemerkt auch, daß, wenn der Raum mit der Metrik (67) von der Klasse 1 ist, diese Klasse nicht reell sein kann, da die Differenz $n - m$ höchstens den Wert 2 erreicht. Man bekommt so Gleichungen, die zu (61) analog sind, wobei $r, s = m + 1, \ldots, n$ ist, und es ergibt sich wie im Fall $u = u(x^1, x^2)$ und $n \geqq 4$, daß die b_{rr} nicht reell sein können.

Ein anderer spezieller Fall der Metrik (63) liegt vor, wenn h und k von der Krümmung Null sind, so daß

$$ds^2 = \varrho^2 \left[\frac{(dx^1)^2 + \cdots + (dx^m)^2}{\varrho^2} + (dx^{m+1})^2 + \cdots + (dx^n)^2\right] \tag{68}$$

gilt. Dann ist die Maßbestimmung innerhalb der Klammer höchstens von der Klasse 2 und demnach die Metrik (68) höchstens von der Klasse 4.

Nun sei der Raum $V_n (n - m - \sigma)$-fach projektiv, und es gelte daher

$$ds^2 = k + \varrho_\alpha^2 h_\alpha. \tag{68'}$$

Dabei ist k eine beliebige Metrik in den Veränderlichen $x^1, \ldots, x^m$, ϱ_α sind σ Funktionen der Veränderlichen $x^1, \ldots, x^m$ und h_α sind σ Maßbestimmungen von konstanter Krümmung. Wir schreiben diese Metrik in der Gestalt

$$ds^2 = k - d\varrho_\alpha d\varrho_\alpha + d\varrho_\alpha d\varrho_\alpha + \varrho_\alpha^2 h_\alpha$$

und gewinnen für die Klasse c von (68') die Ungleichungen

$$c \leqq \frac{m(m-1)}{2} + 2\sigma,$$

indem die Metrik $k - d\varrho_\alpha d\varrho_\alpha$ höchstens von der Klasse $\frac{m(m-1)}{2}$ ist und jede der Maßbestimmungen $d\varrho_\alpha^2 + \varrho_\alpha^2 h_\alpha$ (mit festem Wert α) noch zwei weitere Veränderliche (neben denen von h_α) einführt. Wenn schließlich eine der Größen ϱ_α konstant ausfällt, reduziert sich die rechte Seite in (68') um einen Term. Daher bekommt man, wenn alle ϱ_α konstant ausfallen,

$$c \leqq \frac{m(m-1)}{2} + \sigma.$$

Wenn auch noch die Krümmung der Metrik k konstant ist und demnach V_n direktes Produkt von σ Räumen konstanter Krümmung ist, ist c gleich σ oder $\sigma + 1$, je nachdem, ob unter den $\sigma + 1$ Maßbestimmungen k, h_α eine euklidische vorkommt oder nicht.

§ 5 Die Räume A_n mit maximaler Automorphismengruppe

Im ersten Band haben wir in § 11 des Kapitels IV die Äquivalenz zweier affinzusammenhängender Räume A_n und A'_n untersucht und insbesondere auch die Automorphismen affinzusammenhängender Räume. Wir haben gezeigt, daß die automorphen Transformationen eines solchen Raumes eine kontinuierliche

$(n^2 + n)$-parametrige Gruppe bilden, wenn es sich um einen affin-euklidischen A_n handelt (dessen Krümmungs- und Torsionstensoren verschwinden). Wir hatten ferner gezeigt, daß man eine n^2-parametrige Automorphismengruppe bekommen kann, wenn man die Klasse nicht affin-euklidischer A_n betrachtet, welche eine invariante PFAFFsche Form gestatten. Neuerdings hat I. P. EGOROV[19]) gezeigt, daß diese Zahl ein Maximum darstellt, und G. VRANCEANU hat umgekehrt bewiesen[20]), daß solche Räume maximaler Automorphismengruppe zur Raumklasse der A_n mit invarianter PFAFFscher Form gehören und zwar zur Klasse der projektiv-euklidischen Räume, sobald die Torsion verschwindet. Was die torsionsfreien aber nicht projektiv-euklidischen A_n betrifft, so kann man Automorphismengruppen von höchstens $n^2 - 2n + 5$ Parametern erhalten, aber nur für gewisse KAGANsche subprojektive Räume der Ordnung $n - 2$ stellt sich dieses Maximum ein.

Was die Räume A_n mit Torsion anbetrifft, im Fall nämlich, daß mindestens eine der Komponenten $t^a_{bc} (a \neq b \neq c)$ von Null verschieden ausfällt, so gestattet ein solcher Raum eine höchstens $(n^2 - 2n + 6)$-parametrige Gruppe.

Räume A_n mit Torsion. A_n sei ein affinzusammenhängender Raum mit Torsion. In einem beliebigen Kongruenzensystem seien die Komponenten des Torsionstensors $t^a_{bc} = 0$ wenn $a \neq b \neq c$ ist. Wir nehmen also an, der Torsionstensor sei durch den Torsionsvektor vollständig bestimmt. Mit einer Transformation (32) bekommen wir

$$\bar{t}^1_{\beta\gamma} = t^1_{\beta\gamma} = 0, \quad \bar{t}^\alpha_{\beta\gamma} = t^\alpha_{\beta\gamma}, \qquad \alpha, \beta, \gamma = 2, \ldots, n,$$

$$\bar{t}^\alpha_{1\gamma} + t^\alpha_{\alpha\gamma} c^\alpha_1 = t^1_{1\gamma} c^\alpha_1, \qquad \alpha \neq \gamma. \tag{69}$$

Demnach gilt $\bar{t}^\alpha_{1\gamma} = 0$ nur, wenn $t^\alpha_{\alpha\gamma} = t^1_{1\gamma}$ mit festem α besteht. Wir bezeichnen den gemeinsamen Wert der Größen $t^\alpha_{\alpha\gamma} (\alpha \neq \gamma)$ mit m_γ und können

$$t^a_{bc} = \delta^a_b m_c - \delta^a_c m_b$$

schreiben. Ein solcher affinzusammenhängender Raum heißt *halbsymmetrisch*[21]) zusammenhängend. Der Torsionsvektor ist durch

$$t_\gamma = (n - 1) m_\gamma$$

gegeben und bestimmt somit tatsächlich die Torsion des Raumes vollständig. Demnach verschwindet die dem Torsionstensor assoziierte PFAFFsche Form

$$d\sigma = t_\gamma ds^\gamma$$

---

[19]) Vgl. I. P. EGOROV, Über die Ordnung der Automorphismengruppe eines A_n, Doklady 57 (1957), S. 867; 64 (1949), S. 621–624.

[20]) Vgl. G. VRANCEANU, Sur les espaces à connexion affine à groupe maximum, Bul. ştiinţ. Acad. R. P. R., Sérié Mathém., Physique et Chimie, 1 (1949), S. 813; C. R. 229 (1949), S. 543.

[21]) Vgl. W. SLEBODZINSKY, Sur les espaces à parallélisme absolu doués d'une connexion semi-symétrique, Colloquium Math. 1950, S. 142.

nicht, wenn die Torsion nicht verschwindet, und der Raum gestattet somit eine invariante PFAFFsche Form. Folglich ist die Automorphismengruppe des Raumes n^2-parametrig, d. h. maximal, wenn $d\sigma$ exakt ist (vgl. § 9 des vierten Kapitels des ersten Bandes).

Da wir annehmen, daß mindestens eine der Komponenten $t^a_{bc}(a \neq b \neq c)$ nicht verschwindet, dürfen wir $t^1_{23} \neq 0$ setzen und bekommen nach einer Transformation (32)

$$t^1_{23} \neq 0, \quad t^\alpha_{23} = 0, \quad \alpha \neq 1.$$

Dann fließen aus den Transformationsformeln

$$t'^{\,a}_{ef} c^e_b c^f_c = t^f_{bc} c^a_f \tag{69'}$$

der Torsionstensoren der Räume A_n und A'_n für $b = 2, c = 3$ die Beziehungen

$$t'^{\,a}_{ef} c^e_2 c^f_3 = t^1_{23} c^a_1, \qquad a = 1, \ldots, n,$$

die c^a_1 als Funktion der c^e_2, c^f_3 definieren.

Indem wir gleicherweise (69') für $a, b, c = 1, 3, k$ bzw. $1, 2, k$ $(k \geqq 4)$ betrachten, bekommen wir

$$t'^{\,1}_{ef} c^e_k c^f_3 = t^f_{k3} c^1_f, \quad t'^{\,1}_{ef} c^e_2 c^f_k = t^f_{2k} c^1_f.$$

Nun können diese Gleichungen nach c^2_k und c^3_k aufgelöst werden, da ihrer Determinante hinsichtlich dieser Unbekannten im Fall der identischen Transformation $x'^i = x^i$, $c^i_h = \delta^i_h$ der Wert $(t^1_{23})^2$ zukommt. Man erhält so c^2_k und c^3_k $(k = 4, \ldots, n)$ als Funktion der c^h_2, c^h_3, $c^1_\alpha(\alpha \neq 1)$ und $c^i_k(k \geqq 4)$. Die Gleichungen (69') lassen sich demnach in bezug auf

$$n + 2(n-3) = 3n - 6$$

Funktionen c^λ_μ auflösen, und die Automorphismengruppe des Raumes kann daher höchstens von $n^2 - 2n + 6$ Parametern abhängen. Als Beispiel für das Maximum betrachten wir einen A_n, dessen Komponenten des affinen Zusammenhanges bis auf $\Gamma^1_{23} = 1$ sämtlich verschwinden. Er gestattet die automorphen Transformationen

$$\begin{aligned} x'^1 &= (ad - bc)x^1 + bcx^2x^3 + a^1_j x^j + a^1, \\ x'^2 &= ax^2 + bx^3 + \beta, \\ x'^3 &= cx^2 + dx^3 + \gamma, \\ x'^i &= a^i_j x^j + a^i, \qquad i = 4, \ldots, n; \; j = 2, \ldots, n, \end{aligned} \tag{69''}$$

die von den $n^2 - 2n + 6$ Parametern

$$a, b, c, d, \beta, \gamma, a^s_j, a^s, \quad s = 1, 4, \ldots, n; \; j = 2, \ldots, n$$

abhängen. So bekommen wir den

Satz. *Ein Raum A_n mit Torsion, für welchen mindestens eine der Komponenten $t^a_{bc}(a \neq b \neq c)$ nicht verschwindet, gestattet maximal eine $(n^2 - 2n + 6)$-parametrige Automorphismengruppe, und dieses Maximum wird erreicht.*

Die Automorphismengruppe der projektiv-euklidischen Räume A_n. Der projektiv-euklidische A_n sei torsionsfrei und auf ein System affiner Koordinaten derart bezogen, daß die Komponenten des Zusammenhangs durch die Gleichungen

$$\Gamma^i_{jk} = -\delta^i_j \varphi_k - \delta^i_k \varphi_j \tag{70}$$

gegeben sind, wobei die φ_k Komponenten eines kovarianten Vektors bezeichnen. A'_n sei ein anderer solcher Raum, bezogen auf affine Koordianten $x'^1, \ldots, x'^n$ mit den Zusammenhangskomponenten

$$\Gamma'^i_{jk} = -\delta^i_j \varphi'_k - \delta^i_k \varphi'_j . \tag{70'}$$

Die beiden Räume sind äquivalent, wenn eine Transformation

$$x'^i = x'^i(x^1, \ldots, x^n) \tag{71}$$

existiert, welche den Bedingungen

$$\frac{\partial^2 x'^i}{\partial x^j \partial x^k} = \Gamma'^i_{rs} \frac{\partial x'^r}{\partial x^j} \frac{\partial x'^s}{\partial x^k} - \Gamma^r_{jk} \frac{\partial x'^i}{\partial x^r} \tag{70''}$$

genügt.

Da andererseits die einzigen Transformationen, welche Geraden in Geraden verwandeln, projektive Transformationen sind, folgt, daß die Transformationen (71) projektive Transformationen sein müssen. Mit Rücksicht auf (70) und (70') ergibt sich aus (70'')

$$\frac{\partial^2 x'^i}{\partial x^j \partial x^k} = -\frac{\partial x'^i}{\partial x^k} \varphi'_s \frac{\partial x'^s}{\partial x^j} - \frac{\partial x'^i}{\partial x^j} \varphi'_s \frac{\partial x'^s}{\partial x^k} + \frac{\partial x'^i}{\partial x^k} \varphi_j + \frac{\partial x'^i}{\partial x^j} \varphi_k . \tag{71'}$$

Verlangen wir zusätzlich, daß φ_k in φ'_k übergehen soll, gilt also

$$\varphi'_s \frac{\partial x'^s}{\partial x^k} = \varphi_k , \tag{72}$$

so verschwinden die rechten Seiten in (71'), und die x'^i sind notwendig lineare Funktionen der x^k. Das Äquivalenzproblem zweier auf affine Koordinaten bezogener Räume A_n und A'_n hinsichtlich der affinen Gruppe kommt also darauf hinaus, affine Transformationen

$$x'^i = a^i_j x^j + a^i \tag{73}$$

zu bestimmen, deren Determinante $|a^i_j| \neq 0$ ist und solche φ_k in φ'_k bzw. die PFAFFsche Form $\varphi_k dx^k$ in $\varphi'_k dx'^k$ zu transformieren. Wir haben bereits im vierten Kapitel des ersten Bandes (§ 9) Räume mit einer invarianten PFAFFschen Form betrachtet und nachgewiesen, daß solche Räume nur dann eine maximale n^2-parametrige Automorphismengruppe gestatten, wenn diese PFAFFsche Form vollständig integrabel ist, d. h., wenn φ_k der Gradient einer Potentialfunktion φ ist. Wenn das Potential in x^i linear und der Vektor φ_k also konstant ist, kann man $\varphi_k = \delta^1_k$ setzen, und die Gruppe (73), die diese kanonische Form ungeändert läßt, ist durch die Gleichungen

$$x'^1 = x^1 + a^1,$$
$$x'^i = a^i_j x^j + a^i_1 x^1 + a^i, \qquad i, j = 2, \ldots, n \tag{74}$$

gegeben, die die Transformationen einer linearen n^2-parametrigen Gruppe bilden.

Was den Zusammenhang des Raumes anbelangt, so ist dieser mit Rücksicht auf die Gleichungen (70) und (74) durch

$$\Gamma^1_{11} = -2, \quad \Gamma^i_{j1} = \Gamma^i_{1j} = -\delta^i_j, \quad \Gamma^h_{ij} = 0, \qquad i, j = 2, \ldots, n \tag{74'}$$

gegeben. Nun sei φ eine nichtlineare Funktion der einzigen Veränderlichen x^1. Dann gestattet der Raum offensichtlich die $(n^2 - 1)$-parametrige Automorphismengruppe (74) mit $a^1 = 0$, jedoch auch die n^2-parametrige lineare Gruppe

$$x'^1 = a x^1, \quad x'^i = a^i_j x^j + a^i_1 x^1 + a^i, \tag{75}$$

wenn $\varphi = k \lg x^1$ und daher $\varphi_1 = \frac{k}{x^1}$, $\varphi_i = 0$ ist. So ergibt sich der

Satz. *Ein projektiv-euklidischer Raum A_n gestattet eine n^2-parametrige Automorphismengruppe, wenn der Vektor des Zusammenhanges in kartesischen Koordinaten konstant ist oder wenn*

$$\varphi_1 = \frac{k}{x^1}, \qquad \varphi_i = 0$$

ist.

Im allgemeinen ist die Automorphismengruppe des Raumes mindestens $(n + 1)(n - p)$-parametrig, wenn die Komponenten $\varphi_r (r = 1, \ldots, p < n)$ nur die Veränderlichen $x^1, \ldots, x^p$ enthalten und die Komponenten φ_l mit $l > p$ verschwinden, da die Transformationen

$$x'^k = x^k, \quad k \leqq p, \quad x'^l = a^l_j x^j + a^l, \qquad l > p$$

die Komponenten φ_k des Vektors des Zusammenhanges ungeändert lassen. Wenn alle Komponenten im Ursprung des Koordinatensystems verschwinden, gilt

$$\varphi_k = a_{kl} x^l + a_{klr} x^l x^r + \cdots, \qquad k, l, r = 1, \ldots, n$$

mit nicht aufgeschriebenen Termen von mindestens dritter Ordnung in x. Hinsichtlich zentroaffiner Transformationen sind dabei die $a_{kl}, a_{klr}, \ldots$ Komponenten kovarianter konstanter Tensoren. Ist φ_k ein Gradient, so sind diese Tensoren symmetrisch. Wenn alle Funktionen φ_k unabhängig sind, ist der Ursprung eine isolierte Lösung des Systems $\varphi_k = 0$. Dann muß die Automorphismengruppe den Ursprung festlassen und daher mit der Stabilitätsgruppe des Ursprungs zusammenfallen. Sie kann daher dann durch algebraische Operationen erhalten werden. Sind die φ_k etwa linear und $a_{kl} = a_{lk}$, so muß die Gruppe die quadratische Form $a_{kl} x^k x^l$ invariant lassen und reduziert sich daher auf die orthogonale oder pseudoorthogonale Gruppe, wenn diese quadratische Form nicht ausartet. Wir werden jetzt zeigen, daß die einzigen Fälle, wo ein Raum A_n mit invarianter

PFAFFscher Form eine n^2-parametrige Bewegungsgruppe gestattet, durch (74) und (75) gegeben sind[22]), wenn man auf Realitätsverhältnisse nicht weiter Wert legt. Dazu erinnern wir uns, daß sich der Zusammenhang eines Raumes A_n mit invarianter PFAFFscher Form nach § 9 des Kapitel IV des ersten Bandes

$$\begin{aligned} &\Gamma^1_{11} = \mu, \quad \Gamma^h_{1k} = \varrho\delta^h_k, \quad \Gamma^h_{k1} = 0, \quad \Gamma^h_{11} = (\lambda + \mu\varrho)x^h, \\ &\Gamma^i_{hk} = 0, \qquad h, k > 1 \end{aligned} \tag{75'}$$

schreiben läßt, wobei μ, λ, ϱ konstant sind. Der Raum A_n ist also torsionsfrei, wenn $\varrho = 0$ ist. Was die Gruppe des Raumes anbetrifft, so ist sie durch die Gleichungen

$$x'^1 = x^1 + c, \quad x'^h = c^h_k x^k + c^h_1 \psi_1 + c^h \psi_2 \tag{75''}$$

gegeben, wobei ψ_1 und ψ_2 Funktionen von x^1 und Lösungen der Differentialgleichung

$$\psi'' + (\mu - \varrho)\psi' - (\lambda + \mu\varrho)\psi = 0 \qquad \left(\psi' = \frac{d\psi}{dx^1}\right) \tag{75'''}$$

sind. Wir nehmen jetzt an, die charakteristische Gleichung dieser Differentialgleichung

$$r^2 + (\mu - \varrho)r - \lambda - \mu\varrho = 0 \tag{75^{IV}}$$

habe eine Doppelwurzel. Dann gibt es für (75''') zwei Lösungen

$$\psi_1 = x^1 e^{\frac{\varrho-\mu}{2}x^1}, \qquad \psi_2 = e^{\frac{\varrho-\mu}{2}x^1},$$

und mit den neuen Veränderlichen

$$y^1 = x^1, \quad y^h = x^h e^{\frac{\mu-\varrho}{2}x^1}$$

verwandelt sich (75'') in die lineare Gruppe (74). Der Fall (74') entspricht dem Fall, in welchem die charakteristische Gleichung der Differentialgleichung (75''') eine Doppelwurzel hat. Ist dies nicht der Fall und sind α, β zwei Lösungen der charakteristischen Gleichung, so gewinnt (75'') zwei Lösungen $\psi_1 = e^{\alpha x_1}$, $\psi_2 = e^{\beta x_1}$, und mit den neuen Veränderlichen

$$y^1 = e^{\alpha x^1}, \quad y^h = x^h e^{(\alpha-\beta)x^1}$$

erhält man aus (75'') die Gruppe (75), geschrieben in den y. Nur wenn α und β reelle Zahlen sind und $x^1, \ldots, x^n$ reelle Veränderliche, sind auch die $y^1, \ldots, y^n$ wieder reell. Dann müssen also die Wurzeln der charakteristischen Gleichung reell sein. Wir bekommen so den

Satz. *Die Maximalgruppe G_{n^2} der automorphen Bewegungen eines A_n mit invarianter* PFAFFscher *Form kann auf die lineare Gruppe* (74) *oder* (75) *reduziert*

[22]) Vgl. G. VRANCEANU, Groupes de mouvement des espaces à connexion, Studii şi cercetări mat. 2 (1951), S. 7.

werden, je nachdem, ob der Gleichung (75^{IV}) *eine Doppelwurzel oder zwei verschiedene Wurzeln zukommen.*

Bei einer Variablentransformation der Gestalt

$$\bar{x}^1 = a x^1, \quad \bar{x}^h = x^h e^{-p x^1}$$

mit konstanten a und p bleiben die Gleichungen (75') erhalten, und der Zusammenhang gewinnt in den neuen Veränderlichen die Gestalt

$$\begin{gathered} \bar{\Gamma}^1_{11} = \frac{\mu}{a}, \quad \bar{\Gamma}^h_{k1} = \delta^h_k \frac{\varrho - p}{a}, \quad \bar{\Gamma}^h_{1k} = -\delta^h_k \frac{p}{a}, \\ \bar{\Gamma}^h_{11} = -\frac{p^2 + p(\mu - \varrho) - \lambda - \mu\varrho}{a^2} \bar{x}^h, \quad \bar{\Gamma}^i_{hk} = 0, \quad k, h > 1. \end{gathered} \tag{76}$$

Aus der charakteristischen Gleichung wird eine solche in $\bar{r} = \frac{r - p}{a}$. Ein Raum mit dem Zusammenhang

$$\Gamma^h_{11} = \alpha, \quad \Gamma^h_{k1} = \delta^h_k \beta, \quad \Gamma^h_{1k} = \delta^h_k \gamma, \quad \Gamma^h_{11} = \delta x^h, \quad \Gamma^i_{hk} = 0, \qquad h, k > 1$$

mit konstanten $\alpha, \beta, \gamma, \delta$ gestattet demnach eine n^2-parametrige Bewegungsgruppe. Ist p Wurzel der charakteristischen Gleichung (75^{IV}), so sind die Komponenten $\bar{\Gamma}^i_{jl}$ des affinen Zusammenhangs des Raumes A_n nach (76) alle konstant. Der A_n kann daher als Raum von konstantem affinen Zusammenhang angesehen werden, wenn man auf Realitätsbetrachtungen weiter keinen Wert legt.

Nun sei p das arithmetische Mittel der Wurzeln der Gleichung (75^{IV}), also $p = \frac{\varrho - \mu}{2}$. Dann schreiben sich die Gleichungen (76) in der Gestalt

$$\bar{\Gamma}^1_{11} = \frac{\mu}{a}, \quad \bar{\Gamma}^h_{k1} = \frac{\mu + \varrho}{2a} \delta^h_k, \quad \bar{\Gamma}^h_{1k} = \frac{\mu - \varrho}{2a} \delta^h_k,$$

$$\bar{\Gamma}^h_{11} = \frac{4\lambda + (\mu + \varrho)^2}{4a^2} \bar{x}^h, \quad \bar{\Gamma}^i_{hk} = 0,$$

und die Diskriminante der charakteristischen Gleichung ist $4\lambda + (\mu + \varrho)^2$. Sie ist negativ, Null oder positiv, je nachdem die Wurzeln der Gleichung (75^{IV}) imaginär, beide reell zusammenfallend oder beide reell verschieden sind. Man kann dann a immer gemäß der Bedingung

$$4\lambda + (\mu + \varrho)^2 = -4\varepsilon a^2$$

wählen mit $\varepsilon = 0, 1, -1$. Da $\bar{r} = \frac{r - p}{a} = \sqrt{-\varepsilon}$ gilt, ergibt sich für die charakteristische Gleichung

$$\psi'' + \varepsilon\psi = 0. \tag{76'}$$

So bekommen wir den

Satz.[23]) *Der affine Zusammenhang eines Raumes A_n mit invarianter* PFAFF*scher Form und maximaler Automorphismengruppe G_{n^2} kann immer auf die kanonische Gestalt*

$$\Gamma^1_{11} = 2r, \quad \Gamma^h_{k1} = (r+s)\delta^h_k, \quad \Gamma^h_{1k} = \delta^h_k(r-s),$$
$$\Gamma^h_{11} = -\varepsilon x^h, \quad \Gamma^i_{hk} = 0, \qquad h, k > 1 \tag{76''}$$

reduziert werden, wobei $\varepsilon = 0, 1, -1$ und die Gruppe des Raumes durch die Gleichungen (75'') und die Lösungen ψ_1 und ψ_2 der Gleichung (76') gegeben ist.

Veränderliche, in welchen der Zusammenhang des Raumes die Gestalt (76'') gewinnt, heißen kanonische Veränderliche und der Raum A_n elliptisch, wenn $\varepsilon = 1$, parabolisch, wenn $\varepsilon = 0$ und hyperbolisch, wenn $\varepsilon = -1$ ist.

Um die Konstante r in der kanonischen Form (76') zu deuten, betrachten wir den Krümmungstensor und seinen abgeleiteten Tensor. Nichtverschwindende Komponenten sind

$$\Gamma^h_{1h1} = \varepsilon + (r-s)^2,$$
$$\Gamma^h_{1h1,1} = 2\Gamma^h_{1h1}\Gamma^1_{11} = 4r(\varepsilon + (r-s)^2),$$

wobei $h > 1$ und fest ist. Wenn der Raum symmetrisch ist, ist r offenbar gleich Null. Im elliptischen Fall ist die Krümmung positiv. Die Umkehrung gilt nur für symmetrische und torsionsfreie Räume.

Wir werden jetzt einen Satz von EGOROV beweisen:[24])

Die Gruppen G_{n^2} lassen sich als projektive Automorphismengruppen zweier Hyperebenen auffassen.

Der Satz gilt offensichtlich für die Gruppen (74) mit einer uneigentlichen invarianten Hyperebene. Transformiert man gemäß

$$y^1 = \frac{1}{x^1}, \quad y^h = \frac{x^h}{x^1},$$

so wird aus (74)

$$y'^1 = \frac{y^1}{1+cy^1}, \quad y'^h = \frac{b^h_k y^k + b^h_1 y^1 + b^h}{1+cy^1}, \tag{77}$$

und diese Transformationen bilden eine projektive Gruppe, welche die Hyperebene $y^1 = 0$ und daher auch die Gleichung $(y^1)^2 = 0$ invariant lassen.

---

[23]) Vgl. G. VRANCEANU, Propriétés différentielles globales des espaces à groupe maximum G_{n^2}. Bul. ştiinţ. Acad. R. P. R., Série Mathém., Physique et Chimie, 6 (1956), S. 49–54.

[24]) Vgl. И. П. Егоров, Движения в нространствах аффинной связности (I. P. EGOROV, Bewegungen in Räumen affinen Zusammenhangs), Doklady 87, Nr. 5 (1952), S. 693; 89 (1953), S. 781.

Nun sei $\varepsilon = 1$. Dann gehören zur Gleichung (76′) die Lösungen $\psi_1 = \sin x^1$, $\psi_2 = \cos x^1$, und die Gruppe (75″) verwandelt sich durch die Transformation

$$y^1 = \operatorname{tg} x^1, \quad y^h = \frac{x^h}{\cos x^1}$$

in die projektive Gruppe

$$y'^1 = \frac{y^1 + m}{1 - my^1}, \quad y'^h = \frac{b^h_k y^k + b^h_1 y^1 + b^h}{1 - my^1}, \quad (m = \operatorname{tg} c) \tag{77′}$$

mit der charakteristischen Eigenschaft, die Gleichung $(y^1)^2 + 1 = 0$ invariant zu lassen. Desgleichen gehören, wenn $\varepsilon = -1$ ist, zu (76′) die Lösungen $\psi_1 = \operatorname{sh} x^1$, $\psi_2 = \operatorname{ch} x^1$, und die Gruppe (75″) verwandelt sich durch die Transformation

$$y^1 = \operatorname{th} x^1, \quad y^h = \frac{x^h}{\operatorname{ch} x^1}$$

in die Gruppe

$$y'^1 = \frac{y^1 + m}{1 + my^1}, \quad y'^h = \frac{b^h_k y^k + b^h_1 y^1 + b^h}{1 + my^1}, \quad (m = \operatorname{th} c) \tag{77″}$$

und läßt die Gleichung $(y^1)^2 - 1 = 0$ invariant.

Man kann also die Gruppe G_{n^2} in allen Fällen als projektive Automorphismengruppe der beiden Hyperebenen

$$(y^1)^2 + \varepsilon = 0, \quad \varepsilon = 1,\ 0,\ -1$$

ansehen. Damit ist der Satz von Egorov bewiesen.

Betrachtet man die Komponenten des Zusammenhangs (76″) in projektiven Variablen im Fall verschwindender Torsion ($s = 0$), so bestätigt man leicht, daß dieser Zusammenhang projektiv ist und daß die Komponente φ_1 des Vektors φ_k im Fall $\varepsilon = \pm 1$ nicht verschwindet und durch

$$\varphi_1 = -\frac{y^1 + r}{(y^1)^2 + \varepsilon}$$

gegeben ist.

Im hyperbolischen Fall ist der Zusammenhang im Innern der Hyperfläche $(y^1)^2 - 1 = 0$ regulär, d. h. für $-1 < y^1 < +1$, wie sich aus dem Umstand ergibt, daß die Gleichung $y^1 = \operatorname{th} x^1$ für y^1 nur Werte zwischen -1 und $+1$ liefert.

Nicht projektiv-euklidische Räume A_n mit maximaler Gruppe. Nun sei A_n ein nicht projektiv-euklidischer Raum. Dann gibt es ein Kongruenzensystem, in welchem mindestens eine der Komponenten γ^a_{bcd} von Null verschieden ausfällt, wenn $a \neq b, c, d$ ist. Dann kann man es so einrichten, daß $a = 1$ und $b = c = 2$, $d = 3$ ist, wenn zwei unter den Indizes b, c, d gleiche Werte haben und $a = 1$, $b = 2$, $c = 3$, $d = 4$, wenn die Indizes b, c, d alle verschieden ausfallen. Dafür muß man natürlich $n \geqq 4$ annehmen. Es handelt sich darum zu zeigen, daß man den zweiten Fall auf den ersten zurückführen kann. Tatsächlich ergibt sich aus der Identität

$$\gamma^1_{234} + \gamma^1_{342} + \gamma^1_{423} = 0, \tag{78'}$$

wenn $\gamma^1_{234} \neq 0$ ist, daß die Komponenten $\gamma^1_{234}, \gamma^1_{342}, \gamma^1_{423}$ nicht alle untereinander gleich sein können. Wir wollen dann annehmen, es sei $\gamma^1_{234} \neq \gamma^1_{423}$. Transformieren wir die Kongruenzen gemäß

$$d\bar{s}^a = ds^a \quad (a \neq 4), \quad d\bar{s}^4 = ds^4 + c^4_2\, ds^2$$

und berücksichtigen die Gleichungen (27') aus Kapitel IV des ersten Bandes

$$\bar{\gamma}^a_{efg}\, c^e_b\, c^f_c\, c^g_d = \gamma^f_{bcd}\, c^a_f \tag{79}$$

und den Umstand, daß wir $\gamma^1_{bbc} = 0$ annehmen für $b, c > 1$, so gewinnen wir die Gleichungen

$$\bar{\gamma}^1_{223} + \bar{\gamma}^1_{423}\, c^4_2 - \bar{\gamma}^1_{234}\, c^4_2 = 0, \quad \bar{\gamma}^1_{423} = \gamma^1_{423}, \quad \bar{\gamma}^1_{234} = \gamma^1_{234}.$$

Somit bekommen wir

$$\bar{\gamma}^1_{223} = (\gamma^1_{234} - \gamma^1_{423})\, c^4_2,$$

und es gilt $\bar{\gamma}^1_{223} \neq 0$, wenn $c^4_2 \neq 0$ ist. In einem nicht projektiv-euklidischen Raum kann man also immer $\gamma^1_{223} \neq 0$ erreichen.

Unter diesen Voraussetzungen betrachten wir die folgende Kongruenztransformation:

$$d\bar{s}^1 = c^1_1\, ds^1, \qquad d\bar{s}^2 = c^2_1\, ds^1 + ds^2 + c^2_3\, ds^3 + c^2_k\, ds^k,$$
$$d\bar{s}^3 = c^3_1\, ds^1 + ds^3 + c^3_k\, ds^k, \quad d\bar{s}^h = c^h_1\, ds^1 + ds^h, \qquad h, k \geqq 4$$

und gewinnen damit die Gleichungen

$$\bar{\gamma}^1_{223} = \gamma^1_{223}\, c^1_1, \quad \bar{\gamma}^2_{223} = \gamma^1_{223}\, c^2_1 + \gamma^2_{223} + \gamma^3_{223}\, c^2_3 + \gamma^k_{223}\, c^2_k,$$
$$\bar{\gamma}^3_{223} = \gamma^1_{223}\, c^3_1 + \gamma^3_{223} + \gamma^k_{223}\, c^3_k, \quad \bar{\gamma}^h_{223} = \gamma^1_{223}\, c^h_1 + \gamma^h_{223},$$
$$\bar{\gamma}^1_{323} + \bar{\gamma}^1_{223}\, c^2_3 = \gamma^1_{323}\, c^1_1, \quad \bar{\gamma}^1_{k23} + \bar{\gamma}^1_{223}\, c^2_k = \gamma^1_{k23}\, c^1_1,$$
$$\bar{\gamma}^1_{22k} + \bar{\gamma}^1_{223}\, c^3_k = \gamma^1_{22k}\, c^1_1, \qquad h, k = 4, \ldots, n.$$

Nach den ersten dieser Gleichungen läßt sich c^1_1 so wählen, daß $\bar{\gamma}^1_{223} = 1$ wird. Mit Hilfe der anderen Gleichungen lassen sich die $\bar{\gamma}^\alpha_{223}, \bar{\gamma}^1_{323}, \bar{\gamma}^1_{k23}, \bar{\gamma}^1_{22k}$ durch geeignete Werte der $c^\alpha_1\,(\alpha > 1)$, c^2_3, c^2_k, $c^3_k\,(k \geqq 4)$ zum Verschwinden bringen. So erhalten wir das Ergebnis: *Für einen nicht projektiv-euklidischen A_n $(n \geqq 3)$ kann man immer*

$$\gamma^1_{223} = 1, \quad \gamma^\alpha_{223} = 0 \quad (\alpha \neq 1), \tag{80}$$
$$\gamma^1_{323} = \gamma^1_{k23} = \gamma^1_{22k} = 0, \qquad k \geqq 4$$

annehmen.

Wir betrachten jetzt die Äquivalenzbedingungen (79) für zwei Räume A_n, A'_n und setzen dabei voraus, daß das zu Grunde liegende Kongruenzensystem (λ) den Bedingungen (80) genügt. Gilt dann $b = 2$, $c = 2$, $d = 3$, so muß nach (80)

$$\gamma'^{a}_{efg}\, c^e_2\, c^f_2\, c^g_3 = c^a_1, \qquad a = 1, \ldots, n \tag{80'}$$

bestehen. Diese Gleichungen erscheinen nach den c^e_1 aufgelöst, da diese links nicht vorkommen. Für $a = 1$ und b, c, d beliebig jedoch $\neq 1$ ergibt sich jetzt aus (79)

$$\gamma'^{1}_{efg}\, c^e_b\, c^f_c\, c^g_d = \gamma^1_{bcd}\, c^1_1 + \gamma^\alpha_{bcd}\, c^1_\alpha \qquad (\alpha > 1),$$

und mit Rücksicht auf (80') und $a = 1$ lassen sich diese Gleichungen in der Gestalt

$$\gamma'^{1}_{efg}(c^e_b\, c^f_c\, c^g_d - \gamma^1_{bcd}\, c^e_2\, c^f_2\, c^g_3) = \gamma^\alpha_{bcd}\, c^1_\alpha \tag{80''}$$

schreiben. Da diese Gleichungen die c^e_1 nicht enthalten und auch nicht identisch erfüllt sein können (denn die γ^1_{bcd} sind nicht alle gleich Null) und man überdies das Bestehen der Gleichungen (80) auch für den Raum A'_n voraussetzen darf, bedeuten diese Gleichungen für die $c^e_\alpha (\alpha \neq 1)$ zu mindest das Bestehen einer Bedingung. Geht man jetzt davon aus, daß das Äquivalenzproblem der beiden Räume A_n und A'_n von der Integration eines PFAFFschen Systems in $n^2 + n$ unbekannten Funktionen x'^i, c^e_b der Veränderlichen $x^1, \ldots, x^n$ abhängt und bedenkt, daß das System (79) nach unsern Bedingungen zu mindest nach $n + 1$ der c^e_b aufgelöst werden kann, so folgt, daß die Lösung des Äquivalenzproblems, wenn sie existiert, von höchstens

$$n^2 + n - (n + 1) = n^2 - 1$$

willkürlichen Konstanten abhängt. So kann man nach diesen Ergebnissen den Satz von EGOROV aussprechen: *Ein Raum mit Krümmung oder mit Torsion gestattet maximal eine n^2-parametrige Automorphismengruppe und die Maximalzahl der Parameter wird erreicht.* Unsere Ergebnisse zeigen ferner, daß *dieses Maximum nur von projektiv-euklidischen oder halbsymmetrischen Räumen A_n erreicht wird.*

Für die nicht projektiv-euklidischen Räume können wir den Satz beweisen:[25]) *Ein torsionsfreier nicht projektiv-euklidischer Raum A_n ($n \geqq 3$) gestattet eine Bewegungsgruppe von maximal $m = n^2 - 2n + 5$ Parametern, und dieses Maximum wird von einem Raum erreicht, dessen sämtliche affine Zusammenhangskomponenten bis auf $\Gamma^1_{22} = x^3$ verschwinden. Alle Räume A_n mit dieser maximalen Gruppe G_m sind symmetrischen Räumen und untereinander äquivalent.*

Betrachten wir nämlich die Gleichungen (80'') für $b = 3$, $c = 2$, $d = 3$, so bekommen wir, da wegen (80) $\gamma^1_{323} = 0$ gilt,

$$\gamma'^{1}_{efg}\, c^e_3\, c^f_2\, c^g_3 - \gamma^\alpha_{323}\, c^1_\alpha = 0. \tag{81}$$

Diese Gleichung ist in c^2_3 quadratisch. Setzen wir die Gleichungen (80) auch für den Raum A'_n als erfüllt voraus, so kann man diese quadratische Gleichung in der Gestalt

$$A\,(c^2_3)^2 + c^2_3(c^2_2 c^3_3 + B) + C = 0$$

[25]) Vgl. G. VRANCEANU, Sur les e spaces à connexion affine à groupe maximum, Bul. ştiinţ. Acad. R. P. R., Série Mathém., Physique et Chimie, 1 (1949), S. 813.

schreiben, worin die A, B, C mindestens eine der Größen c_2^l, c_2^f, c_α^1 für $\alpha > 1$, $l \neq 2, f \neq 2$ enthalten. Man kann dann nach c_3^2 auflösen und muß

$$c_3^2 = \frac{-c_2^2 c_3^3 - B + \sqrt{(c_2^2 c_3^3 + B)^2 - 4AC}}{2A}$$

gewinnen, denn die Räume A_n und A'_n müssen zusammenfallen, wenn man

$$x'^i = x^i, \quad c_\mu^\lambda = \delta_\mu^\lambda \tag{81'}$$

setzt. Für diese Werte der x'^i und c_μ^λ verschwinden aber die A, B, C, und dasselbe gilt dann notwendig auch für die c_3^2. Andererseits kann man in der Nachbarschaft der identischen Transformation (81′) die Reihenentwicklung

$$\sqrt{(c_2^2 c_3^3 + B)^2 - 4AC} = (c_2^2 c_3^3 + B)\,[(1 - 2AC)\,(c_2^2 c_3^3 + B)^{-2} + \cdots]$$

ansetzen, c_3^2 ist daher in der Nachbarschaft von (81′) eine analytische Funktion, und wir bekommen

$$c_3^2 = F(c_2^2, c_2^3, \ldots, c_2^n, c_3^3, \ldots, c_3^n, c_2^1, \ldots, c_n^1). \tag{81''}$$

Nun betrachten wir die Gleichungen (80″) für $b, c, d = k, 2, 3; 2, 2, k$ $(k \geqq 4)$ und bekommen

$$c_k^2 \gamma'^{1}_{2fg} c_2^f c_3^g + c_k^3 \gamma'^{1}_{3fg} c_2^f c_3^g + c_k^s \gamma'^{1}_{sfg} c_2^f c_3^g - \gamma^\alpha_{k23} c_\alpha^1 = 0 \qquad (\alpha \neq 1), \tag{82}$$
$$c_k^2 \gamma'^{1}_{ef2} c_2^e c_2^f + c_k^3 \gamma'^{1}_{ef3} c_2^e c_2^f + c_k^s \gamma'^{1}_{efs} c_2^e c_2^f - \gamma^\alpha_{22k} c_\alpha^1 = 0, \qquad s = 1, 4, \ldots, n.$$

Diese Gleichungen lassen sich in die Gestalt

$$c_k^2 (c_2^2 c_3^3 + M) + c_k^3 N + P = 0,$$
$$c_k^2 M_1 + c_k^3 [(c_2^2)^2 + N_1] + P_1 = 0 \tag{82'}$$

setzen, wobei die M, N, P, M_1, N_1, P_1 von den Größen c_k^s $(s \neq 2, 3)$, c_2^f, c_3^g, c_α^1 abhängen und im Fall der identischen Transformation verschwinden. Da die Determinante bezüglich der Unbekannten c_k^2, c_k^3 im Fall der identischen Transformation (81′) gleich Eins ist, kann man das System (82) nach c_k^2, c_k^3 auflösen und erhält mit Rücksicht auf (81″) Gleichungen der Gestalt

$$c_k^\varrho = F^\varrho(c_2^1, \ldots, c_n^1; c_2^2, \ldots, c_2^n; c_3^3, \ldots, c_3^n; c_k^4, \ldots, c_k^n), \quad \varrho = 2,3. \tag{83}$$

Daraus folgt, daß man die Gleichungen (79) nach $c_1^s, c_3^2, c_k^2, c_k^3$ $(k \geqq 4)$ und daher nach

$$n + 1 + 2n - 6 = 3n - 5$$

der Funktionen c_s^s auflösen kann. Somit enthält die Automorphismengruppe des A_n höchstens

$$n^2 + n - (3n - 5) = n^2 - 2n + 5$$

Parameter.

Diese Höchstzahl wird erreicht, wie uns das Beispiel eines Raumes A_n zeigt, dessen Komponenten des affinen Zusammenhangs alle verschwinden, ausgenommen

$$\Gamma^1_{22} = x^3. \tag{84}$$

Tatsächlich verschwinden für diesen Raum alle Krümmungskomponenten, ausgenommen

$$\Gamma^1_{223} = -\Gamma^1_{232} = 1,$$

und die Bedingungen (80) sind erfüllt.

Um die Gruppe des Raumes (84) zu erhalten, muß man beachten, daß dieser Raum subprojektiv von der Ordnung $n - 2$ ist, da ja

$$\Gamma^\alpha_{jk} = 0, \qquad \alpha \neq 1$$

gilt. Diese Bedingungen bleiben ungeändert bei Variablentransformationen der Gestalt

$$x'^1 = x'^1(x^1, \ldots, x^n),$$
$$x'^i = a^i_j x^j + a^i, \qquad i, j = 2, \ldots, n \tag{85}$$

(Gleichungen (8′)). Man muß jetzt zum Ausdruck bringen, daß diese Transformationen den Krümmungstensor ungeändert lassen. Nach (80′) hat man jedoch

$$a^2_2(a^2_2 a^3_3 - a^2_3 a^3_2) = \frac{\partial x'^1}{\partial x^1}.$$

Andererseits zeigt (81), daß $a^2_3 = 0$ ist und (82), daß

$$a^2_k = a^3_k = 0, \qquad k \geq 4$$

ist. Somit schreibt sich (85) in der Gestalt

$$x'^1 = b^2 c x^1 + \Psi(x^2, \ldots, x^n),$$
$$x'^2 = b x^2 + \beta,\ x'^3 = c x^3 + a x^2 + \gamma, \tag{85'}$$
$$x'^i = a^i_j x^j + a^i, \quad i = 4, \ldots, n;\ j = 2, \ldots, n.$$

Berücksichtigt man diese Gleichungen und ferner (84) in den Transformationsgleichungen des affinen Zusammenhanges

$$\frac{\partial^2 x'^1}{\partial x^j\, \partial x^k} = x'^3 \frac{\partial x'^2}{\partial x^j} \frac{\partial x'^2}{\partial x^k} - x^3 \delta^2_j \delta^2_k \frac{\partial x'^1}{\partial x^1},$$

so ergibt sich

$$\Psi = b^2 a \frac{(x^2)^3}{6} + \frac{b^2 \gamma}{2} (x^2)^2 + a^1_j x^j + \alpha, \tag{85''}$$

so daß die Automorphismen (85′) des Raumes (84) tatsächlich von $n^2 - 2n + 5$ willkürlichen Konstanten abhängen:

$$b, c, a, \alpha, \beta, \gamma, a^i_j, a^1_j, a^i; \qquad i = 4, \ldots, n; \quad j = 2, \ldots, n.$$

Damit ist der erste Teil des Satzes bewiesen. Um den zweiten Teil des Satzes zu beweisen[26]), werden wir zunächst zeigen, daß in einem Raum A_n mit maximaler Gruppe G_m, $m = n^2 - 2n + 5$, dessen Krümmung den Gleichungen (80) genügt nur die Komponenten $\gamma^1_{223} = -\gamma^1_{232} = 1$ ungleich Null ausfallen können. Wir vereinfachen die Rechnung mit Hilfe einer infinitesimalen Transformation

$$x'^i = x^i + \xi^i, \quad c^\lambda_\mu = \delta^\lambda_\mu + \varepsilon^\lambda_\mu,$$

worin ξ^i, ε^λ_μ Größen erster Ordnung sind. In diesem Fall schreiben sich die Gleichungen (79) nach § 11 des vierten Kapitels des ersten Bandes

$$\frac{\partial \gamma^a_{bcd}}{\partial x^i}\,\xi^i + \gamma^a_{ecd}\varepsilon^e_b + \gamma^a_{bfd}\varepsilon^f_c + \gamma^a_{bcg}\varepsilon^g_d - \gamma^e_{bcd}\varepsilon^a_e = 0, \tag{86}$$

und die Gleichungen (80′), (81), (82) gewinnen die Gestalt:

$$\begin{aligned}
&\varepsilon^1_1 = 2\varepsilon^2_2 + \varepsilon^3_3 + (\gamma^1_{123} + \gamma^2_{213})\,\varepsilon^1_2 + \gamma^1_{2l3}\,\varepsilon^l_2 + \gamma^1_{221}\,\varepsilon^1_3, \qquad l > 3,\\
&\varepsilon^\alpha_1 = (\gamma^\alpha_{123} + \gamma^\alpha_{213})\,\varepsilon^1_2 + \gamma^\alpha_{323}\,\varepsilon^3_2 + \gamma^\alpha_{221}\,\varepsilon^1_3,\\
&\varepsilon^2_3 + (\gamma^1_{123} + \gamma^1_{321})\,\varepsilon^1_3 + (\gamma^1_{l23} + \gamma^1_{32l})\,\varepsilon^l_3 + \gamma^1_{313}\,\varepsilon^1_2 + \gamma^1_{3l3}\,\varepsilon^l_2 - \gamma^\alpha_{323}\,\varepsilon^1_\alpha = 0,\\
&\varepsilon^2_k + \gamma^1_{123}\,\varepsilon^1_k + \gamma^1_{kp3}\,\varepsilon^p_2 + \gamma^1_{k2p}\,\varepsilon^p_3 - \gamma^\alpha_{k23}\,\varepsilon^1_\alpha = 0, \quad p = 1, 4, \ldots, n, \qquad (86')\\
&\varepsilon^3_k + \gamma^1_{221}\,\varepsilon^1_k + (\gamma^1_{p2k} + \gamma^1_{2pk})\,\varepsilon^p_2 + (\gamma^1_{32k} + \gamma^1_{23k})\,\varepsilon^3_2 - \gamma^\alpha_{22k}\,\varepsilon^1_\alpha = 0.
\end{aligned}$$

Abgesehen von der ersten Gleichung kommen im System (86′) offenbar keine Größen ε^λ_μ mit gleichen Indizes λ, μ vor. Nun sei $\gamma^a_{bcd} \neq 0$ für ein von 1, 2, 2, 3 und 1, 2, 3, 2 verschiedenes Wertsystem a, b, c, d. Dann enthält die diesem Wertsystem a, b, c, d entsprechende Gleichung (86) den nichtverschwindenden Term

$$\gamma^a_{bcd}(\varepsilon^b_b + \varepsilon^c_c + \varepsilon^d_d - \varepsilon^a_a), \tag{86''}$$

während die anderen Terme der Gleichung nur ε^λ_μ mit $\lambda \neq \mu$ enthalten. Diese Gleichung ist daher von der ersten der Gleichungen (86′) und daher von allen Gleichungen (86′) unabhängig. Damit ergibt sich, daß ein Raum A_n, dem schon die kanonischen Bedingungen (80) auferlegt sind, nur dann eine maximale Gruppe G_m gestatten kann, wenn alle Komponenten γ^a_{bcd} des Krümmungstensors mit Ausnahme von $\gamma^1_{223} = -\gamma^1_{232} = 1$ verschwinden.

Dann ist weiter notwendig, daß der abgeleitete Tensor $\gamma^a_{bcd,q}$ des Krümmungstensors verschwindet. Tatsächlich ergeben sich für $\gamma^a_{bcd,q}$ zu (86) analoge Gleichungen, und wir bekommen für jedes Wertsystem a, b, c, d, q einen Term

$$\gamma^a_{bcd,q}(\varepsilon^b_b + \varepsilon^c_c + \varepsilon^d_d + \varepsilon^q_q - \varepsilon^a_a),$$

und die entsprechende Gleichung ist von (86) unabhängig, wenn $\gamma^a_{bcd,q} \neq 0$ ist. Der Raum A_n mit maximaler Gruppe G_m ist daher ein symmetrischer Raum. Die Kom-

[26]) Vgl. G. Vranceanu, Sur les espaces A_n non projectivement euclidiens sans torsion avec groupe maximum, Revista Univ. „C. I. Parhon“ 4–5 (1954), S. 87–100.

ponenten des Tensors γ^a_{bcd} der Krümmung verschwinden alle bis auf $\gamma^1_{223} = -\gamma^1_{232} = 1$. Daher schreiben sich die Gleichungen (86′) in der Gestalt

$$\varepsilon^1_1 = 2\,\varepsilon^2_2 + \varepsilon^3_3, \quad \varepsilon^\alpha_1 = 0, \quad \alpha > 1, \quad \varepsilon^2_3 = 0,$$
$$\varepsilon^2_k = \varepsilon^3_k = 0, \qquad k = 4, \ldots, n$$

und die der Gruppe der Kongruenztransformationen entsprechend

$$\begin{aligned} d\bar{s}^1 &= (c^2_2)^2 c^3_3 ds^1 + c^1_\alpha ds^\alpha, \\ d\bar{s}^2 &= c^2_2\, ds^2, \quad d\bar{s}^3 = c^3_3\, ds^3 + c^3_2\, ds^2, \\ d\bar{s}^k &= c^k_\alpha\, ds^\alpha, \quad k = 4, \ldots, n; \quad \alpha = 2, \ldots, n. \end{aligned} \tag{86'''}$$

Diese Gruppe hängt von $n^2 - 3n + 5$ Funktionen c^2_2, c^3_3, c^3_2, c^1_α, c^k_α ab und läßt die drei PFAFFschen Systeme

$$ds^2 = 0; \quad ds^2 = ds^3 = 0; \quad ds^2 = \cdots = ds^n = 0$$

invariant. Die ersten beiden dieser PFAFFschen Systeme müssen vollständig integrable Systeme sein, da andernfalls ihre bilinearen Kovarianten $\Delta s^2 (\mathrm{mod}\; ds^2)$, $\Delta s^2 (\mathrm{mod}\; ds^2, ds^3)$ den Funktionen c^2_2, c^3_3, c^3_2, c^1_α, c^k_α Bedingungen auferlegen würden. Wir können daher

$$ds^2 = dx^2, \quad ds^3 = dx^3, \quad ds^k = dx^k, \quad ds^1 = dx^1$$

setzen und erhalten im System der $x^1, \ldots, x^n$ nur Nullkomponenten des Krümmungstensors, abgesehen von der Komponente $\Gamma^1_{223} = -\Gamma^1_{232} = 1$. Man kann daher die Gruppe (86‴) als Gruppe von Punkttransformationen der Veränderlichen

$$\begin{aligned} &\bar{x}^1 = \bar{x}^1(x^1, \ldots, x^n), \quad \bar{x}^2 = \bar{x}^2(x^2), \\ &\bar{x}^3 = \bar{x}^3(x^2, x^3), \quad \bar{x}^k = \bar{x}^k(x^2, \ldots, x^n), \qquad k = 4, \ldots, n \end{aligned} \tag{86^{IV}}$$

deuten, welche nur der Bedingung

$$\frac{\partial \bar{x}^1}{\partial x^1} = \left(\frac{\partial \bar{x}^2}{\partial x^2}\right)^2 \left(\frac{\partial \bar{x}^3}{\partial x^3}\right)$$

unterworfen sind. Da x^1 in dieser Gleichung nicht vorkommt, gilt

$$\bar{x}^1 = \left(\frac{\partial \bar{x}^2}{\partial x^2}\right)^2 \left(\frac{\partial \bar{x}^3}{\partial x^3}\right) x^1 + \psi(x^2, \ldots, x^n).$$

Wir betrachten jetzt die Transformationsformeln des affinen Zusammenhanges

$$\frac{\partial^2 \bar{x}^i}{\partial x^j\, \partial x^k} = \bar{\Gamma}^i_{pq} \frac{\partial \bar{x}^p}{\partial x^j} \frac{\partial \bar{x}^q}{\partial x^k} - \Gamma^s_{jk} \frac{\partial \bar{x}^i}{\partial x^s} \tag{87}$$

und lassen i die Werte 2,3, ..., n durchlaufen bei festem $j = 1$. Da $\bar{x}^\alpha$ für $\alpha > 1$ von x^1 nicht abhängt, folgt

$$0 = \bar{\Gamma}^\alpha_{1q} \frac{\partial \bar{x}^1}{\partial x^1} \frac{\partial \bar{x}^q}{\partial x^k} - \Gamma^\beta_{1k} \frac{\partial \bar{x}^\alpha}{\partial x^\beta},$$

und die maximale Gruppe des Raumes verlangt $\Gamma^\alpha_{1k} = 0$ und das Bestehen der Gleichungen (87) für $j, i, k = 2, \ldots, n$ und $p, q = 2, \ldots, n$. Da $\Gamma^{il}_{jk} = 0$ für $i, j, k, l > 1$ ist, ergibt sich, daß das System

$$\frac{\partial^2 \bar{x}^i}{\partial x^j \partial x^k} = - \Gamma^s_{jk} \frac{\partial \bar{x}^i}{\partial x^s}, \qquad i, j, k, s \neq 1 \tag{87'}$$

vollständig integrabel ist. Mit Rücksicht auf (86^{IV}) müssen wir jedoch

$$\Gamma^2_{j2} = \Gamma^2_{jk} = 0 \quad (j, k > 2), \quad \Gamma^3_{p3} = \Gamma^3_{p2} = \Gamma^3_{pq} = 0 \qquad (p, q > 3)$$

bekommen. Wenn wir jetzt eine Lösung des Systems (87′) als Koordinaten $\bar{x}^2$, $\bar{x}^3, \ldots, \bar{x}^n$ verwenden, verschwinden für $i, j, k > 1$ alle Komponenten Γ^i_{jk}. Da, wie wir weiter oben gesehen haben, auch die Γ^i_{1k} für $i > 1$ verschwinden, ergibt sich, daß man stets nach einer passenden Transformation der Variablen $x^2, \ldots, x^n$ annehmen kann, daß für $\alpha \neq 1$ alle Γ^α_{jk} verschwinden, und Transformationen, welche diesen Sachverhalt ungeändert lassen, sind dann lineare Transformationen. So kann man die Gruppe des A_n in der Gestalt

$$\begin{aligned} \bar{x}^1 &= b^2 c x^1 + \psi(x^2, \ldots, x^n), \\ \bar{x}^2 &= b x^2 + \beta, \ \bar{x}^3 = c x^3 + d x^2 + \gamma, \\ \bar{x}^k &= a^k_j x^j + a^k, \qquad k = 4, \ldots, n; \ j = 2, \ldots, n \end{aligned} \tag{87''}$$

schreiben, wobei die $b, c, d, \beta, \gamma, a^k_j, a^k$ konstant sind. Für $i > 1$ sind in diesem Fall die Gleichungen (87) identisch erfüllt. Für $i = 1$, $j = 1$ schreiben sie sich

$$\bar{\Gamma}^1_{1q} \frac{\partial \bar{x}^q}{\partial x^k} - \Gamma^1_{1k} = 0.$$

Dann gilt notwendig $\Gamma^1_{1k} = 0$, und die Gleichungen (87) schreiben sich für $i = 1$ und $j, k = 3, \ldots, n$

$$\frac{\partial^2 \psi}{\partial x^r \partial x^s} = \bar{\Gamma}^1_{pq} \frac{\partial \bar{x}^p}{\partial x^r} \frac{\partial \bar{x}^q}{\partial x^s} - \Gamma^1_{rs} b^2 c, \qquad r, s, p, q = 3, \ldots, n.$$

Setzt man $\bar{\Gamma}^1_{pq} = 0$, so ergibt sich ein vollständig integrables System, da die Komponenten $\Gamma^1_{rsq}(r, s, q \geqq 3)$ des Krümmungstensors verschwinden. Durch Abänderung der Veränderlichen $\bar{x}^1$, d. h. durch passende Wahl der Funktion ψ, kann man also $\Gamma^1_{pq} = 0$ $(p, q > 2)$ erreichen. Dazu muß die Veränderliche $\bar{x}^1$ in der Gestalt

$$\bar{x}^1 = b^2 c x^1 + p_r x^r + p$$

angenommen werden, wobei die p und p_r Funktionen der Veränderlichen x^2 sind. Dann schreiben sich die Gleichungen (87) für $j = 2$, $k > 2$

$$\frac{\partial p_k}{\partial x^2} = \overline{\Gamma}^1_{2q} b \frac{\partial \overline{x}^q}{\partial x^k} - \Gamma^1_{2k} b^2 c,$$

und die Γ^1_{2k} dürfen für $k > 2$ nur von der Veränderlichen x^2 abhängen, da man andernfalls durch Differentiation nach $x^l (l > 2)$ auf neue Bedingungen für die Gruppe (86‴) stoßen würde. Mit Hilfe der p_k können wir die $\overline{\Gamma}^1_{2q} (q > 2)$ zum Verschwinden bringen und uns daher auf den Fall beschränken, in welchem alle Komponenten des affinen Zusammenhangs bis auf Γ^1_{22} verschwinden. Für die Gruppe (87″), welche diesen Sachverhalt ungeändert läßt, gilt dann notwendig

$$\psi = p_3 x^3 + \cdots + p_n x^n + p,$$

wobei die $p_3, \ldots, p_n$ konstant sind und p von x^2 abhängt. Die Gleichungen (87) reduzieren sich so auf die Gleichung

$$\frac{d^2 p}{(d x^2)^2} = \overline{\Gamma}^1_{22} b^2 - \Gamma^1_{22} b^2 c, \tag{87‴}$$

und Γ^1_{22} ist notwendig unabhängig von den $x^k (k = 4, \ldots, n)$, da man andernfalls durch Differentiation

$$\frac{\partial \overline{\Gamma}^1_{22}}{\partial \overline{x}^l} a^l_k - \frac{\partial \Gamma^1_{22}}{\partial x^k} = 0$$

erhalten würde, wodurch der Gruppe (86‴) neue Bedingungen auferlegt würden. Andererseits führt die Bedingung $\Gamma^1_{223} = 1$ auf

$$\frac{\partial \Gamma^1_{22}}{\partial x^3} = 1, \quad \Gamma^1_{22} = x^3 + \varphi(x^2),$$

und (87‴) schreibt sich entsprechend

$$\frac{d^2 p}{(d x^2)^2} = [\overline{x}^3 + \overline{\varphi}(\overline{x}^2)] b^2 - [x^3 + \varphi(x^2)] b^2 c.$$

Mit Rücksicht auf (87‴) bekommen wir

$$\frac{d^2 p}{(d x^2)^2} = (d x^2 + \gamma) b^2 + b^2 \overline{\varphi}(\overline{x}^2) - b^2 c \varphi(x^2)$$

und können p so wählen, daß $\overline{\varphi}(\overline{x}^2) = 0$ und damit $\Gamma^1_{22} = x^3$ entsteht. Somit erweisen sich alle Räume A_n mit maximaler Gruppe G_m zu (84) äquivalent, und damit ist der Satz bewiesen.

Räume A_n mit nichtverschwindenden Komponenten $\overset{1}{\gamma}_{223}, \overset{1}{\gamma}_{234}$. Wie wir oben gesehen haben, müssen die Komponenten des Krümmungstensors eines Raumes A_n, wenn sie von der kanonischen Gestalt (80) sind, alle verschwinden bis auf $\gamma^1_{223} = -\gamma^1_{232} = 1$, wenn der Raum eine maximale $(n^2 - 2n + 5)$-parametrige Gruppe gestattet. Insbesondere bedeuten die Gleichungen (80), daß $\gamma^1_{423} = 0$, und wir bekommen daher mit Rücksicht auf die Identität (78')

$$\gamma^1_{234} - \gamma^1_{324} = 0.$$

Nun sei $\gamma^1_{234} \neq 0$. Man kann dann $\gamma^1_{234} = \gamma^1_{324} = 1$ annehmen, und die Gleichungen (86) bilden für $a, b, c, d = 1, 2, 3, k$ $(k > 4)$; $1, 3, 3, 4$ und $1, 4, 4, 2$ $n - 1$ von (86') unabhängige Gleichungen. Um diese Behauptungen auf einfache Weise zu bestätigen, nehmen wir an, daß alle Komponenten des Krümmungstensors bis auf

$$\gamma^1_{223} = -\gamma^1_{232} = \gamma^1_{234} = -\gamma^1_{243} = \gamma^1_{324} = -\gamma^1_{342} = 1 \tag{88}$$

verschwinden. Dann schreiben sich die Gleichungen (86') in der Gestalt

$$\begin{aligned} &\varepsilon^1_1 = 2\varepsilon^2_2 + \varepsilon^3_3 - \varepsilon^4_2, \quad \varepsilon^\alpha_1 = 0, \quad \varepsilon^2_3 + \varepsilon^4_3 = 0, \qquad \alpha > 1, \\ &\varepsilon^2_4 = 0, \quad \varepsilon^3_4 + 2\varepsilon^3_2 = 0, \quad \varepsilon^2_l = \varepsilon^3_l = 0, \qquad l \geqq 5 \end{aligned} \tag{88'}$$

und (86) für $a, b, c, d = 1, 2, 3, k$; $1, 3, 3, 4$ und $1, 4, 4, 2$ in der Gestalt

$$\varepsilon^2_2 + \varepsilon^3_3 + \varepsilon^4_4 - \varepsilon^1_1 = 0, \quad \varepsilon^4_l = 0, \quad \varepsilon^2_3 = \varepsilon^3_4 = 0. \tag{88''}$$

Das sind Gleichungen, die offensichtlich von den Gleichungen (88') unabhängig sind. Somit ergibt sich für den Raum maximal eine $(n^2 - 2n + 5 - n + 1 = n^2 - 3n + 6)$-parametrige Bewegungsgruppe und damit der

Satz. *Ein Raum A_n, dessen Krümmungskomponenten auf die kanonische Gestalt* (80) *mit $\gamma^1_{234} \neq 0$ gebracht worden sind, gestattet maximal eine Bewegungsgruppe von $n^2 - 3n + 6$ Parametern, und dieses Maximum kommt tatsächlich vor.*

Als Beispiel betrachten wir den A_n, dessen Komponenten des Zusammenhangs alle verschwinden, ausgenommen

$$\Gamma^1_{22} = x^3, \Gamma^1_{23} = \Gamma^1_{32} = x^4. \tag{89}$$

Man bestätigt leicht, daß die Bewegungsgruppe dieses Raumes durch die Gleichungen

$$\begin{aligned} &x'^1 = bc\,dx^1 + \frac{bc(b-d)}{2}(x^2)^2 x^3 + \frac{b^2\beta}{2}(x^2)^2 + \delta bc x^2 x^3 + a^1_\alpha x^\alpha + a^1, \\ &x'^2 = bx^2 + \beta, \quad x'^3 = cx^3 + \gamma, \quad x'^4 = dx^4 + (b-d)\,x^2 + \delta, \\ &x'^l = a^l_\alpha x^\alpha + a^l, \qquad l = 5, \ldots, n; \quad \alpha = 2, \ldots, n, \end{aligned} \tag{89'}$$

gegeben ist, und diese Gruppe enthält $n^2 - 3n + 6$ wesentliche Parameter, nämlich die willkürlichen Konstanten $b, c, d, \beta, \gamma, \delta, a^1_\alpha, a^l_\alpha, a^1, a^l$.

Räume A_n mit nichtverschwindender Komponente γ^1_{234}. Wir werden jetzt zeigen, daß die Maximalgruppe eines Raumes A_n, dem eine nichtverschwindende Vierindizeskomponente zukommt, $(n^2 - 3n + 8)$-parametrig ist. Wir nehmen entsprechend $\gamma^1_{234} \neq 0$ an und betrachten die Kongruenztransformation

$$d\bar{s}^1 = c^1_1\, ds^1, \quad d\bar{s}^p = c^p_1\, ds^1 + ds^p + c^p_k\, ds^k, \quad p = 2, 3, 4,$$
$$d\bar{s}^k = c^k_1\, ds^1 + ds^k, \qquad k = 5, \ldots, n.$$

Wir bekommen dann die Gleichungen

$$\begin{aligned} &\bar{\gamma}^1_{234} = c^1_1 \gamma^1_{234}, \quad \bar{\gamma}^\alpha_{234} = \gamma^1_{234} c^\alpha_1 + \gamma^\alpha_{234}, \qquad \alpha \neq 1, \\ &\bar{\gamma}^1_{2k4} + \gamma^1_{234} c^3_k = \gamma^1_{2k4}, \quad \bar{\gamma}^1_{k34} + \bar{\gamma}^1_{234} c^2_k = \gamma^1_{k34}, \\ &\bar{\gamma}^1_{23k} + \bar{\gamma}^1_{234} c^4_k = \gamma^1_{23k}, \qquad k = 5, \ldots, n, \end{aligned} \tag{89''}$$

so daß man stets die Gleichungen

$$\begin{aligned} &\gamma^1_{234} = 1, \quad \gamma^\alpha_{234} = 0, \qquad \alpha \neq 1, \\ &\gamma^1_{k34} = \gamma^1_{2k4} = \gamma^1_{23k} = 0, \qquad k \geqq 5 \end{aligned} \tag{90}$$

als erfüllt ansehen kann. Setzen wir $\gamma^1_{342} = \lambda$, $\gamma^1_{423} = \mu$ und berücksichtigen die Identität (78′), so bekommen wir

$$1 + \lambda + \mu = 0. \tag{90'}$$

Ebenso bekommen wir

$$\begin{aligned} \varepsilon^1_1 = {} & \varepsilon^2_2 + \varepsilon^3_3 + \varepsilon^4_4 + \gamma^1_{334}\varepsilon^3_2 + \gamma^1_{434}\varepsilon^4_2 + \gamma^1_{l34}\varepsilon^l_2 + \gamma^1_{224}\varepsilon^2_3 + \gamma^1_{2l4}\varepsilon^l_3 + \gamma^1_{232}\varepsilon^2_4 \\ & + \gamma^1_{23l}\varepsilon^l_4 - \gamma^\alpha_{234}\varepsilon^1_\alpha, \qquad l = 1, 5, \ldots, n, \\ \varepsilon^\alpha_1 = {} & \gamma^\alpha_{l34}\varepsilon^l_2 + \gamma^\alpha_{2f4}\varepsilon^f_3 + \gamma^\alpha_{23g}\varepsilon^g_4, \qquad l \neq 2,\ f \neq 3,\ g \neq 4 \end{aligned} \tag{91}$$

aus (86) für $b, c, d = 2, 3, 4$. Die Gleichungen (91) sind offensichtlich nach ε^1_1, ε^α_1 aufgelöst. Mit Rücksicht auf (90) lassen sich die Gleichungen (86) für $a, b, c, d = 1, k, 3, 4$, bzw. $1, 2, k, 4$ bzw. $1, 2, 3, k$ $(k > 4)$ in der Gestalt

$$\begin{aligned} &\varepsilon^2_k + \gamma^1_{334}\varepsilon^3_k + \gamma^1_{434}\varepsilon^4_k + \gamma^1_{s34}\varepsilon^s_k + \gamma^1_{kf4}\varepsilon^f_3 + \gamma^1_{k3g}\varepsilon^g_4 - \gamma^\alpha_{k34}\varepsilon^1_\alpha = 0, \\ &\qquad s = 1, 5, \ldots, n; \quad f \neq 3, \quad g \neq 4; \\ &\gamma^1_{224}\varepsilon^2_k + \varepsilon^3_k + \gamma^1_{2s4}\varepsilon^s_k + \gamma^1_{lk4}\varepsilon^l_2 + \gamma^1_{2kg}\varepsilon^g_4 - \gamma^\alpha_{2k4}\varepsilon^1_\alpha = 0, \qquad l \neq 2, \\ &\gamma^1_{232}\varepsilon^2_k + \varepsilon^4_k + \gamma^1_{23s}\varepsilon^s_k + \gamma^1_{l3k}\varepsilon^l_2 + \gamma^1_{2fk}\varepsilon^f_3 - \gamma^\alpha_{23k}\varepsilon^1_\alpha = 0 \end{aligned} \tag{91'}$$

schreiben. Wir müssen $\gamma^1_{232} = \gamma^1_{223} = 0$ annehmen, da andernfalls, wie wir früher gesehen haben, die Gruppe höchstens $n^2 - 3n + 6$ Parameter enthält. Auch $\gamma^1_{242} = \gamma^1_{224} = 0$ müssen wir annehmen, da sich der Fall $\gamma^1_{242} \neq 0$, $\gamma^1_{234} \neq 0$ auf den Fall $\gamma^1_{232} \neq 0$, $\gamma^1_{234} \neq 0$ reduziert, sobald man die Indizes 3 und 4 vertauscht. Es sei also $\gamma^1_{232} = \gamma^1_{242} = 0$. Ist jedoch $\gamma^1_{234} \neq 0$, so gilt dasselbe für γ^1_{342} oder γ^1_{432}. Angenommen γ^1_{342} sei von Null verschieden. Dann müssen wir noch

$$\gamma^1_{343} = \gamma^1_{323} = 0$$

bekommen, und die Gleichungen (91′) lassen sich daher nach

$$\varepsilon_k^2,\ \varepsilon_k^3,\ \varepsilon_k^4,\quad k = 5, \ldots, n$$

auflösen, und (91′) und (91) bilden zusammen ein System von

$$3(n-4) + n = 4n - 12$$

unabhängigen Gleichungen in ε_μ^λ. Wir betrachten noch die Gleichungen (86) für $a, b, c, d, = 1, 2, 2, 4$ bzw. $1, 2, 3, 2$. Da $\gamma_{232}^1 = \gamma_{224}^1 = 0$ ist, bekommen wir

$$\begin{aligned}(1-\lambda)\varepsilon_2^3 + \gamma_{424}^1\varepsilon_2^4 + (\gamma_{s24}^1 + \gamma_{2s4}^1)\varepsilon_2^s + \gamma_{22s}^1\varepsilon_4^s - \gamma_{224}^\alpha\varepsilon_\alpha^1 &= 0,\\ (1-\mu)\varepsilon_2^4 + (\gamma_{s32}^1 + \gamma_{23s}^1)\varepsilon_2^s + \gamma_{2s2}^1\varepsilon_3^s - \gamma_{232}^\alpha\varepsilon_\alpha^1 &= 0, \qquad s = 1, 5, \ldots, n.\end{aligned} \tag{92}$$

Wenn $\lambda \neq 1$ und $\mu \neq 1$ gilt, können die Gleichungen (92) nach ε_2^3 und ε_2^4 aufgelöst werden. Da die Größen $1, \lambda, \mu$ nicht gleich sein können, kann man von dieser Voraussetzung ausgehen. Ebenso erhält man aus (86) für $a, b, c, d, = 1, 3, 3, 4$ bzw. $1, 4, 3, 4$, da $\gamma_{343}^1 = \gamma_{323}^1 = 0$ ist,

$$\begin{aligned}&(1-\lambda)\varepsilon_3^2 + \gamma_{434}^1\varepsilon_3^4 + (\gamma_{s34}^1 + \gamma_{3s4}^1)\varepsilon_3^s + \gamma_{33s}^1\varepsilon_4^s - \gamma_{334}^\alpha\varepsilon_\alpha^1 = 0,\\ &\frac{\partial\gamma_{434}^1}{\partial x^i}\xi^i + \gamma_{434}^1(2\varepsilon_4^4 + \varepsilon_3^3 - \varepsilon_1^1) + (1-\mu)\varepsilon_4^2 + (\gamma_{s34}^1 + \gamma_{43s}^1)\varepsilon_4^s\\ &\qquad + \gamma_{424}^1\varepsilon_3^2 + \gamma_{4s4}^1\varepsilon_3^s - \gamma_{434}^\alpha\varepsilon_\alpha^1 = 0.\end{aligned} \tag{92′}$$

Schließlich behandeln wir noch (86) für $a, b, c, d = 1, 3, 3, 2$ bzw. $1, 4, 4, 2$ und bekommen

$$\begin{aligned}&(\lambda-\mu)\varepsilon_3^4 + (\gamma_{s32}^1 + \gamma_{3s2}^1)\varepsilon_3^s + \gamma_{33s}^1\varepsilon_2^s - \gamma_{332}^\alpha\varepsilon_\alpha^1 = 0, \qquad s = 1, 5, \ldots, n,\\ &\frac{\partial\gamma_{442}^1}{\partial x^i}\xi^i + \gamma_{442}^1(2\varepsilon_4^4 + \varepsilon_2^2 - \varepsilon_1^1) + (\lambda-\mu)\varepsilon_4^3 + (\gamma_{s42}^1 + \gamma_{42s}^1)\varepsilon_4^s\\ &\qquad + \gamma_{443}^1\varepsilon_2^3 + \gamma_{44s}^1\varepsilon_2^s - \gamma_{442}^\alpha\varepsilon_\alpha^1 = 0.\end{aligned} \tag{92″}$$

Nun sei $\lambda \neq \mu$. Dann bilden die Systeme (92′) und (92″) mit (91), (91′), (92) bei beliebigen Werten γ_{443}^1 und γ_{442}^1 unabhängige Gleichungen. Daher bestehen zwischen den ε_μ^λ mindestens

$$n + 3(n-4) + 6 = 4n - 6$$

Beziehungen. Die Gruppe des A_n enthält somit höchstens $n^2 - 3n + 6$ wesentliche Parameter. Nun sei $\lambda = \mu$. Dann folgt aus (90′) $\lambda = \mu = -\dfrac{1}{2}$. Da $\gamma_{423}^1 = \mu \neq 0$ ist, gilt notwendig $\gamma_{434}^1 = \gamma_{424}^1 = 0$, soll der Raum eine $(n^2 - 2n + 6)$-parametrige Gruppe gestatten. Dann bilden die Gleichungen (91), (91′), (92), (92′) ein System von $4n - 8$ unabhängigen Gleichungen. Die Gruppe des Raumes A_n

mit $\gamma^1_{234} = 1$ kann also nur dann $n^2 - 3n + 8$ Parameter enthalten, wenn

$$\gamma^1_{342} = \gamma^1_{423} = -\frac{1}{2}$$

gilt. Die Gleichungen (91'), (92), (92'), und bis auf die erste auch (91), enthalten, wie man sieht, die Größen $\varepsilon^\lambda_\mu(\lambda \neq \mu)$. Nach einer Überlegung, die wir im Fall von Räumen mit der Gruppe G_m angestellt hatten, folgt, daß A_n nur dann eine $(n^2 - 3n + 8)$-parametrige Gruppe gestatten kann, wenn alle andern Krümmungskomponenten des Raumes verschwinden, und allein im Fall, daß der Raum symmetrisch ist.

Bevor wir zeigen, daß das Maximum $n^2 - 3n + 8$ erreicht wird, zeigen wir, daß das Maximum $n^2 - 3n + 6$ für $\mu = 0$ und $\lambda = -1$ im Fall eines Raumes A_n eintritt, dessen sämtliche Komponenten des affinen Zusammenhangs verschwinden, abgesehen von

$$\Gamma^1_{23} = \Gamma^1_{32} = x^4. \tag{93}$$

Seine Krümmungskomponenten verschwinden dann alle bis auf

$$\Gamma^1_{234} = -\Gamma^1_{243} = \Gamma^1_{324} = -\Gamma^1_{342} = 1,$$

und die Gleichungen (90') sind für $\lambda = -1$, $\mu = 0$ (also für verschiedene λ, μ) erfüllt. Der Raum (93) ist offensichtlich ein KAGANscher subprojektiver Raum der Ordnung $n - 2$. Die Gruppe des Raumes, welche (93) ungeändert läßt, ist von der Gestalt

$$x'^1 = x'^1(x^1, \ldots, x^n),$$

$$x'^i = a^i_j x^j + a^i, \quad i, j = 2, \ldots, n. \tag{93'}$$

Nach der ersten der Gleichungen (90) ist $\dfrac{\partial x'^1}{\partial x^1} = a^2_2 a^3_3 a^4_4$, und die Gleichungen (91') besagen, daß $\varepsilon^2_k = \varepsilon^3_k = \varepsilon^4_k = 0$ ist $(k > 4)$. Daher bekommen wir

$$a^r_k = 0, \quad r = 2, 3, 4; \qquad k = 5, \ldots, n.$$

Nach (81) verschwinden auch noch die a^2_3, a^2_4, a^3_2, a^3_4, a^4_2, a^4_3, und (93') läßt sich in die Gestalt

$$x'^1 = bcdx^1 + \varphi(x^2, \ldots, x^n),$$

$$x'^2 = bx^2 + \beta,$$

$$x'^3 = cx^3 + \gamma,$$

$$x'^4 = dx^4 + \delta,$$

$$x'^i = a^i_j x^j + a^i, \qquad i \geqq 5,\ j \geqq 2$$

setzen. Setzt man diese Beziehungen in die Äquivalenzgleichungen für den Zusammenhang

$$\frac{\partial^2 x'^1}{\partial x^j \partial x^k} = x'^4 \left(\frac{\partial x'^2}{\partial x^j} \frac{\partial x'^3}{\partial x^k} + \frac{\partial x'^2}{\partial x^k} \frac{\partial x'^3}{\partial x^j} \right) - x^4 (\delta^2_j \delta^3_k + \delta^2_k \delta^3_j) \frac{\partial x'^1}{\partial x^1}$$

ein, so werden wir auf das Resultat geführt, daß die Ableitungen zweiter Ordnung bis auf $\frac{\partial^2 \varphi}{\partial x^2 \partial x^3} = \delta b c$ verschwinden.

Die Automorphismengruppe des Raumes (93) ist daher durch die Gleichungen

$$\begin{aligned} x'^1 &= bcdx^1 + \delta bcx^2x^3 + a^1_j x^j + a^1, \\ x'^2 &= bx^2 + \beta, \\ x'^3 &= cx^3 + \gamma, \\ x'^4 &= dx^4 + \delta, \\ x'^i &= a^i_j x^j + a^i, \qquad i \geqq 5, j \geqq 2 \end{aligned} \tag{94}$$

gegeben und enthält $n^2 - 3n + 6$ Parameter:

$$b, c, d, \beta, \gamma, \delta, a^s_j, a^1, \qquad s = 1, 5, \ldots, n; \quad j = 2, \ldots, n.$$

Wir zeigen jetzt, daß für $\mu = \lambda$ auch das Maximum $n^2 - 3n + 8$ erreicht wird und betrachten zu diesem Zweck einen Raum A_n, dessen Komponenten des affinen Zusammenhangs bis auf

$$\Gamma^1_{23} = \Gamma^1_{32} = x^4, \; \Gamma^1_{24} = \Gamma^1_{42} = -x^3 \tag{95}$$

verschwinden. Dann ergibt sich für die nichtverschwindenden Krümmungskomponenten

$$\Gamma^1_{234} = -\Gamma^1_{243} = 2, \quad \Gamma^1_{342} = -\Gamma^1_{324} = -1, \quad \Gamma^1_{423} = -\Gamma^1_{432} = -1,$$

und die Gleichungen (90), (90′) sind demnach für $\lambda = \mu$ erfüllt. Die Gruppe des Raumes hat dann die Gestalt

$$\begin{aligned} x'^1 &= b(cd - pq)x^1 + \varphi x^2 + a^1_j x^j + a^1, \\ x'^2 &= bx^2 + \beta, \\ x'^3 &= cx^3 + px^4 + \gamma, \\ x'^4 &= dx^4 + qx^3 + \delta, \\ x'^i &= a^i_j x^j + a^i, \qquad i \geqq 5, \; j \geqq 2, \end{aligned} \tag{95′}$$

wobei φ durch

$$\varphi = b(c\delta - q\gamma)x^3 + b(p\delta - d\gamma)x^4 \tag{95″}$$

gegeben ist; sie enthält also $n^2 - 3n + 8$ Parameter:

$$b, c, d, p, q, \beta, \gamma, \delta, a_j^s, a^s, \qquad s = 1, 5, \ldots, n; \; j = 2, \ldots, n.$$

Wir formulieren unsere bisherigen Ergebnisse in dem

Satz. *Ein torsionsfreier, nicht projektiv-euklidischer Raum A_n, dessen Krümmungskomponenten $\gamma^a_{bcd} (a \neq b \neq c \neq d)$ nicht alle verschwinden, gestattet eine maximale $(n^2 - 3n + 8)$-parametrige Automorphismengruppe, und dieses Maximum wird erreicht. Dieser Raum ist symmetrisch, und man kann es so einrichten, daß seine Krümmungskomponenten bis auf $\gamma^1_{234} = 1, \gamma^1_{342} = \gamma^1_{423} = \frac{1}{2}$ verschwinden.*

Räume mit projektivem Zusammenhang. Wir werden jetzt zeigen, daß die Maximalzahlen $n^2 - 2n + 5$ und $n^2 - 3n + 8$ der Automorphismenparameter auch im Fall eines Raumes P_n mit projektivem Zusammenhang ihre Bedeutung behalten. Ist nämlich eine der Komponenten $\gamma^a_{bcd} \neq 0 (a \neq b, c, d)$, so trifft dasselbe zu für die entsprechende Komponente γ^{*a}_{bcd} des projektiven Krümmungstensors, da nach Kapitel VI des ersten Bandes

$$\gamma^{*a}_{bcd} = \gamma^a_{bcd} - \delta^a_c \gamma^0_{bd} + \delta^a_d \gamma^0_{bc} - \delta^a_b w^0_{cd} \tag{96}$$

gilt. Tatsächlich können wir für $\gamma^1_{223} \neq 0$ (und daher $\gamma^{*1}_{223} \neq 0$) erreichen, daß $\gamma^{*1}_{223} = 1$ und $\gamma^{*\alpha}_{223} = 0$ $(\alpha > 1)$ wird, und von den Transformationsgleichungen des projektiven Krümmungstensors

$$\begin{aligned} \bar{\gamma}^{*a}_{efg} c^e_b c^f_c c^g_d &= \gamma^{*f}_{bcd} c^a_f, \\ \gamma^{*0}_{efg} c^e_b c^f_c c^g_d &= \gamma^{*0}_{bcd} + c^0_f \gamma^{*f}_{bcd} \end{aligned} \tag{96'}$$

lassen sich die ersten nach $c^s_1, c^2_3, c^2_k, c^3_k (k = 4, \ldots, n)$ auflösen wie im Fall eines A_n. Die zweiten dieser Gleichungen lassen sich nach c_1 auflösen. Leitet man also die Gleichungen

$$\bar{\gamma}^{*1}_{efg} c^e_2 c^f_2 c^g_3 = c^1_1$$

nach $s^2, s^3, \ldots, s^n$ ab, so kann mit Rücksicht auf Gleichung (14) aus dem sechsten Kapitel des ersten Bandes

$$2c^1_1 c^0_k + \gamma^a_{k23} c^1_\alpha c^0_2 + \gamma^a_{2k3} c^1_\alpha c^0_2 + \gamma^a_{22k} c^1_\alpha c^0_3 - c^1_k c^0_1 + \cdots = 0$$

geschrieben werden, worin die nicht aufgeschriebenen Terme von c^0_s unabhängig sind. Da c^0_1 als Funktion der c^s_b bereits bestimmt ist, kann man die Größen c^0_k als Funktionen der c^s_b und c^0_2, c^0_3 bestimmen, indem man k die Werte $4, \ldots, n$ erteilt. Für $k = 2, 3$ erhält man auf gleiche Weise

$$2c^1_1 c^0_2 + \cdots = 0, \quad 2c^1_1 c^0_3 + \gamma^a_{323} c^1_\alpha c^0_2 + \cdots = 0.$$

Demnach können auch c^0_2, c^0_3 als Funktionen der c^s_b bestimmt werden. Analog liegt der Fall $\gamma^{*1}_{234} \neq 0$ zusammen mit (90). Man kann dann von den Gleichungen

$$\gamma^{*1}_{234} = 1, \quad \gamma^{*a}_{234} = 0$$

ausgehen und durch Ableiten der Gleichungen

$$\gamma^{*1}_{efg} c^e_2 c^f_3 c^g_4 = c^1_1$$

nach den $s^k (k = 2, \ldots, n)$, welche für $a = 1, b = 2, c = 3, d = 4$ zu den letzten der Gleichungen (96') gehören, alle Unbekannten c^0_4 bestimmen. So ergibt sich der

Satz.[27]) *Ein nichteuklidischer Raum P_n von projektivem Zusammenhang (d. h. ein nicht projektiv-euklidischer Raum A_n) gestattet Automorphismengruppen mit maximal $n^2 - 2n + 5$ oder $n^2 - 3n + 8$ Parametern, und diese Maxima werden erreicht.*

§ 6 Riemannsche Räume V_n mit maximaler Bewegungsgruppe

Wie wir in § 8 des fünften Kapitels des ersten Bandes gesehen haben, ist die maximale Automorphismengruppe eines Riemannschen V_n $\frac{n(n+1)}{2}$-parametrig, und dieses Maximum wird allein von den Räumen V_n konstanter Krümmung erreicht. Dieser Fall tritt ein, sobald die Krümmungskomponenten des V_n in bezug auf ein orthogonales Kongruenzensystem bei drei oder vier verschiedenen Indizes verschwinden, während alle γ^a_{bab} ein und derselben Konstanten k gleichen, der Krümmung des Raumes.

Wir werden jetzt zeigen, daß Riemannsche Räume V_n mit variabler Krümmung eine $\left(\frac{n(n-1)}{2} + 2\right)$-parametrige Bewegungsgruppe gestatten. Dazu betrachten wir die quadratischen Formen

$$\varphi^a_c = \gamma^a_{bcd} ds^b ds^d$$

mit festen Indizes a, c und zeigen, daß die Koeffizienten dieser Formen den Krümmungstensor vollständig bestimmen. Berücksichtigen wir nämlich die für die γ^a_{bcd} bestehenden Gleichungen

$$\begin{aligned} &\gamma^a_{bcd} + \gamma^b_{acd} = 0, \quad \gamma^a_{bcd} + \gamma^a_{bdc} = 0, \quad \gamma^a_{bcd} = \gamma^c_{dab}, \\ &\gamma^a_{bcd} + \gamma^a_{cdb} + \gamma^a_{dbc} = 0, \end{aligned} \tag{96''}$$

so bekommen wir $\varphi^a_c = \varphi^c_a$. Offensichtlich bestimmen aber die φ^a_a mit festem Index a die γ^a_{bab} vollständig, und es gilt $\gamma^a_{bad} = \gamma^a_{dab}$. Wir bezeichnen jetzt die Koeffizienten der Formen $\varphi^a_c (a \neq c)$ für $a \neq c \neq b \neq d$ mit

$$A^a_{bcd} = \frac{1}{2} (\gamma^a_{bcd} + \gamma^a_{dcb}), \qquad a \neq c \neq b \neq d$$

[27]) Vgl. G. Vranceanu, Sur les espaces à connexion à groupe maximum des transformations en eux-memes. C. R. 229 (1949), S. 543—545; S. Ishihara, Groups of projective transformations of a projectively connected manifold, Japanese J. Math. 25 (1955), S. 37—80.

und bekommen mit Rücksicht auf die letzten der Gleichungen (96″)

$$\gamma^a_{bcd} = \frac{2}{3}(A^a_{bcd} - A^a_{bdc}), \qquad a \neq b \neq c \neq d.$$

Die Formen φ^a_c bestimmen somit den Krümmungstensor vollständig. Durch eine orthogonale Kongruenzentransformation ergibt sich für die Formen φ^a_c

$$\overline{\varphi}^a_l c^l_e = \varphi^f_e c^a_f, \quad \overline{\varphi}^a_b = \varphi^f_g c^a_f c^b_g.$$

Die φ^a_a enthalten die Form ds^a nicht, und wir bekommen

$$\varphi^a_a = \gamma^a_{faf}(ds^f)^2 + \gamma^a_{bad} ds^b ds^d, \qquad f \neq a, \ b \neq d \neq a,$$

$$\varphi^a_c = -\gamma^a_{cac} ds^a ds^c + \gamma^a_{gcg}(ds^g)^2 + \gamma^a_{pcq} ds^p ds^q, \qquad g \neq a \neq c, \ p \neq q \neq a \neq c$$

und insbesondere

$$\varphi^a_a = k\,ds^2 (\operatorname{mod} ds^a), \quad \varphi^a_c = -k\,ds^a ds^c, \tag{97}$$

wenn der RIEMANNsche Raum V_n von konstanter Krümmung k ist, wo ds^2 die Metrik des Raumes V_n ist, $ds^2 = (ds^1)^2 + \cdots + (ds^n)^2$. Ist V_n von variabler Krümmung, so ist mindestens eine der Gleichungen (97) ungültig. Für $n = 3$ gilt dies mindestens für eine der ersten der Gleichungen (97).

Wie wir zeigen werden, kann man immer, auch für $n > 3$, ein Kongruenzensystem angeben, in welchem eine der ersten Gleichungen (97) nicht erfüllt ist. Nehmen wir nämlich an, daß für $n > 3$ im System der Kongruenzen (λ) alle ersten der Gleichungen (97) erfüllt seien. Dann gilt

$$\gamma^a_{bab} = k, \quad \gamma^a_{bad} = 0$$

für feste verschiedene Indizes a, b, und wir bekommen für die Formen φ^a_c mit $a \neq c$

$$\varphi^a_c = -k\,ds^a ds^c = \gamma^a_{pcq} ds^p ds^q, \qquad p \neq q \neq a \neq c.$$

Da V_n von variabler Krümmung ist, ist mindestens eine der Größen $A^a_{pcq} \neq 0$ $(a \neq c \neq p \neq q)$. Nun sei $A^1_{324} \neq 0$ und eine orthogonale Transformation der Kongruenzen durch

$$d\bar{s}^1 = \cos\theta\, ds^1 - \sin\theta\, ds^2, \quad d\bar{s}^2 = \sin\theta\, ds^1 + \cos\theta\, ds^2, \quad d\bar{s}^k = ds^k, \quad k \geqq 3$$

gegeben. Dann ist leicht zu sehen, daß

$$\overline{\varphi}^1_1 = \varphi^1_1 \cos^2\theta + \varphi^2_2 \sin^2\theta - 2\varphi^1_2 \cos\theta \sin\theta$$

gilt, wofür man auch

$$\overline{\varphi}^1_1 = k[(d\bar{s}^2)^2 + \cdots + (d\bar{s}^n)^2] - 2\cos\theta \sin\theta\, A^1_{k2l} d\bar{s}^k d\bar{s}^l, \qquad k, l, = 3, 4, \ldots, n$$

schreiben kann. $k(d\bar{s}^2)^2$ ist der einzige Term in diesem Ausdruck, der $d\bar{s}^2$ enthält. Gehört daher zur charakteristischen Gleichung für $\bar{\varphi}_1^1$ eine Wurzel k, so können die anderen Wurzeln der charakteristischen Gleichung nicht alle mit k zusammenfallen, da $A_{324}^1 \neq 0$ ist. So bekommen wir den

S a t z. *Liegt ein* RIEMANN*scher Raum* V_n *mit variabler Krümmung vor, so läßt es sich immer so einrichten, daß*

$$\varphi_1^1 \neq k[(ds^2)^2 + \cdots + (ds^n)^2]$$

gilt.

Unter diesen Umständen läßt sich über eine orthogonale Transformation der Formen $ds^2, \ldots, ds^n$ die Form φ_1^1 stets in kanonischer Gestalt

$$\varphi_1^1 = \lambda_2 (ds^2)^2 + \cdots + \lambda_n (ds^n)^2$$

und die Größen $\lambda_2, \ldots, \lambda_n$ dann als teilweise verschieden annehmen. Wir bekommen

$$\lambda_2 = \gamma_{212}^1, \ldots, \lambda_n = \gamma_{n1n}^1, \quad \gamma_{k1l}^1 = 0, \qquad k \neq l \neq 1,$$

und die Gleichungen (86) schreiben sich für $a, b, c, d, = 1, k, 1, l$ in der Gestalt

$$\gamma_{f1l}^1 \varepsilon_k^f + \gamma_{k1f}^1 \varepsilon_l^f + \gamma_{kgl}^1 \varepsilon_1^g - \gamma_{k1l}^g \varepsilon_g^1 = 0$$

und können in die Gleichungen

$$(\lambda_l - \lambda_k) \varepsilon_k^l + (\gamma_{kgl}^1 + \gamma_{k1l}^g) \varepsilon_1^g = 0, \qquad k \neq l \neq 1 \tag{97'}$$

umgeformt werden, da die für die c_b^a bestehenden Orthogonalitätsbedingungen das Verschwinden von $\varepsilon_\mu^\lambda + \varepsilon_\lambda^\mu$ bewirken. Da nicht alle $\lambda_2, \ldots, \lambda_n$ untereinander gleich sind, können die Gleichungen (97') nicht identisch erfüllt sein. Es gibt offenbar $(n-1)\dfrac{n-2}{2}$ unabhängige unter ihnen, wenn die $\lambda_2, \ldots, \lambda_n$ alle verschieden sind, und die Gruppe des Raumes enthält dann höchstens

$$\frac{n(n+1)}{2} - \frac{(n-1)(n-2)}{2} = 2n - 1$$

Parameter. Sind $n-p$ unter den $\lambda_2, \ldots, \lambda_n$ gleich, etwa $\lambda_{p+1} = \cdots = \lambda_n$, so enthalten die Gleichungen (97') mindestens $(n-p)(p-1)$ unabhängige Gleichungen, da sie nach ε_k^l $(l = p+1, \ldots, n;\ k = 2, 3, \ldots, p)$ aufgelöst werden können. Der kleinste Wert für $(n-p)(p-1)$ ergibt sich mit $p = 2$, wenn alle Wurzeln untereinander gleich sind mit einer einzigen Ausnahme und die Gleichungen (97') dann notwendig mindestens $n-2$ unabhängige Gleichungen enthalten. Die Gruppe des Raumes enthält dann höchstens

$$\frac{n(n+1)}{2} - n + 2 = \frac{n(n-1)}{2} + 2$$

Parameter. Damit ist ein Satz von EGOROV bewiesen:[28]) *Ein* RIEMANN*scher Raum* V_n *von variabler Krümmung kann eine Bewegungsgruppe von höchstens* $\frac{n(n-1)}{2} + 2$ *Parametern gestatten.*

Um den Extremfall auszuschließen, muß man die EINSTEINschen V_n ausschließen, d. h. den Fall, in welchem die Form ψ von RICCI nicht mehr zur Metrik des Raumes proportional ist, da sonst die Gruppe höchstens $\frac{n(n-1)}{2} + 1$ Parameter enthalten kann und diese Höchstzahl auch wirklich erreicht, wie aus den Überlegungen des § 8 vom fünften Kapitel des ersten Bandes hervorgeht.

Für die EINSTEINschen Räume läßt sich der folgende Satz beweisen:[29]) *Das Maximum* $\frac{n(n-1)}{2} + 2$ *wird nur für* $n = 4$ *erreicht und zwar durch Räume, deren Krümmungskomponenten sich durch die Gleichungen*

$$\begin{gathered}\gamma^1_{212} = 4\lambda, \quad \gamma^1_{313} = \gamma^1_{414} = \lambda, \quad \gamma^1_{234} = 2\lambda, \quad \gamma^1_{342} = \gamma^1_{423} = -\lambda, \\ \gamma^h_{khl} = 0, \quad \gamma^l_{klk} = \gamma^\alpha_{\beta\alpha\beta}, \qquad h \neq k \neq \alpha \neq \beta\end{gathered} \tag{98}$$

ausdrücken lassen, worin λ *eine Konstante bezeichnet.*

Die Räume (98) sind symmetrische CARTANsche Räume und bilden einen Teil einer allgemeineren Klasse von Räumen V_{2p}, deren nichtverschwindende Krümmungskomponenten durch die Formeln

$$\gamma^\alpha_{h'hh'} = 4\lambda, \quad \gamma^h_{khk} = \lambda, \quad \gamma^h_{h'kk'} = 2\lambda, \quad \gamma^h_{kh'k'} = \gamma^h_{k'kh'} = \lambda \tag{99}$$

gegeben sind, wobei die h, h' bzw. k, k' durch ein Paar von zwei der aufeinanderfolgenden Zahlen $2q-1$, $2q$ vertreten sind. Die Räume V_{2p} gestatten eine Bewegungsgruppe von $2p + p^2$ Parametern und sind das Objekt einer eingehenden Untersuchung in Kapitel VI dieses Bandes.

§ 7 Die Invarianten der subprojektiven Räume

Wir zeigen jetzt, wie man die Invarianten eines subprojektiven Raumes A_n der Ordnung $n-2$ erhalten kann, indem man von dem Zusammenhang des Raumes ausgeht, der in inhomogenen kartesischen Koordinaten gegeben ist.

Sei also A_n ein $(n-2)$-fach subprojektiver Raum, bezogen auf die inhomogenen Koordinaten $x^2, \ldots, x^n$. Dann gilt für die Komponenten seines Zusammenhanges

$$\Gamma^\alpha_{jk} = -\delta^\alpha_j \varphi_k - \delta^\alpha_k \varphi_j, \qquad \alpha = 2, \ldots, n, \tag{100}$$

---

[28]) Vgl. I. P. EGOROV, Über eine Verschärfung des Satzes von Fubini, Doklady **61** (1949), S. 793.

[29]) Vgl. G. VRANCEANU, Groupes de mouvement des espaces à connexion, Ştudii şi cercetări mat. **2** (1951), S. 415.

worin φ_k einen kovarianten Vektor bezeichnet, den wir den Vektor des Zusammenhanges nennen wollen, sofern er den Zusammenhang (100) bestimmt. Offensichtlich müssen wir uns auf einen KAGANschen Raum A_n im eigentlichen Sinne beschränken und daher einen projektiv-euklidischen Raum ausschließen. Daher darf der WEYLsche Tensor K^i_{jkl} für die Betrachtungen nicht verschwinden. Mit Rücksicht auf (100) bekommen wir nun

$$\Gamma^{\alpha}_{jkl} = -\delta^{\alpha}_j(\varphi_{kl} - \varphi_{lk}) - \delta^{\alpha}_k\varphi_{jl} + \delta^{\alpha}_l\varphi_{jk},$$

$$\varphi_{11} = \frac{\partial\varphi_1}{\partial x^1} + \varphi_1\Gamma^1_{11} + \varphi_1^2, \quad \varphi_{1\beta} = \frac{\partial\varphi_1}{\partial x^\beta} + \varphi_1\Gamma^1_{1\beta}, \quad \varphi_{\beta\gamma} = \frac{\partial\varphi_\beta}{\partial x^\gamma} + \varphi_1\Gamma^1_{\beta\gamma} - \varphi_\beta\varphi_\gamma,$$

und die verjüngten Krümmungstensoren sind durch

$$\Gamma_{\alpha\beta} = \Gamma^1_{\alpha 1\beta} + \varphi_{\beta\alpha} - (n-1)\varphi_{\alpha\beta},$$

$$\Gamma_{1\beta} \doteq \Gamma^1_{11\beta} - (n-2)\varphi_{1\beta}, \quad \Gamma_{\beta 1} = \varphi_{1\beta} - n\varphi_{\beta 1},$$

$$\Gamma_{11} = -(n-1)\varphi_{11}, \quad P_{\alpha\beta} = \Gamma^1_{1\alpha\beta} - n(\varphi_{\alpha\beta} - \varphi_{\beta\alpha}),$$

$$P_{1\beta} = -P_{\beta 1} = \Gamma^1_{11\beta} - (n-1)\varphi_{1\beta} + n\varphi_{\beta 1}$$

gegeben. Mit Rücksicht auf die Gleichungen (31′) würde der WEYLsche Tensor unseres Raumes verschwinden, wenn

$$\begin{aligned} &\Gamma^1_{\alpha 1\beta} + \varphi_{\alpha\beta} = 0, \quad \Gamma^1_{1\alpha\beta} + \varphi_{\alpha\beta} - \varphi_{\beta\alpha} = 0, \\ &\Gamma^1_{11\beta} + 2\varphi_{1\beta} - \varphi_{\beta 1} = 0, \quad \Gamma^1_{\alpha\beta\gamma} = 0, \qquad \alpha, \beta, \gamma \geqq 2 \end{aligned} \tag{100′}$$

wäre. Mindestens eine dieser Beziehungen ist also nicht erfüllt, wenn der Raum mit dem Zusammenhang (100) ein eigentlich KAGANscher Raum ist. Das setzen wir im folgenden voraus und bemerken, daß unter diesen Umständen die Koordinatentransformationen, welche die Gleichungen (100) ungeändert lassen, durch die Beziehungen

$$\begin{aligned} x'^1 &= x'^1(x^1, \ldots, x^n), \\ x'^\alpha &= a^\alpha_\beta x^\beta + a^\alpha, \qquad \alpha, \beta = 2, \ldots, n \end{aligned} \tag{101}$$

mit konstanten a^α_β gegeben sind; x'^1 ist eine beliebige Funktion. Das Problem der Untersuchung der Invarianten eines KAGANschen Raumes reduziert sich daher auf die Untersuchung der Invarianten des Zusammenhangs Γ^1_{jk} und des Vektors φ_k in bezug auf die Gruppe (101). Nun transformiert sich der Vektor φ_k hinsichtlich (101) nach den Gleichungen

$$\varphi'_1 \frac{\partial x'^1}{\partial x^1} = \varphi_1, \quad \varphi'_1 \frac{\partial x'^1}{\partial x^\alpha} + \varphi'_\beta a^\beta_\alpha = \varphi_\alpha, \tag{102}$$

während für die Γ^1_{jk} bei dieser Gelegenheit das Transformationsgesetz

$$\frac{\partial^2 x'^1}{(\partial x^1)^2} = \Gamma'^1_{11}\left(\frac{\partial x'^1}{\partial x^1}\right)^2 - \Gamma^1_{11}\frac{\partial x'^1}{\partial x^1},$$

$$\frac{\partial^2 x'^1}{\partial x^1\,\partial x^\alpha} = \Gamma'^1_{11}\frac{\partial x'^1}{\partial x^1}\frac{\partial x'^1}{\partial x^\alpha} - \Gamma'^1_{1\beta}\frac{\partial x'^1}{\partial x^1}a^\beta_\alpha - \Gamma^1_{1\alpha}\frac{\partial x'^1}{\partial x^1} + \varphi_1\frac{\partial x'^1}{\partial x^\alpha},\tag{103}$$

$$\frac{\partial^2 x'^1}{\partial x^\alpha\,\partial x^\beta} = \Gamma'^1_{11}\frac{\partial x'^1}{\partial x^\alpha}\frac{\partial x'^1}{\partial x^\beta} + \Gamma'^1_{1\lambda}\left(\frac{\partial x'^1}{\partial x^\alpha}a^\lambda_\beta + \frac{\partial x'^1}{\partial x^\beta}a^\lambda_\alpha\right)$$

$$+ \Gamma'^1_{\lambda\mu}a^\lambda_\alpha a^\mu_\beta - \Gamma^1_{\alpha\beta}\frac{\partial x'^1}{\partial x^1} + \varphi_\alpha\frac{\partial x'^1}{\partial x^\beta} + \varphi_\beta\frac{\partial x'^1}{\partial x^\alpha}$$

gilt. Nach (102) ist die Komponente φ_1 des Vektors φ_k des Zusammenhangs eine relative Invariante. Wenn $\varphi_1 = 0$ ist, ist der Vektor φ_k Tangentialvektor des euklidischen $E_{n-1}(x^2, \ldots, x^n)$, dessen Geraden uns die linearen Gleichungen für den Raum A_n liefern.

Nun sei $\varphi_1 \neq 0$. Dann kann die Funktion x'^1 so gewählt werden, daß $\varphi'_1 = 1$ wird, und die Transformationen (101), welche diesen Sachverhalt ungeändert lassen, sind dann von der Gestalt

$$x'^1 = x^1 + \psi(x^2, \ldots, x^n),\qquad x'^\alpha = a^\alpha_\beta x^\beta + a^\alpha.\tag{104}$$

In bezug auf diese Gruppe schreiben sich jetzt die letzten der Gleichungen (102)

$$\frac{\partial\psi}{\partial x^\alpha} + \varphi'_\beta a^\beta_\alpha = \varphi_\alpha.\tag{105}$$

Was die Gleichungen (103) anbetrifft, so erweisen ihre ersten die Komponente Γ^1_{11} als eine absolute Invariante I, und die zweiten schreiben sich mit Rücksicht auf die Gleichungen (105) in der Gestalt

$$[\Gamma'^1_{1\beta} - (I+1)\varphi'_\beta]\,a^\beta_\alpha = \Gamma^1_{1\alpha} - (I+1)\varphi_\alpha.$$

Demnach sind die Größen

$$V_\alpha = \Gamma^1_{1\alpha} - (I+1)\varphi_\alpha$$

die Komponenten eines Vektors des affineuklidischen Raumes $E_{n-1}(x^2, \ldots, x^n)$. Dazu ergeben die Integrabilitätsbedingungen der Gleichungen (105)

$$\frac{\partial\varphi'_\beta}{\partial x'^1}a^\beta_\alpha = \frac{\partial\varphi_\alpha}{\partial x^1},\qquad \left(\frac{\partial\varphi'_\lambda}{\partial x'^\mu} - \frac{\partial\varphi'_\mu}{\partial x'^\lambda}\right)a^\lambda_\alpha a^\mu_\beta = \frac{\partial\varphi_\alpha}{\partial x^\beta} - \frac{\partial\varphi_\beta}{\partial x^\alpha}\tag{105'}$$

und führen also auf das Transformationsgesetz eines Vektors und eines kovarianten Tensors zweiter Stufe im gleichen Raum $E_{n-1}(x^2, \ldots, x^n)$.

Betrachten wir schließlich die letzten der Gleichungen (103). Eliminieren wir die Funktion ψ mit Hilfe der Gleichungen (105), so entsteht

$$A'_{\lambda\mu} a^\lambda_\alpha a^\mu_\beta = A_{\alpha\beta}$$

mit

$$A_{\alpha\beta} = \frac{\partial \varphi_\alpha}{\partial x^\beta} + I \varphi_\alpha \varphi_\beta - \Gamma^1_{1\beta}\varphi_\alpha - \Gamma^1_{1\alpha}\varphi_\beta + \Gamma^1_{\alpha\beta}. \tag{106}$$

Diese Gleichungen erweisen auch $A_{\alpha\beta}$ als Komponenten eines Tensors in E_{n-1}; überdies gilt

$$A_{\alpha\beta} - A_{\beta\alpha} = \frac{\partial \varphi_\alpha}{\partial x^\beta} - \frac{\partial \varphi_\beta}{\partial x^\alpha}.$$

So sind auf diese Weise einem KAGANschen Raum eine absolute Invariante I, zwei kovariante Vektoren V_α und $\frac{\partial \varphi_\alpha}{\partial x^1}$ und ein kovarianter Tensor $A_{\alpha\beta}$ zugeordnet. Zugleich ergibt sich, daß jede andere Invariante des Raumes aus diesen zugeordneten Größen durch Differentiation zu gewinnen ist. Dabei muß man die Gleichungen (105) benutzen und beachten, daß ψ von x^1 nicht abhängt. Differentiation nach x^1 ist demnach in diesem Zusammenhang eine invariante Operation: Wenn $V\ldots$ ein kovarianter Tensor der Stufe p ist, so auch $\frac{\partial V\ldots}{\partial x^1}$.

Was die Ableitungen nach den x^α anbelangt, so führen sie auf den kovarianten Tensor

$$\frac{\partial V\ldots}{\partial x^\alpha} - \frac{\partial V\ldots}{\partial x^1}\varphi_\alpha$$

von der Stufe $p + 1$, der insbesondere verschwindet, wenn $V\ldots$ konstant ist.

Auf diese Weise gewinnt man eine sachgemäße Methode, um alle Invarianten eines KAGANschen Raumes aufzustellen, indem man von den Invarianten (und Kovarianten)

$$I, V_\alpha, \frac{\partial \varphi_\alpha}{\partial x^1}, A_{\alpha\beta} \tag{106'}$$

ausgeht. Alle weiteren Vektoren und Tensoren, die man dann aus diesen durch Differentiation bekommt, sind Vektoren und Tensoren des affineuklidischen Raumes E_{n-1}. Der KAGANsche Raum heißt ein Raum konstanter Invarianten, wenn die Größen (106') konstant sind. Diese Bedingung ist natürlich invariant gegenüber der Gruppe (104), und die Räume mit dieser Eigenschaft sind dadurch charakterisiert, daß ihre Automorphismengruppe eine einfach transitive Untergruppe enthält. Man kann auch bemerken, daß die Annahme

$$I \neq 0, \quad V_\alpha = \frac{\partial \varphi_\alpha}{\partial x^1} = 0, \quad A_{\alpha\beta} = 0$$

ausgeschlossen werden muß, will man nicht auf einen projektiv-euklidischen A_n geführt werden. Denn dann wäre (105′) identisch erfüllt, und man könnte ψ so wählen, daß φ_α verschwände und die Gleichungen

$$V_\alpha = \Gamma^1_{1\alpha}, \quad A_{\alpha\beta} = \Gamma^1_{\alpha\beta}$$

bestünden. $V_\alpha = \Gamma^1_{\alpha\beta} = 0$ anzunehmen, kommt also darauf hinaus, alle Komponenten des affinen Zusammenhangs zum Verschwinden zu bringen mit Ausnahme von Γ^1_{11} und $\Gamma^\alpha_{\alpha 1} = -1$, und in diesem Fall liegt ein projektiv-euklidischer Raum vor.

Wir nehmen also an, daß außer I mindestens eine weitere der Größen (106′) nicht verschwindet. Dann ergeben sich Bedingungen für die Konstanten a der Gruppe (104), und man muß, wenn der Raum eine maximale Automorphismengruppe gestatten soll, mit Rücksicht auf die Ergebnisse des vierten Kapitels des ersten Bandes im Fall eines Raumes A_n mit invarianter PFAFFscher Form annehmen, daß sich die invarianten Formen

$$V_\alpha dx^\alpha, \quad \frac{\partial \varphi_\alpha}{\partial x^1} dx^\alpha, \quad A_{\alpha\beta} dx^\alpha dx^\beta$$

durch ein und dasselbe vollständige Differential ausdrücken lassen. Durch eine passende Variablentransformation kann man dann erreichen, daß diese Formen nur das Differential dx^2 enthalten. Je nachdem, ob der Vektor $\frac{\partial \varphi_\alpha}{\partial x^1}$ verschwindet oder nicht, müssen wir zwei Fälle unterscheiden. Im ersten Fall ist (105′) identisch erfüllt, da dann $A_{2\alpha} = 0$ gilt, wenn $\alpha \neq 2$ ist. Man kann dann φ_α zum Verschwinden bringen und erhält als einzige nichtverschwindende Komponenten des affinen Zusammenhangs

$$\Gamma^1_{11} = I, \quad \Gamma^1_{12} = A, \quad \Gamma^1_{22} = B, \quad \Gamma^\alpha_{\alpha 1} = -1 \tag{107}$$

mit konstanten A, B, deren mindestens eine nicht verschwindet. Man kann sie gleich Eins setzen und annehmen, daß die Automorphismengruppe des Raumes durch die Gleichungen

$$x'^1 = x^1 + \alpha, \quad x'^2 = x^2 + \beta, \quad x'^\lambda = a^\lambda_\mu x^\mu + a^\lambda, \qquad \lambda \geqq 3,\ \mu \geqq 2 \tag{108}$$

gegeben ist. Diese Gruppe enthält offenbar $n^2 - 2n + 2$ Parameter, und der Raum ist ein KAGANscher Raum im eigentlichen Sinne, da die ersten der Gleichungen (100′) auf

$$\Gamma^1_{212} + \varphi_{22} = BI - A^2 + 2B = 0$$

führen, was nicht möglich ist, wenn man

$$BI - A^2 + 2B \neq 0$$

zuläßt.

Wenn der Vektor $\frac{\partial \varphi_\alpha}{\partial x^1}$ nicht verschwindet, kann man $x^1 = \varphi_2$ erreichen. Dann ergibt sich für den KAGANschen Raum, dessen Vektor des Zusammenhanges durch $(1, x^1, 0, \ldots, 0)$ gegeben ist und dessen einzige Komponenten der Γ^1_{jk}, die nicht verschwinden, nämlich

$$\Gamma^1_{11},\quad \Gamma^1_{12},\quad \Gamma^1_{22},$$

konstant sind, die Automorphismengruppe

$$x'^1 = x^1 + \alpha e^{-x^2},\quad x'^2 = x^2 + \beta,\quad x'^\lambda = a^\lambda_\beta x^\beta + a^\lambda, \qquad \lambda \geqq 3,\ \beta \geqq 2,$$

die wiederum $n^2 - 2n + 2$ Parameter enthält. So bekommen wir den

Satz. *Ein subprojektiver Raum der Ordnung $n-2$, dessen Invariante φ_1 nicht verschwindet, gestattet eine maximale Automorphismengruppe von $n^2 - 2n + 2$ Parametern, und dieses Maximum wird erreicht.*

Nun sei $\varphi_1 = 0$. Dann läßt sich Γ'^1_{11} mit Rücksicht auf die erste der Gleichungen (103) auf Null reduzieren, und die Gruppe (101) gewinnt die Gestalt:

$$x'^1 = x^1 \varrho + \psi,\quad x'^\alpha = a^\alpha_\beta x^\beta + x^\alpha, \tag{109}$$

worin ϱ und ψ Funktionen der Veränderlichen $x^2, \ldots, x^n$ sind. In bezug auf diese Gruppe transformiert sich der Vektor φ_λ gemäß

$$\varphi'_\lambda a^\lambda_\alpha = \varphi_\alpha, \tag{109'}$$

und die zweiten der Formeln (103) ergeben

$$\frac{1}{\varrho}\frac{\partial \varrho}{\partial x^\alpha} = \Gamma'^1_{1\lambda} a^\lambda_\alpha - \Gamma^1_{1\alpha}. \tag{110}$$

Berücksichtigt man dieses letzte Ergebnis in den letzten der Gleichungen (103), so gewinnt man zweite Ableitungen $\dfrac{\partial^2 \psi}{\partial x^\alpha\, \partial x^\beta}$, die zusammen mit (110) auf ein totales System in den n unbekannten Funktionen φ, $\dfrac{\partial \psi}{\partial x^\alpha}$ der Variablen $x^2, \ldots, x^n$ führen, für welches (109′) Nebenbedingungen in endlicher Form darstellt.

Durch Differentiation können wir alle Vektoren und Tensoren des Raumes gewinnen, wollen uns aber auf diese Aufgabe nicht einlassen und bemerken nur, daß die Integrabilitätsbedingungen der Gleichungen (110) auf

$$\frac{\partial \Gamma'^1_{1\lambda}}{\partial x'^1} a^\alpha_\lambda \varrho = \frac{\partial \Gamma^1_{1\alpha}}{\partial x^1},$$

$$\left(\frac{\partial \Gamma'^1_{1\lambda}}{\partial x'^\mu} - \frac{\partial \Gamma'^1_{1\mu}}{\partial x'^\lambda}\right) a^\lambda_\alpha a^\mu_\beta = \frac{\partial \Gamma^1_{1\alpha}}{\partial x^\beta} - \frac{\partial \Gamma^1_{1\beta}}{\partial x^\alpha} \tag{110'}$$

führen. Sind diese Bedingungen identisch erfüllt, so kann man ϱ so wählen, daß $\Gamma'^1_{1\lambda} = 0$ wird, und die Gruppe (109), welche diese Werte ungeändert läßt, muß ϱ als Konstante enthalten. Unter diesen Umständen schreiben sich die letzten der Gleichungen (103)

$$\frac{\partial^2 \psi}{\partial x^\alpha\, \partial x^\beta} = \Gamma'^1_{\lambda\mu} a^\lambda_\alpha a^\mu_\beta - \Gamma^1_{\alpha\beta}\varrho + \varphi_\alpha \frac{\partial \psi}{\partial x^\beta} + \varphi_\beta \frac{\partial \psi}{\partial x^\alpha}. \tag{111}$$

Beachten wir das weiter oben bewiesene Ergebnis, wonach ein $(n-2)$-fach projektiver KAGANscher Raum vom Vektor $\varphi_k = 0$ eine $(n^2 - 2n + 5)$-parametrige maximale Automorphismengruppe gestatten kann, wie etwa im Fall (84), so ergibt sich, daß ein KAGANscher Raum mit $\varphi_k \neq 0$ eine Automorphismengruppe von höchstens $n^2 - 2n + 4$ Parametern gestattet, denn die Gleichungen (109′) bringen noch mindestens eine weitere Bedingung zu (79) hinzu. Dieses Maximum wird erreicht, wie wir zeigen werden. Nehmen wir nämlich den konstanten Vektor φ_α in der kanonischen Gestalt

$$\varphi_1 = 0, \ \varphi_2 = 1, \quad \varphi_3 = \cdots = \varphi_n = 0 \tag{111'}$$

an, so schreibt sich die Gruppe (109), welche diesen Sachverhalt ungeändert läßt,

$$x'^1 = \varrho x^1 + \psi, \quad x'^2 = x^2 + \beta, \quad x'^\lambda = a^\lambda_\mu x^\mu + a^\lambda, \qquad \lambda \geqq 3, \ \mu \geqq 2. \tag{112}$$

Nun seien alle Komponenten Γ^i_{jk} des Zusammenhangs des Raumes gleich Null, bis auf

$$\Gamma^2_{22} = -2, \quad \Gamma^\alpha_{\alpha\beta} = -1, \qquad \alpha \geqq 3.$$

Dieser Raum ist nicht projektiv-euklidisch, da $\varphi_{22} = -2$ ist und die ersten der Bedingungen (100′) nicht erfüllt sind. Was die Gleichungen (111) angeht, so gilt für diese

$$\frac{\partial^2 \psi}{\partial x^2 \, \partial x^\alpha} = \frac{\partial \psi}{\partial x^\alpha}, \quad \frac{\partial^2 \psi}{(\partial x^2)^2} = 2 \frac{\partial \psi}{\partial x^2}, \quad \frac{\partial^2 \psi}{\partial x^\alpha \, \partial x^\beta} = 0, \qquad \alpha, \beta \geqq 3,$$

und ein Integral ist

$$\psi = c e^{2x^2} + \alpha$$

mit konstanten c und α. Die Gruppe (112) der Automorphismen des Raumes enthält also $n^2 - 2n + 4$ Parameter, nämlich die Konstanten

$$\varrho, c, \alpha, \beta, a^\alpha_\lambda, a^\lambda, \qquad \lambda \geqq 3, \ \alpha \geqq 2.$$

So bekommen wir den

Satz. *Ein KAGANscher subprojektiver Raum der Ordnung $n-2$, dessen Vektor des Zusammenhanges den assoziierten Raum E_{n-1} berührt, gestattet eine Automorphismengruppe von höchstens $n^2 - 2n + 4$ Parametern, und dieses Maximum wird erreicht.*

Zusammenfassend kann man also behaupten, daß ein KAGANscher subprojektiver Raum der Ordnung $n-2$ eine maximale Automorphismengruppe von $n^2 - 2n + 5$, $n^2 - 2n + 4$ oder $n^2 - 2n + 2$ Parametern gestattet je nachdem, ob der Vektor des Zusammenhangs verschwindet, den assoziierten Raum E_{n-1} berührt oder nicht berührt.[30]

[30]) Vgl. G. VRANCEANU, Les automorphismes des espaces de Kagan, Travaux de la Session générale de l' Acad. de la R. P. R. 1950, S. 251.

KAPITEL II

RÄUME MIT KONFORMEM ZUSAMMENHANG

Ist V_n ein RIEMANNscher Raum, dessen Metrik durch die Gleichung

$$ds^2 = a_{ij}\,dx^i\,dx^j, \qquad i, j = 1, 2, \ldots, n \tag{1}$$

gegeben ist (vgl. Kapitel V des ersten Bandes dieses Werkes), so nennt man Eigenschaften dieses Raumes konforme Eigenschaften, wenn sie invariant bleiben, sobald man die Metrik (1) rechts mit einem beliebigen von den Veränderlichen $x^1, \ldots, x^n$ abhängigen Faktor multipliziert. Die konformen Eigenschaften sind also Invarianten der MONGEschen Gleichung

$$a_{ij}\,dx^i\,dx^j = 0, \tag{1'}$$

die man durch Nullsetzen der Metrik des Raumes V_n erhält. Die konformen Eigenschaften sind demnach invariant gegenüber den Variablentransformationen

$$x'^i = x'^i(x^1, \ldots, x^n), \qquad i = 1, 2, \ldots, n \tag{2}$$

(denen gegenüber sich die a_{ij} wie die Komponenten eines Tensors zweiter Stufe verhalten) als auch invariant gegenüber einer Abänderung des metrischen Tensors

$$\bar{a}_{ij} = \varrho^2 a_{ij}, \tag{2'}$$

wobei ϱ eine beliebige Funktion der Veränderlichen $x^1, \ldots, x^n$ bedeutet.

§ 1 Der konforme Zusammenhang von H. Weyl

Man verdankt H. WEYL[1]) eine Methode, welche gestattet, das Studium der Konforminvarianten eines RIEMANNschen Raumes auf das eines affinen Zusammenhanges zurückzuführen, der bis auf einen beliebigen Vektor bestimmt ist.

Man gelangt zu diesem Zusammenhang durch analoge Bedingungen, wie sie zur Übertragung von LEVI-CIVITA in einem V_n führen (vgl. § 3 des Kapitels V im ersten Band dieses Werkes), indem man nämlich einen torsionsfreien Zusammenhang fordert, der Winkelgrößen invariant läßt. Die Forderung verschwindender Torsion sagt uns, gleichwie im Fall der Übertragung von LEVI-CIVITA, daß die Komponenten Γ^i_{jk} des Zusammenhangs (in bezug auf die Veränderlichen $x^1, \ldots, x^n$) in den unteren Indizes j, k symmetrisch sind.

---

[1]) Vgl. H. WEYL, Zur Infinitesimalgeometrie: Einordnung der projektiven und der konformen Auffassung, Göttinger Nachr. 1921. S. 99.

Um die zweite Bedingung auszudrücken, gehen wir von der Formel

$$uv \cos \theta = a_{ij} u^i v^j \tag{3}$$

aus, welche den Winkel θ zwischen den kontravarianten Vektoren u^i, v^i von den Längen u, v ausdrückt. (3) bleibt offensichtlich invariant bei Multiplikation der Komponenten a_{ij} mit ϱ^2. Denn dann multiplizieren sich die Längen u und v je mit dem Faktor ϱ, und θ bleibt ungeändert.

Wir differenzieren (3) und erhalten

$$-\sin \theta \, uv \, d\theta + \cos \theta \, d(uv) = \frac{\partial a_{ij}}{\partial x^k} u^i v^j \, dx^k + a_{ij} \, du^i v^j + a_{ij} u^i \, dv^j .$$

Für die du^i und dv^j können wir nach dem Parallelverschiebungsgesetz der Übertragung Γ^i_{jk}

$$du^i = \Gamma^i_{jk} u^j dx^k, \qquad dv^i = \Gamma^i_{jk} v^j dx^k$$

schreiben und erhalten weiter

$$-\sin \theta \, uv \, d\theta + \cos \theta \, d(uv) = \left(\frac{\partial a_{ij}}{\partial x^k} + a_{rj} \Gamma^r_{ik} + a_{ir} \Gamma^r_{jk} \right) u^i v^j dx^k \tag{4}$$

für alle Winkel θ. Insbesondere folgt, wenn u, v orthogonale Vektoren sind

$$a_{ij} u^i v^j = 0 . \tag{4'}$$

Soll der rechte Winkel erhalten bleiben, so gilt notwendig $d\theta = 0$ und wegen (3) und (4) auch

$$\frac{\partial a_{ij}}{\partial x^k} + a_{rj} \Gamma^r_{ik} + a_{ir} \Gamma^r_{jk} = 2 a_{ij} \psi_k \tag{5}$$

mit einem beliebigen kovarianten Vektor ψ_k.[2]) Umgekehrt gilt im allgemeinen, wenn $d\theta = 0$, nach (4) und (5)

$$d(uv) = 2 \, \frac{a_{ij} u^i v^j}{\cos \theta} \, \psi_k dx^k = 2 uv \psi_k dx^k .$$

Für $u = v$ drückt sich offensichtlich die logarithmische Ableitung der Länge u eines Vektors bei Parallelverschiebung mit Hilfe der PFAFFschen Form

$$\psi_k dx^k$$

---

[2]) Denn mit $d\theta = 0$ und $\cos \theta = 0$ wird nach (4)

$$\left(\left(\frac{\partial a_{ij}}{\partial x^k} + a_{rj} \Gamma^r_{ik} - a_{ir} \Gamma^r_{jk} \right) dx^k \right) u^i v^j = 0 .$$

Dieses Ergebnis ist mit (4') gleichbedeutend. Daher besteht notwendig eine Proportionalität der Gestalt (5) (d. B.).

aus. Damit ist diese Form und mit ihr auch der kovariante Vektor ψ_k gedeutet. Vertauscht man jetzt j und k in (5), summiert und subtrahiert mit weiterer Vertauschung von i und k, so entsteht mit Rücksicht auf die Symmetrie der Γ^i_{jk}

$$[i, jk] + a_{ri}\Gamma^r_{jk} = a_{ik}\psi_j + a_{ij}\psi_k - a_{jk}\psi_i$$

mit CHRISTOFFEL-Symbolen erster Art $[i, jk]$ zur Metrik des V_n. Löst man nach Γ^i_{jk} auf, so entsteht

$$\Gamma^i_{jk} = -\left\{{i \atop jk}\right\} + \delta^i_j\psi_k + \delta^i_k\psi_j - a_{jk}\psi^i, \tag{6}$$

worin $\left\{{i \atop jk}\right\}$ CHRISTOFFEL-Symbole zweiter Art der Metrik (1) bedeuten; ψ^i sind die kontravarianten Komponenten $a^{ik}\psi_k$ des Vektors ψ_k.

Die Gleichungen (6) zeigen uns, daß die Bedingungen der Torsionsfreiheit und der Winkelinvarianz die lineare Übertragung Γ^i_{jk} mit Hilfe der Metrik des Raumes V_n bis auf einen beliebigen kovarianten Vektor ψ_k bestimmen. Der Zusammenhang (6) bildet den WEYLschen konformen Zusammenhang des Raumes V_n.

Man bemerkt, daß die Gleichungen (6) zu den Formeln analog sind, welche die projektive Transformation eines Zusammenhangs beschreiben und bekommt

$$\frac{d^2x^i}{dt^2} = \Gamma^i_{jk}\frac{dx^j}{dt}\frac{dx^k}{dt} = -\left\{{i \atop jk}\right\}\frac{dx^j}{dt}\frac{dx^k}{dt} + 2\frac{dx^i}{dt}\psi_k\frac{dx^k}{dt} - a_{jk}\frac{dx^j}{dt}\frac{dx^k}{dt}\psi^i,$$

wenn man die Autoparallelen des Zusammenhangs Γ^i_{jk} betrachtet. Ist nämlich eine autoparallele Kurve durch

$$x^i = \varphi^i(t) \tag{5'}$$

gegeben, so fallen die Gleichungen (6) mit denen einer projektiven Transformation des Zusammenhangs des V_n zusammen, wenn man eine nullgeodätische Kurve wählt. Denn dann gilt

$$a_{jk}\frac{d\varphi^j}{dt}\frac{d\varphi^k}{dt} = 0,$$

und (6) wird zu einer projektiven Transformation des Zusammenhangs der V_n äquivalent, sobald in (6) der letzte Term verschwindet. Man kann dann einen neuen Kurvenparameter, etwa σ, so wählen, daß die Funktionen $\varphi^i(t)$ den Gleichungen

$$\frac{d^2x^i}{d\sigma^2} = -\left\{{i \atop jk}\right\}\frac{dx^j}{d\sigma}\frac{dx^k}{d\sigma}$$

genügen, und σ ist dann bis auf eine affine Transformation bestimmt.

Der konforme Zusammenhang von J. M. THOMAS. Setzt man in den Gleichungen (6) $i = j$ und summiert, so entsteht

$$\Gamma_k = \Gamma^i_{ik} = -\left\{{i \atop ik}\right\} + n\psi_k. \tag{6'}$$

Führt man die diesen Gleichungen entsprechenden ψ_k-Werte in (6) ein, so ergibt sich

$$\begin{aligned} K^i_{jk} &= \Gamma^i_{jk} - \frac{1}{n}\,\delta^i_j \Gamma_k - \frac{1}{n}\,\delta^i_k \Gamma_j + \frac{1}{n}\,a_{jk}\,a^{is}\,\Gamma_s \\ &= -\left\{{i \atop jk}\right\} + \frac{1}{n}\,\delta^i_k \left\{{r \atop rj}\right\} + \frac{1}{n}\,\delta^i_j \left\{{r \atop rk}\right\} - \frac{1}{n}\,a_{jk}\,a^{is}\left\{{r \atop rs}\right\}. \end{aligned} \tag{7}$$

Diese Gleichungen sind von der Wahl des Vektors ψ_k unabhängig. Die K^i_{jk} sind die Komponenten des konformen Zusammenhangs von J. M. THOMAS.[3]) Für

$$\Gamma_k = \Gamma^i_{ik} = 0$$

ist ψ_k eindeutig bestimmt und die WEYLsche Übertragung fällt mit der von THOMAS zusammen. Doch ist diese Bedingung nicht koordinateninvariant, denn nach den Gleichungen (6″) aus dem vierten Kapitel des ersten Bandes dieses Werkes gilt

$$\frac{1}{\Delta}\,\frac{\partial \Delta}{\partial x^k} = \Gamma'_s\,\frac{\partial x'^s}{\partial x^k} - \Gamma_k,$$

wobei Δ die Funktionaldeterminante der Transformation (2) bezeichnet. Doch sind die Komponenten K^i_{jk} des konformen Zusammenhangs von THOMAS invariant gegenüber konformen Transformationen (2′) der Metrik (1). Denn für eine solche Transformation hat man

$$\varrho^2\,\bar a^{ij} = a^{ij},\ \overline{[i, jk]} = \varrho^2[i, jk] + \varrho\,a_{ik}\,\frac{\partial \varrho}{\partial x^j} + \varrho\,a_{ij}\,\frac{\partial \varrho}{\partial x^k} - \varrho\,a_{jk}\,\frac{\partial \varrho}{\partial x^i},$$

$$\overline{\left\{{i \atop jk}\right\}} = \left\{{i \atop jk}\right\} + \delta^i_j\,\frac{\partial \lg \varrho}{\partial x^k} + \delta^i_k\,\frac{\partial \lg \varrho}{\partial x^j} - a_{jk}\,a^{ir}\,\frac{\partial \lg \varrho}{\partial x^r}$$

und daher

$$\bar K^i_{jk} = K^i_{jk}.$$

Metrik und Invarianten von T. Y. THOMAS. Gegenüber (2) und (2′) transformiert sich die Diskriminante $a = |a_{ij}|$ der Metrik des V_n gemäß

$$a'\Delta^2 = a, \quad \bar a = \varrho^{2n} a.$$

Daher sind die Größen

$$b_{ij} = a_{ij}\,a^{-\frac{1}{n}} \tag{8}$$

konforminvariant im Sinne von (2′) und bilden somit die Komponenten eines kovarianten relativen Tensors vom Gewicht $-\dfrac{2}{n}$ im Sinne der Transformationen (2)

$$\Delta^{-\frac{2}{n}}\,b'_{rs}\,\frac{\partial x'^r}{\partial x^i}\,\frac{\partial x'^s}{\partial x^j} = b_{ij}. \tag{9}$$

---

[3]) Vgl. J. M. THOMAS, Conformal correspondence of Riemann spaces, Proc. Nat. Acad. Sci. 11 (1925), S. 257.

Die Untersuchung der Konforminvarianten des Raumes V_n mit Hilfe des relativen Tensors b_{ij} ist von T. Y. THOMAS durchgeführt worden. Insbesondere fallen die Komponenten K^i_{jk} des konformen Zusammenhangs von J. M. THOMAS bis aufs Vorzeichen mit den CHRISTOFFELklammern zweiter Art des relativen Tensors b_{ij} zusammen; doch sind die Transformationsformeln der K^i_{jk} gegenüber (2) nicht mit denen eines affinen Zusammenhangs identisch. Denn leitet man die Gleichungen (9) nach x^k ab, so entsteht

$$\begin{aligned}\frac{\partial b'_{rs}}{\partial x'^p}\frac{\partial x'^r}{\partial x^i}\frac{\partial x'^s}{\partial x^j}\frac{\partial x'^p}{\partial x^k} + b'_{rs}\frac{\partial^2 x'^r}{\partial x^i\,\partial x^k}\frac{\partial x'^s}{\partial x^j} + b'_{rs}\frac{\partial x'^r}{\partial x^i}\frac{\partial^2 x'^s}{\partial x^j\,\partial x^k}\\ = \Delta^{\frac{2}{n}}\frac{\partial b_{ij}}{\partial x^k} + \frac{2}{n}\, b_{ij}\,\Delta^{\frac{2}{n}-1}\frac{\partial \Delta}{\partial x^k}.\end{aligned} \tag{9'}$$

Vertauscht man im Ergebnis (9′) j mit k , dann i mit k, addiert und subtrahiert, so erhält man

$$\begin{aligned}B'_{sp,r}\frac{\partial x'^r}{\partial x^i}\frac{\partial x'^s}{\partial x^j}\frac{\partial x'^p}{\partial x^k} + b'_{rs}\frac{\partial x'^r}{\partial x^i}\frac{\partial^2 x'^s}{\partial x^j\,\partial x^k}\\ = \Delta^{\frac{n}{2}} B_{jk,i} + \frac{1}{n}\Delta^{\frac{2}{n}}\left(b_{ik}\frac{\partial \lg\Delta}{\partial x^j} + b_{ij}\frac{\partial \lg\Delta}{\partial x^k} - b_{jk}\frac{\partial \lg\Delta}{\partial x^i}\right).\end{aligned} \tag{9''}$$

Dabei bedeuten die $B_{jk,i}$ CHRISTOFFELsymbole erster Art gebildet mit dem Tensor b_{ij}:

$$B_{jk,i} = \frac{1}{2}\left(\frac{\partial b_{ik}}{\partial x^j} + \frac{\partial b_{ij}}{\partial x^k} - \frac{\partial b_{jk}}{\partial x^i}\right).$$

Überschiebt man (9″) mit $b^{iq}\dfrac{\partial x'^l}{\partial x^q}$ (b^{ij} reziproke Elemente aus $|b_{ij}|$) und beachtet

$$b^{ik} = \Delta^{\frac{2}{n}}\, b'^{rs}\frac{\partial x^i}{\partial x'^r}\frac{\partial x^k}{\partial x'^s},$$

so ergibt sich

$$\begin{aligned}B'^{\,l}_{sp}\frac{\partial x'^s}{\partial x^j}\frac{\partial x'^p}{\partial x^k} + \frac{\partial^2 x'^l}{\partial x^j\,\partial x^k} = B^r_{jk}\frac{\partial x'^l}{\partial x^r} +\\ \frac{1}{n}\left(\frac{\partial \lg\Delta}{\partial x^j}\frac{\partial x'^l}{\partial x^k} + \frac{\partial \lg\Delta}{\partial x^k}\frac{\partial x'^l}{\partial x^j} - \frac{\partial \lg\Delta}{\partial x^i}\, b_{jk} b^{iq}\frac{\partial x'^l}{\partial x^q}\right).\end{aligned} \tag{10}$$

Dabei bedeuten die B^l_{jk} CHRISTOFFELsymbole zweiter Art, gebildet mit dem Tensor b_{ij}. Um jetzt die Gleichungen

$$K^l_{jk} = -B^l_{jk}$$

zu bestätigen, genügt es, die Gleichungen (8) und die Gleichungen

$$\frac{\partial \lg \sqrt{a}}{\partial x^k} = \{^{\,i}_{i\,k}\}$$

heranzuziehen. Somit ist in (10) das Transformationsgesetz der Komponenten K^i_{jk} gegenüber (2) enthalten. Offenbar fallen die Transformationsformeln (10) mit denen für einen affinen Zusammenhang zusammen, sobald Δ konstant ist. Aber auch im allgemeinen Fall bleibt die wichtige Eigenschaft erhalten, daß man (10) nach den zweiten Ableitungen $\frac{\partial^2 x'^i}{\partial x^j \partial x^k}$ auflösen und die Integrabilitätsbedingungen aufstellen kann, die auf einen Krümmungstensor führen. Auf diese Weise gelingt es, durch die Methode von T. Y. THOMAS ein vollständiges Invariantensystem für den konformen Raum anzugeben.

WEYLscher Konformkrümmungstensor. H. WEYL gewinnt einen Konformkrümmungstensor aus dem Zusammenhang (6). Durch Ableiten nach x^l entsteht aus (6)

$$\frac{\partial \Gamma^i_{jk}}{\partial x^l} = -\frac{\partial \{^{\,i}_{j\,k}\}}{\partial x^l} + \delta^i_j \frac{\partial \psi_k}{\partial x^l} + \delta^i_k \frac{\partial \psi_j}{\partial x^l} - a_{jk}\frac{\partial \psi^i}{\partial x^l} - \frac{\partial a_{jk}}{\partial x^l}\psi^i .$$

Zieht man die Identitäten von RICCI heran (vgl. Gleichungen (12''') aus Kapitel V des ersten Bandes dieses Werkes)

$$\frac{\partial a_{jk}}{\partial x^l} = a_{rj}\{^{\,r}_{k\,l}\} + a_{rk}\{^{\,r}_{j\,l}\},$$

so bestätigt man leicht, daß

$$\Gamma^i_{jkl} = R^i_{jkl} + \delta^i_j(\psi_{kl} - \psi_{lk}) + \delta^i_k\psi_{jl} - \delta^i_l\psi_{jk} - a_{jk}\psi^i_l + a_{jl}\psi^i_k \tag{11}$$

gilt, wobei R^i_{jkl} die RIEMANNschen Symbole zweiter Art der Metrik (1) bezeichnen. Ferner ist gesetzt worden:

$$\begin{aligned} \psi_{jl} &= \frac{\partial \psi_j}{\partial x^l} - \{^{\,r}_{j\,l}\}\psi_r + \psi_j\psi_l - \frac{1}{2}\Phi^2 a_{jl},\\ \psi^i_l &= \frac{\partial \psi^i}{\partial x^l} + \{^{\,i}_{r\,l}\}\psi^r + \psi^i\psi_l - \frac{1}{2}\Phi^2\delta^i_l,\\ \psi^i_l &= a^{ij}\psi_{jl}, \quad \Phi^2 = a_{rs}\psi^r\psi^s = \psi^i\psi_i. \end{aligned} \tag{11'}$$

Durch Verjüngung entsteht aus Γ^i_{jkl}

$$\begin{aligned} \Gamma^i_{ikl} &= (n+1)(\psi_{kl} - \psi_{lk}),\\ \Gamma_{jl} &= R_{jl} + (n-1)\psi_{jl} - \psi_{lj} + a_{jl}\varphi, \end{aligned} \tag{12}$$

wobei

$$\Gamma_{jl} = \Gamma^i_{jil}, \quad R_{jl} = R^i_{jil}, \quad \varphi = \psi^i_i = a^{jl}\psi_{jl}$$

ist.

Nach (12) verschwindet Γ^i_{ikl} genau dann, wenn ψ_k Gradient eines Potentials ψ ist:

$$\psi_{kl} - \psi_{lk} = \frac{\partial \psi_k}{\partial x^l} - \frac{\partial \psi_l}{\partial x^k} = 0. \tag{12'}$$

Setzt man diesen Fall voraus, so folgt weiter aus (12)

$$\Gamma_{jl} = R_{jl} + (n-2)\psi_{jl} + a_{jl}\varphi \tag{13}$$

und durch Überschiebung von (13) mit a^{jl}

$$\Gamma = R + 2(n-1)\varphi, \quad (\Gamma = a^{jl}\Gamma_{jl}, \quad R = a^{jl}R_{jl}). \tag{13'}$$

Daher können φ und ψ_{jl} für $n > 2$ aus (13) und (13′) berechnet werden. Man erhält

$$\varphi = \frac{\Gamma - R}{2(n-1)}, \quad \psi_{jl} = \frac{\Gamma_{jl} - R_{jl}}{n-2} - a_{jl}\frac{\Gamma - R}{2(n-1)(n-2)}. \tag{13''}$$

Setzt man die Ausdrücke (13″) in (11) ein und trennt hinsichtlich der Tensoren Γ^i_{jkl} und R^i_{jkl}, so ergibt sich das Komponentensystem des WEYLschen Konformkrümmungstensors

$$\begin{aligned} W^i_{jkl} &= \Gamma^i_{jkl} - \frac{1}{n-2}(\delta^i_k\Gamma_{jl} - \delta^i_l\Gamma_{jk} - a_{jk}\Gamma^i_l + a_{jl}\Gamma^i_k) \\ &\quad + \frac{\Gamma}{(n-1)(n-2)}(\delta^i_k a_{jl} - \delta^i_l a_{jk}) \\ &= R^i_{jkl} - \frac{1}{n-2}(\delta^i_k R_{jl} - \delta^i_l R_{jk} - a_{jk}R^i_l + a_{jl}R^i_k) \\ &\quad + \frac{R}{(n-1)(n-2)}(\delta^i_k a_{jl} - \delta^i_l a_{jk}). \end{aligned} \tag{14}$$

Der WEYLsche Konformkrümmungstensor hängt nach (14) offensichtlich nur vom Tensor R^i_{jkl} und seinen Verjüngungen ab, d. h. von der Metrik (1). W^i_{jkl} ist somit unabhängig vom Vektor ψ_k und daher invariant gegenüber den konformen Transformationen (2′). Die Verjüngungen des Tensors W^i_{jkl} verschwinden, wie man unmittelbar ausrechnet. Der WEYLsche Konformkrümmungstensor ist nur für $n > 2$ definiert und verschwindet für $n = 3$. Die letzte Behauptung bestätigt man zweckmäßig in einem Orthogonalsystem der Metrik (1),

$$ds^2 = a_{11}(dx^1)^2 + a_{22}(dx^2)^2 + a_{33}(dx^3)^2. \tag{14'}$$

Für (14′) ergeben sich die kovarianten Komponenten

$$\begin{aligned} W_{ijkl} &= R_{ijkl} - \frac{1}{n-2}(a_{ik}R_{jl} - a_{il}R_{jk} - a_{jk}R_{il} + a_{jl}R_{ik}) \\ &\quad + \frac{R}{(n-1)(n-2)}(a_{ik}a_{jl} - a_{il}a_{jk}). \end{aligned}$$

In den Indexpaaren i, j und k, l besteht schiefe Symmetrie wie für R_{ijkl}. Wesentlich verschieden könnten für $n = 3$ nur die Komponenten mit zwei oder drei verschiedenen Indizes sein, wie etwa W_{1212}, W_{1213}. Indessen gilt

$$W_{1213} = R_{1213} - a_{11} R_{23} = 0$$

auf Grund von

$$R_{23} = R^1_{213} = \frac{1}{a_{11}} R_{1213}.$$

Was z. B. W_{1212} anbelangt, so gilt

$$W_{1212} = R_{1212} - a_{11} R_{22} - a_{22} R_{11} + \frac{R}{2} a_{11} a_{22}$$

und wegen

$$R_{11} = \frac{1}{a_{22}} R_{1212} + \frac{1}{a_{33}} R_{1313}$$

und analogen Gleichungen für R_{22}, R_{33} auch $W_{1212} = 0$, da noch

$$R = \frac{R_{11}}{a_{11}} + \frac{R_{22}}{a_{22}} + \frac{R_{33}}{a_{33}}$$

besteht.

Konformeuklidische Räume. Bedingungen von COTTON. Wir wollen jetzt die Bedingungen untersuchen, unter welchen ein RIEMANNscher Raum V_n eine konforme Abbildung auf einen euklidischen E_n gestattet. Eine solche Abbildung kommt darauf hinaus, die Metrik ds^2 durch einen passenden Faktor in eine euklidische Metrik

$$ds^2 = \varrho^2 a_{ij} dx^i dx^j, \quad \Gamma^i_{jkl} = 0$$

zu verwandeln. Diese Möglichkeit besteht für $n = 1$ und $n = 2$ immer. Denn für $n = 1$ gibt es keine Krümmung, und für $n = 2$ kann man nach Integration der MONGEschen Gleichung (1′) auf der Fläche isotherme Parameter einführen, in welchen

$$a_{12} = 0, \quad a_{11} = a_{22}$$

gilt und die konforme Abbildung unmittelbar ersichtlich ist. Für $n = 2$ kann man auch gleichzeitig beweisen, daß sich der Vektor ψ_j stets so wählen läßt, daß $\Gamma^i_{jkl} = 0$ ist. Denn für $n = 2$ bestimmen sich die Komponenten Γ^i_{jkl} bereits aus Γ_{jl} derart, daß

$$R_{jl} = R^i_{jil} = a^{ir} R_{rjil} = \frac{a_{jl}}{a} R_{1212}, \quad R = 2 \frac{R_{1212}}{a}$$

gilt. Mit Rücksicht auf (13′) ergibt dann (13)

$$\Gamma_{jl} - \frac{1}{2} a_{jl} \Gamma = R_{jl} - \frac{1}{2} a_{jl} R = 0.$$

Ist daher für eine passende Wahl der Funktion ψ die Funktion $\Gamma = 0$, so gilt auch $\Gamma_{jl} = 0$, der Krümmungstensor der V_2 verschwindet, und V_2 ist somit euklidisch. Indessen besagt (13′), daß $\Gamma = 0$ ist, sobald ψ_i der Bedingung

$$R + 2\varphi = R + 2a^{jl}\psi_{jl} = 0$$

genügt, also einer Differentialgleichung zweiter Ordnung für die Potentialfunktion ψ $\left(\frac{\partial \psi}{\partial x^i} = \psi_i\right)$, die offensichtlich unendlich viele Lösungen gestattet.

Unter welchen Bedingungen verschwindet der verjüngte Krümmungstensor Γ_{jk} für $n > 2$? Die Frage kommt mit Rücksicht auf (13) und (13′) darauf hinaus, die Kompatibilitätsbedingungen des partiellen Differentialsystems

$$\psi_{jk} = -\frac{R_{jk}}{n-2} + a_{jk}\frac{R}{2(n-1)(n-2)} \tag{15}$$

zu untersuchen. Dann muß man die Integrabilitätsbedingungen des Systems (15) unter der Voraussetzung des Bestehens der Gleichungen (12′) betrachten. Differenziert man (15) nach x^l und berücksichtigt (11′), so entsteht

$$\begin{aligned}\frac{\partial^2 \psi_j}{\partial x^l\, \partial x^k} &- \frac{\partial}{\partial x^l}\left\{{s \atop jk}\right\}\psi_s - \left\{{s \atop jk}\right\}\frac{\partial \psi_s}{\partial x^l} + \frac{\partial \psi_j}{\partial x^l}\psi_k + \psi_j\frac{\partial \psi_k}{\partial x^l}\\ &- \frac{1}{2}\frac{\partial a_{jk}}{\partial x^l}\psi^i\psi_i - \frac{1}{2}a_{jk}\left(\psi^i\frac{\partial \psi_i}{\partial x^l} + \psi_i\frac{\partial \psi^i}{\partial x^l}\right)\\ &= -\frac{1}{n-2}\frac{\partial R_{jk}}{\partial x^l} + \frac{a_{jk}}{2(n-1)(n-2)}\frac{\partial R}{\partial x^l} + \frac{R}{2(n-1)(n-2)}\frac{\partial a_{jk}}{\partial x^l}.\end{aligned}$$

Vertauscht man k und j, subtrahiert und berücksichtigt (11′), so bekommt man

$$W^i_{jkl}\psi_i + \frac{1}{n-2}V_{jkl} = 0, \tag{16}$$

wobei

$$V_{jkl} = R_{jk,l} - R_{jl,k} + \frac{1}{2(n-1)}\left(a_{jl}\frac{\partial R}{\partial x^k} - a_{jk}\frac{\partial R}{\partial x^l}\right)$$

gesetzt worden ist ($R_{jk,l}$ sind die kovarianten Ableitungen von R_{jk} in bezug auf die Metrik (1)). Für $n = 3$ verschwinden die ersten Terme in (16) identisch, und für die Integrabilitätsbedingungen verbleibt

$$V_{jkl} = R_{jk,l} - R_{jl,k} + \frac{1}{4}\left(a_{jl}\frac{\partial R}{\partial x^k} - a_{jk}\frac{\partial R}{\partial x^l}\right) = 0, \qquad j, k, l = 1, 2, 3.$$

Dies sind die Bedingungen, welche E. COTTON für die Möglichkeit angegeben hat, einen V_3 konform auf einen euklidischen E_3 abzubilden.[4])

Satz von SCHOUTEN. Im allgemeinen Fall $n > 3$ ergeben sich zunächst die Integrabilitätsbedingungen

$$W^i_{jkl} = 0, \quad V_{jkl} = 0. \tag{16'}$$

Wir zeigen, daß $V_{jkl} = 0$ eine Folge der Gleichungen $W^i_{jkl} = 0$ darstellt und beweisen damit den

Satz von SCHOUTEN. *Ein RIEMANNscher Raum V_n $(n > 3)$ gestattet genau dann eine konforme Abbildung auf einen euklidischen Raum E_n, wenn sein WEYLscher Konformkrümmungstensor identisch verschwindet.*[5])

Zum Beweis berechnen wir die kovarianten Ableitungen $W^i_{jkl,r}$ zur Metrik (1) und erhalten aus (14)

$$W^i_{jkl,r} = R^i_{jkl,r} - \frac{1}{n-2}(\delta^i_k R_{jl,r} - \delta^i_l R_{jk,r} - a_{jk} R^i_{l,r} + a_{jl} R^i_{k,r})$$
$$+ \frac{1}{(n-1)(n-2)}(\delta^i_k a_{jl} - \delta^i_l a_{jk}) \frac{\partial R}{\partial x^r},$$

weil die kovarianten Ableitungen der a_{jk} verschwinden. Verjüngt man über $i = r$, so bekommt man

$$\begin{aligned} W^i_{jkl,i} = R^i_{jkl,i} - \frac{1}{n-2}(R_{jl,k} - R_{jk,l} - a_{jk} R^i_{l,i} + a_{jl} R^i_{k,i}) \\ + \frac{1}{(n-1)(n-2)}\left(a_{jl}\frac{\partial R}{\partial x^k} - a_{jk}\frac{\partial R}{\partial x^l}\right). \end{aligned} \tag{16''}$$

Andererseits ergibt Verjüngung der BIANCHIschen Identitäten

$$R^i_{jkl,i} + R_{jk,l} - R_{jl,k} = 0$$

und Überschiebung mit a^{jk}

$$a^{jk} R^i_{jkl,i} = a^{jk} a^{is} R_{sjkl,i} = a^{jk} a^{is} R_{klsj,i} = -a^{is} R_{ls,i} = -R^i_{l,i}$$

und damit

$$R^i_{l,i} = \frac{1}{2}\frac{\partial R}{\partial x^l}.$$

---

[4]) Vgl. E. COTTON, Sur les variétés à trois dimensions, Ann. Toulouse, Serie II, 1 (1899), S. 410.

[5]) Vgl. J. A. SCHOUTEN, Konforme Abbildung n-dimensionaler Mannigfaltigkeiten, Math. Z. 11 (1921), S. 79–88; ferner J. A. SCHOUTEN und D. J. STRUIK, Einführung in die neueren Methoden der Differentialgeometrie II, P. NOORDHOFF, Groningen 1935, S. 202.

Führt man diese Werte in (16'') ein, so gelangt man zu den Gleichungen

$$W^{i}_{jkl,i} + \frac{n-3}{n-2} V_{jkl} = 0. \tag{17}$$

Somit ist für $n > 3$, die zweite Gruppe der Gleichungen (16') eine Folge des Bestehens der ersten Gruppe dieser Gleichungen, und damit ist der Satz von Schouten bewiesen.

§ 2 Die konforme Gruppe eines Raumes V_n

Betrachtet man im Raum V_n ein orthogonales Kongruenzensystem und reduziert demgemäß die quadratische Differentialform (1) auf die kanonische Form

$$ds^2 = (ds^1)^2 + (ds^2)^2 + \cdots + (ds^n)^2, \tag{18}$$

so sind die Pfaffschen Formen

$$ds^a = \lambda^a_i dx^i \quad (dx^i = \mu^i_a ds^a)$$

in einem konformen V_n bis auf Transformationen der Gestalt

$$d\bar{s}^a = c^a_b ds^b \tag{19}$$

bestimmt, wobei die c^a_b Funktionen der Veränderlichen $x^1, \ldots, x^n$ sind und den Bedingungen

$$c^a_b c^a_c = \varrho^2 \delta^b_c \tag{19'}$$

mit einer beliebigen Funktion $\varrho = \varrho(x^1, \ldots, x^n)$ genügen. Man erhält nämlich durch die Transformation (19), (19')

$$d\bar{s}^2 = \varrho^2 ds^2,$$

also die Metrik (18) mit dem Faktor ϱ^2 multipliziert. Die konformen Eigenschaften des Raumes V_n lassen sich also als invariante Eigenschaften in bezug auf die Gruppe (19), (19') deuten, und umgekehrt ist eine Eigenschaft dieser Gruppe eine konforme Eigenschaft. Das Studium der konformen Eigenschaften eines Raumes V_n können wir somit auf das Studium der Eigenschaften der Transformationsgruppe der Kongruenzen (19) und (19') zurückführen, die wir die konforme Gruppe des V_n nennen wollen.

Um zur Weylschen Übertragung zu gelangen, können wir ihre Komponenten auf den Kongruenzen (λ)

$$\gamma^a_{bc} = \left(\frac{\partial \lambda^a_i}{\partial x^j} + \Gamma^r_{ij} \lambda^a_r\right) \mu^i_b \mu^j_c \tag{20}$$

hinsichtlich der Transformationsgruppe (19), (19') betrachten, wobei die μ^i_b die Parameter und die λ^a_i die Momente der orthogonalen Kongruenzen (λ) bezeichnen und die Γ^r_{ij} durch (6) gegeben sind. Verlangt man geschlossene Parallelogramme, so gilt nach Gleichung (13) von Kapitel V des ersten Bandes dieses Werkes

$$\gamma^a_{bc} - \gamma^a_{cb} = w^a_{bc}. \tag{21}$$

Um die Formulierung der Winkelinvarianz zum Ausdruck zu bringen, gehen wir von der Gleichung

$$uv\cos\theta = u^k v^k$$

aus, die uns den Winkel zwischen den beiden kontravarianten Vektoren u^h, v^h liefert. Auf den Kongruenzen (λ) erhalten wir

$$-\sin\theta\, uv d\theta + \cos\theta\, d(uv) = (\gamma^a_{bc} + \gamma^b_{ac})\, u^a v^b ds^c.$$

Wir sehen, daß der Winkel zwischen zwei Vektoren erhalten bleibt[6]), wenn

$$\gamma^a_{bc} + \gamma^b_{ac} = 2\delta^a_b \psi_c \tag{21'}$$

gilt, wobei die ψ_c die Komponenten des kovarianten Vektors ψ_i (Gleichungen (5)) auf den Kongruenzen (λ) darstellen. (21) und (21') ergeben

$$\gamma^a_{bc} = r^a_{bc} + \delta^a_b \psi_c + \delta^a_c \psi_b - \delta^b_c \psi_a \tag{21''}$$

mit RICCIS Rotationskoeffizienten[7])

$$r^a_{bc} = \frac{1}{2}\,(w^a_{bc} + w^b_{ca} + w^c_{ba}) \tag{21'''}$$

und den Koeffizienten w der bilinearen Kovarianten der Formen ds^a.

Leitet man die Gleichungen (19') nach s^d ab und berücksichtigt die Transformationsformeln

$$\frac{\partial c^a_b}{\partial s^c} = \bar{\gamma}^a_{ef} c^e_b c^f_c - \gamma^f_{bc} c^a_f \tag{22}$$

des Zusammenhangs γ^a_{bc} (nach (10') aus Kapitel IV des ersten Bandes dieses Werkes), so bekommen wir die Gleichungen

$$(\bar{\gamma}^a_{ef} + \bar{\gamma}^e_{af})\, c^a_b c^e_c c^f_d = \varrho^2(\gamma^b_{cd} + \gamma^c_{bd}) + 2\varrho\,\delta^b_c \frac{\partial\varrho}{\partial s^d}$$

und damit unter Verwendung der Beziehungen (21')

$$\bar{\psi}_f c^f_d = \psi_d + \frac{\partial \lg \varrho}{\partial s^d}. \tag{22'}$$

---

[6]) Vgl. Fußnote 2.

[7]) In anderen Kapiteln sind diese Koeffizienten gelegentlich mit γ^a_{bc} bezeichnet worden.

Die Form $\bar{\psi}_c d\bar{s}^c$ ist also bis auf ein totales Differential bestimmt, sobald $\psi_c ds^c$ gegeben ist. Wird also ψ_c als Gradient

$$\psi_c = \frac{\partial \psi}{\partial s^c}$$

gewählt, so ist auch $\bar{\psi}_c$ ein Gradient. Die Komponenten des WEYLschen Konformkrümmungstensors lassen sich auf den Kongruenzen (λ)

$$w^a_{bcd} = W^i_{jkl} \lambda^a_i \mu^j_b \mu^k_c \mu^l_d \tag{22''}$$

oder

$$\begin{aligned} w^a_{bcd} = r^a_{bcd} &- \frac{1}{n-2}(\delta^a_c r_{bd} + \delta^b_d r_{ac} - \delta^a_d r_{bc} - \delta^b_c r_{ad}) \\ &+ \frac{r}{(n-1)(n-2)}(\delta^a_c \delta^b_d - \delta^a_d \delta^b_c) \end{aligned} \tag{23}$$

schreiben, wenn man die Gleichungen (14) berücksichtigt. Dabei sind r^a_{bcd} RICCIS Vierindizessymbole und r_{bd} und r die Verjüngungen

$$r_{bd} = r^a_{bad}, \qquad r = r_{bb}.$$

Die Komponenten w^a_{bcd} des WEYLschen Konformkrümmungstensors haben auf den Kongruenzen (λ) die gleichen Eigenschaften wie die Komponenten r^a_{bcd} des Krümmungstensors der V_n auf (λ). Sie sind schiefsymmetrisch in jedem Indexpaar ab; cd, und die Paare dieser Indizes können auch untereinander vertauscht werden (vgl. Gleichung (29) aus Kapitel V des ersten Bandes dieses Werkes). Wenn alle Indizes a, b, c, d voneinander verschieden sind, gilt offenbar $w^a_{bcd} = r^a_{bcd}$.

Aus (23) ergibt sich im Fall eines dreidimensionalen Raumes sehr leicht das identische Verschwinden des WEYLschen Tensors, eine Eigenschaft, die wir für die Metrik (1) in der Gestalt (14') bewiesen hatten. Wegen der schiefen Symmetrie verbleiben nämlich als nichtverschwindende Komponenten zunächst nur solche mit drei oder zwei verschiedenen Indizes wie z. B. w^1_{213} oder w^1_{212}. Doch gilt

$$w^1_{213} = r^1_{213} - r_{23} = 0 \qquad (r_{23} = r^1_{213})$$

und

$$w^1_{212} = r^1_{212} - r_{22} - r_{11} + \frac{r}{2} = r^1_{212} + \frac{1}{2} r_{11} - \frac{1}{2} r_{22} + \frac{1}{2} r_{33}.$$

Berücksichtigt man die Beziehungen

$$r_{11} = r^1_{212} + r^1_{313}, \quad r_{22} = r^1_{212} + r^2_{323}, \quad r_{33} = r^1_{313} + r^2_{323},$$

so folgt auch $w^1_{212} = 0$, und daher ist bewiesen, daß für $n = 3$ alle Komponenten des WEYLschen Tensors verschwinden.

Zugleich verschwinden nach (23) für $n \geqq 4$ auch alle Vierzeigersymbole von Ricci, wenn der Weylsche Tensor verschwindet im Einklang mit einer von Schouten[8]) aufgedeckten Eigenschaft.

Desgleichen gilt im Fall dreier verschiedener Indizes a, b, d

$$r^a_{bad} - \frac{1}{n-2} r_{bd} = 0, \qquad b \neq d \neq a \neq b.$$

Für feste Werte b, d kann der Index a $n-2$ Werte annehmen, für welche die zugehörigen Koeffizienten r^a_{bad} gleich ausfallen. Ist das Kongruenzensystem (λ) ein Hauptsystem von Ricci ($r_{bd} = 0$, $b \neq d$), so verschwinden alle r^a_{bad} mit drei verschiedenen Indizes, wenn der in Rede stehende Raum konform auf einen euklidischen Raum abgebildet werden kann.

Für die Koeffizienten r^a_{bcd} von Ricci mit zwei verschiedenen Indizes gilt

$$r^a_{bab} - \frac{1}{n-2}(r_{aa} + r_{bb}) + \frac{r}{(n-1)(n-2)} = 0. \tag{23'}$$

Da man auch

$$r_{aa} = r^a_{bab} + r^f_{afa}, \quad r_{bb} = r^a_{bab} + r^b_{fbf},$$
$$r = 2(r^a_{bab} + r^f_{afa} + r^f_{bfb} + r^f_{qfq})$$

schreiben kann, worin f, q alle Werte außer a und b annehmen können, läßt sich (23′) auch folgendermaßen schreiben

$$(n-2)(n-3) r^a_{bab} - (n-3)(r^f_{afa} + r^f_{bfb}) + 2 r^f_{qfq} = 0, \qquad f, q \neq a, b. \tag{23''}$$

Räume V_4, die auf einen euklidischen E_4 konform abgebildet werden können. Im Fall $n = 4$ ergeben die vorhergehenden Formeln für $a = 1$, $b = 2$

$$2(r^1_{212} + r^3_{434}) = r^3_{131} + r^3_{232} + r^4_{141} + r^4_{242}$$

und ebenso für $a = 1$, $b = 3$

$$2(r^1_{313} + r^2_{424}) = r^2_{121} + r^2_{323} + r^4_{141} + r^4_{343}$$

oder auch

$$r^1_{212} + r^3_{434} = r^1_{414} + r^2_{323}.$$

Durch Vertauschen der Indizes 3, 4 ergibt sich analog

$$r^1_{212} + r^3_{434} = r^1_{313} + r^2_{424}$$

und somit schließlich $r^a_{bab} + r^c_{dcd} = \frac{r}{6}$ mit verschiedenen Indizes a, b, c, d. Wir setzen

$$r^1_{212} - r^3_{434} = 2a, \quad r^1_{313} - r^2_{424} = 2b, \quad r^1_{414} - r^2_{323} = 2c$$

---

[8]) Vgl. Fußnote 5 auf S. 85.

und erhalten

$$r^1_{212} = \frac{r}{12} + a, \qquad r^3_{434} = \frac{r}{12} - a,$$

$$r^1_{313} = \frac{r}{12} + b, \qquad r^2_{424} = \frac{r}{12} - b,$$

$$r^1_{414} = \frac{r}{12} + c, \qquad r^2_{323} = \frac{r}{12} - c$$

und daher

$$r_{11} = \frac{r}{4} + a + b + c, \qquad r_{22} = \frac{r}{4} + a - b - c,$$

$$r_{33} = \frac{r}{4} - a + b - c, \qquad r_{44} = \frac{r}{4} - a - b - c.$$

Die Hauptkrümmungen $r_{11}, r_{22}, r_{33}, r_{44}$ sind also verschieden, solange die Größen $\pm a, \pm b, \pm c$ verschieden sind, und sie werden alle gleich, sobald $a = b = c = 0$ ist. Dann ist der Raum nach einem Satz von SCHUR von konstanter Krümmung, da r eine Konstante sein muß (vgl. § 8 des Kapitels V des ersten Bandes dieses Werkes).

Assoziierte RIEMANNsche Räume. Es sei eine Kongruenztransformation der konformen Gruppe (19), (19′) vorgelegt. Für den WEYLschen Tensor ergeben sich Beziehungen der Gestalt

$$\overline{w}^a_{uvp}\, c^u_b c^v_c c^p_d = w^u_{bcd} c^a_u. \tag{24}$$

Durch Überschieben mit c^a_q entsteht

$$\overline{w}^a_{uvp} c^a_q c^u_b c^v_c c^p_d = \varrho^2 w^q_{bcd} \tag{24′}$$

Dann ist die Quadratsumme

$$W = w^a_{bcd} w^a_{bcd}$$

der Komponenten des WEYLschen Tensors eine relative Invariante gegenüber der konformen Gruppe, denn es gilt

$$\varrho^4 \overline{W} = W. \tag{25}$$

Ist also $W \neq 0$, d. h. $n > 3$, und gestattet der Raum V_n keine konforme Abbildung auf einen euklidischen E_n, so läßt sich ϱ derart bestimmen, daß $\overline{W} = 1$ wird. Die konforme Gruppe, welche diesen Sachverhalt ungeändert läßt, ist die orthogonale Gruppe, d. h. die Gruppe eines RIEMANNschen Raumes. Der RIEMANNsche Raum der Metrik

$$d\sigma^2 = \sqrt{W}\, ds^2 = \sqrt{W}\, a_{ij}\, dx^i dx^j \tag{26}$$

ist daher mit anderen Worten ein gegenüber Transformationen der konformen Gruppe invarianter Raum.

Im Fall $n = 3$ ist V_{ijk} von Null verschieden, wenn der Raum V_3 keine Abbildung auf einen euklidischen E_3 gestattet. Auf den Kongruenzen (λ) ergeben sich in diesem Fall für V_{jkl} die Komponenten

$$v_{abc} = V_{jkl}\mu_a^j\mu_b^k\mu_c^l$$

und transformieren sich bei der konformen Gruppe gemäß

$$\bar{v}_{\alpha\beta\gamma}c_a^\alpha c_b^\beta c_c^\gamma = v_{abc}. \tag{26'}$$

Die Quadratsumme

$$V = v_{abc}v_{abc}$$

der Komponenten transformiert sich daher bei der Gruppe (19), (19') gemäß

$$\varrho^6\bar{V} = V, \tag{26''}$$

und die Metrik

$$d\sigma^2 = V^{\frac{1}{3}}\, a_{ij}dx^i dx^j \tag{27}$$

ist konforminvariant.

Da im Fall $n \geqq 3$ die konforme Gruppe, welche die Metrik (26) oder (27) ungeändert läßt, $\varrho = 1$ verlangt, besagt (22'), daß die ψ_a die Komponenten eines Vektors darstellen, den man als Nullvektor annehmen muß, soll die Gruppe nicht spezialisiert werden. Dann folgt, daß $\gamma_{bc}^a = r_{bc}^a$ ist, und man erhält den

Satz.[9]) *Die Untersuchung der Konforminvarianten eines Raumes V_n, der keine konforme Abbildung auf einen euklidischen E_n gestattet, reduziert sich auf das Studium der Invarianten einer der beiden* Riemann*schen Räume* (26) *oder* (27).

Läßt man also die Räume, welche vom konformen Standpunkt mit den euklidischen Räumen äquivalent sind, beiseite, so reduzieren sich alle konformen Invarianten auf metrische Invarianten eines invariant assoziierten Riemannschen Raumes (26) oder (27), je nachdem $n > 3$ oder $n = 3$ gilt.

Konforme dreidimensionale Räume V_3. Satz von Cotton. Für $n = 3$ kann der Tensor dritter Stufe v_{abc} durch den Tensor zweiter Stufe

$$v_{a1} = v_{a23}, \quad v_{a2} = v_{a31}, \quad v_{a3} = v_{a12}$$

ersetzt werden. Auf Grund der schiefen Symmetrie von v_{abc} in b und c bestimmt v_{ab} vollständig v_{abc} und umgekehrt. Die Gleichungen (19) können nach ds^b aufgelöst werden und ergeben dann

$$ds^b = \varrho^{-2}c_b^a d\bar{s}^a.$$

---

[9]) Vgl. G. Vranceanu, Sur les espaces à connexion conforme, Disquisitiones Math. et Phys. 1 (1940), S. 63–81.

Damit bekommt man

$$\bar{c}_a^b = \varrho^{-2} c_b^a,$$

worin die $\bar{c}_a^b$ die algebraischen Minoren der Determinante $D = |c_b^a|$ geteilt durch D bezeichnen. Andererseits erscheinen im Fall $n = 3$ die algebraischen Komplemente der Determinante

$$D = \begin{vmatrix} c_1^1 & c_2^1 & c_3^1 \\ c_1^2 & c_2^2 & c_3^2 \\ c_1^3 & c_2^3 & c_3^3 \end{vmatrix} = \varrho^3$$

in den Gleichungen (26′), was uns auf die Gleichungen

$$\bar{v}_{\alpha\beta} c_a^\alpha c_b^\beta = \varrho v_{ab}$$

führt. So können wir nach E. Cotton dem Raum V_3 zwei Formen

$$\Phi = \frac{1}{2}(v_{ab} + v_{ba}) ds^a ds^b, \quad G = \frac{1}{2}(v_{ab} - v_{ba}) ds^a \delta s^b$$

zuordnen, eine quadratische symmetrische und eine bilineare schiefsymmetrische, welche bei der konformen Gruppe den Faktor ϱ aufnehmen,

$$\bar{\Phi} = \varrho \Phi, \quad \bar{G} = \varrho G.$$

Zur Form

$$\Phi + \lambda ds^2 = \frac{1}{\varrho}(\bar{\Phi} + \bar{\lambda} d\bar{s}^2), \quad \lambda = \bar{\lambda}\varrho$$

gehört die charakteristische Gleichung

$$\left| \frac{1}{2}(v_{ab} + v_{ba}) + \lambda \delta_b^a \right| = 0, \tag{27′}$$

deren Eigenwerte $\lambda_1, \lambda_2, \lambda_3$ auf relative Invarianten des Raumes V_3 führen. Insbesondere bekommen wir

$$\lambda_1 + \lambda_2 + \lambda_3 = \varrho(\bar{\lambda}_1 + \bar{\lambda}_2 + \bar{\lambda}_3),$$

$$\lambda_1\lambda_2 + \lambda_2\lambda_3 + \lambda_3\lambda_1 = \varrho^2(\bar{\lambda}_1\bar{\lambda}_2 + \bar{\lambda}_2\bar{\lambda}_3 + \bar{\lambda}_3\bar{\lambda}_1),$$

$$\lambda_1\lambda_2\lambda_3 = \varrho^3 \bar{\lambda}_1\bar{\lambda}_2\bar{\lambda}_3.$$

Mindestens eine dieser symmetrischen Funktionen ist von Null verschieden, wenn die Form Φ nicht identisch verschwindet. Bezeichnet φ eine dieser nichtverschwindenden symmetrischen Funktionen und p ihr Gewicht ($\varphi = \varrho^p \bar{\varphi}$), so ist die quadratische Form

$$d\sigma^2 = \varphi^{\frac{2}{p}} ds^2 \tag{27″}$$

eine Invariante. Der RIEMANNsche Raum mit der Metrik $d\sigma^2$ bildet den Raum, welchen E. COTTON die zu V_3 assoziierte Hauptmannigfaltigkeit nennt.[10]) Offensichtlich sind die Invarianten der Metrik (27″) Konforminvarianten des Raumes V_3.

Wenn Φ identisch verschwindet, kann man die „λ-Gleichung"

$$G + \lambda ds^a \delta s^a = \frac{1}{\varrho}(\overline{G} + \overline{\lambda} d\overline{s}^a \delta \overline{s}^a)$$

betrachten, deren symmetrische Wurzelfunktionen wiederum relative Invarianten darstellen, die nur alle verschwinden, wenn G identisch verschwindet. Das ergibt sich aus dem Umstand, daß die λ-Gleichung von der Gestalt

$$\lambda^2 + \frac{\lambda}{4}[(v_{12} - v_{21})^2 + (v_{13} - v_{31})^2 + (v_{32} - v_{23})^2] = 0 \tag{27‴}$$

ist, so daß ihre Wurzeln nur dann alle verschwinden können, wenn $G \equiv 0$. So ergibt sich der

Satz von E. COTTON. *Liegt ein dreidimensionaler* RIEMANN*scher Raum V_3 vor, der sich nicht auf einen euklidischen E_3 konform abbilden läßt, so kann ihm in konforminvarianter Weise mindestens ein* RIEMANN*scher Raum V_3 vom Typus* (27″) *zugeordnet werden, wobei φ eine symmetrische Funktion der Wurzeln der Gleichung* (27′) *oder* (27‴) *darstellt.*

Invariant zugeordneter affiner Zusammenhang. Mit der einem konformen Raum V_n konforminvariant zugeordneten Metrik ist notwendig auch eine affine Übertragung invariant verknüpft. Das kann man auch auf direktem Wege einsehen, denn durch Differentiation der Gleichungen (25) erhält man (im Fall $n > 3$)

$$4\frac{\partial \lg \varrho}{\partial s^d} + \frac{\partial \lg \overline{W}}{\partial \overline{s}^l} c^l_d = \frac{\partial \lg W}{\partial s^d}$$

und durch Elimination von ϱ aus diesen Gleichungen und aus (22′)

$$\left(\overline{\psi}_l + \frac{1}{4}\frac{\partial \lg \overline{W}}{\partial \overline{s}^l}\right) c^l_d = \psi_d + \frac{1}{4}\frac{\partial \lg W}{\partial s^d}.$$

Danach läßt sich ψ auf invariante Weise durch die Forderung

$$\psi_d = -\frac{1}{4}\frac{\partial \lg W}{\partial s^d}$$

bestimmen, und der affine Zusammenhang

$$\Gamma^a_{bc} = \gamma^a_{bc} - \frac{1}{4}\delta^a_b \frac{\partial \lg W}{\partial s^c} - \frac{1}{4}\delta^a_c \frac{\partial \lg W}{\partial s^b} + \frac{1}{4}\delta^b_c \frac{\partial \lg W}{\partial s^a}$$

---

[10]) Vgl. die in der Fußnote 1 auf S. 85 zitierte Arbeit, S. 412—415.

erhält somit invarianten Charakter. Dieser Zusammenhang ist in einem (holonomen) Variablensystem bereits von J. LEVINE[11]) betrachtet worden, der von der relativen Invarianten

$$T_1 = (W^i_{jkl} W^j_{irs} b^{kr} b^{ls})^{-\frac{n}{4}}$$

ausgeht. Beachtet man die Gleichungen (22″) und die schiefe Symmetrie der W^a_{bcd} in den Indizes a, b und c, d, so erhält man

$$T_1 = (-1)^{\frac{n}{4}} \varrho^n W^{-\frac{n}{4}}, \quad W = -\varrho^4 T_1^{-\frac{4}{n}}.$$

In analoger Weise können wir im Fall $n = 3$ eine invariante Übertragung mit Hilfe der Invarianten V zuordnen.

§ 3 Die Bewegungsgruppen eines konformen V_n

Satz von TAUB. Die Integrabilitätsbedingungen der Gleichungen (22) ergeben die Bedingungen

$$\bar{\gamma}^p_{efg} c^e_b c^f_c c^g_d = \gamma^f_{bcd} c^p_f, \tag{28}$$

in welchen die γ^a_{bcd} die Komponenten des Krümmungstensors des Zusammenhanges γ^a_{bc} bezeichnen (vgl. Gleichungen (27′) aus Kapitel IV des ersten Bandes dieses Werkes). Mit Rücksicht auf (11) folgt

$$\gamma^a_{bcd} = r^a_{bcd} + \delta^a_b(\psi_{cd} - \psi_{dc}) + \delta^a_c \psi_{bd} - \delta^a_d \psi_{bc} - \delta^b_c \psi_{ad} + \delta^b_d \psi_{ac},$$

in welchen die r^a_{bcd} die Vierzeigersymbole von RICCI hinsichtlich der Kongruenzen (λ) bezeichnen. Diese Gleichungen sind der Ausdruck für (11) im Kongruenzensystem (λ). Wir überschieben (28) mit c^p_a und erhalten mit Rücksicht auf (19′)

$$\bar{\gamma}^p_{efg} c^e_b c^f_c c^g_d c^p_a = \varrho^2 \gamma^a_{bcd}.$$

Verjüngen wir über $a = b$ bzw. $a = c$, so entsteht

$$\bar{p}_{ef} c^e_c c^f_d = p_{cd}, \quad \bar{\gamma}_{eg} c^e_b c^g_d = \gamma_{bd}, \tag{28′}$$

wobei

$$p_{cd} = \gamma^a_{acd}, \quad \gamma_{bd} = \gamma^a_{bad}$$

verjüngte Krümmungstensoren sind. Die Gleichungen (28′) sind rechts frei von ϱ^2 und daher unabhängig von (19′), es sei denn, sie sind mit $p_{cd} = \gamma_{bd} = 0$ identisch erfüllt, ein Fall, der nur eintreten kann, wie wir gesehen haben, wenn der Raum eine konforme Abbildung auf einen euklidischen Raum gestattet, wobei eine Funktion existiert, welche dem System

$$(n-2)\psi_{cd} = -r_{cd} + \frac{r\delta^c_d}{2(n-1)}, \qquad r_{cd} = r^a_{cad}, \quad r = r_{cc} \tag{28″}$$

---

[11]) Vgl. J. LEVINE, Conformal affine connections, Proc. Nat. Acad. Sci. **21** (1935), S. 165.

genügt. Dabei gelten die Gleichungen

$$\psi_{cd} = \frac{\partial \psi_c}{\partial s^d} + r^a_{cd}\psi_a + \psi_c\psi_d - \frac{1}{2}\Phi^2 \delta^c_d \quad \left(\psi_c = \frac{\partial \psi}{\partial s^c}\right), \tag{28'''}$$

die man als „Projektionen" der ersten der Gleichungen (11') auf die Kongruenzen (λ) auffassen kann. Die Größen c^a_b und ϱ können daher nur dann von anderen Bindungen wie (19') frei sein, wenn der Raum konform-euklidisch ist. Ist der Raum V_n jedoch konformeuklidisch, so sind die Gleichungen (28) identisch erfüllt, wenn man (28'') berücksichtigt, und dasselbe gilt auch für die Integrabilitätsbedingungen der Gleichungen (22'). Damit ergeben sich die Gleichungen

$$\frac{\partial x'^i}{\partial x^j} = c^a_b \lambda^b_j \mu'^i_a, \qquad \frac{\partial c^a_b}{\partial s^c} = \gamma'^a_{ef} c^e_b c^f_c - \gamma^f_{bc} c^a_f, \tag{29}$$

welchen man

$$\frac{\partial \lg \varrho}{\partial s^d} + \psi_d = \psi'_f c^f_d$$

hinzuzufügen hat, wobei die ψ den Bedingungen (28'') genügen und die ψ' analogen solchen, die ein vollständig integrables System in den abhängigen Veränderlichen x'^i, c^a_b, ϱ, ψ_d als Funktionen der unabhängigen Veränderlichen $x^1, \ldots, x^n$ bilden und keinen anderen endlichen Bedingungen unterliegen als den Gleichungen (19'). Man muß noch zeigen, daß das System (29) Lösungen gestattet, die tatsächlich $n + 1 + n + \frac{n(n-1)}{2} = \frac{(n+1)(n+2)}{2}$ willkürliche Konstanten enthalten, deren Anzahl der Zahl der Funktionen x'^i, ϱ, ψ_d, c^a_b entspricht. Damit kommt man zu einem

Satz von H. Taub. *Ein Raum V_n ($n \geqq 3$) von konformem Zusammenhang gestattet genau dann eine maximale $\frac{(n+1)(n+2)}{2}$-parametrige Automorphismengruppe, wenn er ein konform-euklidischer Raum ist.*

Zum Beweis verwendet H. Taub infinitesimale konforme Transformationen und zeigt, daß der in Rede stehende Raum $\frac{(n+1)(n+2)}{2}$ infinitesimale unabhängige Transformationen gestattet. Diese Bedingung ist notwendig, wie wir früher gesehen haben, da sonst die Gleichungen (28') auf Bedingungen für die c^a_b führen, die von den Gleichungen (19') verschieden sind. Um zu zeigen, daß sie auch hinreichend sind, werden wir die Transformationen der Gruppe unmittelbar herleiten, indem wir vom konform-euklidischen Charakter des Raumes Gebrauch machen und $a_{ij} = \delta^i_j$ setzen. Dann sind die Kongruenzen (λ) durch die Koordinatenlinien x^i gegeben, und aus (28'') wird

$$\frac{\partial \psi_i}{\partial x^j} + \psi_i\psi_j - \frac{1}{2}\Phi^2\delta^i_j = 0 \qquad (\Phi^2 = \psi_1^2 + \psi_2^2 + \cdots + \psi_n^2).$$

[12]) Vgl. H. Taub, A charakterization of conformal flat spaces, Bull. Amer. Math. Soc. 55 (1949), S. 85.

Setzt man

$$u = \frac{1}{2}\,\Phi^2,$$

so gewinnen die vorhergehenden Gleichungen die Lösungen

$$\psi_i = -\frac{\partial \lg u}{\partial x^i}, \qquad u = \frac{\alpha^0}{1 + \alpha_i^0 x^i + \alpha^0 R^2}$$

mit

$$2\alpha^0 = \alpha_i^0 \alpha_i^0, \qquad 2R^2 = (x^1)^2 + \cdots + (x^n)^2$$

und willkürlichen Konstanten α_i^0.

Setzt man ähnlich

$$\varrho = \frac{\alpha u}{\alpha^0},$$

wobei α eine Konstante bezeichnet, so bedingen die Gleichungen (22′) die Beziehungen $\psi'_a = 0$, daher verschwinden auch die γ'^{a}_{cd}, und aus (29) wird

$$\frac{\partial^2 x'^i}{\partial x^j\,\partial x^l} = \delta_l^j \psi_f \frac{\partial x'^i}{\partial x^f} - \psi_l \frac{\partial x'^i}{\partial x^j} - \psi_j \frac{\partial x'^i}{\partial x^l}.$$

Man bestätigt leicht, daß diese Gleichungen die Lösung

$$x'^i = a^i + \frac{\alpha_s^i x^s + \alpha^i R^2}{1 + \alpha_i^0 x^i + \alpha^0 R^2} \tag{29'}$$

gestatten, worin a^i, α_j^i, α^i, α_i^0, α^0 Konstanten sind, die den Beziehungen

$$\alpha^i = \alpha_j^0 \alpha_j^i \tag{29''}$$

genügen. Berücksichtigt man die Bedingungen (19′)

$$c_j^i c_l^i = \frac{\partial x'^i}{\partial x^j}\frac{\partial x'^i}{\partial x^l} = \varrho^2 \delta_l^j,$$

so ergeben sich die Bedingungen

$$\alpha_j^i \alpha_l^i = \alpha^2 \delta_l^j. \tag{29'''}$$

Offensichtlich enthalten die Gleichungen (29′) $\frac{(n+1)(n+2)}{2}$ beliebige Konstanten, nämlich die $2n+1$ Konstanten $a^i, \alpha^0, \alpha_i^0$ und die weiteren $\frac{n(n-1)}{2}$ willkürlichen Konstanten α_j^i. Somit ist der Satz von Taub bewiesen.

Offenbar bilden die Gleichungen (29′) die konformen Transformationen eines E_n. Sie bestehen aus Ähnlichkeiten und Inversionen; die Ähnlichkeiten gewinnt man aus $\alpha_i^0 = \alpha^i = \alpha^0 = 0$. Man bemerkt auch, wie eine Transformation aus der konformen Gruppe (29′) die Metrik des V_n erfaßt, die sich gemäß

$$ds'^2 = \frac{\alpha^2 ds^2}{(1 + \alpha_i^0 x^i + \alpha^0 R^2)^2} \qquad [ds^2 = (dx^1)^2 + \cdots + (dx^n)^2] \tag{30}$$

transformiert.

Nichtkonformeuklidische Räume. Satz von Egorov. Wenn sich der Raum V_n nicht konform auf einen euklidischen E_n abbilden läßt, kann man die Funktion ϱ, wie wir aus den Gleichungen (25) oder (26″) gesehen haben, mit Hilfe der Invarianten W oder V auf die Einheit reduzieren, und die konforme Gruppe des V_n fällt dann mit der Automorphismengruppe eines Riemannschen nicht konformeuklidischen Raumes V_n zusammen. Wie sich im vorhergehenden Kapitel ergab, sind dann zwei Fälle zu unterscheiden, je nachdem der Raum V_n ein Einsteinscher Raum ist oder nicht, d. h. je nachdem, ob die Bedingungen

$$\gamma_{bd} = \sigma \delta_d^b \tag{30′}$$

bestehen oder nicht. Liegt ein Einsteinscher Raum vor, so sind die Bedingungen (30′) erfüllt. Dann ist der Weylsche Konformkrümmungstensor durch

$$w^a_{bcd} = \gamma^a_{bcd}, \quad w^a_{bad} = \gamma^a_{bad}, \quad w^a_{bab} = \gamma^{a\cdot}_{bab} - \frac{\sigma}{n-1}$$

gegeben, und man erhält nur dann Einsteinsche Räume, die sich auf einen euklidischen Raum konform abbilden lassen, wenn man Räume konstanter Krümmung betrachtet. Nun sei es unmöglich, den Raum konform auf einen euklidischen Raum abzubilden, und überdies sei die Form ψ von Ricci zur Metrik des V_n nicht proportional. Dann zerfällt die orthogonale Transformationsgruppe der Kongruenzen des V_n in zwei oder mehrere orthogonale Untergruppen. Im einfachsten Fall hat man zwei Untergruppen, welche die quadratischen Formen

$$(ds^1)^2 + \cdots + (ds^m)^2, \; (ds^{m+1})^2 + \cdots + (ds^n)^2$$

invariant lassen. In diesem Fall gestattet der Raum eine Maximalgruppe, wenn jede der beiden Formen von konstanter Krümmung ist. Es sei k_1 die Krümmung der ersten Form und k_2 die der zweiten Form in einem solchen Fall. Wir bekommen mit festen Werten h, k, α, β die Beziehungen

$$\gamma^h_{khk} = k_1, \qquad h, k = 1, 2, \ldots, m,$$

$$\gamma^\alpha_{\beta\alpha\beta} = k_2, \qquad \alpha, \beta = m + 1, \ldots, n,$$

wobei die Komponenten des Krümmungstensors der V_n mit drei oder vier verschiedenen Indizes verschwinden. Ebenso erhält man

$$\gamma_{hk} = (m-1)k_1, \quad \gamma_{\beta\beta} = (n-m-1)k_2,$$

$$\gamma = m(m-1)k_1 + (n-m)(n-m-1)k_2$$

und durch Berechnung des WEYLschen Konformkrümmungstensors

$$w^h_{khk} = k_1 - \frac{2(m-1)k_1}{n-2} + \frac{\gamma}{(n-1)(n-2)}$$

$$= \frac{(n-m)(n-m-1)}{(n-1)(n-2)}(k_1+k_2),$$

$$w^h_{\alpha h\alpha} = -\frac{1}{n-2}[(m-1)k_1 + (n-m-1)k_2] + \frac{\gamma}{(n-1)(n-2)}$$

$$= -\frac{(n-m-1)(m-1)}{(n-1)(n-2)}(k_1+k_2), \tag{30''}$$

$$w^\alpha_{\beta\alpha\beta} = k_2 - \frac{2(n-m-1)k_2}{n-2} + \frac{\gamma}{(n-1)(n-2)}$$

$$= \frac{m(m-1)}{(n-1)(n-2)}(k_1+k_2).$$

Der WEYLsche Tensor verschwindet nur, wenn

$$k_1 + k_2 = 0$$

oder wenn $m = 1$ oder $n - m = 1$ gilt.

Ist etwa $m = 1$, so ist die Maximalgruppe des Raumes $\left(\frac{n(n-1)}{2} + 1\right)$-parametrig, und dieses Maximum wird von Räumen erreicht, deren Metrik durch

$$ds^2 = (dx^1)^2 + d\sigma^2$$

gegeben ist, wo $d\sigma^2$ die Metrik eines V_{n-1} konstanter Krümmung ist. Wir bekommen dann noch einmal den Satz von EGOROW (Band I, Kap. 5, § 8).

Wir nehmen jetzt

$$m \neq 1, \quad n - m \neq 1, \quad k_1 + k_2 \neq 0$$

an. Dann läßt sich der Raum nicht konform auf einen euklidischen Raum abbilden und gestattet eine Automorphismengruppe von nicht mehr als

$$\frac{m(m+1)}{2} + \frac{(n-m)(n-m+1)}{2}$$

Parametern. Diese Zahl ist maximal für $m = 2$ oder $n - m = 2$, ein Fall in welchem die Parameterzahl durch

$$N = \frac{(n-1)(n-2)}{2} + 3$$

gegeben ist. Damit ergibt sich der

Satz von Vranceanu.*) *Die Maximalzahl der Parameter der Automorphismengruppe eines nicht konform-euklidischen Raumes V_n, dessen Form ψ zur Metrik des V_n nicht proportional ist, ist N.*

§ 4 Die konform-projektive Gruppe

É. Cartan hat in einer Untersuchung aus dem Jahre 1923[13]) den Begriff allgemeiner Räume mit konformem Zusammenhang eingeführt. Es handelt sich um Räume, deren euklidische Tangentialräume konform sind, deren Eigenschaften also gegenüber den Transformationen der konform-euklidischen Gruppe invariant bleiben. Wie man weiß, lassen diese Transformationen die Hyperkugel invariant und bestehen aus Ähnlichkeiten und Inversionen, wobei die Ähnlichkeiten für sich eine Untergruppe bilden, welche die uneigentlichen Punkte festlassen (Möbius-Geometrie). Man kann diese Untergruppe der Ähnlichkeiten als konform-affine Untergruppe der konform-projektiven Hauptgruppe auffassen, da sie die uneigentlichen Elemente auszeichnet.

Um zum Begriff eines Raumes mit konformem Zusammenhang zu kommen, bezieht É. Cartan den konformen Lokalraum im Punkt P der n-dimensionalen (auf $x^1, \ldots, x^n$ bezogenen) Mannigfaltigkeit auf ein System von $n + 2$ Hyperkugeln $A_0, A_1, A_2, \ldots, A_n, A_\infty$ deren erste (was ihre Stellung anbelangt) mit dem Punkt P selbst identifiziert wird. Die Mannigfaltigkeit heißt dann von konformem Zusammenhang, wenn eine (übrigens willkürliche) Vorschrift angegeben ist, welche auf konforme Weise gestattet, den im Punkt P der Mannigfaltigkeit zugeordneten konformen Raum mit dem im beliebig benachbarten Punkt P' zugeordneten konformen Raum in Verbindung zu bringen.

Wir werden im allgemeinen die Methode beibehalten, die wir in den Kapiteln IV und VI des ersten Bandes dieses Werkes benutzt haben und sagen, ein Raum sei von konformem Zusammenhang, wenn seine euklidischen Lokalräume in benachbarten Punkten eine konforme Korrespondenz aufweisen. Wir werden daher in jedem Punkt die konform-projektive Gruppe G betrachten, welche diesen Punkt festläßt. Diese Gruppe enthält $\dfrac{n(n+1)}{2} + 1$ Parameter. In einer Mannigfaltigkeit von n Dimensionen sind diese Parameter Funktionen von $x^1, \ldots, x^n$, und G ist daher eine unendliche kontinuierliche Gruppe mit $\dfrac{n(n+1)}{2} + 1$ willkürlichen Funktionen. Der konforme Zusammenhang erscheint also als ein mit dieser unendlichen projektiven Gruppe der Kongruenzen auf invariante Weise verknüpfter Zusammenhang, eine Eigenschaft, welche geradezu die Definition dieses Zusammenhanges abgibt. Der Raum von konformem Zusammenhang ist mit andern Worten durch die konforme Gruppe G in gleicher Weise definiert, wie ein Riemannscher Raum V_n durch die orthogonale Gruppe der Kongruenztransformationen definiert wird (vgl. Band I, Kapitel V, S. 223). Die konforme

*) Vgl. K. Yano, The theory of Lie derivatives and its applications, Amsterdam 1955, S. 265.

[13]) Vgl. É. Cartan, Les espaces à connexion conforme, Ann. Soc. Polonaise Math. 2 (1923), S. 171–221.

Übertragung muß sich daher als eine Verallgemeinerung der Übertragung von Levi-Civita darstellen, wie sie mit Hilfe der Rotationskoeffizienten von Ricci gegeben wird, und muß als Spezialfall die Weylsche konforme Übertragung enthalten, die in § 1 dieses Kapitels betrachtet worden ist.

Ist die konform-projektive Gruppe G eines n-dimensionalen Raumes gegeben, so können wir ihr eine konform-affine Gruppe zuordnen, welche eine Hyperflächenschar in einem Raum von $n+2$ Dimensionen invariant läßt, und können die konforme Übertragung als eine Unterübertragung einer affinen Übertragung eines A_{n+2} auffassen, der längs der invarianten Hyperflächen eine Parallelverpflanzung gestattet, wobei dann diese Unterübertragung gleichzeitig den Zusammenhang eines dem Raum A_{n+2} zugeordneten projektiven Raumes P_{n+1} darstellt. Man erhält so die von T. Y. Thomas, O. Veblen, Vanderslice, K. Yano und anderen betrachteten Übertragungen.[14])

Dehnt man jedoch diese Übertragungen in einem A_{n+2} über dessen Gesamtheit aus (nicht nur längs der invarianten Hyperflächen), so bemerkt man, daß der allgemeine Charakter der konform-projektiven Gruppe G dadurch eingeschränkt wird und eine Reduktion dieser Gruppe auf eine konform-affine Gruppe eines Raumes von n Dimensionen bewirkt wird. Wir werden solche Zusammenhänge konform-affine Zusammenhänge nennen und ihre Äquivalenz mit der Weylschen konformen Übertragung nachweisen. Eine konform-projektive Übertragung, eine Übertragung also, die der Allgemeinheit der konform-projektiven Gruppe des Raumes A_{n+2} in seiner Gesamtheit gerecht wird, ergibt sich somit, wenn man auf die der Übertragung auferlegten Bedingung, eine Unterübertragung des zugeordneten projektiv zusammenhängenden Raumes zu sein, verzichtet.[15]) Das kommt nach der Methode von É. Cartan darauf hinaus, darauf zu verzichten, daß der Punkt A mit der Hyperkugel A_0 identifiziert wird.

Hypersphärische Koordinaten. Liegt ein Riemannscher Raum V_n vor, der auf ein System orthogonaler Kongruenzen (λ) bezogen ist,

$$ds^2 = a_{ij}\,dx^i dx^j = (ds^1)^2 + \cdots + (ds^n)^2, \tag{31}$$

so verfügen wir nach § 1 aus dem vierten Kapitel des ersten Bandes dieses Werkes im Lokalraum E_P des Punktes $P(x^i)$ über ein kartesisches Orthogonalsystem $\xi^h = ds^h$, das mit den Lokalkoordinaten $X^i = dx^i$ durch die Gleichungen

$$\xi^h = \lambda_i^h X^i \qquad (X^i = \mu_h^i \xi^h)$$

verbunden ist, wobei die λ_i^h, μ_h^i die Momente bzw. Parameter der Kongruenzen (λ) bezeichnen.

Dann ist im euklidischen Lokalraum E_P des Punktes P eine Hyperkugel durch die Gleichung

$$z^0[(\xi^1)^2 + \cdots + (\xi^n)^2] - 2z^1\xi^1 - \cdots - 2z^n\xi^n + 2z^\infty = 0 \tag{31'}$$

---

[14]) Vgl. K. Yano, Sur la théorie des espaces à connexion conforme, J. Fac. Sci. Tokyo 5 (1939), S. 1—59 (mit reichhaltiger Bibliographie).

[15]) Vgl. G. Vranceanu, Sur la théorie des espaces à connexion conforme, Bull. Math. soc. Roum. Sci. 45 (1943), S. 28.

gegeben. Dabei sind die $n+2$ Größen $z^0, z^1, \ldots, z^n, z^\infty$ homogene Koordinaten der Hyperkugel vom Mittelpunkt M mit den Koordinaten $\frac{z^1}{z^0}, \ldots, \frac{z^n}{z^0}$. Für $z^0 = 1$ fallen die Koordinaten des Mittelpunktes der Hyperkugel mit den Koordinaten $ds^1, \ldots, ds^n$ des Punktes M in bezug auf die Kongruenzen (λ) zusammen. Da wir in einem konformen Raum die Größen ds^h mit ein und demselben nichtverschwindenden Faktor multiplizieren können, dürfen wir $z^1, \ldots, z^n$ mit $ds^1, \ldots, ds^n$ identifizieren, und die Gleichung (31′) gewinnt die Gestalt

$$ds^0[(\xi^1)^2 + \cdots + (\xi^n)^2] - 2ds^1\xi^1 - \cdots - 2ds^n\xi^n + 2ds^\infty = 0. \tag{32}$$

Darin sind die ds^0, ds^∞ zwei neue PFAFFsche Formen

$$ds^0 = \lambda_0^0 dx^0 + \lambda_i^0 dx^i + \lambda_\infty^0 dx^\infty,$$

$$ds^\infty = \lambda_0^\infty dx^0 + \lambda_i^\infty dx^i + \lambda_\infty^\infty dx^\infty \tag{32′}$$

in den n Veränderlichen x^i des Raumes V_n und zwei neuen Veränderlichen x^0, x^∞, und die $n+2$ Formen ds^0, ds^h, ds^∞ sind in den unabhängigen Veränderlichen x^0, x^i, x^∞ unabhängige Formen.

Die Hilfsformen ds^0, ds^∞ sind bestimmt (genau wie die Formen ds^h, wenn der Punkt P des Raumes V_n gegeben ist), sobald die Koeffizienten

$$\lambda_0^0, \lambda_i^0, \lambda_\infty^0, \lambda_0^\infty, \lambda_i^\infty, \lambda_\infty^\infty \tag{32″}$$

nur von den Veränderlichen $x^1, \ldots, x^n$ abhängen. Man kann diesen Umstand so ausdrücken, daß man sagt, die $n+2$ Formen ds^0, ds^h, ds^∞ assoziieren jedem Punkt P des Raumes V_n einen lokalen Raum E_{n+2} von $n+2$ Dimensionen mit den kartesischen Koordinaten ds^0, ds^h, ds^∞ oder wenn man will, dx^0, dx^i, dx^∞. Verwenden wir die kartesischen Koordinaten ds^0, ds^h, ds^∞, so bekommen wir hinsichtlich der ds^h die Metrik (31), d. h., die ds^h sind kartesische Orthogonalkoordinaten im lokalen E_P im Punkt P des Raumes V_n. Um im kartesischen E_{n+2} von $n+2$ Dimensionen eine Metrik zu definieren, bemerkt man, daß mit den Mittelpunktskoordinaten $\frac{ds^h}{ds^0}$ der Hyperkugel für deren Radius R die Gleichung

$$R^2 = -2\frac{ds^\infty}{ds^0} + \frac{ds^h}{ds^0}\frac{ds^h}{ds^0}$$

gilt. Insbesondere sind also die Hyperkugeln vom Radius Null durch die Bedingung

$$ds^h ds^h - 2ds^0 ds^\infty = 0 \tag{33}$$

charakterisiert. Da eine reelle Hyperkugel vom Radius Null mit ihrem Mittelpunkt zusammenfällt, kann man sagen, daß die $n+2$ Koordinaten ds^0, ds^h, ds^∞ einen Punkt M im lokalen E_{n+2} des Punktes P des Raumes E_P darstellen, sofern sie der quadratischen Bedingung (33) genügen.

Nun sei $ds^0 = 0$. Dann reduziert sich die Hyperkugel auf eine Hyperebene in endlicher Entfernung, es sei denn, daß überdies

$$ds^1 = ds^2 = \cdots = ds^n = 0$$

gilt. Auch dann ist (33) noch erfüllt. Versteht man unter dem „MÖBIUSschen Punkt" die uneigentlichen Elemente des lokalen Raumes des Punktes P[16]), so kann man den Satz aussprechen: *Die Hyperkugeln des lokalen Raumes E_P des Punktes P können mit Hilfe von $n + 2$ homogenen Koordinaten ds^0, ds^h, ds^∞ definiert werden und die Punkte des Raumes E_P durch die gleichen Koordinaten, insofern sie der Bedingung* (33) *genügen.*

Dabei werden die Hyperebenen in endlicher Entfernung als Kugeln von unendlichem Radius angesehen. Bezeichnen $\delta s^0, \delta s^h, \delta s^\infty$ die Koordinaten einer zweiten Hyperkugel im lokalen E_P des Punktes P, so kann man leicht zeigen, daß die neue Hyperkugel zur Hyperkugel ds^0, ds^h, ds^∞ orthogonal ist, wenn

$$ds^h \delta s^h - ds^0 \delta s^\infty - ds^\infty \delta s^0 = 0$$

ist. Im Fall einer Nullkugel liegt dann dieser Punkt auf der zweiten Kugel.

Deuten wir jetzt die hypersphärischen Koordinaten ds^0, ds^h, ds^∞ als kartesische Koordinaten des $(n + 2)$-dimensionalen euklidischen E_{n+2}, so gilt in diesen Räumen die konforme Metrik (33), und man kann Winkel definieren. Da dies für alle Punkte P zutrifft, haben wir so dem konformen Raum V_n einen konformen Raum V_{n+2} mit der Metrik

$$ds^2 = ds^h ds^h - 2 ds^0 ds^\infty \tag{34}$$

zugeordnet. Ebenso können wir die Koordinaten ds^0, ds^h, ds^∞ als homogene Koordinaten eines projektiven $(n + 1)$-dimensionalen Raumes E_{n+1} deuten. Bezeichnen wir dann die inhomogenen Koordinaten dieses E_{n+1} mit

$$Y^h = \frac{ds^h}{ds^0}, \quad Y^\infty = \frac{ds^\infty}{ds^0}, \tag{34'}$$

so zeigt (33), daß in diesem projektiven Raum eine invariante Hyperquadrik

$$Y^h Y^h - 2 Y^\infty = 0 \tag{34''}$$

vorliegt.

Transformationen der hypersphärischen Koordinaten. Liegt eine Transformation der Koordinaten ds^0, ds^h, ds^∞ in der Gestalt

$$d\bar{s}^\lambda = c^\lambda_\mu ds^\mu, \qquad \lambda, \mu, \alpha, \varrho = 0, 1, 2, \ldots, n, \ \infty; \quad |c^\lambda_\mu| \neq 0 \tag{35}$$

vor, so kann man (wenigstens vorübergehend) annehmen, daß die Koeffizienten c^λ_μ Funktionen sämtlicher Veränderlicher

$$x^1, \ldots, x^n, x^0, x^\infty$$

[16]) W. BLASCHKE, Differentialgeometrie der Kreise und Kugeln, J. Springer, Berlin 1929.

sind, so daß dies wenigstens bei Betrachtung der Transformationen (35) im Punkt P zutrifft und die in P berechneten c^λ_μ auch von x^0 und x^∞ abhängen.

Ist das so, so können wir annehmen, daß die Transformation (35) in P eine Korrespondenz (oder auch eine Schar solcher) zwischen den Hyperkugeln des lokalen Raumes dieses Punktes stiftet, und diese Korrespondenz transformiert Punkte in Punkte, wenn

$$d\bar{s}^h d\bar{s}^h - 2d\bar{s}^0 d\bar{s}^\infty = \varrho(ds^h ds^h - 2ds^0 ds^\infty) \tag{35'}$$

mit beliebigem $\varrho \neq 0$ gilt. Man muß demnach bekommen

$$\begin{aligned} c^h_k c^h_\alpha - c^0_k c^\infty_\alpha - c^0_\alpha c^\infty_k &= \delta^k_\alpha \varrho, & c^h_0 c^h_0 - 2c^0_0 c^\infty_0 &= 0, \\ c^h_0 c^h_\infty - c^0_0 c^\infty_\infty - c^0_\infty c^\infty_0 &= -\varrho, & c^h_\infty c^h_\infty - 2c^0_\infty c^\infty_\infty &= 0. \end{aligned} \tag{35''}$$

Durch Elimination von ϱ ergeben sich für die c^λ_μ die Bedingungen

$$\begin{aligned} &c^h_k c^h_l - c^0_k c^\infty_l - c^0_l c^\infty_k + \delta^k_l (c^h_0 c^h_\infty - c^0_0 c^\infty_\infty - c^0_\infty c^\infty_0) = 0, \\ &c^h_k c^h_\varepsilon - c^0_k c^\infty_\varepsilon - c^0_\varepsilon c^\infty_k = 0, \quad c^h_\varepsilon c^h_\varepsilon - 2c^0_\varepsilon c^\infty_\varepsilon = 0, \qquad \varepsilon = 0, \infty. \end{aligned} \tag{36}$$

So entstehen $\dfrac{n(n+1)}{2} + 2(n+1)$ Bedingungen für $(n+2)^2 - 1$ Koeffizienten (einer unter den Koeffizienten c^λ_μ ist beliebig). Also hat man nur $\dfrac{(n+1)(n+2)}{2}$ unabhängige Koeffizienten c^λ_μ.

Wir untersuchen jetzt diejenigen Transformationen (35), welche den Punkt P festlassen. Da P durch

$$ds^h = ds^\infty = 0 \tag{37}$$

charakterisiert ist, bleiben diese Bedingungen bei Transformationen (35) bestehen, wenn $c^h_0 = c^\infty_0 = 0$ ist. Dann bekommen wir aber gemäß (36) auch $c^\infty_k = 0$. Da das System (37) mit dem Problem invariant verknüpft ist, können wir annehmen, daß die Formen ds^h, ds^∞ nur von dx^i und dx^∞ abhängen. Dann gilt

$$ds^\infty = \lambda^\infty_i dx^i + \lambda^\infty_\infty ds^\infty$$

und überdies mit Rücksicht auf die Fundamentalgleichungen

$$\frac{\partial c^\lambda_\mu}{\partial s^\nu} - \frac{\partial c^\lambda_\nu}{\partial s^\mu} = \overline{w}^\lambda_{\alpha\beta} c^\alpha_\mu c^\beta_\nu - w^\alpha_{\mu\nu} c^\lambda_\alpha \tag{36'}$$

für $\lambda = \infty$ und $\mu, \nu \neq \infty$

$$\overline{w}^\infty_{ef} c^e_b c^f_c = w^\infty_{bc} c^\infty_\infty, \qquad e, f, b, c = 0, 1, \ldots, n. \tag{37'}$$

Setzen wir $w^\infty_{bc} = 0$ und nehmen entsprechend

$$ds^\infty = 0 \tag{36''}$$

als vollständig integrabel an, so bekommen wir eine invariante Eigenschaft der konformen Gruppe. Man kann dann

$$ds^\infty = \lambda_\infty^\infty \, dx^\infty \tag{37''}$$

setzen, und die Gleichung (36'') wird dann mit $x^\infty = \text{const}$ äquivalent.

Was die Eigenschaft der PFAFFschen Formen ds^h anbetrifft, nur von den Differentialen dx^i abzuhängen, so bleibt sie bei der konformen Gruppe nur entlang der Hyperflächen (36'') erhalten. Diese Hyperflächen spielen daher in der Theorie der konformen Räume eine wichtige Rolle, denn auf ihnen allein fällt die Metrik (33) mit der Metrik des Raumes V_n zusammen. Sie entsprechen den Hyperkugeln durch den Punkt P im P lokal zugeordneten Raum.

Wegen der Homogenität kann man hinsichtlich der Form ds^0 für λ_0^0 den Wert Eins annehmen und bekommt dann

$$ds^0 = dx^0 + \lambda_i^0 \, dx^i + \lambda_\infty^0 \, dx^\infty. \tag{37'''}$$

Man kann auf Grund der Homogenität der konformen Gruppe ebenso $c_0^0 = 1$ annehmen.

Wir betrachten jetzt die Transformationen (35), (36), welche den Koordinatenursprung der lokaleuklidischen Räume festhalten und dementsprechend durch

$$c_0^h = c_0^\infty = c_k^\infty = 0, \quad c_0^0 = 1 \tag{37^{IV}}$$

definiert sind. Diese Transformationen schreiben sich

$$\begin{aligned} d\bar{s}^0 &= ds^0 + c_h^0 \, ds^h + c_\infty^0 \, ds^\infty, \\ d\bar{s}^h &= c_k^h \, ds^k + c_\infty^h \, ds^\infty, \quad d\bar{s}^\infty = c_\infty^\infty \, ds^\infty, \end{aligned} \tag{38}$$

wobei die Koeffizienten c den Bedingungen (36) — einer Art von Orthogonalitätsbedingungen — genügen:

$$c_k^h c_l^h = \delta_l^k c_\infty^\infty, \quad c_k^h c_\infty^h = c_k^0 c_\infty^\infty, \quad c_\infty^h c_\infty^h = 2 c_\infty^0 c_\infty^\infty.$$

Durch Überschieben mit c_k^l kann man die vorstehenden Bedingungen auf die Gestalt

$$c_k^h c_l^h = \delta_l^k c_\infty^\infty, \quad c_\infty^h = c_k^0 c_k^h, \quad 2 c_\infty^0 = c_k^0 c_k^0 \tag{38'}$$

bringen. Die konforme Gruppe (38), (38') enthält also $\dfrac{n(n+1)}{2} + 1$ willkürliche Funktionen und bildet die Gruppe G vom Anfang dieses Paragraphen.

Ist $\varDelta$ die Determinante $|c_k^h|$, so gilt auf Grund der ersten der Gleichungen (38)

$$\varDelta^2 = (c_\infty^\infty)^n,$$

so daß man an Stelle von c_∞^∞ den Wert $\varDelta^{\frac{2}{n}}$ in die Gruppe G einführen kann. Ferner sind die c_h^0, c_∞^0 vom Wert Null, sobald die c_∞^h verschwinden, und die Gruppe G

reduziert sich dann auf ihre affine „MÖBIUS-Gruppe"

$$d\bar{s}^0 = ds^0, \quad d\bar{s}^h = c_k^h\, ds^k, \quad d\bar{s}^\infty = c_\infty^\infty\, ds^\infty \tag{39}$$

mit

$$c_k^h c_l^h = \delta_l^k c_\infty^\infty. \tag{39'}$$

Hypersphärische Tangentialkoordinaten. Liegt im lokalen Raum E_P des Punktes P die allgemeine Gleichung (32) seiner Hyperkugeln vor, so können wir unter diesen die speziellen $n+2$ Hyperkugeln betrachten, die wir erhalten, indem wir alle Koordinaten ds^0, ds^h, ds^∞ bis auf eine gleich Null setzen. Sind dann A_0, A_h, A_∞ Abkürzungen für die linken Seiten der so entstehenden Gleichungen

$$A_0 = \lambda\xi, \quad A_h = -2\lambda\xi^h, \quad A_\infty = 2\lambda \qquad (\xi = \xi^h\xi^h) \tag{39''}$$

mit einem beliebigen Proportionalitätsfaktor $\lambda \neq 0$, so bestimmt die erste Gleichung offenbar den Punkt P, die letzte den MÖBIUS-Punkt und die übrigen die Koordinatenebenen. Auf diese Weise lassen sich die Hyperkugeln (32) in der Gestalt

$$A_0\, ds^0 + A_h\, ds^h + A_\infty\, ds^\infty = 0$$

schreiben. Betrachten wir jetzt eine Transformation (35) und bezeichnen mit $\bar{A}_0$, $\bar{A}_h$, $\bar{A}_\infty$ ein System von $n+2$ Hyperkugeln des Koordinatensystems $d\bar{s}^\lambda$, so muß

$$\bar{A}_0\, d\bar{s}^0 + \bar{A}_h\, d\bar{s}^h + \bar{A}_\infty\, d\bar{s}^\infty = A_0\, ds^0 + A_h\, ds^h + A_\infty\, ds^\infty$$

gelten. Demnach transformieren sich die Koordinaten A_0, A_h, A_∞, die man hypersphärische Tangentialkoordinaten nennen kann, gemäß den Gleichungen

$$\begin{aligned} A_0 &= c_0^0\bar{A}_0 + c_0^h\bar{A}_h + c_0^\infty\bar{A}_\infty, \\ A_h &= c_h^0\bar{A}_0 + c_h^k\bar{A}_k + c_h^\infty\bar{A}_\infty, \\ A_\infty &= c_\infty^0\bar{A}_0 + c_\infty^h\bar{A}_h + c_\infty^\infty\bar{A}_\infty. \end{aligned} \tag{40}$$

Die Gruppe (40) ist offensichtlich zur Gruppe (35) äquivalent. Nun seien im Sinne von É. CARTAN die Systeme A_0, A_h, A_∞ und $\bar{A}_0$, $\bar{A}_h$, $\bar{A}_\infty$ beliebig benachbart. Dann gilt

$$c_\mu^\lambda = \delta_\mu^\lambda\delta_\mu + \omega_\mu^\lambda, \quad \bar{A}_\lambda = A_\lambda + dA_\lambda, \quad dA_\mu = -\omega_\mu^\lambda A_\lambda, \tag{40'}$$

worin man die ω_μ^λ als von erster Ordnung beliebig klein anzusehen hat.

Mit Rücksicht auf (36) erhalten wir für die ω_μ^λ notwendig die Bedingungen

$$\begin{aligned} \omega_l^k + \omega_k^l - \delta_l^k(\omega_0^0 + \omega_\infty^\infty) = 0, \quad \omega_0^k - \omega_k^\infty = 0, \\ \omega_\infty^k - \omega_k^0 = 0, \quad \omega_\infty^0 = 0. \end{aligned} \tag{40''}$$

Da man einen der Koeffizienten c_μ^λ beliebig wählen kann, bleibt eine der Größen ω unbestimmt, und man erhält so $\frac{(n+1)(n+2)}{2}$ unabhängige Größen ω_μ^λ, also genau soviel wie unabhängige Koeffizienten c_μ^λ.

Einigen wir uns jetzt auf É. CARTANS Normierung, die darin besteht, in den Gleichungen (35″) ϱ durch den Ausdruck

$$\varrho = c_0^0 c_\infty^\infty + c_\infty^0 c_0^\infty - c_0^h c_\infty^h = 1 \tag{40'''}$$

zu normieren oder die Metrik (34) als eine Invariante des Problems zu behandeln, so bekommt man

$$\omega_0^0 + \omega_\infty^\infty = 0, \tag{40^{IV}}$$

und die Gleichungen (40″) schreiben sich

$$\begin{aligned} \omega_l^k + \omega_k^l = 0, \quad \omega_\infty^\infty = -\omega_0^0, \quad \omega_\infty^0 = 0, \\ \omega_0^\infty = 0, \quad \omega_k^\infty = \omega^k, \qquad \omega_k^0 = \omega_\infty^k \end{aligned} \tag{41}$$

und zeigen, daß wir die Größen ω_l^k, $k < l$, ω_0^0, ω_k^0, ω_0^k als unabhängig ansehen können. Nun sei die Metrik des V_n nicht auf orthogonale Kongruenzen bezogen. In diesem Fall schreibt sich die Beziehung (34)

$$ds^2 = a_{hk}\, ds^h ds^k - 2 ds^0\, ds^\infty$$

und enthält auch den Fall $ds^h = dx^h$, d. h. den Fall, daß $s^h = x^h$ Koordinaten in V_n sind. Die Beziehung (35′) gewinnt jetzt die Gestalt

$$\bar a_{rs}\, d\bar s^r\, d\bar s^s - 2 d\bar s^0\, d\bar s^\infty = \varrho(a_{kl}\, ds^k\, ds^l - 2 ds^0\, ds^\infty),$$

so daß sich die Gleichungen (36) in

$$\begin{aligned} \bar a_{rs} c_k^r c_l^s - c_k^0 c_l^\infty - c_l^0 c_k^\infty + a_{kl}(\bar a_{rs} c_0^r c_\infty^s - c_0^0 c_\infty^\infty - c_\infty^0 c_0^\infty) = 0, \\ \bar a_{rs} c_k^r c_\varepsilon^s - c_k^0 c_\varepsilon^\infty - c_\varepsilon^0 c_k^\infty = 0, \quad \bar a_{rs} c_\varepsilon^r c_\varepsilon^s - 2 c_\varepsilon^0 c_\varepsilon^\infty = 0, \qquad \varepsilon = 0, \infty \end{aligned} \tag{41'}$$

verwandeln. Setzt man

$$c_\mu^\lambda = \delta_\mu^\lambda + \omega_\mu^\lambda, \quad \bar a_{rs} = a_{rs} + d a_{rs},$$

so liefert uns (41′)

$$\begin{aligned} a_{rl}\omega_k^r + a_{rk}\omega_l^r + d a_{kl} - a_{kl}(\omega_0^0 + \omega_\infty^\infty) = 0, \\ a_{ks}\omega_0^s - \omega_k^\infty = 0, \quad a_{ks}\omega_\infty^s - \omega_k^0 = 0, \quad \omega_0^\infty = \omega_\infty^0 = 0. \end{aligned} \tag{41''}$$

Normiert man nach É. CARTAN, so sind den Beziehungen (41″) die Bedingungen (40^{IV}) zu assoziieren, und man erhält zu (41) analoge Gleichungen.[17])

[17]) Vgl. Fußnote auf S. 100, ferner: K. YANO und Y. MUTO, J. Fac. Sci. Tokyo 4, S. 117.

Kehren wir zu den Gleichungen (41′) zurück und nehmen wir an, daß die Gruppe (35) mit der Gruppe G zusammenfällt und daher die Bedingungen (37^{IV}) erfüllt sind. In diesem Fall wird aus den Gleichungen (41′)

$$\bar{a}_{rs} c_k^r c_l^s = a_{kl} c_\infty^\infty, \quad \bar{a}_{rs} c_k^r c_\infty^s = c_k^0 c_\infty^\infty, \quad \bar{a}_{rs} c_\infty^r c_\infty^s = 2 c_\infty^0 c_\infty^\infty, \tag{41‴}$$

was man auch

$$\bar{a}_{rs} c_k^r c_l^s = a_{kl} c_\infty^\infty, \quad c_\infty^s = a^{pq} c_p^0 c_q^s, \quad 2 c_\infty^0 = a^{pq} c_p^0 c_q^0 \tag{41^{IV}}$$

schreiben kann, wobei die a^{pq} die kontravarianten Komponenten des Fundamentaltensors a_{rs} bezeichnen.

Ähnlichkeiten und Inversionen. Die Transformationen der Kugelverwandtschaften eines euklidischen Raumes bestehen bekanntlich aus Ähnlichkeiten und aus Inversionen. Um diesen Sachverhalt mit unseren Symbolen in Evidenz zu setzen, bemerken wir, daß sich die Gleichungen (40) mit Rücksicht auf (39″)

$$\begin{aligned} \varrho\,\xi &= c_0^0 \bar{\xi} - 2 c_0^h \bar{\xi}^h + 2 c_0^\infty, \\ -2\varrho\,\xi^h &= c_h^0 \bar{\xi} - 2 c_h^k \bar{\xi}^k + 2 c_h^\infty, \\ 2\varrho &= c_\infty^0 \bar{\xi} - 2 c_\infty^k \bar{\xi}^k + 2 c_\infty^\infty \end{aligned}$$

schreiben lassen. Nach Elimination von ϱ können wir

$$\frac{\xi}{2} = \frac{c_0^0 \bar{\xi} - 2 c_0^h \bar{\xi}^h + 2 c_0^\infty}{c_\infty^0 \bar{\xi} - 2 c_\infty^k \bar{\xi}^k + 2 c_\infty^\infty}, \quad \xi^h = \frac{-c_h^0 \bar{\xi} + 2 c_h^k \bar{\xi}^k - 2 c_h^\infty}{c_\infty^0 \bar{\xi} - 2 c_\infty^k \bar{\xi}^k + 2 c_\infty^\infty} \tag{42}$$

schreiben und erhalten so Beziehungen zwischen zwei Systemen von je $n + 1$ Koordinaten

$$\xi, \xi^h; \bar{\xi}, \bar{\xi}^h$$

als Transformation (35) oder genauer, Beziehungen zwischen den Koordinaten ξ^h und $\bar{\xi}^h$. Unter diesen Umständen nehmen wir zunächst an, daß die Transformationen (35) den Möbius-Punkt invariant lassen, daß also

$$c_\infty^h = c_\infty^0 = c_h^0 = 0$$

gilt. Dann schreiben sich die letzten Gleichungen (42) in der Gestalt:

$$c_\infty^\infty \xi^h = c_h^k \bar{\xi}^k - c_h^\infty \tag{42′}$$

und definieren, wie man mit Hilfe der Beziehungen (39) leicht einsieht, die Gruppe der Ähnlichkeiten bzw. die affin-konforme Gruppe. Bleibt überdies der Koordinatenursprung P fest, so sind die Koeffizienten c_h^∞ gegeben, und die Gleichungen (42′) definieren die Drehungen und Homothetien. Jetzt werden wir zeigen, daß diejenigen Transformationen (42), die keine Rotationen und Homothetien darstellen, die Inversionen mit festem Ursprung sind. Zu diesem Zweck spiegeln wir an einer Hyperkugel vom Radius r und nehmen an, der Punkt P liege auf der Hyperkugel. Dann sind also die Gleichungen dieser Inversion durch

$$\xi^h - a^h = \frac{r^2(\overline{\xi}^h - a^h)}{(\overline{\xi}^k - a^k)(\overline{\xi}^k - a^k)} \qquad (a^h a^h = r^2)$$

gegeben, wobei a^h die Koordinaten des Mittelpunktes der Hyperkugel darstellen. Diese Gleichungen können auch

$$\xi^h = \frac{a^h\overline{\xi} - 2a^k\overline{\xi}^k a^h + r^2\overline{\xi}^h}{\overline{\xi} - 2a^k\overline{\xi}^k + r^2} \tag{42''}$$

geschrieben werden und lassen sich mit den letzten der Gleichungen (42) identifizieren, wenn man

$$c_h^0 = -\varrho a^h, \quad c_h^k = -\varrho a^k a^h + \delta_h^k \varrho r^2,$$

$$c_\infty^k = \varrho a^k, \quad c_\infty^0 = \varrho, \quad 2c_\infty^\infty = \varrho r^2$$

setzt, wobei ϱ einen Proportionalitätsfaktor bezeichnet. Die Koeffizienten c genügen den Bedingungen (38'), wenn $\varrho = \frac{2}{r^2}$ ist. Da die Größen a^h beliebig sind, gilt dasselbe für die Größen $c_h^0 = \frac{2\,a^h}{r^2}$, und das Produkt der Transformationen (42'), (42'') definiert die ganze Gruppe (42), was uns beweist, daß die Kugelverwandtschaften aus Ähnlichkeiten und Inversionen bestehen.

Konforme Tensoren. Ein Größensystem

$$t_{\lambda\ldots\mu}^{\alpha\ldots\beta}$$

ist das Komponentensystem eines in $\lambda, \ldots, \mu$ kovarianten und in $\alpha, \ldots, \beta$ kontravarianten konformen Tensors, wenn bei einer Transformation der konformen Gruppe die Gleichungen

$$\overline{t}_{\delta\ldots\varrho}^{\alpha\ldots\beta}\, c_\lambda^\delta \cdots c_\mu^\varrho = t_{\lambda\ldots\mu}^{\sigma\ldots\varrho}\, c_\sigma^\alpha \cdots c_\varrho^\beta \tag{43}$$

gelten. Ein kontravarianter Vektor enthält daher $n + 2$ Komponenten v^0, v^h, v^∞, die sich im Fall der konformen Gruppe G gemäß

$$\overline{v}^0 = v^0 + c_k^0 v^k + c_\infty^0 v^\infty,$$
$$\overline{v}^h = c_k^h v^k + c_\infty^h v^\infty, \quad \overline{v}^\infty = c_\infty^\infty v^\infty \tag{43'}$$

transformieren. Die Bedingung $v^\infty = 0$ ist eine invariante Beziehung innerhalb der Gruppe G, denn es gilt stets $\overline{v}^\infty = 0$, wenn $v^\infty = 0$ ist. Es ergibt sich, daß die Formen ds^0, ds^h, ds^∞ die Komponenten eines kontravarianten konformen Vektors bilden, die hypersphärischen Tangentialkoordinaten A_0, A_h, A_∞ jedoch die

Komponenten eines konformen kovarianten Vektors. Auch die Ableitungen $\frac{\partial f}{\partial s^0}, \frac{\partial f}{\partial s^h}, \frac{\partial f}{\partial s^\infty}$ bilden die Komponenten eines kovarianten Vektors, denn sie transformieren sich gemäß den Gleichungen (40).

Liegt ein p-fach kontravarianter Tensor vor ($p \geqq 1$), so bilden diejenigen seiner Komponenten, deren kontravariante Indizes alle das Symbol ∞ tragen, während die kovarianten Indizes von 0 bis n laufen, einen relativen Tensor vom Transformationsgesetz

$$\bar{t}^{\infty\cdots\infty}_{e\ldots g}\, c^e_a \cdots c^g_b = t^{\infty\cdots\infty}_{a\ldots b}\, (c^\infty_\infty)^p, \qquad e, g, a, b = 0, 1, \ldots, n. \tag{43''}$$

Da man jedoch nach (38'') die c^∞_∞ durch die Potenzen $\Delta^{\frac{n}{2}}$ ersetzen kann, darf man behaupten, daß die Komponenten $t^{\infty\cdots\infty}_{a\ldots b}$ einen relativen Tensor vom Gewicht $\frac{pn}{2}$ bilden.

§ 5 Affin-konforme Übertragungen

Um der konformen Gruppe G (38), (38') eine Übertragung zuzuordnen, betrachten wir die auf einem A_{n+2} von affinem Zusammenhang herrschende Gruppe. Indem wir dann mit

$$ds^\lambda_\mu = \gamma^\lambda_{\mu\nu} ds^\nu \qquad (\lambda, \mu, \nu, \varrho, \alpha, \beta = 0, 1, 2, \ldots, n, \infty) \tag{44}$$

die Infinitesimalkomponenten der Übertragung bezeichnen (nach § 13 vom vierten Kapitel des ersten Bandes dieses Werkes), erhalten wir Gleichungen der Gestalt

$$dc^\lambda_\mu = d\bar{s}^\lambda_\varrho\, c^\varrho_\mu - ds^\varrho_\mu\, c^\lambda_\varrho, \tag{45}$$

worin die c^λ_μ die Koeffizienten der konformen Gruppe G bezeichnen. Für die konforme Gruppe G gilt $c^\lambda_0 = \delta^\lambda_0$, und daher bekommen wir für $\mu = 0$

$$d\bar{s}^\lambda_0 = c^\lambda_\varrho\, ds^\varrho_0, \tag{45'}$$

so daß sich die Größen ds^λ_0 als Komponenten eines konformen kontravarianten Vektors erweisen. In einfachster Weise kann man den Gleichungen (45') durch einen Nullvektor oder auch durch einen zu ds^λ proportionalen Vektor genügen. Wenn wir mit É. Cartan die ω^λ_μ mit den Infinitesimalkomponenten der Übertragung zusammenfallen lassen, erhalten wir auf Grund der letzten der Gleichungen (40'') $ds^\infty_0 = 0$, und der Vektor ds^λ_0 ist dann ein Tangentialvektor der Hyperfläche (36''). Ist dieser Tangentenvektor kein Nullvektor, so kann man nach É. Cartan die Bedingungen

$$ds^h_0 = -ds^h, \quad ds^\infty_0 = 0 \tag{45''}$$

aufstellen und erhält dann aus (45')

$$d\bar{s}^0_0 = ds^0_0 - c^0_k ds^k, \quad d\bar{s}^h_0 = c^h_k ds^k.$$

Durch Vergleich dieser Gleichungen mit den Beziehungen (38) ergibt sich notwendig

$$ds_0^0 = -ds^0, \quad c_\infty^h ds^\infty = 0. \tag{45'''}$$

Da ds^∞ nicht dauernd verschwinden kann, gilt notwendig $c_\infty^h = 0$, und die Gruppe G reduziert sich damit auf die affin-konforme Gruppe. Dabei erweisen sich É. Cartans Bedingungen

$$ds_0^0 = -ds^0, \quad ds_0^h = -ds^h, \quad ds_0^\infty = 0 \tag{46}$$

innerhalb der Gruppe G nur mit der affinen Untergruppe aus G verträglich. Wir können die letzten Bedingungen (45''') vermeiden, dafür aber die Gruppe in ihrer Gesamtheit beibehalten, wenn wir annehmen, daß die Bedingungen (46) mod ds^∞ erfüllt sind, d. h. nur auf den Flächen $ds^\infty = 0$. Das kommt darauf hinaus, die von O. Veblen[18]) angegebenen Bedingungen

$$\gamma_{0\alpha}^\lambda = -\delta_\alpha^\lambda, \qquad \alpha = 0, 1, \ldots, n \tag{46'}$$

aufzustellen. Teilt man beide Seiten der Gleichungen (46) durch n, so erhält man Bedingungen, wie sie bereits von Veblen und T. Y. Thomas angegeben worden sind.[19])

Man bemerkt, daß die Bedingungen (45'') und (46') nur dann mit der konformen Gruppe, welche den Punkt P festläßt, invariant verknüpft sind, wenn $c_0^0 = 1$ ist.

Tatsächlich ergeben uns die Gleichungen (45) für $\mu = 0$

$$dc_0^h = -d\bar{s}^h c_0^0 + c_k^h ds^k = (1 - c_0^0)\, d\bar{s}^h = 0 \qquad (\operatorname{mod} ds^\infty)$$

und damit $c_0^0 = 1$. Betrachtet man also die konforme Gruppe G, so läßt sich Cartans Normierung nicht verwenden, denn sie fordert $c_0^0 c_\infty^\infty = 1$ und würde diese Gruppe spezialisieren, da jetzt auch $c_\infty^\infty = 1$ werden müßte.[20])

Nach dieser Präzisierung bemerken wir, daß sich die Gleichungen (45) auch in die Gestalt

$$\frac{\partial c_\mu^\lambda}{\partial s^\nu} = \bar{\gamma}_{\alpha\beta}^\lambda c_\mu^\alpha c_\nu^\beta - \gamma_{\mu\nu}^\alpha c_\alpha^\lambda \tag{47}$$

setzen lassen und daß für $\nu = 0$

$$\frac{\partial c_\mu^\lambda}{\partial s^0} = \bar{\gamma}_{\alpha 0}^\lambda c_\mu^\alpha - \gamma_{\mu 0}^\alpha c_\alpha^\lambda \tag{47'}$$

entsteht. Die Koeffizienten c_μ^λ der konformen Gruppe können von der Veränderlichen x^0 unabhängig angenommen werden. Das stellt für die konforme Gruppe eine invariante Bedingung dar, da man mit Rücksicht auf (37^{IV})

$$\frac{\partial f}{\partial x^0} = \frac{\partial f}{\partial \bar{s}^0}, \quad \frac{\partial f}{\partial \bar{s}^0} = \frac{\partial f}{\partial s^0}$$

[18]) Vgl. O. Veblen, Formalism for conformal geometry, Proc. Nat. Acad. Sci. **21** (1935), S. 168—173.

[19]) Vgl. T. Y. Thomas, Conformal Geometry, ibidem **12** (1926), S. 352—359.

[20]) Die gleiche Normierung verwenden Veblen, K. Yano und andere.

bekommt. Ferner ergibt sich

$$\frac{\partial c_\mu^\lambda}{\partial s^0} = 0,$$

und mit Hilfe von (47′)

$$\bar{\gamma}_{\alpha 0}^{\lambda} c_\mu^\alpha - \gamma_{\mu 0}^{\alpha} c_\alpha^\lambda = 0. \tag{47''}$$

Diese Gleichungen führen nur dann nicht auf endliche Relationen, die von (38′) unabhängig wären, wenn

$$\gamma_{\lambda 0}^{\alpha} = \delta_\lambda^\alpha \gamma_{00}^0$$

ist, wobei γ_{00}^0 eine invariante Konstante ist, d. h. mit Rücksicht auf (46) nur dann, wenn

$$\gamma_{\mu 0}^{\lambda} = -\delta_\mu^\lambda, \quad \gamma_{0\alpha}^{\lambda} = -\delta_\alpha^\lambda \tag{48}$$

gilt.

Offensichtlich fallen diese Bedingungen mit den Gleichungen (19′) zusammen, die dem projektiven Zusammenhang des P_{n+1} auferlegt sind, abgesehen von den Komponenten $\gamma_{0\infty}^\lambda$, die beliebig bleiben, während sie im projektiven Zusammenhang durch $\gamma_{0\infty}^\lambda = -\delta_\infty^\lambda$ bestimmt sind.

Die Bedingungen (47) lassen sich mit Rücksicht auf (48) in die Gestalt

$$\begin{aligned} \frac{\partial c_b^a}{\partial s^c} &= \bar{\gamma}_{ef}^a c_b^e c_c^f + \bar{\gamma}_{0\infty}^a c_b^0 c_c^\infty - c_b^0 c_c^a - c_c^0 c_b^a - \gamma_{bc}^f c_f^a, \\ \frac{\partial c_b^0}{\partial s^c} &= \bar{\gamma}_{ef}^0 c_b^e c_c^f + \bar{\gamma}_{0\infty}^0 c_b^0 c_c^\infty - c_b^0 c_c^0 - \gamma_{bc}^0 - \gamma_{bc}^f c_f^0 \end{aligned} \tag{49}$$

bringen mit $a, b, c, d, e, f = 1, 2, \ldots, n, \infty$. Die Koeffizienten c_b^a, c_b^0 genügen dabei den Orthogonalitätsbedingungen (38′) und weiter den Bedingungen

$$c_h^\infty = 0, \qquad h = 1, \ldots, n. \tag{49'}$$

Das Problem reduziert sich jetzt darauf, die Komponenten

$$\gamma_{bc}^a, \gamma_{bc}^0, \gamma_{0\infty}^a, \gamma_{0\infty}^0$$

so zu bestimmen, daß sich der konforme Zusammenhang der konformen Gruppe G am besten anpaßt.

Leiten wir die Gleichungen (49′) nach s^l $(l = 1, 2, \ldots, n)$ ab und beachten die Gleichungen (49), so bekommen wir die endlichen Relationen

$$\bar{\gamma}_{pq}^\infty c_k^p c_l^q = \gamma_{kl}^\infty c_\infty^\infty. \tag{49''}$$

Diese Gleichungen führen im allgemeinen auf Beziehungen, die von (38′) und (49′) unabhängig sind, abgesehen vom Fall

$$\gamma_{kl}^\infty = \sigma \delta_l^k, \tag{50}$$

in welchem σ eine invariante Konstante darstellt und die Gleichungen (49′) auf Grund der ersten der Gleichungen (38′) identisch erfüllt sind. Wenn wir uns nichtorthogonaler Kongruenzen bedienen und im Spezialfall der Koordinaten x^i, sind die Gleichungen (49″) auf Grund der ersten der Gleichungen (41‴) identisch erfüllt, und man bekommt

$$\gamma_{kl}^{\infty} = \sigma a_{kl}. \tag{50′}$$

Um den Bedingungen (50) eine konforme Deutung zu geben, beachten wir, daß sich die Parallelübertragungen eines Vektors v^λ in A_{n+2} längs eines tangentialen Weges $ds^\infty = 0$ mit Rücksicht auf (48)

$$dv^\lambda = -v^\lambda ds^0 - \delta_h^\lambda v^0 ds^h + \gamma_{kh}^\lambda v^k ds^h$$

schreibt. Wenn v^λ selbst Tangentenvektor zu $ds^\infty = 0$ ist und dementsprechend v^∞ verschwindet, bekommt man

$$dv^\infty = \gamma_{kh}^{\infty} v^k ds^h$$

oder

$$dv^\infty = \sigma v^h ds^h,$$

wenn die Gleichungen (50) erfüllt sind. Wenn $\sigma \neq 0$ ist, bleibt der Vektor v^λ ($v^\infty = 0$) nur dann Tangentenvektor von $ds^\infty = 0$ bzw. $dv^\infty = 0$, wenn der Vektor

$$v^0, v^1, \ldots, v^n, 0$$

zum Vektor

$$ds^0, ds^1, \ldots, ds^n, 0$$

im Raum V_n orthogonal steht, d. h., wenn

$$v^k ds^k = 0$$

gilt, welche Eigenschaft offensichtlich gegenüber der Gruppe G invariant ist. Für $c = l = 1, \ldots, n$ schreiben sich die Gleichungen (49) mit Rücksicht auf (50)

$$\begin{aligned}
\frac{\partial c_k^h}{\partial s^l} &= \bar{\gamma}_{rs}^h c_k^r c_l^s - c_l^0 c_k^h - c_k^0 c_l^h - \gamma_{kl}^r c_r^h - \sigma \delta_l^k c_\infty^h,\\
\frac{\partial c_\infty^\infty}{\partial s^l} &= (\sigma - 1) c_l^0 c_\infty^\infty + \bar{\gamma}_{\infty s}^\infty c_\infty^\infty c_l^s - \gamma_{\infty l}^\infty c_\infty^\infty,\\
\frac{\partial c_\infty^h}{\partial s^l} &= \bar{\gamma}_{rs}^h c_\infty^r c_l^s + \bar{\gamma}_{\infty s}^h c_\infty^\infty c_l^s - c_\infty^0 c_l^h - c_l^0 c_\infty^h - \gamma_{\infty l}^k c_k^h - \gamma_{\infty l}^\infty c_\infty^h, \qquad (51)\\
\frac{\partial c_k^0}{\partial s^l} &= \bar{\gamma}_{rs}^0 c_k^r c_l^s - c_k^0 c_l^0 - \gamma_{kl}^r c_r^0 - \sigma \delta_l^k c_\infty^0 - \gamma_{kl}^0,\\
\frac{\partial c_\infty^0}{\partial s^l} &= \bar{\gamma}_{rs}^0 c_\infty^r c_l^s + \bar{\gamma}_{\infty s}^0 c_\infty^\infty c_l^s - c_\infty^0 c_l^0 - \gamma_{\infty l}^r c_r^0 - \gamma_{\infty l}^0 - \gamma_{\infty l}^\infty c_\infty^0,
\end{aligned}$$

$$h, k, l, r, s = 1, 2, \ldots, n.$$

Wie man sieht, enthalten diese Gleichungen nur Komponenten $\gamma^{\lambda}_{\mu a}$, deren Index a die Werte $0, 1, \ldots, n$ annimmt. Diese Komponenten genügen bereits, um tensorielle Ableitungen nach s^0, s^l oder $x^0, x^1, \ldots, x^n$ zu bilden, da man mit Rücksicht auf (37'')

$$\frac{\partial f}{\partial x^i} = \frac{\partial f}{\partial s^k}\,\lambda^k_i + \frac{\partial f}{\partial s^0}\,\lambda^0_i$$

erhält.

Der Zusammenhang von T. Y. Thomas und O. Veblen. Die Komponenten $\gamma^{\lambda}_{\mu a}$ ermöglichen eine Parallelverpflanzung in A_{n+2} längs tangentieller Wege zu $ds^{\infty} = 0$. Dieser partielle konforme Zusammenhang $\gamma^{\lambda}_{\mu a}$ wird durch die von T. Y. Thomas, O. Veblen, Vanderslice und anderen betrachteten Komponenten

$$\gamma^h_{rs},\ \gamma^{\infty}_{\infty s},\ \gamma^0_{rs},\ \gamma^0_{\infty s},\ \gamma^k_{\infty l},\ \gamma^{\lambda}_{\mu 0} = -\delta^{\lambda}_{\mu},\ \gamma^{\lambda}_{0 a} = -\delta^{\lambda}_{a},\ \gamma^{\infty}_{rs} = -\delta^r_s \tag{51'}$$

bestimmt, und man sieht, daß dieser Zusammenhang auf den invarianten Hyperflächen $ds^{\infty} = 0$ eine Unterübertragung des projektiven Zusammenhangs des P_{n+1} darstellt.

Um eine konform-invariante Bestimmung der Übertragung (51') zu erhalten, können wir die Bedingung stellen, daß die endlichen Relationen, die sich aus den Orthogonalitätsbedingungen (38) durch Differentiation nach $s^p (p = 1, \ldots, n)$ ergeben hatten, identisch erfüllt sein sollen, wenn man die Integrabilitätsbedingungen, selbst berücksichtigt. In der Riemannschen Geometrie bilden diese Integrabilitätsbedingungen wie man sich erinnert, die Identitäten von Ricci und gehen aus der schiefen Symmetrie der Rotationskoeffizienten r^h_{kl} von Ricci in den Indizes h, k hervor.

Leiten wir die ersten der Gleichungen (38') nach s^p ab! Indem wir die ersten der Gleichungen (51) berücksichtigen, bekommen wir

$$\begin{aligned}(\bar{\gamma}^h_{rs} + \bar{\gamma}^r_{hs} - \delta^h_r \bar{\gamma}^{\infty}_{\infty s})\, c^h_k c^r_l c^s_p - (\gamma^k_{lp} + \gamma^l_{kp} - \delta^k_l \gamma^{\infty}_{\infty p})\, c^{\infty}_{\infty} \\ - c^{\infty}_{\infty}(\sigma + 1)\,(c^0_k \delta^p_l + c^0_l \delta^k_p + c^0_p \delta^k_l) = 0.\end{aligned} \tag{51''}$$

Man zeigt unmittelbar, daß diese Beziehungen identisch erfüllt sind, wenn

$$\sigma = -1, \quad \gamma^k_{lp} + \gamma^l_{kp} - \delta^k_l \gamma^{\infty}_{\infty p} = 0.$$

Leitet man die zweite Folge der Gleichungen (38') ab und berücksichtigt (51) und gilt (51''), so ergibt sich

$$c^{\infty}_{\infty}(\bar{\gamma}^h_{\infty s} - \bar{\gamma}^0_{hs})\, c^s_l = (\gamma^r_{\infty l} - \gamma^0_{rl})\, c^h_r$$

und damit

$$\gamma^r_{\infty l} = \gamma^0_{rl}. \tag{51'''}$$

Mit analogen Betrachtungen gewinnen wir aus der dritten Formelgruppe (38')

$$\bar{\gamma}^0_{\infty s}\, c^{\infty}_{\infty}\, c^s_l - \gamma^0_{\infty l} = 0$$

und damit die Bedingungen

$$\gamma^0_{\infty l} = 0. \tag{51^{IV}}$$

So erhält man den

Satz. *Die Übertragung* (51′), *welche den Bedingungen genügt, die aus* (38′) *durch Differentiation nach* s^p *hervorgehen, wird durch die Bedingungen*

$$\gamma^{\lambda}_{\mu 0} = -\delta^{\lambda}_{\mu}, \quad \gamma^{\lambda}_{0 a} = -\delta^{\lambda}_{a}, \quad \gamma^{\infty}_{k l} = -\delta^{k}_{l}, \qquad (52)$$
$$\gamma^{0}_{\infty l} = 0, \quad \gamma^{k}_{\infty l} = \gamma^{0}_{k l}, \quad \gamma^{h}_{k l} + \gamma^{k}_{h l} - \delta^{h}_{k}\gamma^{\infty}_{\infty l} = 0$$

definiert.

Wir zeigen jetzt, daß die Übertragung (52), über den ganzen konformen Raum A_{n+2} ausgedehnt, die konforme Gruppe spezialisiert. Man kann mit andern Worten die Übertragung (52) nicht durch die Komponenten $\gamma^{\lambda}_{\mu\infty}$ ergänzen, ohne die Gruppe G auf die affin-konforme Gruppe zu reduzieren.

Betrachten wir nämlich die Gleichungen (49) für $c = \infty$! Man bekommt

$$\frac{\partial c^h_k}{\partial s^{\infty}} = \bar{\gamma}^{h}_{r s} c^r_k c^s_{\infty} + \bar{\gamma}^{h}_{r\infty} c^r_k c^{\infty}_{\infty} + \gamma^{h}_{0\infty} c^0_k c^{\infty}_{\infty} - c^0_k c^h_{\infty} - c^0_{\infty} c^h_k - \gamma^{r}_{k\infty} c^h_r - \gamma^{\infty}_{k\infty} c^h_{\infty},$$
$$\frac{\partial c^{\infty}_{\infty}}{\partial s^{\infty}} = -4 c^0_{\infty} c^{\infty}_{\infty} + \bar{\gamma}^{\infty}_{\infty s} c^{\infty}_{\infty} c^s_{\infty} + \bar{\gamma}^{\infty}_{0\infty} c^0_{\infty} c^{\infty}_{\infty} + \bar{\gamma}^{\infty}_{\infty\infty} (c^{\infty}_{\infty})^2 - \gamma^{\infty}_{\infty\infty} c^{\infty}_{\infty} \qquad (52')$$

und ähnliche Gleichungen für die Ableitungen der c^h_{∞}, c^0_k, c^0_{∞} nach s^{∞}. Jetzt leiten wir die ersten der Gleichungen (38′) nach s^{∞} ab. Berücksichtigen wir (52′) und teilen durch c^{∞}_{∞}, so ergibt sich

$$(\bar{\gamma}^{h}_{r\infty} + \bar{\gamma}^{r}_{h\infty} - \delta^h_r \bar{\gamma}^{\infty}_{\infty\infty})\, c^h_l c^r_k - (\gamma^{k}_{l\infty} + \gamma^{l}_{k\infty} - \delta^k_l \gamma^{\infty}_{\infty\infty}) + 2\delta^k_l c^0_{\infty}$$
$$- 2 c^0_k c^0_l + \bar{\gamma}^{h}_{0\infty}(c^0_k c^h_l + c^0_l c^h_k) - \delta^k_l \bar{\gamma}^{\infty}_{0\infty} c^0_{\infty} = 0. \qquad (52'')$$

Um diese Gleichungen zu befriedigen, muß mit Rücksicht auf die Beziehungen (38′)

$$\gamma^{k}_{l\infty} + \gamma^{l}_{k\infty} - \delta^k_l \gamma^{\infty}_{\infty\infty} = 0 \qquad (52''')$$

bestehen. Setzt man in (52″) $k = l$ und summiert, so ergibt sich

$$2n c^0_{\infty} - 4 c^0_{\infty} + 2\bar{\gamma}^{h}_{0\infty} c^h_{\infty} - n\bar{\gamma}^{\infty}_{0\infty} c^0_{\infty} = 0,$$

und daher muß

$$\bar{\gamma}^{h}_{0\infty} = 0, \quad \bar{\gamma}^{\infty}_{0\infty} = \frac{2n-4}{n}$$

bestehen. Für $k \neq l$ ergibt sich aus (52″) mit diesen Werten $c^0_k c^0_l = 0$, so daß höchstens eine der Größen c^0_k, c^0_l von Null verschieden ausfallen kann, etwa c^0_1. Dann ist $2 c^0_{\infty} = (c^0_1)^2$, und (52″) besagt für $k = l \neq 1$, daß $c^0_{\infty} = 0$ und daher auch $c^0_1 = 0$ wird.

So können wir den Satz aussprechen: *Die Fortsetzung des konformen Zusammenhangs von* Thomas-Veblen *auf den ganzen Raum* A_{n+2} *ist nur mit der affinkonformen Gruppe* G *verträglich.*

Die Übertragung (52), ergänzt durch die Komponenten $\gamma^{\lambda}_{\mu\infty}$, wird ein konform-affiner Zusammenhang genannt. Wir haben früher gezeigt, daß CARTANS Bedingungen (45^{IV}), die mit Rücksicht auf (47″) der Übertragung die Bedingungen

$$\gamma^{a}_{0\lambda} = -\delta^{a}_{\lambda}, \quad \gamma^{\infty}_{0\lambda} = 0, \quad \gamma^{\lambda}_{\alpha 0} = -\delta^{\lambda}_{\alpha} \tag{52^{IV}}$$

auferlegen, innerhalb der konformen Gruppe G nur mit der affinen Untergruppe aus G verträglich sind. Man stellt auch fest, daß diese Eigenschaft von dem Umstand herrührt, daß die Übertragung (52^{IV}) eine Unterübertragung des Zusammenhangs von THOMAS-VEBLEN darstellt. Diese Eigenschaft besteht in gleicher Weise für den konformen Zusammenhang, der einen Unterzusammenhang des projektiven Zusammenhangs des Raumes P_{n+1} darstellt, der zu A_{n+2} assoziiert ist, den Bedingungen

$$\gamma^{\alpha}_{0\lambda} = \gamma^{\alpha}_{\lambda 0} = -\delta^{\lambda}_{\alpha}$$

genügt und daher selbst eine Unterübertragung des Zusammenhangs von THOMAS-VEBLEN ist.

Wir nehmen jetzt an, daß wir schon von Anfang an von der affin-konformen Gruppe (39), (39′) ausgegangen seien. Dann vereinfachen sich die Gleichungen (49) wesentlich, und man bekommt für die Ableitungen der c^h_k und c^{∞}_{∞} nach s^l, s^{∞} die Gleichungen

$$\begin{aligned}
\frac{\partial c^h_k}{\partial s^l} &= \bar{\gamma}^h_{rs} c^r_k c^s_l - \gamma^r_{kl} c^h_r, \\
\frac{\partial c^{\infty}_{\infty}}{\partial s^l} &= \bar{\gamma}^{\infty}_{\infty s} c^{\infty}_{\infty} c^s_l - \gamma^{\infty}_{\infty l} c^{\infty}_{\infty}, \\
\frac{\partial c^h_k}{\partial s^{\infty}} &= \bar{\gamma}^h_{r\infty} c^r_k c^{\infty}_{\infty} - \gamma^r_{k\infty} c^h_r, \\
\frac{\partial c^{\infty}_{\infty}}{\partial s^{\infty}} &= \bar{\gamma}^{\infty}_{\infty\infty} (c^{\infty}_{\infty})^2 - \gamma^{\infty}_{\infty\infty} c^{\infty}_{\infty}.
\end{aligned} \tag{53}$$

Ebenso bekommt man aus den Gleichungen (49) die weiteren endlichen Relationen

$$\begin{aligned}
&\bar{\gamma}^h_{\infty s} c^{\infty}_{\infty} c^s_l - \gamma^r_{\infty l} c^h_r = 0, && \bar{\gamma}^0_{rs} c^r_k c^s_l - \gamma^0_{kl} = 0, \\
&\bar{\gamma}^{\infty}_{0\infty} - \gamma^{\infty}_{0\infty} = 0, && \bar{\gamma}^{\infty}_{rs} c^r_k c^s_l - \gamma^{\infty}_{kl} c^{\infty}_{\infty} = 0, \\
&\bar{\gamma}^0_{r\infty} c^r_k c^{\infty}_{\infty} - \gamma^0_{k\infty} = 0, && \bar{\gamma}^0_{\infty\infty} (c^{\infty}_{\infty})^2 - \gamma^0_{\infty\infty} = 0, \\
&\bar{\gamma}^h_{\infty\infty} (c^{\infty}_{\infty})^2 - \gamma^r_{\infty\infty} c^h_r = 0, && \bar{\gamma}^0_{\infty r} c^r_k - \gamma^0_{\infty k} = 0, \\
&\bar{\gamma}^0_{0\infty} c^{\infty}_{\infty} - \gamma^0_{0\infty} = 0, && \bar{\gamma}^{\infty}_{r\infty} c^r_k - \gamma^{\infty}_{k\infty} = 0, \\
&\qquad \bar{\gamma}^h_{0\infty} c^{\infty}_{\infty} - \gamma^r_{0\infty} c^h_r = 0.
\end{aligned} \tag{53′}$$

Soll die Gruppe (39), (39′) nicht spezialisiert werden, so muß man zu allererst die Bedingungen

$$\gamma_{rs}^{\infty} = \sigma \delta_s^r, \quad \gamma_{h\infty}^0 = \gamma_{\infty\infty}^0 = \gamma_{\infty\infty}^h = \gamma_{0\infty}^0 = \gamma_{r\infty}^{\infty} = \gamma_{0\infty}^h = 0 \qquad (53'')$$

stellen. Danach verbleiben noch die drei ersten der Beziehungen, die man

$$\bar{\gamma}_{\infty s}^{r}\, c_k^r c_l^s = \gamma_{\infty l}^k, \quad \bar{\gamma}_{rs}^0\, c_k^r c_l^s - \gamma_{kl}^0 = 0, \quad \bar{\gamma}_{0\infty}^{\infty} = \gamma_{0\infty}^{\infty} \qquad (53''')$$

schreiben kann, so daß also die $\gamma_{\infty l}^k$ und γ_{kl}^0 zwei kovariante Tensoren zweiter Stufe für die affine Untergruppe aus G darstellen und $\gamma_{0\infty}^{\infty}$ eine Invariante ist.

Nunmehr betrachten wir den Torsionstensor des Zusammenhanges, dessen Komponenten durch

$$t_{\mu\nu}^{\lambda} = \gamma_{\mu\nu}^{\lambda} - \gamma_{\nu\mu}^{\lambda} - w_{\mu\nu}^{\lambda}$$

gegeben sind. Für die Größen $w_{\mu\nu}^{\lambda}$ ergibt sich zunächst

$$w_{\mu\nu}^0 = 0,$$

wenn wir annehmen, daß

$$ds^0 = dx^0 + df$$

mit $f = f(x^1, \ldots, x^n)$ gilt. Da jedoch die ds^h nicht von den Veränderlichen x^0, x^{∞} abhängen, bekommen wir auch noch

$$w_{k\infty}^h = w_{k0}^h = w_{0\infty}^k = 0,$$

und indem wir weiter

$$ds^{\infty} = m^2\, dx^{\infty}, \qquad m = m(x^1, \ldots, x^n)$$

ansetzen, schließlich noch

$$w_{0\infty}^{\infty} = 0, \quad w_{\infty l}^{\infty} = 2 m_l, \qquad \left(m_l = \frac{\partial \lg m}{\partial s^l}\right).$$

Somit sind die Torsionskomponenten durch die Gleichungen

$$\begin{aligned} t_{kl}^h &= \gamma_{kl}^h - \gamma_{lk}^h - w_{kl}^h, \quad t_{kl}^0 = \gamma_{kl}^0 - \gamma_{lk}^0, \\ t_{\infty l}^h &= \gamma_{\infty l}^h - \gamma_{l\infty}^h, \quad t_{\infty l}^{\infty} = \gamma_{\infty l}^{\infty} - 2 m_l, \quad t_{\infty 0}^{\infty} = -1 - \gamma_{0\infty}^{\infty} \end{aligned} \qquad (54)$$

gegeben, und alle andern Komponenten verschwinden. Da die $\gamma_{\infty l}^h$ und $t_{\infty l}^h$ Komponenten eines Tensors hinsichtlich der affinen Untergruppe der Gruppe G sind, erkennen wir, wie der gleiche Sachverhalt für die $\gamma_{l\infty}^h$ zutrifft, und von der dritten Gruppe der Formeln (53) ergeben sich die Ableitungen $\frac{\partial c_k^h}{\partial s^{\infty}} = 0$. Andererseits beweisen uns die Beziehungen (39′), daß gleichzeitig $\frac{\partial c_{\infty}^{\infty}}{\partial s^{\infty}} = 0$ bestehen muß, was ohne die Gruppe zu spezialisieren nur eintreten kann, wenn $\gamma^{\infty}_{\infty\infty} = 0$ ist. Indem man jetzt diesen Sachverhalt für die Ableitungen der Gleichungen (39') nach s^l und s^{∞} berücksichtigt, d. h. den Bedingungen

$$\gamma^h_{kl} + \gamma^k_{hl} - \delta^h_k \gamma^{\infty}_{\infty l} = 0, \quad \gamma^h_{k\infty} + \gamma^k_{h\infty} = 0 \tag{54'}$$

Rechnung trägt, sieht man, daß die $\gamma^h_{k\infty}$ in den Indizes h und k schiefsymmetrisch sind. Wir nehmen jetzt an, daß der (ebenfalls schiefsymmetrische) Tensor t^0_{kl} verschwindet. Ist dann auch noch $t^h_{\infty l} = 0$, so bekommt man

$$\gamma^h_{\infty l} = \gamma^h_{l\infty}.$$

Das kommt darauf hinaus zu sagen, von den beiden Tensoren $\gamma^h_{k\infty}$ und γ^0_{kl} sei der eine ein schiefsymmetrischer Tensor, der andere ein symmetrischer. Setzen wir auch noch die Komponenten t^h_{kl} und $t^{\infty}_{\infty l}$ des Torsionstensors Null, so ergibt sich mit Rücksicht auf die Gleichungen (54')

$$\gamma^h_{kl} = r^h_{kl} + \delta^h_k m_l + \delta^h_l m_k - \delta^k_l m_h, \tag{54''}$$

wobei

$$r^h_{kl} = \frac{1}{2}\,(w^h_{kl} + w^k_{lh} + w^l_{kh})$$

gilt und die r^h_{kl} mit Riccis Rotationskoeffizienten bezüglich der Kongruenzen (λ) zusammenfallen, wenn $m_l = 0$ ist. Fügt man zu den Bedingungen von Veblen die Gleichungen (53''), (54'') und die Bedingungen

$$\gamma^h_{k\infty} = \gamma^h_{\infty l} = \gamma^{\infty}_{\infty\infty} = 0, \quad \gamma^0_{kl} = \gamma^0_{lk}, \quad \gamma^{\infty}_{\infty l} = 2m_l$$

hinzu, so ist der Zusammenhang im ganzen Raum A_{n+2} bestimmt, wenn man von dem symmetrischen Tensor γ^0_{kl} absieht, wie auch von der Invarianten $\gamma^{\infty}_{0\infty}$, die man als Konstante annehmen kann.

Nach Cartans Annahme verschwindet diese Konstante und für die Torsionskomponente $t^{\infty}_{\infty 0}$ gilt $t^{\infty}_{\infty 0} = 1$. Wählt man $\gamma^{\infty}_{\infty\infty} = -1$, so ist $t^{\infty}_{\infty\infty} = 0$. Was den Tensor γ^0_{kl} betrifft, so ist er am einfachsten als Nulltensor bestimmt. So bekommen wir den

Satz. *Wählen wir die Hilfsformen*

$$ds^0 = dx^0 + df, \quad ds^{\infty} = m^2 dx^{\infty}$$

mit $f = f(x^1, \ldots, x^n)$ *und* $m = m(x^1, \ldots, x^n)$, *so erhalten wir eine torsionsfreie konforme Übertragung, welche den Veblenschen Bedingungen genügt und überdies den Identitäten* (54') *von Ricci, wenn man*

$$\begin{aligned} \gamma^{\lambda}_{\mu 0} &= \gamma^{\lambda}_{0\mu} = -\delta^{\lambda}_{\mu}, \quad \gamma^{\infty}_{rs} = \sigma\,\delta^r_s, \\ \gamma^h_{kl} &= r^h_{kl} + \delta^h_k m_l + \delta^h_l m_k - \delta^k_l m_h, \\ \gamma^{\infty}_{\infty l} &= 2m_l \qquad \left(m_l = \frac{\partial \lg m}{\partial s^l}\right) \end{aligned} \tag{55}$$

und die anderen Komponenten gleich Null setzt.

Dieser Zusammenhang ist durch die Orthogonalkongruenzen (λ) des V_n, durch die Konstante σ und die Funktion m bestimmt. Setzt man $c_\infty^\infty = \varrho^2$ in der zweiten Folge der Gleichungen (53), so fallen die erste und zweite Folge der Gleichungen (53) mit den Transformationsgleichungen (22) und (22′) der WEYLschen Übertragung zusammen. Der Krümmungstensor des Zusammenhanges (55) ist zugleich der Krümmungstensor des WEYLschen Zusammenhanges, und die beiden Zusammenhänge enthalten somit dieselben Invarianten. Wir können also den Zusammenhang (55) als äquivalent mit dem WEYLschen Zusammenhang ansehen.

Konformer Normalzusammenhang nach É. CARTAN. Es sei $\sigma = -1$ und m eine Konstante. Dann läßt sich der symmetrische Tensor γ^0_{hk} auf eine andere invariante Weise bestimmen, indem man nach T. Y. THOMAS und O. VEBLEN

$$\gamma^0_{hk} = -\frac{r_{hk}}{n-2} + \frac{\delta^h_k r}{2(n-1)(n-2)} \tag{55'}$$

setzt mit

$$r_{hk} = r^l_{hlk}, \quad r = r_{kk}.$$

r^h_{klr} sind dabei RICCIS Vierzeigersymbole der n Kongruenzen (λ). Setzt man die Komponenten γ^h_{klr} des Krümmungstensors des Zusammenhangs im Raum A_{n+2} durch

$$\gamma^h_{klr} = r^h_{klr} + \delta^h_r \gamma^0_{kl} + \delta^k_l \gamma^0_{hr} - \delta^h_l \gamma^0_{kr} - \delta^k_r \gamma^0_{hl}$$

gegeben voraus, so kommt die Wahl (55′) darauf hinaus, das Verschwinden des verjüngten Tensors γ^l_{hlk} zu fordern, und der Zusammenhang heißt dann nach É. CARTAN ein konformer Normalzusammenhang. Im System der Veränderlichen $x^1, \ldots, x^n$ erscheint der konforme Normalzusammenhang durch die Gleichungen

$$\Gamma^\lambda_{\mu 0} = \Gamma^\lambda_{0\mu} = -\delta^\lambda_\mu, \quad \Gamma^\infty_{ij} = -a_{ij},$$

$$\Gamma^k_{ij} = -\left\{{k \atop ij}\right\}, \quad \Gamma^0_{ij} = -\frac{R_{ij}}{n-2} + \frac{\delta^i_j R}{2(n-1)(n-2)}$$

gegeben, wie man unmittelbar bestätigt. Dabei sind die $\left\{{k \atop ij}\right\}$ CHRISTOFFELS Klammern zweiter Art der Metrik des V_n, R_{ij} ist der verjüngte Krümmungstensor und R die Krümmungsinvariante.

§ 6 Projektiv-konformer Zusammenhang

Wenn die Gleichungen (45′) nicht identisch erfüllt sind, gelangt man zu konformen Übertragungen, die nur mit der affin-konformen Gruppe verträglich sind, wie wir gesehen haben.

Nun seien die Gleichungen (45′) identisch erfüllt. Dann gilt

$$\gamma^\lambda_{0\mu} = \gamma^\lambda_{\mu 0} = 0,$$

wenn man noch (47″) berücksichtigt.

Unter diesen Umständen können die aus (49′) und (38) durch Differentiation hervorgehenden Gleichungen alle bestätigt werden, wenn man

$$\gamma^h_{kl} + \gamma^k_{hl} - \delta^h_k \gamma^\infty_{\infty l} = 0, \quad \gamma^h_{k\infty} + \gamma^k_{h\infty} - \delta^h_k \gamma^\infty_{\infty\infty} = 0,$$

$$\gamma^h_{\infty k} = \gamma^0_{hk}, \quad \gamma^\infty_{kl} = \gamma^0_{\infty l} = \gamma^0_{\infty\infty} = 0, \quad \gamma^h_{\infty\infty} = \gamma^0_{h\infty}$$

setzt. Setzt man wiederum voraus, daß der Zusammenhang torsionsfrei ist, daß die Beziehungen (54″) erfüllt sind und daß

$$ds^0 = dx^0 + df, \quad ds^h = \lambda^h_i dx^i, \quad ds^\infty = m^2 dx^\infty \tag{56}$$

gilt, wobei die Funktionen f, λ^h_i, m nur von den Veränderlichen $x^1, \ldots, x^n$ abhängen sollen, so ist der Zusammenhang durch die Gleichungen

$$\begin{aligned} &\gamma^h_{kl} = r^h_{kl} + \delta^h_k m_l + \delta^h_l m_k - \delta^k_l m_h \qquad \left(m_h = \frac{\partial \lg m}{\partial s^h}\right), \\ &\gamma^\infty_{\infty l} = 2m_l, \quad \gamma^0_{hk} = \gamma^h_{\infty k} = \gamma^h_{k\infty} = \frac{1}{2}\delta^h_k \gamma^\infty_{\infty\infty} \end{aligned} \tag{56′}$$

gegeben, und alle andern Komponenten verschwinden.

Wir sehen somit, daß für einen vorgegebenen Raum V_n nur zwei Funktionen im Zusammenhang des Raumes willkürlich bleiben, nämlich $m^2 = \lambda^\infty_\infty$ und die Komponente $\gamma^\infty_{\infty\infty}$. Jetzt zeigen wir, daß man die Komponente $\gamma^\infty_{\infty\infty}$ durch passende Wahl der Funktion c^∞_∞ auf Null reduzieren kann. Tatsächlich liefern die Gleichungen (47) für $\lambda = \mu = \nu = \infty$

$$\frac{\partial c^\infty_\infty}{\partial s^\infty} = \bar\gamma^\infty_{\infty r} c^\infty_\infty c^r_\infty + \bar\gamma^\infty_{\infty\infty} (c^\infty_\infty)^2 - \gamma^\infty_{\infty\infty} c^\infty_\infty. \tag{57}$$

Betrachten wir die spezielle Transformation

$$c^r_\infty = 0, \quad c^h_k = \delta^h_k \sqrt{c^\infty_\infty}$$

aus der konformen Gruppe G mit der Bedingung

$$\frac{\partial c^\infty_\infty}{\partial s^\infty} = -\gamma^\infty_{\infty\infty} c^\infty_\infty$$

für c^∞_∞, so wird der Wert

$$\bar\gamma^\infty_{\infty\infty} = 0 \tag{58}$$

möglich, da ja die Funktion c^∞_∞ jetzt die Lösung einer partiellen Differentialgleichung erster Ordnung sein muß. So bekommen wir den

Satz. *Der konformen Gruppe eines n-dimensionalen Raumes läßt sich der Zusammenhang*

$$\begin{aligned} &\gamma^\lambda_{\mu 0} = \gamma^\lambda_{0\mu} = \gamma^h_{k\infty} = \gamma^h_{\infty k} = \gamma^\infty_{h\infty} = \gamma^\infty_{\infty\infty} = 0, \\ &\gamma^0_{\lambda\mu} = \gamma^h_{\infty\infty} = 0, \quad \gamma^\infty_{\infty l} = 2m_l, \qquad \left(m_l = \frac{\partial \lg m}{\partial s^l}\right), \\ &\gamma^h_{kl} = r^h_{kl} + \delta^h_k m_l + \delta^h_l m_k - \delta^k_l m_h \end{aligned} \tag{59}$$

zuordnen, worin die r^h_{kl} RICCIS *Rotationskoeffizienten für die n orthogonalen Kongruenzen* (λ) *des Raumes* V_n *darstellen und die Formen* ds^0, ds^h, ds^∞ *durch die Gleichungen* (56) *gegeben sind.*

Dieser Zusammenhang ist also offenbar durch den Raum V_n bis auf die willkürlich bleibende Funktion m bestimmt. Das Transformationsgesetz des Zusammenhangs ist, was die Funktionen $c^h_k, c^\infty_\infty, c^0_k$ anbetrifft, durch die Gleichungen

$$\begin{aligned}
&\frac{\partial c^h_k}{\partial s^l} = \overline{\gamma}^h_{rs} c^r_k c^s_l - \gamma^r_{kl} c^h_r, && \frac{\partial c^h_k}{\partial s^\infty} = \overline{\gamma}^h_{rs} c^r_k c^s_p c^p_0,\\
&\frac{\partial c^0_k}{\partial s^l} = -\gamma^r_{kl} c^0_r, && \frac{\partial c^0_k}{\partial s^\infty} = 0, \qquad (60)\\
&\frac{\partial c^\infty_\infty}{\partial s^l} = 2\overline{m}_r c^r_l - 2 m_l c^\infty_\infty, && \frac{\partial c^\infty_\infty}{\partial s^\infty} = 2\overline{m}_r c^r_p c^0_p c^\infty_\infty
\end{aligned}$$

gegeben. Die Komponenten $\gamma^\lambda_{\mu\nu\varrho}$ des Krümmungstensors verschwinden alle bis auf γ^h_{klr}. Demnach ergeben sich als Strukturgleichungen des Zusammenhanges

$$\Delta s^\lambda = [ds^\alpha ds^\lambda_\alpha], \quad \Delta s^\lambda_\mu = [ds^\alpha_\mu ds^\lambda_\alpha] + \frac{1}{2}\gamma^\lambda_{\mu\alpha\beta}[ds^\alpha ds^\beta],$$

die man mit Rücksicht auf die Beziehungen

$$\begin{aligned}
&ds^h_k = \gamma^h_{kl} ds^l, \quad ds^\infty_\infty = \gamma^\infty_{\infty l} ds^l,\\
&ds^h_0 = ds^0_h = ds^k_\infty = ds^\infty_k = ds^0_\infty = ds^\infty_0 = ds^0_0 = 0
\end{aligned}$$

auch

$$\begin{aligned}
&\Delta s^0 = 0, \quad \Delta s^h = [ds^k ds^h_k], \quad \Delta s^\infty = [ds^\infty ds^\infty_\infty],\\
&\Delta s^h_k = [ds^l_k ds^h_l] + \frac{1}{2}\gamma^h_{klr}[ds^l ds^r], \qquad (60')\\
&\Delta s^\infty_\infty = 0, \quad \Delta s^0_h = 0
\end{aligned}$$

schreiben kann, wenn man nur die Formen $ds^h_k, ds^\infty_\infty, ds^0_h$ benutzen will.

Man kann die Strukturgleichungen durch

$$ds^0 = dx^0, \quad ds^h = dx^h, \quad ds^\infty = dx^\infty, \quad ds^\lambda_\mu = 0 \qquad (60'')$$

befriedigen, sofern der Tensor γ^h_{klr} verschwindet, und diese Bedingungen bleiben bei Transformationen der konformen Gruppe (38), (38′) im Fall konstanter Koeffizienten c^λ_μ erhalten.

Wenn die γ^h_{klr} nicht alle verschwinden, verschwindet die Krümmung des Zusammenhanges nicht und transformiert sich bei einer Transformation der konformen Gruppe gemäß

$$\begin{aligned}
&\overline{\gamma}^h_{pqs} c^p_k c^q_l c^s_r = \gamma^s_{klr} c^h_s,\\
&\gamma^s_{klr} c^0_s = 0.
\end{aligned} \qquad (61)$$

Die letzten dieser Gleichungen bilden offenbar endliche Bedingungen für die c_s^0, es sei denn, man wählt die Funktion m so, daß die γ_{klr}^h verschwinden. Dann bekommen wir

$$\gamma_{klp}^h = r_{klp}^h + \delta_k^h(m_{lp} - m_{pl}) + \delta_l^h m_{kp} + \delta_p^k m_{hl} - \delta_p^h m_{kl} - \delta_l^k m_{hp}, \qquad (62)$$

worin r_{kl}^h als RICCIS Vierzeigersymbole der Kongruenz (λ) eingehen. Dabei ist

$$m_{kl} = \frac{\partial m_k}{\partial s^l} + m_j \gamma_{kl}^j + m_k m_l - \frac{1}{2}\delta_l^k \Delta_1$$

gesetzt worden, und Δ_1 bezeichnet die Quadratsumme aller Größen m_l.

Die Maximalgruppe des projektiven Zusammenhanges. Setzt man $m = \psi$, so sind die Gleichungen (62) die Komponentengleichungen der Gleichungen (11) auf den Kongruenzen (λ). Dann ergibt sich mit Rücksicht auf den Satz von SCHOUTEN, daß sich die Bedingungen (62) durch passende Wahl der Funktion m nur dann identisch erfüllen lassen, wenn der Raum V_n ein konform-euklidischer Raum ist. In diesem Fall können wir alle Komponenten des Zusammenhanges (59) zum Verschwinden bringen. Indem wir für ds^0, ds^h, ds^∞ die Formen dx^0, dx^h, dx^∞ wählen, bekommen wir

$$\begin{aligned} d\bar{x}^0 &= dx^0 + c_h^0 dx^h + c_\infty^0\, dx^\infty, \\ d\bar{x}^h &= c_k^h\, dx^k + c_\infty^h\, dx^\infty, \quad d\bar{x}^\infty = c_\infty^\infty\, dx^\infty, \end{aligned} \qquad (63)$$

worin die c_μ^λ Konstante sind, die den Bedingungen (38) genügen. Durch Integration können wir daher, wenn die homogenen Koordinaten x^0, x^h, x^∞ gegeben sind, die Beziehungen

$$\begin{aligned} \bar{x}^0 &= x^0 + c_h^0 x^h + c_\infty^0 x^\infty, \\ \bar{x}^h &= c_k^h x^k + c_\infty^h x^\infty, \quad \bar{x}^\infty = c_\infty^\infty x^\infty \end{aligned} \qquad (64)$$

erhalten. In nichthomogenen Koordinaten ergibt sich mit Rücksicht auf die invariante Gleichung (34″)

$$\bar{X}^h = \frac{c_k^h X^k + c_\infty^h R^2}{1 + c_k^0 X^k + c_\infty^0 R^2} \qquad (2R^2 = (X^1)^2 + \cdots + (X^n)^2), \qquad (65)$$

worin die $c_k^h, c_\infty^h, c_k^0, c_\infty^0$ den Gleichungen (38′) genügen. Diese Transformationen erhalten den Koordinatensprung. Wir erhalten Gleichungen der Gestalt

$$\bar{X}^h = a^h + \frac{c_k^h X^k + c_\infty^h R^2}{1 + c_k^0 X^k + c_\infty^0 R^2}, \qquad (66)$$

wenn dem Ursprung im System der Variablen $X^1, \ldots, X^n$ der Punkt $a^1, a^2, \ldots, a^n$ im System der Variablen $\bar{X}^1, \bar{X}^2, \ldots, \bar{X}^n$ entspricht.

Die Gleichungen (66) bilden die Transformationsformeln der konformen Gruppe im konform-euklidischen Raum E_n in den Koordinaten $X^1, \ldots, X^n$, und die Anzahl der Gruppenparameter ist $\dfrac{(n+1)(n+2)}{2}$.

Indem wir die Gleichungen (66) differenzieren und die Quadratsumme der Differentiale bilden, bekommen wie mit Rücksicht auf (38')

$$d\bar{s}^2 = \frac{c_\infty^\infty \, ds^2}{(1 + c_k^0 X^k + c_\infty^0 R^2)^2}, \qquad (ds^2 = (dX^1)^2 + \cdots + (dX^n)^2) \tag{66'}$$

und damit eine Bestätigung des Umstandes, daß die Beziehungen (66) die konformen Transformationen des euklidischen Raumes darstellen. So bekommen wir den

Satz. *Die maximale Automorphismengruppe des Raumes von konformem Zusammenhang* (59) *enthält* $\frac{(n+1)(n+2)}{2}$ *Parameter, und dieses Maximum wird nur für solche Räume erreicht, die sich auf einen euklidischen Raum konform abbilden lassen.*

Indem man die quadratische Form

$$d\sigma^2 = (x^0)^2[(dX^1)^2 + \cdots + (dX^n)^2] \tag{66''}$$

betrachtet, kann man sehen, daß $d\sigma^2$ eine relative Invariante gegenüber den Transformationen der konformen Gruppe (66) darstellt. Denn x^0 ist ein „Homogenitätsparameter", transformiert sich gemäß

$$\bar{x}^0 = x^0(1 + c_k^0 X^k + c_\infty^0 R^2),$$

und man erhält

$$d\bar{\sigma}^2 = c_\infty^\infty \, d\sigma^2. \tag{66'''}$$

Wenn der Raum V_n nicht auf einen euklidischen Raum konform abgebildet werden kann, wenn also mindestens einer der Tensoren w_{klr}^h und v_{klr} nicht verschwindet, kann man die Quadratsumme W oder V der Komponenten eines dieser Tensoren betrachten (nämlich die des nichtverschwindenden Tensors). Da W und V in bezug auf die konforme Gruppe (38), (38') relative Invarianten sind,

$$(c_\infty^\infty)^2 \overline{W} = W, \quad (c_\infty^\infty)^3 \overline{V} = V,$$

kann man darauf verzichten, c_∞^∞ zu benutzen um die Komponente $\gamma_{\infty\infty}^\infty$ zum Verschwinden zu bringen, und kann c_∞^∞ so wählen, daß $\overline{W}$ oder $\overline{V}$ den Wert Eins oder den einer anderen bestimmten von Null verschiedenen Konstanten annimmt, und in der konformen Gruppe, welche diese Eigenschaft erhält, wird $c_\infty^\infty = 1$. Die Funktion m erweist sich dann notwendig als Invariante. Um die Allgemeinheit der konformen Gruppe nicht einzuschränken, muß m von den Veränderlichen $x^1, \ldots, x^n$ unabhängig sein. Da aber in diesem Fall die $\gamma_{\infty l}^\infty$ verschwinden und $\gamma_{\infty\infty}^\infty$ eine Invariante ist, muß auch diese von den Veränderlichen $x^1, \ldots, x^n$ unabhängig sein.

Was die Transformationsformeln des Zusammenhanges anbelangt, so sind diese durch die Gleichungen (60) mit

$$\gamma_{kl}^h = r_{kl}^h, \quad m_l = 0$$

gegeben. Die Invariante $\gamma^{\infty}_{\infty\infty}$ geht in diese Gleichungen nicht ein. Dasselbe gilt für die Gleichungen (61), die sich

$$\bar{r}^h_{rst}\, c^r_k\, c^s_l\, c^t_p = r^s_{klp}\, c^h_s, \quad r^s_{klp} c^0_s = 0 \tag{67}$$

schreiben, worin die r^h_{klp} RICCIS Vierzeigersymbole der Kongruenzen (λ) bezeichnen. Nach den letzten dieser Gleichungen gilt $c^0_s = 0$, wenn wenigstens eine der Größen

$$r^1_{klp}, \ldots, r^n_{klp}$$

nicht verschwindet. Wenn diese Bedingungen nichtverschwindender Lösungen c^0_s gestatten, kann man es so einrichten, daß

$$c^0_\alpha = 0, \qquad \alpha = m+1, \ldots, n \tag{68}$$

wird, wobei die Größen $c^0_a (a \leqq m)$ beliebig bleiben. Dann muß

$$r^a_{klp} = 0, a = 1, 2, \ldots, m \tag{68'}$$

bestehen, und mit Rücksicht auf die Gleichungen (68) folgt aus der zweiten Formelgruppe (60) auch noch

$$r^a_{\alpha l} = 0, \tag{68''}$$

da die Größen c^0_a andernfalls nicht beliebig wären.

Nach den zu (68″) assoziierten Beziehungen (68′) verschwindet der Krümmungstensor der quadratischen Form

$$(ds^1)^2 + \cdots + (ds^m)^2,$$

und die Form ist demnach eine euklidische Differentialform. Daher läßt sich die Metrik des V_n in die Gestalt

$$ds^2 = (dx^1)^2 + \cdots + (dx^m)^2 + (ds^{m+1})^2 + \cdots + (ds^n)^2 \tag{69}$$

setzen. Wir zeigen jetzt, daß die quadratische Differentialform

$$(ds^{m+1})^2 + \cdots + (ds^n)^2$$

nur die Veränderlichen $x^{m+1}, \ldots, x^n$ enthält und daß demnach die Metrik (69) in zwei metrische Grundformen von m bzw. $n - m$ Veränderlichen separiert werden kann. Betrachten wir nämlich eine orthogonale Transformation der $n - m$ Formen $ds^{m+1}, \ldots, ds^n$, etwa

$$d\bar{s}^\alpha = c^\alpha_\beta ds^\beta,$$

so bekommen wir die Gleichungen

$$\frac{\partial c^\alpha_\beta}{\partial s^a} = \bar{r}^\alpha_{pb} c^p_\beta c^b_a - r^p_{\beta a} c^\alpha_p.$$

Da die r^h_{klp} schiefsymmetrisch sind, liefern uns die Gleichungen (68')

$$r^a_{\beta ab} = 0,$$

und somit ist das partielle Differentialsystem

$$\frac{\partial c^a_\beta}{\partial s^a} = -r^p_{\beta a}\, c^a_p$$

vollständig integrabel und erlaubt, die $\bar{\gamma}^a_{\beta b}$ auf Null zu reduzieren.

Berücksichtigt man die Gleichungen (68''), so entsteht

$$w^a_{\beta b} = \gamma^a_{\beta b} - \gamma^a_{b\beta} = 0,$$

was darauf hinauskommt, daß die Formen $ds^{m+1}, \ldots, ds^n$ von den Veränderlichen $x^1, \ldots, x^m$ unabhängig sind und die Metrik separabel wird. So ergibt sich der

Satz. *Die Automorphismengruppe eines Raumes V_n von konform-projektivem Zusammenhang läßt genau dann den* MÖBIUS-*Punkt des Raumes nicht ungeändert, wenn die Metrik des V_n mit W oder $V = 1$ in eine m-äre euklidische Metrik in den Veränderlichen $x^1, \ldots, x^m$ und eine $(n - m)$-äre Metrik in den Veränderlichen $x^{m+1}, \ldots, x^n$ zerfällt.*

So ergibt sich eine Reduktion der konformen Gruppe auf die konform-affine Gruppe, sobald die Metrik des V_n mit W oder $V = 1$ nicht in eine m-äre und $(n - m)$-äre Metrik separiert werden kann. Dann fallen auch die Invarianten des konform-projektiven Zusammenhangs mit denen des konform-affinen Zusammenhangs, d. h. also mit den Invarianten der WEYLschen Übertragung zusammen. Als hinreichende Bedingung ergibt sich in diesem Zusammenhang auch, daß die Matrix $\|r^h_{klr}\|$ vom Rang n ist. (h ist dabei der Zeilenindex der Matrix.)

Wenn die Metrik des V_n mit W oder $V = 1$ separabel ist, zerfällt die Automorphismengruppe des Raumes mit konformem Zusammenhang in die Gruppe der euklidischen Metrik mit $\frac{(m+1)(m+2)}{2} - 1$ Parametern ($c^\infty_\infty = 1$) und in die Automorphismengruppe der $(n - m)$-ärem Metrik. Wenn diese $(n - m)$-äre Metrik von konstanter Krümmung ist, wird die Gesamtzahl N der Parameter der Automorphismengruppe des Raumes

$$N = \frac{(m+1)(m+2)}{2} - 1 + \frac{(n-m)(n-m+1)}{2}. \tag{70}$$

Damit N die Maximalzahl für die Parameter der Automorphismengruppe des Raumes mit konformem Zusammenhang erreicht, müssen wir uns noch davon überzeugen, daß der Raum auf keinen euklidischen Raum konform abgebildet werden kann. Wenn dann die $(n - m)$-äre Metrik von konstanter Krümmung ist, so bedeutet dieser Sachverhalt, daß alle Komponenten $r^\alpha_{\beta\gamma\delta}$ verschwinden bis auf die Komponenten $r^\alpha_{\beta\alpha\beta}$, die denselben konstanten Wert k annehmen. Der WEYLsche Tensor ist dann durch die Gleichungen (30'') mit

$$k_1 = 0, \quad k_2 = k$$

gegeben und daher von Null verschieden, wenn $m \neq 1$ oder $m \neq n - 1$ ist. Man kann übrigens c_∞^∞ verwenden, um die Krümmung k auf $k = \pm 1$ zu reduzieren, anstatt W oder V auf 1 zu reduzieren.

Die euklidische Metrik muß daher mindestens binär und kann höchstens $(n - 2)$-är sein. Die Zahl N erreicht ihr Maximum für $m = n - 2$, daher enthält die Maximalgruppe eines Raumes V_n von konform-projektivem Zusammenhang, der nicht konform-euklidisch ist,

$$\frac{n(n-1)}{2} + 2 \tag{71}$$

Parameter, und die Metrik des V_n läßt sich in die Gestalt

$$ds^2 = (dx^1)^2 + \cdots + (dx^{n-2})^2 + \frac{dx^2 + dy^2}{\left[1 \pm \frac{1}{4}(x^2 + y^2)\right]^2} \tag{72}$$

setzen. Für $m = 1$ ist die Maximalzahl der Parameter durch

$$2 + 3 + \frac{(n-2)(n-3)}{2} \tag{72'}$$

gegeben, wenn die $(n - 1)$-äre Metrik ihrerseits in zwei metrische Grundformen mit konstanten Krümmungen zerfällt. Man erhält so weniger Parameter als in (71). Damit ergibt sich der

Satz. *Die Maximalzahl der Parameter der Automorphismengruppe eines Raumes mit konform-projektivem Zusammenhang, der nicht auf einen euklidischen Raum konform abgebildet werden kann, ist* $\frac{n(n-1)}{2} + 2$.

Was den Fall einer $(n - 2)$-ären euklidischen Teilmetrik anbetrifft, so ist die binäre zweite Teilmetrik von konstanter Krümmung ± 1.

Man kann indessen bemerken, daß die Automorphismengruppe eines Raumes von konform-projektivem Zusammenhang, die in die konforme Transformationsgruppe eines euklidischen E_{n+2} und in eine Transformationsgruppe zerfällt, welche die binäre Metrik

$$\frac{dx^2 + dy^2}{\left[1 \pm \frac{1}{4}(x^2 + y^2)\right]^2} \tag{73}$$

erhält, im allgemeinen die euklidische Metrik mit einem durch die Gleichungen (66') gegebenen Faktor multipliziert, während sie die Metrik (73) ungeändert läßt. Man vermeidet diese Schwierigkeiten, indem man die euklidische Metrik mit dem Quadrat $(x^0)^2$ der homogenisierenden Veränderlichen x^0 des Raumes E_{n-2} multipliziert, und die euklidische Metrik wird dann von selbst invariant, wie aus Gleichung (66'') und der Normierung $c_\infty^\infty = 1$ hervorgeht.

KAPITEL III

TENSOREN ZWEITER STUFE

§ 1 Räume mit gegebenem kovariantem Tensor zweiter Stufe

Im Kapitel V des ersten Bandes dieses Werkes haben wir RIEMANNsche Räume V_n behandelt, d. h. Räume X_n von n Dimensionen, in welchen ein symmetrischer kovarianter Tensor zweiter Stufe vom Rang n gegeben ist. Wir werden jetzt den Fall betrachten, daß in X_n ein beliebiger Tensor zweiter Stufe gegeben ist. Zunächst nehmen wir an, dieser Tensor sei ein kovarianter Tensor A_{ij}. Man kann einen solchen als Summe zweier Tensoren

$$A_{ij} = a_{ij} + b_{ij}$$

auffassen, worin der symmetrische Tensor a_{ij} durch

$$a_{ij} = \frac{A_{ij} + A_{ji}}{2}$$

und der schiefsymmetrische Tensor b_{ij} durch

$$b_{ij} = \frac{A_{ij} - A_{ji}}{2}$$

gegeben ist. Man kann dann dem Raum X_n mit zugehörigem Tensor A_{ij} den Raum Q_n der beiden invarianten Formen

$$\Phi = a_{ij} dx^i dx^j, \qquad \Psi = b_{ij} dx^i \delta x^j \tag{1}$$

zuordnen, deren erste eine quadratische und deren zweite eine schiefsymmetrische bilineare Form darstellt. Wenn Φ nicht identisch verschwindet, kann man Q_n als RIEMANNschen Raum V_n mit der Metrik

$$ds^2 = \Phi$$

ansehen. Die Invarianten von Q_n sind dann durch die Invarianten dieses V_n und diejenigen der schiefsymmetrischen Form Ψ gegeben. Wenn V_n nicht singulär ist, gibt es ein vollständiges Invariantensystem; es besteht aus den Invarianten des RIEMANNschen Raumes V_n und erhält von der schiefsymmetrischen Form Ψ eine gewisse Anzahl von zusätzlichen Invarianten. Das bedeutet, daß die Automorphismen des Raumes für $n > 2$ von einer Anzahl willkürlicher Konstanten abhängen, die kleiner als $\frac{n(n+1)}{2}$ sein muß.

Es ist wohl zweckmäßig zu sehen, wie man sich der Invarianten der Form Ψ bedienen kann, um im allgemeinen die Untersuchung der Invarianten des Raumes V_n

zu erleichtern und zu sehen, wie man im Fall eines singulären V_n die Invarianten des Raumes Q_n, d. h. die Simultaninvarianten der Formen Φ und Ψ studieren kann. Wenn Φ singulär ist, gibt es möglicherweise für Q_n kein vollständiges Invariantensystem, und die Automorphismengruppe des Q_n kann dann willkürliche Funktionen einer oder mehrerer Veränderlicher enthalten. Dies gilt auch, wenn Φ identisch verschwindet. Q_n heißt dann ein *symplektischer Raum.*

Räume Q_2. Wir betrachten zunächst den binären Fall $n = 2$ und die kanonischen Formen

$$\Phi_1 = E(dx^2 + dy^2), \quad \Phi_2 = 2\,F\,dx\,dy, \quad \Phi_3 = G\,dy^2 \tag{2}$$

der binären quadratischen Form Φ. Die schiefsymmetrische Form Ψ kann stets auf die Gestalt

$$\Psi = dx\delta y - dy\delta x \tag{3}$$

gebracht werden, wenn sie nicht identisch verschwindet. Die Transformationsgruppen, welche eine der kanonischen Formen (2) und die Form (3) erhalten, sind unimodular. Wie man leicht sieht, haben sie die Gestalt

$$\begin{aligned} x' &= x\cos\theta - y\sin\theta + a, & y' &= x\sin\theta + y\cos\theta + b,\\ x' &= e^k x + \alpha, & y' &= e^{-k} y + \beta,\\ x' &= x\varphi_y^{-1} + \varrho, & y' &= \varphi, \end{aligned} \tag{4}$$

worin $\theta, a, b, k, \alpha, \beta$ Konstante sind, während φ und ϱ Funktionen der Veränderlichen y bedeuten. Für die Funktionen E, F, G bekommen wir

$$E' = E\,, F' = F\,, G'\varphi_y^2 = G\,.$$

E und F sind mithin absolute Invarianten, G jedoch ist eine relative Invariante. Durch Differentiation kann man jedoch noch andere absolute Invarianten erhalten. Man bekommt so nämlich

$$\begin{aligned} &E_{x'}'^2 + E_{y'}'^2 = E_x^2 + E_y^2, \quad F_{x'}' F_{y'}' = F_x F_y,\\ &\frac{G_x'^2}{G'} = \frac{G_x^2}{G}, \quad G_{x'^2}' = G_{x^2}. \end{aligned} \tag{5}$$

Für die Äquivalenz zweier Räume Q_2 ist somit notwendig, daß man durch Auflösen der Gleichungen

$$I = I', \quad J = J',$$

worin I und J zwei absolute Invarianten aus Q_2 mit nichtverschwindender Funktionaldeterminante sind, auf (je zwei) Gleichungen von der Art (4) stößt, und dieselbe Art von Auflösung muß sich aus zwei anderen solcher Invarianten ergeben. Desgleichen müssen offensichtlich E', F' Polynome in den Veränderlichen x', y' sein, wenn E und F solche in x und y sind. Und analog muß auch G' ein Polynom sein, wenn G ein solches (in y) ist. So kommt man zu der Behauptung, daß die automorphen Transformationen des Raumes in den ersten beiden Fällen höchstens drei willkürliche Konstanten enthalten, während sie im dritten Fall willkürliche Funktionen einer Veränderlichen enthalten können. Um anzuführen, wie man eine willkürliche Funktion allein bekommen kann, bemerkt man, daß die Gleichung

$$\frac{G'^2_{x'}}{G'} = \frac{G^2_x}{G}$$

die Veränderliche x' als Funktion von x, y und y' definiert, sobald die Invariante $\frac{G^2_x}{G}$ von der Veränderlichen x abhängt. Da jedoch y' eine gewisse Funktion von y sein muß und der Ausdruck von x' in x linear sein muß, sind die Funktionen φ und ϱ bis auf eine willkürliche Konstante bestimmt. Somit ist der einzige Fall, in welchem sich in den Automorphismen des Raumes willkürliche Funktionen einstellen, derjenige, in welchem $\frac{G^2_x}{G}$ nicht von x abhängt. Dann ist

$$G = \pm (ax + b)^2,$$

worin a und b im allgemeinen von y abhängen. Wenn a verschwindet, ist G von x unabhängig und kann mit Hilfe von φ auf ± 1 reduziert werden; die entsprechende Gruppe ist durch

$$x' = x + \varrho, \quad y' = y + c \tag{5'}$$

gegeben, worin c eine Konstante und ϱ eine beliebige Funktion von y bezeichnet. Ist $a \neq 0$, so ist a eine Invariante, und man kann ϱ so wählen, daß $b = 0$ wird. Die Gruppe ist dann durch die Gleichungen

$$x' = x\varphi_y^{-1}, \; y' = \varphi \tag{5''}$$

gegeben, worin φ eine willkürliche Funktion von y bezeichnet, wenn a eine Konstante k ist. So bekommen wir den

Satz. *Wenn die Automorphismengruppe des Raumes Q_2 mit den Formen*

$$\Phi = G dx^2, \quad \Psi = dx\delta y - dy\delta x$$

eine willkürliche Funktion enthält, kann G entweder auf ± 1 oder auf $\pm (kx)^2$ reduziert werden, und die zugehörigen Gruppen sind (5′) *oder* (5″).

Räume Q_3. Wir betrachten den Fall $n = 3$. Hier gilt es zunächst, ein algebraisches Problem zu lösen. Man kann nämlich immer ein Kongruenzensystem wählen, für das Ψ die Gestalt

$$\Psi = A(ds^1\delta s^2 - ds^2\delta s^1) \tag{6}$$

erhält, wobei $A = A(x^1, x^2, x^3)$ ist.

Für Φ nehmen wir zunächst an, daß der Koeffizient von $(ds^3)^2$ nicht verschwindet. Dann können wir — allenfalls nach einem Vorzeichenwechsel —

$$\Phi = \varepsilon_1 (ds^1)^2 + \varepsilon_2 (ds^2)^2 + (ds^3)^2$$

schreiben, wobei ε_1, ε_2 entweder die Werte ± 1 oder 0 annehmen. Gilt $\varepsilon_1 \varepsilon_2 = -1$, so kann man die kanonische Form $\Phi = 2 d\sigma^1 d\sigma^2 + (ds^3)^2$ benutzen (vgl. Band I, Kapitel V, S. 225). Dann müssen wir die folgenden Fallunterscheidungen treffen:

$$\Phi_1 = \pm [(ds^1)^2 + (ds^2)^2] + (ds^3)^2, \tag{7}$$

$$\Phi_2 = 2 ds^1 ds^2 + (ds^3)^2, \tag{8}$$

$$\Phi_3 = \pm (ds^2)^2 + (ds^3)^2, \tag{9}$$

$$\Phi_4 = (ds^3)^2. \tag{10}$$

Was die Transformationsgruppen der entsprechenden PFAFFschen Formen anbelangt, so lassen sie die Form ds^3 ungeändert und verwandeln ds^1, ds^2 gemäß

$$d\bar{s}^1 = ds^1 \cos\theta - ds^2 \sin\theta, \qquad d\bar{s}^2 = ds^1 \sin\theta + ds^2 \cos\theta, \tag{7'}$$

$$d\bar{s}^1 = e^{\lambda} ds^1, \qquad d\bar{s}^2 = e^{-\lambda} ds^2, \tag{8'}$$

$$d\bar{s}^1 = a ds^1 + b ds^2, \qquad d\bar{s}^2 = ds^2, \tag{9'}$$

$$d\bar{s}^1 = \alpha ds^1 + \beta ds^2, \qquad d\bar{s}^2 = \gamma ds^1 + \delta ds^2. \tag{10'}$$

Im Fall (7') und (8') ist die Funktion A aus (6) eine absolute Invariante, während man im Fall (9') und (10')

$$\bar{A} a = A \quad \text{bzw.} \quad \bar{A}(\alpha\delta - \beta\gamma) = A \tag{11}$$

erhält. Daher lassen sich a und $\alpha\delta - \beta\gamma$ so wählen, daß $\bar{A} = 1$ wird; in diesem Fall erhält man in (9') $a = 1$ und in (10')

$$\alpha\delta - \beta\gamma = 1.$$

In den beiden ersten Fällen (7') und (8') kommt dem Raum ein vollständiges Invariantensystem zu, da diese Invarianten mit denen nichtsingulärer RIEMANNscher Räume korrespondieren. Daher kann die Automorphismengruppe des Raumes höchstens von vier willkürlichen Konstanten abhängen, welche den Funktionen x^1, x^2, x^3, θ oder x^1, x^2, x^3, λ entsprechen. Im Fall (9) und (10) gibt es nicht immer ein vollständiges Invariantensystem für den Raum, und die Automorphismengruppe des Raumes kann im Fall (9) eine willkürliche Funktion einer Veränderlichen und im Fall (10) eine willkürliche Funktion zweier Veränderlicher und eine weitere solche einer Veränderlichen enthalten. Diese Zahl wird tatsächlich erreicht, da die Gruppen (9') und (10') durch die Gleichungen

$$x' = x + \psi(y), \quad y' = y + b, \quad z' = z + c, \tag{12}$$

$$x' = f(x, y), \quad y' = \varphi(x, y), \quad z' = z + c \tag{13}$$

dargestellt werden, wenn man annimmt, daß die PFAFFschen Formen ds^1, ds^2, ds^3 vollständige Differentiale, etwa durch dx, dy, dz gegeben, sind. Dabei ist ψ eine willkürliche Funktion, und die Funktionaldeterminante der f, φ ist gleich der Einheit.

Nun sei der Term in $(ds^3)^2$ der Form Φ gleich Null, nicht aber die Terme $ds^1 ds^3$, $ds^2 ds^3$. Dann können wir die kanonischen Formen

$$\Phi = \varepsilon(ds^2)^2 + ds^1 ds^3, \quad \Psi = ds^1 \delta s^2 - ds^2 \delta s^1, \quad \varepsilon = 0, 1 \tag{14}$$

bekommen und die Transformationsgruppen der PFAFFschen Formen, welche diese kanonischen Formen ungeändert lassen, sind durch

$$d\bar{s}^1 = ds^1, \quad d\bar{s}^2 = \gamma ds^1 + ds^2, \quad d\bar{s}^3 = -\gamma ds^1 - 2\gamma ds^2 + ds^3, \tag{15}$$

$$d\bar{s}^1 = e^{\lambda} ds^1, \quad d\bar{s}^2 = e^{-\lambda} ds^2 + \gamma ds^1, \quad ds^3 = e^{-\lambda} ds^3 \tag{16}$$

gegeben, wobei $\varepsilon = 1$ oder $\varepsilon = 0$ gilt.

Im ersten Fall gibt es dann ein vollständiges Invariantensystem, und die Automorphismengruppe des Raumes enthält höchstens vier willkürliche Konstanten, während sie im zweiten Fall von einer willkürlichen Funktion einer Veränderlichen abhängen kann. Wenn die Form Φ von ds^3 unabhängig ist, erhalten wir die kanonischen Formen

$$\Phi = \varepsilon_1 (ds^1)^2 + \varepsilon_2 (ds^2)^2, \quad \Psi = A(ds^1 \delta s^2 - ds^2 \delta s^1) \tag{17}$$

und ε_1, ε_2 entweder gleich ± 1 oder Null.

Da die Gruppe, welche diesen Sachverhalt ungeändert läßt, die Form ds^3 beliebig läßt, ist es klar, daß die Automorphismengruppe des Raumes eine beliebige Funktion dreier Veränderlicher enthalten kann. Das trifft tatsächlich zu, wenn die PFAFFschen Formen ds^1, ds^2, ds^3 vollständige Differentiale, etwa dx, dy, dz sind, und A nur von z abhängt, sofern dann

$$z' = \sigma(x, y, z) \tag{18}$$

eine automorphe Transformation des Raumes mit einer willkürlichen Funktion $\sigma(x, y, z)$ darstellt.

Räume Q_n. Wir behandeln jetzt den allgemeinen Fall eines Raumes X_n mit gegebenem kovariantem Tensor zweiter Stufe und setzen für die Form Ψ den Rang $2p$ voraus. Durch passende Wahl der Kongruenzen kann man Φ und Ψ immer in der Gestalt

$$\begin{aligned} \Phi &= a_{hk} ds^h ds^k + 2 a_{h\alpha} ds^h ds^\alpha + a_{\alpha\beta} ds^\alpha ds^\beta, \\ \Psi &= b_{hk} ds^h \delta s^k, \quad h, k = 1, 2, \ldots, 2p; \quad \alpha, \beta > 2p \end{aligned} \tag{19}$$

voraussetzen. Nun sei die Form $a_{\alpha\beta} ds^\alpha ds^\beta$ vom Rang $n - 2p$ (allgemeiner Fall). Dann läßt sich $a_{\alpha\beta} ds^\alpha ds^\beta$ auf die kanonische Form

$$\Phi_1 = \varepsilon_{2p+1} (ds^{2p+1})^2 + \cdots + \varepsilon_n (ds^n)^2 \tag{19'}$$

mit $\varepsilon_a = \pm 1$ reduzieren. Ferner kann man durch die Transformation

$$d\bar{s}^a = ds^a + a_{ha} ds^h,$$

welche diese kanonische Form ungeändert läßt, die Koeffizienten $\bar{a}_{ha}$ der Form Φ zum Verschwinden bringen. Der $d\bar{s}^a = 0$ entsprechende Raum ist daher orthogonal zum $ds^h = 0$ entsprechenden Raum. Daher können wir uns auf den Fall

$$\Phi = a_{hk} ds^h ds^k + \Phi_1, \quad \Psi = b_{hk} ds^h \delta s^k$$

beschränken. Dabei ist Φ_1 durch (19′) gegeben. Ebenso kann man auf eine kanonische Form reduzieren, wenn die Form $a_{hk} ds^h ds^k$ vom Rang $2p$ ist, und erhält

$$\Phi = \varepsilon_1 (ds^1)^2 + \cdots + \varepsilon_{2p} (ds^{2p})^2 + \Phi_1, \quad \Psi = b_{hk} ds^h \delta s^k, \tag{19''}$$

worin die $\varepsilon_1, \varepsilon_2, \ldots, \varepsilon_{2p}$ gleich ± 1 sind. Das Problem, das sich jetzt einstellt, besteht darin, die schiefsymmetrische Form Ψ mit Hilfe solcher orthogonaler oder pseudoorthogonaler Transformationen in $ds^1, \ldots, ds^{2p}$, welche die kanonische Form von Φ ungeändert lassen, auf eine kanonische Form zu reduzieren.

Satz über schiefsymmetrische Formen. Wir gehen von einem bereits im vierten Kapitel des ersten Bandes dieses Werkes verwendeten Satz aus, der folgendermaßen lautet: *Eine schiefsymmetrische Bilinearform*

$$F = b_{ij} x^i y^j, \quad b_{ij} + b_{ji} = 0, \quad i, j = 1, 2, \ldots, n,$$

deren Veränderliche x^i und y^j als Koordinaten zweier Punkte in einem Raum E_n gedeutet werden können, läßt sich durch orthogonale Transformationen auf die kanonische Form

$$F = b_1 (x^1 y^2 - x^2 y^1) + \cdots + b_p (x^{2p-1} y^{2p} - x^{2p} y^{2p-1}) \tag{20}$$

bringen.

Zum Nachweis betrachten wir die Hilfsfunktion

$$H = b_{ij} x^i y^j + \frac{\lambda}{2} [(x^1)^2 + (x^2)^2 + \cdots + (x^n)^2 - 1]$$
$$+ \frac{\mu}{2} [(y^1)^2 + (y^2)^2 + \cdots + (y^n)^2 - 1],$$

die mit F zusammenfällt, sobald x^i und y^j Richtungsparameter zweier Richtungen darstellen. Anders ausgedrückt, handelt es sich bei $P(x^i)$ und $Q(y^j)$ um Punkte, die auf der Einheitshypersphäre um den Ursprung des Koordinatensystems liegen. Indem man aufschreibt, daß die Funktion H einen Extremalwert annimmt, daß also die Ableitungen von H verschwinden, erhält man die Bedingungen

$$b_{ij} y^j + \lambda x^i = 0, \quad b_{ij} x^i + \mu y^j = 0. \tag{20'}$$

Durch Multiplikation der ersten dieser Gleichungen mit μ und Berücksichtigung der letzten erhält man die Bedingungen

$$A_{ir}x^r + \lambda\mu x^i = 0, \quad A_{ir} = b_{ij}b_{jr}, \tag{20''}$$

wobei $||A_{ir}||$ das Quadrat der Matrix $||b_{ij}||$ bezeichnet. Für eine Wurzel $\varrho = \lambda\mu$ besteht die notwendige Bedingung

$$|A_{ir} + \varrho\delta^i_r| = 0. \tag{21}$$

Nun sei $\varrho_1 = \lambda_1\mu_1$ eine Wurzel der Gleichung (21), und die Richtungsparameter x^i_1 der entsprechenden Richtung seien auf die kanonische Form δ^i_1 reduziert. Dann folgt aus (20′)

$$b_{ij}y^j_1 + \lambda_1\delta^i_1 = 0, \quad b_{ij}\delta^i_1 + \mu_1 y^i_1 = 0, \tag{21'}$$

und die letzten dieser Gleichungen besagen wegen $b_{11} = 0$ das Verschwinden von y^1_1, so daß also die Richtungen y^i_1 und x^i_1 zueinander orthogonal sind. Nimmt man jetzt y^j_1 als Richtungsparameter der x^2-Achse, so ergeben die Gleichungen (21′)

$$\lambda_1 = \mu_1 = -b_{12}, \quad b_{1j} = b_{2j} = 0, \qquad j > 2,$$

und F schreibt sich

$$F = b_{12}(x^1y^2 - x^2y^1) + F_1$$

mit einer in den Veränderlichen x^k und y^k für $k > 2$ schiefsymmetrischen Form F_1. Der Koeffizient b^2_{12} ist durch die Doppelwurzel ϱ_1 der Gleichung (21) gegeben, so daß jede Wurzel dieser Gleichung notwendig von gerader Ordnung ist.

Sind p Wurzeln $\varrho_i = b^2_i$ der Gleichung (21) verschieden und ungleich Null, so schreiben sich die einzigen Orthogonaltransformationen der Veränderlichen $x^1, \ldots, x^{2p}$, welche die Form (20) ungeändert lassen:

$$\begin{aligned} \bar{x}^{2q-1} &= \cos\theta_q\, x^{2q-1} - \sin\theta_q\, x^{2q}, \\ \bar{x}^{2q} &= \sin\theta_q\, x^{2q-1} + \cos\theta_q\, x^{2q}. \end{aligned} \tag{21''}$$

Die Veränderlichen $x^{2p+1}, \ldots, x^n$ unterliegen dabei offensichtlich einer beliebigen orthogonalen Transformation.

Nun sei $\varrho_1 = \varrho_2 = \cdots = \varrho_s$. Dann sind die Orthogonaltransformationen, welche die kanonische Form (20) ungeändert lassen, hinsichtlich der Veränderlichen $x^1, \ldots, x^{2s}$ von der Gestalt

$$\bar{x}^h = a^h_k x^k, \quad h, k = 1, 2, \ldots, 2s, \tag{22}$$

wobei die Koeffizienten a^h_k den Orthogonalitätsbedingungen

$$a^h_k a^k_l = \delta^h_l$$

und den weiteren Bedingungen

$$a^{2q-1}_\varrho a^{2q}_\sigma - a^{2q-1}_\sigma a^{2q}_\varrho = \varepsilon_{\varrho\sigma} \qquad (q = 1, 2, \ldots, s)$$

genügen. Dabei gilt $\varepsilon_{\varrho\sigma} = 1$, wenn $\varrho = 2\tau - 1, \sigma = 2\tau$ ist, und $\varepsilon_{\varrho\sigma} = -1$, wenn $\varrho = 2\tau$ und $\sigma = 2\tau - 1$ $(\tau \leqq s)$ ist, und schließlich $\varepsilon_{\varrho\sigma} = 0$ in allen anderen Fällen.

Multipliziert man diese letzten Gleichungen mit a_ϱ^ν, so erhält man auf Grund der Orthogonalitätsbedingungen

$$\delta_{2q-1}^{\nu}\, a_\sigma^{2q} - a_\sigma^{2q-1}\, \delta_{2q}^{\nu} = \varepsilon_{\varrho\sigma}\, a_\varrho^\nu .$$

Durchläuft ν die Werte $2r - 1$ und $2r$ und ϱ, σ die Werte $2\tau - 1$ und 2τ, so ergeben sich die von St. Petrescu gefundenen Bedingungen[1])

$$a_{2\tau}^{2r} = a_{2\tau-1}^{2r-1}, \quad a_{2\tau}^{2r-1} = -a_{2\tau-1}^{2r}, \qquad r, \tau = 1, 2, \ldots, s \tag{22'}$$

dafür, daß die Orthogonaltransformation (22) auch noch die bilineare Form

$$x^1 y^2 - x^2 y^1 + x^3 y^4 - x^4 y^3 + \cdots + x^{2s-1} y^{2s} - x^{2s} y^{2s-1} \tag{23}$$

ungeändert läßt. Man erkennt leicht, daß die Bedingungen (22′) auch hinreichend sind. Damit ergibt sich für die Matrix der Orthogonaltransformation, welche (23) ungeändert läßt,

$$\left\| \begin{matrix} a_1^1 & a_1^2 & a_1^3 & a_1^4 & & a_1^{2s-1} & a_1^{2s} \\ -a_1^2 & a_1^1 & -a_1^4 & a_1^3 & & -a_1^{2s} & a_1^{2s-1} \\ & & & & & & \\ a_{2s-1}^1 & a_{2s-1}^2 & & & & a_{2s-1}^{2s-1} & a_{2s-1}^{2s} \\ -a_{2s-1}^2 & a_{2s-1}^1 & & & \cdots & -a_{2s-1}^{2s} & a_{2s-1}^{2s-1} \end{matrix} \right\|,$$

worin nur Elemente der ungeraden Zeilen vorkommen. Die s^2 Orthogonalitätsbedingungen sind von der Gestalt

$$a_k^1 a_k^1 + a_k^2 a_k^2 + \cdots + a_k^{2s} a_k^{2s} = 1, \qquad k = 1, 3, \ldots, 2s - 1,$$

$$a_k^1 a_l^1 + a_k^2 a_l^2 + \cdots + a_k^{2s} a_l^{2s} = 0, \qquad k \neq l = 1, 3, \ldots, 2s - 1,$$

$$-a_k^1 a_l^2 + a_k^2 a_l^1 + \cdots = 0.$$

Da die Anzahl der Koeffizienten a_k^h $(k = 1, 3, \ldots, 2s - 1)$ durch $2s^2$ gegeben ist, ergibt sich, daß die Orthogonalgruppe, welche die schiefsymmetrische Form (23) ungeändert läßt, s^2 Parameter enthält. Die vorliegenden Betrachtungen können auch auf den Fall ausgedehnt werden, daß die Transformationen der Veränderlichen x^i und y^j pseudoorthogonal sind und daher die kanonische Form

$$(x^1)^2 + (x^2)^2 + \cdots + (x^m)^2 - (x^{m+1})^2 - \cdots - (x^n)^2$$

---

1) Vgl. St. Petrescu, Sur les invariants des hypersurfaces non holonomes V_n^{n-1}, Disquisitiones Math. et Phys. 3 (1943), S. 10.

ungeändert lassen. Die Matrix der A_{ir} ist dann durch die Gleichungen

$$A_{ir} = b_{ij} b_{jr} - b_{i\alpha} b_{\alpha r}, \qquad i, j \leqq m,$$
$$A_{\beta r} = - b_{\beta j} b_{jr} + b_{\beta\alpha} b_{\alpha r}, \qquad \alpha, \beta > m$$

bestimmt.

Die Invarianten des allgemeinen Raumes Q_n. Mit Hilfe des oben bewiesenen Satzes lassen sich die Formeln (19″) in die Gestalt

$$\begin{aligned} \Phi &= \varepsilon_1 (ds^1)^2 + \cdots + \varepsilon_p (ds^p)^2 + \Phi_1, \\ \Psi &= b_1 (ds^1 \delta s^2 - ds^2 \delta s^1) + \cdots + b_p (ds^{2p-1} \delta s^{2p} - \delta s^{2p} \delta s^{2p-1}) \end{aligned} \tag{24}$$

setzen und die Transformationsgruppe der Pfaffschen Formen, welche die Formen (24) ungeändert läßt, besteht daher im allgemeinen Fall verschiedener b_i^2 in bezug auf die Formen $ds^1, ds^2, \ldots, ds^{2p}$ aus orthogonalen oder pseudoorthogonalen Transformationen der Paare ds^{2q-1}, ds^{2q} je nachdem, ob die $\varepsilon_{2q-1}, \varepsilon_{2q}$ von gleichem Vorzeichen sind oder nicht, und aus einer orthogonalen oder pseudoorthogonalen Transformation der Formen

$$ds^{2p+1}, \ldots, ds^n.$$

Die Transformationsgruppe der Pfaffschen Formen, welche die Gleichungen (24) ungeändert läßt, enthält daher in diesem Fall

$$m = p + \frac{(n - 2p)(n - 2p - 1)}{2}$$

Parameter, wobei p die Zahl der Parameter bezeichnet, die in die Transformationen der Formen $ds^1, \ldots, ds^p$ eingehen. Was die Automorphismengruppe des Raumes angeht, so kann sie höchstens $m + n$ Parameter enthalten. Diese Zahl wird erreicht, da man mit konstanten $b_1, b_2, \ldots, b_p$ jede quadratische Form

$$\varepsilon_1 (ds^1)^2 + \varepsilon_2 (ds^2)^2, \ldots, \varepsilon_{2p-1} (ds^{2p-1})^2 + \varepsilon_{2p} (ds^{2p})^2 \tag{23'}$$

als Maßbestimmung eines zweidimensionalen Raumes V_2 von konstanter Krümmung ansehen kann und Φ_1 als die Metrik eines Raumes V_{n-2p} von konstanter Krümmung. Was die Automorphismengruppe des Raumes anbetrifft, so ist diese durch das direkte Produkt der Gruppen der p Mannigfaltigkeiten V_2 mit denen der V_{n-2p} gegeben.

Man bemerkt jetzt, daß die Gruppe, welche die kanonische Form (24) ungeändert läßt, durch

$$c_k^h = 0, \; c_{k'}^h = 0 \tag{24'}$$

gegeben ist, wobei das Paar (k, k') durch die Werte des Paares $(2q - 1, 2q)$ gegeben ist $(q = 1, 2, \ldots, p)$ und h keine Werte dieses Zahlenpaares annimmt.

Die Fundamentalgleichungen (40) aus Kapitel I des ersten Bandes dieses Werkes führen jetzt auf die endlichen Beziehungen

$$\overline{w}^h_{kk'} = w^h_{kk'}\, c^h_h + w^{k'}_{kk'}\, c^h_{h'}, \qquad \alpha, \beta > 2p,$$
$$\overline{w}^\alpha_{kk'} = w^\beta_{kk'}\, c^\alpha_\beta,$$

wobei auch h, h' ein Zahlenpaar bilden. Man sieht daher, daß man es, sobald einem jeden Zahlenpaar h, h' ein anderes k, k' entspricht, so daß $w^h_{kk'}$ und $w^{h'}_{kk'}$ nicht gleichzeitig verschwinden, so einrichten kann, daß $w^h_{kk'}$ verschwindet. Dann wird $c^h_{h'} = 0$, und die PFAFFschen Formen $ds^1, ds^2, \ldots, ds^{2p}$ sind invariante Formen.

Allgemein liefern die Fundamentalgleichungen für $a, b, c = h, k, l$, wobei h nicht zu den Paaren k und l gehört, weitere Beziehungen in endlichen Ausdrücken zwischen c^h_k, $c^h_{k'}$ und c^α_β, abgesehen von dem Fall, daß die Systeme

$$ds^1 = ds^2 = 0, \ldots, \quad ds^{2p-1} = ds^{2p} = 0, \quad ds^\alpha = 0$$

vollständig integrabel sind, also abgesehen von dem Fall, daß

$$w^h_{kl} = 0,\, h \leqq 2p, \quad w^\alpha_{rs} = 0, \quad r, s \leqq 2p$$

gilt, wobei $k, l \leqq 2p$ nicht zu den Werten h, h' gehört.

In diesem Fall ist die Metrik des V_n die Summe von p binären Maßbestimmungen

$$\Phi_q = \varepsilon_{2q-1}(ds^{2q-1})^2 + \varepsilon_{2q}(ds^{2q})^2 = A_q(dx^{2q-1})^2 + 2B_q dx^{2q-1}dx^{2q} + C_q(dx^{2q})^2 \tag{25}$$

und der $(n-2p)$-ären Maßbestimmung

$$\Phi_1 = b_{\alpha\beta}dx^\alpha dx^\beta. \tag{25'}$$

Die Koeffizienten A_q, B_q, C_q können von sämtlichen Veränderlichen $x^1, x^2, \ldots, x^n$ abhängen. Wenn sie nicht nur von x^{2q-1}, x^{2q} abhängen, liefern die Fundamentalgleichungen der Formen Φ_q eine gewisse Anzahl endlicher Beziehungen. Man erhält solche Beziehungen, indem man (24') in den allgemeinen Transformationsformeln

$$\frac{\partial c^h_k}{\partial s^l} = \overline{\gamma}^h_{rs}\, c^r_k\, c^s_l - \gamma^r_{kl}\, c^h_r \tag{26}$$

berücksichtigt, in welchen die γ^h_{kl} die Rotationskoeffizienten von n orthogonalen Kongruenzen des V_n bezeichnen. Für Werte k, l, welche zum gleichen Paar k, k' gehören, bekommt man so

$$\overline{\gamma}^h_{rs}\, c^r_k\, c^s_{k'} = \gamma^h_{kk'}\, c^h_h + \gamma^{h'}_{kk'}\, c^h_{h'},$$

worin r, s die Werte k, k' annehmen. Man sieht leicht, daß diese Gleichungen, wenn eine der Größen $\gamma^h_{kk'}, \gamma^{h'}_{kk'}$ nicht verschwindet, Bedingungen für die c darstellen. Sind jedoch alle $\gamma^h_{kk'} = 0$, so verschwinden die zweiten Fundamentalformen der zu $k, k' = 2q - 1, 2q$ gehörigen Maßbestimmungen (vgl. Kapitel V des ersten Bandes dieses Werkes, S. 270) und umgekehrt. Dies trifft zu, sobald die entsprechende Maßbestimmung nur von solchen Veränderlichen wie die Differentiale abhängt.

Berücksichtigt man die Gleichungen (24') und den Umstand, daß die Gleichungen (26) die Fundamentalformeln enthalten, so ergibt sich, daß die so erhaltenen endlichen Beziehungen nur dann identisch erfüllt sind, wenn die quadratischen Formen (25) und (25') beziehungsweise die Maßbestimmungen von p Räumen V_2 und einem Raum V_{n-2p} sind. So erhalten wir den

Satz. *Ein Raum Q_n mit konstanten verschiedenen Invarianten b_i^2 gestattet eine maximale Automorphismengruppe von*

$$p + n + \frac{(n - 2p)(n - 2p - 1)}{2}$$

Parametern nur dann, wenn die p Räume V_2 und der Raum V_{n-2p} von konstanter Krümmung sind.

Nehmen wir jetzt an, daß eine gewisse Anzahl, sagen wir $s \leqq p$, der Invarianten b_i^2 gleich sind. Wir können es einrichten, daß $b_1 = b_2 = \cdots = b_s$ gilt und bekommen dann, sofern die übrigen Invarianten verschieden sind, eine m'-parametrige Gruppe, welche die kanonischen Formen Φ und ψ ungeändert läßt. Dabei gilt

$$m' = s^2 + p - s + \frac{(n - 2p)(n - 2p - 1)}{2}.$$

Was die Automorphismengruppe des Raumes Q_n anbetrifft, so wird sie von höchstens $n + m'$ Parametern abhängen, und diese Zahl wird erreicht, wenn alle b_i^2 konstant sind, wenn die quadratischen Formen (25) für $q > s$ die Maßbestimmungen der Räume V_2 mit konstanter Krümmung sind, wenn die Krümmung der Maßbestimmung (25') konstant ist und wenn

$$\varepsilon_1 (ds^1)^2 + \cdots + \varepsilon_{2s} (ds^{2s})^2$$

die Maßbestimmung eines V_{2s} von konstanter Krümmung darstellt.

§ 2 Symplektische Räume

Wir betrachten jetzt einen symplektischen Raum, d. h. einen Raum, in welchem eine schiefsymmetrische Bilinearform

$$\Omega = b_{ij} dx^i \delta x^j, \qquad i, j = 1, 2, \ldots, n \tag{27}$$

als invariante Form gegeben ist.

Sind dann zwei kontravariante Vektoren u, v mit den Komponenten u^i, v^j gegeben, so können wir die Invariante

$$(u, v) = b_{ij} u^i v^j$$

bilden. Diese Invariante wechselt ihr Vorzeichen, sobald man die Vektoren u, v vertauscht; daher gilt

$$(u, v) = -(v, u).$$

Zwei Vektoren mit $(u, v) = 0$ nennen wir *konjugierte* Vektoren. Diese Beziehung ist eine wechselseitige Beziehung. Alle zu einem gegebenen Vektor u konjugierten Vektoren v liegen in jedem Punkt in einer Hyperebene, da

$$b_{ij} u^i v^j = A_j v^j, \quad A_j = b_{ij} u^i$$

gilt. Diese Hyperebene kann unbestimmt werden, wenn

$$A_j = b_{ij} u^i = 0$$

ist, was nur dann eintreten kann, wenn $|b_{ij}| = 0$ ist.

Man kann ebenso von einem zu einem kontravarianten Vektor u^i *assoziierten* kovarianten Vektor A_j sprechen. Wenn alle A_j verschwinden, ist u zu jedem andern Vektor konjugiert.

Führt man im Raum X_n ein Kongruenzensystem ein, so verwandelt sich die Form Ω in eine schiefsymmetrische Bilinearform

$$\Omega = b_{hk} ds^h \delta s^k \tag{27'}$$

in den ds^h und bei passender Wahl dieser Kongruenzen in die kanonische Form

$$\Omega = [ds^1 ds^2] + \cdots + [ds^{2p-1} ds^{2p}], \qquad 2p \leqq n. \tag{28}$$

Dabei ist $2p$ der Rang der Form Ω, und zur Vereinfachung ist wie im vierten Kapitel des ersten Bandes dieses Werkes (§ 13)

$$[ds^k ds^l] = ds^k \delta s^l - ds^l \delta s^k$$

gesetzt worden. Die $[ds^k ds^l]$ bilden ein sogenanntes *äußeres* Produkt. Mit dieser Beziehung schreibt sich (27') kurz

$$\Omega = \frac{1}{2} b_{hk} [ds^h ds^k].$$

Wie man sieht, ist für $2p < n$ ein Vektor u, dessen $2p$ erste „Kongruenzkomponenten" verschwinden, konjugiert zu jedem anderen Vektor in bezug auf die Form Ω.

Symplektische Gruppen. Kanonische Formen. Die kanonische Form (28) der Form Ω bestimmt die Formen $ds^1, ds^2, \ldots, ds^{2p}$ bis auf eine Transformation der Gestalt

$$\begin{aligned} d\bar{s}^h &= c^h_k ds^k, & h, k &= 1, 2, \ldots, 2p, \\ d\bar{s}^\alpha &= c^\alpha_k ds^k + c^\alpha_\beta ds^\beta, & \alpha, \beta &= 2p+1, \ldots, n, \end{aligned} \tag{28'}$$

wobei die Koeffizienten c_k^h den Bedingungen

$$c_l^{2q-1} c_k^{2q} - c_k^{2q-1} c_l^{2q} = \varepsilon_{kl}, \qquad q = 1, 2, \ldots, p \tag{28''}$$

genügen. Die Summe des ersten Terms läuft von $q = 1$ bis $q = p$; die ε_{kl} sind gleich 1 für $k = 2r - 1, l = 2r$, gleich -1 für $k = 2r, l = 2r - 1$ ($r = 1, \ldots, p$) und Null in allen anderen Fällen.

Man sagt, die $2p$ Formen ds^h seien durch die Form Ω bis auf eine *symplektische* Transformation bestimmt und bezeichnet die Transformationen

$$d\bar{s}^h = c_k^h ds^k,$$

in welchen die c_k^h den Bedingungen (28'') genügen, als *symplektische Gruppe* der $2p$ Formen $ds^1, \ldots, ds^{2p}$.

Wir können feststellen, daß aus (28'') auch die Beziehungen

$$c_{2q-1}^k c_{2q}^l - c_{2q}^k c_{2q-1}^l = \varepsilon_{kl} \tag{28'''}$$

folgen, und man kann daher obere und untere Indizes vertauschen, eine Eigenschaft, die von den Orthogonalitätsbedingungen her bekannt ist. Denn multiplizieren wir die Beziehungen (28'') mit $c_{k'}^s$, wobei k, k' eines der Paare $2r - 1, r$ darstellt, so bekommen wir

$$c_{k'}^s c_k^{2q-1} c_l^{2q} - c_l^{2q-1} c_k^{2q} c_{k'}^s = \varepsilon_{kl} c_{k'}^s$$

und können mit

$$B_{k\,k'}^{i,s} c_l^{2q} = c_k^i c_{k'}^s - c_{k'}^i c_k^s$$

die Beziehung

$$B_{k,k'}^{2q-1,s} c_l^{2q} - B_{k,k'}^{2q,s} c_l^{2q-1} = \varepsilon_{kl} c_{k'}^s - \varepsilon_{k'l} c_k^s$$

anschreiben. Setzt man für k die Zahl $2r - 1$ und für k' die darauf folgende gerade Zahl $2r$ und summiert über r von 1 bis p, so erhält man schließlich, wenn man diese Summe mit $B^{i,s}$ bezeichnet

$$B^{2q-1,s} c_l^{2q} - B^{2q,s} c_l^{2q-1} = c_l^s.$$

Ist s eine gerade Zahl 2λ, so muß

$$B^{2q,2\lambda} = 0, \quad B^{2q-1,2\lambda} = 0, \quad \lambda \neq q, \quad B^{2q-1,2q} = 1$$

gelten, und analoge Gleichungen bestehen im Fall einer ungeraden Zahl s. Damit entstehen die Gleichungen (28'''), denn die $B^{k,l}$ sind die linken Seiten dieser Formeln. Wir können uns des Umstandes, daß die Formen ds^h ($h \leqq 2p$) bis auf eine symplektische Transformation bestimmt sind, bedienen, um diese Formen gewissen Bedingungen zu unterwerfen. Wenn nämlich $b_{12} \neq 0$ ist in (27), können wir

$$\Omega = [ds^1 ds^2] + b_{\alpha\beta} dx^\alpha \delta x^\beta, \qquad \alpha, \beta \geqq 3$$

schreiben mit

$$ds^1 = b_{12} dx^1 - b_{2j} dx^j, \quad ds^2 = dx^2 + \frac{b_{1j}}{b_{12}} dx^j.$$

Da $b_{\alpha\beta}\, dx^\alpha\, \delta x^\beta$ eine schiefsymmetrische Bilinearform vom Rang $2p - 2$ ist, kann man in den Gleichungen (28) die Formen $ds^3, ds^4, \ldots, ds^{2p}$ für linear unabhängig in $dx^3, \ldots, dx^n$ ansehen. Wenn die Dimensionszahl $n = 2p$ ist wie der Rang der Form Ω, ergibt sich, daß das PFAFFsche System $ds^k = 0$ $(k = 3, 4, \ldots, 2p)$ vollständig integrabel ist. So erhalten wir den

Satz. *Liegt ein Raum X_{2p} mit einer schiefsymmetrischen Form Ω vom Rang $2p$ vor, so läßt sich die Reduktion auf die kanonische Form* (28) *derart durchführen, daß das System*

$$ds^k = 0, \quad k = 3, 4, \ldots, 2p$$

vollständig integrabel ist.

Man kann auch feststellen, daß die Reduktion auf die kanonische Form (28) in der Weise durchgeführt werden kann, daß dabei in (27) eine der Formen ds^h, etwa ds^1 ungeändert bleibt. Die Gleichung (27) läßt sich nämlich in der Gestalt

$$\Omega = b_{1k}[ds^1\, ds^k] + b_{kl}\, ds^k\, \delta s^l, \qquad k, l = 2, 3, \ldots, n$$

schreiben. Wenn Ω vom Rang $2p$ ist und nicht alle b_{1k} verschwinden, ist die Form $b_{kl}\, ds^k\, \delta s^l$ vom Rang $2p - 2$, und man kann daher schreiben

$$\Omega = b_{1k}[ds^1\, ds^k] + [d\bar{s}^3\, d\bar{s}^4] + \cdots + [d\bar{s}^{2p-1} d\bar{s}^{2p}],$$

worin die $d\bar{s}^3, d\bar{s}^4, \ldots, d\bar{s}^{2p}$ lineare Formen in $ds^2, ds^3, \ldots, ds^{2p}$ sind.

Untersuchen wir jetzt, ob es möglich ist, zwei PFAFFsche Formen, etwa ds^1 und ds^2, ungeändert zu lassen. Dazu bemerken wir, daß wir

$$\Omega = b_{12}\, [ds^1\, ds^2] + b_{1k}\, [ds^1\, ds^k] + b_{2k}[ds^2\, ds^k] + \Omega_1, \quad k \geqq 3$$

schreiben können, wobei Ω_1 eine schiefsymmetrische Form in $ds^3, ds^4, \ldots, ds^{2p}$ ist. Je nachdem, ob Ω_1 vom Rang $2p - 2$ oder $2p - 4$ ist, werden wir zwei Fälle unterscheiden. Im ersten Fall kann man

$$\Omega = b_{12}\, [ds^1\, ds^2] + b_{1k}[ds^1\, ds^k] + b_{2k}\, [ds^2\, ds^k] + [ds^3\, ds^4] + \cdots + [ds^{2p-1}\, ds^{2p}]$$

schreiben, im zweiten

$$\Omega = b_{12}\, [ds^1\, ds^2] + b_{1k}[ds^1 ds^k] + b_{2k}[ds^2\, ds^k] + [ds^5\, ds^6] + \cdots + [ds^{2p-1}\, ds^{2p}].$$

Im ersten Fall kann man an Stelle der ds^k $(k = 3, 4, \ldots, 2p)$ die Formen

$$ds^k + c_1^k\, ds^1 + c_2^k\, ds^2$$

einführen und die Koeffizienten b_{1k}, b_{2k} $(k > 3)$ zum Verschwinden bringen und kommt auf diese Weise allein durch Abänderung von ds^2 in λds^2 zur kanonischen Form (28). Im zweiten Fall können wir die Koeffizienten b_{1k} und b_{2k} $(k \geqq 5)$ zum Verschwinden bringen. Andererseits müssen die Formen

$$b_{13} ds^3 + b_{14}\, ds^4, \quad b_{23} ds^3 + b_{24}\, ds^4$$

unabhängige Formen sein, da sonst Ω nicht vom Rang $2p$ sein könnte, und man kann daher schreiben

$$\Omega = b_{12}[ds^1 ds^2] + [ds^1 ds^3] + [ds^2 ds^4] + [ds^5 ds^6] + \cdots + [ds^{2p-1} ds^{2p}].$$

Ersetzt man ds^3 durch $ds^3 + b_{12} ds^2$, so können wir die Terme in $[ds^1 ds^2]$ zum Verschwinden bringen und erhalten durch Vertauschen von ds^2 mit ds^3 die kanonische Form (28), und zwar ohne die Form ds^1 und ds^3 zu verändern. Damit ergibt sich der

Satz. *Liegt eine schiefsymmetrische Form Ω vom Rang $2p$ vor, die durch die $2p$ Formen $ds^1, ds^2, \ldots, ds^{2p}$ dargestellt wird, so können wir stets annehmen, daß sie — ohne Abänderung der Formen ds^1, ds^2 — auf die eine oder andere der beiden kanonischen Formen*

$$\begin{aligned} \Omega &= \lambda[ds^1 ds^2] + [ds^3 ds^4] + \cdots + [ds^{2p-1} ds^{2p}], \\ \Omega &= [ds^1 ds^3] + [ds^2 ds^4] + [ds^5 ds^6] + \cdots + [ds^{2p-1} ds^{2p}] \end{aligned} \tag{29}$$

reduziert ist, je nachdem ob die schiefsymmetrische Form $b_{\alpha\beta} ds^\alpha \delta s^\beta$ $(\alpha, \beta, = 3, 4, \ldots, 2p)$ vom Rang $2p - 2$ oder $2p - 4$ ist.

Dieser Sachverhalt zeigt, daß man, sobald eine Form (27) vorliegt, diese immer in der Gestalt

$$\Omega = \lambda[dx^1 dx^2] + [ds^3 ds^4] + \cdots + [ds^{2p-1} ds^{2p}] \tag{30}$$

voraussetzen kann, wenn man nur annimmt, daß in dieser Form die Variablen $x^1, x^2, \ldots, x^{2p}$ vorkommen, denn es gibt immer $2p - 2$ Veränderliche von der Beschaffenheit, daß die Form $b_{\alpha\beta}\, dx^\alpha\, \delta x^\beta$ in diesen Veränderlichen den Rang $2p - 2$ bekommt. Nach einer Quadratur können wir daher $\lambda = 1$ setzen, denn es genügt, als neue Veränderliche die Funktion $\bar{x}^2 = \int \lambda dx^2$ einzuführen und zu den Formen $ds^3, ds^4, \ldots, ds^{2p}$ gewisse Terme in dx^1 hinzuzufügen. Eine Form Ω vom Rang $2p$ und von der Klasse $2p$ kann daher auf unendlich viele Weisen die kanonische Gestalt

$$\Omega = [dx^1 dx^2] + [ds^3 ds^4] + \cdots + [ds^{2p-1} ds^{2p}]$$

gewinnen. Was die symplektische Gruppe anbetrifft, die eine Pfaffsche Form, etwa ds^1 ungeändert läßt, so ist diese durch die Gleichungen

$$\begin{aligned} d\bar{s}^1 &= ds^1, & d\bar{s}^2 &= c_1^2\, ds^1 + ds^2 + c_k^2\, ds^k, \\ d\bar{s}^h &= c_k^h\, ds^k + c_1^h\, ds^1, & h, k &= 3, 4, \ldots, 2p \end{aligned} \tag{30'}$$

gegeben, worin die c_k^h Koeffizienten der symplektischen Gruppe von $2p - 2$ Veränderlichen sind und die c_k^2 durch die Gleichungen

$$c_k^2 + c_1^{2q-1} c_k^{2q} - c_k^{2q-1} c_1^{2q} = 0,\ k \geqq 3,\ q = 2, 3, \ldots, p \tag{30''}$$

bestimmt sind. Insbesondere ergibt sich, daß zu jeder Form ds^1 bis auf eine Transformation der Gestalt

$$d\bar{s}^2 = ds^2 \pmod{ds^1, ds^3, \ldots, ds^{2p}}$$

eine zweite Form ds^2 gehört. Diese Form ds^2 ist die zu ds^1 in Ω *konjugierte Form.*

Diese Gleichungen zeigen auch, daß die Gruppe, welche ein assoziiertes Formenpaar ds^1, ds^2 ungeändert läßt, eine separable Gruppe ist, welche also in eine symplektische Gruppe in ds^1, ds^2 und eine symplektische Gruppe in $ds^3, ds^4, \ldots, ds^{2p}$ zerfällt.

Das entspricht einer allgemeinen Eigenschaft, nämlich:

Wenn eine symplektische Untergruppe einen linearen 2s-dimensionalen Raum ungeändert läßt, auf welchem Ω vom Maximalrang $2p - 2s$ ist, so ist diese Untergruppe separabel und zerfällt in zwei symplektische Untergruppen von $2s$ und $2p - 2s$ Dimensionen.[2])

Eine Gruppe, die zwei zu zwei verschiedenen Paaren $2r - 1, 2r$ gehörende Formen, etwa ds^1 und ds^3, ungeändert läßt, schreibt sich

$$\begin{aligned} d\bar{s}^1 &= ds^1, \quad & d\bar{s}^2 &= c_1^2 ds^1 + ds^2 + c_3^2 ds^3 + c_k^2 ds^k, & & \\ d\bar{s}^3 &= ds^3, \quad & d\bar{s}^4 &= c_1^4 ds^1 + ds^4 + c_k^4 ds^k, & k &> 3, \\ d\bar{s}^\alpha &= c_\beta^\alpha ds^\beta & &+ c_1^\alpha ds^1 + c_3^\alpha ds^3, & \alpha, \beta &= 4, \ldots, 2p. \end{aligned} \tag{30'''}$$

Dabei bezeichnen die c_β^α die Koeffizienten einer symplektischen Gruppe von $2p - 4$ Dimensionen und die c_k^4 sind durch Gleichungen verknüpft, die zu (30'') analog sind.

Die äußere Ableitung von Ω. Satz von Poincaré.[3]) Wir betrachten jetzt die *äußere Ableitung* der Form Ω. Wir bekommen

$$\Omega' = \frac{1}{2}[dx^i\, dx^j]\, db_{ij} = \frac{1}{6}\left(\frac{\partial b_{ij}}{\partial x^r} + \frac{\partial b_{jr}}{\partial x^i} + \frac{\partial b_{ri}}{\partial x^j}\right)[dx^i\, dx^j\, dx^r], \tag{31}$$

worin die $[dx^i\, dx^j\, dx^r]$ das äußere Produkt der drei Faktoren dx^i, dx^j, dx^r bezeichnet (vgl. Kapitel II im ersten Band dieses Werkes, § 13). Die äußere Ableitung verschwindet offensichtlich, wenn wir

$$\frac{\partial b_{ij}}{\partial x^r} + \frac{\partial b_{jr}}{\partial x^i} + \frac{\partial b_{ri}}{\partial x^j} = 0 \tag{31'}$$

haben. Diese Eigenschaft trifft zu, wenn Ω die bilineare Kovariante einer Pfaffschen Form $a_i\, dx^i$ ist, denn dann ist

$$b_{ij} = \frac{\partial a_i}{\partial x^j} - \frac{\partial a_j}{\partial x^i},$$

---

[2]) Vgl. J. Dieudonné, Sur les groupes classiques, Hermann & Cie, Paris 1948, S. 23.

[3]) Vgl. É. Cartan, Les systèmes différentiels extérieurs, Hermann & Cie, Paris 1945, chap. II, S. 33.

und die Gleichungen (31′) sind identisch erfüllt. Die Umkehrung gilt auch und führt zu einem

Satz von POINCARÉ. *Die Ableitung Ω verschwindet genau dann, wenn Ω eine bilineare Kovariante ist.*

Zum Nachweis gehen wir von einer Form Ω in der kanonischen Gestalt (28) aus. Dann gilt

$$\Omega' = [(ds^1)' ds^2] - [ds^1 (ds^2)'] + \cdots,$$

und diese Gleichung kann mit Rücksicht auf

$$(ds)' = -\Delta s$$

in der Gestalt

$$\Omega' = -[\Delta s^1 ds^2] + [ds^1 \Delta s^2] + \cdots - [\Delta s^{2p-1} ds^{2p}] + [ds^{2p-1} \Delta s^{2p}] \qquad (32)$$

geschrieben werden. Führen wir darin die Werte der bilinearen Kovarianten

$$\Delta s^h = w^h_{kl}\, ds^k \delta s^l$$

gemäß Kapitel I des ersten Bandes dieses Werkes (Gleichungen (36)) ein, so bekommen wir

$$\begin{aligned} \Omega' &= (w^{2q-1}_{2q-1,l} + w^{2q}_{2q,l} + \varepsilon^{l'} w^{l'}_{q-1,2q}) [ds^{2q-1} ds^{2q} ds^l] \\ &\quad + (\varepsilon^{h'} w^{h'}_{kl} + \varepsilon^{k'} w^{k'}_{lk} + \varepsilon^{l'} w^{l'}_{hk}) [ds^h ds^k ds^l], \qquad h < k < l, \end{aligned} \qquad (32')$$

worin (h, h'), (k, k'), (l, l') die Werte der Paare $(2q-1, 2q)$ annehmen, solange sie kleiner oder gleich $2p$ sind. Je nachdem ob α gerade oder ungerade ist und $\alpha \leqq 2p$, gilt $\varepsilon^\alpha = \pm 1$ und $\varepsilon^\alpha = 0$, wenn $\alpha > 2p$ ist. Daher verschwindet Ω unter den Bedingungen

$$\begin{aligned} w^{2q-1}_{2q-1,l} + w^{2q}_{2q,l} + \varepsilon^{l'} w^{l'}_{2q-1,2q} &= 0, \\ \varepsilon^{h'} w^{h'}_{kl} + \varepsilon^{k'} w^{k'}_{lk} + \varepsilon^{l'} w^{l'}_{hk} &= 0, \end{aligned} \qquad (32'')$$

und diese Bedingungen sind zu (31′) äquivalent.

Ist zunächst einmal Ω vom Rang 2, so hat man

$$\Omega = [ds^1 ds^2],$$

und (32″) ergibt

$$w^1_{1l} + w^2_{2l} = 0, \quad w^1_{kl} = w^2_{kl} = 0, \qquad k, l \geqq 3. \qquad (32''')$$

Die letzten dieser Bedingungen zeigen, daß das System $ds^1 = ds^2 = 0$ vollständig integrabel ist. Daher können wir ansetzen

$$ds^1 = a\,dx^1 + b\,dx^2, \quad ds^2 = \alpha\,dx^1 + \beta\,dx^2.$$

Da die Formen ds^1, ds^2 einer symplektischen Transformation unterworfen werden können, kann man

$$ds^1 = dx^1, \quad ds^2 = \lambda\,dx^2$$

annehmen. Dann besagen die ersten der Gleichungen (32'''), daß λ nicht von den Veränderlichen $x^3, x^4, \ldots, x^n$ abhängt. dx^2 läßt sich derart abändern, daß

$$ds^2 = dx^2 + \mu dx^1$$

gilt, und damit verwandelt sich Ω in das symbolische Produkt $[dx^1 dx^2]$, das die bilineare Kovariante der Form $x^2 dx^1 + df$ darstellt. Darin ist f eine beliebige Funktion der Veränderlichen $x^1, \ldots, x^n$, und der Satz von POINCARÉ ist damit bewiesen.

Nun sei Ω vom Rang $2p (p \geqq 2)$ und $2p \leqq n$. Dann verschwindet Ω' infolge (32'') und bedingt $w^h_{kl} = 0 (h \leqq 2p; k, l > 2p)$. Daher ist $ds^h = 0$ vollständig integrabel, und man kann also annehmen, daß die b_{ij} in (27) verschwinden, sobald i oder j den Wert $2p$ übersteigt. Die Bedingungen (31') zeigen dann, daß die $b_{ij} (i, j \leqq 2p)$ von den x^r unabhängig sind $(r > 2p)$. Daher kann eine Form Ω vom Rang $2p$, für die Ω' verschwindet, auf eine Form reduziert werden, die nur $2p$ Veränderliche $x^1, x^2, \ldots, x^{2p}$ enthält. Andererseits hatten wir weiter oben bewiesen, daß eine Form Ω vom Rang $2p$ in $2p$ Veränderlichen der kanonischen Gestalt (30) fähig ist. Ist jedoch $\Omega' = 0$, so folgt, daß auch die äußere Ableitung der Form

$$\Omega_1 = [ds^3 ds^4] + \cdots + [ds^{2p-1} ds^{2p}]$$

verschwindet. Man kann sie daher in $2p - 2$ Veränderlichen $x^3, x^4, \ldots, x^{2p}$ ausdrücken und in gleicher Weise auf die kanonische Form (30) reduzieren,

$$\Omega_1 = [dx^3 dx^4] + [ds^5 ds^6] + \cdots + [ds^{2p-1} ds^{2p}].$$

Man sieht so, daß eine Form Ω mit $\Omega' = 0$ auf die kanonische Form

$$\Omega = [dx^1 dx^2] + [dx^3 dx^4] + \cdots + [dx^{2p-1} dx^{2p}]$$

reduziert werden kann, welche die bilineare Kovariante der PFAFFschen Form

$$x^2 dx^1 + x^4 dx^3 + \cdots + x^{2p} dx^{2p-1} + df$$

darstellt und POINCARÉs Satz ist damit auch in diesem Fall bewiesen.

§ 3 Der zu einem symplektischen Raum S_{2p} assoziierte affine Zusammenhang

Wir betrachten jetzt einen symplektischen Raum S_{2p}, dessen abgeleitete Form nicht identisch verschwindet. Für solche Räume werden wir zunächst unter gewissen allgemeinen Bedingungen die Existenz eines affinen Zusammenhangs nachweisen.

Affiner Zusammenhang assoziiert mit einer separablen Gruppe. An erster Stelle wollen wir zeigen, daß der Satz über separable Gruppen aus Kapitel III, § 3, des ersten Bandes dieses Werkes in ein geometrisches Gewand gebracht werden kann.[4])

---

[4]) Vgl. G. VRANCEANU, Sur l'équivalence en Géométrie, Bull. Math. 42 (1941), S. 88.

Liegt nämlich eine separable Gruppe vor, also eine Gruppe von Kongruenztransformationen welche zwei oder mehrere komplementäre PFAFFsche Systeme ungeändert läßt, etwa die Systeme

$$S_1(ds^h = 0), \qquad h = 1, \ldots, m,$$
$$S_2(ds^\alpha = 0), \qquad \alpha = m + 1, \ldots, n,$$

so schreibt sich diese Gruppe offensichtlich in der Gestalt

$$\begin{aligned} d\bar{s}^h &= c_k^h ds^k, \qquad l, h, k = 1, 2, \ldots, m, \\ d\bar{s}^\alpha &= c_\beta^\alpha ds^\beta, \qquad \alpha, \beta, \gamma = m + 1, \ldots, n. \end{aligned} \tag{G}$$

Berücksichtigt man, daß diese Gruppe durch die Beziehungen $c_\alpha^h = c_h^\alpha = 0$ charakterisiert werden kann, so liefern die Fundamentalgleichungen dieser Gruppe nach Kapitel I vom ersten Band dieses Werkes (Gleichungen (40))

$$\begin{aligned} \frac{\partial c_k^h}{\partial s^l} - \frac{\partial c_l^h}{\partial s^k} &= \overline{w}_{rs}^h \, c_k^r \, c_l^s - w_{kl}^r \, c_r^h, \\ \frac{\partial c_k^h}{\partial s^\alpha} &= \overline{w}_{r\beta}^h \, c_k^r \, c_\alpha^\beta - w_{k\alpha}^r \, c_r^h \end{aligned} \tag{33}$$

und analoge Beziehungen nach Vertauschen der Indizes h, k, l mit α, β, γ und umgekehrt (vgl. Kapitel VI, § 3, vom ersten Bande dieses Werkes). Wenn das System S_1 keine integrablen Kombinationen gestattet, so besagt der erwähnte Satz über separable Gruppen, daß man die ersten der Gleichungen (33) durch Gleichungen der Gestalt

$$\frac{\partial c_k^h}{\partial s^l} = \overline{\gamma}_{rs}^h \, c_k^r \, c_l^s - \gamma_{kl}^r \, c_r^h \tag{33'}$$

ersetzen kann. Dabei sind $\gamma_{kl}^h, \overline{\gamma}_{kl}^h$ gewisse Funktionen der Veränderlichen $x^1, \ldots, x^n$. Gestattet auch das System S_2 keinerlei integrable Kombinationen, so bekommen wir analoge Formeln, und die letzten der Gleichungen (33) zusammen mit (33′) und die zu ihnen analogen liefern die Ableitungen sämtlicher Funktionen, welche in die Gruppe G eingehen.

Berücksichtigen wir jetzt die Transformationsformeln für die Komponenten eines affinen Zusammenhanges in bezug auf eine Kongruenztransformation (vgl. Kapitel IV, Gleichungen (10′) vom ersten Band dieses Werkes), so ergibt sich, daß man für die Gruppe G einen affinen Zusammenhang γ'^{a}_{bc} $(a, b, c = 1, \ldots, n)$ erhält, indem man

$$\begin{aligned} \gamma'^{h}_{kl} &= \gamma_{kl}^h, \quad \gamma'^{h}_{k\alpha} = w_{k\alpha}^h, \quad \gamma'^{h}_{\alpha c} = 0, \\ \gamma'^{\alpha}_{\beta k} &= w_{\beta k}^\alpha, \quad \gamma'^{\alpha}_{\beta\gamma} = \gamma_{\beta\gamma}^\alpha, \quad \gamma'^{\alpha}_{hc} = 0 \end{aligned} \tag{33''}$$

ansetzt. So gewinnen wir den

Satz. *Eine separable Gruppe gestattet einen affinen Zusammenhang, wenn es für die von der Gruppe ungeändert gelassenen Systeme keine integrablen Kombinationen gibt.*

Gestattet nun eines der von der Gruppe ungeändert gelassenen Systeme, etwa S_1, $m - p$ integrable Kombinationen und sind diese durch das System

$$ds^{p+1} = \cdots = ds^m = 0$$

gegeben, so bleiben die Komponenten

$$\gamma'^{h}_{k,p+1}, \ldots, \gamma'^{h}_{km}$$

des Zusammenhangs (33″) unbestimmt und der affine Zusammenhang daher unvollständig. Die Automorphismengruppe des Raumes kann dann willkürliche Funktionen der $m - p$ integrablen Kombinationen des Systems S_1 enthalten.

Zu einer separablen Gruppe gehört also immer ein affiner Zusammenhang. Dieser Zusammenhang kann auch unvollständig sein. Hinreichend für seine Vollständigkeit wird der Umstand, daß die invariant gelassenen Systeme keine integrablen Kombinationen gestatten.

Nun seien unter Berücksichtigung der endlichen Bedingungsgleichungen, welchen die c^h_k und c^α_β genügen, die c^h_k und c^α_β als Funktionen von p Parametern $t^1, \ldots, t^p$ ausgedrückt. Wenn jeder dieser Parameter gleichzeitig in den c^k_h wie auch in den c^α_β vorkommt, so bestimmen die letzten der Gleichungen (33) und ihre analogen alle Ableitungen der Parameter, und der Zusammenhang ist auch in diesem Fall vollständig. Eine hinreichende Bedingung für einen vollständigen Zusammenhang besteht also auch darin, daß die Parameter $t^1, \ldots, t^p$ der separablen Gruppe in die Transformationen der beiden invarianten Systeme eingehen. Wir können so den folgenden Satz aussprechen: *Ein zu einer separablen Gruppe assoziierter affiner Zusammenhang ist vollständig, wenn die Fundamentalgleichungen und die aus ihnen durch Differentiation hervorgehenden Gleichungen die Auflösung nach sämtlichen Ableitungen der Gruppenparameter gestatten.*

Wenn der Zusammenhang vollständig ist, d. h. also im Fall, daß das Problem der Automorphien des zugehörigen Raumes von einem System totaler Differentialgleichungen abhängt, gibt es für die separable Gruppe G ein *vollständiges Invariantensystem.* Desgleichen folgt, daß im Fall eines unvollständigen affinen Zusammenhanges die Automorphismengruppe des Raumes mit separabler Gruppe von Kongruenztransformationen willkürliche Funktionen zusätzlich zu integrablen Kombinationen von dem einen oder dem anderen der bei der Gruppe invariant bleibenden Systeme enthält.

Der zur Form Ω' assoziierte kovariante Vektor. Nun sei die abgeleitete Form Ω' der den symplektischen Raum definierenden Form Ω von Null verschieden. Wir setzen

$$\Omega' = A_{hkl}\, ds^h\, \delta s^k d' s^l$$

und verstehen unter ds^h, δs^k, $d' s^l$ drei linear unabhängige Vektoren. Dann bilden die Koeffizienten A_{hkl} in bezug auf die Transformationen (28′) die Komponenten eines kovarianten Tensors dritter Stufe, d. h., es gilt

$$\bar{A}_{\alpha\beta\gamma}\, c^\alpha_h c^\beta_k c^\gamma_l = A_{hkl}.$$

Ω' ist eine sogenannte schiefsymmetrische oder auch äußere Form dritten Grades, und wir können auch

$$\Omega' = \frac{1}{3!} A_{hkl} [ds^h ds^k ds^l]$$

schreiben, wobei $[ds^h ds^k ds^l]$ das äußere Produkt seiner drei Faktoren bezeichnet. Wenn (28′) zur symplektischen Gruppe eines Raumes von $2p$ Variablen gehört, können wir für $h = 2q - 1$, $k = 2q$, wenn q von 1 bis p läuft mit Rücksicht auf (28‴)

$$\overline{A}_\gamma c_l^\gamma = A_l$$

schreiben, wobei wir

$$A_l = \sum_{q=1}^{p} A_{2q-1,\,2q,\,l}, \qquad l = 1, 2, \ldots, 2p$$

gesetzt haben. Die A_l bilden also die Komponenten eines kovarianten Vektors.[5])

Man kommt zu einer geometrischen Deutung dieses Vektors, wenn man das äußere Produkt der schiefsymmetrischen Formen Ω' und Ω^{p-2} betrachtet. Dieses Produkt ist eine Form vom Grad $2q - 1$, die sich

$$[\Omega' \, \Omega^{p-2}] = A_l \pi_l \tag{33‴}$$

schreibt, wobei π_l das äußere Produkt der Formen $ds^1, ds^2, \ldots, ds^{2p}$, ausgenommen ds^l, bezeichnet. Daher folgt $A_l = 0$, wenn $[\Omega' \, \Omega^{p-2}] = 0$ ist und umgekehrt.

Verschwindet der Vektor A_l nicht, so kann man die invariante Form

$$\omega = A_l ds^l$$

assoziieren. Nimmt man dann ω als Form ds^1 und läßt gleichzeitig die kanonische Form (28) der Form Ω ungeändert, so wird die symplektische Untergruppe, welche diesen Sachverhalt nicht zerstört, durch die Gruppe (30′) gegeben sein.

Mit ds^1 als invarianter Form ist auch die bilineare Kovariante Δs^1 eine invariante Form, wie man bemerkt. Für Δs^1 läßt sich schreiben

$$\Delta s^1 = w_{12}^1 [ds^1 ds^2] + w_{1k}^1 [ds^1 ds^k] + w_{2k}^1 [ds^2 ds^k] + w_{kl}^1 ds^k \delta s^l$$

mit $k, l = 3, \ldots, 2p$, und auch

$$\pi = w_{21}^1 ds^1 + w_{2k}^1 ds^k$$

ist dann eine invariante Form. Wie man sieht, ist die Form π der Koeffizient von ds^2 in Δs^1.

Wir betrachten jetzt den allgemeinen Fall, in welchem nicht alle Koeffizienten

$$w_{23}^1, w_{24}^1, \ldots, w_{2\,2p}^1$$

[5]) Vgl. G. Vranceanu, La géométrisation des espaces symplectiques, C. R. 229 (1949), S. 336.

verschwinden. Die Formen ω und π sind dann unabhängig, und man kann π als Form ds^3 verwenden und bekommt so

$$\Delta s^1 = [ds^2 ds^3] + w^1_{1k} [ds^1 ds^k] + w^1_{kl} ds^k \delta s^l .$$

Die Gruppe, welche diesen Sachverhalt ungeändert läßt, ist die symplektische Gruppe (30″), welche die Formen ds^1, ds^3 ungeändert läßt.

Da ds^3 invariant ist, gilt das gleiche von Δs^3, so daß man

$$\Delta s^3 = I [ds^2 ds^4] + w^3_{2\alpha} [ds^2 ds^\alpha] + w^3_{4\beta} [ds^4 ds^\beta] + w^3_{\alpha\beta} ds^\alpha \delta s^\beta$$

schreiben kann, wobei $I = w^3_{24}$ eine Invariante der Gruppe (30‴) ist. Ist $I \neq 0$, so kann man mit Hilfe der Funktionen c^2_α, c^4_α $(\alpha \neq 2, 4)$ der Gruppe (30‴) $w^3_{2\alpha} = w^3_{4\alpha} = 0$ erreichen. So bekommt man

$$\Delta s^3 = I [ds^2 ds^4] + w^3_{\alpha\beta} ds^\alpha \delta s^\beta , \qquad \alpha, \beta \neq 2, 4 .$$

Die Untergruppe der Gruppe (30‴), welche Δs^3 invariant läßt, läßt auch die Formen

$$ds^1, ds^2, ds^3, ds^4$$

und das Pfaffsche System

$$ds^\alpha = 0, \qquad \alpha = 5, 6, \ldots, 2p \tag{34}$$

invariant. Die Gruppe schreibt sich somit

$$d\bar{s}^h = ds^h, \qquad d\bar{s}^\alpha = c^\alpha_\beta ds^\beta , \qquad h \leqq 4, \qquad \alpha, \beta = 5, 6, \ldots, 2p \tag{34'}$$

und ist eine separable Gruppe.

Mit Rücksicht auf den Satz über separable Gruppen, den wir weiter oben betrachtet hatten, ergibt sich, daß einem symplektischen Raum S_{2p} ein affiner Zusammenhang zukommt, wenn folgende Bedingungen erfüllt sind:

a) Für die zu Ω' assoziierte Form ω gilt $\omega \neq 0$;

b) die in ω' zur in Ω konjugierten Form ω konjugierte Form π ist von ω unabhängig;

c) für den Koeffizienten I in π' des Terms, der die in Ω konjugierten Formen von ω und π enthält, gilt $I \neq 0$.

Offensichtlich sind diese Bedingungen hinreichende Bedingungen; sie sind aber nicht notwendig, wenn der Raum S_{2p} einen affinen Zusammenhang tragen soll. Folglich muß sich, wenn diese Bedingungen a), b), c) erfüllt sind, die Gruppe des Raumes auf die Gruppe (34′) reduzieren lassen. Der Raum ist sicherlich vollständig affin zusammenhängend, wenn das System (34) keine integrablen Kombinationen gestattet. Anders gesagt: Die Automorphismengruppe des Raumes kann höchstens willkürliche Funktionen von $2p - 4$ Veränderlichen enthalten. Die Maximalzahl dieser Funktionen erhält man, sobald die Koeffizienten c^α_β der Gruppe keiner weiteren Bedingung unterliegen als jenen, die zum Ausdruck bringen, daß sie eine Untergruppe der symplektischen Gruppe sein muß.

Dies gilt sicherlich, wenn das System (34) vollständig integrabel ist und die Veränderlichen separiert sind. Dann hängen die Formen ds^1, ds^2, ds^3, ds^4 nur von den Veränderlichen x^1, x^2, x^3, x^4 und die Formen $ds^5, \ldots, ds^{2p}$ von den anderen Veränderlichen ab.

Wie die Separation der Veränderlichen zustandekommt, zeigt uns das Beispiel der schiefsymmetrischen Form

$$\Omega = [ds^1 ds^2] + \cdots + [ds^{2p-1} ds^{2p}]$$

im Raum von $2p$ Dimensionen mit der Struktur

$$\Delta s^1 = [ds^2 ds^3], \ \Delta s^2 = [ds^3 ds^4],$$
$$\Delta s^3 = [ds^2 ds^4], \ \Delta s^\alpha = 0, \qquad \alpha = 4, \ldots, 2p.$$

Es gilt $\omega = ds^1$, und die Bedingungen a), b), c) sind ersichtlich erfüllt. Daher können wir $ds^\alpha = dx^\alpha$ setzen, und die Automorphismengruppe des Raumes S_{2p} ist durch die kontinuierliche vierparametrige Gruppe, welche die Formen

$$ds^1, ds^2, ds^3, ds^4 = dx^4$$

ungeändert läßt, zusammen mit der Gruppe homogener Berührungstransformationen, welche die bilineare Kovariante

$$[dx^5 dx^6] + \cdots + [dx^{2p-1} dx^{2p}]$$

ungeändert läßt, gegeben. Die Automorphismengruppe hängt tatsächlich von $2p - 4$ Veränderlichen ab. So bekommen wir den

Satz. *Ein symplektischer Raum S_{2p}, für welchen die Bedingungen* a), b), c) *erfüllt sind, trägt einen affinen Zusammenhang.*

So ergibt sich auch für die Vollständigkeit dieses affinen Zusammenhanges die hinreichende Bedingung, daß das invariante System (34) keine integrablen Kombinationen zuläßt. Da diese Bedingungen sowie die Bedingungen a), b), c) im allgemeinen erfüllt sind, trägt ein symplektischer Raum S_{2p} im allgemeinen einen vollständigen affinen Zusammenhang.

§ 4 Spezielle symplektische Räume

Räume mit integrabler Form. Satz von Ehresmann und Libermann. Eine Form Ω heißt integrabel, wenn Ω' und Ω proportional sind, d. h., wenn

$$\Omega' = [w\,\Omega] \tag{35}$$

gilt mit einer Pfaffschen Form w, die nach (33''') mit ω zusammenfallen muß. Setzt man

$$w = \alpha_l\, ds^l,$$

so gilt nach (35)

$$w^{2q-1}_{2q-1,\,l} + w^{2q}_{2q,\,l} + \varepsilon^{l'} w^{l'}{}_{2q-1,\,2q} = \alpha_l, \qquad \varepsilon^{h'} w^{h'}_{k\,l} + \varepsilon^{k'} w^{k'}_{l\,h} + \varepsilon^{l'} w^{l'}_{hk} = 0. \tag{35'}$$

Diese Bedingungen sind eine Verallgemeinerung der Bedingungen (32″). Nach der ersten der Gleichungen (35′) gilt

$$w^h_{hl} + w^{h'}_{h'l} + \varepsilon^{l'} w^{l'}_{hh'} = w^k_{kl} + w^{k'}_{k'l} + \varepsilon^{l'} w^{l'}_{kk'}, \qquad (35'')$$

worin (h, h') und (k, k') zwei verschiedene unter den Zahlenpaaren $(2q-1, 2q)$ bezeichnen und l nicht unter den Zahlenwerten in diesen Paaren vorkommt. Sind umgekehrt die letzten der Gleichungen (35′) und (35″) erfüllt, so gibt es eine Form $w \neq 0$, welche (35′) befriedigt, abgesehen von dem Fall, daß Ω' identisch verschwindet.

Tatsächlich ist (35) für $n = 2p = 4$ stets erfüllt, da dann die letzten der Gleichungen (35′) und (35″) nicht vorkommen, da die Indizes nur zu den beiden Paaren (1, 2) und (3, 4) gehören. Da die symplektische Gruppe eine der Formen ds^h, etwa ds^1, beliebig läßt, kann man stets $w = ds^1$ setzen, wenn w von den $2p$ Formen von Ω abhängt.

Dann muß

$$\Omega' = [ds^1 \Omega] = [ds^1, (ds^3 ds^4 + \cdots + ds^{2p-1} ds^{2p})]$$

gelten. Ist w von $ds^1, \ldots, ds^{2p}$ linear unabhängig, so können wir

$$\Omega' = [ds^{2p+1} \Omega]$$

bekommen. Nimmt man die äußere Ableitung und berücksichtigt $\Omega'' = 0$[6]), so kommt

$$[w'\Omega] - [w\Omega'] = [w'\Omega] = 0.$$

Für $p \geqq 3$ besagen diese Bedingungen, daß $w' = 0$ besteht. Jeder Koeffizient w_{kl} der bilinearen Kovarianten $w' = w_{kl}\, ds^k \delta s^l$ muß nämlich einer Bedingung der Gestalt

$$w_{kl}\, [ds^k ds^l ds^{2q-1} ds^{2q}] = 0$$

genügen, wobei $k, l \neq 2q-1, 2q$; daher verschwinden die w_{kl}, und so ist w notwendig ein vollständiges Differential, das wir mit dx bezeichnen wollen. Setzt man dann

$$\Omega = e^x \Omega_1,$$

so bekommt man

$$\Omega' = [dx\, \Omega] + e^x \Omega_1',$$

also $\Omega_1' = 0$. Ω_1 ist also eine bilineare Kovariante, und wir können schreiben

$$\Omega = e^x([dx^1 dx^2] + \cdots + [dx^{2p-1} dx^{2p}]). \qquad (35''')$$

Diese Gleichung gilt für eine Form Ω vom Rang Zwei in x^3 stets. Denn dann gilt

$$\Omega = \lambda [dx^1 dx^2]$$

mit $\Omega' \neq 0$, wenn λ von der Variablen x^3 des Raumes nicht abhängt, andernfalls wir

$$\Omega = e^{x^3} [dx^1 dx^2]$$

schreiben können.

---

[6]) Vgl. É. Cartan, Leçons sur les invariants intégraux, J. Hermann, Paris 1922, S. 68.

Wenn x in Gleichung (35''') eine Funktion der Veränderlichen $x^1, \ldots, x^n$ ist, was für $n = 2p$ zutrifft, so kann man $x = x^1$ setzen und erhält den

Satz von Ehresmann und Libermann[7]): *Eine integrable Form Ω vom Rang $2p (p > 2)$ mit $\Omega' \neq 0$ im Raum von $2p$ Dimensionen läßt sich auf die kanonische Gestalt*

$$\Omega = e^{x^1}[dx^1 dx^2] + \cdots + [dx^{2p-1} dx^{2p}]$$

reduzieren.

Wir können auch eine andere Gestalt für Ω gewinnen, indem wir die Veränderlichen $x^{2q} (q = 1, \ldots, p)$ durch die Veränderlichen $e^{x^1} x^{2q}$ ersetzen, wobei wir

$$\Omega = [dx^1 ds^2] + [dx^3 dx^4] + \cdots + [ds^{2p-1} dx^{2p}] \tag{36}$$

bekommen. Dabei ist ds^2 durch

$$ds^2 = dx^2 + x^4 dx^3 + \cdots + x^{2p} dx^{2p-1} \tag{36'}$$

gegeben.

Räume, für welche Ω' einen linearen Faktor abspaltet. Etwas allgemeiner als der Fall einer integrablen Form Ω ist derjenige, bei welchem Ω' einen linearen Faktor abspaltet. Man hat dann

$$\Omega' = [w\,\Omega_1]. \tag{37}$$

w ist eine beliebige Linearform, Ω_1 eine beliebige schiefsymmetrische Form. Wir können bemerken, daß, wenn

$$\Psi = \frac{1}{3!} A_{hkl}[ds^h ds^k ds^l]$$

eine schiefsymmetrische Form ist, diese Form durch einen linearen Faktor $d\sigma$ teilbar ist, wenn das äußere Produkt $[\Psi d\sigma]$ verschwindet. Indem wir

$$d\sigma = a_r ds^r$$

setzen, können wir das Produkt $[\Psi\, d\sigma]$ gleich

$$\frac{1}{4!} (A_{hkl}\, a_r - A_{klr} a_h + A_{lrh} a_k - A_{rhk} a_l) [ds^h ds^k ds^l ds^r] \tag{38}$$

schreiben, und die Form Ψ wird also durch eine Linearform teilbar, wenn es nichtverschwindende Größen a_r gibt, welche Lösungen des Systems

$$A_{hkl} a_r - A_{klr} a_h + A_{lrh} a_k - A_{rhk} a_l = 0 \tag{39}$$

sind. Wenn Ψ nicht identisch verschwindet, muß dann mindestens einer der Koeffizienten A_{hkl}, etwa A_{123}, von Null verschieden ausfallen, und wir können $A_{123} = 1$

[7]) Vgl. Ch. Ehresmann und P. Libermann, Sur les formes différentielles extérieures de degré deux, C. R. 227 (1948), S. 420.

annehmen. Man kann dann, wie wir zeigen wollen,

$$A_{12l} = A_{23l} = A_{31l} = 0, \qquad l > 3 \tag{39'}$$

erreichen. Denn durch eine Transformation der Gestalt

$$d\bar{s}^h = ds^h + c_l^h ds^l, \quad h = 1, 2, 3; \quad l > 3; \quad d\bar{s}^l = ds^l$$

wird nämlich aus Ψ die Form

$$\Psi = [d\bar{s}^1 d\bar{s}^2 d\bar{s}^3] + \bar{A}_{12l}[d\bar{s}^1 d\bar{s}^2 d\bar{s}^l] + \cdots,$$

und man bekommt also

$$c_l^3 + \bar{A}_{12l} = A_{12l}, \quad c_l^1 + \bar{A}_{23l} = A_{23l}, \quad c_l^2 + \bar{A}_{31l} = A_{31l}.$$

Wählen wir demnach $c_l^h (h \leqq 3, l > 3)$ derart, daß die Gleichungen (39′) erfüllt werden! Dann bekommen wir

$$\Psi = [ds^1 ds^2 ds^3] + \frac{1}{2} A_{1\beta\gamma}[ds^1 ds^\beta ds^\gamma] + \frac{1}{2} A_{2\beta\gamma}[ds^2 ds^\beta ds^\gamma]$$

$$+ \frac{1}{2} A_{3\beta\gamma}[ds^3 ds^\beta ds^\gamma] + \frac{1}{6} A_{\alpha\beta\gamma}[ds^\alpha ds^\beta ds^\gamma], \qquad \alpha, \beta, \gamma \geqq 4.$$

Unter diesen Umständen ergeben die Gleichungen (39) für $h, k, l = 1, 2, 3$ die Werte $a_r = 0$ $(r \geqq 4)$, und aus den Gleichungen (39) wird demnach

$$- A_{k\beta\gamma} a_h + A_{h\beta\gamma} a_k = 0, A_{\alpha\beta\gamma} a_h = 0, \qquad h, k = 1, 2, 3$$

und somit

$$A_{\alpha\beta\gamma} = 0, \qquad \frac{A_{h\beta\gamma}}{a_h} = \frac{A_{k\beta\gamma}}{a_k}.$$

Wenn nicht alle $A_{h\beta\gamma}$ verschwinden, ergibt sich für $a_h = \delta_h^1$ das Verschwinden von $A_{2\beta\gamma}$ und $A_{3\beta\gamma}$, und aus Ψ wird

$$\Psi = [ds^1 ds^2 ds^3] + A_{1\beta\gamma}[ds^1 ds^\beta ds^\gamma], \qquad \beta, \gamma \geqq 4,$$

welche Form offensichtlich allein durch den Faktor ds^1 teilbar ist. Sind alle $A_{h\beta\gamma} = 0$, so wird

$$\Psi = [ds^1 ds^2 ds^3].$$

Ψ ist dann ein Monom und als solches durch unendlich viele Linearformen der Gestalt

$$a_1 ds^1 + a_2 ds^2 + a_3 ds^3$$

teilbar. Nun sei (37) erfüllt. Durch äußere Ableitung wird aus (37)

$$[w' \Omega_1] - [w \Omega_1'] = 0. \tag{40}$$

Ist jetzt w als Form ds^1 gewählt und ist $\Omega_1(\text{mod}\, ds^1)$ mindestens vom Rang 6, so zeigt Gleichung (40), daß $w' = -\Delta s^1$ nur Terme in ds^1 enthalten kann. Somit ist $ds^1 = 0$ vollständig integrabel, man kann dann $ds^1 = \lambda dx^1$ schreiben, und (37) gewinnt die Gestalt

$$\Omega' = [\varphi\, dx^1].$$

Daher genügen die Koeffizienten b_{ij} $(i, j \geqq 2)$ in der durch (27) gegebenen Form Ω den Bedingungen

$$\frac{\partial b_{ij}}{\partial x^r} + \frac{\partial b_{jr}}{\partial x^i} + \frac{\partial b_{ri}}{\partial x^j} = 0, \qquad i, j, r \geqq 2.$$

Für $dx^1 = 0$ können wir

$$\Omega = [dx^3\, dx^4] + \cdots + [dx^{2p-1}\, dx^{2p}]$$

schreiben, so daß

$$\Omega = [dx^1\, ds^2] + [dx^3\, dx^4] + \cdots + [dx^{2p-1} dx^{2p}] \tag{41}$$

entsteht, worin ds^2 eine beliebige Pfaffsche Form bezeichnet in Verallgemeinerung der Gleichung (36). So bekommen wir den

Satz. *Eine Form Ω vom Mindestrang* 6, *deren Ableitung Ω' das Produkt einer Linearform und einer Bilinearform ist, kann auf die kanonische Gestalt* (41) *reduziert werden.*

§ 5 Vierdimensionale symplektische Räume

Der Satz von Yen Chih Ta. Die Automorphismengruppen des Raumes. Im Raum von vier Dimensionen X_4 sei eine Form Ω vom Rang Vier gegeben. Dann ist diese Form stets integrabel, denn man hat

$$\Omega' = [w\Omega]. \tag{42}$$

Die Form Ω sei auf die kanonische Form

$$\Omega = [ds^1 ds^2] + [ds^3 ds^4] \tag{42'}$$

reduziert. Die Form w ist dann durch

$$\begin{aligned} w = (w^3_{31} + w^4_{41} + w^2_{34})\, ds^1 + (w^3_{32} + w^4_{42} - w^1_{34}) ds^2 \\ + (w^1_{13} + w^2_{23} + w^4_{12})\, ds^3 + (w^1_{14} + w^2_{24} - w^3_{12}) ds^4 \end{aligned}$$

definiert, wie man leicht bestätigen kann, indem man die Gleichung (32′) berücksichtigt. Setzen wir $w = ds^1$, so kommt das darauf hinaus, den w^h_{kl} die Bedingungen

$$\begin{aligned} w^3_{31} + w^4_{41} + w^2_{34} = 1, \quad w^3_{32} + w^4_{42} - w^1_{34} = 0, \\ w^1_{13} + w^2_{23} + w^4_{12} = 0, \quad w^1_{14} + w^2_{24} - w^3_{12} = 0 \end{aligned} \tag{43}$$

aufzuerlegen. Damit reduziert sich Ω' auf die kanonische Gestalt

$$\Omega' = [ds^1\Omega] = [ds^1 ds^3 ds^4]. \tag{43'}$$

Äußere Ableitung führt weiter zu

$$[\Delta s^1 \Omega] = 0$$

und damit auf die Bedingung

$$w_{12}^1 + w_{34}^1 = 0. \tag{43''}$$

Die Transformationsgruppe der PFAFFschen Formen, welche die kanonischen Formen (42′) und (43′) ungeändert läßt, schreibt sich

$$\begin{aligned} d\bar{s}^1 &= ds^1, & d\bar{s}^2 &= c_1^2 ds^1 + ds^2 + c_3^2 ds^3 + c_4^2 ds^4, \\ d\bar{s}^3 &= c_1^3 ds^1 + c_3^3 ds^3 + c_4^3 ds^4, & d\bar{s}^4 &= c_1^4 ds^1 + c_3^4 ds^3 + c_4^4 ds^4 \end{aligned} \tag{44}$$

mit den Bedingungen

$$c_3^3 c_4^4 - c_4^3 c_3^4 = 1, \quad c_3^2 = c_3^3 c_1^4 - c_1^3 c_3^4, \quad c_4^2 = c_4^3 c_1^4 - c_1^3 c_4^4. \tag{44'}$$

Da ds^1 eine invariante Form ist, gilt dasselbe für Δs^1, wofür sich

$$\Delta s^1 = w_{12}^1 ([ds^1 ds^2] - [ds^3 ds^4]) + [ds^2 d\varrho] + w_{13}^1 [ds^1 ds^3] + w_{14}^1 [ds^1 ds^4]$$

ergibt. Die Form

$$d\varrho = w_{23}^1 ds^3 + w_{24}^1 ds^4 \tag{45}$$

ist gleichfalls eine invariante Form.

Betrachten wir zunächst den Fall, daß diese Form nicht identisch verschwindet. Dann können wir $d\varrho = ds^3$ setzen und erhalten die Bedingungen

$$w_{23}^1 = 1, \quad w_{24}^1 = 0, \quad c_3^3 = 1, \quad c_4^3 = 0, \quad c_4^4 = 1.$$

Mit Hilfe von c_1^3 kann man w_{12}^1 zum Verschwinden bringen und ebenso w_{13}^1 mit Hilfe von c_1^2. Dadurch verwandelt sich Δs^1 in

$$\Delta s^1 = [ds^2 ds^3] + \mu [ds^1 ds^4]. \tag{45'}$$

Dabei ist μ eine Invariante gegenüber der Gruppe

$$\begin{aligned} d\bar{s}^1 &= ds^1, & d\bar{s}^2 &= -\mu a\, ds^1 + ds^2 + \alpha\, ds^3, \\ d\bar{s}^3 &= ds^3, & d\bar{s}^4 &= \alpha\, ds^1 + a\, ds^3 + ds^4, \end{aligned} \tag{46}$$

welche diesen Sachverhalt ungeändert läßt. a und α sind willkürliche Funktionen. Da ds^3 invariant bleibt, gilt dasselbe für Δs^3, und folglich ist w_{24}^3 eine Invariante der Gruppe (46). Ist $w_{24}^3 \neq 0$, d. h., ist das System $ds^1 = ds^3 = 0$ nicht vollständig integrabel, so können wir w_{23}^3 und w_{34}^3 mit Hilfe von a und α zum Verschwinden bringen, und die Gruppe (46) verwandelt sich in die Identität, wie auch aus dem allgemeinen Satz hervorgeht, der in § 3 dieses Kapitels bewiesen worden ist.

Nach einem Satz von É. CARTAN (vgl. § 2 des Kapitels III des ersten Bandes dieses Werkes) sind die Invarianten des Raumes durch die Koeffizienten w^a_{bc} der bilinearen Kovarianten gegeben, natürlich unter Berücksichtigung der Bedingungen

$$\begin{gathered} w^1_{12} = w^1_{24} = w^1_{34} = w^1_{13} = w^2_{23} = w^3_{34} = w^4_{12} = 0, \quad w^1_{23} = w^3_{24} = 1, \\ w^3_{31} + w^4_{41} + w^2_{34} = 1, \quad w^3_{32} + w^4_{42} = 0, \quad w^1_{14} + w^2_{24} - w^3_{12} = 0, \end{gathered} \tag{46'}$$

welche diesen Koeffizienten auferlegt sind.

Die Tatsache, daß diese Bedingungen erfüllt werden können, wird durch das Beispiel mit der folgenden Struktur

$$\Delta s^1 = [ds^2 ds^3], \quad \Delta s^2 = [ds^3 ds^4], \quad \Delta s^3 = [ds^2 ds^4], \quad \Delta s^4 = 0$$

bewiesen, welche durch

$$\begin{gathered} ds^1 = dx^1 + (x^3 - x^2 x^4) dx^2 + x^3 x^4 dx^3, \\ ds^2 = dx^2 - x^3 dx^4, \quad ds^3 = dx^3 - x^2 dx^4, \quad ds^4 = dx^4 \end{gathered}$$

in Evidenz gesetzt werden kann.

Es ergibt sich, daß die Automorphismengruppe des Raumes nach Aufstellung der Bedingungen (46′) von höchstens vier Parametern abhängen kann, und dazu genügt es, daß die w^a_{bc} alle konstant sind.

Ein anderer Fall, in welchem sich die Gruppe (46) auf die Identität reduziert, ist von YEN CHIH TA angegeben worden, der für Ω und w die kanonischen Formen

$$\begin{gathered} \Omega = [w^1 w^2] + [w^3 w^4], \quad w = w^1 + w^2, \\ w' = \lambda ([w^1 w^2] - [w^3 w^4]), \quad d\lambda = \lambda_2 w^2 + \lambda_4 w^4, \qquad \lambda_2 \lambda_4 \neq 0 \end{gathered}$$

benutzt. Man kann zu dieser Gestalt von w' von Gleichung (45′) aus gelangen, indem man

$$\begin{gathered} ds^1 = w^1 + w^2, \quad ds^2 = \frac{1}{2}(w^2 + w^4), \\ ds^3 = \lambda(w^1 - w^3), \quad ds^4 = \frac{1}{2\lambda}(w^2 + w^4) \end{gathered}$$

setzt und μ mit $-\lambda^2$ identifiziert. Demzufolge verwandelt sich die Bedingung $\lambda_2 \lambda_4 \neq 0$ in

$$\mu \left(\frac{\partial \mu}{\partial s^2}\right)^2 + \left(\frac{\partial \mu}{\partial s^4}\right)^2 \neq 0. \tag{46''}$$

Berücksichtigt man andererseits die Invarianteneigenschaft von μ, so verwandeln sich die Ableitungen $\frac{\partial \mu}{\partial s^1}, \ldots, \frac{\partial \mu}{\partial s^4}$ bei einer Transformation (46) gemäß

$$\begin{aligned} \frac{\partial \mu}{\partial s^1} &= \frac{\partial \mu}{\partial \bar{s}^1} - \frac{\partial \mu}{\partial \bar{s}^2} \mu a + \frac{\partial \mu}{\partial \bar{s}^4} \alpha, \quad \frac{\partial \mu}{\partial s^2} = \frac{\partial \mu}{\partial \bar{s}^2}, \\ \frac{\partial \mu}{\partial s^3} &= \frac{\partial \mu}{\partial \bar{s}^2} \alpha + \frac{\partial \mu}{\partial \bar{s}^3} + \frac{\partial \mu}{\partial \bar{s}^4} a, \quad \frac{\partial \mu}{\partial s^4} = \frac{\partial \mu}{\partial \bar{s}^4}, \end{aligned} \tag{46'''}$$

wodurch zunächst einmal die Ableitungen $\frac{\partial \mu}{\partial s^2}, \frac{\partial \mu}{\partial s^4}$ als Invarianten nachgewiesen sind. Setzen wir jetzt voraus, daß die Bedingung (46'') erfüllt ist, so bringen diese Gleichungen die Ableitungen $\frac{\partial \mu}{\partial \bar{s}^1}, \frac{\partial \mu}{\partial \bar{s}^3}$ zum Verschwinden, und die Gruppe, welche diesen Sachverhalt ungeändert läßt, ist die Identität. Das ist der

Satz von Yen Chih Ta.[8]) *Liegt ein vierdimensionaler symplektischer Raum vor, so kann man nach Reduktion von Ω und Ω' auf die kanonischen Formen*

$$\Omega = [ds^1 ds^2] + [ds^3 ds^4], \qquad \Omega' = [ds^1 ds^3 ds^4],$$

wenn einer der Koeffizienten w^1_{23}, w^1_{24} nicht verschwindet, Δs^1 auf die kanonische Form

$$\Delta s^1 = [ds^1 ds^3] + \mu [ds^1 ds^4]$$

bringen, worin μ eine Invariante darstellt. Dann kann man, wenn wenigstens eine der Bedingungen

$$w^3_{24} \neq 0, \quad \mu \left(\frac{\partial \mu}{\partial s^2}\right)^2 + \left(\frac{\partial \mu}{\partial s^4}\right)^2 \neq 0$$

erfüllt ist, dem Raum vier invariante Pfaffsche *Formen assoziieren.*

Nun sei gleichzeitig

$$w^3_{24} \neq 0, \quad \mu \left(\frac{\partial \mu}{\partial s^2}\right)^2 + \left(\frac{\partial \mu}{\partial s^4}\right)^2 = 0 \tag{46^{IV}}$$

erfüllt. Zieht man dann die Fundamentalgleichungen der Gruppe (46) heran, so führen diese auf sechs Größen

$$\frac{\partial \alpha}{\partial s^2}, \frac{\partial \alpha}{\partial s^4}, \frac{\partial \alpha}{\partial s^1} + \frac{\partial}{\partial s^3}(\mu a), \frac{\partial a}{\partial s^2}, \frac{\partial a}{\partial s^4}, \frac{\partial \alpha}{\partial s^3} - \frac{\partial a}{\partial s^1} \tag{47}$$

als Funktionen von a, α und der Koeffizienten w^a_{bc}, $\overline{w}^a_{bc}$ der bilinearen Kovarianten Δs^a und $\Delta \bar{s}^a$. Wenn die Ableitungen $\frac{\partial \mu}{\partial s^2}, \frac{\partial \mu}{\partial s^4}$ der Invarianten μ nicht ver-

[8]) Vgl. Yen Chih Ta, Sur l' équivalence des formes différentielles extérieures quadratiques à quatre variables, C. R. 227 (1948), S. 817.

schwinden, können wir mit Rücksicht auf (46‴) die Ableitung $\frac{\partial \mu}{\partial s^1}$ zum Verschwinden bringen und müssen

$$\mu a \frac{\partial \mu}{\partial s^2} + \alpha \frac{\partial \mu}{\partial s^4} = 0$$

fordern, soll diese Bedingung erhalten bleiben. Diese Forderung ergibt zusammen mit der zweiten Gleichung (46^{IV}) die Beziehung

$$\alpha = \pm \sqrt{-\mu} \cdot a.$$

Die Formeln (47) liefern uns dann alle Ableitungen von α. Daher kann die Automorphismengruppe des Raumes höchstens fünf willkürliche Konstanten enthalten, das ist die Anzahl der Funktionen $x'^1, x'^2, x'^3, x'^4, \alpha$. Der Raum besitzt mit anderen Worten ein vollständiges Invariantensystem, denn das Äquivalenzproblem zweier solcher Räume hängt von einem vollständigen integrablen Pfaffschen System ab.

Im Fall gleichzeitigen Verschwindens von

$$w_{24}^3 = \frac{\partial \mu}{\partial s^2} = \frac{\partial \mu}{\partial s^4} = 0$$

ergeben sich, wie aus (47) folgt, alle Ableitungen von a und von α, wenn man $\frac{\partial a}{\partial s^3}$ und $\frac{\partial \alpha}{\partial s^3}$ als gegeben ansieht, und die Automorphismengruppe des Raumes kann daher höchstens zwei willkürliche Funktionen einer Veränderlichen enthalten. Dieses Maximum wird erreicht, wie das Beispiel mit der Struktur

$$\Delta s^1 = [ds^2\, ds^3], \quad \Delta s^2 = [ds^3\, ds^4], \quad \Delta s^3 = 0, \quad \Delta s^4 = 0$$

zeigt, wobei man

$$ds^1 = dx^1 - x^2\, dx^3, \quad ds^2 = dx^2 + x^4\, dx^3, \quad ds^3 = dx^3, \quad ds^4 = dx^4$$

setzen kann. In diesem Fall ist die Automorphismengruppe des Raumes durch die Gleichungen

$$x'^1 = x^1 + \psi(x^3), \quad x'^2 = x^2 + \psi'(x^3),$$

$$x'^3 = x^3 + c, \quad x'^4 = x^4 + \varphi(x^3) e^{x^1} - \psi''(x^3)$$

mit willkürlichen Funktionen φ und ψ gegeben.

Wir betrachten jetzt den Fall, daß die Gleichung $ds^1 = 0$ vollständig integrabel ist. Wenn die Form ds^1 kein vollständiges Differential ist, kann man

$$\Delta s^1 = [ds^1 ds^3] \tag{48}$$

schreiben. Unter diesen Umständen gilt für die Transformationen (44), die diese kanonische Form ungeändert lassen, notwendig $c_3^3 = 1$, $c_4^3 = 0$ und im Hinblick auf (44′) schreiben sich die Transformationen demnach

$$d\bar{s}^1 = ds^1, \qquad d\bar{s}^2 = \lambda\, ds^1 + ds^2 + (\alpha - \mu\varrho)\, ds^3 - \mu\, ds^4,$$
$$d\bar{s}^3 = \mu\, ds^1 + ds^3, \quad d\bar{s}^4 = \alpha\, ds^1 + \varrho\, ds^3 + ds^4 \tag{48'}$$

mit willkürlichen Funktionen $\lambda, \alpha, \mu, \varrho$.

Um (48) zu erfüllen, können wir

$$ds^1 = e^{x^3}\, dx^1, \, ds^3 = dx^3$$

ansetzen. Die Bedingungen (43) und (43″) schreiben sich dann

$$w^4_{41} + w^2_{34} = 1, \quad w^4_{42} = 0, \quad 1 + w^2_{23} + w^4_{12} = 0, \quad w^2_{24} = 0. \tag{48''}$$

Für die Formen ds^2, ds^4 kann man ansetzen

$$ds^2 = p\, dx^2 + q\, dx^4 + r\, dx^3 + s\, dx^1, \qquad ds^4 = a\, dx^4 + b\, dx^3 + c\, dx^1,$$

und da $w^4_{24} = 0$ gilt, darf die Funktion a nicht von x^2 abhängen. Durch Abänderung von x^4 können wir $a = 1$ erreichen und dann mit Hilfe der Funktionen a und ϱ auch noch $ds^4 = dx^4$. Daher wird $\Delta s^4 = 0$, und die Bedingungen (48″) verwandeln sich in

$$w^2_{34} = 1, \quad w^2_{23} = -1, \quad w^2_{24} = 0. \tag{48'''}$$

Die letzte Bedingung zeigt, daß $\dfrac{\partial p}{\partial x^4} = \dfrac{\partial q}{\partial x^2}$, und man daher x^2 so wählen kann, daß $p = 1$ und $q = 0$ wird. Dann besagen aber die ersten der Gleichungen (48‴), daß ds^2 notwendig von der Gestalt

$$ds^2 = dx^2 + [x^2 + x^4 + k\,(x^1, x^3)]\, dx^3 + s\, dx^1$$

ist. Durch Abänderung von x^2 in $x^2 + m\,(x^1, x^3)$ kann $k = 0$ erreicht werden und damit auch $s = 0$ mit Hilfe der Funktion λ aus der Gruppe (48′).

So können wir schließlich die vier Pfaffschen Formen in der Gestalt

$$ds^1 = e^{x^3}\, dx^1, \quad ds^2 = dx^2 + (x^2 + x^4)\, dx^3, \quad ds^3 = dx^3, \quad ds^4 = dx^4$$

ansetzen, und die Automorphismengruppe des Raumes ist schließlich durch die Gleichungen

$$x'^1 = f(x^1), \quad x'^3 = x^3 - \lg f', \quad x'^4 = x^4 + \varphi(x^1, x^3),$$
$$x'^2 = x^2 - \varphi + e^{-x^3}\left[\frac{f''}{f'}\left(x^4 + \frac{\partial\varphi}{\partial x^3}\right) + \psi\,(x^1)\right] \tag{49}$$

definiert und enthält somit zwei willkürliche Funktionen f und ψ der Veränderlichen x^1 und noch eine willkürliche Funktion φ der Veränderlichen x^1 und x^3. Damit bekommen wir den

Satz. *Liegt im vierdimensionalen symplektischen Raum eine schiefsymmetrische Bilinearform Ω vom Rang Vier vor, so kann man, wenn die assoziierte Form kein*

vollständiges Differential, wohl aber die Gleichung $w = 0$ vollständig integrabel ist, die Formen Ω und Ω' auf die kanonische Gestalt

$$\Omega = e^{x^3}[dx^1(dx^2 + (x^2 + x^4)\,dx^3)] + [dx^3\,dx^4], \quad \Omega' = e^{x^3}[dx^1\,dx^3\,dx^4]$$

reduzieren, und die Automorphismengruppe des Raumes ist durch die Gleichungen (49) *gegeben.*

Wenn ds^1 ein vollständiges Differential ist, kann Ω auf die kanonische Gestalt (36) reduziert werden. Dann ist

$$\Omega = [dx^1(dx^2 + x^4\,dx^3)] + [dx^3\,dx^4], \; \Omega' = [dx^1\,dx^3\,dx^4], \tag{49'}$$

und die Automorphismengruppe des Raumes wird daher durch die Gleichungen

$$\begin{aligned} x'^1 &= x^1, & x'^3 &= \varphi(x^1, x^3, x^4), \\ x'^2 &= x^2 + \Phi(x^1, x^3, x^4), & x'^4 &= \psi(x^1, x^3, x^4) \end{aligned} \tag{50}$$

bestimmt, in welchen die Funktionen φ, ψ, Φ durch die Beziehungen

$$\frac{D(\varphi, \psi)}{D(x^3, x^4)} = 1, \quad \frac{\partial \Phi}{\partial x^3} = x^4 + \psi\frac{\partial \varphi}{\partial x^3} + \frac{D(\varphi, \psi)}{D(x^1, x^3)},$$

$$\frac{\partial \Phi}{\partial x^4} + \psi\frac{\partial \varphi}{\partial x^4} + \frac{D(\varphi, \psi)}{D(x^1, x^4)} = 0$$

verknüpft sind. D bezeichnet dabei die jeweilige Funktionaldeterminante. Wie man sieht, kann man φ als willkürliche Funktion dreier Veränderlicher, ψ als eine solche zweier Veränderlicher und Φ als eine solche einer Veränderlichen auffassen.*)

§ 6 Räume mit gegebenem kontravariantem Tensor zweiter Stufe

Im Raum X sei jetzt ein kontravarianter Tensor A^{ij} zweiter Stufe gegeben. Auch in diesem Fall kann man A^{ij} in einen symmetrischen Tensor a^{ij} und einen schiefsymmetrischen Tensor b^{ij} zerlegen. Wenn $|a^{ij}| \neq 0$ ist, kann dem Raum ein symmetrischer kovarianter Tensor assoziiert werden, der durch die Gleichungen

$$a^{ir}\,a_{rj} = \delta^i_j$$

definiert wird. Dann ist die quadratische Form

$$\varphi = a_{ij}\,dx^i\,dx^j \tag{51}$$

eine Invariante, und wir können das Studium der Invarianten des Raumes auf die Untersuchung der Invarianten eines RIEMANNschen Raumes der Metrik (51)

*) Im Falle vierdimensionaler Räume mit gegebenem asymmetrischem Tensor A_{ij} repräsentiert der symmetrische Teil a_{ij} dieses Tensors zehn Komponenten und der schiefsymmetrische b_{ij} deren sechs. Diese Zerspaltung ist für die EINSTEINsche einheitliche Feldtheorie von großer Bedeutung geworden, wie im Anhang näher gezeigt wird.

zurückführen, ob diese Metrik nun definit ist oder nicht (vgl. Kapitel V des ersten Bandes dieses Werkes).

Ist ferner $|b^{ij}| \neq 0$ und $n = 2p$, so können wir auch den schiefsymmetrischen kovarianten Tensor b_{ij} betrachten, der durch die Gleichungen

$$b^{ir} b_{jr} = \delta^i_j$$

definiert wird, und wir können daher dem Raum auch eine bilineare schiefsymmetrische Form

$$\Psi = b_{ij}\, dx^i\, \delta x^j$$

zuordnen und den Raum wie früher als einen symplektischen Raum ansehen.

Nun sei sowohl $|a^{ij}|$ als auch $|b^{ij}|$ gleich Null. Wir behandeln insbesondere den Fall $|a^{ij}| = 0$. Auf jeden Fall kann man dem Raum die invariante Form

$$F = a^{ij} \frac{\partial f}{\partial x^i} \frac{\partial f}{\partial x^j}$$

assoziieren, worin f eine beliebige differenzierbare Funktion der $x^1, \ldots, x^n$ bezeichnet. Man kann dann ein System von n unabhängigen Kongruenzen in X_n so wählen, daß

$$F = \varepsilon_1 \left(\frac{\partial f}{\partial s^1}\right)^2 + \varepsilon_2 \left(\frac{\partial f}{\partial s^2}\right)^2 + \cdots + \varepsilon_m \left(\frac{\partial f}{\partial s^m}\right)^2, \qquad m < n \tag{52}$$

gilt mit $\varepsilon_1, \varepsilon_2, \ldots, \varepsilon_m = \pm 1$. Einfachheitshalber haben alle ε gleiches Vorzeichen. Kongruenztransformationen, welche die kanonische Form (52) ungeändert lassen, müssen dann die Ableitungen $\frac{\partial f}{\partial s^a}$ gemäß

$$\begin{aligned} \frac{\partial f}{\partial s^k} &= c^h_k \frac{\partial f}{\partial \bar{s}^h}, \\ \frac{\partial f}{\partial s^\alpha} &= c^h_\alpha \frac{\partial f}{\partial \bar{s}^h} + c^\beta_\alpha \frac{\partial f}{\partial \bar{s}^\beta} \end{aligned} \tag{52'}$$

transformieren, wobei die c^h_k den Orthogonalitätsbedingungen

$$c^h_k c^h_l = \delta^k_l \tag{53}$$

genügen und $|c^\alpha_\beta| \neq 0$ gilt. Die Gleichungen (52′) ergeben für die Bogendifferentiale unserer Kongruenzen die Transformationsformeln

$$\begin{aligned} d\bar{s}^h &= c^h_k\, ds^k + c^h_\alpha\, ds^\alpha, \qquad & h, k &= 1, 2, \ldots, m, \\ d\bar{s}^\alpha &= c^\alpha_\beta\, ds^\beta, & \alpha, \beta &= m + 1, \ldots, n. \end{aligned} \tag{54}$$

Sie bilden eine Gruppe von Kongruenztransformationen, welche das Pfaffsche System

$$ds^\alpha = \lambda^\alpha_i\, dx^i = 0, \qquad \alpha = m + 1, \ldots, n \tag{55}$$

ungeändert läßt. Man sieht überdies leicht, daß die Koeffizienten λ_i^α dieses Systems $n - m$ unabhängige Lösungen des Systems

$$a^{ij}\lambda_j^\alpha = 0 \tag{55'}$$

darstellen, so daß wir das System (55) explizit hinschreiben können, da der Tensor a^{ij} gegeben ist.

Nun sei das System (55) vollständig integrabel. Dann können wir es durch eine Variablentransformation so einrichten, daß $ds^\alpha = dx^\alpha$ und daher $\lambda_j^\alpha = \delta_j^\alpha$ wird und erhalten dann aus (55') die Beziehungen $a^{i\alpha} = 0$.

Da nach Voraussetzung $a^{ij} = a^{ji}$ ist, ergeben sich jetzt nur solche Komponenten $a^{ij} \neq 0$, deren Indizes $i, j \leqq m$ sind, und eine Transformation, welche diesen Sachverhalt ungeändert läßt, lautet:

$$x'^i = x'^i(x^1, x^2, \ldots, x^n), \qquad i = 1, 2, \ldots, m,$$

$$x'^\alpha = x'^\alpha(x^{m+1}, \ldots, x^n), \qquad \alpha = m + 1, \ldots, n.$$

Zugleich kann man ∞^{n-m} m-dimensionaler Mannigfaltigkeiten

$$x^\alpha = c^\alpha \tag{56}$$

assoziieren und bekommt dann auf jeder Mannigfaltigkeit dieser Schar die Maßbestimmung

$$ds^2 = a_{ij}\,dx^i\,dx^j,$$

wobei a_{ij} die kovarianten Komponenten des Tensors a^{ij} bedeuten. Die Schar invariant assoziierter Mannigfaltigkeiten (56) ist daher eine Schar m-dimensionaler nichtsingulärer RIEMANNscher Räume V_m.[9]) Dann gilt der

Satz. *Ist ein zum symmetrischen kontravarianten Tensor a^{ij} vom Rang m im Raum von n Dimensionen ($m < n$) assoziiertes* PFAFF*sches System vollständig integrabel, so sind die Invarianten des Tensors a^{ij} die Invarianten einer Schar von ∞^{n-m}* RIEMANN*scher V_m und umgekehrt.*

Ist das PFAFFsche System (55) nicht vollständig integrabel, so definiert es in X_n einen nichtholonomen Raum X_n^m. Dieser nichtholonome Raum X_n^m wird überdies zum nichtholonomen Raum V_n^m, wenn für die Tangentenrichtungen an X_n^m ($ds^\alpha = 0$) eine Maßbestimmung existiert, die man im Fall, daß alle $\varepsilon = +1$ oder $= -1$ sind

$$(ds)^2 = (ds^1)^2 + (ds^2)^2 + \cdots + (ds^m)^2$$

schreiben kann. Die Invarianten der Gruppe (54), (53) bilden innere Invarianten[10]) des nichtholonomen Raumes V_n^m. Die Untersuchung nichtholonomer Räume bildet den Gegenstand des folgenden Kapitels, und wir betrachten hier nur die Fälle $n = 2$ und $n = 3$.

---

[9]) Vgl. G. VRANCEANU, Familles de variétés riemanniennes, Bul. Soc. ştiinţ. Cluj 4 (1929), S. 434.

[10]) Vgl. G. VRANCEANU, Les espaces non holonomes, Mém. Sci. Math. fasc. 76 (1935), S. 19.

Zweidimensionale Räume. Liegt ein Raum X_2 von zwei Dimensionen mit einem symmetrischen (einfach) singulären kontravarianten Tensor a^{ij} vor, so ist die zugeordnete PFAFFsche Gleichung vollständig integrabel, und wir können es einrichten, daß

$$ds^2 = dx^2 = 0$$

wird, so daß a^{11} die einzige nichtverschwindende Komponente des Tensors a^{ij} angibt. Durch die Variablentransformation

$$x'^1 = x'^1(x^1, x^2), x'^2 = x'^2(x^2),$$

welche die kanonische Gestalt von $ds^2 = 0$ bewahrt, ergibt sich

$$a'^{11} = a^{11}\left(\frac{\partial x'^1}{\partial x^1}\right)^2,$$

so daß wir auf $a'^{11} = \pm 1$ reduzieren können, je nachdem ob $a^{11} > 0$ oder < 0 ist. Es gibt also zwei verschiedene Typen von Räumen X_2 mit singulärem Tensor a^{ij}. Die Automorphismengruppe des Raumes wird durch

$$x'^1 = x^1 + f(x^2), \quad x'^2 = \varphi(x^2) \tag{57}$$

gegeben, wenn der Tensor auf die kanonische Gestalt

$$a^{11} = \pm 1, \quad a^{12} = a^{22} = 0$$

reduziert ist. Diese Gruppe hängt also von zwei willkürlichen Funktionen einer Veränderlichen ab.

Dreidimensionale Räume. Nun sei ein dreidimensionaler Raum X_3 mit einem singulären symmetrischen kontravarianten Tensor a^{ij} gegeben. Je nach dem Rang 2 oder 1 dieses Tensors unterscheiden wir zwei Fälle. Für Rang 1 besteht das assoziierte PFAFFsche System aus zwei Gleichungen und ist daher vollständig integrabel. Sind x^2, x^3 Integrale dieses Systems, so ist a^{11} die einzige von Null verschiedene Komponente des Tensors a^{ij}, und wir bekommen ähnliche Ergebnisse wie im Fall $n = 2$.

Ist a^{ij} nur einfach singulär, so ergeben sich wieder zwei Fallunterscheidungen je nachdem, ob das assoziierte PFAFFsche System vollständig integrabel ist oder nicht. Im ersten Fall kann man das assoziierte System in der Gestalt $dx^3 = 0$ schreiben, wenn a^{13}, a^{23}, a^{33} gleich Null sind.

Da die Variablentransformationsgruppe, welche diesen Sachverhalt ungeändert läßt, durch die Gleichungen

$$x'^1 = x'^1(x^1, x^2, x^3), \quad x'^2 = x'^2(x^1, x^2, x^3), \quad x'^3 = x'^3(x^3)$$

bestimmt ist, und da bei einer solchen Transformation

$$a'^{11} = a^{11}\left(\frac{\partial x'^1}{\partial x^1}\right)^2 + 2a^{12}\frac{\partial x'^1}{\partial x^1}\frac{\partial x'^1}{\partial x^2} + a^{22}\left(\frac{\partial x'^1}{\partial x^2}\right)^2,$$

$$a'^{22} = a^{11}\left(\frac{\partial x'^2}{\partial x^1}\right)^2 + 2a^{12}\frac{\partial x'^2}{\partial x^1}\frac{\partial x'^2}{\partial x^2} + a^{22}\left(\frac{\partial x'^2}{\partial x^2}\right)^2 \cdot$$

gilt, können wir — ohne Rücksicht auf die Realitätsverhältnisse — x'^1, x'^2 als Lösungen der Gleichung

$$a^{11}\left(\frac{\partial z}{\partial x^1}\right)^2 + 2\,a^{12}\frac{\partial z}{\partial x^1}\,\frac{\partial z}{\partial x^2} + a^{22}\left(\frac{\partial z}{\partial x^2}\right)^2 = 0$$

einführen und damit $a'^{11} = a'^{22} = 0$ gewinnen. Die Gruppe, welche wiederum diesen Sachverhalt ungeändert läßt, schreibt sich

$$x'^1 = x'^1(x^1, x^3), \quad x'^2 = x'^2(x^2, x^3), \quad x'^3 = x'^3(x^3),$$

und hinsichtlich dieser Gruppe transformiert sich die einzige nichtverschwindende Komponente a^{12} des Tensors a^{ij} gemäß

$$a'^{12} = a^{12}\frac{\partial x'^1}{\partial x^1}\,\frac{\partial x'^2}{\partial x^2}.$$

Indem wir $a^{12} = e^u$ setzen, ergibt sich die Transformation

$$u' = u + \lg\frac{\partial x'^1}{\partial x^1} + \lg\frac{\partial x'^2}{\partial x^2}$$

und durch Differentiation dieser Gleichung nach x^1 und x^2

$$\frac{\partial^2 u}{\partial x'^1\,\partial x'^2}\,\frac{\partial x'^1}{\partial x^1}\,\frac{\partial x'^2}{\partial x^2} = \frac{\partial^2 u}{\partial x^1\,\partial x^2}.$$

Somit ist

$$I = e^u\,\frac{\partial^2 u}{\partial x^1\,\partial x^2}$$

eine Invariante des Problems. Wir betrachten jetzt die beiden Fälle $I = 0$ und $I = I(x^3)$. Ist $I = 0$, so zerfällt a^{12} in das Produkt zweier Funktionen $\varphi(x^1, x^3)$ und $\psi(x^2, x^3)$, und man kann es so einrichten, daß $a^{12} = 1$ wird. Dann lauten die Gleichungen der Atomorphismengruppe

$$x'^1 = e^k x^1 + f(x^3), \quad x'^2 = e^{-k} x^2 + \varphi(x^3), \quad x'^3 = \psi(x^3) \tag{58}$$

mit konstantem k und willkürlichen Funktionen f, φ, ψ der Veränderlichen x^3.

Ist jedoch I eine Funktion der Veränderlichen x^3, so bekommen wir u durch Integration einer LIOUVILLEschen Gleichung in der Gestalt

$$a^{12} = -I(x^3)\,\frac{(\varphi+\psi)^2}{2\,\dfrac{\partial\varphi}{\partial x^1}\,\dfrac{\partial\psi}{\partial x^2}}$$

mit $\varphi = \varphi(x^1, x^3)$ und $\psi = \psi(x^2, x^3)$. Führt man φ und ψ als Variable x^1, x^2 ein, so wird

$$a^{12} = -I(x^3)\,(x^1 + x^2)^2.$$

Wenn I konstant und ungleich Null ist, ergibt sich die Automorphismengruppe

$$x'^1 = x^1 + f(x^3), \quad x'^2 = x^2 - f(x^3), \quad x'^3 = \psi(x^3) \tag{59}$$

mit willkürlichen Funktionen f und ψ. Wenn $I(x^3)$ nicht konstant ist, setzen wir $I = x^3$. Dann wird auch $\psi = x^3$, und als einzige willkürliche Funktion von x^3 verbleibt f.

Wir betrachten jetzt den Fall, daß die assoziierte PFAFFsche Gleichung nicht vollständig integrabel ist. Dann gilt

$$\Delta s^3 = [ds^1 ds^2],$$

und die Formen ds^1, ds^2, ds^3 sind bis auf eine Transformation der Gruppe

$$d\bar{s}^1 = \cos\theta\, ds^1 - \sin\theta\, ds^2, \quad d\bar{s}^2 = \sin\theta\, ds^1 + \cos\theta\, ds^2, \; d\bar{s}^3 = ds^3 \tag{60}$$

bestimmt, wenn man der Einfachheit halber annimmt, daß die durch die Gleichung (52) gegebene Form F positiv oder negativ definit ist. Die Gruppe (60) ist die „Starrheitsgruppe" einer nichtholonomen Fläche V_3^2, deren Maßbestimmung durch

$$ds^2 = (ds^1)^2 + (ds^2)^2$$

gegeben ist. Da in die Gruppe (60) nur die einzige Funktion θ eingeht, enthält die Automorphismengruppe des Raumes V_3^2 höchstens $3 + 1 = 4$ Parameter. Wie man zeigen kann, wird dieses Maximum nur durch die Struktur[11])

$$\begin{aligned} \Delta s^1 &= \alpha[ds^1 ds^2] + \lambda[ds^2 ds^3], \\ \Delta s^2 &= \beta[ds^1 ds^2] + \lambda[ds^3 ds^1], \\ \Delta s^3 &= [ds^1 ds^2] \end{aligned} \tag{60'}$$

mit konstanten α, β, λ verwirklicht, welche den Bedingungen $\alpha\lambda = \beta\lambda = 0$ genügen. Daher gilt entweder $\lambda = 0$ oder $\alpha = \beta = 0$.

§ 7 Räume mit gegebenem gemischtem Tensor zweiter Stufe

Wir gehen jetzt im Raum X_n von einem gegebenen gemischten Tensor zweiter Stufe a_j^i aus. Wir können dann n PFAFFsche Formen

$$d\sigma^i = a_j^i\, dx^j \tag{61}$$

assoziieren, doch sind diese Formen gegenüber einer Variablentransformation nicht invariant, da man

$$d\sigma'^i = \frac{\partial x'^i}{\partial x^j}\, d\sigma^j$$

[11]) Vgl. G. VRANCEANU, Etude des espaces non holonomes, J. Math. 13 (1934), S. 166.

bekommt; sie bilden vielmehr die Komponenten eines kontravarianten Vektors. Wir werden daher die Gleichungen (61) als eine Zentroaffinität im lokalen Tangentenraum eines jeden Punktes $P(x^1, \ldots, x^n)$ des X_n deuten, welche jedem kontravarianten Vektor $(dx^1, \ldots, dx^n)$, der durch P hindurchgeht, einen andern solchen Vektor $(d\sigma^1, \ldots, d\sigma^n)$ durch denselben Punkt zuordnet.

Für die Eigenvektoren $d\sigma^i = \varrho dx^i$ dieser Transformation bekommen wir die Bedingungen

$$(a^i_j - \varrho\delta^i_j)\, dx^j = 0, \qquad (61')$$

so daß ϱ notwendig eine Wurzel der charakteristischen Gleichung

$$|a^i_j - \varrho\delta^i_j| = 0 \qquad (62)$$

ist. Offensichtlich sind die n Wurzeln $\varrho_1, \varrho_2, \ldots, \varrho_n$ dieser Gleichung Invarianten gegenüber Variablentransformationen in X_n Sie sind also absolute Invarianten des Raumes X_n mit gegebenem gemischtem Tensor a^i_j. Zu jeder dieser Wurzeln der Gleichung (62), z. B. zu ϱ_1, gehört genau ein kontravarianter Einheitsvektor, definiert durch die Gleichungen (61′), wenn die Determinante (62) für $\varrho = \varrho_1$ den Rang $n - 1$ erhält. Andernfalls ist ϱ_1 eine mehrfache Wurzel der Gleichung (62), da dann die Ableitung der linken Seite dieser Gleichung nach ϱ gleichfalls verschwindet, doch gilt die Umkehrung nicht.

Im allgemeinen Fall wird es sich um einfache Wurzeln $\varrho_1, \varrho_2, \ldots, \varrho_n$ handeln, und dann sind die n Invarianten $\varrho_1, \ldots, \varrho_n$ verschieden. Dann gehört zu jeder Wurzel genau ein kontravarianter Vektor. Seine Komponenten μ^i_h sind Lösungen der Gleichungen

$$a^i_j \mu^j_h - \varrho_h \mu^i_h = 0, \qquad (63)$$

und man kann diesen Vektoren in jedem Punkt, den Gleichungen

$$\frac{dx^1}{\mu^1_h} = \frac{dx^2}{\mu^2_h} = \cdots = \frac{dx^n}{\mu^n_h}$$

gemäß, die jeweilige Kongruenztangente zuordnen und gewinnt damit zu den Wurzeln $\varrho_1, \ldots, \varrho_n$ n invariante Kurvenkongruenzen. Ebenso assoziieren sich die n Operatoren

$$X_h f = \mu^i_h \frac{\partial f}{\partial x^i},$$

die bis auf die Transformation

$$X_h f = c^h \bar{X}_h f \qquad (62')$$

bestimmt sind, da die μ^i_h nur bis auf einen Faktor bestimmt sind. Die $c^1, c^2, \ldots, c^n$ in (62′) sind beliebige nichtverschwindende Funktionen.

Das System der unabhängigen assoziierten Kongruenzen. Wir zeigen zunächst die Unabhängigkeit der im Vorhergehenden eingeführten Kongruenzen, indem wir $|\mu_h^i| \neq 0$ nachweisen. Wäre nämlich $|\mu_h^i| = 0$, so bestünden Beziehungen der Gestalt

$$c_h \mu_h^i = 0, \tag{63'}$$

ohne daß alle c_h verschwänden. Durch Überschieben dieser Gleichungen mit a_j^i bekommt man mit Rücksicht auf (63)

$$\varrho_h c_h \mu_h^i = 0$$

und durch nochmaliges Überschieben mit a_i^r

$$\varrho_h^2 c_h \mu_h^i = 0.$$

Dann würden also die Größen $c_1 \mu_1^i, \ldots, c_n \mu_n^i$ einem linearen homogenen System von n Gleichungen mit der Determinante

$$\begin{vmatrix} 1 & 1 & & 1 \\ \varrho_1 & \varrho_2 & & \varrho_n \\ \cdots & \cdots & \cdots & \cdots \\ \varrho_1^{n-1} & \varrho_2^{n-1} & \ldots & \varrho_n^{n-1} \end{vmatrix} \neq 0$$

genügen, denn die $\varrho_1, \varrho_2, \ldots, \varrho_n$ sind ja nach Voraussetzung voneinander unabhängig. Damit ergibt sich aber notwendig $c_1 = c_2 = \cdots = c_n = 0$, im Widerspruch zur vorhergehenden Annahme über die Gleichungen (63'). Da also $|\mu_h^i| \neq 0$ gilt, können wir die Momente λ_i^h der n Kongruenzen betrachten, d. h. die Reziproken von μ_h^i. Wir bekommen dann

$$\lambda_i^h \mu_k^i = \delta_k^h$$

und zugleich die unabhängigen Pfaffschen Formen

$$ds^h = \lambda_i^h dx^i. \tag{64}$$

Sie sind wegen (62') bis auf eine Transformation der Gestalt

$$d\bar{s}^h = c^h ds^h \tag{64'}$$

mit festem Index h bestimmt. Diese Gruppe läßt jede der Gleichungen

$$ds^1 = 0, \quad ds^2 = 0, \ldots, ds^n = 0 \tag{64''}$$

ungeändert und ist daher eine separable Gruppe. Der Fall $n = 3$ von drei Kongruenzen des Raumes ist bereits in § 5 des Kapitels III des ersten Bandes dieses Werkes untersucht worden. Die Untersuchung der Invarianten der Gruppe (64') läßt sich im allgemeinen nach derselben Methode durchführen, wenn man beachtet, daß alle Koeffizienten der bilinearen Kovarianten $w_{kl}^h (h \neq k \neq l)$ relative Invarianten sind, indem

$$\overline{u}_{kl}^h c^k c^l = u_{kl}^h c^h$$

mit verschiedenen Indexwerten h, k, l gilt. Ein Spezialfall liegt vor, wenn alle diese Invarianten verschwinden, sobald jede der Gleichungen (64″) vollständig integrabel und daher jede der Kongruenzen eine Normalenkongruenz ist. Doch kann man diesen Ausnahmefall mit Hilfe der a_j^i nach den sogenannten Formeln von TONOLO-SCHOUTEN[12]) direkt charakterisieren, ohne die Kongruenzen λ und Invarianten ϱ zu verwenden.

Darstellung der a_j^i mit Hilfe der λ_i^h, μ_h^i und ϱ_h. Überschieben wir die Gleichungen (63) mit λ_k^h, so ergeben sich die Beziehungen

$$a_j^i = \varrho_h \mu_h^i \lambda_j^h \tag{65}$$

als Ausdruck für die Komponenten des Tensors a_j^i mit Hilfe der n Invarianten ϱ_h und der Parameter und Momente der n assoziierten Kongruenzen (λ). Es besteht Analogie zu den Ausdrücken für die Tensorkomponenten a_{ij} bzw. a^{ij} eines RIEMANNschen Raumes mit Hilfe der Parameter und Momente eines Systems orthogonaler Kongruenzen (vgl. Gleichungen (6′) in Kapitel V des ersten Bandes dieses Werkes).

Man sieht, daß zu einem gegebenen System von n unabhängigen Kurvenkongruenzen und einem System von n verschiedenen Invarianten $\varrho_1, \varrho_2, \ldots, \varrho_n$ ein Tensor zweiter Stufe a_j^i assoziiert werden kann, dessen invariante Kongruenzen und dessen Invarianten gerade diese Kongruenzen und diese Invarianten sind. Damit ergibt sich der

Satz. *Die Invarianten eines gemischten Tensors zweiter Stufe a_j^i, für den die Gleichung* (62) *nur einfache Wurzeln zuläßt, sind diese Wurzeln und die Invarianten der n assoziierten Kurvenkongruenzen.*

Absolute Invarianten. Wir bemerken jetzt, daß man unmittelbar die absoluten Invarianten

$$s^1 = a_i^i, \quad s^2 = a_j^i a_i^j, \quad s^3 = a_j^i a_r^j a_i^r, \ldots \tag{66}$$

bilden kann, sobald der Tensor a_j^i gegeben ist. Diese Invarianten sind, wie man leicht sieht, symmetrische Funktionen der n Invarianten $\varrho_1, \varrho_2, \ldots, \varrho_n$, nämlich Potenzsummen der betreffenden ϱ_i. Man erhält tatsächlich aus den Gleichungen (65)

$$s^1 = \varrho_1 + \varrho_2 + \cdots + \varrho_n, \quad s^2 = (\varrho_1)^2 + (\varrho_2)^2 + \cdots + (\varrho_n)^2.$$

Sind dann im allgemeinen Fall die n Invarianten $\varrho_1, \varrho_2, \ldots, \varrho_n$ und daher auch die Invarianten $s^1, s^2, \ldots, s^n$ unabhängige Funktionen der Variablen $x^1, \ldots, x^n$, so kann man sie als neue Veränderliche einführen und damit die Gruppe, welche diesen Sachverhalt ungeändert läßt, auf die Identität reduzieren. Dann sind alle Komponenten des Tensors a_j^i Invarianten. Zieht man also die Variablen-

---

[12]) Vgl. A. NIJENHUIS, X_{n-1}-forming sets of Eigenvectors, Indagationes Mathematicae **12** (1950), S. 20.

transformationen $s^i = s^i(x)$ heran, so sind die Komponenten $\bar{a}^i_j(s^1, s^2, \ldots, s^n)$ des Tensors a^i_j in den Variablen $s^1, s^2, \ldots, s^n$

$$\bar{a}^i_j = a^k_l \frac{\partial s^i}{\partial x^k} \frac{\partial x^l}{\partial s^j}$$

Invarianten, und man bekommt den

Satz. *Zwei Räume X_n und X'_n mit gemischten Tensoren a^i_j und a'^i_j und funktional unabhängigen Invarianten sind äquivalent, wenn die $a'^i_j(s'^1, s'^2, \ldots, s'^n)$ dieselben Funktionen in den s' darstellen wie die $a^i_j(s^1, s^2, \ldots, s^n)$ in den s.*

Sind unter den Invarianten $s^1, s^2, \ldots, s^n$ nur $m < n$ unabhängige Funktionen vorhanden, so können wir diese Invarianten als neue Veränderliche $x^1, \ldots, x^m$ einführen und die Gruppe der Punkttransformationen des Raumes auf die Untergruppe

$$\begin{aligned} x'^i &= x^i, & i &= 1, 2, \ldots, m, \\ x'^\alpha &= x'^\alpha(x^1, x^2, \ldots, x^n), & \alpha &= m+1, \ldots, n \end{aligned} \tag{66'}$$

reduzieren. Da sich die Formen (61) bei einer Variablentransformation wie die Komponenten eines kontravarianten Vektors verhalten, folgt, daß bei einer Transformation

$$d\sigma'^i = d\sigma^i, \quad d\sigma'^\alpha = d\sigma^i \frac{\partial x'^\alpha}{\partial x^i} + d\sigma^\beta \frac{\partial x'^\alpha}{\partial x^\beta}$$

gilt. Wir erkennen somit die Formen $d\sigma^i$ $(i = 1, \ldots, m)$ als invariante Formen. Genauso verhält es sich mit den bilinearen Kovarianten $\Delta\sigma^i$, und man erhält weiter

$$\begin{aligned} w'^i_{\lambda\mu} \frac{\partial x'^\lambda}{\partial x^\alpha} \frac{\partial x'^\mu}{\partial x^\beta} &= w^i_{\alpha\beta}, \\ w'^i_{\lambda\mu} \frac{\partial x'^\lambda}{\partial x^\alpha} \frac{\partial x'^\mu}{\partial x^j} + w'^i_{\lambda j} \frac{\partial x'^\lambda}{\partial x^\alpha} &= w^i_{\alpha j} \end{aligned} \tag{66''}$$

und analoge Gleichungen für w^i_{jk}. Die $w^i_{\alpha\beta}$ $(i = 1, 2, \ldots, m)$ bilden nach den ersten dieser Gleichungen m schiefsymmetrische Tensoren. Im Fall $m = 1$, $n - 1 = 2p$ kann man $w^1_{1\alpha} = 0$ erzielen, wenn die bilineare Kovariante der invarianten Pfaffschen Form ds^1 vom Rang $2p$ ist. Dann wird die Gruppe (66′), welche diesen Sachverhalt ungeändert läßt, separabel, d. h., die x'^α enthalten nicht x^1. Zugleich ergibt sich, da auch die schiefsymmetrische Form

$$\Delta s^1 = w^1_{\alpha\beta} ds^\alpha \, \delta s^\beta$$

invariant ist, daß man den Raum der Veränderlichen $x^2, x^3, \ldots, x^n$ als einen symplektischen Raum ansehen kann.

Der Fall mehrfacher Wurzeln. Ist eine der Wurzeln $\varrho_1, \varrho_2, \ldots, \varrho_n$, etwa ϱ_1, eine mehrfache Wurzel der Ordnung r, so gilt $\varrho_1 = \varrho_2 = \cdots = \varrho_r = \lambda$, und man kann zu ϱ_1 eine oder mehrere Kongruenzen assoziieren, je nachdem ob die Determinante $|a^i_j - \lambda\delta^i_j|$ vom Rang $n-1$ ist oder nicht. Im ersten Fall ist der Operator

$$X_1 f = \frac{\partial f}{\partial s^1} = \mu^i_1 \frac{\partial f}{\partial x^i}$$

bis auf einen Faktor bestimmt. Im zweiten Fall kann man p Operatoren

$$\frac{\partial f}{\partial s^1} = \mu^i_1 \frac{\partial f}{\partial s^i}, \frac{\partial f}{\partial s^2} = \mu^i_2 \frac{\partial f}{\partial x^i}, \ldots, \frac{\partial f}{\partial s^p} = \mu^i_p \frac{\partial f}{\partial x^i} \quad (p \leqq r)$$

assoziieren, und diese p Operatoren sind bis auf eine lineare Transformation

$$\frac{\partial f}{\partial s^k} = c^h_k \frac{\partial f}{\partial \bar{s}^h}, \qquad h, k = 1, 2, \ldots, p$$

bestimmt. Analoge Eigenschaften zeigen natürlich auch andere mehrfache Wurzeln. Operatoren $\frac{\partial f}{\partial s^\alpha}$ $(\alpha = m+1, \ldots, n)$, die mit keiner der Wurzeln verknüpft sind (wenn es solche gibt), transformieren sich analog gemäß

$$\frac{\partial f}{\partial s^\alpha} = c^h_\alpha \frac{\partial f}{\partial \bar{s}^h} + c^\beta_\alpha \frac{\partial f}{\partial \bar{s}^\beta}, \qquad h = 1, 2, \ldots, m.$$

Betrachten wir die Pfaffschen Formen, die zu allen diesen Operatoren gehören, so sind sie bis auf eine Transformation der Gestalt

$$\begin{aligned} d\bar{s}^h &= c^h_k\, ds^k + c^h_\alpha\, ds^\alpha, \\ d\bar{s}^r &= c^r_s\, ds^s + c^r_\alpha\, ds^\alpha, \\ &\cdots\cdots \\ d\bar{s}^\alpha &= c^\alpha_\beta\, ds^\beta \end{aligned} \tag{67}$$

bestimmt. Dabei gehören die Indizes h, k zu einer mehrfachen Wurzel λ, die Indizes r, s zu einer andern mehr- oder auch einfachen Wurzel μ und α, β sind mit keiner Wurzel verknüpft. Wir sehen daß die Gruppe (67) das Pfaffsche System

$$ds^\alpha = 0 \tag{68}$$

ungeändert läßt, sowie die Systeme der Gleichungen

$$ds^h = ds^\alpha = 0, \quad ds^r = ds^\alpha = 0.$$

Wir bemerken, daß (67) separabel ist, wenn es mindestens zwei verschiedene Wurzeln gibt und kein System (68) in Erscheinung tritt, mit andern Worten, wenn zu jeder mehrfachen Wurzel λ von der Ordnung r stets r unabhängige Kongruenzen gehören, die den Gleichungen $b^i_j \mu^j_\alpha = 0$ $(\alpha = 1, \ldots, r)$ genügen, wobei die Matrix $||b^i_j||$ die r-te Potenz von $||a^i_j - \lambda\delta^i_j||$ ist.

Räume X_1. Wir betrachten jetzt den Fall $n = 1$. Dann ist die Komponente a_1^1, die einzige des Tensors a_j^i, eine Invariante. Ist a_1^1 nicht konstant, so wählen wir $a_1^1 = x^1$, und die Automorphismengruppe des Raumes X_1 ist die identische Gruppe. Ist dagegen a_1^1 konstant, so ist die Automorphismengruppe des Raumes eine Punkttransformation in einer Veränderlichen und enthält als solche eine willkürliche Funktion einer Variablen. Ebenso ergibt sich, daß zwei Räume X_1 mit konstantem Tensor a_1^1 äquivalent sind, wenn a_1^1 in beiden Räumen denselben Wert hat.

Räume X_2. Betrachten wir noch den Fall $n = 2$. Für $n = 2$ sind die beiden Invarianten

$$a = a_1^1 + a_2^2, \quad b = (a_1^1)^2 + (a_2^2)^2 + 2\,a_2^1\,a_1^2$$

im allgemeinen unabhängige Funktionen der Veränderlichen x^1, x^2, und das Problem der Bestimmung der Invarianten des Raumes ist unmittelbar gelöst, wie im Vorhergehenden für beliebige Werte n gezeigt worden ist.

Ist jedoch nur eine dieser Invarianten, etwa a, eine unabhängige Funktion, so können wir $x^1 = a$ wählen und die Invarianten des Tensors a_j^i in bezug auf die Variablentransformation

$$x'^1 = x^1, \quad x'^2 = x'^2(x^1, x^2) \tag{68'}$$

betrachten. Hinsichtlich dieser Transformation ist dann die Pfaffsche Form

$$d\sigma^1 = a_1^1\,dx^1 + a_2^1\,dx^2$$

eine invariante Form.

Ist $a_2^1 \neq 0$, so kann $a_1^1 = 0$ und daher $a = a_2^2 = x^1$ erreicht werden, wodurch (68') auf die Gestalt

$$x'^1 = x^1, \quad x'^2 = x'^2(x^2) \tag{68''}$$

reduziert wird. In bezug auf diese Gruppe ändert sich die Komponente a_2^1 gemäß

$$a_2'^1 \frac{\partial x'^2}{\partial x^2} = a_2^1.$$

Entwickelt man a_2^1 in eine nach Potenzen von x^1 fortschreitende Reihe

$$a_2^1 = (a_2^1)_0 + (a_2^1)_1\,x^1 + \cdots,$$

so läßt sich einer unter den nichtverschwindenen Koeffizienten $(a_2^1)_0, (a_2^1)_1, \ldots$ auf die Einheit reduzieren.

Ist $(a_2^1)_0 \neq 0$, so kann man etwa

$$a_2^1 = 1 + (a_2^1)_1\,x^1 + \cdots \tag{68'''}$$

bekommen, und die Gruppe, welche diesen Sachverhalt ungeändert läßt, ist die identische Gruppe. In bezug auf diese ist auch a_1^2 eine Invariante, und der Raum besitzt also zwei Invarianten: a_2^1 gegeben durch (68''') und a_1^2, da $a_1^1 = 0$ und $a_2^2 = x^1$ ist. Zwei Räume X_2 und X_2' sind in diesem Fall äquivalent, wenn $a_2'^1$ und $a_1'^2$ dieselben Funktionen von x'^1 sind wie a_2^1 und a_1^2 solche von x^1.

Würde für die Invariante b die Gleichung $b = x^1$ bestanden haben, so hätten wir

$$(a_2^2)^2 + 2\,a_2^1\,a_1^2 = x^1$$

bekommen, und es gäbe wieder zwei unabhängige Invarianten, z. B. a_1^2, a_2^1. Sobald a_2^1 verschwindet, ist a_1^1 eine Invariante, und die Transformationen (68′) transformieren die Komponenten a_1^2, a_2^2, a_1^1 gemäß den Gleichungen

$$a_1'^{\,2} + (a_2^2 - a_1^1)\,\frac{\partial x'^{\,2}}{\partial x^1} = a_1^2\,\frac{\partial x'^{\,2}}{\partial x^2}.$$

Man sieht, daß man $a_1'^{\,2} = 0$ erreichen kann, wenn $a_1^1 \neq a_2^2$ ist, und $a_1'^{\,2} = 1$, wenn $a_1^1 = a_2^2$ und $a_1^2 \neq 0$ ist. Im ersten Fall reduziert sich (68′) auf (68″), und die Bestimmung der Invarianten gestaltet sich analog zur vorhergehenden Methode.

Im zweiten Fall wird aus (68′)

$$x'^{\,1} = x^1, \quad x'^{\,2} = x^2 + \varphi(x^1). \tag{69}$$

Da für a, b in diesem Fall

$$a = 2a_1^1, \quad b = 2(a_1^1)^2$$

gilt und eine dieser beiden Größen, etwa a, gleich x^1 ist, ergeben sich für den Raum X_2 keine weiteren Invarianten, und seine Automorphismengruppe ist mithin die Gruppe (69) mit einer willkürlichen Funktion φ.

Im Fall $a_1^1 = a_2^2$, $a_1^2 = 0$ ist die Automorphismengruppe des Raumes offensichtlich die Gruppe (68′). So ergibt sich der

Satz. *Liegt ein Raum X_2 mit einem gegebenen gemischten Tensor a_j^i vor, dessen eine von den beiden Invarianten a und b nicht konstant ist, so ist seine Automorphismengruppe entweder die Identität oder die Gruppe* (69) *mit einer einzigen willkürlichen Funktion einer Veränderlichen oder die Gruppe* (68′) *mit einer willkürlichen Funktion zweier Veränderlicher.*

Nun seien die Invarianten s^1, s^2 oder, wenn wir wünschen, die Invarianten ϱ_1, ϱ_2 beide konstant. Dann schreibt sich die Gleichung (62) für einen Raum X_2 in der Gestalt

$$\begin{vmatrix} a_1^1 - \varrho & a_2^1 \\ a_1^2 & a_2^2 - \varrho \end{vmatrix} = 0 \tag{70}$$

und hat eine Doppelwurzel, wenn

$$(a_1^1 - a_2^2)^2 + 4\,a_1^2 a_2^1 = 0$$

ist. Wenn $\varrho_1 \neq \varrho_2$ ist, können wir es immer so einrichten, daß die zur Wurzel ϱ_1 gehörige Kongruenz zur x^1-Achse ($x^2 = \text{const}$) wird und daher $a_1^2 = 0$ gilt. Dann ist $\varrho_1 = a_1^1$, $\varrho_2 = a_2^2$ und daher $a_2^2 \neq a_1^1$. Als zu den Wurzeln ϱ_1, ϱ_2 assoziierte Operatoren bieten sich dann

$$\frac{\partial f}{\partial s^1} = \frac{\partial f}{\partial x^1}, \quad \frac{\partial f}{\partial s^2} = a_2^1\,\frac{\partial f}{\partial x^1} + (a_2^2 - a_1^1)\,\frac{\partial f}{\partial x^2}$$

und als assoziierte PFAFFsche Formen

$$ds^1 = (a_2^2 - a_1^1)dx^1 - a_2^1 dx^2, \quad ds^2 = dx^2.$$

Als neue Veränderliche x^1 kann man eine solche einführen, welche $a_2^1 = 0$ bedingt, indem man nämlich die zu ϱ_2 assoziierte Kongruenz zur x^2-Achse ($x^1 = \text{const}$) wählt. Dann ist die Automorphismengruppe des Raumes durch die Gleichungen

$$x'^1 = x'^1(x^1), \quad x'^2 = x'^2(x^2) \tag{69'}$$

gegeben, d. h. durch die Gruppe, welche die Koordinatenachsen ungeändert läßt, da diese als unabhängige Kongruenzen auf invariante Weise mit dem Raum verknüpft sind. So ergibt sich der

Satz. *Ein zweidimensionaler Raum mit gegebenem gemischtem Tensor a_j^i von konstanten unabhängigen Invarianten kann auf $a_2^1 = a_1^2 = 0$ reduziert werden, und die Gruppe* (69') *eines solchen Raumes hängt von zwei willkürlichen Funktionen einer Veränderlichen ab.*

Hat die Gleichung (70) eine Doppelwurzel $\varrho_1 = \varrho_2$, so bekommen wir die Bedingung $a_1^1 = a_2^2$, wenn man $a_1^2 = 0$ erreicht hat. Zu dieser Wurzel können wir nur dann eine einzige Kongruenz assoziieren, wenn $a_2^1 \neq 0$ ist, und die Transformationsgruppe, welche diese Kongruenz $x^2 = \text{const}$, d. h. die x^1-Achse ungeändert läßt, schreibt sich

$$x'^1 = x'^1(x^1, x^2), \quad x'^2 = x'^2(x^2). \tag{69''}$$

Davon ausgehend ergibt sich

$$a_2'^1 \frac{\partial x'^2}{\partial x^2} = a_2^1 \frac{\partial x'^1}{\partial x^1},$$

und wir können es so einrichten, daß wir

$$a_2^1 = 1, \quad \frac{\partial x'^2}{\partial x^2} = \frac{\partial x'^1}{\partial x^1}$$

bekommen. Unter diesen Umständen wird aus den Gleichungen (69'')

$$x'^1 = x^1 \frac{\partial f}{\partial x^2} + \varphi, \quad x'^2 = f(x^2) \tag{70'}$$

mit Funktionen $f = f(x^2)$ und $\varphi = \varphi(x^2)$.

Verschwindet auch noch die Komponente a_2^1, so verschwinden alle Minoren der Determinante (70), sobald $\varrho = \varrho_1 = \varrho_2$ und daher $a_1^1 = a_2^2$ gilt, und es lassen sich dann zu dieser Doppelwurzel zwei unabhängige Kongruenzen des Raumes assoziieren. Mit andern Worten: Die Gruppe, welche den gemischten Tensor

$$a_1^1 = a_2^2, \quad a_2^1 = a_1^2 = 0 \tag{71}$$

mit konstantem $a_1^1 = a_2^2$ ungeändert läßt, stellt sich als die Gruppe

$$x'^1 = f(x^1, x^2), \quad x'^2 = \varphi(x^1, x^2) \tag{72}$$

der Punkttransformationen in zwei Veränderlichen dar; die Funktionen f und φ bleiben dabei willkürlich. So ergibt sich der

Satz. *Ein Raum X_2 mit gegebenem gemischtem Tensor a_j^i und konstanter Doppelwurzel gestattet entweder die Automorphismengruppe* (70′) *oder diejenige* (72), *je nachdem, ob man zu dieser Doppelwurzel eine oder zwei Kongruenzen assoziieren kann.*

Ebenso kann man feststellen, daß im Fall (71), wenn $a_1^1 = a_2^2$ eine Konstante ist, der Tensor a_j^i der Gruppe der allgemeinen Punkttransformationen keinerlei Bedingung auferlegt. Der Tensor a_j^i ist in diesem Fall ein sogenannter „*absoluter Tensor*". Ein solcher ist dann durch die Komponentengleichungen

$$a_j^i = c\,\delta_j^i$$

gegeben, worin δ_j^i wie stets das Kroneckersche Symbol bezeichnet und c eine Konstante ist. Dies ist der einzige Fall, in welchem der Tensor a_j^i der Gruppe der allgemeinen Punkttransformationen keinerlei Bedingungen auferlegt, wie wir schon gesehen haben, d. h. der einzige Fall, in welchem a_j^i ein absoluter Tensor ist, und diese Eigenschaft trifft auch für beliebige Werte n zu.

Zwei Räume X_n und X'_n mit solchen absoluten Tensoren a_j^i und a'^i_j sind daher äquivalente Räume, sobald die Konstanten c und c' gleich sind. Ist umgekehrt diese Voraussetzung erfüllt, so sind die Räume hinsichtlich der Gruppe aller allgemeinen Punkttransformationen in n Veränderlichen äquivalent.

KAPITEL IV

NICHTHOLONOME RÄUME

Wir haben bereits im Kapitel IV des ersten Bandes dieses Werkes gewisse Probleme betrachtet, die sich auf Räume beziehen, die in einem Raum mit affinem Zusammenhang eingebettet sind. Auch die Invarianten eines RIEMANNschen Raumes, der in einem euklidischen Raum eingebettet liegt, haben wir schon untersucht (in Kapitel V des ersten Bandes dieses Werkes). Nunmehr wollen wir uns mit den Eigenschaften nichtholonomer Räume X_n^m beschäftigen, die im Raum $X_n(x^1, \ldots, x^n)$ durch ein PFAFFsches System $ds^\alpha = \lambda_i^\alpha dx^i = 0$ $(\alpha = m+1, \ldots, n)$ definiert werden. Nichtholonome Räume V_n^m, d. h. solche nichtholonomen X_n^m, die in einem RIEMANNschen Raum eingebettet sind, wurden 1926 von G. VRANCEANU[1]) und unabhängig 1927 von Z. HORAK[2]) in die Theorie eingeführt zum Zweck, eine geometrische Deutung mechanischer nichtholonomer Systeme zu gewinnen. 1928 hat J. A. SCHOUTEN[3]) nichtholonome Räume A_n^m untersucht, und jetzt existiert eine sehr reichhaltige Literatur über nichtholonome Räume.[4])

Da das zur Darstellung verwendete PFAFFsche System $ds^\alpha = 0$, wenn es vollständig integrabel ist, eine $(n-m)$-parametrige Schar m-dimensionaler Räume X_m definiert, werden wir in diesem Kapitel mit der Besprechung gewisser Eigenschaften dieser X_m-Scharen und der Bedingungen für ihre Einbettung in euklidisch-affine oder projektive Räume beginnen.

§ 1 Unterräume

Liegen in einem Raum X_n der n Veränderlichen $x^1, x^2, \ldots, x^n$ eine oder mehrere Gleichungen der Gestalt

$$f^\alpha(x^1, \ldots, x^n) = 0, \qquad \alpha = m+1, \ldots, n \tag{1}$$

vor, so sagt man, diese Gleichungen bestimmen einen Unterraum des X_n. Können die Gleichungen (1) bezüglich $n-m$ der Veränderlichen x aufgelöst werden, so daß man etwa

$$x^\alpha = \varphi^\alpha(x^1, \ldots, x^m) \tag{1'}$$

[1]) G. VRANCEANU, Sur les espaces non holonomes, C. R. 183 (1926), S. 852; Sur le calcul différentiel absolu pour les variétés non holonomes, C. R. 183 (1926), S. 1083.

[2]) Z. HORAK, Sur les systèmes non holonomes, Bull. Int. de l'Ac. Sc. de Bohème 1927, S. 1–18.

[3]) J. A. SCHOUTEN, On nonholonomic connexions, Proc. Kon. Akad. Amsterdam 31 (1928), S. 291–299.

[4]) Für die Bibliographie bis 1935 vgl. G. VRANCEANU, Les espaces non holonomes, Mém. Sci. Math., fasc. 76 (1935). Für die neuere Bibliographie vgl. J. A. SCHOUTEN, Ricci-Calculus. Springer-Verlag, Berlin/Göttingen/Heidelberg 1954.

bekommt, so handelt es sich um einen Raum X_m von m Dimensionen (vgl. Kapitel I des ersten Bandes dieses Werkes, S. 8).

Nun seien die Funktionen f^α stetig und differenzierbar. Dann folgt durch Differentiation

$$df^\alpha = \frac{\partial f^\alpha}{\partial x^i} dx^i = 0. \tag{2}$$

Ist also $P(x^i)$ ein Punkt des Raumes X_m, so gehört der „Nachbarpunkt" $P'(x^i + dx^i)$, wenn man von Gliedern von höherer als erster Ordnung absieht, auch noch zu X_m, wenn die dx^i den Gleichungen (2) genügen. Die Gerade PP' gehört daher zu einem linearen Raum, dem Tangentialraum des Raumes X_m im Punkt P.

Umgekehrt definiert ein System von $n - m$ vollständig integrablen Pfaffschen Gleichungen, das wir in der Form (2) annehmen, eine Schar von ∞^{n-m} Räumen X_m, die durch die Gleichungen

$$f^\alpha = c^\alpha \tag{2'}$$

mit konstanten c^α gegeben werden. Diese Schar hat die Eigenschaft, daß durch jeden Punkt $P(x_0^i)$ des Raumes X_n ein Raum der Schar (2') hindurchgeht, nämlich der Raum, welchem die Werte $f^\alpha(x_0^i)$ der Konstanten c_α zukommen.

Wir sagen dann, der Raum X_m sei in die Schar (2') eingespannt. Wenn man die $n - m$ kovarianten Vektoren

$$\frac{\partial f^\alpha}{\partial x^i}, \qquad \alpha = m + 1, \ldots, n, \tag{3}$$

betrachtet, die durch die Gleichungen (2) in Evidenz gesetzt werden, so ergibt sich, daß die Gleichungen (2) die Orthogonalität des Vektorfeldes (3) zu irgendeiner Verschiebung im linearen Tangentialraum des X_m zum Ausdruck bringen. Das Vektorfeld (3) kann auf unendlich viele Weisen dadurch vervollständigt werden, daß man ihm m Vektoren

$$\frac{\partial f^h}{\partial x^i}, \qquad h = 1, 2, \ldots, m \tag{3'}$$

assoziiert, wobei die f^h gewisse Funktionen der Veränderlichen $x^1, \ldots, x^n$ bezeichnen. Das System der kovarianten Vektoren (3) und (3') ist dann ein unabhängiges System, wenn die Determinante $\left|\frac{\partial f^a}{\partial x^i}\right|$, $a = 1, \ldots, n$ nicht verschwindet, oder mit anderen Worten, wenn die

$$y^a = f^a(x^1, \ldots, x^n)$$

sich als neue Koordinaten im Raum X_n ansehen lassen. Ein beliebiger kontravarianter Vektor v^i des Raumes X_n ist dann ein Tangentenvektor der Schar (2'), sobald er die Gleichungen

$$\frac{\partial f^\alpha}{\partial x^i} v^i = 0$$

erfüllt, und ebenso ist v^i ein Normalvektor zu den Räumen (2′) und zum Vektorfeld (3′), sobald man

$$\frac{\partial f^h}{\partial x^i} v^i = 0$$

hat. Die Definition eines Normalvektors hängt somit vom System der Vektoren (3′) ab. Um diese Abhängigkeit zu präzisieren, betrachten wir neue Funktionen f^a, f^h. Die allgemeinste Art, solche Funktionen zu wählen, dabei aber den Raum (1) festzulassen, ergibt sich durch den Ansatz:

$$\begin{aligned} f'^h &= f'^h(f^1, \ldots, f^n), \\ f'^a &= A^a_\beta f^\beta, \end{aligned} \tag{4}$$

wobei die f'^h beliebige Funktionen der $f^1, \ldots, f^n$ bezeichnen und die Determinanten $\left|\frac{\partial f'^h}{\partial f^k}\right|$ und $|A^a_\beta|$ im Raum X_m, d. h. für $f^a = 0$ ungleich Null ausfallen müssen. Differenziert man die letzten der Gleichungen (4), so ergibt sich

$$\frac{\partial f'^a}{\partial f^k} = \frac{\partial A^a_\beta}{\partial f^k} f^\beta, \quad \frac{\partial f'^a}{\partial f^\lambda} = A^a_\lambda + \frac{\partial A^a_\beta}{\partial f^\lambda} f^\beta \tag{4′}$$

derart, daß man zu

$$V'^h = V^h + \frac{\partial f'^h}{\partial f^a} V^a, \quad V'^a = \frac{\partial A^a_\beta}{\partial f^k} f^\beta V^k + \left(A^a_\lambda + \frac{\partial A^a_\beta}{\partial f^\lambda} f^\beta\right) V^\lambda$$

gelangt, wenn man mit V^a und V'^a die Komponenten eines kontravarianten Vektors v^i im Raum X_n in bezug auf das System der Funktionen f^a und f'^a bezeichnet, d. h. mit andern Worten, wenn man

$$V^a = \frac{\partial f^a}{\partial x^i} v^i, \quad V'^a = \frac{\partial f'^a}{\partial x^i} v^i$$

setzt. Im Raum X_m, d. h. für $f^a = 0$, zeigen diese Formen, daß ein kontravarianter Tangentenvektor ($V^a = 0$) erhalten bleibt, denn in X_m gilt

$$V'^a = (A^a_\lambda)_0 V^\lambda,$$

wobei die $(A^a_\lambda)_0$ die Werte der A^a_λ auf X_m bezeichnen.

Was die Charakterisierung des kontravarianten Normalenvektors $V^k = 0$ angeht, so bleibt er nur bei Transformationen der Gruppe (4) erhalten, für welche in X_m die Beziehungen $\frac{\partial f'^h}{\partial f^a} = 0$ gelten, so daß man also

$$\frac{\partial f'^h}{\partial f^a} = K^h_{a\beta} f^\beta$$

hat, wobei die $K^h_{a\beta}$ beliebige Funktionen der $f^1, \ldots, f^n$ oder der $x^1, \ldots, x^n$ sind. Transformationen (4), welche den Charakter eines zu X_m normalen kontravarianten Vektors erhalten, sind demnach durch die Gleichungen

$$f'^h = a^h + \frac{1}{2} A^h_{\alpha\beta} f^\alpha f^\beta, \qquad f'^\alpha = A^\alpha_\beta f^\beta \tag{5}$$

gegeben, wobei die $A^h_{\alpha\beta}$ und A^α_β beliebige Funktionen der Veränderlichen $f^1, \ldots, f^n$ darstellen und die a^h nur von den f^h abhängen.

Bezeichnen wir jetzt mit v_i die Komponenten eines beliebigen kovarianten Vektors des Raumes X_n und mit V_a und V'_a seine Komponenten in bezug auf die Funktionen f^a und f'^a, so gilt

$$v_i = \frac{\partial f^a}{\partial x^i} V_a = \frac{\partial f'^a}{\partial x^i} V'_a,$$

und mit Rücksicht auf (4') bekommen wir

$$V_h = \frac{\partial f'^k}{\partial f^h} V'_k + \frac{\partial A^\alpha_\beta}{\partial f^h} f^\beta V'_\alpha, \qquad V_\alpha = \frac{\partial f'^k}{\partial f^\alpha} V'_k + \left(A^\lambda_\alpha + \frac{\partial A^\lambda_\beta}{\partial f^\alpha} f^\beta\right) V'_\lambda.$$

Im Raum X_m bleibt also der Charakter des kovarianten Normalvektors erhalten, da

$$V_h = \left(\frac{\partial f'^k}{\partial f^h}\right)_0 V'_k$$

gilt, also für V'_k dasselbe gilt, sobald $V_h = 0$ ist. Überdies zeigen die Gleichungen (4), daß auch der Charakter des kovarianten Tangentialvektors $V_\alpha = 0$ erhalten bleibt, wenn (4) von der Gestalt (5) ist. Man bemerkt, daß gemäß (4') das Vektorfeld (3) längs X_m gegenüber Transformationen (4) invariant bleibt, während (3') nur bei Transformationen (5) invariant bleibt. Überdies kann man feststellen, daß die Wahl eines in X_m invarianten Vektorfeldes darauf hinauskommt, die Werte der Ableitungen $\frac{\partial f'^h}{\partial f^\alpha}$ in X_m festzulegen. Tatsächlich müssen dieses Werte im System der neuen Funktionen

$$f'^h - \left(\frac{\partial f'^h}{\partial f^\alpha}\right)_0 f^\alpha$$

verschwinden, wenn sie nicht von Anfang an gleich Null sind.

Gruppe eines X_m in kanonischen Veränderlichen. Sieht man die f^a als Veränderliche x^a an, was darauf hinauskommt, den Raum X_m durch die Gleichungen

$$x^\alpha = 0, \qquad \alpha = m + 1, \ldots, n \tag{6}$$

zu definieren, so gewinnen die Gleichungen (4) die Gestalt

$$\begin{aligned} x'^h &= a^h + a^h_\alpha x^\alpha + \frac{1}{2} a^h_{\alpha\beta} x^\alpha x^\beta + \cdots, \\ x'^\alpha &= a^\alpha_\beta x^\beta + \frac{1}{2} a^\alpha_{\beta\gamma} x^\beta x^\gamma + \cdots \end{aligned} \tag{7}$$

(vgl. Gleichungen (34″) in Kapitel IV des ersten Bandes dieses Werkes). Darin sind die nicht mehr aufgeschriebenen Terme mindestens von dritter Ordnung in den x^α, und die a sind Funktionen der Veränderlichen x^h allein. Man gewinnt also ein Feld von Normalvektoren zu X_m, wenn man die Koeffizienten a^h_α vorgibt. Durch eine Variablentransformation können wir dann die a^h_α zum Verschwinden bringen. Für $a^h_\alpha = 0$ haben jetzt die Transformationen (7) die Eigenschaft, den Charakter kontra- oder kovarianter tangentieller oder normaler Vektoren hinsichtlich des Raumes X_m zu bewahren. Wir sagen, die Formeln (7) bilden die Gruppe der Transformationen des Raumes X_m in kanonischen Veränderlichen. Unter diesen Voraussetzungen betrachten wir jetzt die Transformationsformeln eines kontravarianten Vektors. Es gilt

$$\begin{aligned} V'^h &= \left(\frac{\partial a^h}{\partial x^k} + \frac{\partial a^h_\alpha}{\partial x^k} x^\alpha + \cdots\right) V^k + (a^h_\alpha + a^h_{\alpha\beta} x^\beta + \cdots)\, V^\alpha, \\ V'^\alpha &= \left(\frac{\partial a^\alpha_\beta}{\partial x^k}\, x^\beta + \cdots\right) V^k + (a^\alpha_\beta + a^\alpha_{\beta\gamma} x^\gamma + \cdots)\, V^\beta, \end{aligned} \tag{8}$$

was uns im Raum X_m auf

$$V'^h_0 = \frac{\partial a^h}{\partial x^k}\, V^k_0 + a^h_\alpha V^\alpha_0, \qquad V'^\alpha_0 = a^\alpha_\beta V^\beta_0$$

führt, wobei die V^α_0 die Werte der Komponenten des Vektors im Raum X_m bezeichnen. Wir differenzieren die letzten der Gleichungen (8) nach x^λ und erhalten in X_m die Gleichungen

$$\left(\frac{\partial V'^\alpha}{\partial x'^\mu}\right)_0 a^\mu_\lambda = \frac{\partial a^\alpha_\lambda}{\partial x^k}\, V^k_0 + a^\alpha_{\lambda\beta} V^\beta_0 + a^\alpha_\beta \left(\frac{\partial V^\beta}{\partial x^\lambda}\right)_0.$$

Sie zeigen, daß im Fall tangentieller Vektoren ($V^\alpha_0 = 0$) des Raumes X_m unter der zusätzlichen Voraussetzung, daß die Beziehungen

$$\left(\frac{\partial V^\alpha}{\partial x^\lambda}\right)_0 = 0$$

bestehen, d. h. im Fall der Vektor auch noch Schmiegraumvektor erster Ordnung ist, diese Eigenschaft gegenüber Transformationen (7) erhalten bleibt, wenn die a^α_λ von den x^k unabhängig sind, d. h. konstant sind.

Analog zeigt man, daß die Eigenschaft eines Tangentenvektors v^i des X_m, Schmiegraumvektor der Ordnung m zu sein, d. h. mit insgesamt verschwindenden Ableitungen mindestens n-ter Ordnung der Komponenten V^α nach den Veränderlichen x^λ behaftet zu sein, bei Transformationen (7) erhalten bleibt, wenn deren Koeffizienten $a^\alpha_{\beta_1 \ldots \beta_p}$ für $p \leqq n$ konstant sind. Somit folgt, daß die Transformationen (7), welche Schmiegraumvektoren beliebiger Ordnung ungeändert lassen, durch konstante Koeffizienten $a^\alpha_{\beta \ldots \gamma}$ gekennzeichnet sind. In diesem Fall bemerkt man auch, daß die Transformationen (7) die Schar

$$x^\alpha = c^\alpha \tag{9}$$

der Räume X_m mit konstanten c in die Schar

$$x'^\alpha = c'^\alpha$$

transformieren. Bezeichnet man die Räume X_m der Schar (9) als parallel, so ergibt sich, daß die Gleichungen (7), wenn die $a^\alpha_{\beta\ldots\gamma}$ konstant sind, die Schar (9) paralleler Räume X_m ungeändert läßt.

Nun sei $a^h_\alpha = 0$ in (7) und daher der Charakter eines Normalvektors ($V^h = 0$) invariant. Ist dann der Vektor mit $V^h = 0$ gleichzeitig ein Normalvektor erster Ordnung in X_m, d. h., gilt überdies

$$\left(\frac{\partial V^h}{\partial x^\beta}\right)_0 = 0,$$

so bleibt diese Eigenschaft gegenüber (7) erhalten, wenn $a^h_{\alpha\beta} = 0$ ist. Auf diese Weise gewinnen wir eine Deutung für die Koeffizienten $a^h_{\alpha\ldots\beta}$, und die Orthogonalität n-ter Ordnung bleibt folglich bei den Transformationen (7) erhalten, wenn alle Koeffizienten $a^h_{\alpha\ldots\beta}$ verschwinden. Transformationen der Gestalt

$$x'^h = x'^h(x^1, \ldots, x^m), \quad x'^\alpha = A^\alpha_\beta x^\beta, \tag{10}$$

in welchen die A^α_β Funktionen der $x^1, \ldots, x^n$ sind, haben demnach die Eigenschaft, die Orthogonalität jeder Ordnung zu erhalten. In gleicher Weise sind diese Transformationen dadurch gekennzeichnet, daß sie die Schar $x^h = c^h$ der Parallelräume X_{n-m} erhalten.

X_m in X_n mit gemischtem Tensor zweiter Ordnung. Wir betrachten einen Raum X_n mit gemischtem Tensor zweiter Stufe t^a_b. Dieser Tensor zerfällt längs X_m in vier Bestandteile

$$(t^h_k)_0, \quad (t^h_\beta)_0, \quad (t^\alpha_k)_0, \quad (t^\alpha_\beta)_0,$$

je nachdem, ob die Indizes a, b die Werte 1 bis m oder $m+1$ bis n durchlaufen. Indizes, welche von 1 bis m laufen, heißen innere Indizes des X_m, solche, die von $m+1$ bis n laufen, äußere Indizes des X_m.

Nach einer Transformation (7) gewinnen wir die Gleichungen

$$\left.\begin{aligned}
(t'^{\,h}_k)_0 \frac{\partial a^k}{\partial x^l} &= (t^k_l)_0 \frac{\partial a^h}{\partial x^k} + (t^\alpha_l)_0\, a^h_\alpha, \\
(t'^{\,h}_k)_0\, a^k_\alpha + (t'^{\,h}_\beta)_0\, a^\beta_\alpha &= (t^k_\alpha)_0 \frac{\partial a^h}{\partial x^k} + (t^\beta_\alpha)_0\, a^h_\beta, \\
(t^\alpha_k)_0 \frac{\partial a^k}{\partial x^l} &= (t^\beta_l)_0\, a^\alpha_\beta, \\
(t^\alpha_k)_0 a^k_\beta + (t'^{\,\alpha}_\lambda)_0 a^\lambda_\beta &= (t^\lambda_\beta)_0 a^\alpha_\lambda.
\end{aligned}\right\} \tag{11}$$

Wie man sieht, bilden die Größen $(t_l^\alpha)_0$, d. h. die X_m-Komponenten des Tensors t_b^a, deren kontravariante Indizes äußere Indizes sind und deren kovariante Indizes innere Indizes sind, an und für sich einen Tensor. Das Analoge gilt einerseits für die Größen $(t_k^\alpha)_0$, $(t_\lambda^\alpha)_0$ und andererseits für die Größen $(t_\lambda^k)_0$, $(t_k^\alpha)_0$. Wir betrachten jetzt die Matrix $M = ||(t_l^\alpha)_0||$ von m Zeilen und $n - m$ Kolonnen ($l = 1, \ldots, m$; $\alpha = m + 1, \ldots, n$) und setzen den Höchstrang voraus. Wenn $m \geqq n - m$ gilt, gibt es unter den ersten Gleichungen (11) mindestens ein System von $n - m$ Gleichungen, das man nach den a_α^h auflösen kann. Entsprechend können wir annehmen, daß $m(n - m)$ der Komponenten $(t_k^\alpha)_0$, etwa diejenigen mit $k = 1, \ldots, n - m$, verschwinden, wenn die Determinante $|(t_k^\alpha)_0| \neq 0$ ($k \leqq n - m$) ist. Nimmt man an, daß, im Ausgangssystem der Variablen, $(t_k^h)_0$ ($k = 1, \ldots, n - m$) verschwinden, so bleibt diese Eigenschaft bei Transformationen (7) erhalten, sobald die a_α^h und auch noch die $\frac{\partial a^h}{\partial x^k}$ verschwinden ($h > n - m$). Sobald $m \leqq (n - m)$ gilt, gestatten uns die letzten der Gleichungen (11) $m(n - m)$ Komponenten $(t_\beta^\lambda)_0$ zum Verschwinden zu bringen und damit die a_α^h zu Null zu reduzieren. Hat also die Matrix M ihren Höchstrang, so haben wir mehrere Methoden zur Verfügung, auf invariante Weise mit Hilfe des Tensors t_b^a ein System von Normalvektoren zum Raum X_m zu assoziieren. Doch gibt es nur einen Weg, diese Vektoren zu assoziieren, wenn die Matrix M eine einzige Determinante höchster Ordnung enthält, die nicht verschwindet, wie dies insbesondere im Fall $n = 2m$ zutrifft.

X_m in X_n mit quadratischem kovariantem Tensor. Wir legen in X_n einen kovarianten Tensor zweiter Stufe A_{ij} zugrunde. Er läßt sich in zwei Tensoren a_{ij} und b_{ij} zerspalten mit $a_{ij} = a_{ji}$ und $b_{ij} = -b_{ji}$. Längs einem X_m zerfallen diese beiden Tensoren in drei Bestandteile, nämlich

$$a_{hk},\ a_{h\alpha},\ a_{\alpha\beta};\quad b_{hk},\ b_{h\alpha},\ b_{\alpha\beta},$$

von welchen a_{hk} und b_{hk} für sich zwei Tensoren bilden und ebenso a_{hk}, $a_{h\alpha}$; b_{hk}, $b_{h\alpha}$. In bezug auf eine Transformation (7) bekommen wir

$$a'_{rs} \frac{\partial a^r}{\partial x^h} \frac{\partial a^s}{\partial x^k} = a_{hk},$$

$$a'_{r\beta} \frac{\partial a^r}{\partial x^h} a_\alpha^\beta + a'_{rs} \frac{\partial a^r}{\partial x^h} a_\alpha^s = a_{h\alpha}$$

und analoge Gleichungen für die Größen b. Ist $|a_{rs}| \neq 0$, so zeigen die letzten dieser Gleichungen, daß wir

$$a'_{h\alpha} = a_{h\alpha} = a_\alpha^h = 0$$

annehmen können, was darauf hinauskommt, dem Raum X_m auf invariante Weise ein Feld von Normalvektoren zu assoziieren. Das ist offenbar immer möglich wenn der Raum X_n ein nichtsingulärer RIEMANNscher Raum V_n ist, wobei sich die Normalvektoren als Normalvektoren in X_n in bezug auf die Metrik des nichtsingulären V_n herausstellen und X_m selbst einen nichtsingulären RIEMANNschen V_m darstellt.

Analoge Überlegungen gelten, wenn der schiefsymmetrische Tensor b_{hk} nicht verschwindet, und somit kann zu X_m mit Hilfe des Tensors A_{ij} stets ein Feld von Normalvektoren assoziiert werden, wenn in X_m die Determinante $|A_{hk}|$ nicht verschwindet.

Unterräume eines Raumes A_n. Wir nehmen jetzt an, X_n sei ein Raum mit affinem Zusammenhang. In diesem Fall stehen zwei kovariante Tensoren zweiter Stufe zur Verfügung, nämlich die verjüngten Krümmungstensoren. Man kann daher immer ein System von Normalvektoren zu X_m assoziieren, wenn wenigstens einer dieser Tensoren auf X_m vom Rang m ist. Indem wir noch die Transformationsformeln des affinen Zusammenhangs in bezug auf die Gruppe (7) heranziehen, bekommen wir längs X_m durch Vergleich der Ausdrücke nullter Ordnung in x^α (vgl. (35) in Kapitel IV des ersten Bandes dieses Werkes)

$$\begin{aligned} \frac{\partial^2 a^h}{\partial x^k \partial x^l} &= \Gamma'^{\,h}_{rs} \frac{\partial a^r}{\partial x^k} \frac{\partial a^s}{\partial x^l} - \Gamma^r_{kl} \frac{\partial a^h}{\partial x^r} - \Gamma^\alpha_{kl} a^h_\alpha, \\ 0 &= \Gamma'^{\,\alpha}_{rs} \frac{\partial a^r}{\partial x^k} \frac{\partial a^s}{\partial x^l} - \Gamma^\beta_{kl} a^\alpha_\beta, \qquad (12) \\ a^h_{\alpha\beta} &= \Gamma'^{\,h}_{\lambda\mu} a^\lambda_\alpha a^\mu_\beta + \Gamma'^{\,h}_{r\mu} (a^r_\alpha a^\mu_\beta + a^r_\beta a^\mu_\alpha) + \Gamma'^{\,h}_{rs} a^r_\alpha a^s_\beta - \Gamma^r_{\alpha\beta} \frac{\partial a^h}{\partial x^r} - \Gamma^\lambda_{\alpha\beta} a^h_\lambda \end{aligned}$$

und eine analoge Gleichung für $a^\gamma_{\alpha\beta}$. Die ersten dieser Terme erweisen die Γ^h_{kl} als Komponenten des affinen Zusammenhanges, der auf X_m durch A_n induziert wird. Entsprechend bezeichnen wir X_m jetzt als A_m. Man sieht sofort, daß dieser induzierte affine Zusammenhang von der Wahl des Systems der Normalvektoren, d. h. von den a^h_α nur dann unabhängig ist, wenn die Größen Γ^α_{kl} verschwinden, d. h., wenn A_m totalgeodätisch in A_n liegt.[5])

Nach (12) lassen sich die $a^i_{\alpha\beta}$ $(i = 1, 2, \ldots, n)$ so wählen, daß sie in X_m die Größen $\Gamma^i_{\alpha\beta}$ zum Verschwinden bringen. Daher können wir in X_m von vornherein $\Gamma^h_{\alpha\beta} = 0$ wählen. Ähnlich ergeben die Terme höherer Ordnung in x^α von den Transformationsformeln des affinen Zusammenhanges

$$a^h_{\alpha\beta\gamma} = \frac{1}{3} S \left(\frac{\partial \Gamma'^{\,h}_{\lambda\mu}}{\partial x'^{\sigma}} \right) a^\lambda_\alpha a^\mu_\beta a^\sigma_\gamma + \cdots - \frac{1}{3} S \left(\frac{\partial \Gamma^r_{\alpha\beta}}{\partial x^\gamma} \right) \frac{\partial a^h}{\partial x^r} \qquad (12')$$

und analoge Formeln für $a^\varrho_{\alpha\beta\gamma}$, $a^i_{\alpha\beta\gamma\delta}$, wobei in (12′) nicht aufgeschriebene Terme a^h_α oder auch $a^h_{\alpha\beta}$ enthalten sind.

Wir können uns dann der Koeffizienten $a^i_{\alpha\beta\gamma}, a^i_{\alpha\beta\gamma\delta}, \ldots$ $(i = 1, 2, \ldots, n)$ bedienen, um in X_m die symmetrischen Summen

$$S \left(\frac{\partial \Gamma^i_{\alpha\beta}}{\partial x^\lambda} \right), \quad S \left(\frac{\partial^2 \Gamma^i_{\alpha\beta}}{\partial x^\lambda \delta x^\mu} \right), \ldots \qquad (13)$$

zum Verschwinden zu bringen.

---

[5]) Zur geometrischen Deutung der Auswahl von Normalvektoren und hinsichtlich anderer Ausführungen über das Problem „Orthogonalisierung" von Räumen A_m in A_n vgl. A. P. Norden, Espaces à connexion affine, Moskau 1950 (russisch).

In den Gleichungen (7) müssen demnach, wenn diese Bedingung erhalten bleiben soll, die Koeffizienten $a^i_{\alpha\beta}, a^i_{\alpha\beta\gamma}, \ldots$ als Funktionen der Koeffizienten $a^h_\beta, a^\alpha_\beta$ und der Werte der Komponenten $\Gamma^i_{hk}, \Gamma^i_{h\beta}, \ldots$ des affinen Zusammenhanges des Raumes X_m eingehen, und wenn $a^h_\beta = 0$ gilt, so gilt dasselbe auch für $a^i_{\alpha\beta}$, $a^i_{\alpha\beta\gamma}, \ldots$. Geht man also von einer Transformation (7) mit $a^h_\alpha = 0$ aus, so gilt auch $a^i_{\alpha\beta} = 0, a^i_{\alpha\beta\gamma} = 0$ für ein System von Normalkoordinaten (vgl. § 1 in Kapitel IV des ersten Bandes dieses Werkes). So können wir den Satz aussprechen: *Gehört zu dem Raum A_m ein System von Normalvektoren, so kann man diesem Raum ein bis auf Transformationen der Gestalt*

$$x'^h = a^h, \quad x'^\alpha = a^\alpha_\beta x^\beta$$

bestimmtes Koordinatensystem zuordnen.

Räume X_{n-1} in A_n. Der invariante Zusammenhang von V. Hlavatý. Wir gehen von einem X_{n-1}, d. h. von einer Hyperfläche in einem Raum A_n von affinem Zusammenhang aus. Wenn X_{n-1} durch die Gleichungen

$$x^n = 0 \qquad (13')$$

gegeben ist, so werden wir zeigen, wie man zur Hyperfläche X_{n-1} eine in bezug auf die Gruppe (7) mit $a^n_n = \text{const}$ invariante Normale gewinnen kann sobald auf X_{n-1} der Tensor

$$\Gamma^n_{kl}, \qquad k, l = 1, \ldots, n-1$$

vom Rang $n-1$ ist. Mit Rücksicht auf (13') und $a^n_n = \text{const}$ liefern nämlich die Transformationsformeln des affinen Zusammenhanges

$$\frac{\partial^2 x'^n}{\partial x^n \partial x^k} = \Gamma'^n_{rs}\, a^r_n \frac{\partial a^s}{\partial x^k} + \Gamma'^n_{ns} a^n_n \frac{\partial a^s}{\partial x^k} - \Gamma^n_{nk} a^n_n = 0,$$

und mit $|\Gamma^n_{kl}| \neq 0$ kann man daher a^r_n so wählen, daß $\Gamma'^n_{ns} = 0$ wird. Die Gruppe, welche dies ungeändert läßt, ist (5). Insbesondere gilt für die Hyperflächenschar

$$x^n = c^n, \qquad (13'')$$

da a^n_n konstant ist, der

Satz. *Wenn $|\Gamma^n_{kl}| \neq 0$ ist, läßt sich zu einer Hyperflächenschar* (13'') *in A_n eine Affinnormale zuordnen.*

Nun sei die Hyperfläche in Parameterdarstellung durch

$$x^i = x^i(u^k), \qquad k = 1, \ldots, n-1$$

gegeben. Dann bestimmen die Ableitungen

$$\frac{\partial x^i}{\partial u^k}, \qquad k = 1, \ldots, n-1$$

die Komponenten von $n-1$ kontravarianten die Hyperfläche berührenden Vektoren. Ein kovarianter Vektor t_i ist Tangentenvektor an die Hyperfläche, wenn

$$\frac{\partial x^i}{\partial u^k} t_i = 0$$

besteht. Nehmen wir in diesem Fall an, daß die Matrix

$$\left\| \frac{\partial x^i}{\partial u^k} \right\| \tag{13'''}$$

vom Rang $n-1$ ist, so ergibt sich, daß der Vektor t_i nur bis auf einen Proportionalitätsfaktor bestimmt ist.

Ein kontravarianter Vektor v^i wird Tangentenvektor der Hyperfläche sein, sobald

$$v^i t_i = 0$$

gilt, und ein kontravarianter Vektor n^i wird also nicht in der Tangentialhyperebene liegen, wenn

$$n^i t_i \neq 0$$

gilt. Die Bedingung läßt sich zu

$$n^i t_i = 1 \tag{13^{IV}}$$

normieren, und man nennt einen solchen Vektor n^i den Affinnormalvektor der Hyperfläche.[6]) Es ist bemerkenswert, daß diese Definition des Vektors n^i vom Tangentenvektor t_i abhängt und daß n^i nach getroffener Wahl von t_i noch immer nur bis auf einen beliebigen Tangentenvektor bestimmt ist, da (13^{IV}) auch dann erfüllt ist, wenn man an Stelle des Vektors n^i den Vektor

$$\overline{n}^i = n^i + v^i$$

verwendet, wobei v^i ein beliebiger Tangentenvektor ist. Ist t_i fest gewählt, so können wir die Größen

$$h_{kl} = \frac{\partial x^i}{\partial u^k} t_{i,l}, \qquad l, k \neq n$$

betrachten, wobei die $t_{i,k}$ die kovarianten Ableitungen

$$t_{i,k} = \frac{\partial t_i}{\partial u^k} + \Gamma^r_{ij} \frac{\partial x^j}{\partial u^k} t_r$$

bedeuten. Die Größen h_{kl} bilden die Komponenten eines symmetrischen Tensors unserer Hyperfläche. Man sieht auch leicht, wie im Fall der Darstellung (13') der Hyperfläche die Parameterdarstellung

$$x^h = u^h, \quad x^n = 0$$

---

[6]) F. Nožička, Le vecteur affine normal et la connexion de l'hypersurface dans l'espace affine, Časopis pro pěstování matematiky a fysiky 75 (1950), S. 179.

zur Wirkung kommt und $n - 1$ Komponenten des Tensors t_i verschwinden, so daß

$$h_{kl} = \Gamma^n_{kl} t_n$$

gilt mit Γ^n_{kl}, die in X_{n-1} berechnet sind.

Mit Hilfe des Tensors h_{kl} und eines Normalvektors n^i kann man den affinen Zusammenhang γ^h_{kl} der Hyperfläche bilden.[7] Die γ^h_{kl} lassen sich nämlich durch Gleichungen bestimmen, welche den ersten der Gleichungen (12) analog sind

$$x^i_{k,l} + h_{kl} n^i = \gamma^h_{kl} \frac{\partial x^i}{\partial u^h}, \qquad h, k, l \neq n. \tag{14}$$

Dabei sind die $x^i_{k,l}$ die kovarianten Ableitungen

$$x^i_{k,l} = \frac{\partial^2 x^i}{\partial u^k \partial u^l} - \Gamma^i_{rs} \frac{\partial x^r}{\partial u^k} \frac{\partial x^s}{\partial u^l}.$$

Die Gleichungen (14) gestatten eine Lösung in γ^h_{kl}, da die Matrix (13''') vom Rang $n - 1$ ist und die Gleichungen (14) für feste k, l und $1 \leqq i \leqq n$ nicht unabhängig sind, indem sich durch Überschiebung mit t_i

$$h_{kl} + x^i_{k,l} t_i = 0$$

ergibt, eine Beziehung, die durch die Werte der h_{kl} erfüllt wird. Ist der Normalvektor n^i gegeben, so können wir die Größen

$$n^i t_{i,k} = v_k$$

bilden. Diese Gleichungen bestimmen zusammen mit (13^{IV}) die Komponenten n^i, wenn wir die Vektoren t_i und v_k wählen und $|t_{i,k} t_i| \neq 0$ gilt. Dies trifft zu, wenn $|h_{kl}| \neq 0$ ist (und umgekehrt).

Indem wir die reziproken Größen h^{kl} dieser Determinante betrachten, ergeben die Gleichungen (14) für die Komponenten n^i die Werte

$$(n - 1) n^i = - h^{kp} x^i_{k,p} + \gamma^h_{kp} h^{kp} \frac{\partial x^i}{\partial u^h}.$$

Ebenso bekommen wir durch Überschieben der Gleichungen (14) mit $t_{i,p}$ die Beziehungen

$$x^i_{k,l} t_{i,p} + h_{kl} v_p = \gamma^m_{kl} h_{mp}$$

und damit

$$\gamma^m_{kl} = h^{mp} (x^i_{k,l} t_{i,p} + h_{kl} v_p), \tag{14'}$$

also die Komponenten des affinen Zusammenhangs, der auf der Hyperfläche durch die Vektoren t_i, v_p und den Tensor h_{kl} induziert wird.

---

[7]) V. Hlavatý, Induzierte und eingeborene Konnexion in den (nicht) holonomen Räumen, Math. Z. 38 (1934), S. 285.

Wenn der Vektor v_p verschwindet, erhalten wir die Komponenten des „natürlichen affinen Zusammenhanges von V. Hlavatý“

$$\gamma^{0\,h}_{k\,l} = h^{hp}\, x^i_{k,l}\, t_{i,p}\,.$$

Somit läßt sich ein mit dem Normalvektor n^i assoziierter affiner Zusammenhang in der Gestalt

$$\gamma^h_{k\,l} = \gamma^{0\,h}_{k\,l} + h_{k\,l} h^{hp} v_p$$

schreiben. Der Zusammenhang (14′) oder auch der natürliche Zusammenhang $\gamma^{0\,h}_{k\,l}$ hängt vom Vektor n^i, d. h. vom „Faktor“ der Orthogonalisierung ab. Man kann zeigen, daß sich ein Zusammenhang einführen läßt, der nicht von diesem Faktor, sondern nur von der Richtung des Normalvektors abhängt. Das trifft insbesondere für den von V. Hlavatý angegebenen invarianten Zusammenhang

$$\bar{\gamma}^h_{k\,l} = \gamma^{0\,h}_{k\,l} + \frac{1}{n+1}\, h_{k\,l}\, h^{hp}\, h^{-1}\, \frac{\partial h}{\partial u^p}$$

zu, wobei h die Determinante $|h_{k\,l}|$ bezeichnet.

Unterräume eines Raumes P_n. Wir gehen jetzt von einem Raum X_m in einem Raum P_n von projektivem symmetrischem Zusammenhang aus. Dann wird die Fundamentalgruppe des X_m in P_n durch die Gleichungen (7) gegeben sein, wenn man diesen Gleichungen noch die Transformation der Hilfsvariablen x^0 assoziiert, welche sich im holonomen Fall

$$x'^0 = x^0 + f + f_\alpha x^\alpha + \frac{1}{2} f_{\alpha\beta}\, x^\alpha x^\beta + \cdots \tag{14''}$$

schreibt. Mit Rücksicht auf (7) und (14″) gewinnen wir aus den Transformationsformeln des projektiven Zusammenhanges des P_n (vgl. Gleichung (11) in Kapitel VI des ersten Bandes dieses Werkes), durch Vergleich der Terme nullter Ordnung in x^α, Gleichungen, die zu (12) analog sind, nämlich

$$\begin{aligned}
\frac{\partial^2 a^h}{\partial x^k\, \partial x^l} &= \Gamma'^h_{rs} \frac{\partial a^r}{\partial x^k} \frac{\partial a^s}{\partial x^l} - \frac{\partial a^h}{\partial x^l} \frac{\partial f}{\partial x^k} - \frac{\partial a^h}{\partial x^k} \frac{\partial f}{\partial x^l} - \Gamma^r_{kl} \frac{\partial a^h}{\partial x^r} - \Gamma^\alpha_{kl}\, a^h_\alpha\,,\\
0 &= \Gamma'^\alpha_{rs} \frac{\partial a^r}{\partial x^k} \frac{\partial a^s}{\partial x^l} - \Gamma^\beta_{kl}\, a^\alpha_\beta\,,\\
a^h_{\alpha\beta} &= \Gamma'^h_{\lambda\mu}\, a^\lambda_\alpha\, a^\mu_\beta + \Gamma'^h_{r\mu}(a^r_\alpha\, a^\mu_\beta + a^r_\beta\, a^\mu_\alpha) + \Gamma'^h_{rs}\, a^r_\alpha\, a^s_\beta\\
&\quad - a^h_\alpha f_\beta - a^h_\beta f_\alpha - \Gamma^r_{\alpha\beta} \frac{\partial a^h}{\partial x^r} - \Gamma^\lambda_{\alpha\beta}\, a^h_\lambda
\end{aligned} \tag{15}$$

und eine Gleichung derselben Gestalt für $a^\gamma_{\alpha\beta}$. Außerdem hat man

$$\begin{aligned}
f_{\alpha\beta} &= \Gamma'^0_{\lambda\mu}\, a^\lambda_\alpha\, a^\mu_\beta + \Gamma'^0_{r\mu}\,(a^r_\alpha\, a^\mu_\beta + a^r_\beta\, a^\mu_\alpha) + \Gamma'^0_{rs}\, a^r_\alpha\, a^s_\beta - f_\alpha f_\beta\\
&\quad - \Gamma^r_{\alpha\beta} \frac{\partial f}{\partial x^r} - \Gamma^\varrho_{\alpha\beta} f_\varrho\,.
\end{aligned} \tag{15'}$$

Die ersten dieser Gleichungen zeigen, daß die Ausdrücke Γ^h_{kl} die Komponenten des auf X_m durch den Raum P_n induzierten projektiven Zusammenhanges darstellen. Dieser Zusammenhang bleibt von der Wahl des Systems der Normalvektoren unabhängig, wenn $\Gamma^\alpha_{kl} = 0$, d. h., wenn der projektiv-zusammenhängende Raum P_m in P_n totalgeodätisch ist. Ebenso zeigen die letzten der Gleichungen (15) sowie (15'), daß man mit Hilfe der Koeffizienten $a^h_{\alpha\beta}$, $a^\lambda_{\alpha\beta}$ und $f_{\alpha\beta}$ in X_m die Komponenten

$$\Gamma^h_{\lambda\mu}, \quad \Gamma^\gamma_{\lambda\mu}, \quad \Gamma^0_{\lambda\mu} \tag{15''}$$

zum Verschwinden bringen kann.

Durch analoge Überlegungen, wie wir sie im Fall eines affinzusammenhängenden Raumes angestellt hatten, können wir mit dem Raum P_m in P_n ein Normalkoordinatensystem verknüpfen, in welchem die Summen

$$S\left(\frac{\partial^p \Gamma^a_{\lambda\mu}}{\partial x^{\alpha_1} \ldots \partial x^{\alpha_p}}\right), \qquad a = 0, 1, \ldots, n; \; \mu, \lambda, \alpha_1, \ldots, \alpha_p = m + 1, \ldots, n$$

verschwinden. Assoziiert man in diesem Fall noch ein System von Normalvektoren ($a^h_\alpha = 0$), so hat die Variablentransformation, welche diese Normalkoordinaten wiederum in Normalkoordinaten überführt, die Gestalt

$$x'^h = a^h(x^1, \ldots, x^m), \quad x'^\alpha = a^\alpha_\beta x^\beta, \quad x'^0 = x^0 + f + f_\alpha x^\alpha,$$

wobei die a^α_β, f und f_α Funktionen der Veränderlichen $x^1, \ldots, x^m$ sind.

§ 2 Starrheitsbedingungen

Wir setzen jetzt den Raum A_n als euklidisch affinen Raum E_n voraus. Dann verschwindet der Krümmungstensor Γ^a_{bcd}, und da auch $\Gamma^a_{\beta\gamma} = 0$ in Normalkoordinaten in A_m gilt, bekommen wir in A_m

$$\frac{\partial \Gamma^a_{\alpha\beta}}{\partial x^\gamma} - \frac{\partial \Gamma^a_{\alpha\gamma}}{\partial x^\beta} = 0, \qquad a = 1, \ldots, n.$$

Die Ableitungen $\dfrac{\partial \Gamma^a_{\alpha\beta}}{\partial x^\gamma}$ sind daher in α, β, γ symmetrisch, und der Umstand, daß die Summen (13) in A_m verschwinden, bedingt das Verschwinden dieser Ableitungen. Analoge Überlegungen gelten für die Ableitungen höherer Ordnung; in Normalkoordinaten verschwinden also die $\Gamma^a_{\beta\gamma}$ längs A_m in E_n identisch. So bekommen wir den

Satz. *Eine notwendige Bedingung für die Möglichkeit, einen Raum A_m in einen euklidisch-affinen Raum E_n einzubetten, besteht darin, daß man die Komponenten $\Gamma^a_{\alpha\beta}$ im ganzen Raum A_m zu Null reduzieren kann.*

Der affine Zusammenhang von A_m ist auch in E_n bestimmt, wenn man die Entwicklung

$$\Gamma^a_{bh} = A^a_{bh} + A^a_{bh,\alpha} x^\alpha + \cdots \tag{16}$$

vorgibt ($A^a_{bh} = A^a_{bh}(x^1, \ldots, x^m)$, $A^a_{bh.\alpha} = A^a_{bh.\alpha}(x^1, \ldots, x^m)$), d. h. die Werte der Komponenten des Zusammenhanges und die ihrer Ableitungen im Raum A_m. Man muß beachten, daß mit $\Gamma^a_{\alpha\beta} = 0$ in A_n auch die Komponenten $\Gamma^a{}_{\beta\gamma}$ des Krümmungstensors in A_n verschwinden, und man muß auch

$$\Gamma^a_{bhk} = \Gamma^a_{bh\alpha} = 0 \tag{16'}$$

erhalten. Die ersten dieser Gleichungen ergeben längs A_m

$$\frac{\partial A^a_{bh}}{\partial x^k} - \frac{\partial A^a_{bk}}{\partial x^h} + A^a_{fh} A^f_{bk} - A^a_{fk} A^f_{bh} = 0, \tag{17}$$

und man sieht, daß in diese Gleichungen nur die Größe A^a_{bh}, d. h. die Werte der Komponenten Γ^a_{bh} auf A_m und ihre Ableitungen in bezug auf die Veränderlichen im Raum A_m eingehen. Was die letzten der Gleichungen (16′) betrifft, so liefern sie längs A_m

$$A^a_{bh.\alpha} - \frac{\partial A^a_{\alpha b}}{\partial x^h} - A^a_{fh} A^f_{b\alpha} - A^a_{f\alpha} A^f_{bh} = 0 \tag{17'}$$

und bestimmen daher die Ableitungen $A^a_{bh.\alpha}$ von A^a_{bh} längs A_m, d. h. also die Terme erster Ordnung in den Gleichungen (16) mit Hilfe der Terme nullter Ordnung, da $A^a_{b\alpha} = 0$ für $b > m$ ist. Sind also die Komponenten A^a_{bh} des Zusammenhangs des Raumes längs A_m gegeben, so ist die Bedingung dafür, daß der A_n ein E_n ist, in den Gleichungen (17) enthalten, welche zum Ausdruck bringen, daß die Krümmungskomponenten Γ^a_{bhk} des A_n längs A_m verschwinden. Man nennt diese Bedingungen die *Starrheitsbedingungen* des A_m in E_n. Berücksichtigt man den Umstand, daß A^r_{sh} die Komponenten des auf A_m induzierten Zusammenhanges darstellen, so liefern die Bedingungen (17) für $a = r$, $b = s$

$$A^r_{shk} + A^r_{\alpha h} A^\alpha_{sk} - A^r_{\alpha k} A^\alpha_{sh} = 0, \tag{18}$$

wobei die A^r_{shk} die Komponenten der Krümmung des induzierten Zusammenhangs A^r_{sh} bezeichnen. In (18) haben wir also das Analogon zu den Gaussschen Gleichungen vor uns für den Fall eines Riemannschen Raumes bei Einbettung in einen euklidischen Raum (vgl. § 9 in Kapitel IV des ersten Bandes dieses Werkes). Setzt man in (17) $a = \alpha$, $b = s$, so ergibt sich

$$\frac{\partial A^\alpha_{sh}}{\partial x^k} - \frac{\partial A^\alpha_{sk}}{\partial x^h} + A^\alpha_{fh} A^f_{sk} - A^\alpha_{fk} A^f_{sh} = 0 \tag{19}$$

als Analogon zu Codazzis Gleichungen und schließlich auch

$$\frac{\partial A^a_{\alpha h}}{\partial x^k} - \frac{\partial A^a_{\alpha k}}{\partial x^h} + A^a_{fh} A^f_{\alpha k} - A^a_{fk} A^f_{\alpha h} = 0 \tag{20}$$

als Analogon zu den Gleichungen von Ricci-Kühne.

Was die Gleichungen (19) anbetrifft, so können wir darin die kovarianten Ableitungen der Komponenten A^α_{sk} in A_m in Evidenz setzen, welche tensoriellen

Charakter haben, wie man mit Rücksicht auf (12) erkennt. Da diese Ableitungen durch die Gleichungen

$$A^{\alpha}_{s h . k} = \frac{\partial A^{\alpha}_{s h}}{\partial x^{k}} + A^{\alpha}_{r h} A^{r}_{s k} + A^{\alpha}_{r s} A^{r}_{h k}$$

gegeben sind, lassen sich die Gleichungen (19) in der Gestalt

$$A^{\alpha}_{s h , k} - A^{\alpha}_{s k , h} + A^{\alpha}_{\lambda h} A^{\lambda}_{s k} - A^{\alpha}_{\lambda k} A^{\lambda}_{s h} = 0 \tag{21}$$

schreiben. In den Starrheitsgleichungen (16′) des Raumes A_m in E_n haben wir die Eigenschaft benutzt, daß der Krümmungstensor des E_n längs A_m verschwindet, d. h., wir haben von den Komponenten des Krümmungstensors nur die Terme nullter Ordnung bezüglich der Veränderlichen x^{α} betrachtet. Benutzt man auch noch die Terme erster Ordnung in den ersten der Gleichungen (16′), so ergibt sich

$$\frac{\partial A^{\mathfrak{a}}_{\mathfrak{b} \mathfrak{h} . \alpha}}{\partial x^{\mathfrak{k}}} - \frac{\partial A^{\mathfrak{a}}_{\mathfrak{b} \mathfrak{k} . \alpha}}{\partial x^{\mathfrak{h}}} + A^{\mathfrak{a}}_{\mathfrak{f} \mathfrak{h} . \alpha} A^{\mathfrak{f}}_{\mathfrak{b} \mathfrak{k}} + A^{\mathfrak{f}}_{\mathfrak{b} \mathfrak{h} . \alpha} A^{\mathfrak{a}}_{\mathfrak{f} \mathfrak{k}} - A^{\mathfrak{a}}_{\mathfrak{f} \mathfrak{k} . \alpha} A^{\mathfrak{f}}_{\mathfrak{b} \mathfrak{h}} - A^{\mathfrak{f}}_{\mathfrak{b} \mathfrak{k} . \alpha} A^{\mathfrak{a}}_{\mathfrak{f} \mathfrak{h}} = 0 .$$

Berücksichtigt man darin die Gleichungen (17′), welche die Werte der $A^{\mathfrak{a}}_{\mathfrak{b} \mathfrak{h} . \alpha}$ bestimmen, so bestätigt man leicht, daß sie in Anbetracht der Starrheitsbedingungen (17) identisch erfüllt sind. Ebenso erhält man die Werte der zweiten Ableitungen der $\Gamma^{\mathfrak{a}}_{\mathfrak{b} \mathfrak{h}}$, wenn man in den Gleichungen $\Gamma^{\mathfrak{a}}_{\mathfrak{b} \mathfrak{h} \alpha} = 0$ die Terme erster Ordnung berücksichtigt, und so fort. Die Terme höherer Ordnung in (16′) sind somit identisch Null mit Rücksicht auf (17) (und damit bestimmen sich also die Terme der Reihenentwicklung (16) für die Komponenten $\Gamma^{\mathfrak{a}}_{\mathfrak{b} \mathfrak{h}}$ nach den Veränderlichen x^{α}).

Der Zusammenhang des Raumes ist somit eindeutig bestimmt, wenn man

$$\Gamma^{\mathfrak{a}}_{\alpha \beta} = 0 \tag{21′}$$

setzt und für die Komponenten $A^{\mathfrak{a}}_{\mathfrak{b} \mathfrak{h}}$ des Zusammenhangs längs A_m die Lösungen der partiellen Differentialgleichung (17) verwendet. Wir können demnach den folgenden Satz aussprechen: *Kennt man die Größen $A^{\mathfrak{a}}_{\mathfrak{b} \mathfrak{h}}$, welche den Gleichungen (17) und die Größen $\Gamma^{\mathfrak{a}}_{\alpha \beta}$, welche den Bedingungen (21′) genügen, so bestimmen diese den Zusammenhang eines Raumes A_m in einem E_n.*

Bestimmung kartesischer Koordinaten in E_n. Ist eine Raum A_m in E_n eingebettet, so bezeichnen wir mit $y^1, \ldots, y^n$ ein System kartesischer Koordinaten in E_n. Diese Koordinaten lassen sich durch die Koordinaten $x^1, \ldots, x^m$ des A_m und gewisse Hilfskoordinaten $x^{m+1}, \ldots, x^n$ in der Gestalt

$$y^{\mathfrak{a}} = f^{\mathfrak{a}}(x^1, \ldots, x^m) + Y^{\mathfrak{a}}_{\alpha} x^{\alpha} + \frac{1}{2} Y^{\mathfrak{a}}_{\alpha \beta} x^{\alpha} x^{\beta} + \cdots, \qquad \alpha, \beta = m+1, \ldots, n \tag{22}$$

darstellen, wobei die nicht mehr aufgeschriebenen Terme in den Veränderlichen x^{α} mindestens von dritter Ordnung sind. Demgemäß nehmen wir jetzt an, daß die x^{α} längs A_m Normalkoordinaten sind.

Da die Komponenten des affinen Zusammenhangs in E_n in den Veränderlichen $y^{\mathfrak{a}}$ insgesamt verschwinden, schreibt sich das Transformationsgesetz des affinen Zusammenhanges in E_n in der Gestalt

$$\frac{\partial^2 y^a}{\partial x^b \partial x^c} = -\Gamma^t_{bc} \frac{\partial y^a}{\partial x^t}. \tag{22'}$$

Erteilt man den Indizes b, c die Werte α, β, also größere Werte als m, und berücksichtigt (21'), so ergibt sich, daß die y lineare Funktionen der x^α werden und daher die Terme $Y^a_{\alpha\beta}, Y^a_{\alpha\beta\gamma}, \ldots$ verschwinden. Was die Gleichungen (22') anbetrifft, in welchen zu mindestens einer der Indizes b, c einen kleineren Wert als m hat, so ergibt sich durch Vergleich der Terme nullter Ordnung in x^α:

$$\begin{aligned} \frac{\partial^2 f^a}{\partial x^h \partial x^k} &= -A^l_{hk} \frac{\partial f^a}{\partial x^l} - A^\alpha_{hk} Y^a_\alpha, \\ \frac{\partial Y^a_\alpha}{\partial x^k} &= -A^l_{\alpha k} \frac{\partial f^a}{\partial x^l} - A^\beta_{\alpha k} Y^a_\beta. \end{aligned} \tag{23}$$

Diese Gleichungen bilden also ein partielles Differentialsystem für die n^2 Größen $\frac{\partial f^a}{\partial x^l}$, Y^a_α der Veränderlichen $x^1, \ldots, x^n$. Betrachtet man die Integrabilitätsbedingungen dieser Gleichungen, so kommt man auf die Starrheitsbedingungen (17) zurück, während man durch Nullsetzen der Terme höherer Ordnung in (22') die Bedingungen (17') zurückerhält und andere Bedingungen durch Nullsetzen der Terme höherer Ordnung in x^α in (16'). Eine Lösung der Gleichungen (23) erlaubt daher die Konstruktion eines kartesischen Koordinatensystems für E_n oder auch die Konstruktion des E_n, in welchem A_m eingebettet ist. So bekommen wir den

Satz. *Die kartesischen Koordinaten eines Raumes E_n stellen sich als Funktionen von Normalkoordinaten des Raumes A_m durch die affine Transformation*

$$y^a = f^a(x^1, \ldots, x^m) + Y^a_\alpha x^\alpha \tag{24}$$

dar, worin die Transformationskoeffizienten f^a und Y^a_α als Funktionen der Veränderlichen $x^1, \ldots, x^m$ durch das System (23) *bestimmt werden.*

Dieser Satz bringt eine Eigenschaft zum Ausdruck, die einer in RIEMANNschen Räumen geltenden analog ist, wobei es sich dann um eine orthogonale Transformation in den x^α handelt (vgl. § 9 in Kapitel IV des ersten Bandes dieses Werkes).[8])

Starrheitsbedingungen für einen P_m in E_n. Wir betrachten jetzt den Fall eines Raumes P_m, der in einem projektiv-euklidischen Raum E_n eingebettet ist.

---

[8]) Was die Klasse eines Raumes A_m betrifft, so ist diese höchstens $(m^2 + 2m - 1)/2$; vgl. B. LAPTEV, Sur l'immersion d'un espace à connéxion affine, C. R. Acad. Sci. U. R. S. S. 47 (1945), S. 531–534.

Da die Summen (15″) längs P_m verschwinden, folgt als Ergebnis, daß die Werte der Komponenten des Zusammenhangs

$$\Gamma^a_{\lambda\mu}, \quad \Gamma^0_{\lambda\mu}$$

in ganz E_n verschwinden. Dasselbe gilt für die Komponenten $\Gamma^{*a}_{\lambda\mu\varrho}$, $\Gamma^{*0}_{\lambda\mu\varrho}$ des Projektivkrümmungstensors. Da wir aber den Raum torsionsfrei annehmen, ist er auch ein projektiver Raum, wenn noch

$$\Gamma^{*a}_{b\,h\,k} = \Gamma^{*0}_{b\,h\,k} = \Gamma^{*a}_{b\,h\,\beta} = \Gamma^{*0}_{b\,h\,\beta} = 0 \tag{25}$$

gilt. Durch analoge Überlegungen wie im Fall eines Raumes von affinem Zusammenhang erhält man jetzt die folgenden Starrheitsbedingungen

$$\frac{\partial \Gamma^\varrho_{bh}}{\partial x^k} - \frac{\partial \Gamma^\varrho_{bk}}{\partial x^h} + \Gamma^\varrho_{fh}\Gamma^f_{bk} - \Gamma^\varrho_{fk}\Gamma^f_{bh} - \delta^\varrho_h \Gamma^0_{bk} - \delta^\varrho_k \Gamma^0_{bh} = 0, \tag{26}$$

wobei $\varrho = 0, 1, \ldots, n$ ist; die Γ^ϱ_{bh} sind die Komponenten des Zusammenhanges auf X_m. Sind $y^1, \ldots, y^n$ projektive Koordinaten in E_n, so gewinnen wir Gleichungen der Gestalt

$$\begin{aligned} y^a &= f^a(x^1, \ldots, x^m) + Y^a_\alpha x^\alpha + \cdots, \\ y^0 &= x^0 + f(x^1, \ldots, x^m) + f_\alpha x^\alpha. \end{aligned} \tag{27}$$

Da nun die Komponenten des projektiven Zusammenhanges in den Veränderlichen y^a, y^0 verschwinden, erhalten wir aus dem Transformationsgesetz des projektiven Zusammenhanges durch Koeffizientenvergleich der Terme nullter Ordnung in x^α die Gleichungen

$$\begin{aligned} \frac{\partial^2 f^a}{\partial x^k \partial x^l} &= -\frac{\partial f^a}{\partial x^l}\frac{\partial f}{\partial x^k} - \frac{\partial f^a}{\partial x^k}\frac{\partial f}{\partial x^l} - \Gamma^r_{kl}\frac{\partial f^a}{\partial x^r} - \Gamma^\alpha_{kl} Y^a_\alpha, \\ \frac{\partial Y^a_\alpha}{\partial x^l} &= -\frac{\partial f^a}{\partial x^l} f_\alpha - Y^a_\alpha \frac{\partial f}{\partial x^l} - \Gamma^r_{\alpha l}\frac{\partial f^a}{\partial x^r} - \Gamma^\beta_{\alpha l} Y^a_\beta, \\ \frac{\partial^2 f}{\partial x^k \partial x^l} &= -\frac{\partial f}{\partial x^k}\frac{\partial f}{\partial x^l} - \Gamma^r_{kl}\frac{\partial f}{\partial x^r} - \Gamma^\alpha_{kl} f_\alpha - \Gamma^0_{kl}, \\ \frac{\partial f_\alpha}{\partial x^l} &= -\frac{\partial f}{\partial x^l} f_\alpha - \Gamma^r_{\alpha l}\frac{\partial f}{\partial x^r} - \Gamma^\beta_{\alpha l} f_\beta - \Gamma^0_{\alpha l}. \end{aligned} \tag{28}$$

Diese Gleichungen bilden ein totales Differentialsystem in den $n(n+1)$ Unbekannten $\frac{\partial f^a}{\partial x^k}$, $\frac{\partial f}{\partial x^k}$, Y^a_α, f_α als Funktionen der Veränderlichen $x^1, \ldots, x^m$.

Die Integrabilitätsbedingungen führen uns auf die Starrheitsbedingungen. Was die Bedingungen anbelangt, die man aus dem Koeffizientenvergleich der anderen Terme der Ordnung Null oder solcher höherer Ordnung in x^α erhält (im Transformationsgesetz des projektiven Zusammenhangs), so bestimmen diese die Terme höherer Ordnung in den Transformationen (27). Da überdies die Größen $\Gamma^a_{\alpha\beta}$, $\Gamma^0_{\alpha\beta}$ verschwinden, bekommen wir

$$\frac{\partial^2 y^a}{\partial x^\alpha \partial x^\beta} = -\frac{\partial y^a}{\partial x^\alpha} f_\beta - \frac{\partial y^a}{\partial x^\beta} f_\alpha,$$

$$\frac{\partial^2 y^0}{\partial x^\alpha \partial x^\beta} = -f_\alpha f_\beta.$$

Die y^a sind also lineare gebrochene Funktionen der x^α (vgl. § 1 des Kapitels VI des ersten Bandes dieses Werkes), und es gilt

$$y^a = \frac{\varphi^a + z^a_\alpha x^\alpha}{\varphi + \varphi_\alpha x^\alpha}, \qquad y^0 = x^0 + \lg(\varphi + \varphi_\alpha x^\alpha), \tag{29}$$

wobei die φ^a, z^a_α, φ, φ_α Funktionen der Veränderlichen $x^1, \ldots, x^m$ bezeichnen. Vergleicht man mit den Gleichungen (27), so bekommt man

$$\varphi = e^f, \quad \varphi^a = e^f f^a,$$

$$z^a_\alpha = e^f f^a f_\alpha + Y^a_\alpha e^f, \quad \varphi_\alpha = f_\alpha e^f.$$

Das bedeutet, daß wir durch die Gleichungen (29) ein System projektiver Koordinaten des Raumes E_n erhalten, wenn eine Lösung f^a, Y^a_α, f, f_α der Gleichungen (28) vorliegt. Was die projektiven Koordinaten y^a des E_n anbelangt, so sind diese lineare gebrochene Funktionen von Normalkoordinaten x^α des P_m in E_n.

§ 3 Invarianten Pfaffscher Systeme

Im Raum X_n der Koordinaten $x^1, \ldots, x^n$ sei ein System Pfaffscher Gleichungen

$$ds^h = \lambda^h_i dx^i = 0, \qquad h = 1, \ldots, m \tag{30}$$

gegeben. Dieses System kann vollständig integrabel sein und definiert dann bekanntlich eine m-parametrige Schar $(n-m)$-dimensionaler Mannigfaltigkeiten in X_n. Im allgemeinen wird das System (30) nicht vollständig integrabel sein und daher einen nichtholonomen Raum X^{n-m}_n definieren.[9]) Wir suchen Invarianten dieses X^{n-m}_n und verstehen darunter Invarianten gegenüber der Gruppe von Kongruenztransformationen

$$\begin{aligned} d\bar{s}^h &= c^h_k ds^k, & h, k &= 1, 2, \ldots, m, \\ d\bar{s}^\alpha &= c^\alpha_k ds^k + c^\alpha_\beta ds^\beta, & \alpha, \beta &= m+1, \ldots, n, \end{aligned} \tag{31}$$

[9]) Man kann auch nichtholonome Räume betrachten, welche durch nichtlineare Gleichungen (Mongesche Systeme) definiert werden; vgl. V. Wagner, Sur la géométrie différentielle des multiplicités non holonomes, Travaux du Semin. de Calcul tensoriel, Moscou 1945, Vol. II, III, S. 267; ferner: The inner geometry of nonlinear holonomic manifolds, Mat. Sbornik 18 (55) (1943), S. 135—167.

wobei $ds^{m+1}, \ldots, ds^n$ $n - m$ PFAFFsche Formen bezeichnen, welche zusammen mit $ds^1, ds^2, \ldots, ds^m$ ein System von n linear unabhängigen Formen bilden.

Wie man zeigen kann, gestattet der Raum X_n^{n-m} unter gewissen Bedingungen die Zuordnung eines vollständigen Invariantensystems zum Raum X_n, wie dies im holonomen Fall bekanntlich nicht zutrifft. Wir haben zu diesem Zweck von einer wichtigen Eigenschaft nichtholonomer Räume X_n^{n-m} Gebrauch zu machen, nämlich der, dem Raum X_n unter gewissen Bedingungen eine vollständige Struktur aufzuprägen.

Wie wir bereits in § 3 des Kapitels III des ersten Bandes dieses Werkes bemerkt haben, bilden die Koeffizienten $w_{\alpha\beta}^h$, wenn wir die bilinearen Kovarianten des Systems (30)

$$\Delta s^h = w_{\alpha\beta}^h ds^\alpha \delta s^\beta \qquad (\text{mod } ds^h)$$

heranziehen, in bezug auf die Gruppe (31) einen Tensor dritter Stufe, da

$$\overline{w}_{\lambda\mu}^h c_\alpha^\lambda c_\beta^\mu = w_{\alpha\beta}^k c_k^h \tag{32}$$

gilt. Der Tensor $w_{\alpha\beta}^h$ ist also eine Invariante der Gruppe (31), und er verschwindet nicht, solange das System (30) nicht vollständig integrabel ist, wie wir annehmen.

Numerische Invarianten eines PFAFFschen Systems. Ein PFAFFsches System, welches nicht vollständig integrabel ist, hat eine gewisse Anzahl numerischer Invarianten. In § 3 des dritten Kapitels des ersten Bandes dieses Werkes haben wir gesehen, daß die Anzahl der Gleichungen der abgeleiteten Systeme und insbesondere die Anzahl der integrablen Kombinationen numerische Invarianten des PFAFFschen Systems darstellen.

Eine weitere wichtige numerische Invariante ist die Anzahl der Gleichungen des charakteristischen Systems. Dabei sind die Gleichungen des charakteristischen Systems durch die Gleichungen

$$ds^h = 0, \quad w_{\alpha\beta}^h ds^\alpha = 0 \tag{33}$$

gegeben. Zunächst erweist sich dieses System als vollständig integrables PFAFFsches System, denn wir bemerken, daß im Fall von $n - m$ unabhängigen Gleichungen unter den letzten $(n - m)m$ Gleichungen (33) (d. h., sobald das System (33) dem System

$$ds^h = 0, \quad ds^\alpha = 0$$

äquivalent ist) dieses System vollständig integrabel ist. Wenn die letzten der Gleichungen (33) nur $p - m$ unabhängige Gleichungen enthalten ($p < n$), so können wir es so einrichten, daß diese Gleichungen durch

$$ds^{m+1} = \cdots = ds^p = 0$$

gegeben sind. Dann muß

$$w_{\varrho\beta}^h = 0, \quad \varrho = p + 1, \ldots, n \tag{33'}$$

gelten, und die Matrix

$$\|w_{\lambda\beta}^h\|, \qquad \lambda = m + 1, \ldots, p \tag{33''}$$

muß vom Rang $p - m$ sein. Dabei bedeuten h, β die Zeilenindizes und λ den Kolonnenindex. Das charakteristische System zum System (30) ist durch die Gleichungen

$$ds^h = 0, \quad ds^\lambda = 0, \quad \lambda = m + 1, \ldots, p \tag{34}$$

gegeben, und man muß dieses System als vollständig integrabel nachweisen, also das Bestehen der Gleichungen

$$w^h_{\varrho\nu} = 0, \quad w^\lambda_{\varrho\nu} = 0, \qquad \varrho, \nu = p + 1, \ldots, n$$

(vgl. § 5 des Kapitels I des ersten Bandes dieses Werkes). Die ersten dieser Gleichungen sind mit Rücksicht auf (33') erfüllt. Um zu zeigen, daß auch die letzten erfüllt sind, betrachten wir die Fundamentalidentitäten aus Kapitel I (Gleichungen (37)) des ersten Bandes dieses Werkes für

$$a, b, c, d = h, \lambda, \varrho, \nu.$$

Wir erhalten

$$w^h_{\lambda\mu} w^\mu_{\varrho\nu} = 0, \qquad \mu = p + 1, \ldots, n$$

und daher $w^\lambda_{\varrho\nu} = 0$, da die Matrix (33'') vom Rang $p - m$ ist. Somit ist das charakteristische System vollständig integrabel.

Die Klasse eines Pfaffschen Systems. Man bezeichnet als Klasse des Systems (30) die Minimalzahl der Veränderlichen, die man zur Darstellung des Systems benötigt. Die Klasse ist somit durch die Anzahl p der unabhängigen Gleichungen des charakteristischen Systems gegeben. Bezeichnet man nämlich mit $y^1, \ldots, y^p$ p unabhängige Integrale des Systems (34) und verwendet diese Integrale zusammen mit $n - p$ anderen Veränderlichen $y^{p+1}, \ldots, y^n$ als neue Veränderliche, so muß man

$$ds^h = \lambda^h_i dy^i$$

erhalten, und wir können

$$ds^h = dy^h - a^h_k dy^k = 0, \qquad k = m + 1, \ldots, p \tag{35}$$

schreiben, wenn wir annehmen, daß dieses System nach m der Differentiale dy^i aufgelöst ist.

Betrachtet man jetzt die bilinearen Kovarianten dieser Gleichungen und berücksichtigt, daß in diesen die Differentiale $dy^{p+1}, \ldots, dy^n$ nicht vorkommen können, da diese Differentiale nicht in das charakteristische System (34) eingehen, so folgt, daß die a^h_k von den $y^{p+1}, \ldots, y^n$ unabhängig sein müssen und das System (35) daher nur die Variablen $y^1, \ldots, y^p$ enthält. Daher ist p die Klasse des Systems (30) und auch die Anzahl der unabhängigen Gleichungen des charakteristischen Systems.

Besteht das System (30) aus einer einzigen Gleichung, etwa $ds^1 = 0$, so kann man, wie wir in Kapitel I (Gleichungen (22)) des ersten Bandes dieses Werkes gesehen haben, die bilineare Kovariante dieser Gleichung auf die kanonische Gestalt

$$\Delta s^1 = [ds^2 ds^3] + \cdots + [ds^{2p} ds^{2p+1}] \qquad (\mathrm{mod}\ ds^1)$$

bringen. Das charakteristische System ist dann durch die Gleichungen

$$ds^1 = ds^2 = \cdots = ds^{2p+1} = 0$$

gegeben, und die Klasse einer PFAFFschen Gleichung untertrifft demnach den Rang $2p$ seiner bilinearen Kovarianten $\Delta s^1 \pmod{ds^1}$ um eine Einheit, ein Umstand, der sich leicht ergibt, wenn man die kanonische Form zugrunde legt, auf welche eine PFAFFsche Gleichung reduziert werden kann, nämlich

$$dx^1 + x^2 dx^3 + \cdots + x^{2p} dx^{2p+1} = 0$$

(vgl. § 3 von Kapitel I des ersten Bandes dieses Werkes).

Klassifikation der bilinearen Kovarianten. Weitere numerische Invarianten eines PFAFFschen Systems S ergeben sich durch Klassifikation seiner Gleichungen nach dem Rang ihrer bilinearen Kovarianten. Ist nämlich

$$ds = A_h ds^h \tag{36}$$

eine beliebige Kombination PFAFFscher Formen, so ändert sich der Rang der bilinearen Kovarianten $\Delta s \pmod{ds}$ im allgemeinen mit den Funktionen A. Den Maximalrang dieser Kovarianten nennt man den Rang des Systems (30). Dieser Rang 2ϱ ist höchstens vom Betrag $n - m$. Durch passende Wahl der Koeffizienten A_h können wir an Stelle der ds^h gewisse ihrer Linearkombinationen verwenden und die Gleichungen des Systems S nach dem Minimalrang ihrer Kovarianten klassifizieren. Zunächst erhält man Gleichungen, deren Kovarianten vom Rang Null sind, d. h. Gleichungen, die mit denen des abgeleiteten Systems S_0 zusammenfallen. Bezeichnet man dann mit S_1 das System, das von den Gleichungen gebildet wird, deren Kovarianten von der Ordnung Zwei sind, mit S_2 solche, deren Kovarianten von Rang Vier sind usw., so ist klar, daß die Anzahl der Gleichungen der Systeme $S_1, S_2, \ldots, S_r$ $(r \leqq \varrho)$ eine numerische Invariante des Systems S darstellt. Ebenso erweisen sich die Systeme

$$S_0, S_1 + S_0, \ldots, S_2 + S_1 + S_0, \ldots, S_{r-1} + S_{r-2} + \cdots + S_0$$

als invariante Systeme für S, da man zu den Gleichungen von S, deren Kovarianten höchstens vom Rang $2p$ sind, keine Gleichungen mit Kovarianten von höherem Rang hinzufügen kann, ohne die Klassifikation zu zerstören. Diese Klassifikation läßt sich dazu verwenden, im System S die Gleichungen einer bestimmten Klasse $2p + 1$ anzugeben. Denn solche Gleichungen lassen sich nur unter den Gleichungen des Systems

$$S_p + S_{p-1} + \cdots + S_0$$

angeben. Isoliert betrachtet kann dieses System Gleichungen von höherem Rang als $2p$ enthalten, so daß man darauf die gleiche Klassifikation anwenden kann und so fort, bis man zu einem System gelangt, dessen Maximalrang in der Klassifizierung kleiner oder höchstens gleich $2p$ ist.

Liegt ein System S vor, so nennt man ein System $S^{(1)}$, das aus S durch Hinzufügen der Mindestanzahl von Gleichungen hervorgeht, welche die bilinearen

Kovarianten von S zum Verschwinden bringen, ein Integral- oder ein Primitivsystem des Systems S. Das System S selbst gehört zum abgeleiteten System des Systems $S^{(1)}$. Im allgemeinen gibt es zahlreiche Möglichkeiten, ein Integralsystem $S^{(1)}$ zu wählen. Das System $S^{(1)}$ gestattet selbst wiederum ein oder mehrere Integralsysteme $S^{(2)}$, und wir können so fortfahren, bis wir zu einem vollständig integrablen System $S^{(p)}$ gelangen. Die Minimalzahl der Variablen der Gleichungen dieses Systems $S^{(p)}$ heißt die Gattung des Systems S und kennzeichnet die Minimalzahl der Differentiale, die man zur Darstellung des Systems S benötigt.[10])

Systeme von $n-2$ Gleichungen in n Veränderlichen. Unter den einfachsten Pfaffschen Systemen nach den vollständig integrablen Systemen sind diejenigen erwähnenswert, deren Variablenzahl die Anzahl der Gleichungen des Systems nur um 2 Einheiten überschreitet. Solche Pfaffsche Systeme sind von E. von Weber und Ed. Goursat untersucht worden.[11]) Ist

$$ds^1 = ds^2 = \cdots = ds^{n-2} = 0 \tag{S}$$

ein solches System, so lassen sich seine bilinearen Kovarianten

$$\Delta s^h = A^h [ds^{n-1} ds^n] \pmod{ds^h}, \qquad h = 1, 2, \ldots, n-2$$

schreiben, worin ds^{n-1}, ds^n zwei weitere Pfaffsche Formen bezeichnen. Da das System (S) nicht vollständig integrabel sein soll, können nicht alle Koeffizienten A^h verschwinden. Es sei etwa $A^{n-2} \neq 0$ und $\lambda_\alpha = \frac{A^\alpha}{A^{n-2}}$. Als Gleichungen des Systems (S) wählen wir dann

$$ds^1 - \lambda_1 ds^{n-2} = 0, \ldots, \quad ds^{n-3} - \lambda_{n-3} ds^{n-1} = 0, \quad ds^{n-2} = 0. \tag{S}$$

Das abgeleitete System S' besteht dann aus den $n-3$ ersten Gleichungen von S. Wir können auch $A^{n-2} ds^n$ an Stelle von ds^n verwenden und die bilinearen Kovarianten von S in der kanonischen Gestalt

$$\begin{aligned} \Delta s^\alpha &= 0, \qquad \alpha = 1, 2, \ldots, n-3, \\ \Delta s^{n-2} &= [ds^{n-1}\, ds^n] \pmod{ds^h} \end{aligned} \tag{37}$$

schreiben. Betrachten wir jetzt die bilinearen Kovarianten des Systems S', so gilt

$$\Delta s^\alpha = B^\alpha [ds^{n-1}\, ds^{n-2}] + C^\alpha [ds^{n-2} ds^n] \pmod{ds^1, \ldots, ds^{n-3}}.$$

Das System S' ist vollständig integrabel, wenn die Koeffizienten B, C alle verschwinden. Sehen wir von diesem Ausnahmefall ab, so müssen wir zwei Fälle unterscheiden, je nachdem ob das System S'' in $n-4$ oder in $n-5$ Gleichungen

---

[10]) G. Vranceanu, Sur les systèmes intégrés d'un systeme de Pfaff, Bull. Math. **35** (1934), S. 262; Mabel Griffin, Invariants of Pfaffian systems, Trans, Amer. Math. Soc. **35** (1935), S. 936.

[11]) Ed. Goursat, Leçons sur les systèmes de Pfaff, Hermann & Cie, Paris 1922, S. 231–328.

zerfällt. Im zweiten (allgemeinen) Fall wird S normal genannt. Ist S normal, so schreiben sich die bilinearen Kovarianten von S' in der Gestalt:

$$\begin{aligned} \Delta s^k &= 0, \qquad k = 1, 2, \ldots, n-5, \\ \Delta s^{n-4} &= [ds^{n-2} ds^{n-1}] \quad (\operatorname{mod} ds^1, \ldots, ds^{n-3}), \\ \Delta s^{n-3} &= [ds^{n-2} ds^n]. \end{aligned} \tag{38}$$

Ist umgekehrt ein PFAFFsches System Σ von $n-3$ Gleichungen in n Veränderlichen mit bilinearen Kovarianten der Gestalt (38) gegeben, so ist das System, das aus diesem System durch Hinzufügen der Gleichung $ds^{n-2} = 0$ entsteht, ein kovariant ausgezeichnetes System, nämlich das erste Integralsystem von Σ. Es ist normal, wenn es nicht vollständig integrabel ist. Ist es vollständig integrabel, so ist es von der Gattung $n-2$. Daher ist ein System Σ der Gattung $n-1$ das abgeleitete System eines Normalsystems S.

Hat ein System S die Eigenschaft, daß sich die Anzahl seiner Gleichungen höchstens um eine Einheit vermindert, sobald man von seinem abgeleiteten System $S^{(p)}$ zum abgeleiteten System $S^{(p+1)}$ übergeht, so heißt es ein *Spezialsystem*. Ist jedoch S weder ein Normal- noch ein Spezialsystem, so heißt es die *Verlängerung eines Normalsystems*.

Wir betrachten als Beispiel ein System zweier Gleichungen der Klasse 4. Seine bilinearen Kovarianten lassen sich in der Gestalt

$$\Delta s^1 = 0, \Delta s^2 = [ds^3 ds^1] \qquad (\operatorname{mod} ds^1, ds^2)$$

schreiben, sein abgeleitetes System ist durch $ds^1 = 0$ gebildet, und man hat zwei Fälle zu unterscheiden, je nachdem ob diese Gleichung vollständig integrabel ist oder nicht.

Wenn sie nicht vollständig integrabel ist (allgemeiner Fall), kann sie auf die kanonische Gestalt

$$ds^1 = dx^1 - x^2 dx^3 = 0$$

reduziert werden. Unter diesen Umständen kann die andere Gleichung das Differential dx^1 nicht enthalten, da sonst Δs^1 (mod ds^1, ds^2) nicht verschwinden könnte. Diese Gleichung schreibt sich also

$$a dx^2 - b dx^3 = 0.$$

Das Verhältnis $\frac{b}{a}$ muß x^4 enthalten und kann daher als neue Veränderliche x^4 eingeführt werden. So erhält man das System in der kanonischen Gestalt

$$ds^1 = dx^1 - x^2 dx^3 = 0, ds^2 = dx^2 - x^4 dx^3 = 0 \tag{39}$$

und in analoger Weise

$$ds^1 = dx^1, \quad ds^2 = dx^2 - x^4 dx^3 = 0, \tag{39'}$$

wenn $ds^1 = 0$ vollständig integrabel ist. Das System (39′) besteht aus zwei Gleichungen, die keine Veränderliche gemeinsam haben. Wie die kanonischen Ausdrücke (39) und (39′) zeigen, wird ein System zweier Gleichungen der Klasse 4 durch seine numerischen Invarianten vollständig charakterisiert.

Nun sei ein PFAFFsches System dreier Gleichungen der Klasse 5 gegeben. Im Fall eines Normalsystems lassen sich seine bilinearen Kovarianten in der kanonischen Gestalt

$$\begin{aligned} \Delta s^1 &= [ds^3\, ds^4], \\ \Delta s^2 &= [ds^3\, ds^5] \qquad (\mathrm{mod}\; ds^1, ds^2), \\ \Delta s^3 &= [ds^4\, ds^5] \qquad (\mathrm{mod}\; ds^1, ds^2, ds^3) \end{aligned} \tag{40}$$

angeben. Liegt kein Normalsystem vor, so lassen sich für ein solches System ein oder zwei integrable Kombinationen nachweisen. Abgesehen vom Fall eines Spezialsystems kann man jedem solchen PFAFFschen System dreier Gleichungen der Klasse 5 ein System zweier Gleichungen der Klasse 5 zuordnen, nämlich sein abgeleitetes System. Umgekehrt assoziiert sich zu jedem System $ds^1 = ds^2 = 0$ von zwei Gleichungen der Klasse 5, dessen Kovarianten sich stets in die Gestalt

$$\left.\begin{aligned} \Delta s^1 &= [ds^3\, ds^4], \\ \Delta s^2 &= [ds^3\, ds^5], \end{aligned}\right\} \quad (\mathrm{mod}\; ds^1, ds^2) \tag{41}$$

angeben lassen, ein System von drei Gleichungen

$$ds^1 = ds^2 = ds^3 = 0, \tag{41′}$$

das ein Normalsystem der Klasse 5 darstellt, es sei denn, das System $ds^1 = ds^2 = 0$ ist von der Gattung drei, und (41′) ist vollständig integrabel. Unter diesen Umständen läßt sich das System $ds^1 = ds^2 = 0$ auf die kanonische Gestalt

$$ds^1 = dx^1 - x^4 dx^3 = 0, \quad ds^2 = dx^2 - x^5 dx^3 = 0 \tag{42}$$

reduzieren, die uns zeigt, daß zwei Systeme zweier Gleichungen der Klasse 5 und der Gattung 3 immer zueinander äquivalent sind.

Ein System von drei Gleichungen in 5 Variablen der Gattung 4 kann auf unendlich viele Arten auf die kanonische Gestalt

$$\begin{aligned} ds^1 &= dx^1 - x^3 dx^4 = 0, \\ ds^2 &= dx^2 - F(x^1, \ldots, x^5)\, dx^4 = 0, \\ ds^3 &= dx^3 - x^5 dx^4 = 0 \end{aligned} \tag{42′}$$

mit Hilfe einer willkürlichen Funktion F reduziert werden. Tatsächlich kommt dies darauf hinaus, daß man als Gleichung $ds^1 = 0$ eine Kombination der Gleichungen des Systems S' derart annehmen kann, daß das System $ds^1 = ds^3 = 0$ von der Gattung 3 ausfällt. Das Auftreten der willkürlichen Funktion F bewirkt, daß sich die Invarianten des Systems S nicht auf seine numerischen Invarianten reduzieren. Die Bestimmung der Invarianten von zwei und drei Gleichungen der Klasse 5 ist von É. CARTAN durchgeführt worden.[12])

§ 4 Nichtholonome Räume X_n^{2n-2}

Systeme zweier Gleichungen gerader Klasse. Wir betrachten jetzt ein System zweier PFAFFscher Gleichungen

$$ds^1 = 0, ds^2 = 0 \tag{43}$$

von der Klasse $2n$. Jede der Kovarianten Δs^1, Δs^2 ist höchstens vom Rang $2n - 2$, und wir nehmen an, daß unter unseren Gleichungen eine vorhanden ist, etwa $ds^1 = 0$, für welche die Kovariante den maximalen Rang $2n - 2$ erreicht. Das trifft im allgemeinen zu und kommt darauf hinaus anzunehmen, daß das System (43) vom Rang $2n - 2$ ist. Wählt man die folgende Linearkombination

$$d\sigma = ds^2 - \lambda\, ds^1 = 0 \tag{43'}$$

unserer Gleichungen mit beliebigem $\lambda = \lambda(x^1, \ldots, x^{2n})$, so erhält man für die bilineare Kovariante von $d\sigma = 0$ mit Rücksicht auf die Gleichungen (43) einen Ausdruck der Gestalt

$$\Delta\sigma = \Delta s^2 - \lambda \Delta s^1 = (w^2_{bc} - \lambda\, w^1_{bc})\, ds^b \delta s^c \qquad (\text{mod}\; ds^1, ds^2),$$

und ihr Rang ist $2n - 2$, es sei denn, daß λ eine Wurzel der charakteristischen Gleichung

$$|w^2_{bc} - \lambda\, w^1_{bc}| = 0 \tag{44}$$

ist, die sich aus dem Verschwinden der Kovarianten $\Delta\sigma$ ergibt, sobald deren Rang gleich oder kleiner als $2n - 4$ ist. Die Gleichung (44) ist in λ vom Grad $2n - 2$, denn der Koeffizient des Gliedes λ^{2n-2} ist durch die Determinante $|w^1_{bc}|$ gegeben, und es gilt $|w^1_{bc}| \neq 0$, da Δs^1 nach Annahme vom Rang $2n - 2$ ist.

Da jede schiefsymmetrische Determinante gerader Ordnung $2n - 2$ das Quadrat einer Determinante der Ordnung $n - 1$ darstellt, ergibt sich, daß die Gleichung (44) mit einer Gleichung vom Grad $n - 1$ in λ äquivalent ist, die man die *charakteristische Gleichung* nennt; sie ist von der Gestalt

$$A_1\lambda^{n-1} + A_2\lambda^{n-2} + \cdots + A_n = 0 \tag{44'}$$

und hat daher höchstens $n - 1$ verschiedene Wurzeln. Daher gibt es auch höchstens $n - 1$ Linearkombinationen des Systems (43), deren Kovarianten von kleinerem Rang als $2n - 2$ sind. Diese Gleichungen nennt man die singulären Gleichungen des Systems S.

Nun sei λ_1 eine Wurzel der charakteristischen Gleichung, und wir betrachten den allgemeinen Fall, daß die zugehörige singuläre Gleichung (43') auf eine Kovariante

[12]) É. CARTAN, Les systèmes de Pfaff à cinq variables et les équations aux dérivées partielles du second ordre, Ann. Sci. Ecole Norm. Sup. (3) 27 (1910), S. 109–192.

vom Rang $2n - 4$ führt. Bezeichnen dann $ds^5, ds^6, \ldots, ds^{2n}$ die $2n - 4$ Formen, die man in diesen Kovarianten erwarten kann, so schreibt sich die Kovariante $\varDelta s^1$ in der folgenden, diese Formen in Evidenz setzenden, Gestalt:

$$\varDelta s^1 = w^1_{34}[ds^3 ds^4] + w^1_{3\alpha}[ds^3 ds^\alpha] + w^1_{4\alpha}[ds^4 ds^\alpha] + w^1_{\alpha\beta}[ds^\alpha ds^\beta],$$
$$\alpha, \beta = 5, 6, \ldots, 2n. \tag{45}$$

Wir können daher, wenn $w^{1'}_{34} \neq 0$ ist, die Formen ds^3, ds^4 so wählen, daß $\varDelta s^1$ die kanonische Gestalt

$$\varDelta s^1 = [ds^3 ds^4] + \varphi_1(ds^5, ds^6, \ldots, ds^{2n}) \tag{46}$$

gewinnt, und erhalten damit gleichzeitig für $\varDelta s^2$ die kanonische Gestalt

$$\varDelta s^2 = \lambda_1[ds^3 ds^4] + \varphi_2(ds^5, ds^6, \ldots, ds^{2n}), \tag{46'}$$

wobei φ_1, φ_2 zwei schiefsymmetrische Formen bezeichnen, die sich aus den Pfaffschen Formen $ds^5, \ldots, ds^{2n}$ aufbauen.

Wenn $w^1_{34} = 0$ gilt, müssen die Pfaffschen Formen

$$w^1_{3\alpha} ds^\alpha, \quad w^1_{4\alpha} ds^\alpha, \qquad \alpha = 5, 6, \ldots, 2n$$

unabhängig sein, da sonst die Kovariante $\varDelta s^1$ von niedrigerem Rang als $2n - 2$ wäre. Bezeichnen wir also diese Formen mit ds^5, ds^6, so können wir

$$\varDelta s^1 = [ds^3 ds^5] + [ds^4 ds^6] + \varphi_1(ds^5, ds^6, \ldots, ds^{2n}),$$
$$\varDelta s^2 = \lambda_1([ds^3 ds^5] + [ds^4 ds^6]) + \varphi_2(ds^5, ds^6, \ldots, ds^{2n})$$

schreiben. In diesem Fall enthält die Gleichung (44) den Faktor $\lambda_1 - \lambda$ in der vierten Potenz und λ_1 ist eine Doppelwurzel der Gleichung (44'); λ_1 ist im allgemeinen eine mehrfache Wurzel der Gleichung (44'), wenn die Kovariante $\varDelta s^2 - \lambda_1 \varDelta s^1$ von kleinerem Rang als $2n - 4$ ist. Man kann daher die Kovarianten $\varDelta s^1, \varDelta s^2$ nur dann auf die kanonische Gestalt (46), (46') bringen, wenn λ_1 eine einfache Wurzel der charakteristischen Gleichung ist.

Ist λ_2 eine einfache Wurzel der Gleichung (44'), so kann man die Kovariante $\varDelta\sigma$ in der Gestalt

$$\varDelta s^2 - \lambda_2 \varDelta s^1 = (\lambda_1 - \lambda)[ds^3 ds^4] + \varphi_2 - \lambda_2 \varphi_1$$

schreiben. Da sie vom Rang $2n - 4$ sein soll, muß die schiefsymmetrische Form $\varphi_2 - \lambda_2\varphi_1$ vom Rang $2n - 6$ sein, so daß man, wenn $ds^7, ds^8, \ldots, ds^{2n}$ die $2n - 6$ entsprechenden Formen bezeichnen, welche in diese Form eingehen können, mit passender Wahl der ds^5, ds^6

$$\varphi_1 = [ds^5 ds^6] \quad + \psi_1(ds^7, ds^8, \ldots, ds^{2n}),$$
$$\varphi_2 = \lambda_2[ds^5 ds^6] + \psi_2(ds^7, ds^8, \ldots, ds^{2n})$$

schreiben kann.

Offenbar kann man ebenso mit den anderen einfachen Wurzeln der Gleichung (44′) verfahren und auf diese Weise den Satz aussprechen:[13]) *Die bilinearen Kovarianten eines* PFAFF*schen Systems zweier Gleichungen der geraden Klasse* $2n$ *können auf die kanonische Gestalt*

$$\begin{aligned}\Delta s^1 &= [ds^3 ds^4] + [ds^5 ds^6] + [ds^7 ds^8] + \cdots + [ds^{2n-1} ds^{2n}],\\ \Delta s^2 &= \lambda_1 [ds^3 ds^4] + \lambda_2 [ds^5 ds^6] + \cdots + \lambda_{n-1} [ds^{2n-1} ds^{2n}],\end{aligned} \quad (\text{mod}\, ds^1 ds^2) \quad (47)$$

reduziert werden, sofern die charakteristische Gleichung (44′) *nur einfache Wurzeln zuläßt.*

Was den Fall einer charakteristischen Gleichung mit mehrfachen Wurzeln anbetrifft, so kann man bemerken, daß die Kovarianten, wenn λ_1 eine mehrfache Wurzel der Vielfachheit q und $2n - 2q - 2$ den Rang der Kovarianten

$$\Delta s^2 - \lambda_1 \Delta s^1$$

bezeichnet, ebenfalls auf die kanonische Gestalt (47) reduziert werden können, wobei man annimmt, daß q der Wurzeln $\lambda_1, \lambda_2, \ldots, \lambda_{n-1}$ zusammenfallen. Dies trifft nur in Spezialfällen zu, da der Rang der Kovarianten $\Delta s^2 - \lambda_1 \Delta s^1$ im allgemeinen größer als $2n - 2q - 2$ sein wird. Nehmen wir zum Beispiel den Fall an, daß ein System zweier Gleichungen der Klasse 6 vorliegt. Sind die beiden Wurzeln der charakteristischen Gleichung verschieden, so haben wir die kanonische Gestalt

$$\begin{aligned}\Delta s^1 &= [ds^3 ds^4] + [ds^5 ds^6],\\ \Delta s^2 &= \lambda_1 [ds^3 ds^4] + \lambda_2 [ds^5 ds^6],\end{aligned} \quad (\text{mod}\, ds^1, ds^2) \quad (47')$$

und im Fall einer Doppelwurzel

$$\begin{aligned}\Delta s^1 &= [ds^3 ds^4] + [ds^5 ds^6],\\ \Delta s^2 &= \lambda_1 ([ds^3 ds^4] + [ds^5 ds^6]) + \varepsilon [ds^4 ds^6],\end{aligned} \quad (\text{mod}\, ds^1, ds^2),$$

wobei $\varepsilon = 0{,}1$. Ist $\varepsilon = 0$, so ist die Gleichung $ds^2 - \lambda_1 ds^1 = 0$ vollständig integrabel. Verschwindet nämlich eine zu einem System zweier Gleichungen in einer geraden Anzahl von Veränderlichen gehörige Kovariante, etwa die zu $ds^2 = 0$ gehörige, so erhält man aus den Fundamentalidentitäten $(2\alpha\beta\gamma)$ mit $\alpha, \beta, \gamma = 3, 4, \ldots, 2n$ das Verschwinden von $w^2_{1\alpha}$, und daher ist $ds^2 = 0$ eine integrable Kombination. Ein solches System kann auf die kanonische Gestalt

$$ds^1 = dz - p^1 dx^1 - \cdots - p^{n-1} dx^{n-1} = 0, \quad ds^2 = du = 0$$

reduziert werden. Für die kanonischen Ausdrücke (47) oder (47′) haben wir den Fall reeller charakteristischer Wurzeln $\lambda_1, \lambda_2, \ldots, \lambda_{n-1}$ von dem komplexer zu unterscheiden. Sind die Variablen $x^1, \ldots, x^{2n}$ reell und das betrachtete PFAFFsche System auch, so entsprechen zwei konjugiert-komplexen Wurzeln λ_1, λ_2

[13]) É. CARTAN, Leçons sur les invariants intégraux, Hermann & Cie, Paris 1922, S. 80.

in den kanonischen Formen (47) oder (47′) die imaginären Formen ds^3, ds^4, ds^5, ds^6. Wünscht man das Auftreten imaginärer Formen zu vermeiden, so kann man durch eine Transformation der Formen ds^3, ds^4, ds^5, ds^6 erreichen, daß die Kovarianten (47) die kanonische Gestalt

$$\begin{aligned} \Delta s^1 &= [ds^3 ds^4] + [ds^5 ds^6] + \cdots + [ds^{2n-1} ds^{2n}], \quad (\operatorname{mod} ds^1, ds^2), \\ \Delta s^2 &= a([ds^3 ds^4] + [ds^5 ds^6]) + b([ds^3 ds^5] - [ds^4 ds^6]) \\ &\quad + \lambda_3 [ds^7 ds^8] + \cdots + \lambda_{n-1} [ds^{2n-1} ds^{2n}] \end{aligned} \tag{48}$$

mit reellem a und b annehmen, und die Wurzeln λ_1, λ_2 sind dann Lösungen der Gleichung

$$(\lambda - a)^2 + b^2 = 0.$$

Invariante Gleichungen. Wir haben jede Gleichung eines Pfaffschen Systems zweier Gleichungen der Klasse $2n - 2$, deren bilineare Kovariante von kleinerem Rang als $2n - 2$ ist, eine singuläre Gleichung des Systems genannt. Mindestens eine und höchstens $n - 1$ solcher singulärer Gleichungen treten im allgemeinen Fall auf, sobald das System den Maximalrang $2n - 2$ erreicht, entsprechend der Anzahl der verschiedenen Wurzeln der charakteristischen Gleichung. Eine singuläre Gleichung ist nun gleichzeitig eine invariante Gleichung gegenüber Variablentransformationen, d. h., man kann nicht von einer singulären Gleichung stetig zu einer anderen Gleichung übergehen. Damit ist also die Pfaffsche Form

$$d\sigma = ds^2 - \lambda_1 ds^1,$$

welche zur Wurzel λ_1 gehört, bis auf eine Transformation der Gestalt

$$d\bar{\sigma} = \alpha\, d\sigma$$

bestimmt, wobei $\alpha \neq 0$ eine Funktion der Systemvariablen $x^1, \ldots, x^{2n}$ bezeichnet. Das bedeutet, daß die Kovarianten der Systemgleichungen sich

$$\Delta s^1 = [ds^3 ds^4] + [ds^7 ds^8] + \cdots + [ds^{2n-1} ds^{2n}] + A_\alpha [ds^2 ds^\alpha] \quad (\operatorname{mod} ds^1),$$

$$\Delta s^2 = [ds^5 ds^6] + \mu_3 [ds^7 ds^8] + \cdots + \mu_{n-1} [ds^{2n-1} ds^{2n}] + B_\alpha [ds^1 ds^\alpha] \quad (\operatorname{mod} ds^2)$$

schreiben lassen, wenn man als Systemgleichungen zwei invariante Gleichungen zugrunde legt, etwa die zu den Wurzeln λ_1, λ_2 gehörigen (was voraussetzt, daß die Klasse des Systems mindestens 6 ist).

Indem wir bemerken, daß man zu den Formen $ds^3, ds^4, \ldots, ds^{2n}$ Ausdrücke in ds^1 und ds^2 hinzufügen kann, ohne die symbolischen Produkte $[ds^{2p-1} ds^{2p}]$ abzuändern, können wir uns dieser Ausdrücke bedienen, um in Δs^1 die Koeffizienten $A_3, A_4, A_7, A_8, \ldots, A_{2n}$ und in Δs^2 die Koeffizienten $B_5, \ldots, B_{2n}$ zum Verschwinden zu bringen. Die Form $A_5 ds^5 + A_6 ds^6$ kann als (neue) Form ds^5 eingeführt werden (wenn sie nicht identisch verschwindet), denn es genügt als neue Form ds^6 die Form $\alpha_5 ds^5 + \alpha_6 ds^6$ mit $A_5 \alpha_6 - A_6 \alpha_5 = 1$ einzuführen, ohne das symbolische Produkt $[ds^5 ds^6]$ zu verändern. Ebenso kann man als neue Form ds^6 die Form $B_3 ds^3 + B_4 ds^4$ verwenden, solange diese nicht identisch verschwindet. Damit gelangt man für die bilinearen Kovarianten zweier invarianter Gleichungen eines PFAFFschen Systems zweier Gleichungen der Klasse $2n$, deren charakteristischen Gleichung nur verschiedene charakteristische Wurzeln zuläßt, zu den folgenden kanonischen Ausdrücken:

$$\begin{aligned} \Delta s^1 &= [ds^3 ds^4] + [ds^7 ds^8] + \cdots + [ds^{2n-1} ds^{2n}] + \varepsilon_1 [ds^2 ds^5], \quad (\operatorname{mod} ds^1), \\ \Delta s^2 &= [ds^5 ds^6] + \mu_3 [ds^7 ds^8] + \cdots + \mu_{2n-1} [ds^{2n-1} ds^{2n}] \\ &\quad + \varepsilon_2 [ds^1 ds^3], \quad (\operatorname{mod} ds^2), \end{aligned} \tag{49}$$

wobei ε_1 und ε_2 die Werte 1 und 0 annehmen können. $\varepsilon_1 = 1$ bedeutet den allgemeinen Fall der Klasse $2n - 1$ für die invariante Gleichung, während $\varepsilon_1 = 0$ in dem Spezialfall vorliegt, daß $ds^1 = 0$ von der Klasse $2n - 2$ ist.

Die PFAFFschen Formen $ds^3, ds^4, \ldots, ds^{2n}$ sind durch diese kanonische Reduktion nicht vollständig bestimmt, da man die Formen, welche zum gleichen Paar ds^{2q-1}, ds^{2q} gehören, untereinander transformieren kann. Auch können wir noch zu den Formen ds^3, ds^4 Terme in ds^1 und zu ds^5, ds^6 solche in ds^2 hinzufügen. Es ergibt sich so, daß die Transformationsgruppe der Formen ds^a, welche die kanonische Gestalt (49) ungeändert läßt, separabel ist, da sie die $n - 1$ PFAFFschen Systeme

$$ds^1 = ds^3 = ds^4 = 0, \quad ds^2 = ds^5 = ds^6 = 0, \quad ds^{2q-1} = ds^{2q} = 0, \quad (q = 4, 5, \ldots, n) \tag{49'}$$

ungeändert läßt, die komplementäre Systeme darstellen, da sie keine Gleichung gemeinsam haben und die Gesamtzahl der Gleichungen mit der Anzahl der Veränderlichen übereinstimmt, die in diesen Systemen auftreten.

Der Umstand, daß man dem System (43) eine separable Gruppe zuordnen kann, hat zur Folge, daß (43) einen affinen Zusammenhang gestattet, d. h., das System ist „geometrisierbar" (vgl. S. 144—145). Interessant ist auch festzustellen, wann die komplementären Systeme (49′) integrable Kombinationen gestatten. Um diesen Sachverhalt zu untersuchen, können wir annehmen, daß $ds^\alpha = dx^\alpha$ eine integrable Kombination ist, wobei $\alpha = 3, 4, \ldots, 2n$ ist. Andererseits ist das System (43) mit der Struktur (47) höchstens von der Gattung $2n - 2$, denn betrachten wir das System

$$ds^1 = ds^2 = ds^4 - \lambda ds^3 = ds^6 - \mu ds^5 = ds^\alpha - \lambda_\alpha ds^3 - \mu_\alpha ds^5 = 0,$$

so können wir uns der Funktionen $\lambda, \mu, \lambda_\alpha, \mu_\alpha$ bedienen, um das System vollständig integrabel zu gestalten. Nehmen wir also im System (43) $x^\alpha = \text{const}$ an, so wird es von der Gattung $2n - 4$ $(n > 3)$ ausfallen und daher ist (43) bestenfalls von der Gattung $2n - 3$. So ergibt sich, daß die Systeme (49′) mit $n > 3$ nur dann integrable Kombinationen aufweisen können, wenn die Gattung von (43) kleiner als $2n - 2$ ist. Wir kommen so zum folgenden

Satz. *Liegt ein* PFAFF*sches System* S *zweier Gleichungen in* $2n$ $(n > 3)$ *Veränderlichen vom Rang* $2n - 2$ *vor, dessen charakteristische Gleichung nur verschiedene Wurzeln zuläßt, so läßt nach Reduktion seiner bilinearen Kovarianten auf die kano-*

nische Gestalt (49) *die Transformationsgruppe des Systems* $n-1$ *komplementäre* PFAFF*sche Systeme ungeändert. Diese Systeme enthalten keinerlei integrable Kombinationen, wenn die Gattung des Systems S durch* $2n-2$ *gegeben ist. Der affine Zusammenhang, den man in diesem Fall dem System S assoziieren kann, ist vollständig.*

Im allgemeinen Fall gilt $\varepsilon_1 = \varepsilon_2 = 1$, und die Gruppe des Systems (43) ist durch die Gleichungen

$$\begin{aligned}
&d\bar{s}^1 = \alpha ds^1, \quad d\bar{s}^3 = \frac{\beta}{\alpha} ds^3 + a ds^1, \quad d\bar{s}^4 = \frac{\alpha^2}{\beta} ds^4 + b ds^3 + c ds^1,\\
&d\bar{s}^2 = \beta ds^2, \quad d\bar{s}^5 = \frac{\alpha}{\beta} ds^5 + e ds^2, \quad d\bar{s}^6 = \frac{\beta^2}{\alpha} ds^6 + f ds^5 + g ds^2,\\
&d\bar{s}^{2q-1} = \alpha_q ds^{2q-1} + \beta_q ds^{2q}, \quad d\bar{s}^{2q} = \gamma_q ds^{2q-1} + \delta_q ds^{2q}, \quad q = 4, \ldots, n
\end{aligned} \tag{50}$$

gegeben, wobei α und β nichtverschwindende Funktionen der Veränderlichen $x^1, x^2, \ldots, x^{2n}$ bezeichnen; a, b, c, e, f, g sind beliebige Funktionen derselben Veränderlichen, und $\alpha_q, \beta_q, \gamma_q, \delta_q$ genügen den Bedingungen

$$\alpha_q \delta_q - \beta_q \gamma_q = 1. \tag{50'}$$

Von Bedeutung ist der Fall $n = 3$, d. h. der Fall von 2 Gleichungen in 6 Veränderlichen, und der Fall $n \geqq 4$. Im zweiten Fall sind die Koeffizienten $\mu_3, \mu_4, \ldots, \mu_{n-1}$ Relativinvarianten der Gruppe (50), da sie sich gemäß

$$\bar{\mu}_r = \frac{\beta}{\alpha} \mu_r, \qquad r = 3, 4, \ldots, n-1$$

transformieren. Offensichtlich können wir uns der Quotienten $\frac{\beta}{\alpha}$ bedienen, um $\mu_3 = 1$ zu erreichen. Bringt man überdies mit Hilfe der Funktion a den Koeffizienten w^3_{78} und mit Hilfe der Funktionen e, f, g die Koeffizienten $w^5_{78}, w^4_{78}, w^6_{78}$ zum Verschwinden, so ist die Untergruppe der Gruppe (50), welche diese Werte festläßt, von der Gestalt

$$\begin{aligned}
&d\bar{s}^1 = \alpha ds^1, \quad d\bar{s}^3 = ds^3, \quad d\bar{s}^4 = \alpha ds^4 + b ds^3,\\
&d\bar{s}^2 = \alpha ds^2, \quad d\bar{s}^5 = ds^5, \quad d\bar{s}^6 = \alpha ds^6 + f ds^5,\\
&d\bar{s}^{2q-1} = \alpha_q ds^{2q-1} + \beta_q ds^{2q}, \quad d\bar{s}^{2q} = \gamma_q ds^{2q-1} + \delta_q ds^{2q}.
\end{aligned} \tag{51}$$

Wie man sieht, enthält die Gruppe des Systems (43) (für $n \geqq 4$) $3n-6$ unabhängige Funktionen, nämlich die Funktionen α, b, f und die $3(n-3)$ Funktionen $\alpha_q, \beta_q, \gamma_q, \delta_q$, welche den Bedingungen (50′) genügen. In bezug auf diese Gruppe sind die Koeffizienten $\mu_4, \ldots, \mu_{n-1}$ absolute Invarianten, während die Koeffizienten der Kovarianten $\Delta s^3, \Delta s^5$ und diejenigen der Kovarianten

$$\begin{aligned}
&\Delta s^4 \quad (\mathrm{mod}\, ds^3, ds^4), \qquad \Delta s^6 \quad (\mathrm{mod}\, ds^5, ds^6),\\
&\Delta s^{2q-1}, \ \Delta s^{2q}, \quad (\mathrm{mod}\, ds^{2q-1}, ds^{2q}), \quad q = 4, \ldots, n
\end{aligned}$$

relative Invarianten sind. Man erhält noch weitere relative Invarianten, wenn man eine der beiden absoluten Invarianten nach den Formen ds^a ableitet und kann sie benutzen (wenn sie nicht verschwinden), um auch noch die Anzahl der Funktionen der Gruppe (51) zu reduzieren, ein Umstand, auf den wir nicht weiter eingehen wollen.

Wir wollen jetzt zeigen, daß die Gruppe des Systems (43) auch die Eigenschaft hat, zwei oder mehrere komplementäre Systeme ungeändert zu lassen, d. h. die Eigenschaft „geometrisierbar" zu sein, wenn wenigstens zwei Wurzeln der Säkulargleichung verschieden ausfallen, d. h., wenn wenigstens zwei invariante Gleichungen vorliegen. Dann können wir nämlich die Kovarianten in der Gestalt

$$\begin{aligned} \Delta s^1 &= [ds^3 ds^4] + \varphi(ds^7, \ldots, ds^{2n}), \\ \Delta s^2 &= [ds^5 ds^6] + \psi(ds^7, \ldots, ds^{2n}), \end{aligned} \qquad (\mathrm{mod}\, ds^1, ds^2) \tag{52}$$

schreiben, wobei $ds^1 = 0$, $ds^2 = 0$ die singulären Gleichungen darstellen. Indem wir die Systeme von $2n - 2$ Gleichungen in $2n$ Veränderlichen

$$\Omega_1(ds^1 = ds^2 = ds^3 = ds^4 = ds^7 = \cdots = ds^{2n} = 0),$$

$$\Omega_2(ds^1 = ds^2 = ds^5 = ds^6 = ds^7 = \cdots = ds^{2n} = 0)$$

betrachten, die aus (43) dadurch hervorgehen, daß man diesem System die Gleichungen hinzufügt, welche die eine oder andere der Kovarianten $\Delta s^1, \Delta s^2$ zum Verschwinden bringt, können wir die Formen $ds^3, ds^4, ds^7, \ldots, ds^{2n}$ durch Terme in ds^2 derart ergänzen, daß die Koeffizienten $w_{56}^3, w_{56}^7, \ldots, w_{56}^{2n}$ verschwinden. Desgleichen kann man zu $ds^5, ds^6, ds^7, \ldots, ds^{2n}$ Terme in ds^1 derart hinzufügen, daß $w_{34}^5 = w_{34}^6 = w_{34}^7 = \cdots = w_{34}^{2n} = 0$ gilt. Unter diesen Umständen sind dann die abgeleiteten Systeme der Systeme Ω_1, Ω_2 durch die Gleichungen

$$\Omega_1'(ds^1 = ds^3 = ds^4 = ds^7 = \cdots = ds^{2n} = 0),$$

$$\Omega_2'(ds^2 = ds^5 = ds^6 = ds^7 = \cdots = ds^{2n} = 0)$$

gegeben. Das bedeutet, daß die Gruppe des Systems (43) die folgenden Pfaffschen Systeme ungeändert lassen muß

$$\begin{aligned} &ds^1 = ds^3 = ds^4 = 0, \quad ds^2 = ds^5 = ds^6 = 0, \\ &ds^7 = ds^8 = \cdots = ds^{2n} = 0, \end{aligned} \tag{52'}$$

welche offensichtlich komplementäre Systeme sind.

Systeme zweier Gleichungen ungerader Klasse. Liegt ein System Σ zweier Gleichungen

$$ds^1 = ds^2 = 0 \tag{Σ}$$

ungerader Klasse $2n + 1$ vor, so sind die Verhältnisse anders gegenüber dem Fall der geraden Klasse, da es im allgemeinen jetzt keine singulären Gleichungen gibt. Die Kovarianten $\Delta s^1, \Delta s^2$ sind vom Rang $2n - 2$, und wir können sie nur in speziellen Fällen auf einen niedrigeren Rang reduzieren. Ist dann solch ein System gegeben, so können seine Kovarianten auf die sehr einfache kanonische Gestalt

$$\begin{aligned} \Delta s^1 &= [ds^3 ds^4] + [ds^5 ds^6] + \cdots + [ds^{2n-1} ds^{2n}], \\ \Delta s^2 &= [ds^{2n+1} ds^3] + [ds^4 ds^5] + \cdots + [ds^{2n-2} ds^{2n-1}], \end{aligned} \qquad (\mathrm{mod}\ ds^1, ds^2) \quad (53)$$

reduziert werden, worin sämtliche Koeffizienten w^1_{ab}, w^2_{ab} $(a, b = 3, 4, \ldots, 2n+1)$ die Werte 0 oder 1 annehmen. Ist nämlich die Kovariante Δs^1 vom Rang $2n-2$, so bezeichnen wir die in sie eingehenden $2n-2$ Pfaffschen Formen mit ds^3, $ds^4, \ldots, ds^{2n}$. Bezeichnen wir ferner mit ds^3 den Koeffizienten von ds^{2n+1} in Δs^2, so können wir

$$\Delta s^2 = [ds^{2n+1} ds^3] + \psi(ds^3, ds^4, \ldots, ds^{2n})$$

schreiben. Man kann ferner ds^{2n+1} durch Terme in $ds^4, ds^5, \ldots, ds^{2n}$ so ergänzen, daß der Ausdruck in ds^3 (in ψ) verschwindet. Bezeichnet man dann noch den Koeffizienten von ds^3 in Δs^1 mit ds^4, so haben wir

$$\Delta s^1 = [ds^3 ds^4] + \varphi(ds^4, \ldots, ds^{2n}), \quad \Delta s^2 = [ds^{2n+1} ds^3] + \psi(ds^4, \ldots, ds^{2n}),$$

und man kann durch Ergänzung von $ds^5, ds^6, \ldots, ds^{2n}$ mit passenden Termen in ds^4 das Verschwinden des ds^4 enthaltenden Terms der Funktion φ erreichen. Unter diesen Umständen können die ds^4 enthaltenden Terme in ψ nicht verschwinden, da man andernfalls λ so bestimmen kann, daß die Kovariante der Gleichung $ds^2 - \lambda ds^1 = 0$ einen kleineren Rang als $2n-2$ erhält. Bezeichnet man dann den Koeffizienten von ds^4 in ψ mit ds^5 und den Koeffizienten von ds^5 in φ mit ds^6 so können wir nach Ergänzung der Formen $ds^7, ds^8, \ldots, ds^{2n}$ durch passende Terme in ds^6 die Kovarianten folgendermaßen schreiben:

$$\begin{aligned} \Delta s^1 &= [ds^3 ds^4] + [ds^5 ds^6] + \varphi_1(ds^7, ds^8, \ldots, ds^{2n}), \\ \Delta s^2 &= [ds^{2n+1} ds^3] + [ds^4 ds^5] + \psi_1(ds^6, ds^7, \ldots, ds^{2n}). \end{aligned}$$

Fährt man so fort, so gelangt man offensichtlich zur kanonischen Darstellung (53), wenn das System keine singulären Gleichungen gestattet. Die kanonische Darstellung (53) setzt das erste Integralsystem $\Sigma^{(1)}$ des Systems Σ in Evidenz:

$$\Sigma^1(ds^1 = ds^2 = ds^3 = ds^5 = \cdots = ds^{2n-1} = 0),$$

d. h. das System mit der Minimalzahl von Gleichungen, deren zugehöriges abgeleitetes System das System Σ enthält. Wenn dieses System vollständig integrabel ist, ist Σ von der Gattung $n+1$, und seine Gleichungen lassen sich dann in der Gestalt

$$\begin{aligned} ds^1 &= dz - y^1 dx^1 - y^2 dx^2 - \cdots - y^{n-1} dx^{n-1} = 0, \\ ds^2 &= du - v\, dx^1 - a_2 dx^2 - \cdots - a_{n-1} dx^{n-1} = 0 \end{aligned} \qquad (54)$$

schreiben, wobei $a_2, a_3, \ldots, a_{n-1}$ Funktionen der $2n+1$ Veränderlichen $x^1, \ldots, x^{n-1}, y^1, \ldots, y^{n-1}$ z, u, v sind. Ist $n = 2$, so erhält man die kanonische Gestalt zweier Gleichungen der Klasse 5 und der Gattung 3 zurück.

Nichtholonome Räume X_{m+2p}^{2p}. Wir zeigen jetzt, daß man die gewonnenen Ergebnisse für X_{2n}^{2n-2} auf Räume X_{m+2p}^{2p} verallgemeinern kann, d. h. auf Räume, die durch ein System S von m Pfaffschen Gleichungen in $m + 2p$ Veränderlichen definiert werden, d. h. durch ein System, in welchem die Differenz zwischen Klasse und Anzahl der Gleichungen eine gerade Zahl ist. Liegt nämlich ein solches System vor, so werden wir den Maximalrang $2p$ voraussetzen und annehmen, daß etwa $ds^1 = 0$ eine Systemgleichung repräsentiere, deren bilineare Kovariante in S vom Rang $2p$ ist. Dann läßt sich diese Kovariante in der kanonischen Darstellung

$$\Delta s^1 = [d\sigma^1 d\sigma^2] + [d\sigma^3 d\sigma^4] + \cdots + [d\sigma^{2p-1} d\sigma^{2p}] \qquad (\mathrm{mod}\ ds^1, \ldots, ds^m)$$

schreiben. Indem wir eine der λ-Gleichungen bezüglich einer Linearkombination

$$ds^\alpha - \lambda ds^1 = 0, \qquad \alpha = 2, \ldots, m$$

heranziehen und für diese Gleichung zwei verschiedene Wurzeln voraussetzen, können wir als die ersten beiden Gleichungen des Systems die diesen Wurzeln entsprechenden Gleichungen verwenden. Schreiben wir $ds^1 = 0, ds^2 = 0$ für diese Gleichungen, so gilt für ihre Kovarianten

$$\left.\begin{aligned} \Delta s^1 &= [d\sigma^1 d\sigma^2] + \varphi(d\sigma^5, \ldots, d\sigma^{2p}), \\ \Delta s^2 &= [d\sigma^3 d\sigma^4] + \psi(d\sigma^5, \ldots, d\sigma^{2p}), \end{aligned}\right\} \quad (\mathrm{mod}\ ds^1, \ldots, ds^m).$$

Dann ist klar, daß man die Formen ds^1, ds^2 untereinander beliebig kombinieren kann, ohne den Rang der Kovarianten $\Delta s^1, \Delta s^2$ über $2p$ hinauszutreiben. Betrachten wir jetzt die kovarianten Systeme

$$\Omega_1(ds^1 = ds^2 = \cdots = ds^m = d\sigma^1 = d\sigma^2 = d\sigma^5 = \cdots = d\sigma^{2p} = 0),$$
$$\Omega_2(ds^1 = ds^2 = \cdots = ds^m = d\sigma^3 = d\sigma^4 = \cdots = d\sigma^{2p} = 0),$$

so können wir erreichen, daß die abgeleiteten Systeme Ω_1', Ω_2' durch dieselben Gleichungen gegeben werden ohne $ds^2 = 0$ bzw. $ds^1 = 0$.

Unter diesen Umständen läßt die Gruppe des Systems die Pfaffschen Systeme

$$\begin{aligned} &ds^1 = d\sigma^1 = d\sigma^2 = 0, \quad ds^2 = d\sigma^3 = d\sigma^4 = 0, \\ &ds^3 = \cdots = ds^m = d\sigma^5 = \cdots = d\sigma^{2p} = 0 \end{aligned} \tag{54'}$$

ungeändert, die offensichtlich komplementär sind. So bekommen wir den

Satz. *Liegt ein Pfaffsches System S von m Gleichungen in $m + 2p$ Veränderlichen und mit maximalem Rang $2p$ vor, so besteht eine hinreichende Bedingung für die Zuordnung zweier oder mehrerer komplementärer Systeme zum System S darin, daß mindestens eine der charakteristischen Gleichungen der Gleichungen $ds^\alpha - \lambda ds^1 = 0$, $(\alpha = 2, \ldots, m)$, für welche Δs^1 vom Rang $2p$ ausfällt, verschiedene Wurzeln gestattet.*

§ 5 Nichtholonome Räume in zusammenhängenden Räumen

Räume X_n^m in A_n. Wir legen einen nichtholonomen Raum X_n^m zugrunde, der durch das PFAFFsche System

$$ds^\alpha = \lambda_i^\alpha dx^i = 0, \qquad \alpha = m+1, \ldots, n \tag{55}$$

definiert ist. Die Gruppe dieses Raumes ist dann durch die Gleichungen

$$\begin{aligned} d\bar{s}^h &= c_k^h ds^k + c_\alpha^h ds^\alpha, \\ d\bar{s}^\alpha &= c_\beta^\alpha ds^\beta, \end{aligned} \qquad h, k = 1, 2, \ldots, m \tag{56}$$

gegeben und durch den Umstand charakterisiert, daß in der allgemeinen Gruppe der Kongruenztransformationen die Beziehungen

$$c_k^\alpha = 0 \tag{56'}$$

in Kraft treten. Liegt der Raum X_n^m in einem Raum A_n mit affinem Zusammenhang, so erhält man unter Berücksichtigung der Transformationsformeln für die Komponenten des affinen Zusammenhanges

$$\begin{aligned} \frac{\partial c_k^h}{\partial s^l} &= \bar{\gamma}_{rs}^h c_k^r c_l^s - \gamma_{kl}^r c_r^h - \gamma_{kl}^\alpha c_\alpha^h, \\ 0 &= \bar{\gamma}_{rs}^\alpha c_k^r c_l^s - \gamma_{kl}^\lambda c_\lambda^\alpha, \\ 0 &= \gamma_{rs}^\alpha c_k^r c_\beta^s + \bar{\gamma}_{r\lambda}^\alpha c_k^r c_\beta^\lambda - \gamma_{k\beta}^\lambda c_\lambda^\alpha. \end{aligned} \tag{57}$$

Die Gleichungen der zweiten Zeile in (57) zeigen, daß die γ_{kl}^α in bezug auf die Gruppe (56) des Raumes X_n^m Tensorkomponenten darstellen. Dagegen sind die γ_{kl}^h nach den Gleichungen der ersten Zeile in (57) die Komponenten eines affinen Zusammenhangs in X_n^m, sobald die γ_{kl}^α verschwinden, d. h., wenn der Raum X_n^m in A_n totalgeodätisch ist oder sobald die c_α^h verschwinden, was darauf hinauskommt, dem Raum X_n^m einen Normalraum zu assoziieren.

Wir haben gesehen, daß diese Zuordnung mit Rücksicht auf die Integrabilitätsbedingungen des PFAFFschen Systems (55), nämlich

$$\bar{w}_{rs}^\alpha c_k^r c_l^s = w_{kl}^\beta c_\beta^\alpha \tag{57'}$$

immer möglich ist, unabhängig von dem Umstand, daß der Raum X_n^m in einem Raum A_n liegt. Wenn dies also möglich ist, d. h., wenn wir uns vermöge der mit dem System (55) verknüpften invarianten Bedingungen auf den Fall $c_\alpha^h = 0$ beschränken können, so zeigen die ersten der Gleichungen (57), daß die γ_{kl}^h die Komponenten eines affinen Zusammenhangs in X_n^m sind; es ist der durch A_n in X_n^m induzierte affine Zusammenhang.

Wir werden dann den Raum X_n^m mit A_n^m bezeichnen und können die Eigenschaften dieses nichtholonomen Raumes A_n^m, die nur mit dem PFAFFschen System (55) und dem induzierten affinen Zusammenhang in Verbindung stehen, innere Eigenschaften des A_n^m nennen. Man kann sich das Problem stellen, einen Normalraum zu definieren, indem man Eigenschaften des Raumes A_n verwendet und solche endlichen Relationen (57), die uns zeigen, daß

$$\gamma_{kl}^{\alpha}, \quad \gamma_{k\beta}^{\alpha}$$

einen Tensor bilden, oder andere Relationen in endlichen Ausdrücken, wie sie durch den Torsions- oder Krümmungstensor des Raumes gegeben werden können.

Nehmen wir zum Beispiel an, daß der verjüngte Krümmungstensor (vgl. § 8 in Kapitel IV im ersten Bande dieses Werkes) nicht verschwindet. Dann gilt mit Rücksicht auf die Gruppe (56)

$$\bar{\gamma}_{rs} c_k^r c_l^s = \gamma_{kl},$$

$$\bar{\gamma}_{rs} c_\alpha^r c_k^s + \bar{\gamma}_{\lambda s} c_\alpha^\lambda c_k^s = \gamma_{\alpha k}.$$

Wenn $|\gamma_{rs}| \neq 0$ ist, erlauben die letzten dieser Gleichungen eine Bestimmung der c_α^h derart, daß die $\gamma_{\lambda s}$ verschwinden, und für die Gruppe (56), welche diese Eigenschaft bewahrt, gilt notwendig $c_\alpha^h = 0$. So bekommt man den

Satz. *Liegt ein nichtholonomer Raum X_n^m in einem affinen Raum A_n vor und ist einer der verjüngten Krümmungstensoren des A_n vom Rang m in X_n^m, so kann man dem Raum X_n^m einen Normalraum zuordnen.*

Ist ein Normalraum X^m zugeordnet, so kommt das Studium der Invarianten des X_n^m darauf hinaus, die Invarianten der separablen Gruppe

$$d\bar{s}^\alpha = c_\beta^\alpha ds^\beta, \qquad d\bar{s}^h = c_k^h ds^k \tag{58}$$

zu untersuchen d. h. die Invarianten zweier komplementärer nichtholonomer Räume X_n^m und X_n^{n-m}, wie sie durch das System (55) und das System

$$ds^h = 0, \qquad h = 1, 2, \ldots, m \tag{58'}$$

definiert werden und umgekehrt. Die Transformationsformeln des affinen Zusammenhanges des A_n liefern

$$\frac{\partial c_k^h}{\partial s^l} = \bar{\gamma}_{rs}^h c_k^r c_l^s - \gamma_{kl}^r c_r^h, \qquad \frac{\partial c_k^h}{\partial s^\alpha} = \bar{\gamma}_{r\beta}^h c_k^r c_\alpha^\beta - \gamma_{k\alpha}^r c_r^h \tag{59}$$

und analoge Gleichungen, in welchen die Indizes h, k, l mit α, β, γ vertauscht werden und umgekehrt. Nach diesen Formeln kommt also der Gruppe (58) in A_n

der Zusammenhang γ^{*a}_{bc} zu, der durch[14])

$$\begin{gathered}\gamma^{*h}_{kl} = \gamma^h_{kl}, \quad \gamma^{*h}_{k\alpha} = \gamma^h_{k\alpha}, \quad \gamma^{*h}_{\alpha c} = 0, \\ \gamma^{*\alpha}_{\beta\gamma} = \gamma^\alpha_{\beta\gamma}, \quad \gamma^{*\alpha}_{\beta k} = \gamma^\alpha_{\beta k}, \quad \gamma^{*\alpha}_{kc} = 0\end{gathered} \tag{60}$$

gegeben ist. Berücksichtigt man noch die Fundamentalgleichungen der Gruppe (58), welche auf

$$\frac{\partial c^h_k}{\partial s^\alpha} = \overline{w}^h_{r\beta}\, c^r_k\, c^\alpha_\beta - w^r_{h\alpha}\, c^k_r \tag{60'}$$

und eine analoge Gleichung führen, so ergibt sich, daß man für den Zusammenhang der komplementären nichtholonomen Räume X^m_n und X^{n-m}_n auch die durch[15])

$$\begin{gathered}\gamma'^h_{kl} = \gamma^h_{kl}, \quad \gamma'^h_{k\alpha} = w^h_{k\alpha}, \quad \gamma'^h_{\alpha c} = 0, \\ \gamma'^\alpha_{\beta\gamma} = \gamma^\alpha_{\beta\gamma}, \quad \gamma'^\alpha_{\beta k} = w^\alpha_{\beta k}, \quad \gamma'^\alpha_{kc} = 0\end{gathered} \tag{61}$$

gegebenen Komponenten γ'^a_{bc} verwenden kann.

Es ist bemerkenswert, daß der Zusammenhang (60) ebenso wie der Zusammenhang (61) mit Torsion behaftet ist, wenn A_n nicht torsionsfrei ist und wenn die Systeme (55) und (58′) nicht vollständig integrabel sind.

Ist A_n torsionsfrei, so verschwinden alle Komponenten des Torsionstensors des Zusammenhanges (60)

$$t^a_{bc} = \gamma^{*a}_{bc} - \gamma^{*a}_{cb} - w^a_{bc},$$

bis auf

$$t^h_{k\alpha} = \gamma^h_{k\alpha}, \quad t^h_{\alpha\beta} = -\, w^h_{\alpha\beta},$$

$$t^\alpha_{\beta l} = \gamma^\alpha_{\beta l}, \quad t^\alpha_{kl} = -\, w^\alpha_{kl},$$

während von (61) alle Torsionskomponenten bis auf

$$t^h_{\alpha\beta} = -\, w^h_{\alpha\beta}, \quad t^\alpha_{kl} = -\, w^\alpha_{kl}$$

verschwinden. Sind also die Systeme (55) und (58′) vollständig integrabel und daher die Räume X^m_n und X^{n-m}_n holonom, so ist der Zusammenhang (61) torsionsfrei, der Zusammenhang (60) jedoch nicht, es sei denn, daß der Zusammenhang (61) mit (60) zusammenfällt. Dieser Umstand zeigt, das (61) ein Zusammenhang ist, der mit den Eigenschaften des Raumes viel tiefer verknüpft ist als der Zusammenhang (60).

In jedem Fall vermittelt uns jeder der Zusammenhänge (60) und (61) eine Konstruktionsmethode für infinitesimale Umläufe um infinitesimale Fünfecke, die mit zwei Tangentenvektoren von X^m_n und X^{n-m}_n konstruiert sind, oder auch für infinitesimale Umläufe, die mit einem Tangential- und einem Normalvektor

---

[14]) J. A. Schouten und R. van Kampen, Zur Einbettungs- und Krümmungstheorie nichtholonomer Gebilde, Math. Ann. **103** (1930), S. 752; vgl. ferner V. Wagner (die Arbeit wurde in der Fußnote auf S. 190 zitiert).

[15]) G. Vranceanu, Sur quelques points de la théorie des espaces non holonomes, Bul. Fac. Şt. Cernăuţi **5** (1932), S. 205.

konstruiert werden, wofür sich im Fall des Zusammenhanges (61) Parallelogramme einstellen. Man erhält so 6 Krümmungstensoren je nachdem, ob man einen Tangential- oder einen Normalvektor längs der drei Umläufe überträgt. Dieselben Krümmungstensoren erhalten wir, indem wir die Integrabilitätsbedingungen der Transformationsgleichungen des Zusammenhanges betrachten. Da für (61)

$$\frac{\partial c_k^h}{\partial s^l} = \bar{\gamma}_{rs}^h c_k^r c_l^s - \gamma_{kl}^r c_r^h,$$
$$\frac{\partial c_k^h}{\partial s^\alpha} = \bar{w}_{r\beta}^h c_k^r c_\alpha^\beta - w_{k\alpha}^r c_r^h \tag{61'}$$

gilt, und analoge Gleichungen nach Vertauschung der Indizes h, k mit α, β und umgekehrt ergeben die Integrabilitätsbedingungen

$$\bar{\lambda}_{pst}^h c_k^p c_l^s c_r^t = \lambda_{klr}^p c_p^h,$$
$$\bar{\lambda}_{ps\lambda}^h c_k^p c_l^s c_\alpha^\lambda = \lambda_{kl\alpha}^p c_p^h,$$
$$\bar{\lambda}_{r\mu\lambda}^h c_k^r c_\beta^\mu c_\alpha^\lambda = \lambda_{k\beta\alpha}^p c_p^h$$

und ähnliche Beziehungen. Was die ersten beiden Tensoren anbetrifft, so sind sie durch[16])

$$\lambda_{klp}^h = \frac{\partial \gamma_{kl}^h}{\partial s^p} - \frac{\partial \gamma_{kp}^h}{\partial s^l} + \gamma_{rl}^h \gamma_{kp}^r - \gamma_{rp}^h \gamma_{kl}^r + \gamma_{kr}^h w_{lp}^r + \gamma_{k\alpha}^h w_{lp}^\alpha,$$
$$\lambda_{kl\alpha}^h = \frac{\partial \gamma_{kl}^h}{\partial s^\alpha} - \frac{\partial w_{k\alpha}^h}{\partial s^l} + \gamma_{kr}^h w_{l\alpha}^r + \gamma_{rl}^h w_{k\alpha}^r - w_{r\alpha}^h \gamma_{kl}^r + w_{k\beta}^h w_{\alpha l}^\beta \tag{61''}$$

gegeben. Was den Tensor $\lambda_{k\beta\alpha}^h$ anbetrifft, so zeigt man, daß er durch die kovariante Ableitung $w_{\alpha\beta,k}^h$ des Integrabilitätstensors gegeben ist.

Halbstarre Eigenschaften. Sind im Raum A_n mit affinem Zusammenhang zwei komplementäre nichtholonome Räume X_n^m und X_n^{n-m} vorgelegt, so kann man die von A_n in X_n^m induzierten Eigenschaften unabhängig von den von A_n in X_n^{n-m} induzierten Eigenschaften untersuchen. Man kann diese Eigenschaften als *halbstarre Eigenschaften* des X_n^m in A_n bezeichnen und den Zusammenhang (61), in welchem man die Gleichungen

$$\gamma_{\beta\gamma}'^{\alpha} = \gamma_{\beta\gamma}^\alpha$$

außer acht läßt, als *halbstarren Zusammenhang*. Die Gleichungen (61″) zeigen uns, daß die Krümmungstensoren λ_{klp}^h, $\lambda_{kl\alpha}^h$ von den Koeffizienten $\gamma_{\beta\gamma}^\alpha$ nicht abhängen, und sie bleiben also auch noch für den halbstarren Zusammenhang Krümmungstensoren. Der halbstarre Zusammenhang des X_n^m in A_n ist ein unvollständiger Zusammenhang, doch kann man ihn auf invariante Weise vervollständigen, wie sich

[16]) G. VRANCEANU, Les espaces non holonomes, Mem. Sci. Math. fasc. 76 (1935), S. 38.

aus dem Satz über separable Gruppen ergibt (vgl. § 3 des Kapitels III im ersten Bande dieses Werkes), wenn das System (58′) keine integrablen Kombinationen gestattet. Dann gilt der folgende

Satz. *Liegt ein nichtholonomer Raum* X_n^m *in* A_n *eingebettet vor und dazu ein Normalraum* (58′), *so bilden die halbstarren Invarianten von* X_n^m *ein vollständiges Invariantensystem, wenn das System* (58′) *keine integrablen Kombinationen zuläßt.*

Die Übertragungen (60) und (61) haben die Eigenschaft, während des Paralleltransports den Charakter eines Vektors, Tangenten- oder Normalvektor an die nichtholonomen Räume X_n^m oder X_n^{n-m} zu sein, zu erhalten, und wir können demnach in X_n^m autoparallele Kurven betrachten:

$$\frac{dx^i}{dt} = \mu_h^i u^h, \qquad \frac{du^h}{dt} = \gamma_{kl}^h u^k u^l, \qquad h, k, l = 1, \ldots, m$$

und ähnlich auch autoparallele Kurven in X_n^{n-m}.

Auch Übertragungen, welche den Charakter von Tangenten- und Normalvektoren nicht bewahren, sind von Interesse, so z. B. die Übertragung von SYNGE[17])

$$\gamma_{bc}^{\prime\prime h} = \gamma_{bc}^h, \quad \gamma_{bc}^{\prime\prime a} = 0, \qquad b, c = 1, \ldots, n.$$

Diese Übertragung bewahrt den Charakter eines Normalvektors von X_n^m nicht, da wir für einen Paralleltransport eines Vektors mit den Komponenten $u^h = 0$

$$du^h = \gamma_{ac}^h u^a dv^c$$

bekommen, die du^h also im allgemeinen nicht verschwinden.

Nichtholonome Hyperflächen in A_n. Wenn sich das System (55) auf die einzige Gleichung

$$ds^n = \lambda_i^n dx^i = 0 \tag{62}$$

reduziert, so wird damit eine nichtholonome Hyperfläche im Raum A_n definiert. Ist dann $|\gamma_{kl}^n| \neq 0$, so zeigen die letzten der Gleichungen (57), daß man die c_n^h so wählen kann, daß $\bar{\gamma}_{kn}^n = 0$ gilt, was darauf hinauskommt, die c_n^h durch die Gleichungen

$$\bar{\gamma}_{rs}^n c_k^r c_n^s = \gamma_{kn}^n c_n^n$$

zu bestimmen. Setzen wir

$$c_n^h = c_l^h \varepsilon^l, \tag{63}$$

so bekommen wir

$$\gamma_{kl}^n \varepsilon^l = \gamma_{kn}^n, \tag{63′}$$

wodurch die ε^l eindeutig bestimmt sind, sofern

$$D = |\gamma_{kl}^n| \neq 0 \tag{64}$$

[17]) E. BORTOLOTTI, Transporti rigidi e geometria delle varietà anolonome, Boll. Unione Matem. Ital. 10 (1931), S. 8.

ist. Mit Rücksicht auf (63) schreibt sich die Gruppe der nichtholonomen Hyperfläche in der Gestalt

$$ds^h = c^h_k(ds^k + \varepsilon^k ds^n), \quad d\bar{s}^n = c^n_n ds^n. \tag{65}$$

Die Affinnormale ist durch die Gleichungen

$$ds^k + \varepsilon^k ds^n = 0$$

bestimmt, wobei die ε^k durch (63') gegeben sind. Nach Elimination der ε^k entsteht

$$\gamma^n_{kl} ds^l + \gamma^n_{kn} d\bar{s}^n = 0, \tag{65'}$$

und man erhält so den

Satz. *Ist die Determinante* (64) *von Null verschieden, so kann man als Affinnormale der nichtholonomen Hyperfläche* (62) *die durch die Gleichungen* (65') *bestimmte Richtung definieren.*

Dieser Satz fällt mit dem von S. 181 zusammen, wenn (62) vollständig integrabel ist.

Die Projektivität von E. Bompiani. Man kann der Affinnormalen einer (nichtholonomen) Hyperfläche eine geometrische Deutung geben, wenn man beachtet, daß der Tensor

$$\gamma^n_{kl}, \quad \gamma^n_{kn}$$

in den Tangentialräumen der nichtholonomen Hyperfläche eine Projektivität bestimmt, die Projektivität von E. Bompiani.[18]) Tatsächlich erhält man, indem man jedem Punkt des Raumes A_n die Tangentialhyperebene der nichtholonomen Hyperfläche zuordnet (mit Rücksicht auf die Gleichungen (4) des Kapitels IV des ersten Bandes dieses Werkes) und für ds^a die Bezeichnung X^a einführt,

$$Y^a = X^a - X^a_0 + \gamma^a_{bc} X^b X^c_0, \qquad a, b, c = 1, \ldots, n$$

und daher für $X^n = Y^n = 0$ die Gleichung

$$-X^n_0 + \gamma^n_{kl} X^k X^l_0 + \gamma^n_{kn} X^k X^n_0 = 0, \qquad k, l = 1, \ldots, n-1. \tag{66}$$

Daher besteht zwischen den Punkten

$$P_0(X^1_0, \ \ldots, \ X^{n-1}_0, \ X^n_0)$$

des Raumes A_n und den euklidischen E_{n-2}, die in der Tangentenebene $X^n = 0$ durch die Gleichung (66) definiert werden, eine Projektivität. Zu einem Punkt P_0 in der Tangentialebene $X^n_0 = 0$ gehört der Raum E_{n-2}, der durch die Gleichungen

$$X^n = 0, \quad \gamma^n_{kl} X^k X^l = 0$$

definiert wird, und dieser Raum ist immer bestimmt, solange $D \neq 0$ ist.

18) E. Bompiani, Sulle varietà anolonome, Rend. Lincei 27 (1938), S. 32—52.

Zum Punkt P_0 $(0, \ldots, 0, X_0^n)$ auf der Kongruenz (n) gehört der Raum E_{n-2}, der durch die Gleichungen

$$X^n = 0, \quad -X_0^n + \gamma^n_{kn} X^k X_0^n = 0$$

gegeben ist und mit dem uneigentlichen Raum des Tangentialraumes zusammenfällt, wenn $\gamma^n_{kn} = 0$ ist. Die Wahl der Affinnormalen kommt also darauf hinaus, die Kongruenz (n) zu wählen, in welcher in der Projektivität der Raum E_{n-2} dem uneigentlichen Raum des Tangentialraums der Hyperfläche zugeordnet ist.

Nun sei die nichtholonome Hyperfläche (62) in einem affinen E_n gelegen, in welchem $x^1, \ldots, x^n$ kartesische Koordinaten bezeichnen. Nehmen wir dann in (62) $\lambda^n_n = 1$ an, was immer möglich ist, indem wir λ^n_i an Stelle von λ_i einführen, so können wir

$$ds^k = dx^k, \quad ds^n = dx^n + \lambda_k dx^k \tag{67}$$

annehmen. Für die Komponenten des Zusammenhanges

$$\gamma^a_{bc} = \frac{\partial \lambda^a_i}{\partial x^j} \mu^i_b \mu^j_c$$

ergeben sich dann im System der Kongruenzen (67) die Werte

$$\begin{gathered} \gamma^k_{bc} = 0, \quad \gamma^n_{nl} = 0, \\ \gamma^n_{kl} = \frac{\partial \lambda_k}{\partial x^l} - \frac{\partial \lambda_k}{\partial x^n} \lambda_l, \quad \gamma^n_{kn} = \frac{\partial \lambda_k}{\partial x^n}, \end{gathered} \tag{68}$$

und man kann somit der nichtholonomen Hyperfläche eine Affinnormale zuordnen, sofern die Determinante der Größen

$$a_{kl} = \frac{\partial \lambda_k}{\partial x^l} - \frac{\partial \lambda_k}{\partial x^n} \lambda_l \tag{68'}$$

nicht verschwindet.

Die Affinnormale (65') ist in diesem Fall durch die Gleichungen

$$\left(\frac{\partial \lambda_k}{\partial x^l} - \frac{\partial \lambda_k}{\partial x^n} \lambda_l\right) dx^l + \frac{\partial \lambda_k}{\partial x^n} ds^n = \frac{\partial \lambda_k}{\partial x^l} dx^l + \frac{\partial \lambda_k}{\partial x^n} dx^n = 0$$

gegeben, die man auch in die Gestalt

$$\lambda_k = c_k, \quad (c_k = \text{const})$$

setzen kann.

Als zugeordnete Formen kann man daher für die nichtholonome Hyperfläche die Formen

$$\begin{gathered} ds^k = \frac{\partial \lambda_k}{\partial x^l} dx^l + \frac{\partial \lambda_k}{\partial x^n} dx^n, \\ ds^n = dx^n + \lambda_l dx^l \end{gathered} \tag{69}$$

verwenden. Sind a^{kl} die reziproken Elemente aus der Determinante (68′), so können diese Gleichungen nach dx^i aufgelöst werden, und man erhält

$$dx^k = a^{kl}\,ds^l - a^{kl}\frac{\partial\lambda_l}{\partial x^n}\,ds^n,$$

$$dx^n = ds^n\left(1 - \lambda_k\frac{\partial\lambda_l}{\partial x^n}\,a^{kl}\right) - \lambda_k a^{kl} ds^l$$

und bestätigt leicht, daß für diese Kongruenzen

$$\gamma^n_{kn} = \frac{\partial\lambda_i}{\partial x^j}\,\mu^i_k\mu^j_n = 0$$

gilt. So ergibt sich der

Satz. *Liegt eine nichtholonome Hyperfläche*

$$dx^n + \lambda_k dx^k = 0$$

im affin-euklidischen Raum E_n $(x^1, \ldots, x^n)$ *vor, so bestimmen die Richtungen*

$$d\lambda_k = 0$$

eine Affinnormale der Hyperfläche, wenn $|a_{kl}| \neq 0$ *ist.*

Die Invarianten der Hyperflächen sind für $|a_{kl}| \neq 0$ durch die Invarianten der Gruppe

$$d\bar{s}^h = c^h_k ds^k, \quad d\bar{s}^n = c^n_n ds^n \tag{70}$$

gegeben, wobei die Pfaffschen Formen ds^a durch die Gleichungen (69) gegeben sind. Die Komponenten des Zusammenhanges des Raumes E_n im System der Kongruenzen (69) sind durch die Gleichungen

$$\gamma^h_{bc} = \frac{\partial^2\lambda_h}{\partial x^i\partial x^j}\,\mu^i_b\mu^j_c, \quad \gamma^n_{kn} = 0, \qquad a, b, c, i, j = 1, 2, \ldots, n,$$

$$\gamma^n_{kl} = a_{kl}, \quad \gamma^n_{nc} = \frac{\partial\lambda_k}{\partial x^j}\,\mu^k_n\mu^j_c, \qquad h, k, = 1, \ldots, n-1 \tag{70′}$$

gegeben, und so gehen in den Zusammenhang (60) der Hyperfläche die Größen γ^h_{kl}, $\gamma^h_{kn}, \gamma^n_{nk}, \gamma^n_{nn}$ ein, und die γ^n_{kl} und γ^k_{nn} bilden einen Tensor und einen Vektor in bezug auf die Gruppe (70), denn es gilt

$$\bar{\gamma}^n_{rs}\,c^r_k\,c^s_l = c^n_n\,\gamma^n_{kl}, \quad \bar{\gamma}^h_{nn}\,(c^n_n)^2 = \gamma^r_{nn}\,c^h_r.$$

Beachtet man die Beziehungen $\gamma^n_{kl} = a_{kl}$, so kann man die Formen

$$b_{kl}ds^k ds^l, \quad c_{kl}ds^k\delta s^l \tag{71}$$

bilden, deren Koeffizienten b_{kl} einen symmetrischen Tensor bilden, der aus a_{kl} hervorgeht, während c_{kl} einen schiefsymmetrischen Tensor darstellt. Die Formen (71) sind konform-invariant, und die zweite kann nicht verschwinden, wenn die Hyperfläche nicht holonom ist, denn man hat

$$\gamma^n_{kl} - \gamma^n_{lk} = w^n_{kl} = a_{kl} - a_{lk},$$

und daher ist die Gleichung (55) vollständig integrabel, wenn der Tensor a_{kl} symmetrisch ist. Die erste der Formen (71) kann nur verschwinden, wenn n eine gerade Zahl ist, da andernfalls $|a_{kl}| = 0$ ausfallen müßte.

Weitere Invarianten der Hyperfläche liefert ihr Krümmungstensor. Ein Spezialfall ist der, in welchem die λ_k lineare Funktionen der $x^1, \ldots, x^{n-1}$ sind und man

$$\lambda_k = \alpha_{kl} x^l + \alpha_k$$

bekommt. Dann definiert die nichtholonome Hyperfläche einen linearen Komplex, alle Komponenten des Zusammenhanges (70′) verschwinden bis auf γ^n_{kl}, und damit auch der Krümmungstensor. Da dann

$$a_{kl} = \alpha_{kl}$$

gilt, muß man diesem Fall $|\alpha_{kl}| \neq 0$ annehmen.

In bezug auf affine Transformationen der Gestalt

$$\begin{aligned} x'^k &= a^k_l x^l + a^k, \\ x'^n &= a^n_k x^k + a^n_n x^n + a^n \end{aligned} \tag{72}$$

bilden die Größen a_{kl} die Komponenten eines kovarianten Tensors, und dieser Tensor bildet die einzige Invariante des linearen Komplexes.

Nichtholonome Räume in P_n. Liegt der nichtholonome Raum X^m_n in einem Raum P_n mit projektivem Zusammenhang, so ergänzen sich die Transformationen (56) nach S. 318 aus dem ersten Bande dieses Werkes noch durch die weitere Gleichung

$$d\bar{s}^0 = ds^0 + c^0_h ds^h + c^0_\alpha ds^\alpha, \tag{73}$$

und man bekommt zu (57) analoge Gleichungen (Band I, Kap. VI, Formel (14)]. Ist insbesondere X^m_n eine Hyperfläche, d. h. $m = n - 1$, so gewinnen die letzten der Gleichungen (57) die Gestalt[19])

$$\begin{aligned} \bar{\gamma}^n_{rs} c^r_k c^s_l - \gamma^n_{kl} c^n_n &= 0, \\ \gamma^n_{kl} \varepsilon^l + \bar{\gamma}^n_{rn} c^r_k - c^0_k - \gamma^n_{kn} &= 0 \end{aligned} \tag{74}$$

mit

$$c^s_n = \varepsilon^l c^s_l.$$

---

[19]) G. Vranceanu, Sur les espaces à connexion affine et projective, Bull. Math. Soc. Roum. Sci. 44 (1942), S. 138.

Ist $|\gamma^n_{kl}| \neq 0$, so können wir die γ^n_{rn} zum Verschwinden bringen, und für die Gruppe, welche diesen Sachverhalt ungeändert läßt, muß

$$c^0_k = \gamma^n_{kl}\varepsilon^l \tag{74'}$$

gelten. Man erhält so eine weitere Spezialisierung der Koeffizienten c^0_k, c^0_k, indem man mit Hilfe der Reziproken aus $|\gamma^n_{kl}|$ den verjüngten Vektor des abgeleiteten Tensors benutzt, wodurch sich die Gruppe (56), (73) auf die separable Gruppe

$$d\bar{s}^h = c^h_k ds^k, \quad d\bar{s}^n = c^n_n ds^n, \quad d\bar{s}^0 = ds^0 + c^0_n ds^n \tag{74''}$$

reduziert. Man kann bemerken, daß diese „Normalisierung" im Fall einer holonomen Hyperfläche in einem projektiv-euklidischen dreidimensionalen Raum mit der von Fubini angegebenen äquivalent wird, bei welcher die zum Tensor $\gamma^n_{kl,p}$ gehörige kubische Form die „Apolare" der zum quadratischen Tensor γ^n_{kl} gehörigen quadratischen Form darstellt.[20])

§ 6 Nichtholonome V_n^m

Wir betten jetzt den nichtholonomen Raum X_n^m in einen Riemannschen Raum V_n ein. Dann sind die inneren oder Biegungseigenschaften des Raumes X_n^m, den wir jetzt mit V_n^m bezeichnen werden, durch die Invarianten der Gruppe

$$\begin{aligned} d\bar{s}^h &= c^h_k ds^k + c^h_\alpha ds^\alpha, \qquad & h, k &= 1, \ldots, m, \\ d\bar{s}^\alpha &= c^\alpha_\beta ds^\beta, & \alpha, \beta &= m+1, \ldots, n \end{aligned} \tag{75}$$

gegeben, wobei die c^h_k den Orthogonalitätsbedingungen

$$c^h_k c^h_l = \delta^k_l \tag{75'}$$

genügen. Was die halbstarren Eigenschaften anbelangt, so sind diese die Invarianten der Gruppe

$$d\bar{s}^h = c^h_k ds^k, \quad d\bar{s}^\alpha = c^\alpha_\beta ds^\beta, \tag{76}$$

wobei die c^h_k den Bedingungen (75') genügen. Schließlich sind die starren Eigenschaften die Invarianten der Gruppe (76), (75'), wobei die c^α_β noch den Bedingungen

$$c^\alpha_\beta c^\alpha_\gamma = \delta^\beta_\gamma \tag{77}$$

genügen.

---

20) Über Eigenschaften nicht holonomer Flächen in einem E_3 vgl. E. Bompiani, Sulle varietà anolonome (siehe Fußnote auf S. 211); ferner Al. Pantazi, Sur la deformation projective des surfaces non holonomes de l'espace E_3, Bull. Math. Soc. Roum. Sci. 45 (1943), S. 33; T. Mihailescu, Sur les variétés non holonomes de l' S_3 projectif, ibidem 44 (1942), S. 35.

Innere Invarianten. Als Fundamentalinvarianten ergeben sich von vornherein das PFAFFsche System

$$ds^\alpha = 0, \qquad \alpha = m+1, \ldots, n \tag{78}$$

und die Metrik des V_n^m

$$\varphi = (ds^1)^2 + \cdots + (ds^m)^2 \qquad (\mathrm{mod}\, ds^\alpha). \tag{78'}$$

Wir können jetzt bemerken, daß man das PFAFFsche System stets in die Gestalt

$$ds^\alpha = dx^\alpha + \lambda_i^\alpha dx^i = 0, \qquad i = 1, \ldots, m \tag{78''}$$

bringen kann, denn dies setzt nur voraus, daß man die Gleichungen (78) nach den $n - m$ der Differentiale dx^α auflöst. Dann bekommen wir durch eine Transformation der Gruppe (75)

$$d\bar{s}^h = ds^h + c_\alpha^h ds^\alpha, \quad d\bar{s}^\alpha = ds^\alpha \tag{78'''}$$

die Beziehungen

$$d\bar{s}^h = \lambda_i^h dx^i + \lambda_\alpha^h dx^\alpha + c_\alpha^h(dx^\alpha + \lambda_i^\alpha dx^i).$$

Indem wir $c_\alpha^h = -\lambda_\alpha^h$ wählen, können wir immer voraussetzen, daß wir

$$ds^h = \lambda_i^h dx^i, \quad ds^\alpha = dx^\alpha + \lambda_i^\alpha dx^i \tag{79}$$

haben oder

$$\overset{h}{w}_{\beta\gamma} = 0, \quad \overset{\alpha}{w}_{\beta\gamma} = 0.$$

Daher läßt sich die Metrik (78') des V_n^m

$$\varphi = a_{ij}\, dx^i dx^j + 2a_{i\alpha}\, dx^i ds^\alpha + a_{\alpha\beta}\, ds^\alpha ds^\beta$$

schreiben, wobei die ds^α die linken Seiten der Gleichungen (78'') bezeichnen. In dieser Metrik sind die $a_{ij} = \lambda_i^h \lambda_j^h$ bestimmte Größen, während die $a_{i\alpha}$, $a_{\alpha\beta}$ beliebige Funktionen der Veränderlichen $x^1, \ldots, x^n$ darstellen.

Wir betrachten jetzt die LAGRANGE-Funktion

$$L = \frac{1}{2}\left[a_{ij}\frac{dx^i}{dt}\frac{dx^j}{dt} + 2\,a_{i\alpha}\frac{dx^i}{dt}\frac{ds^\alpha}{dt} + a_{\alpha\beta}\frac{ds^\alpha}{dt}\frac{ds^\beta}{dt}\right].$$

Die LAGRANGEschen Gleichungen, d. h. die Gleichungen der Geodätischen des Raumes V_n^m, schreiben sich, wenn man Terme, die mit ds^α verschwinden, vernachlässigt:

$$\frac{d}{dt}\left(a_{ij}\frac{dx^j}{dt} + a_{j\alpha}\frac{dx^j}{dt}\lambda_i^\alpha\right) - \frac{1}{2}\frac{\partial a_{jk}}{\partial x^i}\frac{dx^j}{dt}\frac{dx^k}{dt} - a_{j\alpha}\frac{dx^j}{dt}\frac{\partial \lambda_k^\alpha}{\partial x^i}\frac{dx^k}{dt} = 0,$$

$$\frac{d}{dt}\left(a_{i\alpha}\frac{dx^i}{dt}\right) - \frac{1}{2}\frac{\partial a_{jk}}{\partial x^\alpha}\frac{dx^j}{dt}\frac{dx^k}{dt} - a_{j\beta}\frac{dx^j}{dt}\frac{\partial \lambda_k^\beta}{\partial x^i}\frac{dx^k}{dt} = 0$$

oder, wenn man $\xi_\alpha = a_{i\alpha} \frac{dx^i}{dt}$ setzt:

$$a_{ij} \frac{d^2x^j}{dt^2} + [jk, i] \frac{dx^j}{dt} \frac{dx^k}{dt} - \frac{\partial a_{ij}}{\partial x^\alpha} \frac{dx^j}{dt} \lambda_k^\alpha \frac{dx^k}{dt}$$

$$+ \xi_\alpha \left(\frac{\partial \lambda_i^\alpha}{\partial x^j} - \frac{\partial \lambda_j^\alpha}{\partial x^i} - \frac{\partial \lambda_i^\alpha}{\partial x^\beta} \lambda_j^\beta\right) \frac{dx^j}{dt} + \lambda_i^\alpha \frac{d\xi_\alpha}{dt} = 0, \qquad (79')$$

$$\frac{d\xi_\alpha}{dt} - \frac{1}{2} \frac{\partial a_{jk}}{\partial x^\alpha} \frac{dx^j}{dt} \frac{dx^k}{dt} - \xi_\beta \frac{\partial \lambda_k^\beta}{\partial x^\alpha} \frac{dx^k}{dt} = 0.$$

Sie bilden das von FRANKLIN und MOORE angegebene Gleichungssystem der Geodätischen des Raumes V_n^m.[21]) Indem man die Gleichungen (78″) mit den Gleichungen $\frac{dx^\alpha}{dt} = -\lambda_i^\alpha \frac{dx^i}{dt}$ zusammenfügt, erhält man ein Differentialsystem zweiter Ordnung für die unbekannten Funktionen x^i und ein solches erster Ordnung für die unbekannten Funktionen x^α und die unbekannten Hilfsfunktionen ξ_α. Durch einen Punkt $P_0\,(x_0^1, \ldots, x_0^n)$ und in einer vorgegebenen Tangentialrichtung d des Raumes V_n^m gehen also im allgemeinen ∞^{n-m} Geodätische, die von den Anfangswerten der ξ_α abhängen. Man kann den Gleichungen der Geodätischen des V_n^m eine mehr symmetrische Form geben, ohne die Reduktion auf die Gestalt (79) vorauszusetzen, indem man die Metrik des V_n^m in der kanonischen Gestalt

$$\varphi = (ds^1)^2 + \cdots + (ds^m)^2 + 2\, b_{\alpha h} ds^\alpha ds^h + b_{\alpha\beta}\, ds^\alpha\, ds^\beta \qquad (79'')$$

zugrunde legt, wobei die $b_{\alpha h}, b_{\alpha\beta}$ beliebige Funktionen der $x^1, \ldots, x^n$ sind. In diesem Fall bekommt man als zugeordnete LAGRANGE-Funktion

$$L = \frac{1}{2} [(u^1)^2 + \cdots + (u^m)^2 + 2 b_{\alpha h}\, u^\alpha\, u^h + b_{\alpha\beta}\, u^\alpha\, u^\beta],$$

und die LAGRANGEschen Gleichungen schreiben sich mit Vernachlässigung der wegen $u^\alpha = 0$ verschwindenden Terme

$$\frac{d}{dt} (u^h \lambda_i^h + b_{\alpha h} u^h \lambda_i^\alpha) - u^h \frac{\partial \lambda_j^h}{\partial x^i} \frac{dx^j}{dt} - b_{\alpha h} u^h \frac{\partial \lambda_j^\alpha}{\partial x^i} \frac{dx^j}{dt} = 0, \qquad i = 1, \ldots, n.$$

Setzt man $v_\alpha = b_{\alpha h}\, u^h$, so ergibt sich

$$\frac{du^h}{dt} \lambda_i^h + u^h \left(\frac{\partial \lambda_i^h}{\partial x^j} - \frac{\partial \lambda_j^h}{\partial x^i}\right) \frac{dx^j}{dt} + \frac{dv_\beta}{dt} \lambda_i^\beta + v_\alpha \left(\frac{\partial \lambda_i^\alpha}{\partial x^j} - \frac{\partial \lambda_j^\alpha}{\partial x^i}\right) \frac{dx^j}{dt} = 0.$$

Da nun $\frac{dx^l}{dt} = \mu_l^i u^l$ gilt, bekommen wir durch Überschieben mit μ_k^i und μ_β^i die Gleichungen der Geodätischen des nichtholonomen Raumes V_n^m schließlich in

[21]) C. MOORE, P. FRANKLIN, Pfaffians in parametric form, J. Math. Phys. 10 (1931), S. 102.

der Form

$$\frac{dx^i}{dt} = \mu^i_h u^h,$$

$$\frac{du^h}{dt} = \gamma^h_{kl} u^k u^l + w^a_{kh} u^k v_a, \tag{80}$$

$$\frac{dv_a}{dt} + v_\beta w^\beta_{a\,k} u^k = w^k_{la} u^k u^l.$$

Die Invarianten (78), (78′) und (80) sind die einzigen allgemeinen inneren Invarianten, die man im nichtholonomen Fall kennt. Insbesondere bekommen wir keine innere Parallelübertragung, worin ein wesentlicher Unterschied zwischen dem holonomen und nichtholonomen Fall liegt.

Halbstarre Invarianten. Im halbstarren Fall bekommen wir eine weitere Fundamentalinvariante, das PFAFFsche System

$$ds^h = 0, \quad h = 1, \ldots, m \tag{80′}$$

und damit einen Normalraum. Die Metrik φ ist jetzt auch ohne Berücksichtigung der Gleichungen $ds^a = 0$ eine Invariante, und wir bekommen den affinen Zusammenhang

$$\gamma'^h_{kl} = \gamma^h_{kl}, \quad \gamma'^h_{ka} = w^h_{ka}, \quad \gamma'^h_{al} = 0,$$
$$\gamma'^a_{\beta k} = w^a_{\beta k}, \quad \gamma'^a_{kl} = 0. \tag{81}$$

Dieser Zusammenhang ist unvollständig, da ihm die Komponenten $\gamma'^a_{\beta\gamma}$ fehlen. Man weiß, wie man den Zusammenhang „komplettieren" kann, wenn das System (78) keinerlei integrable Kombinationen zuläßt (vgl. § 3 in Kapitel III des ersten Bandes dieses Werkes). In jedem Fall gibt, wie wir schon früher im Fall eines Raumes A^m_n gesehen haben, der Zusammenhang (81) eine brauchbare Methode, Invarianten zu bilden. Wir wollen hier nur bemerken, daß wir im Fall eines V^m_n außer den Tensoren $w^h_{a\beta}$, w^a_{kl} noch einen weiteren Tensor dritter Stufe

$$v_{akl} = \gamma^a_{kl} + \gamma^a_{lk} = w^k_{la} + w^l_{ka}$$

gewinnen, der den Tensor der zweiten Fundamentalformen darstellt.

Betrachtet man nämlich die Parallelübertragung eines Tangentenvektors ds^h in der Normalenrichtung δs^a

$$\delta ds^h = w^h_{ka} ds^k \delta s^a,$$

so schreibt sich die Variation der Metrik des V^m_n längs des Weges δs^a

$$\delta ds^2 = 2 ds^h \delta ds^h = (w^h_{k\,a} + w^k_{ha}) ds^h ds^k \delta s^a$$

oder auch

$$\delta ds^2 = \varphi_a \delta s^a$$

mit

$$\varphi_a = v_{akl} ds^k ds^l.$$

Diese $n - m$ quadratischen Formen sind die zweiten Fundamentalformen des Raumes V_n^m. Man kann auch beweisen, daß die Klasse der metrischen Fundamentalform $\varphi = (ds^1)^2 + \cdots + (ds^m)^2$, d. h. die Minimalzahl der Variablen, die in die Form φ eingehen, mit der Anzahl der unabhängigen Gleichungen des Systems

$$ds^h = 0, \quad w^h_{\alpha\beta}\, ds^\alpha = 0, \quad v_{\alpha k l}\, ds^\alpha = 0$$

übereinstimmt. Insbesondere ergibt sich, daß die Metrik des V_n^m nur m Veränderliche, sagen wir $x^1, \ldots, x^m$, enthält, wenn die Tensoren $w^h_{\alpha\beta}$ und $v_{\alpha k l}$ verschwinden.

Im starren Fall haben wir als Fundamentalinvarianten die PFAFFschen Systeme (78), (80′), die Metrik φ und die Metrik

$$\psi = (ds^{m+1})^2 + \cdots + (ds^n)^2. \tag{81′}$$

So bekommen wir auch die der Summe $\varphi + \psi$ entsprechenden Invarianten, d. h. die Metrik des V_n. Die starren Invarianten des V_n^m bilden daher ein vollständiges System, da die neuen Invarianten zu den Invarianten von V_n hinzukommen, die selbst schon ein vollständiges System bilden. Wir können jetzt feststellen, daß der Raum V_n^m sowohl im halbstarren wie im biegungsinvarianten Fall kein vollständiges Invariantensystem aufweisen kann. Dazu genügt es, im V_n^m eine von willkürlichen Funktionen abhängige Automorphismengruppe nachzuweisen. Wir gehen zum Beispiel von dem Fall eines biegungsinvarianten Raumes V_n^m aus, dessen Metrik φ nur von den Veränderlichen $x^1, \ldots, x^m$ abhängt und dessen System (78) vollständig integrabel ist. Dann gestattet der V_n^m offensichtlich die Automorphismengruppe

$$x'^i = x^i, \quad x'^\alpha = \varphi^\alpha(x^{m+1}, \ldots, x^n),$$

worin φ^α beliebige Funktionen bezeichnen. Es ist interessant, daß sich die biegungsinvariante oder auch die halbstarre Gruppe unter gewissen Bedingungen auf die starre Gruppe reduziert.

Räume V_n^{n-1}. Wir werden jetzt zeigen, daß die Reduktion im Fall eines nichtholonomen V_n^{n-1} oder wie wir auch sagen können, einer nichtholonomen Hyperfläche, stets möglich ist. In diesem Fall besteht das System (78) aus der einzigen Gleichung $ds^n = 0$, und man kann die bilineare Kovariante Δs^n (mod ds^n) durch eine orthogonale Transformation der Formen $ds^1, \ldots, ds^{n-1}$ in die kanonische Gestalt

$$\Delta s^n = a_1[ds^1 ds^2] + \cdots + a_p[ds^{2p-1} ds^{2p}] \qquad (\text{mod } ds^n)$$

bringen, wobei $[ds^a ds^b] = ds^a \delta s^b - \delta s^a ds^b$ und $0 \leqq 2p \leqq n - 1$ gilt. Wenn $2p = n - 1$ ist, wird Δs^n von maximalem Rang, und die Determinante

$$D = |w^n_{kl}| = a_1^2 a_2^2 \cdots a_p^2$$

verschwindet nicht. Sie multipliziert sich bei einer Transformation der biegungsinvarianten Gruppe des V_n^m mit $(c_n^n)^{2p}$. Man kann also (c_n^n) so wählen, daß $D = 1$

wird. Die Untergruppe der biegungsinvarianten Gruppe, welche diesen Sachverhalt ungeändert läßt, ist dann durch die Gleichungen

$$\begin{aligned} d\bar{s}^h &= c_k^h ds^k + c_n^h ds^n, \qquad h, k = 1, \ldots, n-1, \\ d\bar{s}^n &= ds^n \end{aligned} \tag{82}$$

gegeben, wobei die c_k^h den Orthogonalitätsbedingungen genügen sowie den Bedingungen, welche die kanonische Gestalt von Δs^n verlangt. Nach der letzten der Gleichungen (82) ist ds^n eine invariante Form, und daher ist auch Δs^n eine Invariante des Problems. Mit Verwendung der Funktionen c_n^h kann man die Koeffizienten w_{hn}^n in Δs^n zum Verschwinden bringen, und die Untergruppe der Gruppe (82), die diesen Sachverhalt (das Verschwinden der Koeffizienten w_{hn}^n) ungeändert läßt, ist dann durch die Untergruppe der orthogonalen Gruppe

$$d\bar{s}^h = c_k^h ds^k, \quad d\bar{s}^n = ds^n$$

gegeben. Damit sind aber die biegungsinvarianten Eigenschaften des V_n^{n-1} auf seine starren Eigenschaften reduziert.

Ist $2p < n-1$, d. h., ist Δs^n nicht vom Maximalrang, so kann mit Hilfe von c_n^n die Normierung $a_1 = 1$ erreicht werden, und die Gruppe, für die das gilt, ist durch die Gleichungen

$$\begin{aligned} d\bar{s}^h &= c_k^h ds^k + c_n ds^n, \qquad h, k = 1, \ldots, 2p, \\ d\bar{s}^\alpha &= c_\beta^\alpha ds^\beta + c_n^\alpha ds^n, \quad d\bar{s}^n = ds^n, \qquad \alpha, \beta = 2p+1, \ldots, n-1 \end{aligned} \tag{83}$$

gegeben. Da Δs^n eine Invariante darstellt, kann man mit Hilfe von c_n^h die w_{hn}^n zum Verschwinden bringen, und die Gruppe, welche diesen Sachverhalt ungeändert läßt, ist eine separable Gruppe, da sie die beiden Systeme

$$ds^h = 0, \quad ds^\alpha = ds^n = 0$$

ungeändert läßt. Das zweite System ist dabei vom Maximalrang, da $\Delta s^n \pmod{ds^\alpha, ds^n}$ vom Rang $2p$ ist. Bezeichnen wir die Determinante der Δs^α mit $D^\alpha = |w_{kl}^\alpha|$, so bekommen wir durch eine Transformation der Gruppe (83)

$$\bar{D}^\alpha = c_\beta^\alpha D^\beta + c_n^\alpha D^n, \qquad \alpha = 2p+1, \ldots, n-1,$$

wobei $D^n = a_1^2 a_2^2 \ldots a_p^2$ ist. Man kann auch die c_n^α so wählen, daß $D^\alpha = 0$ wird, und in der Gruppe (83), welche diese Nulldeterminanten D^α ungeändert läßt, müssen dann die c_n^α verschwinden. Daher ist in diesem Fall auch die biegungsinvariante Gruppe des V_n^{n-1} von vornherein auf eine Untergruppe der orthogonalen Gruppe reduziert gewesen. So bekommen wir den

Satz.[22]) *Die Untersuchung der biegungsinvarianten Invarianten einer nichtholonomen Hyperfläche kann immer auf die ihrer starren Invarianten zurückgeführt werden.*

---

[22]) G. Vranceanu, Sur une théorie unitaire non holonome des champs physiques, J. Physique et Radium 7 (1936), S. 514—526.

Insbesondere ergibt sich, daß eine biegungsinvariante Hyperfläche stets ein vollständiges Invariantensystem besitzt und ihre Automorphismengruppe immer eine kontinuierliche Gruppe endlicher Ordnung von maximal $n + (n-1)\frac{n-2}{2}$ Parametern ist. Diese Maximalzahl wird für $n > 3$ nur erreicht, wenn Δs^n von maximalem Rang, n daher eine ungerade Zahl ist und alle Invarianten $a_1, \ldots, a_p$ konstant sind. In diesem Fall unterliegen die ds^h einer orthogonalen und symplektischen Transformation, d. h. einer Transformation, welche die symplektische Form

$$[ds^1 ds^2] + \cdots + [ds^{2p-1} ds^{2p}]$$

ungeändert läßt. Nach S. 133 weiß man, daß die orthogonale und symplektische Gruppe in $2p$ Veränderlichen p^2-parametrig ist. Daher ist die größte Gruppe eines V_n^{n-1} höchstens $\left(n + \left(\frac{n-1}{2}\right)^2\right)$-parametrig. Das Maximum wird für $n = 2p + 1$ durch die Hyperfläche V_{2p+1}^{2p} mit euklidischer $2p$-ärer Metrik in den Veränderlichen $x^1, \ldots, x^{2p}$ erreicht, deren Pfaffsche Gleichung durch

$$dx^{2p+1} + x^1 dx^2 - x^2 dx^1 + \cdots + x^{2p-1} dx^{2p} - x^{2p} dx^{2p-1} = 0$$

gegeben ist. Was die Automorphismengruppe der Hyperfläche anbelangt, so ist sie das Produkt einer symplektischen Transformation in den Veränderlichen $x^1, \ldots, x^{2p}$, einer Translation in den Veränderlichen $x^1, \ldots, x^{2p}$ und einer linearen Transformation der Variablen x^{2p+1}.

Kanonische Form der biegungsinvarianten Gruppe. Wir werden jetzt zeigen, daß man die biegungsinvariante Gruppe auf eine kanonische Gestalt reduzieren kann. Dann kann man weiter beweisen, daß unter gewissen Bedingungen die Untersuchung eines biegungsinvarianten Raumes V_n^m $(m < n - 1)$ auf das Studium eines starren V_n^m zurückgeführt werden kann. Zunächst beweisen wir einen

Satz von M. Haimovici.[23]) *Wenn das System* (78) *vom Maximalrang ist und kein abgeleitetes System existiert, so kann die Untersuchung der Gruppe* (75), (75′) *auf die Untersuchung einer orthogonalen Gruppe zurückgeführt werden.*

Mit Rücksicht auf (57′) und die Gleichungen der Orthogonalität (75′) kann man nämlich den quadratischen Tensor

$$K^{\alpha\beta} = w^{\alpha}_{kl} w^{\beta}_{kl} \tag{83'}$$

bilden mit dem Transformationsgesetz $\overline{K}^{\lambda\mu} = K^{\alpha\beta} c^{\lambda}_{\alpha} c^{\mu}_{\beta}$ gegenüber der Gruppe (75). Wenn nun zum System (78) kein abgeleitetes System gehört, ist dieser Tensor nicht singulär und kann auf die kanonische Gestalt δ^{α}_{β} reduziert werden. Die Gruppe (75), (75′), welche diesen Sachverhalt ungeändert läßt, ist die Gruppe

[23]) M. Haimovici, La géométrie des variétés riemanniennes non holonomes, J. Math. 25 (1946), S. 291–305.

(75), (75′), (77), und damit ist der erste Teil des Satzes von HAIMOVICI bewiesen. Der zweite Teil des Beweises besteht darin zu zeigen, daß man unter gewissen Bedingungen die c_α^h zu Null reduzieren und daher die Gruppe (75), (75′) auf die starre Gruppe reduzieren kann.

Um zu lange Rechnungen zu vermeiden, werden wir davon ausgehen, daß die Gruppe (75), (75′), (77) eine Untergruppe der Gruppe (75), (77) ist, welche die Gruppe eines singulären RIEMANNschen Raumes mit der Metrik (81′) darstellt. Für solche Räume steht uns nun eine wichtige Invariante zur Verfügung, die von den Geodätischen des Raumes gebildet wird (vgl. § 3 des Kapitels V des ersten Bandes dieses Werkes). Es ist dies der Tensor mit den Komponenten

$$w_{kl}^{\alpha}, \quad v_{\alpha\beta k} = w_{\beta k}^{\alpha} + w_{\alpha k}^{\beta}, \tag{84}$$

dessen Transformationsgesetz durch (57′) und durch die Gleichungen

$$\overline{v}_{\lambda\mu k} \overset{\lambda}{c}_{\alpha} \overset{\mu}{c}_{\beta} \overset{k}{c}_{h} + \overline{w}_{rs}^{\lambda} \overset{r}{c}_{\beta} \overset{\lambda}{c}_{\alpha} \overset{s}{c}_{h} + \overline{w}_{rs}^{\lambda} \overset{\lambda}{c}_{\beta} \overset{r}{c}_{\alpha} \overset{s}{c}_{h} = v_{\alpha\beta h} \tag{84′}$$

gegeben ist. Man kommt zu diesen Gleichungen, indem man die Orthogonalitätsbedingungen (77) nach s^h ableitet und die Formeln

$$\frac{\partial c_{\beta}^{\alpha}}{\partial s^h} = \overline{w}_{\lambda k}^{\alpha} \overset{\lambda}{c}_{\beta} \overset{k}{c}_{h} + \overline{w}_{lk}^{\alpha} \overset{l}{c}_{\beta} \overset{k}{c}_{h} - \overset{\lambda}{w}_{\beta h} \overset{\alpha}{c}_{\lambda}$$

berücksichtigt, die sich aus den Fundamentalgleichungen (60) von Kapitel I des ersten Bandes dieses Werkes aufbauen.

Mit $c_\beta^r = c_l^r \varepsilon_\beta^l$ und Verwendung der Gleichungen (57′) lassen sich die Gleichungen (84′) in die Gestalt

$$\overline{v}_{\lambda\mu k} c_{\alpha}^{\lambda} c_{\beta}^{\mu} c_{h}^{k} + w_{lh}^{\alpha} \varepsilon_{\beta}^{l} + w_{lh}^{\beta} \varepsilon_{\alpha}^{l} = v_{\alpha\beta h} \tag{85}$$

setzen. Nun sei das System (78) von maximalem Rang. Dann gilt notwendig $m = 2p$, und die bilineare Kovariante einer der PFAFFschen Formen, etwa ds^n, also Δs^n ist mod ds^a notwendig vom Rang $2p$.

Bezeichnen andererseits die D^α die Determinanten $|w_{kl}^{\alpha}|$ der schiefsymmetrischen Formen Δs^α $(\alpha = m+1, \ldots, n)$, so bekommen wir durch eine Transformation (75), (77) die Gleichungen $\overline{D^\alpha} = c_\beta^\alpha D^\beta \Delta^2$ mit $\Delta = |c_k^h|$. Die Determinanten D^α bilden somit die Komponenten eines kontravarianten Vektors. Da dieser Vektor, wenn (78) vom Maximalrang ist, nicht verschwindet, können wir für $\alpha < n$ die kanonische Gestalt $D^\alpha = 0$ gewinnen oder auch erreichen, daß die bilinearen Kovarianten $\Delta s^{m+1}, \ldots, \Delta s^{n-1}$ mod ds^a von einem Rang kleiner als $2p$ ausfallen. In der Gruppe (75), (77), die diesen Sachverhalt ungeändert läßt, gilt dann notwendig $c_n^\lambda = c_\lambda^n = \delta_\lambda^n$, und die Gleichungen (85) verwandeln sich für $\alpha = n$ in

$$\overline{v}_{n\mu k} c_{\beta}^{\mu} c_{h}^{k} + w_{lh}^{n} \varepsilon_{\beta}^{l} + w_{lh}^{\beta} \varepsilon_{n}^{l} = v_{n\beta h}.$$

Jetzt ist es leicht zu sehen, daß man die ε_n^l benutzen kann, um die $\overline{v}_{nnk}$ zum Verschwinden zu bringen, daraufhin die ε_β^l $(\beta = m+1, \ldots, n-1)$, um $\overline{v}_{n\beta k} = 0$ zu erreichen, und die Gruppe, welche die Beziehungen $v_{n\lambda k} = 0$ ungeändert läßt, ist eine Untergruppe der orthogonalen Gruppe. Man kann diese Untergruppe in der Gestalt

$$d\bar{s}^h = c_k^h ds^k, \quad d\bar{s}^\alpha = c_\beta^\alpha ds^\beta, \quad d\bar{s}^n = ds^n$$

schreiben mit $h, k = 1, \ldots, 2p$ und $\alpha, \beta = 2p+1, \ldots, n-1$. Es ergibt sich, daß ein biegungsinvarianter Raum V_n^m, dessen PFAFFsches System (78) kein abgeleitetes System zuläßt und das von maximalem Rang ist, sich auf einen starren V_n^m mit einer invarianten PFAFFschen Form reduziert. Damit ist der Satz bewiesen.

Der von HAIMOVICI gegebene Beweis kommt darauf hinaus, die Größen

$$B_{\alpha k} = v_{\alpha\beta h} w_{kh}^\beta \tag{85'}$$

zu betrachten. Diese $B_{\alpha k}$ transformieren sich mit Rücksicht auf die Orthogonalitätsbedingungen (75') und (77) nach den Gleichungen

$$\overline{B}_{\lambda r} \overset{\lambda}{c}_\alpha \overset{r}{c}_k + \left(w_{lh}^\alpha \overset{l}{\varepsilon}_\beta + w_{lh}^\beta \overset{l}{\varepsilon}_\alpha\right) w_{kh}^\beta = B_{\alpha k}, \tag{85''}$$

und das Problem besteht darin zu zeigen, daß man die $\overset{l}{\varepsilon}_\beta$ so wählen kann, daß die $\overline{B}_{\lambda r}$ verschwinden. Zu dem von HAIMOVICI gegebenen Beweis ist noch zu bemerken, daß dieser Beweis von den Orthogonalitätsbedingungen (75') Gebrauch macht im Gegensatz zu unserm Beweis, was für das Folgende von Bedeutung ist.

Wir nehmen jetzt an, es gäbe ein (nichtverschwindendes) abgeleitetes System zum System (78). Wir bezeichnen das abgeleitete System mit $ds^\varrho = 0$ $(\varrho = q+1, \ldots, n)$ und bekommen offensichtlich $\Delta s^\varrho = 0$ (mod $ds^{m+1}, \ldots, ds^n$) und daher

$$w_{kl}^\varrho = 0, \qquad \varrho > q. \tag{85'''}$$

Dann schreibt sich die Gruppe (75)

$$\begin{aligned} d\bar{s}^h &= c_k^h ds^k + c_\alpha^h ds^\alpha + c_\varrho^h ds^\varrho, && h, k = 1, \ldots, m,\\ d\bar{s}^\alpha &= c_\beta^\alpha ds^\beta + c_\varrho^\alpha ds^\varrho, && \alpha, \beta = m+1, \ldots, q,\\ d\bar{s}^\varrho &= c_\lambda^\varrho ds^\lambda, && \varrho, \lambda, \sigma = q+1, \ldots, n, \end{aligned} \tag{86}$$

denn das System $ds^\varrho = 0$ ist ein invariantes System.

Der Tensor (83') erlaubt in diesem Fall, den c_β^α die Orthogonalitätsbedingungen aufzuerlegen, wobei die α, β nur von $m+1$ bis q laufen.

Andererseits verfügen die bilinearen Kovarianten Δs^ϱ (mod ds^λ) des abgeleiteten Systems mit Rücksicht auf (85''') über die nichtverschwindenden Koeffizienten $w_{k\alpha}^\varrho$, $w_{\alpha\beta}^\varrho$, und wir erhalten durch eine Transformation der Gruppe (86) die Gleichungen

$$\overline{w}_{s\beta}^\varrho \overset{s}{c}_k \overset{\beta}{c}_\alpha = w_{k\alpha}^\lambda \overset{\varrho}{c}_\lambda, \quad \overline{w}_{\gamma\delta}^\varrho \overset{\gamma}{c}_\alpha \overset{\delta}{c}_\beta + \overline{w}_{k\delta}^\varrho \overset{k}{c}_\alpha \overset{\delta}{c}_\beta = w_{\alpha\beta}^\lambda \overset{\varrho}{c}_\lambda.$$

Diese Gleichungen zeigen, daß die Größen

$$p^{\varrho\lambda} = w_{k\alpha}^\varrho w_{k\alpha}^\lambda \tag{86'}$$

mit Rücksicht auf die Orthogonalitätsbedingungen der c^h_k und c^α_β die Komponenten eines Tensors mit dem Transformationsgesetz $\bar{p}^{\varrho\lambda} = p^{\sigma\mu} c^\sigma_\varrho c^\mu_\lambda$ bilden.

Ist dieser Tensor nicht singulär, so läßt er sich dazu verwenden, den c^ϱ_λ Orthogonalitätsbedingungen aufzuerlegen, und wir sind dann im Fall einer Gruppe eines singulären RIEMANNschen Raumes von der Metrik $(ds^{m+1})^2 + \cdots + (ds^n)^2$. Ist dann das abgeleitete System $ds^\varrho = 0$ von maximalem Rang, so kann man in der Gruppe (86) die c^h_ϱ und c^α_ϱ zum Verschwinden bringen, und aus (86) wird die separable Gruppe

$$d\bar{s}^h = c^h_k ds^k + c^h_\alpha ds^\alpha, \quad d\bar{s}^\alpha = c^\alpha_\beta ds^\beta, \quad d\bar{s}^\varrho = c^\varrho_\lambda ds^\lambda, \quad d\bar{s}^n = ds^n$$

mit $h, k \leqq m < \alpha, \beta \leqq q < \varrho, \lambda < n$.

Ist das PFAFFsche System (78) selbst vom Maximalrang, so kann man auch noch die c^h_α zum Verschwinden bringen und die Gruppe (86) auf eine Untergruppe der orthogonalen Gruppe reduzieren, welche die Form ds^n und eine andere solche, etwa ds^q, ungeändert läßt.

Damit der Tensor $p^{\varrho\lambda}$ nicht degeneriert, muß ein Arrangement unmöglich sein, bei welchem für gewisse Werte ϱ alle $w^\varrho_{k\alpha}$ verschwinden. Nun gilt mit Rücksicht auf die Fundamentalidentitäten des Kalküls der Kongruenzen (nach (37) von Kapitel I im ersten Bande dieses Werkes)

$$\frac{\partial w^a_{bc}}{\partial s^d} + \frac{\partial w^a_{cd}}{\partial s^b} + \frac{\partial w^a_{db}}{\partial s^c} + w^a_{bf} w^f_{cd} + w^a_{cf} w^f_{db} + w^a_{df} w^f_{bc} = 0, \qquad (86'')$$

und wir bekommen für $a = \varrho, b = k, c = l, d = \alpha$

$$w^\varrho_{\alpha\beta} w^\beta_{kl} = 0$$

und daher auch $w^\varrho_{\alpha\beta} = 0$, da $|w^\beta_{kl}| \neq 0$ ist. Daher gilt auch $\Delta s^\varrho = 0 \pmod{ds^{q+1}, \ldots, ds^n}$, und die Gleichungen $ds^\varrho = 0$ bilden einen Teil des zweiten abgeleiteten Systems des Systems (78). Damit bekommen wir den

Satz. *Gehört zum* PFAFF*schen System* (78) *ein einziges abgeleitetes System und sind* (78) *wie auch sein abgeleitetes System beide vom maximalen Rang, so kann das Problem, die biegungsinvarianten Eigenschaften des* V^m_n *zu untersuchen, auf die Untersuchung der starren Eigenschaften der orthogonalen Gruppe*

$$d\bar{s}^h = c^h_k ds^k, \quad d\bar{s}^\alpha = c^\alpha_\beta ds^\beta, \quad d\bar{s}^\varrho = c^\varrho_\lambda ds^\lambda, \quad d\bar{s}^q = ds^q, \quad d\bar{s}^n = ds^n$$

mit

$$h, k \leqq m < \alpha, \beta < q < \varrho, \lambda < n$$

zurückgeführt werden.

Wir nehmen jetzt an, daß das System (78) zwei abgeleitete Systeme zuläßt und bezeichnen das zweite abgeleitete System mit

$$ds^u = 0, \qquad u = r + 1, \ldots, n. \qquad (86''')$$

In diesem Fall erlaubt uns (86′) nach Reduktion der Komponenten $p^{\varrho\lambda}$ ($\varrho, \lambda = q + 1, \ldots, n$) auf die kanonische Gestalt anzunehmen, daß die

c^ϱ_λ $(\varrho, \lambda = q + 1, \ldots, n)$ den Orthogonalitätsbedingungen genügen. Daher können wir die Gruppe des Raumes in die Gestalt

$$\begin{aligned} d\bar{s}^h &= c^h_k ds^k + c^h_\alpha ds^\alpha + c^h_\varrho ds^\varrho + c^h_u ds^u, \qquad h, k = 1, \ldots, m, \\ d\bar{s}^\alpha &= c^\alpha_\beta ds^\beta + c^\alpha_\varrho ds^\varrho + c^\alpha_u ds^u, \\ d\bar{s}^\varrho &= c^\varrho_\lambda ds^\lambda + c^\varrho_u ds^u, \\ d\bar{s}^u &= c^u_v ds^v \end{aligned} \tag{87}$$

setzen, wobei die c^h_k, c^α_β, c^ϱ_λ den Orthogonalitätsbedingungen genügen. Da die Beziehungen

$$w^u_{kl} = w^u_{k\alpha} = w^u_{\alpha\beta} = 0$$

bestehen, sind die nichtverschwindenden Komponenten des Integrabilitätstensors des Systems (86''') durch w^u_{kl}, $w^u_{\alpha\lambda}$, $w^u_{s\lambda}$ gegeben, deren erste beiden sich gemäß

$$\overline{w}^u_{h\varrho} c^h_k c^\varrho_\lambda = w^v_{k\lambda} c^u_v, \quad \overline{w}^u_{\beta\varrho} c^\beta_\alpha c^\varrho_\lambda + \overline{w}^u_{k\varrho} c^k_\alpha c^\varrho_\lambda = w^v_{\alpha\lambda} c^u_v \tag{87'}$$

transformieren. Analoge Formeln erhält man für die $w^u_{\lambda s}$, in welche noch die w^u_{kl}, $w^u_{\alpha\varrho}$ eingehen. Diese Gleichungen besagen, daß jede der Gruppen mit den Größen $w^u_{k\lambda} w^u_{\alpha\lambda}$, $w^u_{\varrho\lambda}$ einen Tensor bilden, sobald sie mit den vorhergehenden Größen verknüpft werden. Ziehen wir in diesem Fall auch noch die Größen $p^{uv} = w^u_{k\lambda} w^v_{k\lambda}$ heran, so bekommen wir, da die c^h_k und c^ϱ_λ den Orthogonalitätsbedingungen genügen $\overline{p}^{st} = p^{uv} c^s_u c^t_v$. Daher läßt sich der Tensor p^{uv} auf die kanonische Form δ^u_v reduzieren, wenn er nichtsingulär ist. Man kann dann auch noch den c^u_v die Orthogonalitätsbedingungen auferlegen. Ist der Tensor p^{uv} jedoch singulär, so gibt es Formen ds^u mit $w^u_{k\lambda} = 0$, und diejenigen dieser Formen, welchen diese Eigenschaft zukommt, bilden ein invariantes System, etwa $ds^{\alpha'} = 0$ $(\alpha' > s)$.

Man kann dann den Tensor $p^{\alpha'\beta'} = w^{\alpha'}_{\beta\varrho} w^{\beta'}_{\beta\varrho}$ dazu verwenden, den $c^{\alpha'}_{\beta'}$ Orthogonalitätsbedingungen aufzuerlegen. $p^{\alpha'\beta'}$ kann nicht degenerieren, wenn das System (78) kein drittes abgeleitetes System zuläßt. Bestünde nämlich $w^{\alpha'}_{\beta\varrho} = 0$ für einen bestimmten Wert α', so würden wir von den Fundamentalidentitäten (86'') für $a = \alpha'$, $b = \varrho$ und $1 \leqq c, d \leqq q$ die Beziehungen

$$w^{\alpha'}_{\varrho\lambda} w^{\lambda}_{cd} = 0$$

erhalten und wegen der Unabhängigkeit der bilinearen Kovarianten Δs^λ (mod $ds^{q+1}, \ldots, ds^n$) müßten die $w^{\alpha'}_{\varrho\lambda}$ verschwinden, d. h., die Gleichungen $ds^{\alpha'} = 0$ würden dem dritten abgeleiteten System von (78) angehören. Wir sehen, daß man, sobald ein Pfaffsches System S $(ds^a = 0)$ mit abgeleiteten Systemen S' und S'' vorliegt, innerhalb S'' ein invariantes System S_1 $(ds^{a'} = 0)$ betrachten kann, dessen Gleichungen nicht dem abgeleiteten System S''' zugehören. Die Gleichungen des Systems S_1 sind durch den Umstand charakterisiert, daß ihre bilinearen Kovarianten $\Delta s^{a'}$ (mod S'') nicht verschwinden aber keine Terme in ds^h enthalten. Daß dieser Umstand auftreten kann, zeigt uns das Beispiel eines Systems Σ

($ds^3 = \cdots = ds^7 = 0$) von fünf Gleichungen in sieben Veränderlichen, dessen bilineare Kovarianten von der Struktur

$$\begin{aligned} \Delta s^3 &= [ds^1 ds^2], \quad \Delta s^4 = [ds^3 ds^1], \quad \Delta s^5 = [ds^3 ds^2], \\ \Delta s^6 &= [ds^2 ds^5], \quad \Delta s^7 = [ds^3 ds^5] + [ds^1 ds^6] \end{aligned} \tag{87''}$$

sind. Dieser Struktur kann man offensichtlich leicht gerecht werden, indem man

$$ds^1 = dx^1, \quad ds^2 = dx^2, \quad ds^3 = dx^3 + x^2 dx^1,$$

$$ds^4 = dx^4 - x^3 dx^1, \quad ds^5 = dx^5 + x^2 dx^3 + \frac{(x^2)^2}{2} dx^1,$$

$$ds^6 = dx^6 - \frac{(x^2)^3}{6} dx^1 - \frac{(x^2)^2}{2} dx^3 - x^2 dx^5, ds^7 = dx^7 + x^5 dx^3 - x^1 dx^6$$

ansetzt. Das abgeleitete System Σ' ist durch die Gleichungen $ds^4 = ds^5 = ds^6 = ds^7 = 0$ gegeben und das abgeleitete System Σ'' durch $ds^6 = ds^7 = 0$. Offenbar gibt es kein drittes abgeleitetes System Σ''', und die bilineare Kovariante Δs^7 (mod ds^6, ds^7) enthält keine Terme in ds^1, ds^2. Somit gestattet Σ'' die invariante Gleichung $ds^7 = 0$. Man sieht so, daß man, wenn das System (78) kein drittes abgeleitetes System zuläßt, die biegungsinvariante Gruppe des Raumes V_n^m auf eine Gruppe der Gestalt (87) zurückführen kann, wobei die $c_k^h, c_\beta^\alpha, c_\lambda^\varrho, c_v^u$ den Orthogonalitätsbedingungen genügen, oder auch auf eine Gruppe, für die an Stelle der letzten der Gleichungen (87) die Beziehungen

$$d\bar{s}^u = c_v^u ds^v + c_{\alpha'}^u ds^{\alpha'}, \qquad u, v = r+1, \ldots, s,$$

$$d\bar{s}^{\alpha'} = c_{\beta'}^{\alpha'} ds^{\beta'}, \qquad \alpha', \beta' = s+1, \ldots, n$$

treten, wobei die c_v^u und $c_{\beta'}^{\alpha'}$ den Orthogonalitätsbedingungen genügen. Wenn es kein System S_1 gibt und das System (78) ein drittes abgeleitetes System gestattet, etwa

$$ds^a = 0, \qquad \alpha = t+1, \ldots, n,$$

so sieht man leicht, daß die Nullkomponenten des Integrabilitätstensors durch

$$w_{kl}^a = w_{k\alpha}^a = w_{\alpha\beta}^a = w_{k\lambda}^a = w_{\alpha\lambda}^a = w_{\lambda\mu}^a = 0$$

gegeben sind, während $w_{ku}^a, w_{\alpha u}^a, w_{\lambda u}^a, w_{uv}^a$ die nichtverschwindenden Komponenten dieses Tensors sind, wobei sich die $w_{ku}^a, w_{\alpha u}^a$ nach Gleichungen, die zu (87') analog sind, transformieren und $w_{\lambda\mu}^a$ durch eine Gleichung, die noch w_{ku}^a und $w_{\alpha u}^a$ enthält. Gelten für einen bestimmten Wert a die Gleichungen $w_{ku}^a = w_{\alpha u}^a = w_{\lambda u}^a = 0$, so kann man zeigen, daß es sich ebenso mit w_{uv}^a verhält, so daß also ds^a zum vierten abgeleiteten System von (78) gehört.

Es ergibt sich ferner, daß man zwischen die Systeme S''' und S^{IV} höchstens zwei invariante Systeme S_2, S_3 einschalten kann, sobald es zwischen S' und S'' kein System S_1 gibt, und zwar je nachdem, ob die Koeffizienten w_{ku}^a verschwinden, ohne daß die $w_{\alpha u}^a$ verschwinden, oder die $w_{\alpha u}^a, w_{ku}^a$ verschwinden, ohne daß die $w_{\lambda\mu}^a$

verschwinden. Ist zwischen S′ und S″ ein System S_1 vorhanden, so kann man zwischen S‴ und S^{IV} höchstens drei invariante Systeme einschalten, und im allgemeinen können wir zu einem System S als invariante Systeme die abgeleiteten und eingeschalteten Systeme assoziieren, wobei die Maximalzahl der eingeschalteten Systeme zwischen dem abgeleiteten System S^σ und $S^{\sigma+1}$ durch $1 + 2 + \cdots + \sigma - 1 = \frac{\sigma(\sigma-1)}{2}$ gegeben ist. So bekommen wir den folgenden

Satz.[24]) *Einem biegungsinvarianten nichtholonomen Raum* V_n^m *kann man eine Gruppe der Art* (87) *assoziieren, welche die Eigenschaft hat, das System* (78) *und dessen abgeleitete und eingeschaltete Systeme ungeändert zu lassen, d. h. eine Gruppe, deren Matrix durch*

$$\begin{Vmatrix} M_{11} & M_{12} & \dots & M_{1l} \\ 0 & M_{22} & \dots & M_{2l} \\ \dots & \dots & \dots & \dots \\ 0 & \dots & \dots & M_{ll} \end{Vmatrix} \tag{88}$$

gegeben ist, wobei die $M_{11}, \ldots, M_{l-1,\,l-1}$ *orthogonale Matrizenfelder bezeichnen.*

Wenn das System (78) keine integrablen Kombinationen gestattet, kann man auch noch die Matrix M_{ll} als eine orthogonale Matrix ansehen. In diesem Fall spricht man von einer quasiorthogonalen Matrix des Raumes V_n^m.

Gestattet jedoch (78) integrable Kombinationen, so bleibt die letzte Matrix M_{ll} beliebig und vermittelt eine beliebige Punkttransformation zwischen den integrablen Kombinationen des Systems (78). Gestattet (78) keine integrable Kombination und ist die Gruppe des Raumes daher quasiorthogonal, so stoßen wir auf ein letztes invariantes System, dessen Gleichungen einer orthogonalen durch die Matrix (88) gegebenen Transformation unterliegen. Man kann dann immer dem Raum V_n^m in biegungsinvarianter Weise einen singulären Riemannschen Raum zuordnen. Ist dieses letzte System von maximalem Rang, so kann man ihm ein komplementäres System assoziieren, d. h., man kann die Matrizen M_{1l}, M_{2l}, ..., $M_{l-1,\,l}$ auf Nullmatrizen reduzieren und eine der Pfaffschen Formen, etwa ds^n, als invariante Form in Evidenz setzen. Ist das letzte System aus der Reihe der assoziierten invarianten Systeme wiederum von maximalem Rang, so kann man auch ihm ein komplementäres System zuordnen und eine invariante Form und so weiter. Wir bekommen daher den

Satz. *Wenn das System* (78) *eines nichtholonomen biegungsinvarianten Raumes* V_n^m *keinerlei integrable Kombinationen gestattet, kann man die Untersuchung der biegungsinvarianten Gruppe auf das Studium einer orthogonalen Gruppe zurückführen, wenn die invarianten, dem System* (78) *zugeordneten Systeme maximalen Rang erreichen.*

Die beiden Bedingungen, die wir in diesem Satz verwendet haben, genauer gesagt, das Fehlen der integrablen Kombinationen und der Umstand, daß die in-

[24]) G. Vranceanu, Sur les invariants intrinsèques d'un éspace non holonome (rumänisch mit französischem und russischem Resumé), Analele Univ. „C. I. Parhon“ 11 (1956), S. 9—23.

varianten Systeme vom Maximalrang sind, sind hinreichende Bedingungen dafür, daß man von der biegungsinvarianten Gruppe zur orthogonalen Gruppe übergehen kann. Wir haben gesehen, daß im Fall einer nichtholonomen Hyperfläche V_n^{n-1} die Bedingungen für einen maximalen Rang nicht erfüllt werden können, d. h., in diesem Fall genügt es, wenn die Gleichung $ds^n = 0$ nicht vollständig integrabel ist. Gleichwohl ist es aber möglich, der biegungsinvarianten Gruppe eine orthogonale Gruppe zuzuordnen, auch wenn $ds^n = 0$ vollständig integrabel ist, sofern man nur noch über gewisse andere Invarianten verfügt. Wir nehmen an, wir hätten einen V_3^2, dessen Gleichung $ds^3 = dx^3 = 0$ vollständig integrabel ist. Zu jedem konstanten Wert x^3 bekommen wir eine binäre Metrik von der GAUSSschen Krümmung K. K ist also eine invariante Funktion der Veränderlichen x^1, x^2, x^3, so daß wir wenn K nicht konstant ist

$$dK = K_1 ds^1 + K_2 ds^2 + K_3 ds^3 = \overline{K}_1 d\overline{s}^1 + \overline{K}_2 d\overline{s}^2 + \overline{K}_3 d\overline{s}^3, \quad K_i = \frac{\partial K}{\partial s^i}$$

bekommen. Nun erhalten wir durch eine Transformation der biegungsinvarianten Gruppe des V_3^2, die wir

$$\begin{aligned} d\overline{s}^1 &= \cos\theta\, ds^1 - \sin\theta\, ds^2 + c_3^1 ds^3, \\ d\overline{s}^2 &= \sin\theta\, ds^1 + \cos\theta\, ds^2 + c_3^2 ds^3, \\ d\overline{s}^3 &= c_3^3 ds^3 \end{aligned} \tag{89}$$

schreiben können, die Gleichungen

$$\begin{aligned} K_1 &= \overline{K}_1 \cos\theta + \overline{K}_2 \sin\theta, \\ K_2 &= -\overline{K}_1 \sin\theta + \overline{K}_2 \cos\theta, \\ K_3 &= \overline{K}_1 c_3^1 + \overline{K}_2 c_3^2 + \overline{K}_3 c_3^3 \end{aligned}$$

mit beliebigen Funktionen

$$\theta(x^1, x^2, x^3), \quad c_3^1(x^1, x^2, x^3), \quad c_3^2(x^1, x^2, x^3), \quad c_3^3(x^1, x^2, x^3).$$

Wenn die K_1 und K_2 nicht beide verschwinden (K würde dann nur von x^1 oder x^2 abhängen), können wir θ so wählen, daß $\overline{K}_2$ verschwindet, nachher c_3^1 so, daß auch $\overline{K}_3$ verschwindet und bekommen daher $dK = K_1 ds^1$. Die Gruppe, welche diesen Sachverhalt ungeändert läßt, ist dann durch die Gleichungen

$$d\overline{s}^1 = ds^1, \quad d\overline{s}^2 = ds^2 + a\, ds^3, \quad d\overline{s}^3 = b\, ds^3 \tag{89'}$$

gegeben. Da $ds^1 = \dfrac{dK}{K^1}$ eine Invariante darstellt und

$$\Delta s^1 = A[ds^1 ds^2] + B[ds^1 ds^3]$$

gilt (denn die Gleichung $ds^1 = dK = 0$ ist vollständig integrabel), können wir, wenn $A \neq 0$, a so wählen, daß $B = 0$ wird, und A ist dabei eine Invariante in bezug auf die Transformationen (89). Wenn diese Invariante von x^3 abhängt, gilt

$$dA = A_1 ds^1 + A_2 ds^2 + A_3 ds^3,$$

und mit $A_3 \neq 0$ läßt sich b so wählen, daß $A_3 = 1$ wird, und die Gruppe, welche diesen Sachverhalt ungeändert läßt, ist die Identität

$$d\bar{s}^i = ds^i, \qquad i = 1, 2, 3.$$

Wir haben somit die biegungsinvariante Gruppe des Raumes V_3^2, der aus der Schar der Flächen $x^3 = c^3$ besteht, auf die identische Gruppe zurückgeführt, die auch eine orthogonale Gruppe ist. Nach einem Satz von É. Cartan (vgl. § 2 des Kapitels III des ersten Bandes dieses Werkes) weiß man, daß in diesem Fall die Invarianten des Raumes durch die Koeffizienten w_{bc}^a der bilinearen Kovarianten dieser invarianten Formen und ihren Ableitungen nach diesen Formen gegeben sind.

§ 7 Mechanische Deutung der Räume V_n^m

Die Gleichungen (55), gedeutet als Bedingungen für ein mechanisches nichtholonomes System S_n^m mit der kinetischen Energie

$$T = \frac{1}{2} \frac{ds^2}{dt^2}$$

führen auf eine mechanische Deutung nichtholonomer Räume V_n^m. Dabei ist ds^2 die Metrik des Raumes V_n. Man zeigt, wie unter diesen Umständen die Trajektorien des mechanischen Systems S_n^m bei fehlenden Kräften durch die Gleichungen[25])

$$\begin{aligned} \frac{dx^i}{dt} &= \mu_h^i u^h, \qquad u^h = \frac{ds^h}{dt}, \\ \frac{du^h}{dt} &= \gamma_{kl}^h u^k u^l \end{aligned} \tag{90}$$

gegeben sind, d. h. durch die Autoparallelen des Zusammenhanges (81), welche in ihren Richtungen den Raum X_n^m ($u^a = 0$) berühren.[26])

Dabei ist noch wichtig zu bemerken, daß die Autoparallelen (90) im Fall eines nichtholonomen Raumes V_n^m nicht gleichzeitig die Kurven kleinster Länge darstellen wie im Riemannschen Raum V_n. Die Kurven kleinster Länge (80) bilden, wie wir früher gesehen haben, eine Biegungsinvariante.

Auf dieser Grundlage wollen wir den Satz von Hadamard beweisen: *Die Bewegungsgleichungen* (90) *eines nichtholonomen mechanischen Systems* S_n^m *bleiben bei beliebigen Modifikationen der kinetischen Energie zufolge der quadratischen Terme*

$$A_{\alpha\alpha} \frac{ds^\alpha}{dt} \frac{ds^\alpha}{dt} = A_{\alpha\beta} \frac{ds^\alpha}{dt} \frac{ds^\beta}{dt} + A_{\alpha h} \frac{ds^\alpha}{dt} \frac{ds^h}{dt}, \tag{90'}$$

---

25) G. Vranceanu, Sopra le equazioni del moto di una sistema anolonome, Rend. Lincei 4 (1926), S. 508.

26) G. Vranceanu, Les espaces non holonomes, Mém. Sci. Math., fasc. 76 (1935), S. 30, 31.

welche mit den Bindungen des Systems verschwinden, nicht invariant. Sie bleiben jedoch stets invariant, wenn $A_{\alpha h} = 0$ gilt und diese Modifikationen also quadratisch in den $\frac{ds^\alpha}{dt}$ sind.

Berücksichtigen wir, daß wir nach einer Transformation der biegungsinvarianten Gruppe des V_n^m die Gleichungen

$$\overline{T} = \frac{1}{2}\frac{d\overline{s}^2}{dt^2} = T + 2c_k^h c_\alpha^h \frac{ds^k}{dt}\frac{ds^\alpha}{dt} + (c_\alpha^h c_\beta^h + c_\alpha^\lambda c_\beta^\lambda - \delta_\beta^\alpha)\frac{ds^\alpha}{dt}\frac{ds^\beta}{dt}$$

erhalten, so kommt der Satz von Hadamard auf die Behauptung hinaus, daß die Gleichungen (90) im nichtholonomen Fall keine biegungsinvariante, wohl aber eine halbstarre Invariante bedingen.

Um den Satz von Hadamard zu beweisen, beachten wir, daß die biegungsinvariante Gruppe (75), (75′) des Raumes V_n^m als Produkt der halbstarren Gruppe (76), (75′) und der Gruppe (78‴) aufgefaßt werden kann. Offensichtlich sind nun die Gleichungen (90) gegenüber der halbstarren Gruppe invariant. Was die Gruppe (78‴) anbetrifft, so bekommen wir von den Fundamentalidentitäten (Gleichungen (10) in Kapitel III des ersten Bandes dieses Werkes)

$$\overline{w}_{kl}^h = w_{kl}^h + w_{kl}^\alpha c_\alpha^h.$$

Da sich die Koeffizienten $\gamma_{kl}^h + \gamma_{lk}^h$ der Gleichungen (90) mit Hilfe der w_{kl}^h durch die Gleichungen

$$\gamma_{kl}^h + \gamma_{lk}^h = w_{lh}^k + w_{kh}^l \tag{91}$$

darstellen lassen, bekommen wir die Gleichungen

$$\overline{\gamma}_{kl}^h + \overline{\gamma}_{lk}^h = \gamma_{kl}^h + \gamma_{lk}^h + w_{lh}^\alpha c_\alpha^k + w_{kh}^\alpha c_\alpha^l.$$

Diese Gleichungen besagen, daß die Gleichungen (90) gegenüber der Gruppe (78‴) nicht invariant sind, wenn nicht alle Größen w_{kh}^α verschwinden, wenn also das System S_n^m nicht holonom ist. Damit ist der Satz von Hadamard bewiesen.

Der Satz von Hadamard rechtfertigt das Studium der halbstarren Invarianten eines Raumes V_n^m von Seiten der analytischen Mechanik. Die halbstarre Gruppe ist im allgemeinen nicht immer die größte Untergruppe G der biegungsinvarianten Gruppe, welche die Bewegungsgleichungen des S_n^m ungeändert läßt.

É. Cartan hat vorgeschlagen, die Geometrisierung der Gruppe G zu untersuchen.[27] Man erhält die Gruppe G durch Produktbildung aus der halbstarren Gruppe in die Untergruppe g der Gruppe (78‴), für welche die Bedingungen

$$w_{kh}^\alpha c_\alpha^l + w_{lh}^\alpha c_\alpha^k = 0 \tag{92}$$

---

[27]) É. Cartan, Sur la représentation géométrique des systèmes matériels non holonomes, Atti del Congresso di Bologna 1928, S. 253.

gelten. Es ist im allgemeinen sehr schwierig, Lösungen dieser Gleichungen zu bekommen.[28]) Wir wollen nur bemerken, daß eine notwendige Bedingung dafür, daß die Gruppe g mit der identischen Gruppe zusammenfällt, darin besteht, daß das System (78) kein abgeleitetes System zuläßt. Diese Bedingung ist nicht hinreichend, wie das Beispiel des Raumes V_6^3

$$ds^1 = dx^1, \quad ds^2 = dx^2, \quad ds^3 = dx^3,$$

$$ds^4 = dx^4 - x^2 dx^3 = 0, \quad ds^5 = dx^5 - x^3 dx^1 = 0, \quad ds^6 = dx^6 - x^1 dx^2 = 0$$

zeigt. Man sieht, daß das System $ds^4 = ds^5 = ds^6 = 0$ kein abgeleitetes System zuläßt und daß die Komponenten w_{kl}^a bis auf $w_{23}^4 = w_{31}^5 = w_{12}^6 = 1$ verschwinden. Doch zeigt man leicht, daß die Gleichungen (92) die Lösung

$$c_4^1 = c_5^2 = c_6^3, \quad c_4^2 = c_4^3 = c_5^1 = c_5^3 = c_6^1 = c_6^2 = 0$$

gestatten. Daher kann man die Gruppe g in der Gestalt

$$d\bar{s}^h = ds^h + \varrho ds^{3+h}, \quad d\bar{s}^a = ds^a, \qquad h = 1, 2, 3$$

schreiben. Was die Gruppe G anbetrifft, so läßt sich diese

$$d\bar{s}^h = c_k^h ds^k + \varrho c_k^h ds^{3+k}, \quad d\bar{s}^a = c_\beta^a ds^\beta$$

schreiben. Wir bemerken, daß die Gruppe g durch die Identität gegeben ist, wenn das System (78) aus einer einzigen Gleichung besteht und der Rang der bilinearen Kovarianten Δs^n (mod ds^n) den Rang Zwei übertrifft. Daher ist im Fall eines nichtholonomen Raumes V_n^{n-1}, dessen Kovariante Δs^n (mod ds^n) den Rang Zwei überschreitet, die größte Gruppe, welche die Bewegungsgleichungen des S_n^m invariant läßt, durch die halbstarre Gruppe gegeben.[29])

Betrachtet man an Stelle der Bewegungsgleichungen die innere Parallelübertragung als Invariante, so hat man die Gleichungen (92) durch die Gleichungen $w_{hk}^a c_a^l = 0$ zu ersetzen, und die halbstarre Gruppe ist die größte Untergruppe der biegungsinvarianten Gruppe, welche den inneren Parallelismus des V_n^m bewahrt, sofern das System (78) kein abgeleitetes System zuläßt.

---

[28]) G. Vranceanu, Sur quelques points de la théorie des espaces non holonomes, Bul. Fac. Şt. Cernăuţi 5 (1932), S. 177—205.

[29]) Die Geometrisierung der Gruppe der Kongruenztransformationen, welche die Gleichungen der Mechanik invariant läßt, ist von R. Miron in der Abhandlung „Le problème de la géométrisation des systèmes mécaniques non holonomes“ (rumänisch mit französischem und russischem Résumé), Studii şi cercetări ştiinţ. Mat. Iaşi 7 (1956), S. 15—50, durchgeführt worden.

KAPITEL V

DIE INVARIANTEN DER PARTIELLEN DIFFERENTIALGLEICHUNGEN ZWEITER ORDNUNG

Liegt eine partielle Differentialgleichung zweiter Ordnung

$$F(x, y, z, p, q, r, s, t) = 0 \tag{1}$$

in den unabhängigen Veränderlichen x, y der unbekannten Funktion $z(x, y)$ und den ersten und zweiten Ableitungen p, q, r, s, t vor, so kann man ihr das PFAFFsche System

$$\begin{aligned} ds^1 &= dz - p\,dx - q\,dy = 0, \\ d\sigma^2 &= dp - r\,dx - s\,dy = 0, \\ d\sigma^3 &= dq - s\,dx - t\,dy = 0 \end{aligned} \tag{2}$$

zuordnen. Dieses System muß als ein PFAFFsches System von drei Gleichungen in sieben Veränderlichen aufgefaßt werden, da die acht Veränderlichen x, y, z, p, q, r, s, t, welche in dieses System eingehen, durch die Gleichung (1) verknüpft sind. Wir nehmen an, daß wir die r, s, t aus (1) und (2) in der Gestalt

$$\begin{aligned} r &= r(x, y, z, p, q, u, v), \\ s &= s(x, y, z, p, q, u, v), \\ t &= t(x, y, z, p, q, u, v) \end{aligned}$$

als Funktionen von x, y, z, p, q und zweier neuer Veränderlicher u, v berechnen können. Dann läßt sich (2) als ein System in den Veränderlichen x, y, z, p, q, u, v auffassen und wird zur Definition einer vierdimensionalen nichtholonomen Mannigfaltigkeit X_7^4 im siebendimensionalen Raum $X_7(x, y, z, p, q, u, v)$. Es kommt darauf an, die Invarianten dieser X_7^4 zu gewinnen.

Wenn der Gleichung (1) reelle verschiedene Charakteristikensysteme zweiter Ordnung zukommen, so können diese Invarianten gefunden werden, wie wir beweisen wollen, indem wir der X_7^4 einen vollständigen affinen Zusammenhang zuordnen, wobei die Automorphismengruppe des zugeordneten A_7 höchstens neun Parameter enthält. Wenn die Gleichung (1) eine Schar von Charakteristiken erster Ordnung gestattet, kann man ihr eine nichtholonome Mannigfaltigkeit X_6^4 zuordnen und auch dieser einen affinen Zusammenhang, solange die Charakteristiken nicht zusammenfallen.

§ 1 Klassifikation nach den Charakteristiken

Liegt eine Gleichung (1) vor, so gehört zu jeder Lösung

$$z = f(x, y)$$

von (1) eine Integralfläche des Systems (2), nämlich

$$z = f(x, y), \quad p = \frac{\partial f}{\partial x}, \quad q = \frac{\partial f}{\partial y}, \quad r = \frac{\partial^2 f}{\partial x^2}, \quad s = \frac{\partial^2 f}{\partial x\, \partial y}, \quad t = \frac{\partial^2 f}{\partial y^2}.$$

Da man r, s, t als Funktionen der Parameter u und v ansehen kann, gewinnt man über

$$z = f(x, y), \quad p = \frac{\partial f}{\partial x}, \quad q = \frac{\partial f}{\partial y}, \quad u = \varphi(x, y), \quad v = \psi(x, y)$$

z, p, q, u, v als Funktionen von x und y. Ist umgekehrt eine Integralfläche des Systems (2), das wir als System (S) bezeichnen wollen, durch

$$f_i(x, y, z, p, q, u, v) = 0, \qquad i = 1, \ldots, 5$$

gegeben, so bestimmt diese Fläche auch eine Lösung der Differentialgleichung (1), wenn nur auf ihr x und y durch keinerlei Beziehungen verknüpft sind. Denn dann lassen sich die Gleichungen unserer Integralfläche nach z, p, q, u, v auflösen und die entsprechende Funktion $z = z(x, y)$ ist offensichtlich eine Lösung von (1). Die Bestimmung der Lösungen der Differentialgleichung (1) und die der Integralflächen des Systems (S), auf welchen x, y durch keinerlei Beziehungen verknüpft sind, ist mithin ein äquivalentes Problem. Man versteht so das Interesse, das ein Studium des Systems (S) für die Erkenntnis der Eigenschaften der Gleichung (1) bietet, die man die Resolvente des Pfaffschen Systems (S) nennt.

Wir betrachten jetzt die bilinearen Kovarianten des Systems (S). Es ergibt sich

$$\begin{aligned} \Delta s^1 &= 0, \\ \Delta \sigma^2 &= [dr\, dx] + [ds\, dy] \qquad (\mathrm{mod}\ ds^1, d\sigma^2, d\sigma^3), \\ \Delta \sigma^3 &= [ds dx] + [dt\, dy]. \end{aligned}$$

Dabei ist der Operator Δ durch $\Delta = \delta d - d\delta$ definiert und Symbole wie etwa $[dr\, dx]$ sind äußere Produkte, d. h. durch $dr\,\delta x - dx\,\delta r$ definiert. Was dr, ds, dt anbelangt, so müssen sie die Beziehungen befriedigen, die aus (1) durch Differentiation hervorgehen, d. h., sie müssen unter Berücksichtigung des Systems (S), also mod $ds^1, d\sigma^2, d\sigma^3$, als Pfaffsche Formen in dx, dy, du, dv betrachtet werden.

Da Δs^1 verschwindet, bildet $ds^1 = 0$ wenigstens einen Teil des abgeleiteten Systems (S′) des Pfaffschen Systems (S). Aber damit ist (S′) schon vollkommen bestimmt, da es unmöglich ist, eine weitere Kombination

$$\alpha d\sigma^2 + \beta d\sigma^3$$

aufzustellen, deren bilineare Kovariante verschwindet. Die Gleichung $ds^1 = 0$ ist somit eine invariante Gleichung im System (S) und eine charakteristische Eigenschaft Pfaffscher Gleichungstripel der Klasse 7, denen als Resolvente eine Gleichung zweiter Ordnung zukommt. Hat nämlich ein Pfaffsches System (Σ) dreier Gleichungen in sieben Veränderlichen die Eigenschaft, daß sein abgeleitetes System (Σ') aus einer einzigen Gleichung der Klasse 5 besteht, so läßt sich diese Gleichung, eventuell nach einer passenden Variablentransformation, in die Gestalt

$$dz - p dx - q dy = 0 \tag{1'}$$

setzen. Da die bilineare Kovariante dieser Gleichung mit Rücksicht auf die andern Gleichungen des Systems (Σ) identisch verschwindet, müssen diese Gleichungen von der Gestalt

$$dp - a dx - b dy = 0,$$
$$dq - b dx - c dy = 0$$

sein, wobei die a, b, c beliebige Funktionen der Veränderlichen x, y, z, p, q, u, v des Systems sind. Faßt man nun in diesem System z als Funktion von x, y auf, so ergeben sich die p und q als Ableitungen erster Ordnung von z und die zweiten Ableitungen sind dann durch

$$r = a(x, y, z, p, q, u, v), \quad s = b(x, y, z, p, q, u, v), \quad t = c(x, y, z, p, q, u, v)$$

gegeben. Eliminiert man also aus diesen Gleichungen die Parameter u und v, so erhält man als Resolvente des Systems (Σ) eine partielle Differentialgleichung zweiter Ordnung, und die in Rede stehende Eigenschaft ist bewiesen.

Wir betrachten jetzt eine Transformation der Variablen, welche x, y, z, p, q, u, v in X, Y, Z, P, Q, U, V überführt. Da die erste Gleichung des Systems (S) invariant bleibt, denken wir uns die fünf Veränderlichen X, Y, Z, P, Q so gewählt, daß die Gleichung $ds^1 = 0$ ihre kanonische Gestalt (1′) behält. Dann müssen wir die folgenden Beziehungen bekommen

$$\begin{aligned} dZ - P dX - Q dY &= \alpha(dz - p dx - q dy), \\ dP - R dX - S dY &= \beta(dp - r dx - s dy) + \gamma(dq - s dx - t dy) \\ &\quad + a(dz - p dx - q dx), \\ dQ - S dX - T dY &= \lambda(dp - r dx - s dy) + \mu(dq - s dx - t dy) \\ &\quad + b(dz - p dx - q dy), \end{aligned} \tag{2'}$$

in welchen die $\alpha, \beta, \gamma, \lambda, \mu, a, b$ Funktionen von x, y, z, p, q, u, v sind und $\alpha, \beta\mu - \gamma\lambda$ nicht verschwinden. Diese Beziehungen zeigen, daß X, Y, Z, P, Q als

Funktionen der $x, y, z, \ldots, u, v$ den Gleichungen

$$\frac{\partial Z}{\partial p} - P\frac{\partial X}{\partial p} - Q\frac{\partial Y}{\partial p} = 0, \quad \frac{\partial Z}{\partial q} - P\frac{\partial X}{\partial q} - Q\frac{\partial Y}{\partial q} = 0,$$

$$\frac{\partial Z}{\partial u} - P\frac{\partial X}{\partial u} - Q\frac{\partial Y}{\partial u} = 0, \quad \frac{\partial Z}{\partial v} - P\frac{\partial X}{\partial v} - Q\frac{\partial Y}{\partial v} = 0,$$

$$\frac{\partial P}{\partial p} - R\frac{\partial X}{\partial p} - S\frac{\partial Y}{\partial p} = \beta, \quad \frac{\partial P}{\partial q} - R\frac{\partial X}{\partial q} - S\frac{\partial Y}{\partial q} = \gamma,$$

$$\frac{\partial P}{\partial u} - R\frac{\partial X}{\partial u} - S\frac{\partial Y}{\partial u} = 0, \ldots$$

genügen müssen, und die Integrabilitätsbedingungen

$$\frac{\partial^2 Z}{\partial p\,\partial u} - \frac{\partial^2 Z}{\partial u\,\partial p} = 0, \quad \frac{\partial^2 Z}{\partial q\,\partial u} - \frac{\partial^2 Z}{\partial u\,\partial q} = 0,$$

$$\frac{\partial^2 Z}{\partial p\,\partial v} - \frac{\partial^2 Z}{\partial v\,\partial p} = 0, \quad \frac{\partial^2 Z}{\partial q\,\partial v} - \frac{\partial^2 Z}{\partial v\,\partial q} = 0$$

führen uns auf die Gleichungen

$$\beta\frac{\partial X}{\partial u} + \lambda\frac{\partial Y}{\partial u} = 0, \quad \gamma\frac{\partial X}{\partial u} + \mu\frac{\partial Y}{\partial u} = 0,$$

$$\beta\frac{\partial X}{\partial v} + \lambda\frac{\partial Y}{\partial v} = 0, \quad \gamma\frac{\partial X}{\partial v} + \mu\frac{\partial Y}{\partial v} = 0,$$

so daß X, Y von den u, v unabhängig sein müssen. Der gleiche Sachverhalt besteht für die Funktionen Z, P, Q. Demnach ist die Transformation

$$x, y, z, p, q \to X, Y, Z, P, Q$$

mit Rücksicht auf die erste der Gleichungen (2′) eine Berührungstransformation, und die Resolvente

$$\Phi(X, Y, Z, P, Q, R, S, T) = 0 \tag{1''}$$

des Systems (S) ausgedrückt in X, Y, Z, P, Q ergibt sich aus (1) durch eine Berührungstransformation.

Berücksichtigt man noch, daß man jeder Variablentransformation des Systems (S) eine weitere solche zuordnen kann, welche die kanonische Gleichung $ds^1 = 0$ erhält, so ergibt sich der

Satz. *Die Invarianten der partiellen Differentialgleichung zweiter Ordnung* (1) *gegenüber Berührungstransformationen sind gleichzeitig Invarianten des Systems* (2) *gegenüber Variablentransformationen und umgekehrt.*

Die bilinearen Kovarianten $\Delta\sigma^2, \Delta\sigma^3$ sind im allgemeinen im System (S) vom Rang 4, doch läßt sich stets eine Kombination

$$ds^2 = \alpha d\sigma^2 + \beta d\sigma^3$$

angeben, deren bilineare Kovariante Δs^2 vom Rang 2 ist. Man bekommt nämlich mit Rücksicht auf die Gleichungen des Systems (S)

$$\Delta s^2 = \alpha([dr\,dx] + [ds\,dy]) + \beta([ds\,dx] + [dt\,dy]) \qquad (\text{mod } ds^1, d\sigma^2, d\sigma^3),$$

wobei die Differentiale dx, dy, dr, ds, dt durch die Beziehung verknüpft sind, die sich aus (1) durch Differentiation in der Gestalt

$$\left(\frac{\partial F}{\partial x}\right) dx + \left(\frac{\partial F}{\partial y}\right) dy + \frac{\partial F}{\partial r} dr + \frac{\partial F}{\partial s} ds + \frac{\partial F}{\partial t} dt = 0 \qquad (2'')$$

ergibt, wobei

$$\left(\frac{\partial F}{\partial x}\right) = \frac{\partial F}{\partial x} + \frac{\partial F}{\partial z} p + \frac{\partial F}{\partial p} r + \frac{\partial F}{\partial q} s,$$

$$\left(\frac{\partial F}{\partial y}\right) = \frac{\partial F}{\partial y} + \frac{\partial F}{\partial z} q + \frac{\partial F}{\partial p} s + \frac{\partial F}{\partial q} t$$

ist. Die Kovariante Δs^2 gewinnt mit Rücksicht auf (2″) den Rang Zwei, sobald zwei Größen λ, μ existieren, derart, daß

$$\alpha\, dr + \beta\, ds = \lambda(\alpha\, ds + \beta\, dt) + \mu\left(\frac{\partial F}{\partial r} dr + \frac{\partial F}{\partial s} ds + \frac{\partial F}{\partial t} dt\right)$$

gilt. Durch Koeffizientenvergleich der Differentiale dr, ds, dt bekommen wir drei Bedingungen für λ und μ, die nur dann verträglich sind, wenn α, β der Gleichung

$$\beta^2 \frac{\partial F}{\partial r} - \alpha\beta \frac{\partial F}{\partial s} + \alpha^2 \frac{\partial F}{\partial t} = 0 \qquad (3)$$

genügen. Demnach muß der Quotient $\frac{\beta}{\alpha}$ Wurzel der charakteristischen Monge-schen Gleichung der Gleichung (1) sein. Gibt es für (3) zwei verschiedene Lösungen $\frac{\beta_1}{\alpha_1}$ und $\frac{\beta_2}{\alpha_2}$, so erhalten wir die Kombinationen

$$ds^2 = \alpha_1 d\sigma^2 + \beta_1 d\sigma^3,\ ds^3 = \alpha_2 d\sigma^2 + \beta_2 d\sigma^3,$$

deren Kovarianten im System (S) vom Rang 2 sind. Sind $ds^2 = 0$, $ds^3 = 0$ Gleichungen des Systems (S), so lassen sich die Kovarianten von (S) kanonisch

$$\begin{aligned} \Delta s^1 &= 0, \\ \Delta s^2 &= [ds^5 ds^6], \quad (\text{mod } ds^1, ds^2, ds^3) \qquad (4) \\ \Delta s^3 &= [ds^4\, ds^7], \end{aligned}$$

schreiben, wobei die PFAFFschen Formen ds^4, ds^5, ds^6, ds^7 als Formen in dx, dy, dr, ds, dt unabhängige Formen darstellen, wenn man die Gleichungen (2″) berücksichtigt. Oder auch: Die PFAFFschen Formen

$$ds^1, ds^2, ds^3, ds^4, ds^5, ds^6, ds^7 \tag{3'}$$

sind 7 unabhängige Formen in den Veränderlichen x, y, z, p, q, u, v.

Liegt für die Gleichung (3) eine Doppelwurzel vor, so können wir die Kovarianten des Systems (S) auf die kanonische Gestalt

$$\begin{aligned} \Delta s^1 &= 0, \\ \Delta s^2 &= [ds^5 ds^6], \qquad (\text{mod } ds^1, ds^2, ds^3) \\ \Delta s^3 &= [ds^4 ds^6] + [ds^5 ds^7], \end{aligned} \tag{4'}$$

reduzieren und kommen zu dem

Satz von É. CARTAN.[1]) *Die bilinearen Kovarianten des Systems* (S) *können auf die kanonische Gestalt* (4) *oder* (4′) *reduziert werden je nachdem, ob die* MONGE*schen Charakteristikenscharen der Gleichung* (1) *zusammenfallen oder nicht.*

Offenbar sind die Formen ds^2, ds^3 in der kanonischen Gestalt (4) reell, sobald die beiden Wurzeln der Gleichung (3) reell sind, andernfalls sind sie konjugiert-imaginär.

Sind die Wurzeln komplex, so lassen sich die Kovarianten (mod ds^1, ds^2, ds^3) auf die reelle kanonische Form

$$\Delta s^1 = 0, \quad \Delta s^2 = [ds^5 ds^6] + [ds^4 ds^7], \quad \Delta s^3 = [ds^5 ds^4] - [ds^6 ds^7] \tag{4''}$$

umschreiben, wobei die singulären Gleichungen

$$ds^2 + i ds^3 = 0, \quad ds^2 - i ds^3 = 0$$

bei den Transformationen

$$d\bar{s}^2 = \varrho(\cos\theta\, ds^2 - \sin\theta\, ds^3), \quad d\bar{s}^3 = \varrho(\sin\theta\, ds^2 + \cos\theta\, ds^3)$$

erhalten bleiben.

Bestimmung der Formen ds^a. Um eine explizite Darstellung der Formen ds^a im Fall (4) und (4′) zu bekommen, denken wir uns die Gleichung (1) nach r aufgelöst und in der Form

$$F(x, y, z, p, q, r, s, t) = r - \varphi(x, y, z, p, q, s, t) = 0 \tag{5}$$

geschrieben. Enthält (1) r nicht, wohl aber t, so spielt t die Rolle von r und y die von x. Wir lassen also zunächst den Fall der Gleichungen beiseite, die nur s enthalten. (Dann sind nämlich die Kovarianten $\Delta\sigma^2, \Delta\sigma^3$ bereits vom Rang 2 und die

---

[1]) É. CARTAN, Les systèmes de Pfaff à cinq variables et les équations aux dérivées partielles du second ordre, Ann. Sci. École Norm. Sup. (3) 27 (1910), S. 109.

Bestimmung der Formen ds^a bietet keine Schwierigkeiten.) In der nach r aufgelösten Gleichung (5) können wir die Ableitungen s, t als Variable u, v betrachten und die bilineare Kovariante der Formenkombination

$$d\sigma^2 + \lambda d\sigma^3 \tag{5'}$$

in der Gestalt

$$\varDelta\sigma^2 + \lambda\varDelta\sigma^3 + [d\sigma^3 d\lambda] = [(d\varphi + \lambda\, ds)dx] + [(ds + \lambda\, dt)dy] + [d\sigma^3 d\lambda]$$

schreiben. Dabei ist λ eine Funktion der Variablen des Systems (S). Die Form $d\varphi$ können wir speziell

$$d\varphi = \left(\frac{\partial\varphi}{\partial x}\right)dx + \left(\frac{\partial\varphi}{\partial y}\right)dy + \frac{\partial\varphi}{\partial z}\,ds^1 + \frac{\partial\varphi}{\partial p}\,d\sigma^2 + \frac{\partial\varphi}{\partial q}\,d\sigma^3 + \frac{\partial\varphi}{\partial s}\,ds + \frac{\partial\varphi}{\partial t}\,dt$$

schreiben, wobei wir die Abkürzungen

$$\left(\frac{\partial\varphi}{\partial x}\right) = \frac{\partial\varphi}{\partial x} + \frac{\partial\varphi}{\partial z}\,p + \frac{\partial\varphi}{\partial p}\,\varphi + \frac{\partial\varphi}{\partial q}\,s,$$

$$\left(\frac{\partial\varphi}{\partial y}\right) = \frac{\partial\varphi}{\partial y} + \frac{\partial\varphi}{\partial z}\,q + \frac{\partial\varphi}{\partial p}\,s + \frac{\partial\varphi}{\partial q}\,t$$

verwenden. Dann schreibt sich die bilineare Kovariante der Formenkombination (5′) unter Berücksichtigung des Systems (S)

$$\varDelta\sigma^2 + \lambda\varDelta\sigma^3 = \left[\left(\frac{\partial\varphi}{\partial y}\right)dy + \frac{\partial\varphi}{\partial s}\,ds + \frac{\partial\varphi}{\partial t}\,dt + \lambda\, ds,\ dx\right] + [(ds + \lambda dt)\, dy].$$

Offensichtlich ist aber diese Kovariante nur dann vom Rang 2, wenn die Koeffizienten von dx und dy proportional sind, d. h., wenn

$$\frac{\partial\varphi}{\partial s}\,ds + \frac{\partial\varphi}{\partial t}\,dt + \lambda\, ds = -\mu(ds + \lambda\, dt)$$

gilt mit einer weiteren Funktion μ der $x, y, \ldots, v$. Dann müssen also λ und μ die charakteristische Gleichung

$$\lambda^2 + \lambda\,\frac{\partial\varphi}{\partial s} - \frac{\partial\varphi}{\partial t} = 0$$

befriedigen. Sind λ_1, λ_2 zwei verschiedene reelle Wurzeln, so läßt sich die kanonische Gestalt (4) durch die folgenden Pfaffschen Formen erzielen:

$$\begin{aligned} &ds^2 = d\sigma^2 + \lambda_1 d\sigma^3, \quad && ds^3 = d\sigma^2 + \lambda_2 d\sigma^3, \\ &ds^5 = \lambda_2 dx - dy, && ds^6 = ds + \lambda_1 dt - \left(\frac{\partial\varphi}{\partial y}\right)dx, \\ &ds^4 = \lambda_1 dx - dy, && ds^7 = ds + \lambda_2 dt - \left(\frac{\partial\varphi}{\partial y}\right)dx. \end{aligned} \tag{5''}$$

Ist λ_1 eine Doppelwurzel der charakteristischen Gleichung, so bekommen wir

$$\varphi_s'^2 + 4\varphi_t' = 0, \quad \lambda_1 = -\frac{\varphi_s'}{2}$$

und die kanonische Form (4′), indem wir

$$ds^2 = d\sigma^2 + \lambda_1 d\sigma^3, \quad ds^3 = d\sigma^3,$$
$$ds^5 = -\lambda_1 dx + dy, \quad ds^6 = -ds - \lambda_1 dt + \left(\frac{\partial \varphi}{\partial y}\right) dx, \tag{6}$$
$$ds^4 = dx, \quad ds^7 = -dt$$

setzen, wie man leicht bestätigt.

Der Fall verschiedener charakteristischer Systeme. Gleichungen von Goursat. Gleichungen von Monge-Ampère. Wir können bemerken, daß die kanonische Form (4) die Formen ds^1, ds^2, ds^3 nicht vollständig bestimmt, sofern man sie einer Transformation der Gestalt

$$d\bar{s}^1 = \alpha ds^1, \quad d\bar{s}^2 = \beta ds^2 + a ds^1, \quad ds^3 = \gamma ds^3 + b ds^1 \tag{6′}$$

unterwerfen kann, worin $\alpha, \beta, \gamma, a, b$ Funktionen der $x, y, \ldots, u, v$ darstellen und insbesondere α, β, γ nicht verschwinden. Dieser Umstand zeigt, daß das System (S) im Fall verschiedener Charakteristikensysteme der Gleichung (1) zwei invariante Gleichungssysteme von je zwei Gleichungen enthält, nämlich

$$ds^1 = ds^2 = 0 \quad (S_1); \qquad ds^1 = ds^3 = 0 \quad (S_2).$$

Für die bilinearen Kovarianten des ersten dieser Systeme ergibt sich

$$\begin{aligned} \Delta s^1 &= [ds^3(\alpha_4 ds^4 + \alpha_5 ds^5 + \alpha_6 ds^6 + \alpha_7 ds^7)] \\ \Delta s^2 &= [ds^5 ds^6] + [ds^3(\beta_4 ds^4 + \beta_5 ds^5 + \beta_6 ds^6 + \beta_7 ds^7)] \end{aligned} \quad (\mathrm{mod}\; ds^1, ds^2),$$

wobei $\alpha_4, \ldots, \beta_7$ gewisse Funktionen von $x, y, \ldots, v$ bezeichnen. Nun betrachten wir die Fundamentalidentitäten

$$(abcd) = \frac{\partial w^a_{bc}}{\partial s^d} + \frac{\partial w^a_{cd}}{\partial s^b} + \frac{\partial w^a_{db}}{\partial s^c} + w^a_{bf} w^f_{cd} + w^a_{cf} w^f_{db} + w^a_{df} w^f_{bc} = 0$$

aus Kapitel I, Gleichungen (37), des ersten Bandes dieses Werkes. Nach (4) verschwinden alle

$$w^1_{bc}, \quad w^2_{bc}, \quad w^3_{bc}, \qquad b, c = 4, 5, 6, 7$$

bis auf w^2_{56}, w^3_{47}. Daher verschwinden in den Identitäten (1547) und (1647) alle Terme bis auf

$$w^1_{53} w^3_{47}, \quad w^1_{63} w^3_{47},$$

und daher müssen auch $w^1_{35} = \alpha_5$ und $w^1_{36} = \alpha_6$ verschwinden. Da man zu ds^5 und ds^6 Terme hinzufügen kann, die ds^3 enthalten, ohne damit die kanonische Form (4) zu verändern, können wir solche Terme benützen, um auch β_5 und β_6 zum Verschwinden zu bringen.

Nun kann

$$\alpha_4 \, ds^4 + \alpha_7 \, ds^7 \tag{6''}$$

nicht identisch verschwinden, da sonst $ds^1 = 0$ von der Klasse 3 wäre. Daher kann man $\alpha_4 = 1, \alpha_7 = 0$ erzielen, indem man nämlich die Form (6'') als neue Form ds^4 einführt. Nimmt man den Ausdruck $m\,ds^4 + n\,ds^7$ als neue Form ds^7, so bleibt die kanonische Form (4) erhalten, sofern $n\alpha_4 - m\alpha_7 = 1$ ist. Indem wir noch annehmen, daß wir die Funktion a in der Gruppe (4'') verwenden können, um w^2_{34} zum Verschwinden zu bringen, können wir die Kovarianten des Systems (S) in die kanonische Form

$$\begin{aligned} \varDelta s^1 &= [ds^3\, ds^4], \\ \varDelta s^2 &= [ds^5\, ds^6] + \mathrm{B}[ds^3\, ds^7], \end{aligned} \qquad (\mathrm{mod}\; ds^1, ds^2) \tag{7}$$

überführen, wobei B eine gewisse Funktion der Veränderlichen des Systems (S) bezeichnet. Indem wir jetzt die bilinearen Kovarianten des Systems (S_2) betrachten, bekommen wir

$$\begin{aligned} \varDelta s^1 &= [ds^2(\gamma_4\, ds^4 + \gamma_5\, ds^5 + \gamma_6\, ds^6 + \gamma_7\, ds^7)], \\ \varDelta s^3 &= [ds^4\, ds^7] + [ds^2(\lambda_4\, ds^4 + \lambda_5\, ds^5 + \lambda_6 ds^6 + \lambda_7 ds^7], \end{aligned} \qquad (\mathrm{mod}\; ds^1, ds^3).$$

Zieht man wiederum die Identitäten (1456) und (1756) heran, so folgt $\gamma_4 = \gamma_7 = 0$ und daher durch Hinzufügen passender Terme in ds^2 zu ds^4, ds^7 auch das Verschwinden von λ_4 und λ_7. So erhalten wir die Kovarianten schließlich in der kanonischen Gestalt

$$\begin{aligned} \varDelta s^1 &= [ds^2\, ds^5], \\ \varDelta s^2 &= [ds^4\, ds^7] + \mathrm{C}[ds^2\, ds^6], \end{aligned} \qquad (\mathrm{mod}\; ds^1, ds^3) \tag{7'}$$

mit einer weiteren Funktion C der Veränderlichen aus (S). Nun folgt aus dem Vergleich der beiden kanonischen Formen (7) und (7'), daß die Kovariante $\varDelta s^1$ (mod ds^1), die ja selbst eine Invariante unseres Problems ist, die Gestalt

$$\varDelta s^1 = [ds^3\, ds^4] + [ds^2\, ds^5] + M[ds^2\, ds^3] \qquad (\mathrm{mod}\; ds^1)$$

gewinnt. Wegen der Identität (2467) verschwindet w^5_{47}, und wegen der Identität (1247) verschwindet M. Daher gilt der

Satz. *Die bilinearen Kovarianten eines Systems* (S), *dessen Resolvente zu reellen verschiedenen Charakteristikensystemen Anlaß gibt, lassen sich auf die kanonische Gestalt*

$$\begin{aligned} \varDelta s^1 &= [ds^3\, ds^4] + [ds^2\, ds^5], && (\mathrm{mod}\; ds^1), \\ \varDelta s^2 &= [ds^5\, ds^6] + B[ds^3\, ds^7], && (\mathrm{mod}\; ds^1, ds^2), \\ \varDelta s^3 &= [ds^4\, ds^7] + C[ds^2\, ds^6], && (\mathrm{mod}\; ds^1, ds^3) \end{aligned} \tag{8}$$

bringen.

Um für die Koeffizienten B und C dieser kanonischen Ausdrücke eine Deutung zu bekommen, betrachten wir die zu (S) gehörigen singulären Systeme (Σ_1) und (Σ_2), die man erhält, wenn man zu (S) solche Gleichungen hinzufügt, welche die eine oder andere der Kovarianten Δs^2 oder Δs^3 zum Verschwinden bringt. Man erhält

$$\begin{aligned} ds^1 = ds^2 = ds^3 = ds^5 = ds^6 = 0 \quad (\Sigma_1), \\ ds^1 = ds^2 = ds^3 = ds^4 = ds^7 = 0 \quad (\Sigma_2). \end{aligned} \tag{8'}$$

Diese Systeme sind genau die charakteristischen Systeme, die zu (S) gehören. Ihre Integration hängt von der Lösung von fünf Gleichungen in sieben Veränderlichen ab. Berücksichtigt man nämlich die Gleichungen (5''), so läßt sich das erste dieser Systeme

$$dy = \lambda_2 dx, \quad dz = (p + \lambda_2 q) dx, \quad dp = (\varphi + \lambda_2 s) dx,$$

$$dq = (s + \lambda_2 t) dx, \quad ds = -\lambda_1 dt + \left(\frac{\partial \varphi}{\partial y}\right) dx$$

schreiben. Betrachtet man nämlich in diesem System t als eine beliebige Funktion von x, so bekommt man y, z, p, q, s als Funktionen von x; aus (5) erhalten wir ebenso r als Funktion von x durch Integration eines Systems von Differentialgleichungen. Nach den Fundamentalidentitäten (2547), (3456) und (3756) verschwinden w^6_{47}, w^7_{56} und w^4_{56}. Überdies gilt $w^5_{47} = 0$. Somit bekommt man für die ersten abgeleiteten Systeme (Σ_1') und (Σ_2') der charakteristischen Systeme (Σ_1) und (Σ_2):

$$ds^1 = ds^2 = ds^5 = ds^6 = 0 \quad (\Sigma_1'),$$
$$ds^1 = ds^3 = ds^4 = ds^7 = 0 \quad (\Sigma_2').$$

Dann ist das System (S_1) von der Klasse 6, wenn der Koeffizient B in der kanonischen Darstellung verschwindet. Dasselbe gilt für das charakteristische System (Σ_1), so daß die Integration des charakteristischen Systems (Σ_1) sich auf die Integration des Systems (Σ_1') von vier Pfaffschen Gleichungen in sechs Veränderlichen reduziert. So schreibt sich (Σ_1') in der Gestalt

$$dy = -u dx, \quad dq = b dx, \quad dz = (p - uq)\, dx, \quad dp = a dx,$$

wenn man (S_1) in der Gestalt

$$ds^1 = dz - p dx - q dy = 0, \quad ds^2 = dp - u dq - a dx - b dy = 0$$

schreibt, wobei die a und b nur von x, y, z, p, q und u abhängen. Dann genügt es, u als Funktion von x anzunehmen, um z, p, q, y als Funktionen von x aus einem gewöhnlichen Differentialsystem bestimmen zu können. Eine so bestimmte Integralkurve heißt eine *Charakteristik erster Ordnung*, da es genügt, längs einer solchen Kurve die Ableitungen erster Ordnung zu kennen. Je nachdem, ob nun die Koeffizienten B und C verschwinden oder nicht, können wir jetzt drei große Klassen partieller Differentialgleichungen zweiter Ordnung mit verschiedenen Charakteristikensystemen unterscheiden. Die erste dieser Klasse wird von den

Gleichungen gebildet, welchen zwei verschiedene Charakteristikenscharen zweiter Ordnung zukommen mit $B, C \neq 0$. In diesem Fall sind die beiden Systeme (S_1) und (S_2) von der Klasse 7; das ist offensichtlich der allgemeine Fall.

Die zweite Klasse entspricht dem Fall, daß eines der beiden Systeme (S_1) und (S_2) von der Klasse 6 ist, etwa (S_1), und das bedeutet, daß die erste Schar von Charakteristiken eine Schar erster Ordnung ist ($B = 0$), die andere jedoch eine solche zweiter Ordnung ($C \neq 0$). Die Gleichungen dieser Klasse heißen *Gleichungen von* Goursat.

Die dritte Klasse besteht aus Gleichungen, deren beide Charakteristikenscharen von erster Ordnung sind ($B = C = 0$). Das sind bekanntlich die Monge-Ampère*schen Differentialgleichungen.*

Es ist übrigens nicht schwierig, die Gleichungen (5″) so abzuändern, daß sie der kanonischen Gestalt (8) entsprechen und so explizite Werte für die Koeffizienten B, C zu erhalten.

Von vornherein steht nämlich fest, daß sich Δs^1 in der Gestalt

$$\Delta s^1 = [dp\,dx] + [dq\,dy] = [d\sigma^2\,dx] + [d\sigma^3\,dy]$$

schreiben läßt. Ersetzt man darin $d\sigma^2$, $d\sigma^3$ gemäß

$$d\sigma^2 = \frac{\lambda_2\,ds^2 - \lambda_1\,ds^3}{\lambda_2 - \lambda_1}, \quad d\sigma^3 = \frac{ds^2 - ds^3}{\lambda_1 - \lambda_2},$$

so ergibt sich

$$\Delta s^1 = \frac{[ds^3 ds^4]}{\lambda_1 - \lambda_2} + \frac{[ds^2 ds^5]}{\lambda_2 - \lambda_1}.$$

Dann genügt es, als neue Formen die folgenden

$$\begin{aligned} ds^4 &= \frac{\lambda_1 dx - dy}{\lambda_1 - \lambda_2}, \quad ds^7 = (\lambda_1 - \lambda_2)\left[ds + \lambda_2 dt - \left(\frac{\partial\varphi}{\partial y}\right)dx\right], \\ ds^5 &= \frac{\lambda_2 dx - dy}{\lambda_2 - \lambda_1}, \quad ds^6 = (\lambda_2 - \lambda_1)\left[ds + \lambda_1 dt - \left(\frac{\partial\varphi}{\partial y}\right)dx\right] \end{aligned} \tag{9}$$

einzuführen, um einerseits die kanonische Darstellung (2) zu erhalten und andererseits Δs^1 auf die kanonische Gestalt (8) zu bringen. Um jetzt die Kovariante Δs^2 (mod ds^1, ds^2) zu berechnen, hat man in der Kovarianten

$$\begin{aligned} \Delta s^2 &= \Delta\sigma^2 + \lambda_1 \Delta\sigma^3 + [d\sigma^3\,d\lambda_1] \\ &= [(d\varphi + \lambda_1 ds)dx] + [(ds + \lambda_1 dt)\,dy] + [d\sigma^3\,d\lambda_1] \end{aligned}$$

den ds^3 enthaltenden Term in Evidenz zu setzen und bekommt (mod ds^1, ds^2)

$$\begin{aligned} \Delta s^2 = [ds^5\,ds^6] &+ \frac{1}{\lambda_1 - \lambda_2}\left(\frac{\partial\varphi}{\partial q} - \lambda_1\,\frac{\partial\varphi}{\partial p}\right)[ds^3(ds^4 + ds^5)] \\ &+ \frac{1}{\lambda_2 - \lambda_1}\left[ds^3\left(\frac{\partial\lambda_1}{\partial s^4}\,ds^4 + \frac{\partial\lambda_1}{\partial s^5}\,ds^5 + \frac{\partial\lambda_1}{\partial s^6}\,ds^6 + \frac{\partial\lambda_1}{\partial s^7}\,ds^7\right)\right], \ (\text{mod } ds^1, ds^2). \end{aligned}$$

Führt man als neue Formen die folgenden

$$d\bar{s}^2 = ds^2 - \frac{1}{\lambda_2 - \lambda_1}\left(\frac{\partial \lambda_1}{\partial s^4} + \frac{\partial \varphi}{\partial q} - \lambda_1 \frac{\partial \varphi}{\partial p}\right) ds^1,$$

$$d\bar{s}^5 = ds^5 + \frac{1}{\lambda_2 - \lambda_1}\left(\frac{\partial \lambda_1}{\partial s^6} + \frac{\partial \varphi}{\partial q} - \lambda_1 \frac{\partial \varphi}{\partial p}\right) ds^3,$$

$$d\bar{s}^6 = ds^6 - \frac{1}{\lambda_2 - \lambda_1}\frac{\partial \lambda_1}{\partial s^5} ds^3$$

ein, so kann

$$\Delta \bar{s}^2 = [d\bar{s}^5\, d\bar{s}^6] + \frac{1}{\lambda_2 - \lambda_1}\frac{\partial \lambda_1}{\partial s^7}[ds^3\, ds^7] \qquad (\mathrm{mod}\; ds^1, ds^2)$$

geschrieben werden, und B ist also durch

$$B = \frac{1}{\lambda_2 - \lambda_1}\frac{\partial \lambda_1}{\partial s^7}$$

gegeben. Berücksichtigt man die Gleichungen (9), so bekommt man für ds, dt

$$ds = \left(\frac{\partial \varphi}{\partial y}\right) dx + \frac{\lambda_2 ds^6 + \lambda_1 ds^7}{(\lambda_2 - \lambda_1)^2}, \qquad dt = -\frac{ds^6 + ds^7}{(\lambda_2 - \lambda_1)^2},$$

und B erhält damit den Ausdruck

$$B = \frac{1}{(\lambda_2 - \lambda_1)^3}\left(\lambda_1 \frac{\partial \lambda_1}{\partial s} - \frac{\partial \lambda_1}{\partial t}\right).$$

Genau so kann man als neue Formen ds^1, ds^2, ds^3 die Formen

$$d\bar{s}^3 = ds^3 - \frac{1}{\lambda_1 - \lambda_2}\left(\frac{\partial \lambda_2}{\partial s^5} + \frac{\partial \varphi}{\partial q} - \lambda_2 \frac{\partial \varphi}{\partial p}\right) ds^1,$$

$$d\bar{s}^4 = ds^4 + \frac{1}{\lambda_1 - \lambda_2}\left(\frac{\partial \lambda_2}{\partial s^7} + \frac{\partial \varphi}{\partial q} - \lambda_2 \frac{\partial \varphi}{\partial p}\right) ds^2, \quad d\bar{s}^7 = ds^7 - \frac{1}{\lambda_1 - \lambda_2}\frac{\partial \lambda_2}{\partial s^4} ds^2$$

wählen und erhält für $\Delta \bar{s}^3$ den Ausdruck

$$\Delta \bar{s}^3 = [d\bar{s}^4 d\bar{s}^7] + \frac{1}{\lambda_1 - \lambda_2}\frac{\partial \lambda_2}{\partial s^6}[ds^2\, ds^6].$$

Dann ist also C durch

$$C = \frac{1}{\lambda_1 - \lambda_2}\frac{\partial \lambda_2}{\partial s^6} = \frac{1}{(\lambda_1 - \lambda_2)^3}\left(\lambda_2 \frac{\partial \lambda_2}{\partial s} - \frac{\partial \lambda_2}{\partial t}\right)$$

gegeben. Das Verschwinden eines oder beider dieser Koeffizienten hängt also lediglich von der Funktion φ der Argumente s und t ab. Insbesondere ergibt sich für $B = C = 0$ eine MONGE-AMPÈREsche Differentialgleichung, denn aus $B + C = 0$ und $B - C = 0$ folgt

$$\frac{\partial}{\partial s}\left(\frac{\lambda_1^2 + \lambda_2^2}{2}\right) = \frac{\partial}{\partial t}(\lambda_1 + \lambda_2), \qquad \frac{\partial}{\partial s}\left(\frac{\lambda_1^2 - \lambda_2^2}{2}\right) = \frac{\partial}{\partial t}(\lambda_1 - \lambda_2).$$

Die erste dieser Bedingungen zeigt, daß der die charakteristische Gleichung repräsentierende Ausdruck $\varphi_s'^2 + 4\varphi_t'$ von der Variablen s nicht abhängt, derart daß, wenn man

$$\varphi_s'^2 + 4\varphi_t' = e^{2a} \tag{9'}$$

setzt ($a = a(t)$), die zweite Bedingung auf

$$\varphi = -a' s^2 + bs + c$$

führt, wobei a' die Ableitung der Funktion a nach t bedeutet und b, c wiederum Funktionen von t allein sind. Führt man diesen Ausdruck für φ in (9′) ein, so ergeben sich für die Funktionen a, b, c die folgenden Werte

$$e^a = \frac{2\beta}{t + \alpha}, \qquad b = \frac{2\gamma}{t + \alpha}, \qquad c = \frac{\gamma^2 - \beta^2}{t + \alpha} + \delta,$$

wenn a wirklich von t abhängt. Dabei sind die $\alpha, \beta, \gamma, \delta$ beliebige Funktionen von x, y, z, p, q, und die Gleichung (1) erhält die Gestalt

$$rt - s^2 + \alpha r - 2\gamma s - \delta t - \gamma^2 + \beta^2 - \alpha\delta = 0$$

der allgemeinen MONGE-AMPÈREschen Differentialgleichung. Wenn a von t unabhängig ist, so gilt dasselbe auch für b. Für c ergibt sich dann der Ausdruck $c = (e^{2a} - b^2)t + \delta$, und die Gleichung ist dann linear in r, s, t und daher auch eine spezielle MONGE-AMPÈREsche Gleichung.

Damit eine der Größen B, C verschwindet, muß φ der Gleichung

$$\varphi_t'^2 \varphi_{s^2}''^2 + \varphi_{t^2}''^2 + \varphi_s'^2 \varphi_{s^2}'' \varphi_{t^2}'' + 2\varphi_t' \varphi_{s^2}'' \varphi_{t^2}'' + 2\varphi_s' \varphi_{st}'' \varphi_{t^2}'' - 2\varphi_s' \varphi_t' \varphi_{s^2}'' \varphi_{st}'' - 4\varphi_t' \varphi_{st}'' = 0$$

genügen.

Der Fall zusammenfallender Charakteristikensysteme. Wir betrachten jetzt die kanonische Darstellung (4′), welche, wie wir gesehen haben, dem Fall entspricht, daß die beiden Charakteristikensysteme der Resolventengleichung zusammenfallen. Diese kanonische Darstellung setzt das aus zwei Gleichungen bestehende invariante System

$$ds^1 = ds^2 = 0 \qquad (S_1)$$

in Evidenz. Entsprechend ergeben sich für die bilinearen Kovarianten dieses Systems

$$\begin{aligned}\varDelta s^1 &= [ds^3(\alpha_4\, ds^4 + \alpha_5\, ds^5 + \alpha_6\, ds^6 + \alpha_7\, ds^7)],\\ \varDelta s^2 &= [ds^5\, ds^6] + [ds^3(\beta_4\, ds^4 + \beta_5\, ds^5 + \beta_6\, ds^6 + \beta_7\, ds^7)],\end{aligned} \qquad (\mathrm{mod}\ ds^1,\ ds^2),$$

und von den Fundamentalidentitäten (1457), (1467) und (2467) erhalten wir $\alpha_4 = \alpha_7 = \beta_7 = 0$. Führt man dann $\alpha_5 ds^5 + \alpha_6 ds^6$ als neue Form ds^5 ein und fügt zu ds^5, ds^6 geeignete Terme in ds^3 hinzu, so kann man schließlich die Kovarianten in der Gestalt

$$\begin{aligned}\varDelta s^1 &= [ds^3 ds^5],\\ \varDelta s^2 &= [ds^5\, ds^6] + A\,[ds^3\, ds^4],\end{aligned} \qquad (\mathrm{mod}\ ds^1,\ ds^2)$$

schreiben. Das System (S_1) ist also von der Klasse 6 oder 5, je nachdem ob der Koeffizient A verschwindet oder nicht. Als einziges charakteristisches System ergibt sich in diesem Fall

$$ds^1 = ds^2 = ds^3 = ds^5 = ds^6 = 0 \qquad (\Sigma_1),$$

welches vollständig integrabel ist, je nachdem ob (S_1) von der Klasse 5 oder 6 ist. Denn die bilinearen Kovarianten des Systems (Σ_1) sind

$$\varDelta s^1 = \varDelta s^2 = \varDelta s^3 = 0, \quad \varDelta s^5 = w^5_{47}[ds^4\, ds^7], \quad \varDelta s^6 = w^6_{47}[ds^4\, ds^7] \quad (\mathrm{mod}\ \Sigma_1),$$

und aus den Identitäten (1756), (1347), (2547) und (1456) folgt

$$w^1_{72} = 0, \quad w^5_{47} = 0, \quad w^6_{47} + A = 0, \quad w^1_{24} = 1.$$

Daher ist (Σ_1) vollständig integrabel, wenn $A = 0$ ist. Die Gleichungen (1) mit zusammenfallenden Charakteristikensystemen können daher in zwei Klassen eingeteilt werden, je nachdem ob A verschwindet oder nicht. Für $A \neq 0$ ist das System (S_1) von der Klasse 6, für $A = 0$ ist (S_1) von der Klasse 5, und das System der Charakteristiken ergibt sich durch Integration eines vollständig integrablen Pfaffschen Systems von fünf Gleichungen.[2]) Daher besteht der

Satz. *Die bilinearen Kovarianten eines* Pfaff*schen Systems* (S), *dessen Resolvente zusammenfallende Charakteristikensysteme entsprechen, können auf die kanonische Gestalt:*

$$\begin{aligned}\varDelta s^1 &= [ds^3\, ds^5] + [ds^2\, ds^4] && (\mathrm{mod}\ ds^1),\\ \varDelta s^2 &= [ds^5\, ds^6] + A\,[ds^3\, ds^4] && (\mathrm{mod}\ ds^1,\ ds^2),\\ \varDelta s^3 &= [ds^4\, ds^6] + [ds^5\, ds^7] && (\mathrm{mod}\ ds^1,\ ds^2,\ ds^3)\end{aligned} \qquad (10)$$

reduziert werden.

[2]) Vgl. Fußnote auf S. 237.

Diese kanonische Darstellung (10) stellt sich ein, wenn wir in den Gleichungen (6) die Formen ds^5, ds^6 gemäß

$$d\bar{s}^5 = ds^5 - \frac{\partial \lambda_1}{\partial s^5} ds^3, \quad d\bar{s}^6 = ds^6 + \frac{\partial \lambda_1}{\partial s^5} ds^3$$

abändern. Was den Koeffizienten A anbetrifft, so ist dieser durch

$$A = \varphi'_q - \lambda_1 \varphi'_p + \frac{\partial \lambda_1}{\partial s^4}$$

gegeben. Da der Operator $\frac{\partial}{\partial s^4}$ durch

$$\frac{\partial}{\partial s^4} = \frac{\partial}{\partial x} + \lambda_1 \frac{\partial}{\partial y} + (p + \lambda_1 q) \frac{\partial}{\partial z} + (\varphi + \lambda_1 s) \frac{\partial}{\partial p} + (s + \lambda_1 t) \frac{\partial}{\partial q} + \left(\frac{\partial \varphi}{\partial y}\right) \frac{\partial}{\partial s}$$

gegeben ist, gewinnen wir für A den Ausdruck

$$A = \frac{3}{2}\left(\varphi'_q + \frac{1}{2}\varphi'_s \varphi'_p\right) - \frac{1}{2}\frac{\partial}{\partial s}\left(\frac{\partial \varphi}{\partial x}\right) + \frac{\varphi'_s}{2}\frac{\partial}{\partial s}\left(\frac{\partial \varphi}{\partial y}\right) - \frac{\varphi'_s}{2}\left(\frac{\partial \varphi}{\partial y}\right).$$

Damit ergibt sich, daß das charakteristische System der Gleichungen (6) mit zusammenfallenden Charakteristikenscharen vollständig integrabel ist, je nachdem ob A verschwindet oder nicht. Es gibt also zwei Klassen partieller Differentialgleichungen zweiter Ordnung mit zusammenfallenden Scharen von Charakteristiken. Die Invarianten dieser Gleichungen mit zusammenfallenden Scharen von Charakteristiken sind bereits von É. Cartan untersucht worden.[3])

§ 2 Gleichungen mit zwei verschiedenen Charakteristikensystemen zweiter Ordnung

Wir zeigen jetzt, wie man einer Gleichung (1) von reellen verschiedenen Charakteristikenscharen zweiter Ordnung einen affinen Zusammenhang zuordnen kann. Anders ausgedrückt, wollen wir zeigen, wie man dem System (S) von der kanonischen Gestalt (8) mit $B \neq 0$ und $C \neq 0$ eine separable Gruppe von Kongruenztransformationen zuordnen kann. Zu diesem Zweck betrachten wir die bilinearen Kovarianten der abgeleiteten Systeme (Σ'_1) und (Σ'_2) der charakteristischen Systeme (Σ_1) und (Σ_2) (vgl. S. 241). Für (Σ'_1) ergibt sich

$$\begin{aligned} \Delta s^1 &= [ds^3 ds^4], \\ \Delta s^2 &= B[ds^3 ds^7], \\ \Delta s^5 &= w^5_{34}[ds^3 ds^4] + w^5_{37}[ds^3 ds^7], \\ \Delta s^6 &= w^6_{34}[ds^3 ds^4] + w^6_{37}[ds^3 ds^7], \end{aligned} \qquad (\mathrm{mod}\ ds^1, ds^2, ds^5, ds^6)$$

[3]) Vgl. Fußnote auf S. 237.

und für (Σ_2')

$$\begin{aligned} \Delta s^1 &= [ds^2 ds^5], \\ \Delta s^3 &= C[ds^3 ds^6], \\ \Delta s^4 &= w^4_{25}[ds^2 ds^5] + w^4_{26}[ds^2 ds^6], \\ \Delta s^7 &= w^7_{25}[ds^2 ds^5] + w^7_{26}[ds^2 ds^6], \end{aligned} \qquad (\text{mod } ds^1, ds^3, ds^4, ds^7).$$

Da der Sachverhalt vorliegt, daß man zu ds^5, ds^6 Terme in ds^1 und ds^2 hinzufügen kann, ohne die kanonische Darstellung (8) zu verändern, können wir uns solcher Terme bedienen, um die Koeffizienten

$$w^5_{34},\ w^5_{37},\ w^6_{34},\ w^6_{37},\ w^4_{25},\ w^4_{26},\ w^7_{25},\ w^7_{26}$$

zum Verschwinden zu bringen. Dann kann man es so einrichten, daß die zweiten abgeleiteten Systeme (Σ_1'') und (Σ_2'') der charakteristischen Systeme durch

$$ds^5 = ds^6 = 0, \qquad (\Sigma_1'')$$

$$ds^4 = ds^7 = 0, \qquad (\Sigma_2'')$$

gegeben sind. Ferner läßt sich die Transformationsgruppe der Formen $ds^1, ds^2, \ldots, ds^7$, welche einerseits die kanonische Darstellung (8) und andererseits die Systeme (Σ_1'') und (Σ_2'') erhält,

$$\begin{aligned} &d\bar{s}^1 = \alpha ds^1, \quad d\bar{s}^2 = \beta(ds^2 + a ds^1), \quad d\bar{s}^3 = \gamma(ds^3 + b ds^1), \\ &d\bar{s}^5 = \mu ds^5, \quad d\bar{s}^6 = \nu ds^6 + c ds^5, \\ &d\bar{s}^4 = \lambda ds^4, \quad d\bar{s}^7 = \varrho ds^7 + f ds^4 \end{aligned}$$

schreiben, wobei die $\alpha, \beta, \gamma, \lambda, \mu, \nu, \varrho, a, b, c, f$ durch die Gleichungen

$$\alpha = \gamma\lambda = \beta\mu, \quad \beta = \mu\nu, \quad \gamma = \lambda\varrho,$$

$$\gamma f \bar{B} = \beta a, \quad \beta c \bar{C} = b\gamma, \quad \bar{B}\gamma\varrho = B\beta, \quad \bar{C}\beta\nu = C\gamma$$

verbunden sind. Den ersten von ihnen kann man z. B. durch den Ansatz

$$\alpha = \lambda^2\varrho, \quad \beta = \frac{\lambda^2}{\mu}\varrho, \quad \gamma = \lambda\varrho, \quad \nu = \frac{\lambda^2}{\mu^2}\varrho$$

genügen, und unsere Gruppe hängt so von 5 Funktionen $\lambda, \mu, \varrho, a, b$ ab. Hinsichtlich dieser Gruppe transformieren sich die Koeffizienten B, C gemäß

$$\bar{B}\frac{\mu}{\lambda}\varrho = B, \quad \bar{C}\frac{\lambda^3}{\mu^3}\varrho = C$$

und stellen also relative Invarianten dieser Gruppe dar. Da

$$\overline{B}^3\overline{C}\varrho^4 = B^3 C$$

ist, hat B^3C und damit auch BC stets das gleiche Vorzeichen, und man muß also zwei Fälle unterscheiden, je nachdem B und C von gleichem Vorzeichen sind oder nicht. Im ersten Fall können wir $B = C = 1$ und im zweiten $B = -C = 1$ erreichen, und ϱ ist daher eine Lösung der Gleichung

$$\varrho^4 = \pm B^3 C.$$

Ist dann ϱ_1 eine reelle Lösung dieser binomischen Gleichung, so kann man als Werte der andern Koeffizienten

$$\lambda = 1, \quad \alpha = \varrho_1, \quad \mu = \frac{B}{\varrho_1}, \quad \beta = \frac{\varrho_1^2}{B}, \quad \gamma = \varrho_1, \quad \nu = \frac{\varrho_1^3}{B^2}$$

ansetzen und daher lediglich mit Verwendung einer einzigen Irrationalität $\sqrt[4]{\pm B^3C}$ in den Formen $ds^1, \ldots, ds^7$ die Kovarianten des Systems (S) auf die kanonische Gestalt

$$\begin{aligned}
\Delta s^1 &= [ds^3 ds^4] + [ds^2 ds^5] && (\mathrm{mod}\ ds^1),\\
\Delta s^2 &= [ds^5 ds^6] + [ds^3 ds^7] && (\mathrm{mod}\ ds^1, ds^2),\\
\Delta s^3 &= [ds^4 ds^7] + \varepsilon[ds^2 ds^6] && (\mathrm{mod}\ ds^1, ds^3),\\
\Delta s^5 &= \Delta s^6 = 0 && (\mathrm{mod}\ ds^1, ds^2, ds^5, ds^6),\\
\Delta s^4 &= \Delta s^7 = 0 && (\mathrm{mod}\ ds^1, ds^3, ds^4, ds^7)
\end{aligned} \tag{11}$$

bringen mit $\varepsilon = \pm 1$. Die Gruppe, welche diese kanonische Darstellung erhält, ist dann durch die Gleichungen

$$\begin{aligned}
&d\bar{s}^1 = \lambda^2 ds^1, \quad d\bar{s}^2 = \lambda ds^2 + \lambda a ds^1, \quad d\bar{s}^3 = \lambda ds^3 + \lambda b ds^1,\\
&d\bar{s}^5 = \lambda ds^5, \quad d\bar{s}^6 = ds^6 + \varepsilon b ds^5,\\
&d\bar{s}^4 = \lambda ds^4, \quad d\bar{s}^7 = ds^7 + a ds^4
\end{aligned} \tag{12}$$

gegeben und enthält nur drei willkürliche Funktionen λ, a, b. Sie ist offenbar separabel, denn sie läßt die drei komplementären Systeme

$$\begin{aligned}
ds^1 &= ds^2 = ds^3 = 0, && (\mathrm{S})\\
ds^5 &= ds^6 = 0, && (\Sigma_1'')\\
ds^4 &= ds^7 = 0 && (\Sigma_2'')
\end{aligned}$$

ungeändert. Da jede dieser Funktionen λ, a, b der Gruppe in die Transformationen von mindestens zwei dieser Systeme eingeht, ergibt sich (vgl. S. 145), daß die Gruppe vollständig geometrisierbar ist oder daß sich ihr ein vollständiger affiner

Zusammenhang zuordnen läßt. Überdies folgen aus den Identitäten (1264) und (1357) die Beziehungen $w^5_{64} = \varepsilon$, $w^4_{75} = 1$ und daß $w^6_{67} = m$, $w^7_{67} = n$ absolute Invarianten der Gruppe (12) sind. Wir haben auch die Relationen

$$\overline{w}^6_{64} + ma = w^6_{64} + b, \qquad \overline{w}^7_{75} - n\varepsilon b = w^7_{75} + a, \tag{12'}$$

so daß man die Funktionen a und b dazu verwenden kann, um w^6_{64} und w^7_{75} zum Verschwinden zu bringen, wenn $mn + \varepsilon \neq 0$ ist. Die Funktionen a und b der Gruppe, welche diesen Sachverhalt ungeändert läßt, müssen verschwinden, wenn $nm + \varepsilon \neq 0$ gilt. Auf diese Weise können wir die Gruppe (12) in der Gestalt

$$\begin{aligned} &d\bar{s}^1 = \lambda^2 ds^1, \quad d\bar{s}^2 = \lambda ds^2 + \lambda a ds^1, \quad d\bar{s}^3 = \lambda ds^3 + \lambda m a ds^1, \\ &d\bar{s}^4 = \lambda ds^4, \quad d\bar{s}^6 = ds^6 + \varepsilon m a ds^5, \\ &d\bar{s}^5 = \lambda ds^5, \quad d\bar{s}^7 = ds^7 + a ds^4, \quad a(\varepsilon + mn) = 0 \end{aligned} \tag{13}$$

schreiben. Sie hängt also stets höchstens von zwei willkürlichen Funktionen a und λ ab. Demnach bekommen wir den folgenden

Satz.[4]) *Liegt eine Gleichung* (1) *mit verschiedenen reellen Charakteristikenscharen zweiter Ordnung vor, so kann man ihr einen affinzusammenhängenden Raum* A_7 *zuordnen, dessen Automorphismengruppe maximal* 9 *Parameter enthält.*

Die Struktur der bilinearen Kovarianten. Was die Struktur der bilinearen Kovarianten der 7 Pfaffschen Formen ds^a angeht, so bemerkt man zunächst, daß die $\Delta s^1, \Delta s^2, \Delta s^3$

$$\begin{aligned} \Delta s^1 &= [ds^3 ds^4] + [ds^2 ds^5] + w^1_{1\alpha}[ds^1 ds^\alpha], \\ \Delta s^2 &= [ds^5 ds^6] + [ds^3 ds^7] + w^2_{13}[ds^1 ds^3] + w^2_{14}[ds^1 ds^4] + w^2_{15}[ds^1 ds^5] \\ &\qquad + w^2_{16}[ds^1 ds^6] + w^2_{17}[ds^1 ds^7] + w^2_{2\alpha}[ds^2 ds^\alpha], \\ \Delta s^3 &= [ds^4 ds^7] + \varepsilon[ds^2 ds^6] + w^3_{12}[ds^1 ds^2] + w^3_{14}[ds^1 ds^4] + w^3_{15}[ds^1 ds^5] \\ &\qquad + w^3_{16}[ds^1 ds^6] + w^3_{17}[ds^1 ds^7] + w^3_{3\alpha}[ds^3 ds^\alpha] \end{aligned} \tag{14}$$

geschrieben werden können. Mit Rücksicht auf die Fundamentalgleichungen (1372), (1376), (1263), (1267), (4625), (7625), (5734), (6734), (5637) erhalten wir nach S. 240 die Beziehungen

$$\begin{aligned} &w^4_{72} = w^4_{76} = w^5_{63} = w^5_{67} = 0, \quad w^6_{17} = w^6_{24}, \\ &\varepsilon w^4_{35} = w^4_{16}, \quad \varepsilon w^7_{35} = w^7_{16}, \quad w^5_{17} = w^5_{24}, \quad w^5_{26} = \varepsilon w^4_{37}. \end{aligned}$$

---

[4]) G. Vranceanu, La géométrisation des équations aux dérivées partielles du second ordre, J. Math. 1937, S. 367.

Daher können wir die Kovarianten $\Delta s^4, \Delta s^5, \Delta s^6, \Delta s^7$ in die Gestalt

$$\begin{aligned}
\Delta s^4 = &-[ds^5 ds^7] + w^4_{12}[ds^1 ds^2] + w^4_{13}[ds^1 ds^3] + w^4_{15}[ds_1 ds^5] \\
&+ A[ds^3 ds^6] + B[ds^3 ds^7] + w^4_{16}([ds^1 ds^6] + \varepsilon[ds^3 ds^5]) \\
&+ w^4_{17}[ds^1 ds^7] + w^4_{23}[ds^2 ds^3] + w^4_{4\alpha}[ds^4 ds^\alpha], \\
\Delta s^5 = &-\varepsilon[ds^4 ds^6] + w^5_{12}[ds^1 ds^2] + w^5_{13}[ds^1 ds^3] + w^5_{14}[ds^1 ds^4] \\
&+ w^5_{16}[ds^1 ds^6] + \varepsilon B[ds^2 ds^6] + w^5_{17}([ds^1 ds^7] + [ds^2 ds^4]) \\
&+ C[ds^2 ds^7] + w^5_{23}[ds^2 ds^3] + w^5_{5\alpha}[ds^5 ds^\alpha], \\
\Delta s^6 = &\; m[ds^6 ds^7] + w^6_{12}[ds^1 ds^2] + w^6_{13}[ds^1 ds^3] + w^6_{14}[ds^1 ds^4] \\
&+ w^6_{17}([ds^1 ds^7] + [ds^2 ds^4]) + w^6_{23}[ds^2 ds^3] + w^6_{27}[ds^2 ds^7] \\
&+ w^6_{61}[ds^6 ds^1] + w^6_{62}[ds^6 ds^2] + w^6_{63}[ds^6 ds^3] + w^6_{5\alpha}[ds^5 ds^\alpha], \\
\Delta s^7 = &\; n[ds^6 ds^7] + w^7_{12}[ds^1 ds^2] + w^7_{13}[ds^1 ds^3] + w^7_{15}[ds^1 ds^5] \\
&+ w^7_{16}([ds^1 ds^6] + \varepsilon[ds^3 ds^5]) + w^7_{23}[ds^2 ds^3] + w^7_{36}[ds^3 ds^6] \\
&+ w^7_{71}[ds^7 ds^1] + w^7_{72}[ds^7 ds^2] + w^7_{73}[ds^7 ds^3] + w^7_{75}[ds^7 ds^5] \\
&+ w^7_{4\alpha}[ds^4 ds^\alpha]
\end{aligned} \tag{14'}$$

bringen. Offensichtlich sind die Koeffizienten der Gleichungen (14), (14′) nicht alle unabhängig, da sie auch noch den übrigen Fundamentalidentitäten genügen müssen. Desgleichen gilt $w^7_{75} = 0$, wenn $mn + \varepsilon \neq 0$ ist. Man bestätigt die Größen

$$A = w^4_{36}, \quad B = w^4_{37} = \varepsilon w^5_{26}, \quad C = w^5_{27}, \quad m = w^6_{67}, \quad n = w^7_{67}$$

leicht als absolute Invarianten in bezug auf die Gruppe (13). Was die anderen Koeffizienten in (14) und (14′) anbetrifft, so führen deren Transformationsgesetze auf endliche Beziehungen in a und λ abgesehen von den Koeffizienten $w^1_{1\alpha}, w^2_{1\alpha}, w^2_{2\alpha}, w^3_{1\alpha}, w^3_{3\alpha}, w^4_{4\alpha}, w^5_{5\alpha}, w^6_{5\alpha}, w^7_{4\alpha}$, welche in ihren Transformationsgesetzen Ableitungen von λ und a enthalten. Um die endlichen Beziehungen zu bekommen, werden wir beachten, daß wir bei der Gruppe (13)

$$\begin{aligned}
&\Delta \bar{s}^4 = \lambda \Delta s^4, \quad \Delta \bar{s}^7 = \Delta s^7 + a \Delta s^4 \qquad (\mathrm{mod}\; ds^4), \\
&\Delta \bar{s}^5 = \lambda \Delta s^5, \quad \Delta \bar{s}^6 = \Delta s^6 + \varepsilon m a \Delta s^5 \qquad (\mathrm{mod}\; ds^5)
\end{aligned} \tag{15}$$

haben. Daher bestehen für die Koeffizienten von $\Delta s^4 \; (\mathrm{mod}\; ds^4)$ die Transformationsformeln

$$\begin{aligned}
&\overline{w}^4_{12}\lambda - \lambda \overline{w}^4_{23} m a = w^4_{12}, \qquad && \overline{w}^4_{13}\lambda^2 + \overline{w}^4_{23}\lambda a = w^4_{13}, \\
&\overline{w}^4_{23}\lambda = w^4_{23}, && \overline{w}^4_{15}\lambda^2 + A m a^2 + 2\overline{w}^4_{16}\lambda \varepsilon m a = w^4_{15}, \\
&\overline{w}^4_{16}\lambda + A m a = w^4_{16}, && \overline{w}^4_{17}\lambda + B m a = w^4_{17},
\end{aligned}$$

und analoge Formeln ergeben sich für Δs^5 (mod ds^5) durch Vertauschen a mit ma und der Indizes 2, 4, 6 mit 3, 5, 7 beziehungsweise und umgekehrt. Ebenso führt die Kovariante Δs^6 auf

$$\begin{aligned}
&\lambda^3 \overline{w}^6_{12} - \overline{w}^6_{23} \lambda^2 \varepsilon m a = w^6_{12} + w^5_{12} \varepsilon m a, \\
&\lambda^3 \overline{w}^6_{13} + \overline{w}^6_{23} \lambda^2 a = w^6_{13} + w^5_{13} \varepsilon m a, \\
&\lambda^3 \overline{w}^6_{14} + 2 \overline{w}^6_{17} \lambda^2 a + \overline{w}^6_{27} \lambda a^2 = w^6_{14} + w^5_{14} \varepsilon m a, \\
&\lambda^2 \overline{w}^6_{17} + \overline{w}^6_{27} \lambda a = w^6_{17} + w^5_{17} \varepsilon m a, \\
&\lambda^2 \overline{w}^6_{23} = w^6_{23} + w^5_{23} \varepsilon m a, \quad \lambda \overline{w}^6_{63} = w^6_{63}, \\
&\lambda \overline{w}^6_{27} = w^6_{27} + C \varepsilon m a, \quad \lambda \overline{w}^6_{62} = w^6_{62} - B m a, \\
&\lambda^2 \overline{w}^6_{61} + \overline{w}^6_{62} \lambda a + \overline{w}^6_{63} \lambda \varepsilon m a = w^6_{61} + \varepsilon w^5_{61} m a,
\end{aligned} \tag{15'}$$

und analoge Formeln ergeben sich für Δs^7, denen man $\lambda \overline{w}^7_{75} = w^7_{75}$ hinzuzufügen hat. Man sieht, daß die Formeln (15) und (15') von der Gestalt

$$\overline{M} \lambda^k = M, \qquad \overline{N} \lambda^l = N - P a \lambda^p, \qquad \overline{P} \lambda^r = P \tag{15''}$$

mit ganzzahligen k, l, p, r sind. Wir sprechen von einer Größe wie M oder P, deren Transformationsgesetz nur λ enthält, als von einer relativen Invarianten, wenn $k \neq 0$ ist, andernfalls von einer absoluten Invarianten. Wenn eine dieser relativen Invarianten nicht verschwindet, etwa w^4_{23}, so können wir $\overline{w}^4_{23}$ auf die Einheit und $\overline{w}^4_{13}$ auf Null reduzieren, und für die Gruppe (13), welche diese Werte festläßt, gilt dann notwendig $\lambda = 1$, $a = 0$. Hat man mit anderen Worten eine Gleichung vorliegen ähnlich der zweiten aus (15''), so kann man N mit Hilfe der Funktion a auf Null reduzieren und daher λ auf die Einheit bringen, wenn P eine relative Invariante ist.

Man stellt auch fest, daß, sobald eine der absoluten Invarianten A, B, C nicht verschwindet, etwa $A \neq 0$, man $\overline{w}^4_{16}$ auf Null reduzieren kann. Für die Gruppe (13), die diesen Sachverhalt bestehen läßt, gilt dann notwendig $a = 0$. Wir können so auch a auf Null reduzieren, es sei denn daß

$$A = B = C = \varepsilon + mn = 0$$

besteht. Desgleichen bekommen wir

$$\begin{aligned}
&\lambda^2 \frac{\partial \overline{I}}{\partial \overline{s}^1} + \frac{\partial \overline{I}}{\partial \overline{s}^2} \lambda a + \frac{\partial \overline{I}}{\partial \overline{s}^3} \lambda m a = \frac{\partial I}{\partial s^1}, \\
&\lambda \frac{\partial \overline{I}}{\partial \overline{s}^2} = \frac{\partial I}{\partial s^2}, \qquad \lambda \frac{\partial \overline{I}}{\partial \overline{s}^3} = \frac{\partial I}{\partial s^3}, \\
&\lambda \frac{\partial \overline{I}}{\partial \overline{s}^4} + \frac{\partial \overline{I}}{\partial \overline{s}^7} a = \frac{\partial I}{\partial s^4}, \qquad \lambda \frac{\partial \overline{I}}{\partial \overline{s}^5} + \frac{\partial \overline{I}}{\partial \overline{s}^6} \varepsilon m a = \frac{\partial I}{\partial s^5}, \\
&\frac{\partial \overline{I}}{\partial \overline{s}^6} = \frac{\partial I}{\partial s^6}, \qquad \frac{\partial \overline{I}}{\partial \overline{s}^7} = \frac{\partial I}{\partial s^7},
\end{aligned} \tag{15'''}$$

wenn I eine absolute Invariante der Gruppe (13) darstellt. Diese Gleichungen sind von derselben Gestalt wie diejenigen (15″). Insbesondere erweisen sich $\frac{\partial I}{\partial s^6}, \frac{\partial I}{\partial s^7}$ als absolute Invarianten, $\frac{\partial I}{\partial s^2}, \frac{\partial I}{\partial s^3}$ dagegen als relative Invarianten.

Damit ergibt sich, daß man es so einrichten kann, daß $\lambda = 1$ und $a = 0$ gilt, sobald nur der allgemeine Fall vorliegt, für den die Gleichungen (15), (15′) und die zu ihnen analogen aus (15‴) wenigstens auf eine nichtverschwindende relative Invariante führen und auf eine Gleichung, welche a enthält. Damit erweisen sich die Pfaffschen Formen $ds^1, \ldots, ds^7$ als invariante Formen. Bekanntlich sind dann die Invarianten der Gleichung (1) Invarianten dieser Pfaffschen Formen und als solche Koeffizienten der Gleichungen (14) und (14′) und Ableitungen dieser Koeffizienten nach den Formen $ds^1, \ldots, ds^7$ (vgl. Band I, Kapitel III, § 2 dieses Werkes). Um die Ausnahmefälle dieser allgemeinen Regel kennen zu lernen, stellen wir fest, daß die Gleichungen (15) und (15′) mindestens eine relative Invariante haben. Daher können wir $\lambda = 1$ erreichen, es sei denn, es gilt

$$\begin{aligned}
\Delta s^4 &= -[ds^5 ds^7] + A[ds^3 ds^6] + B[ds^3 ds^7] + w^4_{4\alpha}[ds^4 ds^\alpha],\\
\Delta s^5 &= -\varepsilon[ds^4 ds^6] + \varepsilon B[ds^2 ds^6] + C[ds^2 ds^7] + w^5_{5\alpha}[ds^5 ds^\alpha],\\
\Delta s^6 &= m[ds^6 ds^7] + w^6_{5\alpha}[ds^5 ds^\alpha],\\
\Delta s^7 &= n[ds^6 ds^7] + w^7_{4\alpha}[ds^4 ds^\alpha].
\end{aligned} \tag{16}$$

Ebenso zeigen die Gleichungen (15‴), daß mit Hilfe der absoluten Invarianten A, B, C, m, n die Reduktion $\lambda = 1$ erreicht werden kann, es sei denn deren Ableitungen nach s^1, s^2, s^3, s^4, s^5 verschwinden. Es ergibt sich, daß man weder $\lambda = 1$ noch $a = 0$ erreichen kann, wenn die Beziehungen

$$A = B = C = 0, \quad \varepsilon + mn = 0, \quad \frac{\partial m}{\partial s^\alpha} = 0, \qquad \alpha = 1, \ldots, 7$$

gelten. So ergibt sich der

Satz. *Eine partielle Differentialgleichung der Gestalt* (1) *mit reellen verschiedenen Charakteristikenscharen zweiter Ordnung gestattet maximal eine achtparametrige Automorphismengruppe, es sei denn, daß die Strukturgleichungen*

$$\begin{aligned}
\Delta s^4 &= -[ds^5 ds^7] + w^4_{4\alpha}[ds^4 ds^\alpha],\\
\Delta s^5 &= -\varepsilon[ds^4 ds^6] + w^5_{5\alpha}[ds^5 ds^\alpha],\\
\Delta s^6 &= m[ds^6 ds^7] + w^6_{5\alpha}[ds^5 ds^\alpha],\\
\Delta s^7 &= -\frac{\varepsilon}{m}[ds^6 ds^7] + w^7_{4\alpha}[ds^4 ds^\alpha]
\end{aligned} \tag{16'}$$

mit konstantem m bestehen.

Bestehen jedoch die Gleichungen (16′), so sind die Systeme

$$ds^5 = ds^6 = 0, \qquad (\Sigma_1'')$$

$$ds^4 = ds^7 = 0 \qquad (\Sigma_2'')$$

vollständig integrabel, und die beiden Charakteristikensysteme gestatten beide zwei integrable Kombinationen. Dann ist die Gleichung (1), wie wir wissen, integrabel nach der Methode von Darboux.

Somit ergibt sich, daß nur die Strukturen (14) und (16′) auf eine Gleichung (1) mit verschiedenen Charakteristikenscharen zweiter Ordnung führen können, welche eine neunparametrige Automorphismengruppe gestattet.

Die Komponenten des affinen Zusammenhangs der A_7. Um zu zeigen, daß das erwähnte Maximum erreicht wird, werden wir entsprechend Kapitel I, Gleichungen (40), vom ersten Band dieses Werkes die Fundamentalgleichungen der Gruppe, welche die Ableitungen von λ und a enthalten, im Fall der Strukturen (14) und (14′) betrachten. Diese Gleichungen ergeben für $a = b = 1, c = 2, \ldots, 7$

$$\begin{aligned}
&\frac{\partial \lg \lambda^2}{\partial s^2} = \overline{w}^1_{12}\lambda - w^1_{12}, \qquad \frac{\partial \lg \lambda^2}{\partial s^3} = \overline{w}^1_{13}\lambda - w^1_{13},\\
&\frac{\partial \lg \lambda^2}{\partial s^4} = \overline{w}^1_{14}\lambda + \overline{w}^1_{17}a + ma - w^1_{14},\\
&\frac{\partial \lg \lambda^2}{\partial s^5} = \overline{w}^1_{15}\lambda + \overline{w}^1_{16}\varepsilon ma + a - w^1_{15},\\
&\frac{\partial \lg \lambda^2}{\partial s^6} = \overline{w}^1_{16} - w^1_{16}, \qquad \frac{\partial \lg \lambda^2}{\partial s^7} = \overline{w}^1_{17} - w^1_{17}.
\end{aligned} \tag{17}$$

Für $a = b = 4, c = 1, 2, 3, 5, 6, 7$ erhalten wir ebenso die Gleichungen

$$\begin{aligned}
&\frac{\partial \lg \lambda}{\partial s^1} = \overline{w}^4_{41}\lambda^2 + \overline{w}^4_{42}\lambda a + \overline{w}^4_{43}\lambda ma - w^4_{41} + \overline{w}^4_{71}\lambda a - Ba^2 m,\\
&\frac{\partial \lg \lambda}{\partial s^2} = \overline{w}^4_{42}\lambda - w^4_{42}, \qquad \frac{\partial \lg \lambda}{\partial s^3} = \overline{w}^4_{43}\lambda - w^4_{43} - Ba,\\
&\frac{\partial \lg \lambda}{\partial s^5} = \overline{w}^4_{45}\lambda + \overline{w}^4_{46}\varepsilon ma + a - w^4_{45},\\
&\frac{\partial \lg \lambda}{\partial s^6} = \overline{w}^4_{46} - w^4_{46}, \qquad \frac{\partial \lg \lambda}{\partial s^7} = \overline{w}^4_{47} - w^4_{47}
\end{aligned} \tag{17'}$$

und für $a = b = 2, c = 1, 3, 4, 5, 6, 7$

$$\begin{aligned}
&\frac{\partial \lambda}{\partial s^1} - \frac{\partial(\lambda a)}{\partial s^2} = \overline{w}^2_{21}\lambda^3 + \overline{w}^2_{23}\lambda^2 m a - w^1_{21}\lambda a - w^2_{21}\lambda, \\
&\frac{\partial \lg \lambda}{\partial s^3} = \overline{w}^2_{23}\lambda - w^2_{23}, \quad \frac{\partial \lg \lambda}{\partial s^4} = \overline{w}^2_{24}\lambda + \overline{w}^2_{27} a - w^2_{24}, \\
&\frac{\partial \lg \lambda}{\partial s^5} = \overline{w}^2_{25}\lambda + \overline{w}^2_{26}\varepsilon m a - w^2_{25} - a, \\
&\frac{\partial \lg \lambda}{\partial s^6} = \overline{w}^2_{26} - w^2_{26}, \quad \frac{\partial \lg \lambda}{\partial s^7} = \overline{w}^2_{27} - w^2_{27}.
\end{aligned} \tag{17''}$$

Analog ergeben sich für $a = 2, b = 1, c = 3, 4, 5, 6, 7$

$$\begin{aligned}
&\frac{\partial(\lambda a)}{\partial s^3} = \overline{w}^2_{13}\lambda^3 - w^2_{13}\lambda + \overline{w}^2_{23}\lambda^2 a - w^1_{13}\lambda a, \\
&\frac{\partial(\lambda a)}{\partial s^4} = \overline{w}^2_{15}\lambda^3 + \overline{w}^2_{24}\lambda^2 a + \overline{w}^2_{17}\lambda^2 a + \overline{w}^2_{27}\lambda a^2 + \lambda m a^2 - w^1_{14}\lambda a - w^2_{14}\lambda, \\
&\frac{\partial(\lambda a)}{\partial s^5} = \overline{w}^2_{15}\lambda^3 + \overline{w}^2_{25}\lambda^2 a + \overline{w}^2_{16}\lambda^2 \varepsilon m a + \overline{w}^2_{26}\lambda \varepsilon m a^2 - w^1_{15}\lambda a - w^2_{15}\lambda, \\
&\frac{\partial(\lambda a)}{\partial s^6} = \overline{w}^2_{16}\lambda^2 + \overline{w}^2_{26}\lambda a - w^1_{16}\lambda a - w^2_{16}\lambda, \\
&\frac{\partial(\lambda a)}{\partial s^7} = \overline{w}^2_{17}\lambda^2 + \overline{w}^2_{27}\lambda a + \lambda m a - w^1_{17}\lambda a - w^2_{17}\lambda
\end{aligned} \tag{18}$$

und schließlich für $a = 6, b = 5, c = 1, 2, 3, 4, 6, 7$

$$\begin{aligned}
\varepsilon\frac{\partial(am)}{\partial s^1} &= \overline{w}^6_{51}\lambda^3 + \overline{w}^6_{52}\lambda^2 a + \overline{w}^6_{53}\lambda^2 m a + \overline{w}^6_{61}\lambda^2\varepsilon m a + \overline{w}^6_{62}\lambda\varepsilon m a^2 \\
&\quad + \overline{w}^6_{63}\lambda\varepsilon m^2 a^2 - w^6_{51} - w^5_{51} m a, \\
\varepsilon\frac{\partial(am)}{\partial s^2} &= \overline{w}^6_{52}\lambda^2 + \overline{w}^6_{62}\lambda\varepsilon m a - w^6_{52} - w^5_{52}\varepsilon m a, \\
\varepsilon\frac{\partial(am)}{\partial s^3} &= \overline{w}^6_{53}\lambda^2 + \overline{w}^6_{63}\lambda\varepsilon m a - w^6_{53} - w^5_{53}\varepsilon m a, \\
\varepsilon\frac{\partial(am)}{\partial s^4} &= \overline{w}^6_{54}\lambda^2 + m^2\varepsilon a^2 + \overline{w}^6_{57}\lambda a - w^6_{54} - w^5_{54}\varepsilon m a, \\
\varepsilon\frac{\partial(am)}{\partial s^6} &= \overline{w}^6_{56}\lambda - w^6_{56} - w^5_{56}\varepsilon m a, \\
\varepsilon\frac{\partial(am)}{\partial s^7} &= \overline{w}^6_{57}\lambda + \overline{w}^6_{67}\varepsilon m a - w^6_{57} - w^5_{57}\varepsilon m a.
\end{aligned} \tag{18'}$$

Man erhält auch für $a = b = 5, c = 1, 2, 3, 4, 6, 7$; $a = b = 3, c = 1, 2, 3, 4, 5, 6, 7$; $a = 3, b = 1, c = 2, 4, 5, 6, 7$ gewisse Beziehungen. Schreiben wir noch die Beziehungen an, die sich für $a = 7, b = 4, c = 1, 2, 3, 5, 6, 7$ ergeben. Es sind die folgenden:

$$
\begin{aligned}
\frac{\partial a}{\partial s^1} &= \overline{w}^7_{41}\lambda^3 + \overline{w}^7_{42}\lambda^2 a + \overline{w}^7_{43}\lambda^2 m a - w^7_{41} - w^4_{41}a + \overline{w}^7_{71}\lambda^2 a \\
&\qquad + \overline{w}^7_{72}\lambda a^2 + \overline{w}^7_{73}\lambda m a^2, \\
\frac{\partial a}{\partial s^2} &= \overline{w}^7_{42}\lambda^2 - w^7_{42} - w^4_{42}a + \overline{w}^7_{72}\lambda a, \\
\frac{\partial a}{\partial s^3} &= \overline{w}^7_{43}\lambda^2 + \overline{w}^7_{73}\lambda a - w^7_{43} - w^4_{43}a, \\
\frac{\partial a}{\partial s^5} &= \overline{w}^7_{45}\lambda^2 + \overline{w}^7_{46}\lambda\varepsilon m a + \overline{w}^7_{75}\lambda a + \overline{w}^7_{76}\varepsilon a^2 m - w^7_{45} - w^4_{45}a + a^2, \\
\frac{\partial a}{\partial s^6} &= \overline{w}^7_{46}\lambda - w^7_{46} - w^4_{46}a - na, \\
\frac{\partial a}{\partial s^7} &= \overline{w}^7_{47}\lambda - w^7_{47} - w^4_{47}a.
\end{aligned}
\tag{19}
$$

Wie man sieht, führen die Gleichungen (17), (17′), (18), (18′), (19) und die anderen zu ihnen analogen zu sämtlichen Ableitungen der Funktionen λ und a und zu einer gewissen Anzahl endlicher Beziehungen von der Gestalt (15″) oder auch von der Gestalt

$$\overline{P}\lambda^k = Q\lambda^l a + R\lambda^s a^r + P.$$

Stellt sich aber diese Gestalt ein, so stoßen wir zumindest auf eine in a lineare Beziehung, welche die Reduktion $a \to 0$ ermöglicht.

Was die Gleichungen anbetrifft, welche die Ableitungen der Funktion λ bestimmen, so können wir die Gleichungen (17) benutzen und die erste der Gleichungen (17′), in welchen die Terme $\overline{w}^4_{71}\lambda a$ und Ba^2m verschwinden. Tatsächlich reduziert sich entweder a und $\overline{w}^4_{71}$ auf Null, wenn $B \neq 0$ oder λ auf die Einheit, wenn $B = 0$ und $w^4_{71} \neq 0$ ist. Was die Gleichungen anbelangt, welche die Ableitungen der Funktion a bestimmen, so können wir die Gleichungen (19) betrachten und die vierte der Gleichungen (18′). Wir können demnach die Größen

$$w^4_{41}, \quad w^1_{1\alpha}, \quad w^7_{4\alpha}, \quad w^6_{54} \tag{19′}$$

als die Komponenten des affinen Zusammenhangs des Raumes A_7 ansehen. Schreibt man die Integrabilitätsbedingungen der Gleichungen, welche die Ableitungen von λ und a liefern auf, so ergibt sich bekanntlich das Transformationsgesetz des Krümmungstensors des Raumes A_7.

Der Fall insgesamt verschwindender relativer Invarianten. Enthält der Raum A_7 keinerlei nichtverschwindende relative Invarianten, so ist die Struktur (16) zu untersuchen. Man muß dann zwei Fälle unterscheiden, je nachdem ob a zu Null reduziert werden kann oder nicht. Im ersten Fall ($a = 0$) gilt

$$\begin{aligned}
\varDelta s^1 &= [ds^3 ds^4] + [ds^2 ds^5] + w^1_{1\alpha}[ds^1 ds^\alpha],\\
\varDelta s^2 &= [ds^5 ds^6] + [ds^3 ds^7] + w^2_{2\alpha}[ds^2 ds^\alpha],\\
\varDelta s^3 &= [ds^4 ds^7] + \varepsilon[ds^2 ds^6] + w^3_{3\alpha}[ds^3 ds^\alpha],\\
\varDelta s^4 &= -[ds^5 ds^7] + A[ds^3 ds^6] + B[ds^3 ds^7] + w^4_{4\alpha}[ds^4 ds^\alpha],\\
\varDelta s^5 &= -\varepsilon[ds^4 ds^6] + \varepsilon B[ds^2 ds^6] + C[ds^2 ds^7] + w^5_{5\alpha}[ds^5 ds^\alpha],\\
\varDelta s^6 &= m[ds^6 ds^7], \varDelta s^7 = n[ds^6 ds^7].
\end{aligned}$$

In diesem Fall enthalten die Integrabilitätsbedingungen

$$\frac{\partial^2 \lg \lambda^2}{\partial s^\alpha \partial s^\beta} - \frac{\partial^2 \lg \lambda^2}{\partial s^\beta \partial s^\alpha} = w^f_{\alpha\beta} \frac{\partial \lg \lambda^2}{\partial s^f}, \qquad \alpha, \beta = 1, \ldots, 7 \qquad (19'')$$

der Gleichungen (17) (in welchen $a = 0$ zu setzen ist) die Funktion λ, abgesehen von dem Fall $\alpha = 6, \beta = 7$, für welchen die Integrabilitätsbedingungen auf Grund der Beziehung (1167) identisch erfüllt sind, indem

$$\frac{\partial w^1_{16}}{\partial s^7} - \frac{\partial w^1_{17}}{\partial s^6} + w^1_{16} w^6_{67} + w^1_{17} w^7_{67} = 0$$

gilt.

Die Annahme eines A_7 mit verschwindenden Relativinvarianten kommt darauf hinaus anzunehmen, (19″) sei identisch erfüllt, so daß der Krümmungstensor des A_7 identisch verschwindet.

Wir können dann — mit anderen Worten — λ so wählen, daß der Zusammenhang des Raumes A_7 durch $w^1_{1\alpha} = w^4_{41} = 0$ definiert wird, und diese Komponenten behalten diese Eigenschaft, wenn λ konstant ist.

Berücksichtigt man diese Bedingungen in den anderen Gleichungen (17′), sowie in (17″), (18), (18′) und (19), so ergibt sich gleichzeitig noch

$$w^\alpha_{\alpha k} = 0, \qquad \alpha, k = 1, \ldots, 5.$$

Ebenso folgt aus den Identitäten (1257), (1347), (2567), (3267), (5647)

$$\begin{gathered}
w^5_{57} + w^2_{27} - w^1_{17} = 0, \quad w^3_{37} + w^4_{47} - w^1_{17} = 0, \quad m + w^5_{57} - w^2_{27} = 0,\\
m + w^2_{27} - w^3_{37} = 0, \quad m + w^4_{47} - w^5_{57} = 0
\end{gathered}$$

und damit im Hinblick auf $w^1_{17} = 0$

$$w^2_{27} = \frac{m}{2}, \quad w^3_{37} = \frac{3m}{2}, \quad w^4_{47} = -\frac{3m}{2}, \quad w^5_{57} = -\frac{m}{2}$$

und analog

$$w_{16}^1 = 0, \quad w_{36}^3 = -\frac{n}{2}, \quad w_{26}^2 = -\frac{3n}{2}, \quad w_{56}^5 = \frac{3n}{2}, \quad w_{46}^4 = \frac{n}{2}.$$

Bei diesem Sachverhalt ergeben sich die Strukturgleichungen

$$\begin{aligned}
\Delta s^1 &= [ds^2 ds^5] + [ds^3 ds^4], \\
\Delta s^2 &= [ds^5 ds^6] + [ds^3 ds^7] - \frac{3n}{2}[ds^2 ds^6] + \frac{m}{2}[ds^2 ds^7], \\
\Delta s^3 &= [ds^4 ds^7] + \varepsilon[ds^2 ds^6] - \frac{n}{2}[ds^3 ds^6] + \frac{3m}{2}[ds^3 ds^7], \\
\Delta s^4 &= -[ds^5 ds^7] + A[ds^3 ds^6] + B[ds^3 ds^7] + \frac{n}{2}[ds^4 ds^6] - \frac{3m}{2}[ds^4 ds^7], \\
\Delta s^5 &= -\,\varepsilon[ds^4 ds^6] + \varepsilon B[ds^2 ds^6] + C[ds^2 ds^7] + \frac{3n}{2}[ds^5 ds^6] - \frac{m}{2}[ds^5 ds^7], \\
\Delta s^6 &= m[ds^6 ds^7], \\
\Delta s^7 &= n[ds^6 ds^7],
\end{aligned} \tag{20}$$

worin die Ableitungen der Invarianten A, B, C, m, n nach s^1, s^2, s^3, s^4, s^5 verschwinden müssen.

Wir sind auf diese Struktur durch die Annahme $a = 0$ gestoßen. Läßt sich jedoch a nicht auf Null reduzieren, so bilden die Gleichungen (17), (17′), (19) und die vierte der Gleichungen (18′) notwendig ein vollständig integrables System für λ und a. Dann lassen sich λ und a so wählen, daß der affine Zusammenhang (19′) verschwindet. Man kommt wieder auf die Struktur (20), wenn man die andern Invarianten gleich Null setzt, und hat dann mit konstantem m

$$A = B = C = 0, \quad n = -\frac{\varepsilon}{m}.$$

Was λ und a anbetrifft, so müssen diese Funktionen dem System

$$\begin{aligned}
&\frac{\partial \lambda}{\partial s^p} = 0, \quad p = 1, 2, 3, 6, 7, \quad \frac{\partial \lambda}{\partial s^4} = \frac{m a \lambda}{2}, \quad \frac{\partial \lambda}{\partial s^5} = \frac{a\lambda}{2}, \\
&\frac{\partial a}{\partial s^q} = 0, \quad q = 1, 2, 3, \quad \frac{\partial a}{\partial s^4} = m a^2, \quad \frac{\partial a}{\partial s^5} = a^2, \\
&\frac{\partial a}{\partial s^6} = \frac{3\,\varepsilon}{2\,m}\,a, \qquad \frac{\partial a}{\partial s^7} = \frac{3m}{2}\,a
\end{aligned}$$

genügen.

So bekommen wir den

Satz. *Die Differentialgleichung* (1) *gestattet im Fall reeller nichtzusammenfallender Charakteristikenscharen zweiter Ordnung eine neunparametrige Automorphismengruppe von Berührungstransformationen, wenn sie der Struktur*

$$\begin{aligned}
\Delta s^1 &= [ds^3 ds^4] + [ds^2 ds^5],\\
\Delta s^2 &= [ds^5 ds^6] + [ds^3 ds^7] + \frac{3\varepsilon}{2m}[ds^2 ds^6] + \frac{m}{2}[ds^2 ds^7],\\
\Delta s^3 &= [ds^4 ds^7] + \varepsilon[ds^2 ds^6] + \frac{\varepsilon}{2m}[ds^3 ds^6] + \frac{3m}{2}[ds^3 ds^7],\\
\Delta s^4 &= -[ds^5 ds^7] - \frac{\varepsilon}{2m}[ds^4 ds^6] - \frac{3m}{2}[ds^4 ds^7],\\
\Delta s^5 &= -\varepsilon[ds^4 ds^6] - \frac{3\varepsilon}{2m}[ds^5 ds^6] - \frac{m}{2}[ds^2 ds^7],\\
\Delta s^6 &= m[ds^6 ds^7],\\
\Delta s^7 &= -\frac{\varepsilon}{m}[ds^6 ds^7]
\end{aligned} \tag{21}$$

mit konstantem m entspricht.

Kann λ auf die Einheit reduziert werden, so kann a zu Null reduziert werden, wie wir jetzt beweisen wollen. Ist nämlich $\lambda = 1$, so enthält die dritte der Gleichungen (17) und ebenso die dritte der Gleichungen (17″) die Funktion a, es sei denn, daß

$$w_{17}^1 = -m, \quad w_{27}^2 = 0$$

ist. Dann würden aber die Gleichungen (19′) die Beziehungen

$$w_{37}^3 = m, \quad w_{47}^4 = -2m, \quad w_{57}^5 = -m$$

ergeben. Betrachten wir jetzt die Differenz der letzten der Gleichungen (18′) und (19) bei konstant vorausgesetztem m, so ergibt sich für a eine lineare Gleichung, in welcher m der Koeffizient von a ist. Daher gilt notwendig $m \neq 0$. So bekommen wir den

Satz. *Die Invarianten einer Differentialgleichung* (1) *mit reellen nicht zusammenfallenden Charakteristikenscharen zweiter Ordnung sind bis auf den Fall, daß die Struktur* (20) *vorliegt, die Invarianten von sieben* Pfaffschen *Formen.*

§ 3 Klassen spezieller Differentialgleichungen mit nichtzusammenfallenden Charakteristikenscharen

Die Gleichungen $F(r,s,t) = 0$. Wir zeigen jetzt, daß im allgemeinen die Gleichungen der Gestalt

$$F(r, s, t) = 0, \tag{22}$$

deren Ausdruck F also nicht von x, y, z, p, q abhängt, der Struktur (20) entsprechen. Nach (20) sind nämlich die beiden Systeme

$$ds^1 = ds^2 = ds^3 = ds^4 = ds^5 = 0, \quad ds^6 = ds^7 = 0$$

vollständig integrabel. Sind dann $u = \text{const}$ und $v = \text{const}$ Integrale des zweiten Systems, d. h., sind ds^6 und ds^7 Formen in u und v, so kann man

$$ds^1 = dz - p\,dx - q\,dy,$$
$$ds^\alpha = A^\alpha dx + B^\alpha dy + C^\alpha dz + D^\alpha dp + E^\alpha dq, \qquad \alpha = 2, \ldots, 5$$

schreiben, wobei die Koeffizienten A^α, B^α, C^α, D^α, E^α nur von u und v abhängen, da die Ableitungen der Invarianten A, B, C, m, n nach $s^1, s^2, \ldots, s^5$ in der Struktur (20) verschwinden und diese Invarianten also nicht von den Veränderlichen x, y, z, p, q abhängen. Aus (2) bekommt man so r, s, t als Funktionen der u und v und gelangt durch Elimination von u und v zurück zu Gleichung (22). Umgekehrt führt eine Gleichung der Gestalt (22) auf die Struktur (20), wenn die Scharen ihrer reellen Charakteristiken zweiter Ordnung nicht zusammenfallen. Was die Invarianten A, B, C, m, n der Struktur (20) anbetrifft, so bestehen für diese auf Grund der Identitäten (2267), (3367), (4367) und (5267) die Differentialgleichungen

$$\begin{aligned} &C - \varepsilon - nm - \frac{3}{2}\frac{\partial n}{\partial s^7} - \frac{1}{2}\frac{\partial m}{\partial s^6} = 0, \\ &A - \varepsilon - nm - \frac{1}{2}\frac{\partial n}{\partial s^7} - \frac{3}{2}\frac{\partial m}{\partial s^6} = 0, \\ &\frac{\partial A}{\partial s^7} - \frac{\partial B}{\partial s^6} + 4Am + 2Bn = 0, \\ &\varepsilon\frac{\partial B}{\partial s^7} - \frac{\partial C}{\partial s^6} + 2\varepsilon Bm + 4Cn = 0. \end{aligned} \tag{23}$$

Sie sind also nur im algebraischen Sinne unabhängige Invarianten. Eine Gleichung der Gestalt (22) erscheint dann durch 5 Invarianten, nämlich A, B, C, m, n, die durch (23) verknüpft sind, charakterisiert.

Beachtet man, daß (22) auf jeden Fall eine sechsparametrige Automorphismengruppe zukommt, die durch die Gleichungen

$$z' = \alpha^2 z + \beta x + \gamma y + \delta, \quad x' = \alpha x + a, \quad y' = \alpha y + b$$

mit konstantem $\alpha, \beta, \gamma, \delta, a, b$ gegeben ist, so folgt, daß diese Gleichungen keine größere Gruppe gestatten können, solange sich unter den Invarianten A, B, C, m, n zwei unabhängige finden. Im Fall einer einzigen unabhängigen Invarianten unter den A, B, C, m, n ist die Gruppe siebenparametrig, und sie wird acht- oder neunparametrig, wenn diese Invarianten konstant sind.

Im Fall konstanter Invarianten schreiben sich die Gleichungen (23)

$$A = C = \varepsilon + mn,$$
$$2Am + Bn = 0, \quad \varepsilon Bm + 2Cn = 0.$$

Wir bekommen daher entweder die Struktur (21), sobald die Gruppe der Gleichung 9 Parameter enthält, oder die Strukturen

$$m = n = 0, \quad A = C = \varepsilon,$$
$$n^2 = \varepsilon m^2, \quad B^2 = 4\varepsilon(\varepsilon + mn)^2,$$

wenn die Gruppe der Gleichung 8 Parameter enthält, wobei diese zweite Struktur nur dann reell ist, wenn $\varepsilon = 1$ und

$$n = \pm\, m, \quad B = \pm 2(1 \pm m)$$

ist.

Gleichungen mit neunparametriger Gruppe. Wir wollen jetzt solche Gleichungen (22) bestimmen, welche eine neunparametrige Automorphismengruppe gestatten, deren Struktur also durch (21) mit $\varepsilon = 1$ gegeben wird. In diesem Fall bemerken wir, daß

$$\frac{\Delta s^6}{m} + m\Delta s^7 = 0$$

mit konstantem m gilt, und daher muß

$$\frac{ds^6}{m} = m ds^7$$

ein vollständiges Differential sein, so daß man

$$\frac{ds^6}{m} + m ds^7 = \frac{du}{u}, \quad ds^7 = u dv$$

setzen kann und ebenso

$$m ds^4 + ds^5 = u^{-\frac{3}{2}}\, dx, \quad ds^4 = u^{-\frac{1}{2}}\,(dy - v dx),$$

sobald man die Beziehung

$$m\Delta s^1 + \Delta s^5 = -\frac{3}{2}\left[(m ds^4 + ds^7)\left(\frac{ds^6}{m} + m ds^7\right)\right]$$

gegeben hat. Auf diese Weise werden wir den vier Kovarianten $\Delta s^4, \Delta s^5, \Delta s^6, \Delta s^7$ der Struktur (21) gerecht.

Wir können demnach

$$dz - p\,dx - q\,dy = ds^1$$

annehmen und auch noch die Forderung für Δs^1 befriedigen, indem wir

$$ds^2 = u^{\frac{3}{2}}(dp + v\,dq) + \lambda\,ds^4 + \mu\,ds^5,$$

$$ds^3 = u^{\frac{3}{2}}\,(dp + v\,dq) + u^{\frac{1}{2}}\,dq + \varrho\,ds^4 + \lambda\,ds^5$$

ansetzen mit beliebigen Funktionen λ, μ, ϱ der Parameter u und v. Diese Funktionen müssen mit Rücksicht auf die Kovarianten Δs^2, Δs^3 den totalen Differentialgleichungen

$$\frac{\partial \lambda}{\partial s^6} = \mu + 2\,\frac{\lambda}{m}, \quad \frac{\partial \lambda}{\partial s^7} = \varrho + 2\lambda m, \quad \frac{\partial \mu}{\partial s^6} = 1 + 3\,\frac{\mu}{m},$$

$$\frac{\partial \mu}{\partial s^7} = 2\lambda + \mu m, \quad \frac{\partial \varrho}{\partial s^6} = \frac{\varrho}{m} + 2\lambda, \quad \frac{\partial \varrho}{\partial s^7} = 1 + 3\varrho m$$

genügen. Durch Integration erhält man so für ds^2 und ds^3 die Ausdrücke

$$ds^2 = u^{\frac{3}{2}}\,(dp + v\,dq) + \frac{1}{3}\,[-\,m + \alpha(uv)^3]u^{-\frac{3}{2}}\,dx$$
$$+ \frac{1}{2}\,[m^2 + \alpha(uv)^2]u^{-\frac{1}{2}}\,dy - v\,dx,$$

$$ds^3 = m\,ds^2 + u^{\frac{1}{2}}\,dq + \frac{1}{2}\,[m^2 + \alpha(uv)^2]u^{-\frac{3}{2}}\,dx$$
$$+ (-\,m^3 + \alpha uv)u^{-\frac{1}{2}}\,dy - v\,dx,$$
$$\alpha = 1 - m^4$$

und hat nun 7 Formen gewonnen, welche der Struktur (21) genügen. Um zu einer Gleichung (1) zu gelangen, welche dieser Struktur entspricht, muß man in den Gleichungen

$$ds^2 = ds^3 = 0$$

an Stelle der dp, dq die Ausdrücke

$$r\,dx + s\,dy, \quad s\,dx + t\,dy$$

einführen und dann die Koeffizienten der dx und dy Null setzen. Dies führt auf drei Gleichungen in r, s, t und u, v, die man

$$ut = m^3 - \alpha uv,$$

$$u^2 s = -\frac{m^2}{2} - m^3 uv + \frac{\alpha}{2}(uv)^2,$$

$$u^3 r = \frac{m}{3} + m^2 uv - \frac{\alpha}{3}(uv)^3 + m^3 (uv)^2$$

schreiben kann. Sie erlauben die Berechnung der r, s, t als Funktionen der u, v und führen nach Elimination der u, v auf eine Gleichung der Gestalt (22).

Wenn $m^4 - 1 = 0$, also etwa $m = 1$ gilt, läßt sich diese Elimination sofort durchführen und ergibt die Gleichung

$$\frac{r}{t^3} - \frac{s^2}{t^4} - \frac{1}{12} = 0. \tag{24}$$

Sie reduziert sich nach einer Ampèreschen Berührungstransformation auf die einfache Gleichung

$$RT^3 + \frac{1}{12} = 0,$$

in welcher Gestalt sie von M. Boer integriert worden ist.[5])

Ist $\alpha \neq 0$, so können wir $m^3 - \alpha uv$ als Parameter $\frac{1}{\lambda}$ einführen und bekommen

$$\frac{s}{t^2} = -\frac{m^2}{2\alpha}\lambda^2 + \frac{1}{2\alpha},$$

$$\frac{r}{t^3} = \frac{m(2-\alpha)}{3\alpha^2}\lambda^3 - \frac{m^2}{\alpha^2}\lambda^2 + \frac{1}{3\alpha^2}$$

und nach Elimination von λ

$$\left(\frac{r}{t^3} - \frac{2s}{\alpha t^2} + \frac{2}{3\alpha^2}\right)^2 + \frac{8}{9\alpha}\frac{(2-\alpha)^2}{1-\alpha}\left(\frac{s}{t^2} - \frac{1}{2\alpha}\right)^3 = 0. \tag{24'}$$

Deuten wir $\frac{s}{t^2}$ und $\frac{r}{t^3}$ als Koordinaten einer Ebene, so ist damit die Darstellung einer Schar unikursaler Kurven dritter Ordnung mit dem Doppelpunkt

$$\frac{s}{t^2} = \frac{1}{2\alpha}, \quad \frac{r}{t^3} = \frac{1}{3\alpha^2}$$

gewonnen.

---

[5]) E. Goursat, Equations aux dérivées partielles, T. II, A. Hermann, Paris 1898, S. 130.

So erhalten wir den

Satz. *Eine Differentialgleichung der Gestalt* (1) *mit nichtzusammenfallenden reellen Charakteristikenscharen zweiter Ordnung, die eine neunparametrige automorphe Gruppe von Berührungstransformationen gestattet, ist zur Gleichung* (24) *oder* (24′) *äquivalent, wenn man in der Struktur* (21) $\varepsilon = 1$ *wählt.*

Deutung der Invarianten der Strukturen (14) und (14′). Es wäre offensichtlich interessant, eine Deutung für alle Invarianten der Gleichung (1) und daher der Strukturkoeffizienten in (14) und (14′) hinsichtlich der Eigenschaften dieser Gleichung zu gewinnen. Wir kennen eine solche Deutung nur für eine kleine Anzahl von Invarianten in dem Fall, daß die Differentialgleichung nicht von der Form (22) ist, bei welcher man eine vollständige Untersuchung der Invarianten durchführen kann.[6])

Wir betrachten als einen von (22) verschiedenen Fall die Differentialgleichungen, deren jede Charakteristikenschar zwei integrable Kombinationen zuläßt. Der Fall ist wichtig, da dann die Gleichung (1) nach der Methode von G. Darboux integrabel wird. Man kann die Bedingungen dafür leicht zum Ausdruck bringen, da dies darauf hinauskommt zu verlangen, daß die beiden abgeleiteten Systeme

$$ds^5 = ds^6 = 0, \qquad (\Sigma_1'')$$
$$ds^4 = ds^7 = 0 \qquad (\Sigma_2'')$$

vollständig integrabel sind. Mit Rücksicht auf (14) müssen dann die folgenden Invarianten verschwinden:

$$w_{12}^5 = w_{13}^5 = w_{14}^5 = w_{17}^5 = w_{23}^5 = C = 0,$$
$$w_{12}^6 = w_{13}^6 = w_{14}^6 = w_{17}^6 = w_{23}^6 = w_{27}^6 = 0,$$
$$w_{12}^4 = w_{13}^4 = w_{15}^4 = w_{16}^4 = w_{23}^4 = A = 0,$$
$$w_{12}^7 = w_{13}^7 = w_{15}^7 = w_{16}^7 = w_{28}^7 = w_{36}^7 = 0.$$

Bekanntlich läßt sich Darbouxs Integrationsmethode auch dann noch anwenden, wenn sich für Charakteristiken höherer als zweiter Ordnung zwei integrable Kombinationen finden lassen. Um etwa die Charakteristiken dritter Ordnung zu erhalten, betrachten wir das Pfaffsche System von 5 Gleichungen

$$\begin{aligned} ds^1 = ds^2 = ds^3 = 0, \quad d\sigma^7 = ds^7 + x^8 ds^4 = 0,\\ d\sigma^6 = ds^6 + x^9 ds^5 = 0 \end{aligned} \qquad (\Omega)$$

in 9 Veränderlichen, welches das System (S) als erstes abgeleitetes System enthält, $\Omega' = S$. Seine Kovarianten werden durch die Gleichungen (14) gegeben, worin an Stelle von ds^6 und ds^7 die Formen

$$d\sigma^6 - x^9 ds^5, \quad d\sigma^7 - x^8 ds^4$$

[6]) G. Vranceanu, Sur une classe d'équations aux dérivées partielles du second ordre, Bull. Math. Soc. Roum. Sci. 40 (1938), S. 13.

eingeführt werden. Man bekommt dann

$$\Delta\sigma^6 = \Delta s^6 + x^9 \Delta s^5 + [ds^5 dx^9] = [ds^5 ds^9] \qquad (\text{mod } ds^1, ds^2, ds^3, d\sigma^6),$$

$$\Delta\sigma^7 = \Delta s^7 + x^8 \Delta s^4 + [ds^4 dx^8] = [ds^4 ds^8] \qquad (\text{mod } ds^1, ds^2, ds^3, d\sigma^7),$$

wobei für ds^9, ds^8 die folgenden Formen eingeführt worden sind:

$$ds^9 = dx^9 + [w^6_{54} - (x^9)^2 + x^9 w^5_{54}]ds^4 + [w^6_{57} + x^9(w^5_{57} - m)]ds^7,$$

$$ds^8 = dx^8 + [w^7_{45} - (x^8)^2 + x^8 w^4_{45}]\, ds^5 + [w^7_{46} + x^9(w^4_{46} + n)]ds^6.$$

Betrachten wir die charakteristischen Systeme Ω_1 und Ω_2 des Systems Ω:

$$ds^1 = ds^2 = ds^3 = d\sigma^6 = d\sigma^7 = ds^5 = ds^9 = 0, \qquad (\Omega_1)$$

$$ds^1 = ds^2 = ds^3 = d\sigma^6 = d\sigma^7 = ds^4 = ds^8 = 0, \qquad (\Omega_2)$$

so bekommen wir die Charakteristiken dritter Ordnung der Gleichung (1). Betrachten wir Ω_1. Von der Identität (6548) gewinnen wir $w^9_{48} = 0$, was übrigens selbstverständlich ist, da ds^9 die Veränderliche x^8 nicht enthält. Daher ist das abgeleitete System Ω_1' durch die Gleichungen

$$ds^1 = ds^2 = ds^3 = d\sigma^6 = ds^5 = ds^9 = 0 \qquad (\Omega_1')$$

gegeben, worin man ds^6 an Stelle von $d\sigma^6$ schreiben kann. Zusammen mit (Σ_1) (S. 241) enthält das System (Ω_1') auch die Gleichung $ds^9 = 0$ und besteht daher aus 6 Gleichungen in 8 Veränderlichen x, y, z, p, q, u, v, x^9. Indem man ds^9 durch einen passenden Term in ds^3 ergänzt, wird $w^9_{47} = 0$ ermöglicht, so daß

$$ds^1 = ds^2 = ds^6 = ds^5 = ds^9 = 0 \qquad (\Omega_1'')$$

gilt und ebenso

$$ds^5 = ds^6 = ds^9 = 0, \qquad (\Omega_1''')$$

sobald man zu ds^9 passende Terme in ds^4, ds^2 hinzufügt, welche w^9_{34} und w^9_{37} zum Verschwinden bringen. Da dieses System zusammen mit dem System (Σ_1'') (S. 247) die Gleichung $ds^9 = 0$ enthält, können die Charakteristiken dritter Ordnung höchstens noch eine, von den zu (Σ_1'') gehörigen verschiedene, lineare Kombination enthalten. Natürlich drücken sich die Bedingungen für die Existenz einer integrablen Kombination $ds^9 = 0$ durch eine Funktion der Invarianten der Gleichung (1) und deren Ableitungen aus. Analoge Erwägungen gelten für das zweite Charakteristikensystem (Ω_2) und allgemein für Charakteristiken höherer Ordnung. Ebenso kann man durch eine einfache algebraische Operation die Struktur solcher Gleichungen (1) bestimmen, welche eine einfach transitive Automorphismengruppe gestatten. Man muß dann annehmen, daß alle Koeffizienten der bilinearen Kovarianten konstant sind.

Betrachten wir jetzt den Fall einer Gleichung (1) mit einparametriger Automorphismengruppe. Indem wir die Variablen des Systems mit $x^1, x^2, \ldots, x^7$ bezeichnen, können wir es so einrichten, daß die Gruppe durch

$$x'^7 = x^7 + \text{const}$$

gegeben wird, was bedeutet, daß das System (S) in der Gestalt

$$d\varrho^1 = A_1 dx^1 + \cdots + A_6 dx^6 = 0,$$
$$d\varrho^2 = B_1 dx^1 + \cdots + B_6 dx^6 = 0,$$
$$d\varrho^3 = dx^7 + C_1 dx^1 + \cdots + C_6 dx^6 = 0$$

geschrieben werden kann, worin A_i, B_i, C_i nicht von der Veränderlichen x^7 abhängen. Unter diesen Umständen enthält das System (S) ein Teilsystem

$$d\varrho^1 = d\varrho^2 = 0 \tag{Σ}$$

von zwei Gleichungen in 6 Veränderlichen. Wann enthält das System (S) umgekehrt ein solches Teilsystem Σ von zwei Gleichungen in sechs Veränderlichen? Da man die Gleichungen eines solchen Teilsystems in der Gestalt

$$\left.\begin{aligned} d\varrho^1 &= \alpha ds^2 + \beta ds^3 + a ds^1 = 0,\\ d\varrho^2 &= \gamma ds^2 + \delta ds^3 + b ds^1 = 0 \end{aligned}\right\} \tag{Σ}$$

schreiben kann, sehen wir, daß notwendig $\alpha\delta - \beta\gamma \neq 0$ gilt, da andernfalls (Σ) die Gleichung $ds^1 = 0$ bedingen würde. Ein System der Gestalt

$$ds^1 = 0, \quad \alpha ds^2 + \beta ds^3 = 0$$

kann daher nur dann von der Klasse 6 sein, wenn die Systeme (S_1) und (S_2) der Charakteristiken von der Klasse 7 sind. Die Gleichungen des Systems (Σ) lassen sich demnach

$$\left.\begin{aligned} d\varrho^1 &= ds^2 - \lambda ds^1 = 0,\\ d\varrho^2 &= ds^3 - \mu ds^1 = 0 \end{aligned}\right\} \tag{Σ}$$

schreiben, worin die Unbekannten λ und μ noch zu bestimmen sind. Die bilinearen Kovarianten dieser Gleichungen schreiben sich jetzt

$$\begin{aligned} \Delta\varrho^1 &= [ds^5 ds^6] + \mu[ds^1 ds^7] + w^2_{1\alpha}[ds^1 ds^\alpha] + \lambda w^2_{2\alpha}[ds^2 ds^\alpha]\\ &\quad - \lambda(\mu[ds^1 ds^4] + \lambda[ds^1 ds^5] + w^1_{1\alpha}[ds^1 ds^\alpha]) + [d\lambda ds^1], \qquad \alpha = 4, 5, 6, 7,\\ \Delta\varrho^2 &= [ds^4 ds^7] + \lambda[ds^1 ds^6] + w^3_{1\alpha}[ds^1 ds^\alpha] + \mu w^3_{3\alpha}[ds^3 ds^\alpha]\\ &\quad - \mu(\mu[ds^1 ds^4] + \lambda[ds^1 ds^5] + w^1_{1\alpha}[ds^1 ds^\alpha]) + [d\mu ds^1] \quad (\mathrm{mod}\ d\varrho^1, d\varrho^2). \end{aligned}$$

Fügt man jedoch zu ds^4, ds^5, ds^6 und ds^7 passende Terme in ds^1 hinzu, so können die Terme $[ds^1 ds^5]$, $[ds^1 ds^6]$ in $\Delta\varrho^1$ und die Terme $[ds^1 ds^4]$, $[ds^1 ds^7]$ in $\Delta\varrho^2$ zum Verschwinden gebracht werden. Unser System wird unter diesen Umständen offensichtlich von der Klasse 6 ausfallen, wenn die Terme in $[ds^1 ds^4]$, $[ds^1 ds^7]$

in der bilinearen Kovarianten $\Delta\varrho^1$ und die Terme $[ds^1 ds^5]$, $[ds^1 ds^6]$ in der bilinearen Kovarianten $\Delta\varrho^2$ verschwinden, was darauf hinauskommt, den Funktionen λ, μ die Bedingungen

$$\frac{\partial\lambda}{\partial s^4} = w_{14}^2 - \lambda\mu - \frac{w_{14}^1}{2}\lambda, \qquad \frac{\partial\lambda}{\partial s^7} = w_{17}^2 + \mu + \left(\frac{m}{2} - \frac{w_{17}^1}{2}\right)\lambda,$$
$$\frac{\partial\mu}{\partial s^5} = w_{15}^3 - \lambda\mu - \frac{w_{15}^1}{2}\mu, \qquad \frac{\partial\mu}{\partial s^6} = w_{16}^3 + \lambda - \left(\frac{n}{2} + \frac{w_{16}^1}{2}\right)\lambda \tag{25}$$

aufzuerlegen. Die notwendige und hinreichende Bedingung dafür, daß das System (S) ein Teilsystem von zwei Gleichungen der Klasse 6 enthält, besteht darin, daß dieses Bedingungssystem für λ, μ Lösungen gestattet. Das trifft insbesondere für

$$w_{14}^2 = w_{17}^2 = w_{15}^3 = w_{16}^3 = 0$$

zu, und das System $ds^2 = ds^3 = 0$ ist dann offensichtlich von der Klasse 6.

§ 4 Gleichungen mit einer oder zwei Scharen von Charakteristiken erster Ordnung

Die Gleichung (1) sei jetzt eine GOURSATsche Gleichung, so daß eines der beiden Systeme (S_1) und (S_2), etwa (S_1), von der Klasse 6 ist. In diesem Fall ist das abgeleitete System

$$ds^1 = ds^2 = ds^5 = ds^6 = 0 \tag{Σ_1'}$$

des ersten charakteristischen Systems selbst von der Klasse 6, da wir zufolge der Identitäten (2573) und (2637)

$$w_{37}^5 = w_{37}^6 = 0$$

erhalten. Wenn wir die bilinearen Kovarianten des Systems (Σ_1') betrachten, so schreiben sich diese

$$\Delta s^1 = [ds^3 ds^4], \quad \Delta s^2 = 0,$$
$$\Delta s^5 = w_{34}^5[ds^3 ds^4], \quad \Delta s^6 = w_{34}^6[ds^3 ds^4], \qquad (\operatorname{mod} ds^1, ds^2, ds^5, ds^6),$$

doch können wir den Formen ds^5 und ds^6 passende Terme in ds^1 hinzufügen, um w_{34}^5 und w_{34}^6 zum Verschwinden, zu bringen oder auch solche, daß das zweite abgeleitete System (Σ_1'') durch die Gleichungen

$$ds^2 = ds^5 = ds^6 = 0 \tag{Σ_1''}$$

gegeben wird.

Da wir andererseits wissen, daß der Koeffizient C in der kanonischen Form (8) nicht verschwindet, dürfen wir annehmen, daß (Σ_2'') durch die Gleichungen

$$ds^4 = ds^7 = 0$$

gegeben wird, so daß man assoziiert zu (S) die komplementären Systeme

$$ds^1 = ds^3 = 0, \tag{S_2}$$

$$ds^2 = ds^5 = ds^6 = 0, \tag{Σ_1''}$$

$$ds^4 = ds^7 = 0 \tag{Σ_2''}$$

erhält, ein Sachverhalt, der das System (S) als ein „geometrisierbares" System erweist.

Auch im Fall einer MONGE-AMPÈREschen Differentialgleichung, für welche in der kanonischen Form (8) B und C verschwinden, können wir es so einrichten, daß die abgeleiteten Systeme (Σ_1'') und (Σ_2'') durch die Gleichungen

$$ds^2 = ds^5 = ds^6 = 0, \tag{Σ_1''}$$

$$ds^3 = ds^4 = ds^7 = 0 \tag{Σ_2''}$$

dargestellt werden. Auf diese Weise assoziiert man dem entsprechenden System (S) drei komplementäre Systeme (S'), (Σ_1'), (Σ_2''), und daher ist die Gleichung auch in diesem Fall „geometrisierbar". Was die bilinearen Kovarianten des Systems (S) anbetrifft, so schreiben sich diese in diesem Fall

$$\Delta s^1 = [ds^3 ds^4] + [ds^2 ds^5] \qquad (\mathrm{mod}\, ds^1),$$

$$\Delta s^2 = [ds^5 ds^6] + [ds^1(\beta_3 ds^3 + \beta_4 ds^4 + \beta_5 ds^5 + \beta_6 ds^6 + \beta_7 ds^7)] \qquad (\mathrm{mod}\, ds^2),$$

$$\Delta s^3 = [ds^4 ds^7] + [ds^1(\gamma_2 ds^2 + \gamma_4 ds^4 + \gamma_5 ds^5 + \gamma_6 ds^6 + \gamma_7 ds^7)] \qquad (\mathrm{mod}\, ds^3).$$

Indem wir zu ds^4, ds^5, ds^6, ds^7 passende Terme in ds^1 hinzufügen, können wir $\beta_5, \beta_6, \gamma_4, \gamma_7$ zum Verschwinden bringen. Andererseits gewinnt man mit Rücksicht auf die Identitäten (2347) und (3256) $\beta_7 = \gamma_6 = 0$ und von den Identitäten (2147) und (3156)

$$\frac{\partial \beta_4}{\partial s^7} + \beta_3 + \beta_4(w_{17}^1 + w_{47}^4 - w_{27}^2) = 0,$$

$$\frac{\partial \gamma_5}{\partial s^6} + \gamma_2 + \gamma_5(w_{16}^1 + w_{56}^5 - w_{36}^3) = 0.$$

Wenn also β_4 oder γ_5 verschwindet, so gilt nach diesen Gleichungen auch $\beta_3 = 0$ oder $\gamma_2 = 0$. Ist jedoch β_4 oder γ_5 von Null verschieden, so können wir durch Hinzufügen passender Terme in ds^3 zu ds^4 oder passender Terme in ds^2 zu ds^5 das Verschwinden von β_3 oder γ_2 erreichen und so die bilinearen Kovarianten von (S) auf die kanonische Gestalt

$$\Delta s^1 = [ds^3 ds^4] + [ds^2 ds^5] \qquad (\mathrm{mod}\, ds^1),$$

$$\Delta s^2 = [ds^5 ds^6] + h[ds^1 ds^4] \qquad (\mathrm{mod}\, ds^2),$$

$$\Delta s^3 = [ds^4 ds^7] + k[ds^1 ds^5] \qquad (\mathrm{mod}\, ds^3)$$

bringen, deren Koeffizienten h, k auch verschwinden können.

Offensichtlich kann man die Invarianten der Gleichungen von GOURSAT und MONGE-AMPÈRE gegenüber Berührungstransformationen an Hand der Invarianten des Systems (S) untersuchen und nachsehen, ob man in diesen Fällen einen affinen Zusammenhang assoziieren kann. Für die Gleichungen von GOURSAT ist diese Untersuchung von ST. PETRESCU durchgeführt worden.[7]) Man kann im allgemeinen auch einen vollständigen Zusammenhang assoziieren, wie sich zeigt, abgesehen von einer gewissen Gleichungsklasse von GOMES TEIXEIRA, für welche eine Automorphismengruppe auftritt, die von einer willkürlichen Funktion einer Veränderlichen abhängt. Ansonsten enthält die maximale Automorphismengruppe einer solchen Gleichung genau wie im Fall von Charakteristikenscharen zweiter Ordnung höchstens neun Parameter.

§ 5 Transformationen von Differentialgleichungen zweiter Ordnung

BÄCKLUNDsche Transformationen. Liegt eine partielle Differentialgleichung zweiter Ordnung

$$F(x, y, z, p, q, r, s, t) = 0 \qquad \text{(E)}$$

vor, so gibt es außer Berührungstransformationen keine anderen Transformationen, welche (E) stets wieder in eine Gleichung zweiter Ordnung transformieren, wenn man von gewissen speziellen Klassen partieller Differentialgleichungen absieht. Gehört nun (E) zu einer dieser speziellen Klassen, so ist es interessant, nach Invarianten gegenüber den allgemeinsten Transformationen (nicht nur nach Berührungstransformationen) zu suchen, die (E) wieder in eine Differentialgleichung zweiter Ordnung überführen. Dann müssen die Invarianten des Systems

$$\begin{aligned} ds^1 &= dz - p\,dx - q\,dy = 0, \\ d\sigma^2 &= dp - r\,dx - s\,dy = 0, \\ d\sigma^3 &= dq - s\,dx - t\,dy = 0, \end{aligned} \qquad \text{(S)}$$

das mit (E) verknüpft ist, nicht mehr alle gegenüber diesen allgemeinsten Transformationen invariant bleiben.

Nehmen wir etwa an, daß die erste Charakteristikenschar der Gleichung (E) von erster Ordnung sei, was darauf hinauskommt, daß das System (S_1) (S. 239) von der Klasse 6 ist. Dann kann man

$$ds^1 = m\,dz - p\,dx - q\,dy = 0,$$

$$ds^2 = m\,dp - n\,dq - a\,dx - b\,dy = 0$$

schreiben, worin die Koeffizienten m, n, a, b natürlich von den fünf Veränderlichen x, y, z, p, q des Systems und überdies von einer sechsten Veränderlichen u

[7]) ST. PETRESCU, Sur les invariants de l'équation de Goursat, Ann. Sci. Univ. Jassy 24 (1938), S. 232.

abhängen. Nach allfälliger Vertauschung von x gegen y oder x gegen p können wir überdies annehmen, daß sich unser System in die Gestalt

$$\begin{aligned} ds^1 &= dz - p\,dx - q\,dy = 0, \\ ds^2 &= dp - u\,dq - a\,dx - b\,dy = 0 \end{aligned} \tag{S$_1$}$$

bringen läßt. $ds^1 = 0$ ist dann notwendig eine singuläre Gleichung im Systems (S_1), da die bilineare Kovariante Δs^1 vom Rang 2 ist (mod ds^1, ds^2). Sieht man unter diesen Umständen z als Funktion von x, y an, so zeigt uns die erste der Gleichungen (S_1), daß p und q die ersten Ableitungen von z sind, und die zweite der Gleichungen (S_1) führt auf die Bedingungen

$$r - us - a = 0, \qquad s - ut - b = 0. \tag{25'}$$

Durch Elimination der Veränderlichen u kommen wir auf unsere Gleichung (E) zurück, die in diesem Zusammenhang eine Resolvente erster Art des Systems (S_1) heißt.

Zu jeder Lösung $z = f(x, y)$ der Resolvente (E) gehört daher eine zweidimensionale Integralmannigfaltigkeit (M_2) des Systems (S_1)

$$z = f(x, y), \quad p = \frac{\partial f}{\partial x}, \quad q = \frac{\partial f}{\partial y}, \quad u = \varphi(x, y), \tag{M$_2$}$$

wobei sich der Wert u aus einer der Gleichungen (25') bestimmt. Umgekehrt gehört zu jeder zweidimensionalen Integralmannigfaltigkeit

$$F_i(x, y, z, p, q, u) = 0, \qquad i = 1, 2, 3, 4$$

des Systems (S_1) auf welcher x, y durch keine Beziehung verknüpft sind, offensichtlich eine Lösung der Gleichung (E). Die Integration der Gleichung (E) und die Bestimmung der zweidimensionalen Integralmannigfaltigkeiten des Systems (S_1), auf welchen x, y als unabhängige Parameter verwendet werden können, sind also äquivalente Probleme.

Zu jeder GOURSATschen Gleichung gehört ein System von zwei Gleichungen der Klasse 6, deren eine als singuläre Gleichung des Systems auf die kanonische Gestalt

$$ds^1 = dz - p\,dx - q\,dy = 0$$

reduziert werden kann; zu einer MONGE-AMPÈREschen Gleichung gehören zwei solche Systeme. Liegt umgekehrt ein System (Σ) zweier Gleichungen der Klasse 6 mit verschiedenen singulären Gleichungen vor, so sind diese im allgemeinen von der Klasse 5. Demnach bestehen zwei Möglichkeiten, dem System eine partielle Differentialgleichung zweiter Ordnung zu assoziieren. Sind nämlich $ds^1 = 0$ und $ds^2 = 0$ die beiden singulären Gleichungen des Systems (Σ), so kann (Σ) in der Gestalt

$$ds^1 = dz - p\,dx - q\,dy = 0, \quad ds^2 = dp - u\,dq - a\,dx - b\,dy = 0$$

oder

$$ds^1 = dP - U\,dQ - A\,dX - B\,dY - 0, \quad ds^2 = dZ - P\,dX - Q\,dY = 0$$

geschrieben werden, und man kann natürlich von der einen Darstellung zur anderen durch eine Transformation

$$x, y, z, p, q, u \rightarrow X, Y, Z, P, Q, U \tag{25''}$$

übergehen. Bezeichnet man die beiden dem System zugeordneten Resolventen erster Art mit

$$F(x, y, z, p, q, r, s, t) = 0, \tag{E$_1$}$$

$$\Phi(X, Y, Z, P, Q, R, S, T) = 0, \tag{E$_2$}$$

so ist klar, daß zu jeder Lösung einer dieser beiden Gleichungen eine Lösung der anderen gehört, da diese Lösungen eineindeutig den zweidimensionalen Integralmannigfaltigkeiten des Systems (Σ) entsprechen. Die Transformation (25″) heißt eine BÄCKLUND*sche Transformation,* insbesondere eine BÄCKLUNDsche Transformation *erster Art.*

Die Invarianten einer GOURSATschen Gleichung gegenüber Berührungs- und BÄCKLUND-Transformationen erweisen sich gleichzeitig als Invarianten des Systems (Σ) und umgekehrt.

Ist eine der singulären Gleichungen, etwa $ds^2 = 0$, des Systems (Σ) von der Klasse 3, so kann man zu (Σ) nur eine Resolvente erster Art assoziieren, nämlich (E_1), und zu dieser Gleichung gehört dann ein intermediäres Integral, das von einer willkürlichen Funktion abhängt. Schreibt man nämlich die Gleichung $ds^2 = 0$ in der Gestalt

$$ds^2 = d\varrho - \gamma d\eta = 0,$$

so können wir diese Gleichung mit $\varrho = f(\xi)$, $\eta = f'(\xi)$ erfüllen, wobei f eine willkürliche (differenzierbare) Funktion bezeichnet. Da ξ, η, ϱ gewisse Funktionen von x, y, z, p, q, u darstellen, gewinnen wir durch Elimination von u aus $\varrho = f(\xi)$ und $\eta = f'(\xi)$ das gesuchte intermediäre Integral.

Ist (E) eine MONGE-AMPÈREsche Gleichung, so ist die Resolvente erster Art der beiden Systeme der beiden Gleichungen von der Klasse 6. Daher gibt es zwei BÄCKLUND-Transformationen, welche diese Gleichung in eine Gleichung zweiter Ordnung transformieren. Überdies kann man leicht sehen, unter welchen Bedingungen die eine oder andere der beiden Resolventen eines Systems von zwei Gleichungen der Klasse 6 eine GOURSATsche oder eine MONGE-AMPÈREsche Gleichung ist. In der Tat hatten wir im vorhergehenden Kapitel gesehen, daß die bilinearen Kovarianten eines gegebenen Systems (Σ), dessen singuläre Gleichungen von der Klasse 5 sind, auf die kanonische Gestalt

$$\begin{aligned} \Delta s^1 &= [ds^3 ds^4] + [ds^2 ds^5] \qquad (\operatorname{mod} ds^1), \\ \Delta s^2 &= [ds^5 ds^6] + [ds^1 ds^3] \qquad (\operatorname{mod} ds^2), \end{aligned} \tag{26}$$

reduziert werden können. Bezeichnen wir die beiden singulären Systeme mit (S_1) und (S_2):

$$ds^1 = ds^2 = ds^3 = ds^4 = 0, \tag{S$_1$}$$

$$ds^1 = ds^2 = ds^5 = ds^6 = 0, \tag{S$_2$}$$

so gehören zu ihnen die abgeleiteten Systeme

$$ds^1 = ds^3 = ds^4 = 0, \qquad (S_1')$$

$$ds^2 = ds^5 = ds^6 = 0, \qquad (S_2')$$

und ihre bilinearen Kovarianten $\Delta s^3, \Delta s^4, \Delta s^5, \Delta s^6$ lassen sich folgendermaßen schreiben:

$$\begin{aligned} \Delta s^3 &= a_1[ds^2 ds^6] \\ \Delta s^4 &= b_1[ds^2 ds^6] \end{aligned} \qquad (\text{mod } ds^1, ds^3, ds^4),$$

$$\begin{aligned} \Delta s^5 &= a_2[ds^1 ds^4] \\ \Delta s^6 &= b_2[ds^1 ds^4] \end{aligned} \qquad (\text{mod } ds^2, ds^5, ds^6),$$

worin mindestens einer der Koeffizienten a_1, b_1 oder a_2, b_2 nicht verschwindet. Betrachten wir dann die Resolvente (E) zur ersten singulären Gleichung $ds^1 = 0$, so wird das System (S) von drei Gleichungen in sieben Veränderlichen, das zu dieser Resolventen gehört, aus den beiden Gleichungen $ds^1 = ds^2 = 0$ und einer dritten Gleichung, etwa $d\sigma^4 = 0$, bestehen, die so gewählt sind, daß $ds^1 = 0$ zum abgeleiteten System (S′) gehört. Wir können daher ansetzen:

$$ds^1 = ds^2 = 0, \quad d\sigma^4 = ds^4 + x^7 ds^3 = 0 \qquad (S)$$

mit einer neuen Veränderlichen x^7. Da

$$\Delta\sigma^4 = \Delta s^4 + x^7 \Delta x^3 + [ds^3 dx^7]$$

ist, ist diese Kovariante vom Rang 2 in S, sobald man

$$ds^1 = ds^2 = 0, ds^4 = -x^7 ds^3$$

setzt. Damit ergibt sich

$$ds^2 = d\sigma^4 = 0$$

als zweites invariantes System innerhalb (S) mit den bilinearen Kovarianten

$$\Delta s^1 = [ds^2 ds^5] \qquad (\text{mod } ds^1),$$

$$\Delta\sigma^4 = (b_1 + x^7 a_1)\,[ds^2 ds^6] + [ds^3 dx^7] \qquad (\text{mod } ds^1, d\sigma^4).$$

Dieses System ist offenbar nur dann von der Klasse 7, wenn mindestens einer der Koeffizienten a_1, b_1 nicht verschwindet. Demnach können wir den folgenden Satz aussprechen: *Die Resolvente erster Art, die zu einer singulären Gleichung eines Systems* (Σ) *von zwei Gleichungen der Klasse* 6 *gehört, ist eine* GOURSATsche *oder eine* MONGE-AMPÈREsche *Gleichung, je nachdem ob das zugehörige singuläre System ein Normalsystem ist oder nicht.*

Gleichungsketten mit verschiedenen Charakteristikenscharen. Nun sei die zu $ds^1 = 0$ assoziierte Differentialgleichung (E) vom MONGE-AMPÈREschen Typ, also $a_1 = b_1 = 0$. Dann bekommen wir aus den Identitäten (3625), (4625) die

Beziehungen $w^3_{16} = w^4_{16} = 0$ und können die bilineare Kovariante der Gleichung $d\sigma^4 = 0$ folgendermaßen schreiben:

$$\Delta s^4 = [ds^3 ds^7] + (w^4_{12} + x^7 w^3_{12})\,[ds^1 ds^2] + (w^4_{15} + x^7 w^3_{15})\,[ds^1 ds^5] \quad (\text{mod } d\sigma^4), \qquad (27)$$

wobei ds^7 durch den folgenden Ausdruck gegeben ist:

$$ds^7 = dx^7 - [w^4_{\alpha 3} + x^7(w^4_{4\alpha} - w^3_{3\alpha}) - (x^7)^2 w^3_{\alpha 4}]ds^\alpha, \qquad \alpha = 1, 2, 5, 6.$$

Die Gleichung $d\sigma^4 = 0$ ist nur dann von der Klasse 3, wenn

$$w^3_{12} = w^4_{12} = w^3_{15} = w^4_{15} = 0$$

ist oder wenn das System (S_1) zwei integrable Kombinationen $ds^3 = 0$ und $ds^4 = 0$ gestattet. Dann liefert uns die Gleichung $d\sigma^4 = 0$ ein intermediäres Integral der Gleichung (E), das von einer willkürlichen Veränderlichen abhängt. Sind diese Bedingungen jedoch nicht erfüllt, wie es offensichtlich im allgemeinen Fall zutrifft, so können wir der Gleichung $d\sigma^4 = 0$, aufgefaßt als singuläre Gleichung des Systems $ds^1 = d\sigma^4 = 0$, eine Gleichung zweiter Ordnung assoziieren, die wir mit (E_{-1}) bezeichnen wollen und, wie es in der Sache liegt, kann man von (E) zu (E_{-1}) durch eine Bäcklundsche Transformation gelangen. Diese Gleichung (E_{-1}) wird wieder eine Monge-Ampèresche Differentialgleichung sein, solange das System

$$ds^1 = d\sigma^4 = ds^3 = ds^7 = 0 \qquad (S_{-1})$$

kein Normalsystem ist, oder auch, solange das System

$$ds^3 = ds^4 = ds^7 = 0 \qquad (S'_{-1})$$

ein aus zwei Gleichungen bestehendes abgeleitetes System hat. Dann muß notwendigerweise das System (S_1''') aus einer einzigen Gleichung bestehen, und das System (S_1) muß daher ein (Cartansches) Spezialsystem sein.

Da die Gleichungen

$$\left.\begin{aligned} \Delta s^3 &= w^3_{12}[ds^1 ds^2] + w^3_{15}[ds^1 ds^5], \\ \Delta s^4 &= w^4_{12}[ds^1 ds^2] + w^4_{15}[ds^1 ds^5], \end{aligned}\right\} \quad (\text{mod } ds^3, ds^4)$$

bestehen, können wir bemerken, daß $w^3_{12} = 0$ gilt, sobald $w^3_{15} = 0$ gilt, denn aus der Identität (3156) folgt

$$\frac{\partial w^3_{15}}{\partial s^6} + w^3_{12} + w^3_{15}(w^1_{16} + w^5_{56} - w^3_{36}) = 0,$$

und eine analoge Beziehung besteht zwischen w^4_{12} und w^4_{15} auf Grund der Identität (4156). Darüber hinaus bekommen wir von den Identitäten (1346), (1256), (2136) die Beziehung

$$w^1_{16} + w^5_{56} - w^4_{46} = 0.$$

Ist $w^3_{15} = 0$, so können wir w^4_{15}, w^7_{15} zum Verschwinden bringen, indem wir zu ds^5 einen passenden Term in ds^2 und zu ds^4, ds^7 passende Terme in ds^3 hinzufügen. Dann ist die Bedingung dafür, daß (E_{-1}) eine MONGE-AMPÈREsche Gleichung ist, durch die Beziehungen

$$w^4_{12} = w^7_{12} = 0$$

gegeben. Mit $w^3_{15} = 0$ bekommt man auch $w^3_{12} = 0$, dagegen gilt notwendig $w^4_{14} \neq 0$. Verschwinden w^4_{12} und w^7_{15}, so verbleibt die Bedingung $w^7_{12} = 0$.

Offensichtlich bringt diese Bedingung zum Ausdruck, daß $ds^7 = 0$ einen Teil des abgeleiteten Systems (S''_{-1}) darstellt, und ist daher eine Bedingung für die Koeffizienten der sechs PFAFFschen Formen ds^a $(a = 1, \ldots, 6)$, welche die Gleichung (E) bestimmen, wenn man von einer Berührungs- oder einer BÄCKLUNDschen Transformation absieht. Ist dann die Form ds^7 gegeben, so wird der Koeffizient w^7_{12} ein gewisses Polynom in x^7 darstellen, das identisch in x^7 verschwinden muß, soll w^7_{12} verschwinden.

In analoger Weise können wir, wenn auch (E_1) eine MONGE-AMPÈREsche Gleichung darstellt, $(a_2 = b_2 = 0)$, und das System $ds^5 = ds^6 = 0$ nicht vollständig integrabel ist, diese Gleichung (E_1) in eine andere (E_2) transformieren in bezug auf die singuläre Gleichung

$$d\sigma^6 = ds^6 + x^8 dx^5 = 0,$$

und (S_2) muß jetzt ein Spezialsystem sein, damit (E_2) wieder eine MONGE-AMPÈREsche Gleichung wird. So bekommen wir den folgenden

Satz. *Liegt eine* MONGE-AMPÈRE*sche Differentialgleichung* (E) *vor, so können wir diese Gleichung durch* BÄCKLUND*sche Transformationen erster Art in die Gleichungen* $(E_1), (E_2), \ldots, (E_{-1}), (E_{-2}), \ldots$ *transformieren, und die Kette*

$$\ldots, (E_{-2}), (E_{-1}), (E), (E_1), (E_2), \ldots \tag{28}$$

bricht rechts oder links nur dann ab, wenn man auf eine MONGE-AMPÈRE*sche Gleichung stößt, mit einem intermediären Integral, das von einer willkürlichen Funktion abhängt, oder auf eine* GOURSAT*sche Gleichung. So endet z. B. die Kette rechts, sobald man auf eine* MONGE-AMPÈRE*sche Gleichung* (E_n) *trifft, deren zugehöriges System zwei integrable Kombinationen zuläßt, so daß dann* (E_n) *ein intermediäres Integral hat und ebenso im Fall, daß das singuläre System von* (E_n) *kein Spezialsystem ist, dann, wenn* (E_{n+1}) *eine* GOURSAT*sche Gleichung ist.*

Die Betrachtung der Kette (28) ist nur ein Spezialfall der Methode von G. DARBOUX, welche die Charakteristiken höherer Ordnung untersucht. Wenn die Kette abbricht, in dem einen oder anderen Sinne, durch MONGE-AMPÈREsche Gleichungen mit intermediären Integralen, so liefern diese Integrale das allgemeine Integral der Gleichung (E), da man so in dieses willkürliche Funktionen einführt.

Wir werden jetzt zeigen, daß Gleichungen der Kette (28), sobald diese aus mindestens 6 Gliedern besteht, zu Gleichungen gehören, die man auf die Gestalt

$$s = f(x, y, z, p, q) \tag{29}$$

bringen kann. Führt man nämlich in (26) an Stelle der ds^4 und ds^6 die Formen

$$d\sigma^4 = ds^4 + x^7 ds^3, \quad d\sigma^6 = ds^6 + x^8 ds^5$$

ein, so muß sich die Struktur

$$\begin{aligned} \Delta s^1 &= [ds^3 d\sigma^4] + [ds^2 ds^5] && (\text{mod } ds^1), \\ \Delta s^2 &= [ds^5 d\sigma^6] + [ds^1 ds^3] && (\text{mod } ds^2), \\ \Delta \sigma^4 &= [ds^3 ds^7] + h[ds^1 ds^5] && (\text{mod } d\sigma^4), \\ \Delta \sigma^6 &= [ds^5 ds^8] + k[ds^2 ds^3] && (\text{mod } d\sigma^6), \\ \Delta s^3 &= w^3_{15}[ds^1 ds^5] && (\text{mod } ds^3, d\sigma^4), \\ \Delta s^5 &= w^5_{23}[ds^2 ds^3] && (\text{mod } ds^5, d\sigma^6) \end{aligned} \tag{30}$$

ergeben, sollen die Gleichungen (E_{-1}) und (E_2) MONGE-AMPÈREsche Gleichungen sein. Da wir jedoch von den Identitäten (4312) und (6512) die Beziehungen

$$w^7_{12} + h w^5_{23} = 0, \quad w^8_{12} - k w^3_{15} = 0$$

gewinnen, folgt, daß $w^3_{15} \neq 0$, $w^5_{23} \neq 0$ besteht, solange es sich bei (E_{-1}) und (E_2) um GOURSATsche Gleichungen handelt, und die Kette besteht dann aus vier Gleichungen

$$(E_{-1}), (E), (E_1), (E_2)$$

zwei vom MONGE-AMPÈREschen, zwei vom GOURSATschen Typus. Wenn eine der Größen w^3_{15}, w^5_{23} nicht verschwindet, etwa $w^3_{15} \neq 0$, so ist (E_2) eine GOURSATsche und (E_{-1}) eine MONGE-AMPÈREsche Gleichung, (E_{-2}) wird aber auch eine GOURSATsche Gleichung sein, so daß man zu einer endlichen Kette von 5 Gliedern

$$(E_{-2}),\ (E_{-1}),\ (E),\ (E_1),\ (E_2)$$

gelangt. Für Ketten von mehr als 5 Gliedern, verbleibt nur noch der Fall

$$w^3_{15} = w^5_{23} = 0.$$

Indem wir noch die Identitäten

(3425), (3456), (2146), (5613), (5634), (1263), (1264)

heranziehen, gewinnen wir die Gleichungen

$$w^3_{41} = w^3_{42} = w^3_{45} = w^3_{46} = w^5_{61} = w^5_{62} = w^5_{63} = w^5_{64} = 0,$$

und für die Struktur unseres Systems ergibt sich

$$\begin{aligned}
\Delta s^1 &= [ds^3 ds^4] + [ds^2 ds^5] && (\mathrm{mod}\, ds^1),\\
\Delta s^2 &= [ds^5 ds^6] + [ds^1 ds^3] && (\mathrm{mod}\, ds^2),\\
\Delta s^3 &= 0 && (\mathrm{mod}\, ds^3),\\
\Delta s^4 &= w^4_{15}[ds^1 ds^5] && (\mathrm{mod}\, ds^3, ds^4),\\
\Delta s^5 &= 0 && (\mathrm{mod}\, ds^5),\\
\Delta s^6 &= k[ds^2 ds^3] && (\mathrm{mod}\, ds^5, ds^6).
\end{aligned} \tag{30'}$$

Demnach sind die beiden Gleichungen $ds^3 = 0, ds^5 = 0$ vollständig integrabel. Jedem der Charakteristikensysteme kommt daher eine integrable Kombination zu. Solche Systeme reduzieren sich jedoch bekanntlich auf die Gestalt (29).[8]) Damit erhalten wir den

Satz. *Die Gleichungen, deren Kette* (28) *mindestens* 6 *Glieder enthält, sind von der Gestalt* (29).

Bis jetzt haben wir uns immer nur mit der Transformation von Gleichungen beschäftigt, denen mindestens eine Schar von Charakteristiken erster Ordnung zukommt. Nun sei die Gleichung (E) eine Gleichung mit nicht zusammenfallenden Scharen von Charakteristiken zweiter Ordnung, für welche das System (S) ein Teilsystem (Σ) enthält, das aus zwei Gleichungen der Klasse 6 besteht. So etwas kommt vor, wie wir gesehen haben, sobald das System (25) in den Unbekannten λ und μ eine Lösung gestattet.

Bezeichnen wir das System der Klasse 6 mit

$$\begin{aligned}
d\varrho^2 &= ds^2 - \lambda ds^1 = 0,\\
d\varrho^3 &= ds^3 - \mu ds^1 = 0
\end{aligned} \tag{Σ}$$

und reduzieren wir eine dieser beiden Gleichungen $d\varrho^2 = 0$, $d\varrho^3 = 0$ auf die kanonische Gestalt

$$dZ - PdX - QdY = 0,$$

so können wir dem System (Σ) eine partielle Differentialgleichung assoziieren, die wir mit (E_1) bezeichnen wollen. Der Übergang von (E) zu (E_1) wird sich dann durch eine gewisse Transformation vollziehen, die weder eine Berührungstransformation noch eine BÄCKLUND-Transformation darstellt. Sie hat die Eigenschaft, einen Übergang von einer Gleichung mit nichtzusammenfallenden Scharen von Charakteristiken zweiter Ordnung zu einer anderen zu stiften, welcher eine Charakteristikenschar erster Ordnung zukommt. Zu solchen Transformationen gehören alle Transformationen, in welchen man p oder q oder im allgemeinen Fall eine Funktion von p und q als Funktion von Z ansetzen kann.

---

[8]) G. VRANCEANU, A classification of the Monge-Ampère équations, Bul. Fac. Şt. Cernăuţi 12 (1938), S. 171.

§ 6 Invarianten der LAPLACEschen Gleichung

Wir betrachten eine lineare homogene partielle Differentialgleichung zweiter Ordnung

$$Ar + 2Bs + Ct + Dp + Eq + Fz = 0, \tag{31}$$

deren Koeffizienten A, B, C, D, E, F Funktionen von x, y sind. Durch eine Transformation

$$x' = \varphi(x, y), \quad y' = \psi(x, y)$$

dieser Variablen entsteht aus (31) eine andere lineare Gleichung, etwa

$$A'r' + 2B's' + C't' + D'p' + E'q' + F'z' = 0,$$

worin r', s', t', p', q' Ableitungen von z bezüglich der neuen Veränderlichen x', y' darstellen und die Koeffizienten A', B', C' durch die Ausdrücke

$$A' = A\varphi_x^2 + 2B\varphi_x\varphi_y + C\varphi_y^2,$$

$$B' = A\varphi_x\varphi_y + B(\varphi_x\psi_y + \varphi_y\psi_x) + C\psi_x\psi_y,$$

$$C' = A\psi_x^2 + 2B\psi_x\psi_y + C\psi_y^2$$

gegeben sind. Angenommen, wir wünschen jetzt, daß A' und B′ im System der neuen Veränderlichen verschwänden. Dann müssen die Kurven

$$x' = \text{const}, \quad y' = \text{const}$$

und damit die Integralkurven von

$$\frac{\partial\varphi}{\partial x}dx + \frac{\partial\varphi}{\partial y}dy = 0, \qquad \frac{\partial\psi}{\partial x}dx + \frac{\partial\psi}{\partial y}dy = 0$$

die Gleichung

$$A dy^2 - 2B dx dy + C dx^2 = 0 \tag{31'}$$

befriedigen, d. h., sie müssen charakteristische Grundkurven der Gleichung (31′) sein. Gibt es für (31′) zwei verschiedene Lösungen $\frac{dy}{dx}$, so können wir (31) durch Integration von (31′) auf die LAPLACEsche Gleichung

$$s + ap + bq + cz = 0 \tag{32}$$

zurückführen. Offensichtlich sind die Koeffizienten dieser Gleichung nur dann reell, wenn die Wurzeln der quadratischen Gleichung (31′) reell sind. Anderenfalls läßt sich auf reellem Wege für (31) die Gestalt

$$r + t + ap + bq + cz = 0 \tag{32'}$$

erzielen, was darauf hinauskommt, in die linke Seite von (31′), die in diesem Fall eine positiv definite quadratische Form darstellt, isotherme Parameter einzuführen.

Liegt schließlich der Fall einer Doppelwurzel der Gleichung (31') vor, so können wir (31) auf die Gestalt

$$r + ap + bq + cz = 0$$

bringen.

Wir betrachten im folgenden die Invarianten der LAPLACEschen Gleichung (32). Dazu bemerken wir, daß die Transformationen der Veränderlichen x, y und der Funktion z, welche die kanonische Gestalt (32) ungeändert lassen, durch die Gleichungen

$$x = f(x'), \quad y = \varphi(y'), \quad z = \lambda(x, y) z' \tag{33}$$

mit beliebigen Funktionen f, φ, λ gegeben werden. Mit einer solchen Transformation wird aus (32)

$$s' + a'p' + b'q' + c'z' = 0, \tag{33'}$$

und die Koeffizienten a', b', c' sind durch die Gleichungen

$$\begin{gathered} a' = \left(a + \frac{\lambda_y}{\lambda}\right)\varphi', \quad b' = \left(b + \frac{\lambda_x}{\lambda}\right) f', \\ c' = \left(c + \frac{\lambda_{xy}}{\lambda} + a\frac{\lambda_x}{\lambda} + b\frac{\lambda_y}{\lambda}\right) f'\varphi' \end{gathered} \tag{33''}$$

bestimmt. f', φ' sind die Ableitungen der Funktionen f und φ. Wir betrachten die Ausdrücke

$$h = a_x + ab - c, \quad k = b_y + ab - c \tag{33'''}$$

und bezeichnen mit h' und k' die der LAPLACEschen Gleichung (33') entsprechenden Ausdrücke. Dann bekommen wir die Gleichungen[9])

$$h' = hf'\varphi', \quad k' = kf'\varphi'. \tag{34}$$

h und k sind also relative Invarianten in bezug auf die Transformationen (33). Läßt man x, y ungeändert, so erweisen sich diese Invarianten sogar als absolute Invarianten in bezug auf die letzte der Transformationsgleichungen (33). Wenn h und k nicht verschwinden, besagen die Gleichungen (34), daß der Quotient

$$m = \frac{h}{k} \tag{35}$$

gegenüber (33) eine absolute Invariante darstellt, indem $m = m'$ mit $m' = \frac{h'}{k'}$ gilt.

Aus (34) folgt

$$\lg h' = \lg h + \lg f' + \lg \varphi'$$

und durch Differentiation

$$(\lg h')_{x'y'} = (\lg h)_{xy} f'\varphi'.$$

---

[9]) Vgl. G. TZITZÉICA, Géométrie différentielle projective des réseaux, Cultura Naţională, Bucureşti 1923.

Also ist auch $(\lg h)_{xy}$ eine relative Invariante wie h und k selbst, und dasselbe gilt auch für die Iterationen

$$[\lg(\lg h)_{xy}]_{xy}, \quad \{\lg[\lg(\lg h)_{xy}]_{xy}\}_{xy}, \ldots$$

und ebenso für $(\lg k)_{xy}$. Auf diese Weise ergibt sich eine Folge relativer Invarianten, deren Quotienten aus je nichtverschwindenden unter ihnen (aus derselben Folge) absolute Invarianten darstellen. Verschwindet eine der relativen Invarianten identisch, so wird damit eine von den Transformationen (33) unabhängige Eigenschaft zum Ausdruck gebracht. Die Deutung des Verschwindens von h oder k ist wohlbekannt: Die in Rede stehende Differentialgleichung ist dann nach der Methode von LAPLACE integrabel.

$(\lg h)_{xy} = 0$ bedeutet für h den Zerfall in ein Produkt zweier Funktionen, deren eine nur von x, deren andere nur von y abhängt, so daß man sich nach einer weiteren Variablentransformation auf den Fall beschränken kann, daß h eine Konstante ist. Gilt $[\lg(\lg h)_{xy}]_{xy} = 0$, so kommen wir auf den Fall

$$h = e^{xy} f_1(x)\, \varphi_1(y)$$

zurück und so weiter.

Ist dann z. B. m als absolute Invariante gegeben, so gilt

$$m'_{x'} = m_x f', \quad m'_{y'} = m_y \varphi', \quad m'_{x'y'} = m_{xy} f' \varphi',$$

und die m_x, m_y, m_{xy} sind demnach relative Invarianten wie die h und k, und die Quotienten

$$\frac{m_x m_y}{k}, \quad \frac{m_{xy}}{k}$$

sind absolute Invarianten.

Nun seien zwei Gleichungen von LAPLACE vorgelegt, (32) und

$$S + AP + BQ + CZ = 0 \tag{36}$$

mit $A = A(\alpha, \beta)$, $B = B(\alpha, \beta)$, $C = C(\alpha, \beta)$. Wir können nach der Existenz einer Transformation

$$Z = \varrho(x, y) z, \quad x = f(\alpha), \quad y = \varphi(\beta) \tag{37}$$

mit passenden Funktionen ϱ, f, φ fragen, von der Beschaffenheit, daß durch (37) die Gleichung (32) in die Gleichung (36) übergeht.

Dazu müssen die absoluten Invarianten der beiden Gleichungen übereinstimmen. Zunächst bedeutet das die Beziehung

$$M(\alpha, \beta) = \frac{H}{K} = m(x, y), \tag{38}$$

wenn man die (33‴) und (35) entsprechenden Invarianten der Gleichung (36) mit M, H, K bezeichnet. Desgleichen muß

$$M_i(\alpha, \beta) = m_i(x, y) \tag{39}$$

gelten, wenn m_i eine der absoluten Invarianten von (32) und M_i die entsprechenden von (36) bezeichnet. Ist daher eine der absoluten Invarianten m, m_i konstant, so gilt notwendig dasselbe für die entsprechenden Invarianten M, M_i, und die numerischen Werte müssen übereinstimmen für Äquivalenz der Gleichungen (32) und (36).

Gleichungen mit von x und y abhängigen absoluten Invarianten. Nun sei eine der absoluten Invarianten (38), (39) variabel, etwa die erste. Durch Differentiation bekommen wir

$$M_\alpha = m_x f', \quad M_\beta = m_y \varphi' \tag{40}$$

und definieren damit die Ableitungen f' und φ', wenn m von x und y abhängt. Wenn m_x verschwindet, jedoch die andere absolute Invariante von x abhängt, läßt sich mit ihrer Hilfe f' bestimmen. Wenn $m_x m_y \neq 0$ ist, ist der Quotient

$$n = \frac{m_x m_y}{k} \tag{41}$$

eine absolute Invariante, und die Gleichungen

$$M(\alpha, \beta) = m(x, y), \quad N(\alpha, \beta) = n(x, y) \tag{42}$$

definieren x und y als Funktionen von α und β. Wenn die Gleichungen (32) und (36) äquivalent sind, kann x nur von α und y nur von β abhängen. Ist dies nicht der Fall, so können wir uns nach passender Abänderung von x und y in Gleichung (32) auf den Fall beschränken, daß

$$x = \alpha, \quad y = \beta \tag{43}$$

gilt, und alle Invarianten M, M_i müssen dann dieselben Funktionen von α und β sein, wie m, m_i solche von x, y. Gilt jedoch $x = \alpha$ und $y = \beta$ und berücksichtigt man, daß die relativen Invarianten h und k sich mit Hilfe der Invarianten m und n gemäß den Gleichungen

$$h = \frac{m m_x m_y}{n}, \quad k = \frac{m_x m_y}{n}$$

ausdrücken lassen, so ergibt sich die Gleichheit der relativen Invarianten

$$\begin{aligned} A_\alpha + AB - C &= a_x + ab - c, \\ B_\beta + AB - C &= b_y + ab - c. \end{aligned} \tag{44}$$

Sind nämlich die Invarianten m und n dieselben Funktionen der Veränderlichen x und y, wie M und N solche von α und β, so gilt für $x = \alpha$ und $y = \beta$ zunächst $H = h$, $K = k$ und daher auch (44).

Nun sei infolge zweier Transformationen (33) $b = B = 0$. Dann ergeben die Gleichungen (44)

$$C = c, \quad A = a + \psi(y),$$

und Gleichung (36) schreibt sich entsprechend

$$X_{xy} + [a + \psi(y)]\, X_x + cX = 0. \tag{45}$$

Durch eine Transformation

$$X = \mu X', \; \mu = \mu(y),$$

können wir $\psi(y)$ auf Null reduzieren, und (36) wird identisch mit (32).

Ist m nur von einer der Veränderlichen x, y, etwa von y, abhängig, eine der absoluten Invarianten m_1 jedoch von x abhängig, so kann man als absolute Invariante n

$$n = \frac{(m_1)_x m_y}{k}$$

und im allgemeinen die Invariante

$$n = \frac{(m_1)_x (m_2)_y}{k}$$

aufstellen mit absoluten Invarianten m_1 und m_2. Damit ergibt sich der folgende

Satz.[10]) *Hängen die absoluten Invarianten der Gleichung* (32) *von den Veränderlichen x und y ab, so sind die Gleichungen* (32) *und* (36) *genau dann äquivalent, wenn die Invarianten der Gleichung* (32) *und die aus ihnen durch Differentiation hervorgehenden mit den entsprechenden der Gleichung* (36) *übereinstimmen.*

Gleichungen mit von y allein abhängenden absoluten Invarianten. Wir prüfen jetzt den Fall, in welchem die absoluten Invarianten der Gleichung (32) nur von einer der beiden Veränderlichen abhängen, etwa von y. Mit $2p$ bezeichnen wir die absolute Invariante

$$\frac{(\lg k)_{xy}}{k} = 2p. \tag{46}$$

Je nachdem, ob p verschwindet oder nicht, ergeben sich zwei Fälle. Im ersten Fall kann man die relative Invariante k auf die Einheit reduzieren, und h wird gleich m. Dann schreibt sich die Gleichung (32) mit $b = 0$

$$\overline{Y}_{xy} + a\,\overline{Y}_x - \overline{Y} = 0.$$

Da wir die Beziehung

$$h = m = a_x + 1$$

bestehen haben und m nach Voraussetzung nur von y abhängt, folgt

$$a = (m-1)x + \psi(y),$$

---

[10]) G. Vranceanu, Sur l'équivalence des équations de Laplace, Bull. Math. Soc. Roum. des Sci. 46 (1944), S. 1.

und wir können es durch eine Transformation der Funktion $\overline{Y}$ so einrichten, daß sich die obere Gleichung

$$\overline{Y}_{xy} + (m-1)x\overline{Y}_x - \overline{Y} = 0 \tag{47}$$

schreibt. Die Transformationen (33), welche diese Gleichung ungeändert lassen, schreiben sich

$$\begin{gathered} x = \frac{x'}{c} + c_2, \quad y = cy' + c_1, \\ \overline{Y} = \lambda \overline{Y}' \qquad [(\lg \lambda)_y = (1-m)c_2] \end{gathered} \tag{47'}$$

mit konstanten c, c_1, c_2 und einer von x unabhängigen Funktion λ. Unter diesen Umständen kann nach den gleichen Erwägungen die Gleichung (36) auf die kanonische Gestalt

$$X_{\alpha\beta} + (M-1)\alpha X_\alpha - X = 0 \tag{47''}$$

gebracht werden, und für die Äquivalenz der Gleichungen (47) und (47″) muß

$$M(\beta) = m(y) \tag{47'''}$$

bestehen. Da die einzigen Transformationen, welche die kanonische Gestalt (47) ungeändert lassen, durch (47′) gegeben sind, ergibt sich, daß zwei Konstanten c, c_1 existieren müssen, mit welchen bei beliebigem β die Beziehung

$$M(\beta) = m(c\beta + c_1)$$

besteht. Ist diese Bedingung erfüllt, so ergibt sich der Übergang von Gleichung (47) zu Gleichung (47″) durch eine Transformation (47′).

Ist m eine Konstante und sind daher die Invarianten h und k der LAPLACEschen Gleichung konstant, so ist die Bedingung (47‴) identisch erfüllt, wenn M dieselbe Konstante ist. Wir bekommen den

Satz. *Die Gleichungen mit konstanten relativen Invarianten gestatten eine dreiparametrige Automorphismengruppe.*

Ist m ein Polynom in y

$$m = m_0 y^\varrho + m_1 y^{\varrho-1} + \cdots + m_\varrho,$$

so muß auch M ein Polynom in β vom gleichen Grad sein, und beide Polynome müssen durch eine Affinität identisch werden. So kann man durch lineare Transformationen von β und y

$$m_0 = M_0 = 1, \quad m_1 = M_1 = 0$$

bekommen. Dann müssen für Äquivalenz die andern Koeffizienten gleich sein, d. h., M muß dieselbe Funktion von β wie m von y sein.

Satz von Tzitzéica. Nun sei $p \neq 0$. Wir setzen

$$k = \frac{u}{2p}.$$

Da (nach Voraussetzung) $p_x = 0$ gilt, folgt aus (46) für u die Liouvillesche Gleichung

$$(\lg u)_{xy} = u.$$

Ihr allgemeines Integral ist bekanntlich

$$u = \frac{2X'Y'}{(X+Y)^2},$$

worin X eine Funktion von x allein und Y eine solche von y allein ist. Durch eine Variablentransformation können wir

$$k = \frac{1}{p(x+y)^2}, \quad h = \frac{m}{p(x+y)^2}$$

bekommen, worin m und p nicht von x abhängen. Dies zeigt, daß Gleichung (32) jetzt auf die kanonische Gestalt

$$X_{xy} - \frac{m-1}{(x+y)p} X_x - \frac{X}{(x+y)^2 p} = 0 \tag{48}$$

gebracht werden kann. Wenn m und p konstant sind, führt diese Gleichung auf die sogenannte Poissonsche Gleichung. Wir erhalten auf diesem Wege den

Satz von Tzitzéica.[11] *Eine Laplacesche Gleichung mit konstanten absoluten Invarianten, jedoch variablen relativen Invarianten h und k ist eine Poissonsche Gleichung und umgekehrt.*

Ist m oder p von y abhängig, so nennen wir die Gleichung (48) eine verallgemeinerte Poissonsche Gleichung.

Ist $m = 1$, so verwandelt sich die Gleichung (48) durch eine Transformation

$$\bar{x} = \frac{ax-b}{-cx+d}, \quad \bar{y} = \frac{ay+b}{cy+d}$$

in eine Gleichung derselben Gestalt. Dabei sind a, b, c, d beliebige Konstante mit nichtverschwindender Determinante $ad - bc \neq 0$, eine Eigenschaft, die von Poissonschen Gleichungen her wohlbekannt ist.[12]) Ist jedoch $m \neq 1$, so sind die Transformationen, welche die kanonische Gestalt (48) erhalten, von der Gestalt

$$\bar{x} = ax - b, \quad \bar{y} = ay + b.$$

---

11) G. Tzitzéica, Sur certains réseaux, C. R. 200 (1935), S. 191.

12) G. Darboux, Leçons sur la théorie générale des surfaces II, Gauthier-Villars, Paris 1889, S. 59.

Wenn wir die Gleichung (36) auf die gleiche kanonische Gestalt

$$\overline{X}_{\alpha\beta} - \frac{M-1}{(\alpha+\beta)P}\overline{X}_{\alpha} - \frac{\overline{X}}{(\alpha+\beta)^2 P} = 0 \tag{48'}$$

reduzieren, so erweisen sich die Gleichungen (48) und (48') für $m = M = 1$ äquivalent, wenn überdies Konstanten a, b, c, d existieren, so daß man

$$p(y) = P\left(\frac{ay+b}{cy+d}\right)$$

bekommt, während sie für $m \neq 1$ äquivalent werden, wenn es zwei Konstanten a, b gibt, so daß

$$m(y) = M(ay+b), \quad p(y) = P(ay+b)$$

gilt. Das kommt darauf hinaus, affine Invarianten der Funktionen m und p zu suchen. Wir erhalten den

Satz. *Das Problem der Bestimmung der Invarianten einer* LAPLACE*schen Gleichung, deren absolute Invarianten nur von einer Veränderlichen abhängen, besteht in der Bestimmung der affinen Invarianten der Invarianten m und p oder in der Bestimmung ihrer projektiven Invarianten, sobald es sich um eine Gleichung mit gleichen Invarianten handelt* ($m = 1$).

Ist $m = 1$ und p ein Polynom, so kennt man eine Methode, die Invarianten unserer Gleichung gegenüber projektiven Transformationen zu gewinnen.[13])

Ist p eine rationale Funktion zweiten Grades, so läßt sie sich auf die kanonische Gestalt

$$p(y) = \frac{y^2+1}{ay+c}$$

bringen, und wenn P auf dieselbe Gestalt gebracht wird, so muß diese Funktion im Äquivalenzfall dieselbe Funktion von β sein, wie dies p von y oder $\frac{1}{y}$ ist.

Projektive Invarianten rationaler Funktionen. Nunmehr sei $p(y)$ eine rationale Funktion der Gestalt:

$$p(y) = m_0 + \frac{m_1}{y-y_1} + \cdots + \frac{m_\varrho}{y-y_\varrho}. \tag{49}$$

Gemäß der projektiven Transformation

$$y' = \frac{ay+b}{cy+d}$$

[13]) F. ENRIQUES et P. CHISSINI, Teoria geometrica delle equazioni e funzioni algebriche, Zanichelli, Bologna, vol. I, chap. I.

gehört zu jeder Wurzel y_i des Nenners dieser Funktion eine Wurzel y_i' der transformierten rationalen Funktion, und es gilt

$$y' - y_i' = \frac{\Delta(y - y_i)}{(cy + d)(cy_i + d)}, \quad \Delta = ad - bc.$$

Damit bekommen wir

$$\frac{m_i'}{y' - y_i'} = m_i' \left[\frac{c(cy_i + d)}{\Delta} + \frac{(cy_i + d)^2}{\Delta(y - y_i)}\right]$$

und erhalten so die Transformationsgleichungen

$$m_i' = \frac{\Delta m_i}{(cy_i + d)^2}, \quad m_0' = m_0 - \sum_{i=1}^{\varrho} \frac{c m_i}{cy_i + d}.$$

Mit Rücksicht auf die ersten dieser Formeln ergibt sich

$$\frac{y_i'^p}{m_i'^q} = \frac{(ay_i + b)^p (cy_i + d)^{2q-p}}{\Delta^q m_i^q}. \tag{48''}$$

Wenn wir p und q als ganz und positiv voraussetzen, ergibt sich, daß die rechte Seite dieser Formel ein Polynom in y_i ist, wenn $p \leqq 2q$ ist. Bezeichnet man insbesondere für $q = 1$ mit s_p die Quotientensummen

$$s_p = \sum_i \frac{y_i^p}{m_i}, \qquad p = 0, 1, 2,$$

so ergibt sich, daß sich die s_0', s_1', s_2' mit Hilfe der s_0, s_1, s_2 durch die Gleichungen

$$\begin{aligned} \Delta s_0' &= c^2 s_2 + 2cd s_1 + d^2 s_0, \\ \Delta s_1' &= ac s_2 + (ad + bc) s_1 + bd s_0, \\ \Delta s_2' &= a^2 s_2 + 2ab s_1 + b^2 s_0 \end{aligned} \tag{50}$$

ausdrücken lassen. Infolge dieser Gleichungen ist

$$s_0 s_2 - s_1^2 = \sum_{i,j} \frac{(y_i - y_j)^2}{m_i m_j}$$

eine projektive Invariante. Ist sie von Null verschieden, so hat die Gleichung

$$\lambda^2 s_2 - 2\lambda s_1 + s_0 = 0$$

zwei verschiedene Wurzeln. Setzt man

$$a = \lambda_1 b, \quad c = \lambda_2 d,$$

so ergibt sich $s_0' = s_2' = 0$. Nimmt man also von Anfang an $s_0 = s_2 = 0$ an, so bleiben diese Annahmen bei projektiven Transformationen, welche den Bedingungen

$cd = 0$, $ab = 0$ genügen, bestehen. Betrachten wir also die projektiven Transformationen lediglich in einer Umgebung der Identität, so muß $c = b = 0$ bestehen, und die Transformation gewinnt die Gestalt

$$y' = \frac{a}{d}\, y.$$

Diese Transformation läßt natürlich die Werte s_0, s_2 ungeändert, aber auch den Wert s_1, wie die Gleichungen (50) zeigen.

Sobald $\sigma_0 = \sum_i m_i \neq 0$ ist, bekommt man $\sigma_0' = \frac{a}{d}\,\sigma_0$ und kann den Quotienten $\frac{a}{d}$ so wählen, daß $\sigma_0 = 1$ wird. Die einzige Transformation, welche die Werte $\sigma_0 = 1$, sowie $s_0 = s_2 = 0$ ungeändert läßt, ist die Identität. Daher können wie den folgenden Satz aussprechen: *Zwei rationale Funktionen der Gestalt*

$$\begin{aligned} p(y) &= m_0 + \frac{m_1}{y - y_1} + \cdots + \frac{m_p}{y - y_p}, \\ P(\beta) &= M_0 + \frac{M_1}{\beta - \beta_1} + \cdots + \frac{M_p}{\beta - \beta_p} \end{aligned} \tag{50'}$$

mit $s_0 = s_2 = 0$, $\sigma_0 = 1$ *und gleichen Summen* s_1 *sind einer projektiven Transformation gegenüber äquivalent, wenn* $p(\beta)$ *in gleicher Weise von* β *abhängt, wie* p *von* y.

Die Äquivalenztransformation ist dann einfach durch $\beta = y$ gegeben. Sind die Summen s_1 entgegengesetzt gleich, so können wir zum ersten Fall durch die Transformation $y' = y^{-1}$ zurückkommen.

Wenn $\sigma_1 = 0$ ist, kann die erste nichtverschwindende der Summen

$$\sigma_p = \sum_i m_i\, y_i^p$$

auf die Einheit reduziert werden, und die Folgen sind die gleichen. Wenn $s_0 s_2 - s_1^2$ verschwindet, jedoch nicht gleichzeitig auch s_0, s_1, s_2, so kann s_0 zum Verschwinden gebracht werden, s_1 ist dann auch gleich Null, und für die projektive Transformationen, welche diese Werte ungeändert läßt, gilt dann notwendig $c = 0$. Dann läßt sich auch noch $c_2 = 1$ und $y_1 + y_2 + \cdots + y_\varrho = 0$ erreichen, und die projektive Transformation, welche diesen Sachverhalt ungeändert läßt, ist die identische Transformation. Im Fall $s_0 = s_1 = s_2 = 0$ werden die Formeln (48″) mit $q = 2$ maßgeblich, und wir bekommen, wenn

$$\varepsilon_p = \sum_i \frac{y_i'^p}{m_i^2}, \qquad p = 0, 1, 2, 3, 4$$

gilt, für ε_p' ($p = 0, 1, 2, 3, 4$) eine lineare Darstellung mit Hilfe der ε_p. Insbesondere gilt

$$\Delta^2 \varepsilon_0' = c^3 \varepsilon_4 + 4 c^3 d\, \varepsilon_3 + 6 c^2 d^2 \varepsilon_2 + 4 c d^3 \varepsilon_1 + d^4 \varepsilon_0,$$

$$\Delta^2 \varepsilon_4' = a^3 \varepsilon_4 + 4 a^3 b\, \varepsilon_3 + 6 a^2 b^2 \varepsilon_2 + 4 a b^3 \varepsilon_1 + b^4 \varepsilon_0,$$

und wir können a, b, c, d benutzen, um $\varepsilon_0' = \varepsilon_4' = 0$ zu bekommen, abgesehen von dem Fall, in welchem die Gleichung vierten Grades, deren Koeffizienten die ε_p sind, eine vierfache Wurzel hat. Analoge Folgerungen wie vorher ergeben sich auch, wenn nicht alle ε_p verschwinden. Sind jedoch alle ε_p gleich Null, so kann man die Gleichungen (48″) für $q = 3$ heranziehen und so weiter. Sind die λ_1, λ_2 imaginär, so kann man gleichwohl imaginäre projektive Transformationen vermeiden, indem man die Bedingungen

$$s_0' = s_2', \quad s_1' = 0$$

stellt, und die projektive Gruppe, welche diese Werte unverändert läßt, ist dann durch die Gleichung

$$y' = \frac{y \cos\theta - \sin\theta}{y \sin\theta + \cos\theta}$$

gegeben. In diesem Fall kann man noch $\varepsilon_0' = 0$ erreichen, und die Gruppe, welche diesen Wert von ε_0' ungeändert läßt, ist die Identität.

Offensichtlich sind die Summen $s_0, s_1, s_2, \varepsilon_0, \varepsilon_1, \ldots$ symmetrische Funktionen der Wurzeln des Nenners der rationalen Funktionen

$$p(y) = \frac{f(y)}{\varphi(y)}, \quad \varphi(y) = (y - y_1) \cdots (y - y_\varrho),$$

und wir erhalten

$$m_i = \frac{f(y_i)}{\varphi'(y_i)}.$$

Indem wir die in Rede stehenden symmetrischen Funktionen durch die Koeffizienten von $\varphi(y)$ ausdrücken, ergeben sich die betrachteten Summen als rationale Funktionen in den Koeffizienten der Polynome.

Die gleichen Erwägungen gelten auch im Fall mehrfacher Wurzeln von $\varphi(y)$.[14])

Das allgemeine Äquivalenzproblem. Das Äquivalenzproblem der Laplaceschen Gleichungen kann auch unter einem allgemeinen Gesichtspunkt betrachtet werden. Liegt nämlich eine Laplacesche Gleichung (32) vor, so können wir ihr eine andere solche Gleichung zuordnen

$$s_1 + a_1 p_1 + b_1 q_1 + c_1 z_1 = 0, \tag{51}$$

für welche z_1 durch

$$z_1 = q + az \tag{51'}$$

gegeben ist. Denn leiten wir (51′) nach x ab und berücksichtigen (32), so bekommen wir

$$p_1 = -bq + (a_x - c)z,$$

---

[14]) Zum Studium der projektiven Invarianten analytischer Funktionen vgl. G. Calugareanu, Sur certains invariants attachés aux fonctions analytiques, Mathematica 12 (1936), S. 164.

und nach Elimination von q mit Hilfe von (51′) entsteht daraus

$$p_1 + bz_1 = hz. \qquad (51'')$$

Auf diese Weise können wir z als Funktion von z_1 berechnen, es sei denn, es gilt $h = 0$, wenn (32) nach der Methode von LAPLACE integrabel ist. Nun sei $h \neq 0$, (51) werde nach y abgeleitet, und z und q mit Hilfe von (51′) und (51″) eliminiert; dann ergibt sich (51) mit den Koeffizienten

$$a_1 = a - \frac{h_y}{h}, \quad b_1 = b, c_1 = c - a_x + b_y - b\,\frac{h_y}{h}.$$

Man sieht auch leicht, daß die Gleichung (51) mit einer BÄCKLUND-Transformierten zusammenfällt, sobald man vom System

$$ds^1 = dz - p\,dx - q\,dy = 0,$$

$$ds^2 = dq + (ap + bq + cz)\,dx - t\,dy = 0$$

ausgeht, da sich dessen zweite Gleichung

$$ds^1 = dz_1 - p_1 dx - q_1 dy = 0$$

schreiben läßt. Was die Invarianten h_1, k_1 der Gleichung (51) angeht, so sind sie durch die Gleichungen

$$h_1 = 2h - k - (\lg h)_{xy}, \quad k_1 = h \qquad (52)$$

gegeben. Ebenso kann die LAPLACEsche Gleichung betrachtet werden, welcher die Funktion

$$z_{-1} = p + bz, \quad q_{-1} + az_{-1} = kz$$

genügt und deren Invarianten durch die Gleichungen

$$h_{-1} = k, \quad k_{-1} = 2k - h - (\lg k)_{xy} \qquad (52')$$

gegeben sind. Wir nennen die Gleichung (51) eine LAPLACE-Transformierte oder BÄCKLUND-Transformierte der Gleichung (32) hinsichtlich der Veränderlichen y, während die Gleichung, welcher z_{-1} genügt, eine LAPLACE- bzw. BÄCKLUND-Transformierte hinsichtlich der Veränderlichen x genannt wird.

Indem man die Gleichung (32) mit (E), die Gleichung (51) mit (E_1) und diejenige, der z_{-1} genügt, mit (E_{-1}) bezeichnet, kann man die Transformierte der Gleichung (51) hinsichtlich der Veränderlichen y betrachten, d. h. eine Gleichung, welcher die Funktion

$$z_2 = q_1 + a_1 z_1$$

genügt, und erhält damit eine weitere LAPLACEsche Gleichung, etwa (E_2), während man als Transformierte von (E_1) hinsichtlich der Variablen x die Gleichung (E) zurückgewinnt, da

$$p_1 + b_1 z_1 = p_1 + bz_1 = hz$$

ist.

Auf diese Weise lassen sich auch Transformierte (E_n) beliebiger Ordnung n der Gleichung (E) betrachten, deren Invarianten h_n, k_n mit den Invarianten h_{n-1}, k_{n-1} der Gleichung (E_{n-1}) im Fall positiver n durch die Beziehungen

$$h_n = 2h_{n-1} - k_{n-1} - (\lg h_{n-1})_{xy}, \quad k_n = h_{n-1} \tag{53}$$

verknüpft sind. Ist n negativ, so sind die Invarianten h_{n-1}, k_{n-1} der Gleichung (E_{n-1}) mit denen der Gleichung (E_n) durch die Beziehungen

$$h_{n-1} = k_n, \quad k_{n-1} = 2k_n - h_n - (\lg k_n)_{xy} \tag{53'}$$

verknüpft, die mit (53) zusammenfallen, wenn man sie nach h_{n-1}, k_{n-1} auflöst. Die Gleichungen (53) sind also für beliebige positive und negative Werte n gültig, wobei die Gleichung (E) dem Wert $n = 0$ entspricht. Auf diese Weise kann man einer LAPLACEschen Gleichung (E) eine Kette

$$\ldots, (E_{-n}), \ldots, (E_{-2}), (E_{-1}), (E), (E_1), (E_2), \ldots, (E_n), \ldots \tag{54}$$

LAPLACEscher Gleichungen assoziieren, die rechts mit (E_n) oder links mit (E_{-n}) abbricht, wenn $h_n = 0$ oder $k_{-n} = 0$ ist, sobald die Gleichung (E) nach der Methode von LAPLACE integrabel ist. Sind dann zwei LAPLACEsche Gleichungen (E) und (E') gegeben, die erste mit der unbekannten Funktion $z(x, y)$, die zweite mit $z'(x', y')$, so sind die zugehörigen LAPLACEschen Ketten äquivalent, sobald die LAPLACEschen Gleichungen (E) und (E') äquivalent sind, d. h., jeder Gleichung aus der Kette (54) ist die entsprechende aus der Kette (54')

$$\ldots, (E'_{-n}), \ldots, (E'_{-2}), (E'_{-1}), (E'), (E'_1), E'_2), \ldots, (E'_n), \ldots \tag{54'}$$

äquivalent. Auch kann es vorkommen, daß die Gleichung (E') zwar nicht zur Gleichung (E), wohl aber zu einer anderen Gleichung, etwa (E_n), aus der Kette (54) äquivalent ist. In diesem Fall heißt (E') durch LAPLACE-Transformationen zu (E) äquivalent. Damit (E') zu (E_n) äquivalent ist, müssen, wie vorher gezeigt worden ist, die absoluten Invarianten von (E') mit den absoluten Invarianten von (E_n) übereinstimmen, d. h., es gilt notwendig

$$\frac{h'}{k'} = \frac{h_n}{k_n}, \qquad \frac{(\lg k')_{x'y'}}{k'} = \frac{(\lg k_n)_{xy}}{k_n}.$$

Offenbar ist das Problem, die Äquivalenz zweier gegebener LAPLACEscher Ketten zu entscheiden, von großer Schwierigkeit, da man diese Äquivalenz, wenn sie besteht, für (E') gegenüber einer beliebigen der Gleichungen der unendlichen Kette (54) nachweisen muß.

Wenn die LAPLACEsche Gleichung (32) eine verallgemeinerte POISSONsche Gleichung (48) ist, vereinfacht sich das Problem, da wir dann die absoluten Invarianten einer Gleichung (E_n) als Funktion der absoluten Invarianten der Gleichung (E) durch sehr einfache Formeln erhalten können. Tatsächlich bekommen wir, indem wir die Invarianten von (E_n) mit m_n, p_n bezeichnen

$$m_n = \frac{h_n}{k_n} = \frac{\varphi(n)}{\varphi(n-1)}, \quad p_n = \frac{p}{\varphi(n-1)}, \tag{55}$$

worin die Funktion φ durch

$$\varphi(n) = (n+1)m - n(n+1)p - n$$

gegeben ist, und die Gleichungen (55) sind für beliebige positive oder negative Werte n gültig. Für positives n und konstante absolute Invarianten sind die ersten der Formeln (55) von F. MARCUS bewiesen worden[15]), indem er m und m_1 als absolute Invarianten an Stelle von m und p benutzt.

Im Fall einer POISSONschen Gleichung ergeben sich unmittelbar Gleichungen, welche h_n und k_n bestimmen. Diese Gleichungen sind offenbar für $n = 0$ erfüllt, da $\varphi(-1) = 1$ und $\varphi(0) = m$. Sie sind desgleichen für $n = 1$ erfüllt, da

$$m_1 = \frac{\varphi(1)}{\varphi(0)} = 2 - \frac{1}{m} - 2\,\frac{2p}{m}, \quad p_1 = \frac{p}{m}$$

ist, wie das mit den Gleichungen (52) im Einklang ist.

Um zu zeigen, daß die Gleichungen (55) für beliebige positive oder negative Werte n gelten, nehmen wir ihre Gültigkeit für $n-1$ an und zeigen sie für n. Tatsächlich bekommen wir mit Rücksicht auf (52), angewendet auf die Gleichung (E_{-1}),

$$m_n = \frac{h_n}{k_n} = 2 - \frac{\varphi(n-2)}{\varphi(n-1)} - \frac{(\lg h_{n-1})_{xy}}{h_{n-1}}. \tag{55'}$$

Wenn wir andererseits das Produkt

$$m \cdot m_1 \cdots m_{n-1} = \frac{h}{k}\,\frac{h_1}{k_1} \cdots \frac{h_{n-1}}{k_{n-1}} \tag{56}$$

betrachten, finden wir

$$m m_1 \cdots m_{n-1} = \frac{h_{n-1}}{k},$$

da $k_i = h_{i-1}$ ist, solange $i \geqq 1$ ist, und andererseits

$$m m_1 \cdots m_{n-1} = \varphi(n-1).$$

Daher gilt

$$h_{n-1} = k\varphi(n-1). \tag{56'}$$

Da $\varphi(n-1)$ nur von y abhängt, ist die letzte der Gleichungen (55) erfüllt, denn man hat

$$2\,p_n = \frac{(\lg k_n)_{xy}}{k_n} = \frac{(\lg h_{n-1})_{xy}}{h_{n-1}} = \frac{(\lg k)_{xy}}{k\varphi(n-1)} = \frac{2p}{\varphi(n-1)}.$$

---

[15]) F. MARCUS, Sur les réseaux avec les invariants absolus constants, Bull. Math. Soc. Roum. Sci. 46 (1944), S. 135.

Ebenso bekommen wir mit Rücksicht auf die Gleichungen (55′)

$$m_n = \frac{2\varphi(n-1) - \varphi(n-2) - 2p}{\varphi(n-1)},$$

d. h. die erste der Gleichungen (55), da ja φ der Bedingung

$$\varphi(n) = 2\varphi(n-1) - \varphi(n-2) - 2p \tag{57}$$

genügt. Wenn n negativ ist, ist $m m_1 \ldots m_n = \frac{h}{k_n}$, sobald man annimmt, daß die Gleichungen (55) bis zum Wert n zutreffen. Da nun

$$h_{-r} = k_{-r+1}, \qquad r > 1$$

ist, gilt auch $m m_1 \cdots m_n = \frac{\varphi(0)}{\varphi(n-1)}$, und wir bekommen

$$k_n = h_{n-1} = \frac{h}{m}\,\varphi(n-1) = k\varphi(n-1), \qquad n < 0,$$

womit sich die Gültigkeit der letzten Gleichungen in (55) auch für negative n erweist. Schließlich genügt es, um die Gültigkeit der ersten der Gleichungen (55) für negative n nachzuweisen, zu beachten, daß mit Rücksicht auf (53′)

$$m_{n-1} = \frac{h_{n-1}}{k_{n-1}} = \frac{k_n}{2\,k_n - h_n - (\lg k_n)_{xy}}$$

oder auch

$$m_{n-1} = \frac{\varphi(n-2)}{2\varphi(n-1) - \varphi(n) - 2p} = \frac{\varphi(n-1)}{\varphi(n-2)}$$

gilt. Die Gleichungen (55) gelten somit allgemein wie die Gleichungen (53).

Bezeichnen demnach M und P die beiden absoluten Invarianten einer verallgemeinerten Poissonschen Gleichung (Σ), so wird diese Gleichung in bezug auf Laplace-Transformationen mit einer anderen Gleichung mit den absoluten Invarianten m und p äquivalent sein, sobald Beziehungen der Gestalt

$$\begin{aligned} M &= \frac{(n+1)\,m - n\,(n+1)\,p - n}{nm - n(n-1)\,p - n + 1}, \\ P &= \frac{p}{mn - n(n-1)\,p - n + 1} \end{aligned} \tag{58}$$

bestehen (n eine ganze Zahl). Die rechten Seiten der Gleichungen (58) müssen dann als Funktionen von β die gleichen Funktionen sein, wie M und P, sobald man mit passenden Konstanten a und b

$$y = a\beta + b$$

setzt. (Σ) ist dann zur Gleichung (E_n) aus der Kette (E) äquivalent, und (E) ist äquivalent zu (Σ_{-n}) aus der Kette (Σ), wie man durch Auflösen der Beziehungen (58) nach m und p bestätigt. Mit $p = 0$ kann man die Gleichungen (55) auch auf die Gleichung (47) anwenden, in welchem Fall man als Äquivalenzbedingung

$$M = \frac{(n+1)m - n}{nm - n + 1} \tag{58'}$$

bekommt, und diese Gleichung muß durch die Substitution $y = a_1\beta + b_1$ mit passenden Konstanten a_1, b_1 bestätigt werden.

Sind m und M rationale Funktionen der Gestalt (49), so ist eine notwendige Äquivalenzbedingung durch

$$M = \frac{(n+1)m_0 - n}{nm_0 - n + 1}$$

gegeben, worin m_0 und M_0 die Werte von m und M im Unendlichen bezeichnen.

Aus den Gleichungen (55) geht hervor, daß eine verallgemeinerte POISSONsche Gleichung nach der Methode von LAPLACE integriert werden kann, sobald eine ganze Zahl n derart existiert, daß

$$(n+1)m - n(n+1)p - n = 0 \tag{59}$$

ist. Wenn zwischen 0 und n keine ganze Zahl mit dieser Eigenschaft existiert, bricht die LAPLACE-Kette von (E) mit (E_n) ab. Für $m > 0$ streben m_{n+1} und p_{n+1} ins Unendliche, wie die Gleichungen (55) zeigen, während m_{n+2} und p_{n+2} im allgemeinen beschränkt bleiben. Ebenso ergibt sich, daß man die LAPLACE-Kette über (E_n) hinaus verlängern kann, indem man die Gleichung (E_{n+2}) mit den absoluten Invarianten m_{n+2} und p_{n+2} heranzieht. Eine LAPLACE-Kette kann somit drei Arten von Gleichungen enthalten, je nachdem welche Gleichungen sich links von einer ihrer Lücken ergeben oder rechts von einer solchen oder zwischen zwei solchen Lücken.

Liegen dann zwei Gleichungen (E) und (E') vor, so besteht für beide Äquivalenz, wenn (E') zu einer Gleichung der LAPLACE-Kette von (E) äquivalent ist, die zur gleichen Art gehört wie (E). Legen wir eine verallgemeinerte POISSONsche Gleichung in der Gestalt

$$X_{xy} + \frac{\alpha}{x+y} X_x + \frac{\gamma}{(x+y)^2} X = 0 \tag{60}$$

zugrunde und vergleichen mit (48), so bekommen wir

$$\alpha = -\frac{m-1}{p}, \quad \gamma = -\frac{1}{p}.$$

Demnach erhält man aus

$$\gamma = -\frac{2k}{(\lg k)_{xy}}, \quad \alpha = \frac{2(k-h)}{(\lg k)_{xy}}$$

und (55)

$$\alpha_n = \alpha + 2n, \quad \gamma_n = n(n-1) + \gamma + n\alpha. \tag{60'}$$

Die Gleichung (60) ist also nach der Methode von LAPLACE integrabel, sobald

$$\gamma + n\alpha + n(n-1) = 0, \qquad (n \text{ eine ganze Zahl}) \tag{60''}$$

ist. Gilt $\alpha = \alpha(y), \gamma = \gamma(y)$, so ist n zugleich durch die Bedingung

$$\gamma_y + n\alpha_y = 0$$

definiert. Sind γ und α konstant, so stellt die Gleichung (60″) für veränderliches n eine Geradenschar dar, welche die Parabel

$$4\gamma = (\alpha - 1)^2$$

umhüllt, wenn man α und γ als Koordinaten einer Ebene deutet. Der Scheitel dieser Parabel liegt im Punkt $\alpha = 1, \gamma = 0$, und ihre konkave Seite entspricht $\gamma > 0$.

Wenn der Punkt $P(\alpha, \beta)$ im Innern dieser Parabel liegt, gestattet die Gleichung (60″) keine ganzzahligen Lösungen n. Liegt jedoch $P(\alpha, \beta)$ im Äußern der Parabel, so gibt es eine solche auf einer der Tangenten, die man durch die Punkte der γ-Achse mit ganzzahligen Koordinaten an die Parabel legen kann (die γ-Achse ist die Scheiteltangente). Liegt schließlich P auf zwei solchen Tangenten, so gilt

$$\alpha = 1 - n - p, \quad \gamma = np$$

mit ganzen Zahlen n und p. Mit $\operatorname{sgn} n \neq \operatorname{sgn} p$ wird γ negativ. Dann bricht die LAPLACE-Kette der Gleichung (60) auf beiden Seiten ab. Die Gleichungen (60′) zeigen auch an, daß innerhalb der LAPLACE-Kette der Gleichung (60) eine Gleichung mit gleichen Invarianten vorkommt, wenn $\alpha = -2n$ ist, und (E_n) ist dann diese Gleichung von gleichen Invarianten.

§ 7 Lineare partielle Differentialgleichungen in n unabhängigen Veränderlichen

Wir behandeln jetzt lineare homogene Gleichungen in n Veränderlichen der Gestalt

$$e(z) = a^{ij}\frac{\partial^2 z}{\partial x^i \partial x^j} + a^i \frac{\partial z}{\partial x^i} + az = 0, \tag{61}$$

deren Koeffizienten a^{ij} und a^i Funktionen der Veränderlichen $x^1, \ldots, x^n$ sind. Die Gleichung (61) behält ihre Gestalt, wenn z linear homogen und x^i beliebig transformiert werden:

$$z' = \alpha z, \quad x'^i = x'^i(x^1, \ldots, x^n), \qquad \alpha = \alpha(x^1, \ldots, x^n). \tag{62}$$

Ist

$$e'(z') = a'^{ij}\frac{\partial^2 z'}{\partial x'^i \partial x'^j} + a'^i \frac{\partial z'}{\partial x'^i} + a' z' = 0 \tag{61'}$$

eine transformierte Gleichung, so muß die linke Seite $e'(z')$ von (61′) zur linken Seite $e(z)$ von (61) proportional sein, d. h., es muß $e'(z') = \varrho e(z)$ gelten.

Berücksichtigt man die Gleichungen

$$\frac{\partial z'}{\partial x'^i} = (\alpha z_r + \alpha_r z)\frac{\partial x^r}{\partial x'^i},$$

$$\frac{\partial^2 z'}{\partial x'^i \partial x'^j} = (\alpha z_{rs} + \alpha_r z_s + \alpha_s z_r + \alpha_{rs})\frac{\partial x^r}{\partial x'^i}\frac{\partial x^s}{\partial x'^j} + (\alpha z_r + \alpha_r z)\frac{\partial^2 x^r}{\partial x'^i \partial x'^j}$$

mit Verwendung der Abkürzungen

$$z_r = \frac{\partial z}{\partial x^r}, \quad \alpha_r = \frac{\partial \alpha}{\partial x^r}, \quad z_{rs} = \frac{\partial^2 z}{\partial x^r \partial x^s}, \quad \alpha_{rs} = \frac{\partial^2 \alpha}{\partial x^r \partial x^s},$$

so ergibt sich

$$\varrho a^{rs} = \alpha a'^{ij}\frac{\partial x^r}{\partial x'^i}\frac{\partial x^s}{\partial x'^j},$$

$$\varrho a^r = \alpha a'^{ij}\frac{\partial^2 x^r}{\partial x'^i \partial x'^j} + 2a'^{ij}\alpha_s\frac{\partial x^r}{\partial x'^i}\frac{\partial x^s}{\partial x'^j} + \alpha a'^i\frac{\partial x^r}{\partial x'^i}, \tag{62'}$$

$$\varrho a = \alpha_r a'^{ij}\frac{\partial^2 x^r}{\partial x'^i \partial x'^j} + \alpha_{rs} a'^{ij}\frac{\partial x^r}{\partial x'^i}\frac{\partial x^s}{\partial x'^j} + \alpha_r a'^i\frac{\partial x^r}{\partial x'^i} + \alpha a'.$$

Die linken Seiten dieser Gleichungen zeigen, daß die a^{ij} die Komponenten eines kontravarianten konformen Tensors zweiter Stufe bilden mit dem Konformitätsfaktor $\frac{\varrho}{\alpha}$. Wenn $|a^{ij}| \neq 0$ ist, kann man gemäß

$$a^{ij}a_{jk} = \delta^i_k$$

zu einem kovarianten Tensor a_{ij} und zur Metrik

$$ds^2 = a_{ij}dx^i dx^j \tag{62''}$$

übergehen, die also eine konforme zur partiellen Differentialgleichung (61) assoziierte Metrik darstellt. Wirklich gilt, sobald a'_{ij} der zu a'^{ij} assoziierte Tensor ist und man

$$ds'^2 = a'_{ij}dx'^i dx'^j$$

setzt, die Beziehung

$$ds'^2 = \frac{\alpha}{\varrho}ds^2.$$

Der Raum der unabhängigen Veränderlichen $x^1, \ldots, x^n$ der Differentialgleichung (61) kann also als ein konformer V_n angesehen werden. Dann ist aber auch die MONGEsche Gleichung

$$a_{ij}dx^i dx^j = 0 \tag{63}$$

eine mit der Gleichung (61) assoziierte Gleichung, und wir können daher in jedem Punkt $P_0(x_0^1, \ldots, x_0^n)$ des Raumes den sogenannten charakteristischen Kegel

$$(a_{ij})_0 X^i X^j = 0$$

der Gleichung (61) im lokalen Tangentialraum zu P_0 betrachten. Ist dieser Kegel imaginär, so ist die Gleichung (61) elliptisch, ist er reell, so ist (61) hyperbolisch. Für $n = 2$ reduziert sich dieser Kegel offensichtlich auf zwei Geraden, die Tangenten an die charakteristischen Grundkurven (vgl. S. 276).

Als Beispiel für eine Gleichung der Gestalt (61) betrachten wir die Differentialgleichung

$$\frac{\partial^2 u}{\partial x^2} + \frac{\partial^2 u}{\partial y^2} - \frac{1}{v^2}\frac{\partial^2 u}{\partial t^2} = 0$$

zylindrischer Wellen. N. Teodorescu hat gezeigt, wie man einer Gleichung (61) einen affinen Zusammenhang zuordnen kann mit (affin-)invarianten charakteristischen Kegeln.[16])

Ist $|a^{ij}| = 0$ und die Matrix $||a^{ij}||$ etwa vom Rang m, so kann man, wie wir gesehen haben, diesem kovarianten Tensor einen nichtholonomen Raum V_n^m zuordnen. Dieser V_n^m ist konform und seine Metrik daher bis auf einen Faktor bestimmt. Gleichungen mit $|a^{ij}| = 0$ heißen parabolische Gleichungen; sie sind von Gr. Moisil näher untersucht worden.[17])

Die invariante Form von Cotton. Die Untersuchung der Invarianten einer Gleichung (61) in bezug auf die Transformationen (62) ist im allgemeinen nichtparabolischen Fall von E. Cotton durchgeführt worden[18]) unter Verwendung der Methode der sogenannten Differentialparameter. Da man

$$\frac{\partial^2 z}{\partial x^i \partial x^j} = \Delta z_{ij} + \left\{ {r \atop ij} \right\} \frac{\partial z}{\partial x^r}$$

schreiben kann, worin $\left\{ {r \atop ik} \right\}$ Christoffels Dreizeigersymbole zweiter Art bezeichnen und Δz_{ij} die kovarianten Ableitungen

$$\Delta z_{ij} = \frac{\partial^2 z}{\partial x^i \partial x^j} - \left\{ {r \atop ij} \right\} \frac{\partial z}{\partial x^r} \tag{64}$$

zweiter Ordnung der Funktion z im Raum V_n der Metrik a_{ij}, kann man (61) in die von Cotton gefundene invariante Form

$$a^{ij} \Delta z_{ij} + A^i \frac{\partial z}{\partial x^i} + az = 0 \tag{65}$$

[16]) N. Teodorescu, La géométrie de l'équation des ondes, Bull. Math. Soc. Roum. Sci **41** (1939); **42** (1940); **43** (1942).

[17]) Gr. Moisil, Sur les équations aux dérivées partielles du second ordre et du type parabolique, Ann. Sci. Univ. Jassy **24** (1938), S. 322.

[18]) E. Cotton, Sur les invariants différentiels de quelques équations linéaires aux dérivées partielles du second ordre, Ann. Sci. École Norm. Sup. (3) **17** (1900).

bringen, worin

$$A^i = a^i + \left\{ {i \atop pq} \right\} a^{pq}$$

ist. Die Gleichung (65) zeigt, daß die A^i hinsichtlich einer Koordinatentransformation, für welche man die linke Seite dieser Gleichung als Invariante behandeln kann, einen kontravarianten Vektor bilden.

Die Größen

$$A_i = A^j a_{ij} = a_{ij} a^j + [i, pq] a^{pq}$$

bilden also einen kontravarianten Vektor, und die PFAFFsche Form

$$d\sigma = A_i dx^i = a_{ij} a^i dx^j + [i, pq] a^{pq} dx^i \tag{65'}$$

ist eine invariante Form. Sehen wir zu, wie sich diese PFAFFsche Form bei einer konformen Transformation (mit ungeändert bleibenden Veränderlichen) transformiert. Mit Rücksicht auf (62') bekommt man dann

$$\begin{aligned} a'^{ij} &= \frac{\varrho}{\alpha} a^{ij}, \qquad a'_{ij} = \frac{\alpha}{\varrho} a_{ij}, \\ a'^i &= \frac{\varrho}{\alpha} a^i - 2 \frac{\varrho}{\alpha^2} a^{ij} \alpha_j, \qquad a' = \varrho e \left(\frac{1}{\alpha}\right). \end{aligned} \tag{65''}$$

Desgleichen mit Rücksicht auf die Gleichungen[19])

$$[i, pq]' = \frac{1}{2} \frac{\alpha}{\varrho} [i, pq] + \frac{1}{2} a_{ip} \left(\frac{\alpha}{\varrho}\right)_q + \frac{1}{2} a_{iq} \left(\frac{\alpha}{\varrho}\right)_p - \frac{1}{2} a_{pq} \left(\frac{\alpha}{\varrho}\right)_i$$

für $d\sigma'$

$$d\sigma' = d\sigma + \frac{n-2}{2} d \lg \varrho - \frac{n+2}{2} d \lg \alpha. \tag{66}$$

Die Form $d\sigma$ ist also bis auf ein vollständiges Differential bestimmt, und die bilineare Kovariante

$$\Delta \sigma = \left(\frac{\partial A_i}{\partial x^j} - \frac{\partial A_j}{\partial x^i} \right) dx^i \delta x^j \tag{67}$$

ist eine Invariante des Problems. Die Form ist selbst ein vollständiges Differential, wenn die bilineare Kovariante verschwindet, und wir können uns dann der Funktionen α und ϱ bedienen, um die A_i zum Verschwinden zu bringen und auf diese Weise die Gleichung (65) in die Gestalt

$$a^{ij} \Delta z + az = 0 \tag{66'}$$

zu bringen. Wenn $n \neq 2$ ist, zeigt die Gleichung (66), daß, wenn $d\sigma$ verschwindet, dieser Sachverhalt ungeändert bleibt, sobald

$$\varrho^{n-2} = c \alpha^{n+2} \qquad (c = \text{Konstante})$$

ist.

---

[19]) G. VRANCEANU, Geometrische Eigenschaften der partiellen linearen Differentialgleichungen zweiter Ordnung, Mathematica 20 (1944), S. 98–112.

Man kann dann über α so verfügen, daß $a = 0$ wird. Die letzte der Gleichungen (65″) zeigt nämlich, daß dies darauf hinauskommt, $\frac{1}{\alpha}$ als Lösung der Gleichung (61) zu wählen. Ist daher $n > 2$ und verschwindet die bilineare Kovariante (67), so kann (61) auf

$$a^{ij} \Delta z_{ij} = 0 \tag{67'}$$

reduziert werden. Eine solche Gleichung kann man als Gesetz einer Wellenbewegung deuten,[20]) wenn der assoziierte Raum V_n konform abwickelbar auf einen pseudoeuklidischen Raum der indefiniten Metrik

$$ds^2 = (dx^1)^2 + \cdots + (dx^{n-1})^2 - (dx^n)^2$$

ist. Für $n = 4$ gelangen wir so zur Metrik des raumzeitlichen Kontinuums der speziellen Relativitätstheorie, wobei x^1, x^2, x^3 orthogonale Koordinaten x, y, z bezeichnen und $x^4 = ct$ gilt mit c als Lichtgeschwindigkeit und t als Zeit.

Invariante Riemannsche Räume. Das Problem der Untersuchung der Invarianten einer nichtparabolischen Gleichung (61) reduziert sich im allgemeinen auf die Untersuchung der Simultaninvarianten der Mongeschen Gleichung (63) und der bilinearen Kovarianten (67).[21])

Man kann mit der gleichen Berechtigung sagen, daß die Gleichung (61) einen symplektischen Raum (67) bestimmt, in welchem durch die Mongesche Gleichung (63) ein nichtholonomer Raum höherer Ordnung im Sinne von V. Wagner definiert ist (vgl. S. 190).

Wählen wir dann die Orthogonalkongruenzen des konformen Raumes V_n (62″) so, daß damit die bilineare Kovariante (67) die kanonische Gestalt

$$\Delta\sigma = A_1 [ds^1 ds^2] + \cdots + A_p [ds^{2p-1} ds^{2p}]$$

gewinnt, so können wir es durch eine konforme Transformation (vgl. Kapitel II) erreichen, daß einer der Koeffizienten $A_1, A_2, \ldots, A_n$, etwa A_1, gleich der Einheit wird. Dann ist die Gruppe der Kongruenztransformationen, welche diesen Wert A_1 ungeändert läßt, die orthogonale Gruppe, und man kann so auf invariante Weise der Gleichung (61) einen Raum V_n assoziieren.

Andererseits haben wir gesehen (vgl. S. 91), daß man einem konformen Raum V_n einen invarianten Raum assoziieren kann, abgesehen von dem Fall, daß der V_n konformabwickelbar auf einen euklidischen Raum ist. So ergibt sich der folgende

Satz. *Einer nichtparabolischen linearen partiellen Differentialgleichung kann man auf invariante Weise einen Riemannschen Raum assoziieren, abgesehen von dem Fall, daß die bilineare Kovariante* (67) *identisch verschwindet und die Metrik* (62″) *konformeuklidisch ist. In diesem Fall ist die Gleichung für $n > 2$ auf* (67′) *reduzibel, worin die a^{ij} konstant sind.*

---

[20]) N. Teodorescu, Sur le principe de Huygens, Ann. de l'Acad. R. P. R. 3 (1950), S. 611.
[21]) Vgl. Fußnote auf S. 295.

Für $n = 2$ bekommen wir einen invarianten V_2, indem wir

$$ds^2 = \left(\frac{\partial A_1}{\partial x^2} - \frac{\partial A_2}{\partial x^1}\right)\frac{1}{\sqrt{\varDelta}}\, a_{ij}\, dx^i\, dx^j \tag{68}$$

benutzen, worin $\varDelta$ die Determinante der Tensorkomponenten a_{ij} bezeichnet. Zugleich ist in diesem Fall

$$M = \frac{\left(a - \frac{1}{2} A_{rs} a^{rs} - \frac{1}{4} A_r A_s a^{rs}\right)\sqrt{\varDelta}}{\frac{\partial A_1}{\partial x^2} - \frac{\partial A_2}{\partial x^1}}$$

eine absolute Invariante, wenn die A_{rs} die kovarianten Ableitungen von A_r bedeuten. Im Fall einer LAPLACEschen Gleichung (32) können wir für M und für die Metrik (68) die Ausdrücke

$$ds^2 = (h - k)\,dx\,dy, \qquad M = \frac{h + k}{h - k} \tag{69}$$

verwenden. Es ergibt sich, daß diese Metrik von konstanter Krümmung ist, und M ist eine Konstante, sobald die Invarianten der LAPLACEschen Gleichung konstant sind. Wenn die LAPLACEsche Gleichung gleiche Konstanten hat, verschwindet die bilineare Kovariante und umgekehrt. Dann kann man die invariante Metrik

$$ds^2 = h\,dx\,dy \tag{70}$$

assoziieren, und die Gleichung ist eine POISSONsche Gleichung, wenn die Krümmung dieser Metrik konstant ist. Die LAPLACEsche Gleichung läßt sich bekanntlich auf die kanonische Gestalt[22])

$$\frac{\partial^2 z}{\partial x\,\partial y} = hz \tag{71}$$

bringen. Im allgemeinen reduziert sich eine Gleichung (61) in zwei unabhängigen Veränderlichen auf die Gestalt (66′) mit konstanten Koeffizienten, wenn die Form (65′) ein vollständiges Differential ist. Daher läßt sich neben der kanonischen Form (71) auch die der Gleichung (32′) entsprechende kanonische Form

$$\frac{\partial^2 z}{\partial x^2} + \frac{\partial^2 z}{\partial y^2} + az = 0 \tag{72}$$

assoziieren, sobald die charakteristischen Kurven imaginär sind. Dann bekommt man die invariante Metrik

$$ds^2 = a(dx^2 + dy^2).$$

So folgt, daß man zu einer Gleichung (32) oder (32′) eine invariante Metrik assoziieren kann, sofern sich nur diese Gleichung nicht auf die Gestalt (71) oder (72) mit verschwindenden Werten h oder a reduziert.

---

[22]) G. TZITZÉICA, Géométrie différentielle projective des réseaux, Cultura Naţională, Bucureşti 1923.

KAPITEL VI

DIFFERENTIALGEOMETRIE IM GROSSEN

In den vorhergehenden Kapiteln des ersten Bandes wie auch des vorliegenden Bandes haben wir angenommen, daß der Raum $X_n(x^1, \ldots, x^n)$ und die verschiedenen geometrischen Objekte, die in ihm auftreten (Invarianten, Vektoren, Übertragungen usw.), nur in einem gewissen hinreichend beschränkten Gebiet definiert seien, damit diese geometrischen Objekte in diesem Gebiet gewisse Eigenschaften bewahren, deren Existenz man bei ihnen voraussetzen darf. Wir betrachten jetzt das Problem, wie man gewisse dieser Eigenschaften auf einen weiteren Bereich oder auf den ganzen Raum ausdehnen kann. Wir sprechen dann von *globalen* oder auch von *topologischen* differentialgeometrischen Eigenschaften im Gegensatz zu den in einem beschränkten Gebiet geltenden Eigenschaften, welche die *lokalen* differentialgeometrischen Eigenschaften darstellen.

Die Entdeckung der globalen Differentialgeometrie RIEMANNscher Räume ist jüngeren Datums. Als wichtige Marksteine dieser Schöpfung hat man gewisse Ergebnisse von É. CARTAN[1]) über RIEMANNsche lokal-euklidische Normalräume anzusehen sowie eine Arbeit von H. HOPF und W. RINOW[2]), in welcher eine eingehende Untersuchung vollständiger Normal-V_2 gegeben wird. Andere wichtige Resultate verdankt man S. R. COHN-VOSSEN, L. A. LESTERNIC, A. D. ALEXANDROV und anderen.[3])

Was globale Untersuchungen im Gebiet der Differentialgeometrie affiner Zusammenhänge anbetrifft, so findet sich ein Exposé in einem Buch von O. VEBLEN und J. C. WHITEHEAD[4]) und neuerdings auch in einem solchen von A. LICHNEROWICZ.[5])

Auch eine Arbeit von C. B. ALLENDÖRFER[6]) beschäftigt sich mit Problemen, die sich natürlicherweise in der globalen Differentialgeometrie einstellen.

Wir werden uns in diesem Kapitel lediglich mit solchen Aspekten der globalen Differentialgeometrie beschäftigen, welche mit Hilfe der in den vorhergehenden Kapiteln gewonnenen Begriffen leicht zugänglich sind.

---

[1]) É. CARTAN, Leçons sur les espaces de Riemann, Gauthier-Villars, Paris, 1928, chap. III.

[2]) H. HOPF und W. RINOW, Über den Begriff der vollständigen differential-geometrischen Fläche, Commentarii Math. Helvetici 3 (1931), S. 209—224.

[3]) A. D. ALEXANDROV, Géométrie „en grand" in „Dreißig Jahre sowjetische Mathematik", Moskau 1948.

[4]) O. VEBLEN und J. H. C. WHITEHEAD, The foundations of differential geometry, Cambridge University Press, Cambridge 1938.

[5]) A. LICHNEROWICZ, Théorie globale des connexions et des groupes d'holonomie, Edizione Cremonese, Rome 1955.

[6]) C. B. ALLENDÖRFER, Global theorems in Riemann geometry, Bull. Amer. Math. Soc. 54 (1948), S. 249.

§ 1 Differenzierbare Mannigfaltigkeiten

Der Grundbegriff der globalen Differentialgeometrie ist der einer topologischen differenzierbaren Mannigfaltigkeit. Er ist eine Verallgemeinerung des Begriffes eines affin-euklidischen Raumes E_n. Wir beziehen diesen auf kartesische Koordinaten $x^1, \ldots, x^n$. Dann sind die Eigenschaften dieses Raumes durch die Invarianten gegenüber affinen Koordinatentransformationen

$$x'^i = a^i_j x^j + a^i \tag{1}$$

gegeben, wobei a^i_j, a^j Konstante sind und die Determinante $|a^i_j|$ nicht verschwindet. Den Punkten des Raumes E_n entsprechen endliche beschränkte Werte der Koordinaten $x^1, \ldots, x^n$, und diese Eigenschaft bleibt bei den Transformationen (1) erhalten.

Jeder unendlichen beschränkten Punktfolge $P_1, \ldots, P_n, \ldots$ aus E_n entspricht daher ein Grenzpunkt bzw. jeder unendlichen Folge von Punkten mit beschränkten Koordinatenwerten $|x^i_\nu| \leqq M^i$ ein Grenzpunkt mit beschränkten Koordinatenwerten.

Dabei kann man offensichtlich noch den Fall $|a^i_j| > 0$ von dem Fall $|a^i_j| < 0$ unterscheiden.

Einen affinen Raum, in welchem wir nur Transformationen (1) von positiver Determinante betrachten, nennen wir orientiert. Zwei orientierte Räume E_n und E'_n heißen *gleichsinnig*, wenn der Übergang von einem zum anderen durch eine Transformation (1) mit positiver Determinante erfolgt, andernfalls *ungleichsinnig*, wenn diese Determinante negativ ist. Hat man also einen Raum E_n als positiv orientiert erklärt, so wird auch E'_n positiv oder negativ orientiert sein, je nachdem ob für E_n und E'_n Gleichsinnigkeit oder Ungleichsinnigkeit besteht.

Man kann nun jeden Punkt $P_0(x^1_0, \ldots, x^n_0)$ aus E_n als Mittelpunkt eines Würfels von der Kantenlänge 2δ $(\delta > 0)$ ansehen, wobei für die zu den Koordinatenachsen parallelen Kanten

$$|x^i - x^i_0| \leqq \delta \tag{2}$$

und speziell für die inneren Punkte des Würfels

$$|x^i - x^i_0| < \delta$$

gilt.

Durch eine Transformation (1) geht ein solcher Würfel in ein Parallelepiped vom Zentrum P_0 über. Umgekehrt kann jedes Parallelepiped durch eine Transformation (1) in einen Würfel (2) verwandelt werden, und ein innerer Punkt des Parallelepipeds geht dabei in einen innern Punkt des Würfeln über und umgekehrt.

Ähnlich kann man einen Punkt $P_0(x^1_0, \ldots, x^n_0)$ aus E_n als Mittelpunkt einer Kugel

$$(x^1 - x^1_0)^2 + \cdots + (x^n - x^n_0)^2 \leqq R^2 \tag{3}$$

vom Radius R auffassen, und die inneren Punkte dieser Kugel sind dann durch

$$(x^1 - x^1_0)^2 + \cdots + (x^n - x^n_0)^2 < R^2$$

gegeben.

Durch eine Transformation (1) verwandelt sich die Kugel in ein Ellipsoid (geschlossene Fläche zweiter Ordnung), und P_0 bleibt Mittelpunkt. Überdies gehen innere Punkte der Kugel (3) in innere Punkte des Ellipsoids über.

Offenbar kann durch eine stetige Transformation der Würfel (2) in die Kugel (3) transformiert werden und umgekehrt, und ein innerer Punkt des Würfels geht dabei in einen inneren Punkt der Kugel über und umgekehrt. Wählen wir nämlich den Mittelpunkt von Würfel und Kugel zum Koordinatenanfangspunkt und dazu noch $\delta \sqrt{n} = R$, so geht die Kugel durch die Ecken des Würfels. Ist dann $P(x^1,\ldots, x^n)$ ein Punkt des Würfels und $P'(x'^1, \ldots, x'^n)$ ein solcher der Kugel, so erscheinen derartige Punkte als zugeordnete Punkte der Transformation, wenn sie auf der gleichen Geraden durch den Ursprung zu liegen kommen. Dann gilt

$$\frac{OP'}{OP} = \frac{OM'}{OM},$$

wobei M den Durchstoßpunkt der Geraden OP mit der Oberfläche des Würfels und M' den Durchstoßpunkt von OP' mit der Oberfläche der Kugel bezeichnet ($OM' = R$). Nun sei die erste Seite des Würfels, die von OP durchstoßen wird, durch $x^k = \delta$ gegeben. Dann bekommen wir die Transformationsformeln

$$x'^i = \frac{R x^i}{\sqrt{(x^1)^2 + \cdots + (x^{k-1})^2 + \delta^2 + (x^{k+1})^2 + \cdots + (x^n)^2}}. \tag{4}$$

Sie gelten nur für $x^k \geqq x^i (i \neq k)$ und stellen eine stetige und umkehrbare Transformation des Würfels in die Kugel dar. Sie sind differenzierbar, es sei denn zwei der Variablen, z. B. x^k und x^l, sind gleich, während die Ableitungen von (4) nicht mit denen zusammenfallen, die bei Vertauschung von x^k mit x^l erhalten werden.

Es gibt noch andere Transformationen, welche den Würfel in eine Kugel verwandeln, nicht nur stetige sondern auch differenzierbare, ja sogar analytische, d. h. solche, welche sich in konvergente Potenzreihen entwickeln lassen. Wir bringen diesen Umstand zum Ausdruck, indem wir Würfel und Kugel mit Ausschluß der Berandung als äquivalente Figuren ansehen, nicht nur vom eigentlichen topologischen Standpunkt, welcher nur stetige Transformationen kennt, sondern auch vom Standpunkt der topologischen Differentialgeometrie, deren Transformationen überdies differenzierbar sind.

Umgebungen. Der Raum E_n läßt sich durch abzählbar unendlich viele Kugeln

$$(x^1 - x_a^1)^2 + \cdots + (x^n - x_a^n)^2 < R_a^2 \tag{5}$$

überdecken, denn es genügt, als Mittelpunkte Punkte mit rationalen Koordinaten x_a^i anzunehmen und ebenso rationale Radien R_a. Dadurch wird jeder „rationale" Punkt des E_n Mittelpunkt einer Kugel und jeder „irrationale" Punkt $Q(x^1, \ldots, x^n)$, ist innerer Punkt von mindestens einer Kugel, da es zu Q beliebig nahe rationale Punkte gibt. Ebenso gibt es für zwei verschiedene Punkte P und Q stets eine Kugel, welche P enthält und eine andere, welche Q enthält, ohne daß die beiden Kugeln gemeinsame Punkte haben, was den separablen Charakter des Raumes zum Ausdruck bringt.

Durch die Transformation (1) gehen die Kugeln (5) in abzählbar unendlich viele Ellipsoide über, welche den Raum E_n überdecken, und somit ist jeder Punkt aus E_n innerer Punkt zu mindestens eines dieser Ellipsoide. Man sagt, die Kugeln (bzw. ihre Transformierten, die Ellipsoide) bilden Umgebungen für die Punkte, die sie enthalten. Im allgemeinen ist ein Punkt notwendig in unendlich vielen Umgebungen enthalten, und zwei Umgebungen zweier verschiedener Punkte können separiert gewählt werden, d. h. so, daß die Umgebung des Punktes P und die des Punktes Q punktfremd sind.

In einer dieser Umgebungen, etwa in V, können wir an Stelle der kartesischen Koordinaten $x^1, \ldots, x^n$ andere krummlinige Koordinaten

$$y^i = f^i(x^1, \ldots, x^n) \tag{6}$$

einführen, deren Funktionen y^i wir in V differenzierbar mit nichtverschwindender Funktionaldeterminante

$$\left|\frac{\partial f^i}{\partial x^j}\right| \neq 0 \tag{6'}$$

voraussetzen. Dann nennt man die y^i in V zulässige Koordinaten. Solche Koordinaten lassen die Orientierung der Umgebung V ungeändert, wenn die Determinante (6′) positiv ist, und ändern sie, wenn sie negativ ist.

Was die Differenzierbarkeit der Funktionen (6) anbetrifft, so setzen wir die Funktionen f^i stetig differenzierbar bis zu einer gewissen Ordnung p voraus oder legen sie noch einfacher als analytische Funktionen zugrunde, die man in Potenzreihen nach x^i entwickeln kann, die in einem V im Innern enthaltenden n-dimensionalen Gebiet konvergieren.

Nun sei V' eine andere Umgebung von E_n mit zulässigen Koordinaten $z^1, \ldots, z^n$, so daß also

$$z^i = \varphi^i(x^1, \ldots, x^n) \tag{7}$$

gilt mit differenzierbaren Funktionen φ^i, deren Funktionaldeterminante in V' nicht verschwindet.

Wir nehmen jetzt an, daß R ein den Umgebungen V und V' gemeinsames Gebiet darstellt. Sind V und V' innere Umgebungen zweier Kugeln, so enthält R Punkte, welche den beiden Kugeln gemeinsam sind. Ist dann

$$x^i = F^i(y^1, \ldots, y^n)$$

die zu (6) innerhalb R inverse Transformation, so können wir in (7) die x^i durch die Funktionen F^i ersetzen und bekommen

$$z^i = \varphi^i(F^1, \ldots, F^n) = \psi^i(y^1, \ldots, y^n),$$

worin ψ^i stetige differenzierbare Funktionen bezeichnen, deren Funktionaldeterminante

$$\left|\frac{\partial \psi^i}{\partial y^k}\right| = \left|\frac{\partial \varphi^i}{\partial x^j}\right| \left|\frac{\partial F^j}{\partial y^k}\right|$$

in V nicht verschwindet.

Sind also y^i und z^i zwei zulässige Koordinatensysteme im gemeinsamen Gebiet R der Umgebung V und V', so sind die z^i stetige und differenzierbare Funktionen der y^i und umgekehrt, deren Funktionaldeterminante in R nicht verschwindet. Das Gebiet R ist einfach zusammenhängend, d. h., sind in R zwei Punkte P und Q gegeben, so können diese durch eine stetige Kurve verbunden werden, die ganz in R liegt. R heißt zusammenhängend, insofern man von zwei Kurven C und C', die P und Q verbinden, eine, etwa C', stetig so deformieren kann, ohne R zu verlassen, daß sie mit C zusammenfällt. Man zeigt auch, daß R selbst eine Umgebung ist, d. h., es gibt ein Koordinatensystem in R, in welchem R das Innere einer Kugel darstellt. Die y^i und z^i sind also zulässige Koordinaten in R.

Nun sei ein Raum X_n auf Variable $x^1, \ldots, x^n$ bezogen, die sich als Bestimmungszahlen eines gewissen einfach zusammenhängenden Gebietes R verwenden lassen. Dieses Gebiet läßt sich als Umgebung auffassen, nachdem man darin durch eine Variablentransformation

$$u^i = f^i(x^1, \ldots, x^n)$$

erreicht hat, daß dieses Gebiet in umkehrbar eindeutiger und umkehrbar stetiger Weise auf das Innere einer Kugel abgebildet wird.

Läßt sich das Gebiet R mit den Gebieten $R_1, \ldots, R_\nu, \ldots$ überdecken, wobei jeder Punkt aus R innerer Punkt von mindestens einem der Gebiete $R_1, \ldots, R_\nu, \ldots$ ist (welche Umgebungen sind), so sagt man, der Raum X_n sei mit Hilfe eines abzählbar unendlichen Umgebungssystems definiert.

Unter dieser Voraussetzung spricht man von einer differenzierbaren Mannigfaltigkeit, mit abzählbarer Basis, indem dann ein zusammenhängender separabler topologischer Raum vorliegt, der sich durch abzählbar unendlich viele Koordinatenumgebungen

$$V_1, \ldots, V_\nu, \ldots$$

überdecken läßt, derart daß jeder Punkt dieses Raumes innerer Punkt mindestens einer dieser Umgebungen ist und daß jede Umgebung V ein Koordinatensystem $x^1, \ldots, x^n$ zuläßt, wobei die Beziehungen zwischen den Koordinaten zweier Umgebungen $V(x^1, \ldots, x^n)$ und $\overline{V}(\overline{x}^1, \ldots, \overline{x}^n)$ mit einem gemeinsamen Gebiet R durch die Gleichungen

$$\overline{x}^i = \overline{x}^i(x^1, \ldots, x^n)$$

mit stetigen und differenzierbaren Funktionen $\overline{x}^i$, deren Funktionaldeterminante im Innern von R nicht verschwindet, gegeben sind.[7])

Zunächst folgt aus dieser Definition, daß man Räume erwarten kann, welchen ein für alle Umgebungen, d. h. für den ganzen Raum, gültiges Koordinatensystem zukommt und solche, für welche das nicht zutrifft.

Ein Beispiel für den ersten Fall bietet der affin-euklidische und der metrisch-euklidische E_n. Einen solchen Raum kann man offensichtlich mit Hilfe einer ein-

---

[7]) Wenn die Funktionen unbeschränkt differenzierbar sind, sagt man, die Mannigfaltigkeit sei von einer Struktur C^∞. Vgl. G. de Rham, Variétés différentiables, Hermann et Cie., Paris 1955, S. 1—16.

zigen Umgebung definieren, denn man kann z. B. den Würfel $|x^i| < 1$ durch die Gleichungen $y^i = \operatorname{tg} \frac{\pi}{2} x^i$ in den euklidischen $E_n(y^1, \ldots, y^n)$ transformieren. Man bemerkt auch, daß für den affinen $E_n(x^1, \ldots, x^n)$ jedes andere Koordinatensystem

$$y^i = y^i(x^1, \ldots, x^n) \tag{7'}$$

ein für den ganzen Raum gültiges Koordinatensystem darstellt, wenn die y^i in ganz E_n analytische Funktionen vorstellen (mit nichtverschwindender Funktionaldeterminante in E_n), derart daß zu jedem Punkt $P(x^1, \ldots, x^n)$ ein Punkt $Q(y^1, \ldots, y^n)$ gehört und umgekehrt. Unter die Gleichungen (7′) fallen natürlich die linearen Transformationen, doch auch andere Transformationen wie etwa

$$y^1 = x^1, \quad y^2 = x^2 + (x^1)^2.$$

Eine Transformation (7′) nennt man einen Automorphismus des ganzen Raumes $(x^1, \ldots, x^n)$ in den ganzen Raum $(y^1, \ldots, y^n)$ und umgekehrt.

Man bemerkt auch, daß Transformationen der Gestalt (7′) die Eigenschaft zukommt, Punkte mit beschränkten Koordinatenwerten wiederum in Punkte mit beschränkten Koordinatenwerten überzuführen. Dieser Gesichtspunkt führt zu dem von Veblen und Whitehead geprägten Begriff einer einfachen Mannigfaltigkeit. Man nennt dann einen Raum eine einfache Mannigfaltigkeit, wenn seine Eigenschaften gegenüber Automorphismen des ganzen Raumes $(x^1, \ldots, x^n)$ invariant bleiben.

Kugelkoordinaten. Als Beispiel eines Raumes, der kein im ganzen Raum gültiges Koordinatensystem zuläßt, erwähnen wir die Kugel in E_3, aufgefaßt als zweidimensionalen Raum. Ist nämlich eine solche Kugel vom Radius 1 in E_3 durch

$$x^2 + y^2 + z^2 = 1 \tag{8}$$

gegeben, so lassen sich ihre Punkte durch Polarkoordinaten φ, θ gemäß

$$x = \sin\theta\cos\varphi, \quad y = \sin\theta\sin\varphi, \quad z = \cos\theta$$

mit

$$0 \leqq \varphi < 2\pi, \quad 0 \leqq \theta \leqq \pi$$

darstellen. Jedem Kugelpunkt entspricht ein einziges Wertesystem θ, φ und umgekehrt mit Ausnahme der Pole

$$N(0, 0, 1), \quad S(0, 0, -1),$$

für welche $\theta = 0$ und $\theta = \pi$ gilt bei beliebigen Werten von φ. Das System der Koordinaten θ und φ gilt also für alle Punkte der Kugel mit Ausnahme von N und S.

Es gibt nur noch ein anderes System von Kugelkoordinaten mit einem einzigen Ausnahmepunkt. Projiziert man nämlich die Kugel (8) vom Punkt $N(0, 0,1)$ aus auf die Ebene $z = 0$, deren Punkte durch die Koordinaten ξ und η gegeben werden, so ergibt sich

$$x = \frac{2\xi}{\xi^2 + \eta^2 + 1}, \quad y = \frac{2\eta}{\xi^2 + \eta^2 + 1}, \quad z = \frac{\xi^2 + \eta^2 - 1}{\xi^2 + \eta^2 + 1}. \tag{9}$$

Zu jedem Punkt $P \neq N$ der Kugel gehört ein Punkt der Ebene und umgekehrt. Der Punkt N ist der einzige Ausnahmepunkt, insofern er den uneigentlichen Elementen der Ebene $z = 0$ zugeordnet ist.

Legen wir jetzt eine Ebene $z = k$ mit $0 < k < 1$ zugrunde, so projiziert sich der Teil der Kugel, der unter dieser Ebene liegt, gemäß (9) auf das Innere des Kreises

$$\xi^2 + \eta^2 = \frac{1 + k}{1 - k},$$

und man kann diesen Teil somit als eine Umgebung V ansehen. Dasselbe läßt sich mit dem Teil der Kugel bewerkstelligen, welcher unterhalb der Ebene $z = -h$ mit $0 < h < 1$ liegt, wenn man vom Punkt $S(0, 0, -1)$ aus auf die Ebene $z = 0$ projiziert. Auch dieser Teil projiziert sich auf einen Kreis und kann als eine Umgebung V' angesehen werden.

So kann man die Kugel als ein System von zwei Umgebungen V und V' auffassen. Wenn wir die Koordinaten eines Punktes der Kugel, der unterhalb der Ebene $z = -h$ liegt, mit x', y', z' bezeichnen und die Beziehungen

$$x' = \frac{2\xi'}{\xi'^2 + \eta'^2 + 1}, \quad y' = \frac{2\eta'}{\xi'^2 + \eta'^2 + 1}, \quad z' = \frac{1 - \xi'^2 - \eta'^2}{1 + \xi'^2 + \eta'^2} \tag{10}$$

berücksichtigen (ξ', η' sind die Koordinaten eines Punktes der Ebene $z = 0$), so ergibt sich, daß die Punkte von V und V', welchen in $z = 0$ derselbe Punkt entspricht ($\xi = \xi', \eta = \eta'$), symmetrisch zu dieser Ebene liegen mit den Koordinaten

$$x' = x, \quad y = y', \quad z = -z'.$$

Zu den Umgebungen V und V' gehört offensichtlich ein gemeinsames Gebiet auf der Kugel, nämlich das Gebiet zwischen den Ebenen $z = k$ und $z = -h$. Zu einem Punkt P der Kugel aus diesem gemeinsamen Gebiet gehören zwei Punkte $R(\xi, \eta)$ und $R'(\xi', \eta')$ in der Ebene $z = 0$, und es gilt

$$\xi' = \frac{\xi}{\xi^2 + \eta^2}, \quad \eta' = \frac{\eta}{\xi^2 + \eta^2}. \tag{11}$$

Diese Transformation ist offensichtlich umkehrbar und analytisch im gemeinsamen Gebiet, der Übergang von R zu R' ist eine Inversion vom Gewicht 1, deren Pol im Ursprung liegt. Für eine Invariante $I(\xi, \eta)$ auf der Kugel gilt

$$I'(\xi', \eta') = I(\xi, \eta).$$

Eine solche Invariante ist auf der ganzen Kugel regulär und daher von beschränktem Wert für jedes endliche Wertsystem der ξ, η oder ξ', η'. Als Beispiel einer solchen Invarianten wählen wir die rationale Funktion $\frac{M(\xi,\eta)}{N(\xi,\eta)}$, in welcher M und N Polynome von geradem Grad darstellen und $N(\xi,\eta)$ stets positivwertig bleibt. Dann ist I' von gleicher Beschaffenheit, und I bleibt also immer beschränkt. Eine Invariante I kann in den Veränderlichen ξ und η denselben Ausdruck haben wie in der Veränderlichen ξ' und η', wie etwa das Beispiel

$$I = \frac{1 + 2a\xi + 2b\eta + \xi^2 + \eta^2}{1 + \xi^2 + \eta^2}$$

zeigt. Diese Invariante ist stets positiv, wenn $a^2 + b^2 < 1$ ist.

So hat auch die Metrik der Kugel

$$ds^2 = dx^2 + dy^2 + dz^2 = \frac{4}{(\xi^2 + \eta^2 + 1)} (d\xi^2 + d\eta^2) \tag{11'}$$

in ξ, η wie in ξ', η' denselben Ausdruck. Diese Metrik ist daher überall regulär auf der Kugel, nämlich positiv definit.

Betrachtet man allgemein auf der Kugel die quadratische Invariante

$$E d\xi^2 + 2F d\xi d\eta + G d\eta^2, \tag{11''}$$

so ergibt sich durch eine Transformation (11)

$$E' = \frac{E(\eta'^2 - \xi'^2)^2 - 4F(\eta'^2 - \xi'^2)\xi'\eta' + 4G\xi'^2\eta'^2}{(\xi'^2 + \eta'^2)^4},$$

und analoge Resultate erhält man für F', G'. Wenn E, F, G reguläre Funktionen sind, und für jedes System endlicher ξ, η ist die quadratische Form (11″) positiv definit. Das gilt auch für die transformierte Metrik, abgesehen vom Punkt $\xi' = \eta' = 0$, da man

$$E'G' - F'^2 = \frac{EG - F^2}{(\xi'^2 + \eta'^2)^4}$$

bekommt. Insbesondere ist die Metrik (11″) nicht auf der ganzen Kugel regulär, wenn die Koeffizienten E, F, G konstant sind.

Wenn die Metrik (11″) isotherm ist, d. h., wenn $E = G$, $F = 0$ gilt, bekommt man

$$E' = E(\xi'^2 + \eta'^2)^{-2}.$$

Setzen wir demnach

$$E = I(1 + \xi^2 + \eta^2)^{-2},$$

wobei I eine Invariante auf der Kugel bezeichnet, so entsteht

$$E' = I(1 + \xi'^2 + \eta'^2)^{-2},$$

und man erhält so eine auf der ganzen Kugel reguläre Metrik, wenn I überall regulär und positiv ist.

Offene und geschlossene Mannigfaltigkeiten. Vom Standpunkt der Topologie ist die Kugel eine geschlossene Mannigfaltigkeit ohne Rand, während der euklidische E_n eine nach dem Unendlichen offene Mannigfaltigkeit darstellt (mit einem unendlich fernen Rand). Man kann den euklidischen Raum E_n auf mehrerlei Art abschließen. So z. B. indem man einen einzigen Punkt, den MÖBIUS-Punkt, assoziiert, wie in der konformen Geometrie (Kapitel II), wodurch der Raum dann mit einer Kugel in einem Raum von $n + 1$ Dimensionen äquivalent wird, oder, indem man ihm, wie in der projektiven Geometrie einen E_{n-1} assoziiert, wodurch der Raum mit einem n-dimensionalen projektiven Raum P_n äquivalent wird. Bekanntlich kann man die Punkte dieses P_n mit Hilfe von $n + 1$ homogenen Koordinaten $z^0, z^1, \ldots, z^n$ darstellen, die nicht alle verschwinden. Dann gilt

$$x^i = \frac{z^i}{z^0}. \tag{12}$$

Deuten wir diese Koordinaten als Koordinaten eines affin-euklidischen E_{n+1} mit Ausschluß des Ursprungs O, so ergibt sich zu jedem Punkt des Raumes $E_{n+1} - O$ ein Punkt des projektiven Raumes P_n. Umgekehrt gehören zu jedem Punkt $P(x^1, \ldots, x^n)$ aus P_n unendlich viele Punkte von $E_{n+1} - O$, nämlich die Punkte einer Geraden durch O mit den Koordinaten

$$z^0 = \lambda, \quad z^i = \lambda x^i, \quad \lambda \neq 0. \tag{12'}$$

Die Gerade (12') hat mit der Einheitskugel um O in E_{n+1} zwei Durchstoßpunkte gemeinsam, deren λ-Werte sich nur durch das Vorzeichen unterscheiden. Zu jedem Punkt P aus dem projektiven Raum P_n gehören also zwei Gegenpunkte auf der Einheitskugel, und wir können demnach diese Kugel als einen projektiven Doppelraum ansehen.

Ein anderes Beispiel einer zum Unendlichen offenen Mannigfaltigkeit bietet eine Zylinderfläche in E_3, deren Punkte sich durch eine Koordinate v, die alle endlichen Werte annehmen kann, und eine zweite u, für die $0 \leqq u < l$ gilt, darstellen lassen. Wickelt man diesen Zylinder auf eine Ebene ab, so erhält man einen Streifen der Länge l, dessen Randpunkte zu identifizieren sind, wenn sie auf der gleichen Parallelen zur „u-Achse" liegen. Der Zylinder ist nicht einfach zusammenhängend, da er geschlossene Kurven enthält, die nicht auf einen Punkt zusammengezogen werden können. Dieser Sachverhalt besteht jedoch nicht mehr, wenn man sich die Zylinderfläche als eine in beiden Drehsinnen unendlich oft aufgewickelte Hülle denkt. Wird diese Hülle auf die Ebene abgewickelt, so wird die Ebene vollständig überdeckt. In diesem Sinne nennt man die Ebene die universelle Überlagerungsfläche des Zylinders. Bei dieser Überdeckung gehört zu jedem Punkt der Ebene ein Punkt des Zylinders, umgekehrt aber zu jedem Punkt des Zylinders eine unendliche Menge von Punkten der Ebene, die im Abstand l voneinander auf gleichen Parallelen zur „u-Achse" liegen.

Als Beispiel einer von einem endlichen Punkt ausgehenden zum Unendlichen hin offenen Mannigfaltigkeit betrachten wir die unbegrenzte Mantelfläche eines Kegels mit Ausschluß seiner Spitze. Die Abwicklung dieser Mannigfaltigkeit auf die Ebene füllt einen Winkel aus, dessen Schenkel identifiziert werden müssen. Wickelt man den Kegel unendlich oft auf die Ebene ab, so wird die Ebene, abgesehen von einem einzigen Punkt, ganz überdeckt, und zwar unendlich oft, wenn der Sinus des halben Scheitelöffnungswinkels eine irrationale Zahl ist.

Vollständige Mannigfaltigkeiten. Liegt eine differenzierbare topologische Mannigfaltigkeit vor, so besteht ein wichtiges Problem darin zu entscheiden, ob die Mannigfaltigkeit fortgesetzt werden kann, d. h. zu entscheiden, ob man sie als einen Teil einer anderen differenzierbaren topologischen Mannigfaltigkeit betrachten kann. Man spricht von nichtfortsetzbaren Mannigfaltigkeiten, wenn diese Entscheidung negativ ausfällt. Eine gegen das Unendliche offene Mannigfaltigkeit, wie der affin-euklidische oder der metrisch-euklidische Raum oder wie der Zylinder ist vollständig und daher sicher nicht fortsetzbar. Nach CARTAN, HOPF und RINOW verwendet man für die Definition einer vollständigen Mannigfaltigkeit V die Eigenschaft, daß in einem solchen Raum einer beschränkten Punktmenge (von endlichem Durchmesser) ein Grenzpunkt von endlichem Abstand zugehört. Diese Definition ist offensichtlich im affin-euklidischen E_n von invariantem Charakter und auch allgemein für einfache VEBLEN-WHITEHEADsche Mannigfaltigkeiten, da ein Punkt mit beschränkten Koordinaten bei einer affinen Transformation oder auch bei einem Automorphismus des ganzen Raumes der $(x^1, \ldots, x^n)$ wieder in einen Punkt mit beschränkten Koordinaten übergeht. Genau so verhält es sich mit RIEMANNschen Räumen, deren Distanzen durch die Metrik der Mannigfaltigkeiten gegeben sind.

Ein Beispiel für eine RIEMANNsche nicht vollständige Mannigfaltigkeit bietet der Kegel mit abgeschnittener Spitze, auf welchem einer zum Scheitel konvergierenden Punktfolge der Scheitel als Grenzpunkt zugehört, der aber nicht zur Mannigfaltigkeit gehört, da jede (differenzierbare) Metrik der Mannigfaltigkeit im Scheitel ausartet.

Orientierbare und nichtorientierbare Mannigfaltigkeiten. Eine differenzierbare topologische Mannigfaltigkeit heißt *orientierbar* oder *zweiseitig*, wenn man die Orientierung der Koordinatensysteme in jeder Umgebung V so wählen kann, daß die Funktionaldeterminante der Koordinatentransformation, welche aus V in eine andere Umgebung V' führt, im gemeinsamen Gebiet von V und V' positiv ausfällt. Ist dies unmöglich so sagt man der Raum sei *nicht orientierbar* oder *einseitig*.

Als Beispiel einer offenen orientierbaren Mannigfaltigkeit bekommen wir den euklidischen Raum, der ja durch eine einzige Umgebung definiert werden kann, und als Beispiel für eine geschlossene orientierbare Mannigfaltigkeit die Kugel. Tatsächlich ist ja die Determinante der Koordinatentransformation (11) in jedem gemeinsamen Gebiet von $V(\xi, \eta)$ und $V'(\xi', \eta')$ vom Wert -1 und daher immer negativ. Es genügt also zur Abänderung der Orientierung in V' etwa das Vorzeichen von η' zu wechseln und

$$x' = \frac{2\xi'}{\xi'^2 + \eta'^2 + 1}, \quad y' = \frac{-2\eta'}{\xi'^2 + \eta'^2 + 1}, \quad z' = \frac{\xi'^2 + \eta'^2 - 1}{\xi'^2 + \eta'^2 + 1}$$

zu setzen, um damit

$$\xi' = \frac{\xi}{\xi^2 + \eta^2}, \quad \eta' = \frac{-\eta}{\xi^2 + \eta^2}$$

und eine positive Funktionaldeterminante zu gewinnen. Die Kugel ist also eine orientierbare Mannigfaltigkeit. Damit stimmt überein, daß man auf den Normalen einer Kugel in invarianter Weise eine Richtung als positive Richtung auszeichnen kann, z. B. die nach außen gerichtete Normale.

Als Beispiel eines nichtorientierbaren Raumes betrachten wir die projektive Ebene[8]), welche sich durch drei Umgebungen

$$V(u, v), \quad V'(u', v'), \quad V''(u'', v'')$$

überdecken läßt, deren jede durch ein Quadrat von der Seitenlänge 4 gegeben ist. Dabei bleiben die Werte von u, v zwischen -2 und $+2$ eingeschlossen, wenn man

$$u = \frac{y}{x}, \quad v = \frac{z}{x}; \quad u' = \frac{z}{y}, \quad v' = \frac{x}{y}; \quad u'' = \frac{x}{z}, \quad v'' = \frac{y}{z}$$

setzt. Jeder Punkt $P_0(x_0, y_0, z_0)$ der projektiven Ebene ergibt sich offenbar in mindestens einer der Umgebungen V, V', V''. Denn setzen wir

$$|x_0| \geqq |y_0| \geqq |z_0|,$$

so gehört P_0 zu V, da $u = \frac{y_0}{x_0}$, $v = \frac{z_0}{x_0}$ absolut höchstens gleich Eins ausfallen. Der Punkt P_0 gehört aber auch zu V', wenn $\left|\frac{x_0}{y_0}\right| < 2$ ist und auch noch zu V'', wenn $\left|\frac{x_0}{z_0}\right| < 2$, $\left|\frac{y_0}{z_0}\right| < 2$ ist. In jedem Fall sehen wir, daß, wenn $P_0(x_0, y_0, z_0)$ einen Punkt bezeichnet, der gleichzeitig zu V und V' gehört, dasselbe auch für den Punkt $Q_0(x_0, -y_0, z_0)$ gilt. Oder wenn ein Punkt (u_0, v_0) aus V zu V' gehört, so gehört auch der Punkt $(-u_0, v_0)$ zu V und V'. Unter diesen Umständen ergibt sich, da der Übergang von V zu V' durch die Gleichungen

$$u' = \frac{v}{u}, \quad v' = \frac{1}{u}$$

gegeben ist, für die Funktionaldeterminante der Ausdruck u^{-3}, also eine positive oder negative Zahl, je nachdem u positiv oder negativ ist. Demnach existieren gemeinsame Punkte der Umgebungen V und V', für die die Determinante positiv ausfällt, und solche, für welche sie negativ ist, und man kann durch Umorientierung in V' nicht erreichen, daß die Determinante positiv wird. Damit haben wir also einen Beweis für die Nichtorientierbarkeit der projektiven Ebene erhalten.

§ 2 Differenzierbare Mannigfaltigkeiten mit affinem Zusammenhang

Liegt eine differenzierbare topologische Mannigfaltigkeit vor, die durch abzählbar unendlich viele Umgebungen repräsentiert wird, so spricht man von einer affin-zusammenhängenden Mannigfaltigkeit, wenn in jeder der Umgebungen

[8]) W. D. Hodge, The theory and applications of harmonic integrals, Cambridge University Press, Cambridge 1941, S. 16.

$V(x^1, \ldots, x^n)$ ein affiner Zusammenhang $\Gamma^i_{jk}(x^1, \ldots, x^n)$ gegeben ist mit in V stetigen und differenzierbaren Komponenten Γ^i_{jk}.

Ist R ein gemeinsames Gebiet der Umgebung V und $\overline{V}$, so sind die V und $\overline{V}$ zugehörigen Komponenten in R durch die Transformationsformeln

$$\frac{\partial^2 \overline{x}^i}{\partial x^j \partial x^k} = \overline{\Gamma}^i_{rs} \frac{\partial \overline{x}^r}{\partial x^j} \frac{\partial \overline{x}^s}{\partial x^k} - \Gamma^r_{jk} \frac{\partial \overline{x}^i}{\partial x^r} \tag{13}$$

verknüpft. Das bedeutet, daß die $\overline{\Gamma}^i_{jk}$ in den Variablen $\overline{x}^1, \ldots, \overline{x}^n$ innerhalb R denselben affinen Zusammenhang darstellen, wie die Γ^i_{jk} in den Variablen $x^1, \ldots, x^n$. Dann müssen die Tensoren der Torsion und Krümmung in einem gemeinsamen Gebiet der Umgebungen V und $\overline{V}$, die sich aus den Komponenten des Zusammenhangs Γ^i_{jk} berechnen mit denen, die sich aus dem Zusammenhang $\overline{V}$ berechnen, äquivalent sein. Verschwinden daher diese Tensoren T^i_{jk} und Γ^i_{jkl} in V, so gilt dasselbe für $\overline{T}^i_{jk}$ und $\overline{\Gamma}^i_{jkl}$ in einem gemeinsamen Gebiet der Umgebungen V und $\overline{V}$. Ein Raum A_n heißt einfach, wenn er mit Hilfe einer einzigen Umgebung definiert werden kann. Will man diese Umgebung als den ganzen Raum der $(x^1, \ldots, x^n)$ ansehen und sind die Γ^i_{jk} in diesem (analytischen) Raum überall analytisch, so sind sie notwendig ganze Funktionen. Diese Eigenschaft bleibt gegenüber der Gruppe (7′) invariant, die einen Automorphismus des ganzen Raumes darstellt, und daher sind auch die $\Gamma^i_{jk}(y^1, \ldots, y^n)$ notwendig wieder ganze Funktionen. Eine differenzierbare Mannigfaltigkeit ist eine RIEMANNsche Mannigfaltigkeit V_n, wenn in jeder Umgebung V eine positiv definite Metrik $ds^2 = a_{ij} dx^i dx^j$ gegeben ist, die in gemeinsamen Bereichen zweier Umgebungen gemeinsam ist. Dann gilt notwendig

$$a'_{rs} \frac{\partial x'^r}{\partial x^i} \frac{\partial x'^s}{\partial x^j} = a_{ij}.$$

Ist in einem RIEMANNschen Raum ein affiner Zusammenhang Γ^i_{jk} gegeben, so bilden die Komponenten

$$V^i_{jk} = \Gamma^i_{jk} + \left\{ {i \atop jk} \right\}$$

die Komponenten eines Tensors dritter Stufe (die $\left\{ {i \atop jk} \right\}$ bezeichnen die CHRISTOFFELsymbole zweiter Art des Raumes V_n; vgl. Band I, Kapitel IV, Fußnote 6). In diesem Sinn wird in einer differenzierbaren Mannigfaltigkeit mit Metrik und affinem Zusammenhang ein regulärer Tensor V^i_{jk} auf der Mannigfaltigkeit bestimmt.

Ein Raum A_n heißt *lokaleuklidisch in einer Umgebung* V, wenn innerhalb V die Tensoren der Torsion und Krümmung verschwinden.

Eine differenzierbare topologische Mannigfaltigkeit ist *lokaleuklidisch*, wenn die Tensoren der Torsion und Krümmung in jeder ihrer Umgebungen V verschwinden. Das bedeutet nicht, daß eine solche Mannigfaltigkeit ganz mit einem euklidischen Raum zusammenfällt. Die Frage, ob dies der Fall ist oder nicht, ist im allgemeinen schwierig zu entscheiden. Ebenso kann man fragen, ob eine differenzierbare Mannigfaltigkeit mit affinem Zusammenhang als Teil einer größeren differenzierbaren Mannigfaltigkeit mit affinem Zusammenhang aufgefaßt werden kann oder nicht. Wir werden diese Fragen in gewissen speziellen Fällen behandeln.

Räume A_1. Wir betrachten zunächst den Fall eines eindimensionalen Raumes A_1 mit affinem Zusammenhang. Wie wir in Band I, Kapitel IV, § 1, dieses Werkes bewiesen haben, läßt sich in diesem Fall der Raum A_1 mit einer affinen Geraden vergleichen. Das kommt darauf hinaus, zu sagen, der A_1 sei lokaleuklidisch.

Nun sei x Koordinate in A_1 und $\Gamma(x)$ die Komponente seines affinen Zusammenhanges. u heißt ein affiner Parameter, wenn

$$\frac{d^2 u}{d x^2} = -\Gamma(x) \frac{du}{dx} \tag{14}$$

gilt, d. h., die Komponente des affinen Zusammenhanges von A_1 bezogen auf den Parameter u verschwindet.

Dann ergibt (14)

$$\frac{du}{dx} = c e^{-\int \Gamma(x) dx}, \quad u = c \int dx \cdot e^{-\int \Gamma(x) dx}$$

mit $c \neq 0$. Wenn also x eine gewisse Umgebung V (ein offenes Intervall) durchläuft und $\Gamma(x)$ in dieser Umgebung analytisch ist, besteht $\left(\text{da } \frac{du}{dx} \neq 0 \text{ in } V \text{ ist}\right)$ in V die Transformation

$$u = u(x). \tag{14'}$$

Die Funktion u wächst und fällt in diesem Intervall, je nachdem ob in diesem $\frac{du}{dx} > 0$ oder $\frac{du}{dx} < 0$ gilt. Die Transformation bildet mit anderen Worten das Intervall V auf ein offenes Intervall der affinen Geraden $E_1(u)$, eventuell auch auf diese ganze Gerade ab. Nur in Unstetigkeitspunkten von $\Gamma(x)$ kann $\frac{du}{dx}$ verschwinden, und nur in solchen Punkten kann die Transformation ihren umkehrbaren Charakter verlieren.

Wir können demnach als Existenzbereich eines offenen zusammenhängenden Raumes A_1 ein offenes Intervall

$$a < x < b, \tag{14''}$$

welches keinerlei Unstetigkeitspunkte von $\Gamma(x)$ enthält, zugrunde legen. Dann läßt sich der Raum durch eine einzige Umgebung definieren, nämlich durch das gegebene Intervall (14'').

Wenn a und b endliche Werte sind und keine Unstetigkeitspunkte von $\Gamma(x)$, kann man den Raum A_1 nach links und rechts fortsetzen. Andernfalls ist der Raum vollständig und nicht fortsetzbar, wenn a und b Unstetigkeitspunkte von $\Gamma(x)$ darstellen oder wenn $a = -\infty$ oder $b = +\infty$ ist.

Als erstes Beispiel betrachten wir den Fall, daß die Funktion $\Gamma(x)$ durch

$$\Gamma(x) = \frac{1}{x}$$

gegeben ist. Dann ist $x = 0$ ein Unstetigkeitspunkt für $\Gamma(x)$. Wir können daher für den Raum A_1 entweder den offenen Existenzbereich $(-\infty, 0)$ oder den offenen

Existenzbereich (0, $+\infty$) zugrunde legen. In jedem Fall kann man gemäß (14)

$$u = \lg |x|$$

annehmen, so daß jeder der beiden Räume mit der ganzen affinen Geraden $-\infty < u < +\infty$ äquivalent wird.

Ist der Zusammenhang durch $\Gamma(x) = -\frac{2}{x}$ gegeben, so können wir

$$u = x^3$$

annehmen, und einer der beiden Räume A_1 $(x > 0)$ wird mit der positiven affinen Halbgeraden $(0 < u < \infty)$ äquivalent, der andere $(x < 0)$ mit der negativen affinen Halbgeraden $(-\infty < u < 0)$. Zu jedem Punkt $P(x)$ mit $x \neq 0$ korrespondiert also offenbar ein Punkt $Q(u)$ mit $u \neq 0$ auf der affinen Geraden und umgekehrt. Man kann jedoch nicht von Äquivalenz zur ganzen affinen Geraden $E(u)$ reden, da der Zusammenhang im Ursprung unstetig ist.

Ist der Zusammenhang eines Raumes A_1 durch

$$\Gamma(x) = \frac{1}{x(1-x)(1-2x)}$$

gegeben, so sieht man leicht, daß man

$$u = \sqrt{|x(1-x)|}$$

ansetzen und dementsprechend den Raum A_1 als eines der offenen Intervalle

$$(-\infty, 0); \quad \left(0, \frac{1}{2}\right); \quad \left(\frac{1}{2}, 1\right); \quad (1, \infty)$$

ansehen kann. Man bestätigt leicht, daß das erste und letzte dieser Intervalle mit der affinen Halbgeraden $(0 < u < \infty)$ äquivalent sind und die beiden anderen mit dem endlichen Intervall $0 < u < \frac{1}{2}$.

Auch im Fall eines A_1 mit konstantem Zusammenhang $\Gamma_{11}^1 = k$ enthält sein Existenzbereich alle endlichen Werte von x, und man bekommt $u = e^{-kx}$, so daß sich der Raum A_1 in diesem Fall zu einer affinen Halbgeraden äquivalent erweist. Solche Beispiele zeigen, daß ein Raum A_1, der über einem offenen Intervall definiert ist, entweder mit der ganzen affinen Geraden äquivalent ist oder mit einer affinen Halbgeraden $(0 < u < \infty)$ oder mit einem endlichen offenen Intervall.

Dabei handelt es sich um eine allgemeine Eigenschaft, da man stets die Funktion

$$u = \int_{x_0}^{x} dx\, e^{-\int_{x_0}^{x} \Gamma(x)\, dx} \tag{14'''}$$

als Lösung der Gleichung (14) einführen kann, wobei x_0 einen Punkt von A_1 bezeichnet. Der Raum A_1 ist dann äquivalent zur ganzen affinen Geraden oder nicht, je nachdem ob das Integral rechts in (14''') gegen $\pm\infty$ strebt, sobald x gegen die Endpunkte der Existenzintervalls von A_1 strebt oder nicht.

Man bemerkt auch, daß im Fall einer ganzen Funktion $\Gamma(x)$, für welche das Existenzgebiet von A_1 durch $-\infty < x < +\infty$ gegeben ist, die Funktion u ebenfalls eine ganze Funktion ist. Nun sei $\Gamma(x)$ eine überall beschränkte ganze periodische Funktion. Dann ergeben sich sämtliche Werte der Funktion $\Gamma(x)$, sobald man annimmt, daß x im halboffenen Intervall

$$0 \leqq x < 2\pi \tag{14^{IV}}$$

variiert, und dieses Intervall kann daher als Existenzgebiet eines Raumes A_1 vom Zusammenhang $\Gamma(x)$ angesehen werden. Deuten wir x als eine Winkelgröße in einem Kreis vom Radius 1, so liefert (14^{IV}) alle Punkte dieses Kreises.

Die ganze affine Gerade $(-\infty < x < +\infty)$ bildet also den universellen Überlagerungsraum des Kreises, der den Raum darstellt, der sich auf die ganze affine Gerade abbildet, während sich der Raum A_1 auf ein halboffenes Intervall der affinen Geraden u abbildet, etwa auf das Intervall

$$0 \leqq u < \alpha; \qquad \alpha = \int\limits_0^{2\pi} dx\, e^{-\int\limits_0^x \Gamma(x)\,dx}\,. \tag{14^V}$$

So folgt, daß zu jedem Punkt von A_1 ein Punkt dieses Intervalls gehört und daher zu jedem Punkt von A_1 unendlich viele Punkte der Geraden u. Hat einer dieser Punkte die Koordinate u_0, so haben die andern die Koordinaten

$$u_0 + n\alpha, \qquad n \text{ ganz.}$$

Identifiziert man diese Punkte, so bedeutet das, daß man den Raum dem diskontinuierlichem Automorphismus

$$u' = u + n\alpha$$

unterwirft. Man kann auch den Kreis $x^2 + y^2 = 1$ betrachten, der sich wie die Kugel durch die beiden Umgebungen $V(v)$ und $V'(v')$ definieren läßt, die durch Projektion aus den Punkten $N(0, 1)$ und $S(0, -1)$ auf die x-Achse entstehen. Für diese Umgebungen V und V' ergeben sich dann die Gleichungen

$$x = \frac{2v}{v^2+1}, \quad y = \frac{v^2-1}{v^2+1}; \quad x' = \frac{2v'}{v'^2+1}, \quad y' = \frac{1-v'^2}{1+v'^2},$$

die zu (9) und (10) analog sind. Im gemeinsamen Gebiet von V und V' besteht die Transformation $v' = v^{-1}$, und die Transformation des Zusammenhanges schreibt sich

$$\frac{2}{v^3} = \frac{\Gamma'(v')}{v^4} + \frac{\Gamma(v)}{v^2},$$

wovon man

$$\Gamma'(v') = \frac{2}{v'} - \frac{1}{v'^2}\Gamma\left(\frac{1}{v'}\right) = 2v - v^2\,\Gamma(v)$$

erhält.

So bekommen wir den

Satz. *Eine für jeden Wert von v beschränkte analytische Funktion $\Gamma(v)$ definiert einen, auf dem durch die Umgebungen $V(v)$ und $V'(v')$ bestimmten Kreis regulären, Zusammenhang, wenn dem Ausdruck $2v - v^2\Gamma(v)$ ein endlicher Wert zukommt, sobald $v \to \infty$ strebt.*

Als Beispiel eines solchen auf dem Kreis regulären Zusammenhangs kann man $\Gamma(v) = \dfrac{2v}{1+v^2}$ annehmen und erhält dann für $\Gamma'(v')$ denselben Ausdruck in v'.

Ist φ eine Winkelgröße auf dem Kreis, so können wir

$$v = \operatorname{tg}\frac{\varphi}{2}, \quad v' = \operatorname{ctg}\frac{\varphi}{2}$$

setzen. Dann ist $\Gamma' = \Gamma = \sin\varphi$, und $\sin\varphi$ ist eine reguläre Funktion auf dem Kreis. Ist $\Gamma(v)$ eine rationale Funktion mit

$$\Gamma(v) = \frac{2vQ_{n-2}}{P_n},$$

wobei Q_{n-2} und P_n die Polynome

$$Q_{n-2} = v^{n-2} + a_1 v^{n-3} + \cdots + a_{n-2}, \quad P_n = v^n + \cdots + b_n$$

bezeichnen, so ist $\Gamma(v)$ ein regulärer Zusammenhang auf dem Kreis, wenn $P_n = 0$ keine reellen Wurzeln hat.

Regulärer Zusammenhang auf dem Zylinder, dem Torus und der Kugel. Wir betrachten jetzt einen Zylinder, bezogen auf die Koordinate u und den Winkelparameter φ. In diesem Fall wird sich ein Zusammenhang $\Gamma^i_{jk}(u, \varphi)$, $i, j, k = 1, 2$ auf dem Zylinder als regulärer Zusammenhang erweisen, wenn die Γ^i_{jk} in u ganze und in φ periodische Funktionen sind. Wir wollen aber den Zylinder als Produkt einer Geraden u und eines durch zwei Umgebungen $V(v)$ und $V'(v')$ definierten Kreises ansehen. Dann läßt sich der Zylinder durch zwei Umgebungen $U(u, v)$, $U'(u', v')$ definieren, wobei die u, v und u', v' jedes endliche Wertsystem annehmen können und im gemeinsamen Gebiet der Umgebungen U und U' die Beziehungen

$$u' = u,\; v' = \frac{1}{v} \tag{14^{VI}}$$

bestehen. Liegt dann ein für jedes endliche Wertsystem u, v reguläres Funktionensystem $\Gamma^i_{jk}(u, v)$; $i, j, k = 1, 2$ vor, so bekommen wir durch eine Transformation (14^{VI})

$$2v = \Gamma'^1_{11} + \Gamma^1_{11} v^2, \quad \Gamma'^1_{12} = \Gamma^1_{12}, \quad \Gamma'^1_{21} = \Gamma^1_{21}, \quad v^2\Gamma'^1_{22} = \Gamma^1_{22},$$

$$\Gamma'^2_{11} = \Gamma^2_{11} v^4, \quad -\Gamma'^2_{12} = \Gamma^2_{12} v^2, \quad -\Gamma'^2_{21} = \Gamma^2_{21} v^2, \quad \Gamma'^2_{22} = \Gamma^2_{22}.$$

Diese Gleichungen zeigen, daß der Zusammenhang auf dem Zylinder regulär ist, solange

$$2v - \Gamma^1_{11} v^2, \quad \Gamma^1_{12}, \quad \Gamma^1_{21}, \quad \Gamma^1_{22} v^{-2},$$
$$\Gamma^2_{11} v^4, \quad \Gamma^2_{12} v^2, \quad \Gamma^2_{21} v^2, \quad \Gamma^2_{22}$$

für $v \to \pm\infty$ beschränkt bleiben.

Wir betrachten jetzt einen Torus, der durch zwei Winkelparameter θ, φ parametrisiert ist. Auf dem Torus bestimmen die Funktionen $\Gamma^i_{jk}(\theta, \varphi)$ $(i, j, k = 1, 2)$ einen regulären Zusammenhang, wenn sie beschränkt bleiben und in θ, φ periodisch sind. Man kann den Torus als Produkt zweier Kreise ansehen und die Torusfläche durch vier Umgebungen definieren:

$$U(u, v), \quad U'(u', v'), \quad U''(u'', v''), \quad U'''(u''', v''').$$

Die im gemeinsamen Gebiet der Umgebungen U, U', U'', U''' bestehenden Koordinatentransformationen sind dann durch die Gleichungen

$$u' = u, \qquad v' = \frac{1}{v},$$

$$u'' = \frac{1}{u}, \qquad v'' = v,$$

$$u''' = \frac{1}{u}, \qquad v''' = \frac{1}{v}$$

gegeben, und man kann die Bedingungen angeben, unter welchen die $\Gamma^i_{jk}(u, v)$ einen regulären Zusammenhang auf dem Torus bestimmen.

Nun sei in allen Punkten einer Umgebung V auf einer Kugel ein symmetrischer affiner Zusammenhang gegeben. Sind Γ^i_{jk} die Komponenten dieses Zusammenhanges in den Koordinaten ξ, η der Umgebung V und Γ'^i_{jk} die Komponenten in den Koordinaten ξ', η', so ergibt sich mit Rücksicht auf die Umkehrformeln zu (11)

$$\frac{2\xi'(\xi'^2 - 3\eta'^2)}{(\xi'^2 + \eta'^2)^3} = \frac{\Gamma^1_{11}(\eta'^2 - \xi'^2)^2 - 4\Gamma^1_{12}\xi'\eta'(\eta'^2 - \xi'^2) + 4\Gamma^1_{22}\xi'^2\eta'^2}{(\xi'^2 + \eta'^2)^4}$$
$$- \frac{\Gamma'^1_{11}(\eta'^2 - \xi'^2) - 2\Gamma'^2_{11}\xi'\eta'}{(\xi'^2 + \eta'^2)^2},$$

$$\frac{2\eta'(3\xi'^2 - \eta'^2)}{(\xi'^2 + \eta'^2)^3} = \frac{\Gamma^2_{11}(\eta'^2 - \xi'^2)^2 - 4\Gamma^2_{12}\xi'\eta'(\eta'^2 - \xi'^2) + 4\Gamma^2_{22}\xi'^2\eta'^2}{(\xi'^2 + \eta'^2)^4}$$
$$+ \frac{2\Gamma'^1_{11}\xi'\eta' - \Gamma'^2_{11}(\xi'^2 - \eta'^2)}{(\xi'^2 + \eta'^2)^2}.$$

Dabei sind die linken Seiten die zweiten Ableitungen der ξ, η nach den ξ', η'. Multipliziert man die erste dieser Gleichungen mit $(\xi'^2 - \eta'^2)$, die zweite mit

$2\xi'\eta'$ und addiert, so entsteht

$$\Gamma'^1_{11} = \frac{2\xi'}{\xi'^2+\eta'^2} + [\Gamma^1_{11}(\eta'^2-\xi'^2)^3 - 2(2\Gamma^1_{12}+\Gamma^2_{11})\,\xi'\eta'(\eta'^2-\xi'^2)^2$$
$$+ 4(\Gamma^1_{22}+2\Gamma^2_{12})\,\xi'^2\eta'^2(\eta'^2-\xi'^2) - 8\Gamma^2_{22}\xi'^3\eta'^3]\,(\xi'^2+\eta'^2)^{-4},$$

und analoge Gleichungen ergeben sich für die anderen Komponenten Γ'^i_{jk}. Solange also die Γ^i_{jk} für endliche Werte der ξ, η reguläre Funktionen darstellen, gilt dasselbe für die Γ'^i_{jk}, eventuell mit Ausnahme des Punktes $\xi' = \eta' = 0$. Daher läßt sich auf der Kugel kein regulärer Zusammenhang definieren, indem man die Γ^i_{jk} in der Umgebung V konstant hält (vgl. S. 303).

Ist ein Zusammenhang Γ^i_{jk} durch

$$\Gamma^i_{jk} = -\left\{{i \atop jk}\right\} + A^i_{jk}$$

gegeben, worin die $\left\{{i \atop jk}\right\}$ Christoffels Klammern zweiter Art zur Metrik (11′) bezeichnen, so sind die A^i_{jk} die Komponenten eines Tensors. Da der Zusammenhang $\left\{{i \atop jk}\right\}$ auf der ganzen Kugel regulär ist, folgt, daß die Γ^i_{jk} auf der ganzen Kugel regulär sind, wenn der Tensor A^i_{jk} diese Eigenschaft hat. Da sich durch eine Transformation (11)

$$A'^1_{11} = [A^1_{11}(\eta'^2-\xi'^2)^3 - 2(2A^1_{12}+A^2_{11})\,\xi'\eta'(\eta'^2-\xi'^2)^2$$
$$+ 4(A^1_{22}+2A^2_{12})\,\xi'^2\eta'^2(\eta'^2-\xi'^2) - 8A^2_{22}\,\xi'^3\eta'^3]\,(\xi'^2+\eta'^2)^{-4}$$

ergibt, folgt, daß die Komponenten A'^i_{jk} im Ursprung $\xi' = \eta' = 0$ sicherlich beschränkt bleiben, wenn die Komponenten A^i_{jk} rationale Funktionen sind, deren Zähler den Grad des Nenners um vier Einheiten übertrifft. Der Zusammenhang Γ^i_{jk} ist dann auf der ganzen Kugel regulär, solange dieser Nenner nicht verschwindet.

Betrachten wir auf der Kugel ein Vektorfeld $U(u^1, u^2)$. Aus den Gleichungen

$$u'^1 = u^1(\eta'^2-\xi'^2) - 2u^2\xi'\eta', \qquad u'^2 = -2u^1\xi'\eta' + (\xi'^2-\eta'^2)u^2$$

folgt

$$(u'^1)^2 + (u'^2)^2 = (\xi'^2+\eta'^2)^2\,[(u^1)^2+(u^2)^2].$$

Nach dieser Gleichung existiert mindestens ein singulärer Punkt für das Vektorfeld auf der Kugel, d. h. ein Punkt, in welchem die Komponenten u^1, u^2 beide verschwinden.

§ 3 Lokal-euklidische Räume A_n

Wir betrachten einen Raum $A_n(x^1, \ldots, x^n)$ von symmetrischem affinem Zusammenhang Γ^i_{jk} und lokaleuklidischem Charakter, dessen Krümmungstensor,

$$\Gamma^i_{jkl} = \frac{\partial \Gamma^i_{jk}}{\partial x^l} - \frac{\partial \Gamma^i_{jl}}{\partial x^k} + \Gamma^i_{kt}\Gamma^t_{jl} - \Gamma^i_{lt}\Gamma^t_{jk} = 0,$$

also nach Voraussetzung verschwindet. In diesem Fall gibt es ein System affiner Koordinaten $u^1, \ldots, u^n$, für welche

$$\frac{\partial^2 u^i}{\partial x^j \partial x^k} = -\Gamma^r_{jk} \frac{\partial u^i}{\partial x^r} \tag{15}$$

gilt, und die Koordinaten u^i sind dann n unabhängige Lösungen mit nichtverschwindender Funktionaldeterminante des Systems

$$\frac{\partial^2 u}{\partial x^j \partial x^k} = -\Gamma^r_{jk} \frac{\partial u}{\partial x^r}. \tag{15'}$$

Die Gleichungen (15) lassen sich nach den Γ^i_{jk} auflösen und führen auf die Bedingungen

$$\Gamma^i_{jk} = -\frac{\Delta^i_{jk}}{\Delta}, \qquad \Delta = \begin{vmatrix} \frac{\partial u^1}{\partial x^1} \cdots \frac{\partial u^1}{\partial x^n} \\ \cdots\cdots\cdots\cdots \\ \frac{\partial u^n}{\partial x^1} \cdots \frac{\partial u^n}{\partial x^n} \end{vmatrix}.$$

Die Δ^i_{jk} ergeben sich aus Δ, indem man in der i-ten Kolonne dieser Determinante die Elemente $\frac{\partial u^1}{\partial x^i}, \ldots, \frac{\partial u^n}{\partial x^i}$ durch

$$\frac{\partial^2 u^1}{\partial x^j \partial x^k}, \ldots, \frac{\partial^2 u^n}{\partial x^j \partial x^k}$$

ersetzt. Wir zeigen jetzt, daß die $u^1, \ldots, u^n$ in einem gewissen Gebiet D des Raumes A_n analytische Funktionen sind, wenn die Komponenten Γ^i_{jk} des Zusammenhanges in D analytische Funktionen sind. Ferner gilt die Variablentransformation

$$u^i = u^i(x^1, \ldots, x^n) \tag{15''}$$

in ganz D, wenn sie eindeutig umkehrbar in einem Punkt von D ist. Sind also die Γ^i_{jk} etwa um den Ursprung des Gebietes D analytisch, so gilt

$$\Gamma^i_{jk} = A^i_{jk} + A^i_{jkl_1} x^{l_1} + \frac{1}{2} A^i_{jkl_1 l_2} x^{l_1} x^{l_2} + \cdots, \tag{15'''}$$

wobei die Reihenentwicklung der rechten Seite in einer Umgebung $D[|x^i| < R]$ konvergiert. Ist dann r klein gegen R und M absolut größer als alle Terme der Reihe (15''') für $x^i = r$, so ist

$$M\left(1 - \frac{x^1 + \cdots + x^n}{r}\right)^{-1}$$

eine Majorante für alle Γ^i_{jk}.

Wir betrachten jetzt das System

$$\frac{\partial^2 U}{\partial x^j \, \partial x^k} = \frac{M}{1 - \frac{x^1 + \cdots + x^n}{r}} \left(\frac{\partial U}{\partial x^1} + \cdots + \frac{\partial U}{\partial x^n} \right),$$

das wir erfüllen können, indem wir für U eine Funktion der Variablen $x^1 + \cdots + x^n$ allein in der Gestalt

$$U = \frac{C}{\left(1 - \frac{x^1 + \cdots + x^n}{r}\right)^{rnM-1}}$$

wählen, wobei C positiv konstant und $rnM > 1$ ist. Entwickelt man diese Funktion in eine Reihe (mit positiven Koeffizienten), so entsteht:

$$U = C + C(x^1 + \cdots + x^n)\left(nM - \frac{1}{r}\right) + \cdots.$$

Man bestätigt leicht, daß diese Reihe für eine Lösung

$$u = u_0 + \alpha_j x^j + \frac{\alpha_{jk}}{2} x^j x^k + \cdots$$

des Systems (15′) eine Majorante darstellt, sofern nur

$$|u_0| < C, \quad |\alpha_j| < C\left(nM - \frac{1}{r}\right)$$

gilt. Diese letzte Bedingung kann man durch passende Wahl der positiven Konstanten C leicht erfüllen.

Da U durch eine für $x^1 + \cdots + x^n < r$ konvergente Reihe gegeben ist, gilt dasselbe für u. Somit ist u eine analytische Funktion in der Umgebung D. Sind insbesondere die Komponenten Γ^i_{jk} ganze Funktionen, so ist auch die Funktion u eine ganze Funktion.

Nun seien α^i_j n Systeme der α_j mit $|\alpha^i_j| \neq 0$. Dann ist für die Transformation (15″) die Determinante Δ_0 im Ursprung durch $|\alpha^i_j|$ gegeben, also $\Delta_0 \neq 0$ und die Transformation demnach in einer gewissen Umgebung des Ursprungs umkehrbar. Leiten wir nach x^k ab und berücksichtigen (15), so entsteht

$$\frac{\partial \Delta}{\partial x^k} = -\Gamma_k \Delta, \quad (\Gamma_k = \Gamma^i_{ik}).$$

Andererseits ist aber Γ_k der Gradient eines Potentials Γ, da nach Voraussetzung der Krümmungstensor des Raumes verschwindet (vgl. Band I, Kapitel IV, Gleichungen (28′)). Daher gilt

$$\Delta = \Delta_0 e^{\Gamma_0 - \Gamma},$$

wobei die Δ_0 und Γ_0 die Werte der Größen Δ und Γ im Ursprung bezeichnen. Somit verschwindet Δ im Konvergenzbereich D der Funktionen Γ^i_{jk} nirgends. Daher definieren die Gleichungen (15″) eine Koordinatentransformation in einer Umgebung D, wenn zu jedem Wertsystem der $u^1, \ldots, u^n$ ein einziges Wertsystem der $x^1, \ldots, x^n$ gehört. Sind dann die Γ^i_{jk} ganze Funktionen, so sind auch die $u^1, \ldots, u^n$ ganze Funktionen, und die Transformation (15″) bewirkt, wenn sie umkehrbar eindeutig ist, eine Abbildung des ganzen Raumes A_n auf den affin-euklidischen Raum E_n oder einen Teil dieses Raumes. Im ersten Fall ist der Raum A_n mit E_n im Großen äquivalent, und die x^i sind als Funktionen der u^i ganze Funktionen.

Angenommen, es läge eine zweite Lösung u'^i der Gleichungen (15) vor. Dann bekommen wir durch eine lineare Transformation der u'^i eine weitere Lösung u''^i, welche im Ursprung den Bedingungen

$$u''^i = u^i, \qquad \frac{\partial u''^i}{\partial x^s} = \frac{\partial u^i}{\partial x^s}$$

genügt. Dann zeigen jedoch die Gleichungen (15), daß überall $u''^i = u^i$ gilt und die Räume $E_n(u^1, \ldots, n^n)$ und $E'_n(u'^1, \ldots, u'^n)$ identisch sind. So bekommen wir den

Satz. *Liegt ein Raum A_n mit einem in der Umgebung V lokaleuklidischen Zusammenhang vor, so kann ihm ein euklidischer Raum $E_n(u^1, \ldots, u^n)$ derart zugeordnet werden, daß jedem Punkt aus A_n ein einziger Punkt aus E_n entspricht.*

Als Beispiel betrachten wir einen Raum A_2, dessen Zusammenhangskomponenten alle bis auf

$$\Gamma^2_{11} = 2e^{-y}, \quad \Gamma^2_{22} = -1$$

verschwinden. Der Zusammenhang ist im ganzen Raum $V(x, y)$ regulär, und die Gleichungen (15′) gestatten die Lösungen

$$u = x, \quad v = e^y - x^2.$$

Dann bekommen wir $x = u, e^y = v + u^2$, und die Punkte des Raumes $A_2(x, y)$ gehen also über in die Punkte eines euklidischen Raumes $E_2(u, v)$ im Äußern der Parabel $v + u^2 = 0$. Der Raum A_2 wird also auf einen Teilraum des euklidischen E_2 abgebildet.

Betrachten wir noch den Fall eines Zusammenhanges mit den Komponenten

$$\Gamma^1_{11} = \Gamma^2_{21} = \Gamma^2_{12} = -1, \quad \Gamma^1_{22} = 1, \quad \Gamma^1_{21} = \Gamma^1_{12} = \Gamma^2_{11} = 0.$$

Jetzt gestatten die Gleichungen (15′) die Lösungen

$$u = e^x \cos y, \quad v = e^x \sin y,$$

und man sieht, wie in diesem Fall zu jedem Punkt des $A_2(x, y)$, der durch die Umgebung $V(x, y)$ definiert ist, ein einziger Punkt des euklidischen Raumes $E_2(u, v)$

gehört, umgekehrt aber zu jedem Punkt $(u_0, v_0) \neq (0, 0)$ aus E_2 unendlich viele Punkte aus A_2, nämlich alle Punkte $(x_0, y_0 + 2n\pi)$ mit ganzzahligem n.

Man sieht auch, daß der Umgebung V, welche einfach zusammenhängend ist, in E_2 (u, v) ein Gebiet entspricht, welches nicht einfach zusammenhängend ist. Damit die Gleichungen (15″) eine umkehrbar eindeutige Transformation darstellen, muß man die Umgebung V auf den Streifen $(x, 2(n-1)\pi < y < 2n\pi)$ beschränken.

Zum Schluß betrachten wir den Fall eines Raumes A_2, dessen sämtliche Komponenten bis auf $\Gamma^2_{11} = \varphi''(x)$ verschwinden. Dabei bezeichnet $\varphi(x)$ eine ganze Funktion. Wir erhalten in diesem Fall

$$u = x, \quad v = y - \varphi(x),$$

so daß der Raum A_2 (x, y) mit dem euklidischen Raum $E_2(u, v)$ im Großen äquivalent ist.

Wir wollen jetzt den folgenden Satz beweisen:[9]) *Liegt eine Mannigfaltigkeit A_n mit analytischem, affinem, lokaleuklidischem und einfachem Zusammenhang vor, so kann man dieser A_n einen euklidischen Raum E_n derart zuordnen, daß jedem Punkt der A_n immer nur ein Punkt des E_n entspricht.*

Dazu nehmen wir also an, der Raum A_n sei als eine differenzierbare Mannigfaltigkeit durch eine Menge analytischer Umgebungen $V, V', V'', \ldots, V^{(p)}, \ldots$ definiert. Dann läßt sich nach einem früheren Ergebnis jeder dieser Umgebungen ein euklidischer Raum $E_n(u^1, \ldots, u^n)$, $E'_n(u'^1, \ldots, u'^n), \ldots, E^{(p)}(u^{(p)1}, \ldots, u^{(p)n})$ zuordnen. Haben die Umgebungen V, V' ein gemeinsames Gebiet, so gilt dasselbe für E_n und E'_n. Was den Übergang von den Koordinaten u^i zu den Koordinaten u'^i anbetrifft, so ist dieser im gemeinsamen Gebiet von E_n und E'_n offensichtlich durch die lineare Transformation

$$u'^i = a^i_j u^j + a^i$$

mit bestimmten Konstanten a^i_j und a^i gegeben. Man kann nun die Koordinaten in E'_n derart abändern, daß dieser Übergang durch die Gleichungen $u'^i = u^i$ gegeben ist. Daher gehört also auch zu zwei Umgebungen V und V' im euklidischen $E_n(u^1, \ldots, u^n)$ ein gewisser zusammenhängender Bereich. Ebenso kann man in einem gemeinsamen Gebiet von E'_n und E''_n die Beziehungen $u''^i = u'^i$ aber im allgemeinen nicht die Beziehungen $u''^i = u^i$ erreichen, wenn auch E_n und E''_n ein gemeinsamer Bereich zukommen sollte. Das ist der Fall, wenn dieser gemeinsame Bereich auch noch ein Stück von E'_n enthält. Enthält daher eine von drei Umgebungen V, V', V'' gemeinsame Punkte mit den beiden anderen, so kann man in dem den Räumen E_n, E'_n, E''_n gemeinsamen Bereich die Koordinatentransformation als Identität ansetzen, wobei man diese Umgebungen im Raum E_n so anordnen kann, daß zu jedem Punkt aus einer dieser Umgebungen genau ein Punkt aus E_n gehört.

Nun seien $W_0, \ldots, W_q$ Umgebungen, deren je zwei aufeinanderfolgende ein gemeinsames Gebiet aufweisen. Man kann dann die kartesischen Koordinaten

---

[9]) G. Vranceanu, Sur les espaces à connexion affine localement euclidiens, Publ. Math. 4 (1956), S. 359–361.

von W_0 Schritt für Schritt auf W_q übertragen. (C) sei eine stetige Kurve, die einen Punkt P_0 aus W_0 mit einem Punkt P aus W_q verbindet und die Umgebungen $W_0, \ldots, W_q$ durchläuft. Deformiert man (C) stetig und hält ihre Endpunkte fest, so kann man erreichen, daß die Kurve eine der Umgebungen $W_1, \ldots, W_{q-1}$, etwa die Umgebung W_1 in einem bestimmten Moment verläßt. Ist R_1 ein Randpunkt von W_1 und zugleich ein Punkt auf der Kurve (C), so liegt R_1 in einer Umgebung W'_1 von A_n, und W'_1 enthält offensichtlich einen mit W_1 gemeinsamen Bereich. Man kann also W'_1 mit denselben kartesischen Koordinaten belegen wie W_1 und W_0. Verbindet dann die Kurve (C) einen Punkt P aus W_q mit einem Punkt P_0 aus W_0 und überdeckt man die Kurve (C) mit einer gewissen Anzahl von Umgebungen, so kann man diesen Umgebungen denselben euklidischen Raum $E_n(u^1, \ldots, u^n)$ zuordnen, der bei stetiger Deformation der Kurve (C) ungeändert bleibt, wenn man die Endpunkte festhält. Man kann also einem einfach zusammenhängenden A_n ein und denselben Raum E_n zuordnen, womit der Satz bewiesen ist.

Wenn der Raum A_n nicht einfach zusammenhängt, ist es offensichtlich möglich, daß einem Punkt P aus E_n mehrere Punkte aus A_n entsprechen und daß auch Punkte in E_n auftreten können, denen keine Punkte in A_n entsprechen, wie wir an den früher behandelten Beispielen gesehen haben.

Für Räume V_n mit positiv definiter Metrik gilt der

Satz von Cartan. *Ein lokal-euklidischer einfach-zusammenhängender und vollständiger Raum V_n ist mit einem euklidischen metrischen Raum E_n im Großen äquivalent.*

Ist nämlich der Raum A_n ein Raum V_n mit positiver Metrik, so ist die Korrespondenz zwischen V_n und E_n umkehrbar eindeutig, da für die Punkte M_0, M_1 aus V_n und die Bildpunkte P_0, P_1 aus E_n die Entfernung $\overline{M_0 M_1}$ in V_n mit der Entfernung $\overline{P_0 P_1}$ in E_n übereinstimmt und beide gleichzeitig verschwinden. Für einen lokal-euklidischen einfach-zusammenhängenden Raum V_n mit positiv definiter Metrik ist also die Zuordnung der Punkte des V_n zu denen des E_n umkehrbar eindeutig.

Nun sei der Raum V_n vollständig. Sind dementsprechend die Entfernungen der Punkte einer unendlichen Folge $M_0, M_1, \ldots, M_q, \ldots$ aus V_n von einem gewissen Punkt O beschränkte Zahlen, so existiert ein Grenzpunkt M dieser Folge, der zu V_n gehört. Nun sei P ein Punkt aus E_n, zu dem kein Punkt in V_n gehört, und P_0 sei ein Punkt aus E_n, der zu M_0 aus V_n gehört. Dann liegt auf der Verbindungsgeraden $\overline{P_0 P}$ von E_n ein Punkt Q, der die Punkte, welche mit Punkten aus V_n korrespondieren, von solchen Punkten trennt, für welche keine Korrespondenz vorliegt. Streben dann die Punkte der Folge $P_0, P_1, \ldots, P_\lambda, \ldots$ gegen Q, so streben die korrespondierenden Punkte $M_0, M_1, \ldots, M_\lambda, \ldots$ gegen M, und dieser Grenzpunkt entspricht dem Punkt Q. Da die Entfernungen $\overline{M_0 M}$ mit den beschränkt bleibenden Entfernungen $\overline{P_0 P}$ übereinstimmen, gehört M zu V_n. Daher gibt es eine Umgebung von M in E_n, die in eine Umgebung von Q in E_n abgebildet wird. Dieses Ergebnis steht jedoch im Widerspruch zur Annahme, daß die Punkte des Abschnitts $\overline{QP}$ keinerlei Zuordnungen zu Punkten in V_n gestatten. Damit ist der Satz von Cartan bewiesen. Wir können an dieser Stelle bemerken, daß sich das globale Äquivalenzproblem eines lokal-euklidischen Raumes A_n mit einem euklidischen Raum E_n mit einem allgemeinen Äquivalenzkriterium verbinden läßt, das man im Fall zweier euklidischer metrischer Räume HADAMARD[10]) und genauer noch S. STOILOW[11]) verdankt, der ein solches Kriterium für zwei topologische Räume angegeben hat, deren einer zusammenhängend ist, während der andere zusammenhängend und einfach zusammenhängend ist.

Der Satz von HADAMARD kann so formuliert werden: *Sind zwei Räume $A_n(x^1, \ldots, x^n)$ und $E_n(u^1, \ldots, u^n)$ mit euklidischer Metrik gegeben und liegt eine lokal eindeutig umkehrbare Transformation* (15'') *von A_n in E_n vor, so bildet diese Transformation den ganzen A_n genau dann auf den ganzen E_n ab, wenn jeder ins Unendliche verlaufende Weg aus A_n auf einen ins Unendliche verlaufenden Weg in E_n abgebildet wird.*

Autoparallele Kurven und Normalkoordinaten. Wir haben im Vorhergehenden gesehen, daß ein lokal-euklidischer Raum A_n, dessen Komponenten Γ^i_{jk} ganze Funktionen der Veränderlichen $x^1, \ldots, x^n$ darstellen, global äquivalent mit einem euklidischen Raum $E_n(u^1, \ldots, u^n)$ ist, wenn die Umkehrformeln zu (15'') ebenfalls ganze Funktionen darstellen. Betrachten wir andererseits die endlichen Gleichungen

$$x^i = x^i_0 + \xi^i t + \frac{1}{2} (\Gamma^i_{jk})_0 \xi^j \xi^k t^2 + \cdots \tag{15^{IV}}$$

der autoparallelen Kurven (vgl. Band I, Kapitel IV, Gleichungen (12^{IV})), so können wir $u^i = \xi^i t$ setzen, da die kartesischen Koordinaten des Raumes A_n offensichtlich auch Normalkoordinaten darstellen. Demnach sind die zu (15'') inversen Gleichungen durch die Gleichungen (15^{IV}) gegeben, worin man an Stelle von $\xi^i t$ die u^i einzutragen hat.

Damit ergeben sich die $x^i(u^1, \ldots, u^n)$ als ganze Funktionen, sofern die rechten Seiten in (15^{IV}) ganze Funktionen in t darstellen. Dann ist notwendig jede autoparallele Kurve für jeden Wert von t definiert und verläuft ins Unendliche, wenn $t \to \pm\infty$ strebt. So bekommen wir den

Satz. *Eine notwendige und hinreichende Bedingung für die globale Äquivalenz eines lokal-euklidischen Raumes A_n mit ganzen affinen Zusammenhangsfunktionen mit einem euklidischen E_n besteht darin, daß die autoparallelen Kurven* (15^{IV}) *durch ganze Funktionen des Parameters t dargestellt werden können oder auch darin, daß jede Autoparallele aus A_n einer ganzen Geraden des E_n entspricht.*

Vergleicht man diesen Satz mit dem Kriterium von HADAMARD-STOILOW, so zeigt sich, daß für die Entscheidung über die globale Äquivalenz bereits das Verhalten der Autoparallelen charakteristisch ist.

---

[10]) J. HADAMARD, Sur les transformations ponctuelles, Bull. S. M. F. **34** (1906), S. 71–84.
[11]) S. STOILOW, Sur les transformations continues des espaces topologiques, Bull. Math. **35** (1933), S. 229–235.

§ 4 Räume mit konstantem Zusammenhang

Wir sprechen von einem konstant affin-zusammenhängenden Raum A_n, wenn ein Koordinatensystem existiert, in welchem die Komponenten Γ^i_{jk} des Zusammenhanges konstant ausfallen. Ein solcher Raum läßt sich durch die Gruppe einfach transitiver ABELscher Automorphismen

$$x'^i = x^i + a^i$$

charakterisieren, wenn $x^1, \ldots, x^n$ die Variablen sind, in welchen der Zusammenhang konstant ist.

Ein Raum A_n mit konstantem Zusammenhang kann vom globalen Standpunkt als eine einfache Mannigfaltigkeit angesehen werden, die durch eine einzige Umgebung in den Veränderlichen $x^1, \ldots, x^n$ definiert wird, in welchen die Γ^i_{jk} im ganzen Raum $X_n(x^1, \ldots, x^n)$ konstant ausfallen. Die Γ^i_{jk} bleiben offenbar auch nach einer affinen Transformation der Koordinaten konstant, wenn sie es in den ursprünglichen Koordinaten waren. Affine Koordinaten sind also ausgezeichnete Koordinaten solcher Räume, und zulässige Koordinaten sind jene, bei deren Transformation der ganze Raum $X_n(x^1, \ldots, x^n)$ in sich übergeht.

In bezug auf eine affine Transformation (1) gilt für die konstanten Komponenten des Zusammenhanges das Transformationsgesetz

$$\Gamma'^i_{rs} a^r_j a^s_k = \Gamma^r_{jk} a^i_r$$

eines einfach kontravarianten und zweifach kovarianten Tensors dritter Stufe, und man kann in bezug auf Transformationen der ausgezeichneten Koordinaten einen A_n mit konstantem Zusammenhang durch einen solchen Tensor dritter Stufe bestimmen.

Zugeordnete Algebren. Man kann die Räume mit konstantem affinem Zusammenhang mit Algebren in Verbindung bringen, welche durch ein System von n hyperkomplexen Einheiten definiert werden. Sind

$$e_1, e_2, \ldots, e_n$$

solche Einheiten, welche eine Zahl x gemäß der Gleichung

$$x = x^1 e_1 + x^2 e_2 + \cdots + x^n e_n$$

bestimmen, wobei die $x^1, \ldots, x^n$ reelle Zahlen sind, so können wir die Komponenten Γ^i_{jk} als Zusammensetzungskoeffizienten der Multiplikationsregeln

$$e_j e_k = \Gamma^i_{jk} e_i \tag{16}$$

ansehen. Umgekehrt kann man einer durch (16) gegebenen Algebra einen Raum A_n von konstantem Zusammenhang Γ^i_{jk} zuordnen.

Diese Gleichungen erweisen den Raum A_n als torsionsfrei, wenn die Algebra (16) kommutativ ist, und umgekehrt. In diesem Fall gilt

$$(e_k e_j) e_l - e_k (e_j e_l) + \Gamma^i_{jkl} e_i = 0 \tag{16'}$$

mit

$$\Gamma^i_{jkl} = \Gamma^i_{sk} \Gamma^s_{jl} - \Gamma^i_{sl} \Gamma^s_{jk}$$

als Komponenten des Krümmungstensors des Raumes A_n. Insbesondere ist die Algebra (16) auch noch assoziativ, wenn der Krümmungstensor des A_n verschwindet. So ergibt sich der

Satz. *Die zu einem Raum A_n mit konstantem Zusammenhang zugeordnete Algebra ist kommutativ und assoziativ, wenn der Raum A_n lokal-euklidisch ist, und umgekehrt.*

Als erste Aufgabe wird man sich die Reduktion der Komponenten des affinen Zusammenhanges auf kanonische Formen durch Transformationen ausgezeichneter Koordinaten vornehmen. Eine solche kanonische Gestalt ergibt sich leicht, wenn der Raum torsionsfrei und projektiv-euklidisch ist, denn dann gilt

$$\Gamma^i_{jk} = \delta^i_j \varphi_k + \delta^i_k \varphi_j$$

mit einem konstanten kovarianten Vektor φ_k. Zunächst läßt sich φ_k durch eine affine Transformation in die kanonische Gestalt $(1, 0, \ldots, 0)$ überführen, und für die nichtverschwindenden Komponenten des Zusammenhanges ergibt sich

$$\Gamma^1_{11} = 2, \quad \Gamma^i_{i1} = 1$$

mit einem Index $i > 1$. Wir beweisen jetzt den

Satz. *Wenn der Raum A_n torsionsfrei, aber nicht projektiv-euklidisch ist, kann man stets*

$$\Gamma^2_{11} = 1, \quad \Gamma^\alpha_{11} = 0 \qquad (\alpha \neq 2)$$

erreichen.

Zunächst existiert gewiß eine Komponente $\Gamma^i_{jk} \neq 0$, wenn $i \neq j, k$ ist. Wir können $j = k$ annehmen. Wäre nun etwa

$$\Gamma^3_{12} \neq 0, \quad \Gamma^i_{kk} = 0, \qquad i \neq k,$$

so entstünden durch die Transformation

$$\bar{x}^2 = x^2 + \lambda x^1, \quad \bar{x}^i = x^i, \qquad i \neq 2 \tag{16''}$$

die Beziehungen

$$\bar{\Gamma}^3_{12} = \Gamma^3_{12}, \quad \bar{\Gamma}^3_{11} + 2\Gamma^3_{12}\lambda = 0,$$

also

$$\bar{\Gamma}^3_{11} \neq 0,$$

wenn $\lambda \neq 0$ ist. Wir nehmen also $\Gamma^2_{11} \neq 0$ an. Dann entstehen durch die Transformation

$$\bar{x}^2 = \frac{x^2}{\Gamma^2_{11}}, \qquad \bar{x}^i = x^i - x^2 \frac{\Gamma^i_{11}}{\Gamma^2_{11}}$$

die Beziehungen

$$\bar{\Gamma}^2_{11} = 1, \quad \bar{\Gamma}^i_{11} = 0, \qquad i \neq 2,$$

und damit ist der Satz in diesem Fall bewiesen. Wir nehmen jetzt $\Gamma^i_{jk} = 0$ an für alle $i \neq j, k$. Dann entsteht über die Transformation (16″) die Gleichung

$$\bar{\Gamma}^2_{11} = \lambda^2(\Gamma^2_{22} - 2\Gamma^1_{12}) + \lambda(\Gamma^1_{11} - 2\Gamma^2_{12}),$$

und $\bar{\Gamma}^2_{11}$ fällt für gewisse Werte von λ von Null verschieden aus, es sei denn daß

$$\bar{\Gamma}^2_{22} = 2\Gamma^1_{12}, \quad \Gamma^1_{11} = 2\Gamma^2_{12}$$

gilt. Da man die Rolle der Indizes vertauschen kann, folgt, daß für den Raum A_n nicht alle Komponenten $\Gamma^i_{jk}(i \neq j, k)$ in sämtlichen affinen Koordinatensystemen verschwinden können, es sei denn, A_n ist projektiv-euklidisch. Damit ist der Satz bewiesen.

Für das zugeordnete hyperkomplexe Zahlensystem besagt dieses Ergebnis, daß im Fall eines nicht projektiv-euklidischen A_n stets eine hyperkomplexe Einheit e_1 existiert, für welche

$$e_1^2 = e_2$$

gilt. Dann bekommen wir für das Produkt $e_1 e_2$

$$e_1 e_2 = \Gamma^i_{12} e_i,$$

und man kann eine nichtverschwindende der Komponenten $\Gamma^i_{12} (i > 2)$ benutzen, um $\Gamma^i_{12} e_i$ als weitere Einheit e_3 zu verwenden.

So kann man im Fall nicht projektiv-euklidischer A_n stets zu einer zugeordneten Algebra kommen, für welche

$$e_1^2 = e_2, e_1 e_2 = e_3, \ldots, e_1 e_{p-1} = e_p, e_1 e_p = \Gamma^1_{1p} e_1 + \cdots + \Gamma^p_{1p} e_p \qquad (16''')$$

mit $p \leqq n$ gilt. Ist in diesen Gleichungen $\Gamma^i_{1p} = 0$ $(i = 1, \ldots, p)$, so sind e_1 und e_p Nullteiler. Ist $p = n$, so sind alle Einheiten $e_2, \ldots, e_n$ Potenzen von e_1, denn dann gilt $e_2 = e_1^2, e_3 = e_1^3, \ldots, e_n = e_1^n$. Eine solche Algebra heißt *idempotent*, und den Raum A_n nennen wir in diesem Fall einen speziellen A_n. Eine Zahl $\varepsilon = \varepsilon^1 e_1 + \cdots + \varepsilon^n e_n$ heißt ein *Modul der Algebra*[12]), wenn $x\varepsilon = x$ in x identisch erfüllt wird. Dann muß

$$\Gamma^i_{jk} \varepsilon^k = \delta^i_j$$

---

[12]) B. Segre, La teoria delle algebre ed alcune questioni di realta, Rend. Mat. Roma 13 (1954), S. 157–169.

bestehen, und durch Verjüngung über $i = j$ folgt $\Gamma_k \varepsilon^k = n$. In einer Algebra, welche einen Modul zuläßt, muß also die Verjüngung Γ_k des Zusammenhanges von Null verschieden sein.

Lokal-euklidische Räume mit konstantem Zusammenhang. Wir betrachten jetzt einen lokal-euklidischen Raum A_n mit konstantem Zusammenhang,[13]) d. h. einen Raum A_n mit konstanten Komponenten Γ^i_{jk}, die den Bedingungen

$$\Gamma^i_{kj} - \Gamma^i_{jk} = 0\,, \quad \Gamma^i_{jkl} = \Gamma^i_{kf}\Gamma^f_{jl} - \Gamma^i_{lf}\Gamma^f_{jk} = 0 \tag{16^{IV}}$$

genügen. In diesem Fall kann man, wie wir zeigen werden, dem System (15′) durch eine Lösungsfunktion der Gestalt

$$u = e^{\alpha_i x^i} \tag{16^{V}}$$

mit konstanten α_i genügen. Die α_i müssen zu diesem Zweck den Gleichungen

$$u_{jk} = \alpha_j \alpha_k + \Gamma^r_{jk}\alpha_r = 0 \tag{17}$$

genügen. Zwar sind diese Bedingungen offensichtlich zahlreicher als die Unbekannten α_i, jedoch sind sie auf Grund der Bedingungen (16^{IV}) nicht unabhängig. Tatsächlich gilt

$$u_{jk}\alpha_l - u_{jl}\alpha_k = \Gamma^r_{jk} u_{rl} - \Gamma^r_{jl} u_{rk} \tag{17′}$$

mit beliebigen Indizes $j, k \neq l$. Für $l = 1$ werden wir

$$u_{rk}(\Gamma^r_{j1} + \delta^r_j \alpha_1) = u_{j1}\alpha_k + \Gamma^r_{jk} u_{r1} \tag{17″}$$

erhalten. Wir betrachten jetzt das System der n Gleichungen

$$u_{1k} = \alpha_1 \alpha_k + \Gamma^r_{1k}\alpha_r = 0, \qquad k = 1, \ldots, n.$$

Sollen die Lösungen α nicht alle verschwinden, so muß α_1 eine Wurzel der Gleichung n-ten Grades

$$|\Gamma^i_{j1} + \delta^i_j \alpha_1| = 0 \tag{17‴}$$

sein. Ist dann α_1 nicht gleichzeitig eine Wurzel der Gleichung $(n-1)$-ten Grades

$$|\Gamma^i_{j1} + \delta^i_j \alpha_1| = 0, \qquad i, j = 2, \ldots, n, \tag{17^{IV}}$$

so bestimmen die $n - 1$ Gleichungen $u_{1k} = 0 (k \neq 1)$ die $\alpha_2, \ldots, \alpha_n$ durch ein lineares Bedingungssystem, und die $u_{11}, u_{rk} (r, k > 1)$ verschwinden auf Grund der Gleichungen (17″). Dann sind alle Gleichungen (17) erfüllt.

Damit ergibt sich, daß die nichtverschwindende Lösung α_1 der Gleichung (17‴) (welche (17^{IV}) nicht erfüllt) einer Lösung (16^{V}) des Systems (15′) entspricht. Ist α reell, so ist auch (16^{V}) reell.

[13]) G. Vranceanu, Espaces à connexion affine constante localement euclidiens, Comunicările Acad. R. P. R. 1 (1951), S. 29.

Wir setzen jetzt voraus, daß (17) reell lösbar ist. Dann können wir durch eine lineare Transformation der Veränderlichen $x^1, \ldots, x^n$ erreichen, daß die Lösung (16^{V}) durch die Gleichung

$$u = e^{x^1}$$

gegeben wird. Wir können diese Lösung als eine affine Koordinate, etwa als u^1 im Raum E_n der Parameter $u^1, \ldots, u^n$ verwenden, d. h.

$$u^1 = e^{x^1}$$

setzen. Der Raum A_n kann dann aber mit dem Raum E_n nicht global äquivalent sein, da u^1 nur positive Werte annehmen kann.

Wenn die Gleichung (17) eine imaginäre Lösung gestattet, so erhält man ein Integral der Gestalt

$$u = e^{p+iq},$$

wobei die p und q Linearformen in den Veränderlichen $x^1, \ldots, x^n$ bezeichnen, die man als voneinander unabhängig ansehen kann. Nach einer Variablentransformation kann man $p = x^1$ und $q = x^2$ setzen, so daß man die ersten beiden Koordinaten des Raumes E_n durch die Gleichungen

$$u^1 = e^{x^1} \cos x^2, \qquad u^2 = e^{x^1} \sin x^2$$

ausdrücken kann. Die inversen Gleichungen lauten

$$x^1 = \frac{1}{2} \lg [(u^1)^2 + (u^2)^2], \quad x^2 = \operatorname{arc\,tg} \frac{u^2}{u^1},$$

x^2 wird also unstetig, sobald eine Kurve die „u^1-Achse“ der Ebene $E_2(u^1, u^2)$ kreuzt und springt von $k\pi \pm \frac{\pi}{2}$ nach $k\pi \mp \frac{\pi}{2}$. Zu einer Geraden der Ebene $E_2(u^1, u^2)$

$$u^1 \cos \alpha + u^2 \sin \alpha = p$$

mit konstantem α und p läßt sich nun in gleicher Weise im Raum (x^1, x^2) die Kurve

$$e^{x_1} \cos (x^2 - \alpha) = p$$

zuordnen. Ist etwa $p > 0$, so muß

$$\alpha + 2k\pi - \frac{\pi}{2} \leqq x^2 \leqq \alpha + 2k\pi + \frac{\pi}{2}$$

gelten. Zu einer Geraden in $E_2(u^1, u^2)$ gehören daher abzählbar unendlich viele nicht zusammenhängende Kurven des Raumes (x^1, x^2). So bekommen wir den

Satz. *Wenn die Gleichungen* (17) *mindestens eine nichtverschwindende Lösung gestatten, so ist der Raum A_n zu keinem affin-euklidischen Raum E_n global äquivalent. Wenn die Gleichungen* (17) *eine imaginäre Lösung gestatten, so ist die Korrespondenz der Räume A_n und E_n nicht eindeutig umkehrbar.*

Die Gleichungen (15) können im Fall eines A_n mit konstantem Zusammenhang die lineare Lösung

$$u = \alpha_i x^i \tag{18}$$

mit konstanten nicht insgesamt verschwindenden α_i gestatten. In diesem Fall müssen die α_i der Gleichung

$$\Gamma^r_{jk}\alpha_r = 0$$

genügen, und dazu muß die Matrix von r Spalten und (j, k) Zeilen

$$\|\Gamma^r_{jk}\| \tag{18'}$$

von kleinerem Rang als n sein. Ist der Rang $n - m$, so gestatten die Gleichungen (15) m lineare Lösungen, die man durch eine weitere Transformation (1) mit positiver oder negativer Determinante in die Lösungen

$$x^1, x^2, \ldots, x^m$$

transformieren kann. Die Komponenten des Zusammenhanges genügen jetzt den Bedingungen

$$\Gamma^r_{jk} = 0, \qquad r = 1, 2, \ldots, m. \tag{19}$$

Was die letzten der Gleichungen (16^{IV}) anbetrifft, so entsteht

$$\Gamma^\alpha_{\beta k}\Gamma^\beta_{jl} - \Gamma^\alpha_{\beta l}\Gamma^\beta_{jk} = 0, \qquad \alpha, \beta = m + 1, \ldots, n,$$

und diese Beziehungen sind identisch erfüllt, wenn

$$\Gamma^\alpha_{\beta k} = 0 \qquad (\alpha, \beta > m,\ k = 1, \ldots, n) \tag{19'}$$

ist. Man sieht in diesem Fall leicht, daß die Gleichungen (15) die Lösung

$$u^i = x^i, \quad u^\alpha = x^\alpha - \frac{1}{2}\Gamma^\alpha_{rs}x^r x^s, \qquad i, r, s \leqq m \tag{20}$$

gestatten, welche den Raum A_n auf den ganzen Raum E_n abbilden.

Wir haben weiter oben bemerkt, daß die Komponenten Γ^i_{jk} die Komponenten eines konstanten Tensors bilden, solange man die Variablen $x^1, \ldots, x^n$ linear transformiert. Ebenso bilden die Komponenten der Überschiebung

$$A^i_{jkl} = \Gamma^i_{sk}\Gamma^s_{lj} \tag{19''}$$

die Komponenten eines konstanten Tensors, und zufolge (19) und (19′) gilt

$$A^i_{jkl} = 0.$$

Umgekehrt muß die Matrix (18′) von kleinerem Rang als n sein, wenn $A^i_{jkl} = 0$ ist, und dann sind die Gleichungen (19) und (19′) erfüllt. So können wir den folgenden Satz aussprechen: *Wenn der Tensor A^i_{jkl} verschwindet, wird der Raum A_n auf den ganzen affin-euklidischen E_n abgebildet.*

Das Verschwinden von A^i_{jkl} ist somit eine hinreichende Bedingung für globale Äquivalenz von A_n mit dem euklidischen E_n.

Ist A_n ein Spezialraum, so gilt

$$\Gamma^i_{11} = \delta^i_2, \quad \Gamma^i_{12} = \delta^i_3, \ldots, \Gamma^i_{1\,n-1} = \delta^i_n, \tag{20'}$$

und aus den Gleichungen (17''') ergibt sich

$$\alpha_1^n + \Gamma^n_{1n}\alpha_1^{n-1} + \cdots + \Gamma^1_{1n} = 0.$$

Ein Spezialraum A_n ist also genau dann mit einem euklidischen E_n global äquivalent, wenn $\Gamma^i_{1n} = 0$ ist.

Lokal-euklidische Räume A_2 mit konstantem Zusammenhang. Welche Fälle sind bei Verwirklichung eines lokal-euklidischen Raumes A_2 von konstantem Zusammenhang möglich? Zunächst bemerken wir, daß unter diesen Umständen aus dem Verschwinden des Krümmungstensors die Beziehungen

$$\begin{aligned} &\Gamma^1_{12}\Gamma^2_{12} - \Gamma^1_{22}\Gamma^2_{11} = 0,\\ &\Gamma^1_{11}\Gamma^1_{22} - (\Gamma^1_{21})^2 + \Gamma^1_{12}\Gamma^2_{22} - \Gamma^1_{22}\Gamma^2_{21} = 0,\\ &\Gamma^2_{11}\Gamma^1_{12} - \Gamma^2_{21}\Gamma^1_{11} + (\Gamma^2_{12})^2 - \Gamma^2_{22}\Gamma^2_{11} = 0 \end{aligned} \tag{20''}$$

hervorgehen. Im allgemeinen kann man den Vektor

$$p_1 = \Gamma^1_{11} + \Gamma^2_{21}, \quad p_2 = \Gamma^1_{12} + \Gamma^2_{22} \tag{20'''}$$

von Null verschieden voraussetzen. Dann läßt sich p_2 auf Null und p_1 auf -2 reduzieren, und die linearen Transformationen, welche diese Werte festlassen, sind

$$x'^1 = x^1, \quad x'^2 = a^2_1 x^1 + a^2_2 x^2. \tag{21}$$

Mit Rücksicht auf (20''') entsteht jetzt

$$\Gamma^1_{11} = -2 - \Gamma^2_{21}, \quad \Gamma^2_{22} = -\Gamma^1_{12},$$

und die Bedingungen (20'') gewinnen die Gestalt

$$\begin{aligned} &\Gamma^1_{12}\Gamma^2_{12} - \Gamma^1_{22}\Gamma^2_{11} = 0,\\ &\Gamma^1_{22} + \Gamma^1_{22}\Gamma^2_{11} + (\Gamma^1_{21})^2 = 0,\\ &\Gamma^2_{21} + (\Gamma^2_{21})^2 + \Gamma^1_{12}\Gamma^2_{11} = 0. \end{aligned} \tag{21'}$$

Da sich durch eine Transformation (21) ähnlich

$$\Gamma'^1_{22}(a^2_2)^2 = \Gamma^1_{22}, \quad \Gamma'^1_{12}a^2_2 + \Gamma'^1_{22}a^2_1 a^2_2 = \Gamma^1_{12}$$

ergibt, folgt, daß man Γ'^1_{12} auf Null reduzieren kann, wenn $\Gamma^1_{22} \neq 0$ ist. Genau so besagen die zweiten der Gleichungen (21'), daß Γ^1_{21} verschwindet, sobald $\Gamma^1_{22} = 0$

ist. Wir können also stets $\Gamma^1_{12} = \Gamma^2_{22} = 0$ annehmen und bekommen dann von (21')

$$\Gamma^1_{22}\Gamma^2_{11} = 0, \quad \Gamma^1_{22}(1 + \Gamma^2_{11}) = 0, \quad \Gamma^2_{21}(\Gamma^2_{21} + 1) = 0. \tag{21''}$$

Somit gibt es zwei mögliche Lösungen

$$\Gamma^1_{11} = -2, \qquad \Gamma^1_{12} = \Gamma^2_{22} = \Gamma^1_{22} = \Gamma^2_{21} = 0, \tag{22}$$

$$\Gamma^1_{11} = \Gamma^2_{21} = -1, \qquad \Gamma^1_{12} = \Gamma^2_{22} = \Gamma^1_{22} = 0, \tag{22'}$$

sofern $\Gamma^1_{22} = 0$ ist und Γ^2_{11} durch eine Transformation (21) auf Null reduziert werden kann. Wenn $\Gamma^1_{22} \neq 0$ ist, kann Γ^1_{22} auf ± 1 reduziert werden, je nachdem, ob dann Γ^1_{22} positiv oder negativ ist. So bekommt man

$$\Gamma^1_{11} = \Gamma^2_{21} = -1, \quad \Gamma^1_{12} = \Gamma^2_{22} = \Gamma^2_{11} = 0, \quad \Gamma^1_{22} = \pm 1. \tag{23}$$

Die Algebra der Gleichungen (22) enthält zwei Einheiten; sie ist kommutativ und assoziativ ohne Einselement

$$e_1^2 = -2e_1, \quad e_1 e_2 = 0, \quad e_2^2 = 0. \tag{23'}$$

Demgegenüber sind die Algebren (22') und (23) assoziative und kommutative Algebren mit Einselement. Die kanonische Form der Algebren (22') und (23) hat Graves[14]) studiert. Indem man zu (22) die Bedingung $\Gamma^2_{11} = 0$ hinzufügt, entsteht aus dem System (15)

$$\frac{\partial^2 u}{\partial x^2} - 2\frac{\partial u}{\partial x} = 0, \qquad \frac{\partial^2 u}{\partial x\,\partial y} = \frac{\partial^2 u}{\partial y^2} = 0$$

mit den unabhängigen Lösungen

$$u = e^{2x}, \quad v = y. \tag{24}$$

Im Fall (22') gestattet das System (15) die unabhängigen Lösungen

$$u = e^{2x}, \quad v = ye^x. \tag{25}$$

Schließlich gestattet das System (15) im Fall (23) die unabhängigen Lösungen

$$u = e^x, \quad v = e^y, \tag{26}$$

$$u = e^x \cos y, \quad v = e^x \sin y, \tag{27}$$

je nachdem, ob $\Gamma^1_{22} = -1$ oder $\Gamma^1_{22} = +1$ ist.

Die Äquivalenz eines Raumes A_2 von konstantem Zusammenhang mit dem euklidischen Raum E_2 wird also, wenn $\Gamma^i_{ik} \neq 0$ ist, durch eine der Gleichungen (24), (25), (26), (27) dargestellt. Im Fall (24) und (25) liegt eine Abbildung des

[14]) Vgl. E. Study und É. Cartan, Nombres à multiplication associative, Encyclop. Sc. Math. ed. française 1901, S. 400.

Raumes A_2 auf die affine Halbebene $u > 0$ vor, im Fall (26) eine solche auf den positiven Quadranten der affinen u, v-Ebene. In allen Fällen ist aber die Korrespondenz umkehrbar eindeutig. Im Fall (27) wird der affine $E_2(u, v)$ unendlich oft überdeckt, und zu jedem Streifen

$$(2k - 1)\pi < y < (2k + 1)\pi$$

aus $A_2(x, y)$ gehört die ganze $E_2(u, v)$.

Wir betrachten jetzt den Fall, daß $p_1 = p_2 = 0$ ist. Dann gilt mit Rücksicht auf (20''') und (20'')

$$\Gamma^1_{11}\Gamma^2_{22} - \Gamma^1_{22}\Gamma^2_{11} = 0, \quad \Gamma^1_{11}\Gamma^1_{22} - (\Gamma^2_{22})^2 = 0, \quad \Gamma^2_{22}\Gamma^2_{11} - (\Gamma^1_{11})^2 = 0. \quad (28)$$

Für $\Gamma^2_{11} \neq 0$ läßt sich durch eine lineare Transformation

$$\Gamma^2_{11} = -1, \quad \Gamma^1_{11} = 0$$

erzielen, und von (28) ergibt sich dann gleichzeitig $\Gamma^2_{22} = \Gamma^1_{22} = 0$.

Die gleiche Lösung erhält man durch Vertauschen der Indizes 1 und 2 auch im Fall $\Gamma^2_{11} = 0$, $\Gamma^2_{22} \neq 0$. Wenn $\Gamma^2_{11} = \Gamma^1_{22} = 0$ ist, gewinnen wir ebenso $\Gamma^1_{11} = \Gamma^2_{22} = 0$, der Raum A_2 ist dann affin, und man bekommt die einzige Lösung

$$\Gamma^2_{11} = -1, \quad \Gamma^1_{11} = \Gamma^2_{22} = \Gamma^1_{22} = \Gamma^2_{21} = \Gamma^1_{12} = 0 \quad (28')$$

und aus (15)

$$u = x, \quad v = y + \frac{x^2}{2}, \quad (29)$$

wodurch eine Abbildung des Raumes $A_2(x, y)$ auf den ganzen affinen Raum $E_2(u, v)$ vermittelt wird.

Als einziger Fall globaler Äquivalenz eines A_2 mit einem affinen E_2 erweist sich also derjenige, für welchen $p_k = \Gamma^i_{ik} = 0$ gilt, wobei wir es so einrichten können, daß die Äquivalenzgleichungen durch die Gleichungen (29) gegeben werden. Daher besteht der

Satz. *Ein lokal-euklidischer Raum A_2 ist genau dann mit einem euklidischen Raum E_2 global äquivalent, wenn der (verjüngte) Tensor $\Gamma^i_{ik} = p_k$ verschwindet.*

Wie P. Mocanu gezeigt hat, läßt sich dieser Satz auf Räume A_n verallgemeinern.[15])

Die durch die Gleichungen (28') bestimmte Algebra

$$e_1^2 = -e_2, \quad e_1 e_2 = 0, \quad e_2^2 = 0 \quad (29')$$

ist wie im Fall (22) modulfrei.

Wir sind somit auf diesem Wege auf fünf Algebren zweier Einheiten gestoßen, welche assoziativ und kommutativ sind, zwei davon, (23') und (29'), sind modulfrei.

---

[15]) P. Mocanu, Espaces à connexion affine constante équivalents en grand avec l'espace euclidien, Comunicările Acad. R. P. R. 2 (1952), S. 389–395.

Riemannsche Räume mit konstantem Zusammenhang. In einen Riemannschen Raum V_n können die Christoffelschen Symbole zweiter Art konstant sein. In diesem Falle können wir sagen, daß V_n eine Mannigfaltigkeit mit konstantem Zusammenhang ist.

Wenn wir von einem solchen Raum ausgehen, so befriedigen die Komponenten a_{ij} des Fundamentaltensors die Gleichungen

$$\frac{\partial a_{ij}}{\partial x^k} + a_{is}\Gamma^s_{jk} + a_{js}\Gamma^s_{ik} = 0,$$

wo $\Gamma^i_{jk} = -\left|{}^{\,i}_{jk}\right|$ konstant sind [Band I, Kap. V, Formeln (12′)].

Die Integrabilitätsbedingungen dieser Gleichungen können wir schreiben

$$a_{ij}\Gamma^s_{jkl} + a_{js}\Gamma^s_{ikl} = 0,$$
$$a_{is}\Gamma^s_{jkl,p} + a_{js}\Gamma^s_{iklp} = 0,$$

wo Γ^i_{jkl}, $\Gamma^i_{jkl,p}$ die Komponenten des Krümmungstensors und seiner kovarianten Ableitung sind. Die Komponenten a_{ij} müssen dann ein System von linearen und homogenen Gleichungen mit konstanten Koeffizienten befriedigen. Die Integrabilitätsbedingungen sind identisch verifiziert, wenn der Raum A_n (Γ^i_{jk}) lokal euklidisch ist.

Wir haben also den

Satz. *Man kann immer zu einem lokal euklidischen A_n mit konstantem Zusammenhang einen lokal euklidischen Raum V_n mit konstantem Zusammenhang assoziieren.*

Als Beispiel von Räumen V_n mit konstantem Zusammenhang, die nicht lokal euklidisch sind, haben wir die Räume V_n $(n \geqq 3)$, für welche a_{ij} durch die Formel

$$a_{ij} = e^{a_k x^k} c_{ij}$$

definiert sind, wo a_k, c_{ij} Konstanten sind, Räume die von V. Vagner angegeben wurden.[16])

Man kann zeigen, daß die Riemannschen Räume V_2 mit konstantem Zusammenhang alle lokal euklidisch sind.[17]) Man kann auch zeigen, daß die Räume V_3, die nicht euklidisch sind, Vagnersche Räume oder Räume mit der Metrik

$$ds^2 = e^{2mz}\,[2\,dx\,dz + dy^2] + e^{4mz}\,(dz)^2$$

sein können, wo m eine von Null verschiedene Konstante ist.[18]) Es ist auch zu bemerken, daß ein Riemannscher Raum V_n nur in dem Fall die Translationsgruppe zur Bewegungsgruppe haben kann, wenn a_{ij} Konstante sind. Wenn wir einen Raum V_n mit konstantem Zusammenhang nehmen und a_{ij} nicht konstant

---

[16]) V. Vagner, Riemannsche Räume mit konstanten Christoffelschen Symbolen, Abhandlungen Universität Saratov, 1938.

[17]) T. Sumitomo, On a special class of Riemannian spaces, Tensor 5 (1955), S. 201–204. Siehe auch M. Pinl, Die Äquivalenz konstanter und verschwindender Christoffelklammern zweiter Art, Fünfter Österreichischer Mathematiker-Kongreß 1960.

[18]) G. Vranceanu, Annali di Matematica 1961.

sind, so gibt es Translationen, die keine Bewegung des Raumes sind. Eine solche Translation ergibt uns einen anderen Raum $\overline{V}_n$, welcher dieselben geodätischen Kurven wie V_n hat. Die Räume V_n und $\overline{V}_n$ sind dann in geodätischer Korrespondenz [Band I, Kap. V, § 12], und die Korrespondenz ist von der Kategorie Null.

§ 5 Globale Eigenschaften autoparalleler Kurven

Liegt eine affine differenzierbare topologische Mannigfaltigkeit vor, so bilden ihre Autoparallelen ein System invarianter Kurven, d. h., ist

$$x^i = \varphi^i(t) \tag{30}$$

eine Lösung der Differentialgleichungen

$$\frac{d^2 x^i}{dt^2} = \Gamma^i_{jk} \frac{dx^j}{dt} \frac{dx^k}{dt} \tag{31}$$

der Autoparallelen in einer gewissen Umgebung V und verläuft diese Kurve (C) (30) etwa für $t_1 \leqq t \leqq t_2$ in dem gemeinsamen Gebiet R von zwei Umgebungen V und $\overline{V}$, so ist auch die in $\overline{V}$ durch

$$\bar{x}^i = \bar{x}^i[\varphi^1(t), \ldots, \varphi^n(t)]$$

definierte Kurve für $t_1 \leqq t \leqq t_2$ eine autoparallele Kurve in der Umgebung $\overline{V}$. Das kommt daher, daß in R

$$\frac{d\bar{x}^i}{dt} = \frac{\partial \bar{x}^i}{\partial x^j} \frac{dx^j}{dt},$$

$$\frac{d^2\bar{x}^i}{dt^2} = \frac{\partial^2 \bar{x}^i}{\partial x^j \partial x^k} \frac{dx^j}{dt} \frac{dx^k}{dt} + \frac{\partial \bar{x}^i}{\partial x^j} \frac{d^2 x^j}{dt^2}$$

gilt, so daß sich mit Rücksicht auf (31) und (13) das System

$$\frac{d^2\bar{x}^i}{dt^2} = \overline{\Gamma}^i_{jk} \frac{d\bar{x}^j}{dt} \frac{d\bar{x}^k}{dt}$$

ergibt, welches zeigt, daß eine Autoparallele der Umgebung V innerhalb R auch eine Autoparallele der Umgebung $\overline{V}$ darstellt.

Geht man von einem Raumpunkt P aus, so kann man durch Autoparallele alle Punkte eines gewissen Gebietes, welches P enthält, erreichen, was man auch so ausdrückt: Der Raum A_n ist lokal-zusammenhängend.

Indem man in P Normalkoordinaten einführt, kann man den Sachverhalt so ansehen, als ob die Autoparallelen in Gerade übergingen (vgl. Band I, S. 153).[19]

[19]) Einen Existenzbeweis für jeden Punkt eines konvexen Gebietes hat J. C. H. Whitehead gegeben; vgl. J. C. H. Whitehead, Convex regions in the geometry of Paths, Quaterly J. 3 (1932), S. 33.

Man zeigt, daß um P eine Umgebung V existiert, so daß zwei Punkte aus V durch eine einzige Autoparallele verbunden werden, die ganz in V enthalten ist.

Sind P und Q zwei beliebige Punkte aus A_n, so kann es vorkommen, daß sie durch keine aber auch, daß sie durch mehrere Autoparallele verbunden werden können, ja sogar durch unendlich viele solcher Kurven. Im letzten Fall spricht man von *konjugierten* Punkten. Betrachtet man eine Autoparallele durch P und ihre Variationsgleichungen (vgl. Band I, Kapitel V, § 11), so sind die konjugierten Punkte P und Q durch das Verschwinden des Variationsvektors ξ^i in solchen Punkten charakterisiert.

Autoparallele Kurven in Räumen A_2. In einem A_2 sind die autoparallelen Kurven durch die Gleichung

$$\frac{d^2v}{du^2} = -\Gamma^1_{22}\left(\frac{dv}{du}\right)^3 + (\Gamma^2_{22} - 2\Gamma^1_{21})\left(\frac{dv}{du}\right)^2 + (2\Gamma^2_{21} - \Gamma^1_{11})\frac{dv}{du} + \Gamma^2_{11} \tag{32}$$

gegeben (vgl. Band I, S. 333). Ihr allgemeines Integral schreibt sich

$$F(u, v, c_1, c_2) = 0,$$

so daß

$$F(u_0, v_0, c_1, c_2) = 0, \qquad F(u_1 v_1, c_1, c_2) = 0$$

gilt, wenn eine der autoparallelen Kurven durch die beiden Punkte $P_0(u_0, v_0)$ und $P_1(u_1, v_1)$ hindurchgeht. Je nachdem, ob diese Gleichungen eine, mehrere oder beliebig viele Lösungen c_1, c_2 gestatten, erhält man eine oder mehrere Integralkurven durch die Punkte P_0 und P_1. Um zu zeigen, daß alle Fälle eintreten können, betrachten wir gewisse spezielle Räume A_2. Zunächst nehmen wir an, in A_2 verschwänden alle Komponenten Γ^i_{jk} bis auf

$$\Gamma^2_{11} = -A(u)v.$$

Dann verschwinden auch alle Komponenten des Krümmungstensors bis auf

$$\Gamma^2_{121} = A(u).$$

Damit ergibt sich die quadratische Differentialform

$$\Psi = \Gamma_{rs}\, dx^r\, dx^s = A(u)\, du^2$$

unter Verwendung des verjüngten Krümmungstensors $\Gamma^i_{ris} = \Gamma_{rs}$ (vgl. Band I, S. 177). Je nachdem, ob $A(u)$ in einem Punkt positiv, Null oder negativ ist, sagt man, der A_2 sei in diesem Punkt positiv, gar nicht oder negativ gekrümmt. Da sich die Gleichung (32) in der Form

$$\frac{d^2v}{du^2} + A(u)v = 0 \tag{32'}$$

schreibt, sieht man, daß die „u-Achse“ ($v = 0$) eine Autoparallele des Raumes A_2 darstellt und weiß nach einem Satz von Sturm, daß eine Lösung (32′) für $A(u) \leqq 0$, also im Fall negativer oder verschwindender Krümmung die „u-Achse" ein einziges Mal schneidet, dagegen öfters, wenn die Krümmung positiv ist. Genauer noch schneidet eine Lösungskurve der Differentialgleichung (32'), die durch den Ursprung geht, im Fall $A(u) \geqq k^2$ die „u-Achse" wiederum in einem Punkt $u_0 \leqq \frac{\pi}{k}$. Dann müssen durch die Punkte $O(0, 0)$ und $P(u_0, 0)$ mindestens zwei autoparallele Kurven gehen, und das Konvexitätsgebiet des Ursprungs kann daher nicht den Punkt P_0 enthalten.

Wenn die Krümmung konstant ist,

$$A(u) = k^2,$$

so ist eine Integralkurve durch den Ursprung durch die Gleichung

$$v = c \sin ku$$

gegeben mit einer beliebigen Konstanten c. Diese Integralkurve schneidet die „u-Achse" in den Punkten

$$ku = n\pi \qquad (n \text{ ganze Zahl}).$$

Die Punkte mit den Koordinaten $\left(\frac{n\pi}{k}, 0\right)$ sind also im Raum A_2 der konstanten Krümmung k^2 konjugierte Punkte, d. h., durch zwei solche Punkte gehen unendlich viele autoparallele Kurven. Unter ihnen ist eine, nämlich die „u-Achse", die im Ursprung ein Extremum aufweist, da dort die Ableitung von v verschwindet.

Im allgemeinen sind zwei gegebene Punkte $P_0(u_0, v_0)$ und $P_1(u_1, v_1)$ durch eine einzige Integralkurve

$$v = c \sin k u + c_1 \cos ku$$

verbunden, wenn

$$k(u_1 - u_0) \neq n\pi \qquad (n \text{ ganze Zahl})$$

gilt. Ist

$$k(u_1 - u_0) = n\pi,$$

so geht durch P_0, P_1 nur dann eine autoparallele Kurve, wenn $v_1 = v_0$ oder $v_1 = -v_0$ gilt (je nachdem, ob n gerade oder ungerade ist), dann sind es aber deren unendlich viele. Liegt also ein Punkt $P_0(u_0, v_0)$ vor, so gehören zu ihm die konjugierten Punkte

$$P\left(u_0 + \frac{2n\pi}{k}, v_0\right), \quad Q\left(u_0 + \frac{2(n+1)\pi}{k}, -v_0\right).$$

Die ersten dieser Punkte liegen auf ein und derselben Parallelen zur „u-Achse" ($v = v_0$), während die zweiten auf Geraden symmetrisch zur „u-Achse" liegen.

Wir können in diesem Fall auch noch unter den autoparallelen Kurven, die durch zwei konjugierte Punkte gehen, eine auszeichnen, die in P_0 ein Maximum oder Minimum aufweist. Diese Kurve ist dann durch

$$v = v_0 \cos k(u - u_0)$$

gegeben und liegt ganz zwischen den Parallelen $v = v_0$ und $v = -v_0$, die symmetrisch zu den konjugierten Punkten P und Q liegen.

Ist also der Punkt $P_0(u_0, v_0)$ gegeben, so bildet der Streifen

$$-\frac{\pi}{2k} + u_0 < u < u_0 + \frac{\pi}{2k}$$

ein Gebiet von der Eigenschaft, daß zwei seiner Punkte durch eine einzige autoparallele Kurve verbunden werden, welche diesem Gebiet ganz angehört.

Im allgemeinen Fall kann der Gleichung (32) durch eine Variablentransformation eine andere Form gegeben werden, insbesondere die kanonische[20])

$$\frac{d^2 v}{du^2} = b\left(\frac{dv}{du}\right)^2 + d. \tag{33}$$

Von der kanonischen Form (33) ausgehend hat Ritta Mirodan gezeigt, daß durch zwei Punkte eine einzige autoparallele Kurve geht, wenn b und d dasselbe Vorzeichen zukommt.[21])

Polarkoordinaten. Für ein Normalkoordinatensystem u, v im Ursprung eines A_2 gilt

$$\begin{aligned} \overline{\Gamma}^i_{11} &= a^i v + \cdots, \\ \overline{\Gamma}^i_{12} &= -\frac{1}{2}(a^i u + b^i v) + \cdots, \\ \overline{\Gamma}^i_{22} &= b^i u + \cdots, \end{aligned} \tag{33'}$$

wobei die nicht mehr aufgeschriebenen Terme in u und v von mindestens zweiter Ordnung sind. Gehen wir mit

$$u = \varrho \cos\varphi, \; v = \varrho \sin\varphi$$

zu Polarkoordinaten ϱ, φ über, so gilt für die Differentialgleichungen der autoparallelen Kurven

$$\begin{aligned} \frac{d^2\varphi}{dt^2} &= \Gamma^1_{11}\left(\frac{d\varphi}{dt}\right)^2 + 2\Gamma^1_{12}\frac{d\varphi}{dt}\frac{d\varrho}{dt} + \Gamma^1_{22}\left(\frac{d\varrho}{dt}\right)^2, \\ \frac{d^2\varrho}{dt^2} &= \Gamma^2_{11}\left(\frac{d\varphi}{dt}\right)^2 + 2\Gamma^2_{12}\frac{d\varphi}{dt}\frac{d\varrho}{dt} + \Gamma^2_{22}\left(\frac{d\varrho}{dt}\right)^2. \end{aligned} \tag{33''}$$

---

20) G. Vranceanu, Sur la réduction à une forme canonique des équations des courbes autoparallèles d'un espace A_2, Comunicările Acad. R. P. R. 2 (1952) ,S. 479–484.

21) Ritta Mirodan, Sur les courbes autoparallèles d'un espace A_2, Comunicările Acad. R. P. R. 2 (1952), S. 505–511.

Sollen darunter Gerade durch den Ursprung vorkommen, so müssen

$$\varphi = c, \quad \varrho = at + b$$

Lösungen des Systems (33″) mit konstanten c, a, b und $a \neq 0$ darstellen. Dann gilt notwendig

$$\Gamma^1_{22} = \Gamma^2_{22} = 0.$$

Was die anderen Komponenten des Zusammenhangs anbetrifft, so bekommen wir mit Rücksicht auf (33′)

$$\Gamma^1_{11} = \varrho^2[-a^1 \sin^2\varphi + (a^2 - b^1)\sin\varphi\cos\varphi + b^2\cos^2\varphi] + \cdots,$$

$$\Gamma^2_{11} = \varrho + \varrho^3[b^1\cos^2\varphi + (a^1 + b^2)\sin\varphi\cos\varphi + a^2\sin^2\varphi] + \cdots,$$

$$\Gamma^1_{12} = -\frac{1}{\varrho} + \frac{\varrho}{2}[b^1\sin^2\varphi + a^2\cos^2\varphi - (a^1 + b^2)\sin\varphi\cos\varphi] + \cdots,$$

$$\Gamma^2_{12} = \frac{\varrho^2}{2}[a^1\cos^2\varphi - b^2\sin^2\varphi + (a^2 - b^1)\sin\varphi\cos\varphi] + \cdots,$$

wobei die nicht aufgeschriebenen Terme in ϱ von höherer Ordnung sind. Wenn ϱ nicht konstant ist, ergibt sich durch Elimination von t aus (33″)

$$\frac{d^2\varrho}{d\varphi^2} = -2\,\Gamma^1_{12}\left(\frac{d\varrho}{d\varphi}\right)^2 + (2\,\Gamma^2_{12} - \Gamma^1_{11})\frac{d\varrho}{d\varphi} + \Gamma^2_{11}. \tag{34}$$

Auf diesem Weg bekommen wir die Differentialgleichungen der autoparallelen Kurven in Polarkoordinaten, eine Differentialgleichung zweiter Ordnung in der gewöhnlichen Gestalt für ϱ als Funktion von φ, quadratisch in $\frac{d\varrho}{d\varphi}$ mit in φ periodischen Koeffizienten, deren Pol im Ursprung liegt. Von Bedeutung sind die Lösungen der Gleichung (34) mit $\varrho > 0$.

Nun sei

$$\varrho = f(\varphi) \tag{34′}$$

eine periodische Lösung, wobei ϱ weder verschwindet noch über alle Grenzen wächst. Diese Lösung stellt im Raum A_2 eine geschlossene Kurve dar, welche den Ursprung umkreist und daher jede Gerade durch den Ursprung in zwei Punkten P und Q schneidet. Durch diese Punkte gehen in A_2 zwei autoparallele Kurven, die Gerade $\overline{PQ}$ und die Kurve (34′). Das Konvexitätsgebiet des Ursprungs kann also die beiden Gegenpunkte P und Q der Kurve (34′) nicht enthalten.

Um zu sehen, wie man solche Lösungen (34′) gewinnen kann, nehmen wir an, daß die Koeffizienten Γ nicht vom Winkel φ abhängen und gegenüber Drehungen um den Ursprung invariant bleiben. Hat dann die Gleichung

$$\Gamma^2_{11}(\varrho) = 0 \tag{34″}$$

eine reelle positive Lösung ϱ_0, so ist eine Lösung der Gleichung (34) durch einen autoparallelen Kreis vom Radius ϱ_0 mit dem Ursprung als Mittelpunkt gegeben. Daher ergibt sich mit $\varrho = \varrho_0$ eine Lösung von (34'), und das Konvexitätsgebiet des Ursprungs kann daher nicht zwei Gegenpunkte des Kreises enthalten.

Um genauere Einzelheiten über die Natur der Lösungen der Gleichung (34) in dem Fall zu erhalten, in welchem die Koeffizienten vom Parameter φ unabhängig sind, beachten wir, daß unsere Gleichung zum System

$$\begin{aligned} \frac{d\varrho}{d\varphi} &= \varrho u, \\ \frac{du}{d\varphi} &= [1 + \varrho^2 A(\varrho)]u^2 + \varrho^2 B(\varrho)u + \varrho^2 C(\varrho) + 1 \end{aligned} \tag{35}$$

äquivalent wird, wenn man $\frac{d\varrho}{d\varphi} = \varrho u$ setzt, wobei die Koeffizienten dieses Systems in einer Umgebung des Wertes $\varrho = 0$ analytische Funktionen sind. Nehmen wir insbesondere die Funktionen A, B, C als Polynome an, so können wir auf das System (35) die Methode von POINCARÉ[22]) anwenden und die Eigenschaften der Integralkurven in den kritischen Punkten

$$u = 0, \quad 1 + \varrho^2 C(\varrho) = 0$$

bzw.

$$\varrho = 0, \quad 1 + u^2 = 0$$

untersuchen. Wie man sieht, fallen diese Lösungen für $\varrho > 0$ mit den stationären Lösungen der Gleichung (34'') zusammen. Außerdem entsprechen diese Lösungen des Systems (35) für $\varrho > 0$ den autoparallelen Kurven des Raumes A_2.

Die autoparallelen Kurven in Räumen A_2 mit konstantem Zusammenhang. Wir beschäftigen uns jetzt mit einem Ergebnis von S. SASAKI[23]), nach welchem einem Raum von konstantem Zusammenhang keinerlei konjugierte Punkte zukommen, genauer, daß durch zwei verschiedene Punkte eines solchen Raumes immer höchstens eine autoparallele Kurve hindurchgeht.

Zum Nachweis beachten wir, daß nach der linearen Transformation

$$u' = u, \quad v' = v - \lambda u$$

die Komponenten Γ die folgenden Gleichungen erfüllen:

$$\Gamma'^2_{22} = \Gamma^2_{22} - \Gamma^1_{22}\lambda, \quad -\Gamma'^2_{22}\lambda + \Gamma'^2_{12} = \Gamma^2_{12} - \lambda\Gamma^1_{12},$$
$$\lambda^2\Gamma'^2_{22} - 2\Gamma'^2_{12}\lambda + \Gamma'^2_{11} = \Gamma^2_{11} - \Gamma^1_{12}\lambda.$$

---

[22]) S. LEFSCHETZ, Lectures on differential equations, Princeton University Press, Princeton 1948, chap. V.

[23]) S. SASAKI, A boundary value problem of some special ordinary differential equations of the second order, J. Math. Soc. Japan 1 (1949), S. 79.

Indem wir Γ'^2_{22}, Γ'^2_{12} eliminieren, bekommen wir

$$\Gamma'^2_{11} = \Gamma^2_{11} + (2\Gamma^2_{12} - \Gamma^1_{11})\lambda + (\Gamma^2_{12} - 2\Gamma^1_{12})\lambda^2 - \Gamma^1_{22}\lambda^3.$$

Man kann also λ so wählen, daß Γ'^2_{11} verschwindet. Ebenso lassen sich die Komponenten Γ^2_{12} und Γ^2_{22} durch eine projektive Transformation des Zusammenhanges auf Null reduzieren, so daß man zu folgendem Ergebnis kommt: *In einem Raum A_2 von konstantem Zusammenhang kann man durch eine lineare Transformation des Zusammenhanges die Beziehungen*

$$\Gamma^2_{11} = \Gamma^2_{12} = \Gamma^2_{22} = 0$$

herstellen.

Damit verwandelt sich Gleichung (32) in

$$\frac{d^2u}{dv^2} = \Gamma^1_{11}\left(\frac{du}{dv}\right)^2 + 2\Gamma^1_{12}\frac{du}{dv} + \Gamma^1_{22}. \tag{36}$$

Wir nehmen $\Gamma^1_{11} \neq 0$ an. Dann reduziert sich (36) nach der Transformation $u' = \alpha u + \beta v$, $v' = \lambda v$ auf die kanonische Form

$$\frac{d^2u}{dv^2} = \left(\frac{du}{dv}\right)^2 + \varepsilon \tag{36'}$$

mit $\varepsilon = \pm 1$. Da in A_2 alle Komponenten des Zusammenhanges bis auf

$$\Gamma^1_{11} = 1, \quad \Gamma^1_{22} = \varepsilon$$

verschwinden, gilt dasselbe auch für alle Krümmungskomponenten bis auf

$$\Gamma^1_{212} = \varepsilon. \tag{36''}$$

Der Raum A_2 wird euklidisch, wenn ε verschwindet, und durch zwei seiner Punkte geht dann bekanntlich immer eine autoparallele Kurve.

Ist $\Gamma^1_{11} = 0$, jedoch $\Gamma^1_{12} \neq 0$, so kann (36) auf die kanonische Gestalt

$$\frac{d^2u}{dv^2} = 2\frac{du}{dv} \tag{37}$$

reduziert werden. Dann verschwinden alle Krümmungskomponenten bis auf

$$\Gamma^1_{212} = -1.$$

Ist schließlich $\Gamma^1_{11} = \Gamma^2_{12} = 0$, so ergibt sich ein affiner Raum, durch dessen Punktepaare stets je eine autoparallele Kurve hindurchgeht.

Wir zeigen jetzt, daß in einem Raum A_2 von negativer Krümmung durch zwei beliebige seiner Punkte ebenfalls eine und nur eine autoparallele Kurve hindurchgeht.

Dazu unterscheiden wir zwei Fälle, den Fall (36′) mit $\varepsilon = -1$ und den Fall (37). Im ersten Fall schreibt sich das allgemeine Integral in der Gestalt

$$e^{-u} = Ke^{v} + Ce^{-v} \tag{38}$$

mit konstantem K und C. Da die Gleichung (36′) translationsinvariant ist, können wir eine autoparallele Kurve durch den Ursprung $O(0, 0)$ und einen Punkt $P_0(u_0, v_0)$ bestimmen. Diese Punkte bestimmen die Konstanten K und C eindeutig, sofern $v \neq 0$ ist. Mit $v = 0$ liegen aber die beiden Punkte O und P_0 auf der „u-Achse“, die eine Autoparallele des Raumes darstellt, die nicht durch (36′) gegeben wird.

Im Fall (37) schreibt sich das allgemeine Integral in der Gestalt

$$u = C + Ke^{2v},$$

und wiederum zeigt sich, daß durch zwei beliebige Punkte eine Autoparallele hindurchgeht. Betrachten wir noch den Fall eines Raumes A_2 mit positiver Krümmung, d. h. den Fall (36′) mit $\varepsilon = +1$. Dann schreibt sich das allgemeine Integral in der Gestalt

$$e^{-u} = C \sin v + K \cos v.$$

Verlangt man, daß eine Integralkurve durch den Ursprung geht, so ist $K = 1$, und verlangt man, daß eine Integralkurve durch den Punkt P_0 (u_0, v_0) geht, so ergibt sich

$$C = \frac{e^{-u_0} - \cos v_0}{\sin v_0}.$$

C erscheint also ebenfalls eindeutig bestimmt, solange $v_0 \neq 0$ oder $n\pi$. Den Fall $v_0 = 0$ muß man ausschließen, da dann die Punkte O und P_0 auf der „u-Achse“ liegen. Der Punkt $P_0(u_0, v_0)$ muß also in dem Streifen $-\pi < v < \pi$ liegen, damit O und P_0 durch autoparallele Kurven verbunden bleiben. So ergibt sich der

Satz. *Durch zwei getrennte Punkte eines Raumes A_2 von konstantem Zusammenhang geht stets höchstens eine autoparallele Kurve und zwar genau eine, wenn der Raum von negativer Krümmung ist.*

Wir können zu diesen Ergebnissen auch von dem Umstand her gelangen, daß Räume A_2 mit konstantem Zusammenhang alle projektive Räume sind. Daher kann der Krümmungstensor durch eine projektive Transformation zum Verschwinden gebracht werden, und man kann die Existenz eines konstanten Vektors (φ_1, φ_2) beweisen, der den Gleichungen

$$\begin{aligned} &\Gamma^1_{112} + 2\varphi_{12} - \varphi_{21} = 0, \quad \Gamma^1_{212} + \varphi_{22} = 0, \\ &\Gamma^2_{221} + 2\varphi_{21} - \varphi_{12} = 0, \quad \Gamma^2_{121} + \varphi_{11} = 0 \end{aligned} \tag{39}$$

genügt (vgl. Kapitel I, Gleichungen (31)).

Dabei ist

$$\varphi_{jk} = \varphi_r \Gamma^r_{jk} + \varphi_j \varphi_k.$$

Wir führen den Nachweis im Fall (36′), wo man

$$\Gamma^2_{22} = \Gamma^2_{21} = \Gamma^2_{11} = \Gamma^1_{12} = 0,$$

$$\Gamma^1_{11} = 1, \quad \Gamma^1_{22} = \varepsilon \neq 0$$

hat. Aus den Gleichungen (39) ergibt sich jetzt

$$\varphi_1\varphi_2 = 0, \quad \varphi_1 + \varphi_1^2 = 0, \quad \varepsilon\varphi_1 + \varphi_2^2 = -\varepsilon$$

mit der Lösung $\varphi_1 = -1$, $\varphi_2 = 0$.

Im Fall (37) schreiben sich die Gleichungen (39)

$$\varphi_2 + \varphi_1\varphi_2 = 0, \quad \varphi_2^2 = 0, \quad \varphi_1^2 - 1 = 0,$$

und man erhält die Lösung

$$\varphi_1 = -1, \quad \varphi_2 = 0.$$

So bekommen wir den

Satz. *Ein Raum A_2 mit konstantem Zusammenhang läßt sich durch eine projektive Transformation mit dem reellen konstanten Vektor (φ_1, φ_2) auf einen lokaleuklidischen Raum reduzieren.*

Autoparallele Kurven in Kaganschen Räumen von konstantem Zusammenhang. Wir zeigen jetzt, daß auch in Kaganschen $(n-2)$-fach projektiven Räumen mit konstantem Zusammenhang durch zwei verschiedene Punkte immer nur höchstens eine autoparallele Kurve geht. Die Komponenten des Zusammenhanges eines solchen Raumes setzen wir in der Gestalt

$$\Gamma^{\alpha}_{ij} = -\delta^{\alpha}_{j}\varphi_i - \delta^{\alpha}_{i}\varphi_j, \qquad \alpha = 2, \ldots, n$$

voraus, wobei der Vektor φ_k ebenso wie alle Komponenten Γ^{i}_{jk} konstant sind. Da andererseits die autoparallelen Kurven bei einer projektiven Transformation ungeändert bleiben, können wir $\varphi_k = 0$ annehmen. Dann sind die autoparallelen Kurven durch die Differentialgleichungen

$$\begin{aligned} \frac{d^2x^1}{dt^2} &= \Gamma^1_{11}\left(\frac{dx^1}{dt}\right)^2 + 2\Gamma^1_{1\alpha}\frac{dx^1}{dt}a^{\alpha} + \Gamma^1_{\alpha\beta}a^{\alpha}a^{\beta}, \\ x^{\alpha} &= a^{\alpha}t + b^{\alpha}, \qquad \alpha, \beta = 2, \ldots, n \end{aligned} \tag{40}$$

gegeben mit beliebigen Konstanten a^{α}, b^{α} und gegebenen Konstanten Γ^1_{11}, $\Gamma^1_{1\alpha}$, $\Gamma^1_{\alpha\beta}$. Bei einer linearen Transformation

$$x'^1 = a^1_1 x^1 + a^1_{\alpha}x^{\alpha} + c^{\alpha}, \quad x'^{\alpha} = a^{\alpha}_{\beta}x^{\beta} + c^{\alpha} \tag{40'}$$

der Variablen verändern sich die Komponenten Γ^1_{11}, $\Gamma^1_{1\alpha}$ gemäß

$$\Gamma'^1_{11}a^1_1 = \Gamma^1_{11}, \quad \Gamma'^1_{11}a^1_{\alpha} + \Gamma'^1_{1\beta}a^{\beta}_{\alpha} = \Gamma^1_{1\alpha}.$$

Wenn $\Gamma^1_{11} \neq 0$ ist, kann man also $\Gamma^1_{11} = 1$, $\Gamma^1_{1\alpha} = 0$ annehmen und für (40) die Gleichungen

$$\frac{d^2x^1}{dt^2} = \left(\frac{dx^1}{dt}\right)^2 + \Gamma^1_{\alpha\beta}a^{\alpha}a^{\beta}, \quad x^{\alpha} = a^{\alpha}t + b^{\alpha} \tag{41}$$

schreiben, wobei die Transformationen, welche (41) ungeändert lassen, durch

$$x'^1 = x^1 + c^1, \quad x'^\alpha = a^\alpha_\beta x^\beta + c^\alpha \tag{41'}$$

gegeben sind. In bezug auf die Gruppe dieser Transformationen transformieren sich die Komponenten $\Gamma^1_{\alpha\beta}$ gemäß

$$\Gamma'^1_{\lambda\mu}\, a^\lambda_\alpha a^\mu_\beta = \Gamma^1_{\alpha\beta},$$

und die $\Gamma^1_{\alpha\beta}$ bilden somit die Komponenten eines kovarianten Tensors zweiter Stufe im euklidischen Raum $E_{n-1}(x^2, \ldots, x^n)$. Die Komponenten des Krümmungstensors des Raumes A_n sind durch

$$\Gamma^1_{11\beta} = 0, \quad \Gamma^1_{\alpha 1\beta} = \Gamma^1_{\alpha\beta}, \quad \Gamma^1_{\alpha\lambda\beta} = 0, \quad \Gamma^\alpha_{ijk} = 0$$

gegeben, und man sieht, daß der Tensor $\Gamma^1_{\alpha\beta}$ nichts anderes darstellt als den verjüngten Krümmungstensor des A_n, der seinerseits in diesem Fall die Krümmung des Raumes vollständig bestimmt.

Wir betrachten jetzt eine autoparallele Kurve (41), für welche nicht alle a^α verschwinden, d. h. eine autoparallele Kurve, die zur „x^1-Achse“ nicht parallel ist. Man kann dann durch eine Transformation (41′) alle b^α und a^α zum Verschwinden bringen bis etwa auf $a^2 = 1$. Dann läßt sich die erste der Gleichungen (41) mit Rücksicht auf die zweite, $x^2 = t$, in der Gestalt

$$\frac{d^2x^1}{(dx^2)^2} = \left(\frac{dx^1}{dx^2}\right)^2 + \Gamma^1_{22}$$

schreiben. Die autoparallele Kurve liegt also in der Ebene

$$x^3 = \cdots = x^n = 0$$

und genügt einer Gleichung der Gestalt (36′). Dann ergibt sich, daß durch jeden Punkt der Ebene (x^1, x^2) eine und nur eine autoparallele Kurve hindurchgeht, wenn Γ^1_{22}, welche Komponente die Krümmung der Ebene im A_n darstellt, negativ oder Null ist, und daß höchstens eine solche Kurve vorhanden ist, wenn die Krümmung positiv ist.

Im Fall $\Gamma^1_{11} = 0$, in welchem man wiederum die Ebene (x^1, x^2) als Kurvenebene annehmen kann, ist die autoparallele Kurve durch die Gleichung

$$\frac{d^2x^1}{(dx^2)^2} = 2\Gamma^1_{12}\frac{dx^1}{dx^2} + \Gamma^1_{22} \tag{41''}$$

gegeben mit dem allgemeinen Integral

$$x^1 = -\frac{\Gamma^1_{22}}{2\,\Gamma^1_{12}}\, x^2 + c_1 + c_2 e^{2\Gamma^1_{12}x^2}$$

oder

$$x^1 = \frac{1}{2}\,\Gamma^1_{22}(x^2)^2 + c_1 + c_2 x^2,$$

je nachdem, ob $\Gamma^1_{12} \neq 0$ oder $\Gamma^1_{12} = 0$ ist. In beiden Fällen geht eine Integralkurve der Gleichung (41″) durch zwei Punkte der (x^1, x^2)-Ebene, wenn diese Punkte nicht auf derselben Parallelen zur „x^1-Achse" liegen. Da die „x^1-Achse" selbst Autoparallele des A_n ist, bekommt man den folgenden

Satz. *Liegt ein* KAGAN*scher* $(n-2)$*-fach projektiver Raum* A_n *mit konstantem Zusammenhang und eine seiner Ebenen, die autoparallele Kurven enthält, vor, so geht durch zwei Punkte dieser Ebene stets eine und nur eine autoparallele Kurve hindurch, es sei denn, daß* $\Gamma^1_{11} \neq 0$ *und die Krümmung der Ebene positiv ist, in welchem Fall die beiden Punkte allenfalls erst hinreichend benachbart vorausgesetzt werden müssen, damit eine autoparallele Kurve durch sie hindurchgeht.*

§ 6 Beziehungen zwischen affinen und projektiven Räumen

Die Betrachtungen, welche wir in § 3 durchgeführt hatten, legen es nahe, die Gleichungen (15″) als eine Korrespondenz zweier affiner Räume $A_n(x^1, \ldots, x^n)$ und $E_n(u^1, \ldots, u^n)$ zu deuten. Man kann dann jeder Punkttransformation (15″) einen lokal-euklidischen affinen Zusammenhang $\Gamma^i_{jk}(x)$ zuordnen, den wir selbst einen *euklidischen Zusammenhang* nennen werden. Ebenso kann man den Zusammenhang $\overline{\Gamma}^i_{jk}(u)$ in E_n zuordnen, der dem Zusammenhang „Null" im Raum A_n entspricht und durch die Gleichungen

$$\frac{\partial^2 u^i}{\partial x^j \partial x^k} = \overline{\Gamma}^i_{rs} \frac{\partial u^r}{\partial x^j} \frac{\partial u^s}{\partial x^k}$$

gegeben ist. Mit Rücksicht auf (15) folgt

$$\overline{\Gamma}^i_{rs} \frac{\partial u^r}{\partial x^j} \frac{\partial u^s}{\partial x^k} = -\Gamma^s_{jk} \frac{\partial u^i}{\partial x^s}, \tag{41‴}$$

d. h., der Zusammenhang $\overline{\Gamma}^i_{jk}$ ist in E_n definiert wie der Tensor $-\Gamma^i_{jk}$ in A_n. Diesem Zusammenhang in A_n entspricht der Zusammenhang „Null" in E_n. So bekommen wir den

Satz. *Liegt zwischen zwei affinen Räumen* A_n *und* E_n *eine Punkttransformation vor, so kommt das darauf hinaus, einen euklidischen affinen Zusammenhang* Γ^i_{jk} *(oder* $\overline{\Gamma}^i_{jk}$*) zuzuordnen.*

So entsprechen den Eigenschaften der Punkttransformationen solche des Zusammenhanges und umgekehrt. Betrachtet man solche Eigenschaften des Zusammenhanges, die bei projektiver Transformation des Zusammenhanges invariant bleiben, so bekommen wir Eigenschaften der Räume A_n und E_n, die dann als projektive Räume aufgefaßt werden.

Das Studium der Punkttransformationen zwischen affinen oder projektiven Räumen hat neuerdings vor allem durch die Arbeiten von E. ČECH und M. VILLA großen Aufschwung genommen,[24]) wobei die Theorie der begleitenden Bezugs-

[24]) MARIO VILLA, Recherches de types particuliers des transformations ponctuelles, Coll. Géom. diff. Strassbourg 1953, S. 67—77.

systeme als Untersuchungsmittel verwendet wird. Hier wollen wir jetzt gewisse Probleme der Theorie der Punkttransformationen zwischen affinen oder projektiven Ebenen betrachten, indem wir den assoziierten euklidischen Zusammenhang benutzen: Zunächst betrachten wir zwei affine Räume $A_2(x, y)$ und $E_2(u, v)$. Der euklidische affine Zusammenhang ist dann durch die sechs Komponenten

$$\Gamma^1_{11}, \Gamma^1_{12}, \Gamma^1_{22}, \Gamma^2_{11}, \Gamma^2_{12}, \Gamma^2_{22}$$

definiert, welche den partiellen Differentialgleichungen

$$\begin{aligned}
&\frac{\partial \Gamma^1_{22}}{\partial x} - \frac{\partial \Gamma^1_{12}}{\partial y} - \Gamma^1_{22}\Gamma^1_{11} - \Gamma^2_{22}\Gamma^1_{12} + (\Gamma^1_{12})^2 + \Gamma^1_{22}\Gamma^2_{12} = 0,\\
&\frac{\partial \Gamma^2_{11}}{\partial y} - \frac{\partial \Gamma^2_{21}}{\partial x} - \Gamma^2_{12}\Gamma^1_{11} - \Gamma^2_{11}\Gamma^2_{22} + \Gamma^2_{11}\Gamma^1_{12} + (\Gamma^2_{12})^2 = 0,\\
&\frac{\partial \Gamma^2_{12}}{\partial y} - \frac{\partial \Gamma^2_{22}}{\partial x} + \Gamma^1_{22}\Gamma^2_{11} - \Gamma^1_{12}\Gamma^2_{12} = 0,\\
&\frac{\partial \Gamma^1_{11}}{\partial y} - \frac{\partial \Gamma^1_{12}}{\partial x} + \Gamma^1_{12}\Gamma^2_{12} - \Gamma^1_{22}\Gamma^2_{11} = 0
\end{aligned} \tag{42}$$

genügen müssen, die den euklidischen Charakter des Zusammenhanges zum Ausdruck bringen.[25]) Aus der letzten dieser Gleichungen bekommen wir

$$\frac{\partial \Gamma_1}{\partial y} = \frac{\partial \Gamma_2}{\partial x}, \quad (\Gamma_1 = \Gamma^1_{11} + \Gamma^2_{21}, \quad \Gamma_2 = \Gamma^1_{12} + \Gamma^2_{22}).$$

Daher kann man

$$\Gamma^1_{11} = -\Gamma^2_{12} + \frac{\partial w}{\partial x}, \qquad \Gamma^2_{22} = -\Gamma^1_{12} + \frac{\partial w}{\partial y} \tag{42'}$$

setzen und erhält aus (42)

$$\begin{aligned}
&\frac{\partial \Gamma^1_{22}}{\partial x} - \frac{\partial \Gamma^1_{12}}{\partial y} - \Gamma^1_{22}\frac{\partial w}{\partial x} - \Gamma^1_{12}\frac{\partial w}{\partial y} + 2\Gamma^1_{22}\Gamma^2_{12} + 2(\Gamma^1_{12})^2 = 0,\\
&\frac{\partial \Gamma^2_{11}}{\partial y} - \frac{\partial \Gamma^2_{12}}{\partial x} - \Gamma^2_{12}\frac{\partial w}{\partial x} - \Gamma^2_{11}\frac{\partial w}{\partial y} + 2\Gamma^1_{12}\Gamma^2_{11} + 2(\Gamma^2_{12})^2 = 0,\\
&\frac{\partial \Gamma^1_{12}}{\partial x} + \frac{\partial \Gamma^2_{12}}{\partial y} - \frac{\partial^2 w}{\partial x\, \partial y} + \Gamma^1_{22}\Gamma^2_{11} - \Gamma^1_{12}\Gamma^2_{12} = 0,
\end{aligned} \tag{42''}$$

---

[25]) G. Vranceanu, Espaces A_2 localement euclidiens, Comunicările Acad. R. P. R. 4 (1954), S. 335–340.

also ein System von 3 partiellen Differentialgleichungen für fünf Funktionen Γ^1_{22}, Γ^1_{12}, Γ^2_{11}, Γ^2_{12}, w,[26]) und zu jedem Integral dieses Systems gehört ein euklidischer zweidimensionaler Zusammenhang.

Den Fall eines konstanten Zusammenhanges haben wir bereits früher betrachtet und gesehen, daß sich in diesem Fall die Punkttransformationen auf die kanonischen Formen (24), (25), (26), (27) reduzieren lassen, wenn der Raum A_2 mit dem Raum E_2 nicht global äuquivalent ist, dagegen auf die kanonische Form (29), wenn globale Äquivalenz vorliegt.

T. Postelnicu[27]) hat die Bestimmung des Zusammenhanges auch in dem Fall durchgeführt, daß die Γ^i_{jk} lineare Funktionen sind. Auch dann läßt sich die zugehörige Koordinatentransformation im allgemeinen in expliziter Form angeben, und man kann entscheiden, ob globale Äquivalenz vorliegt oder nicht.

Gehen wir jetzt zu projektiven Koordinaten über! Man weiß, daß die autoparallelen Kurven, welche durch die Lösungen der Gleichungen (32), d. h. in den Veränderlichen x, y des Raumes A_2 nach Band I, S. 333, durch die Gleichung

$$y'' = -\Pi^1_{22}\,y'^3 - 3\,\Pi^1_{12}\,y'^2 + 3\,\Pi^2_{21}\,y' + \Pi^2_{11} \qquad \left(y' = \frac{dy}{dx}\right) \tag{42'''}$$

gegeben werden, eine projektive Invariante des Raumes darstellen, und man kann die Γ^i_{jk} mit Hilfe der Komponenten Π^i_{jk} des projektiven Zusammenhangs und der Funktion w ausdrücken (vgl. Band I, S. 315). Diejenigen Kurven, die in $A_2(x, y)$ krümmungsfrei verlaufen, nennt man charakteristische Kurven der Punkttransformation

$$u = u(x, y), \qquad v = v(x, y). \tag{43}$$

Für die charakteristischen Kurven gilt $y'' = 0$ in $A_2(x, y)$, und wir erhalten entsprechend

$$-\Pi^1_{22}\,y'^3 - 3\,\Pi^1_{12}\,y'^2 + 3\,\Pi^1_{12}\,y' + \Pi^2_{11} = 0.$$

O. Borůvka[28]) hat eine Klassifikation der Punkttransformationen (43) zwischen zwei projektiven Ebenen $A_2(x, y)$ und $E_2(u, v)$ angegeben, welche Transformationen erster, zweiter und dritter Art unterscheidet, je nachdem, ob dieser kubischen Gleichung für y' drei verschiedene, eine Doppelwurzel oder eine dreifache Wurzel zukommt. Wenn die Gleichung identisch erfüllt ist, ist die Korrespondenz der beiden Ebenen eine Projektivität. Vranceanu hat gezeigt, daß nach der Klassifikation von Borůvka die quadratische Form

$$\Psi = \Pi_{11}dx^2 + 2\,\Pi_{12}dx\,dy + \Pi_{22}\,dy^2$$

regulär, singulär oder identisch Null ist, wo $\Pi_{jk} = \Pi^i_{js}\,\Pi^s_{ki}$ ist.

---

[26]) M. Ghermanescu, Sur l'intégration d'un système d'équations aux dérivées partielles, Comunicările Acad. R. P. R. 5 (1955), S. 1703–1706.

[27]) T. Postelnicu, Espaces A_2 à connexion linéaire localement euclidiens, Revista Univ. „C. I. Parhon" 4–5 (1954), S. 101–131.

[28]) O. Borůvka, Sur les correspondances analytiques entre deux plans projectifs, Publ. Fac. Sc. Brno 85 (1926); vgl. ferner L. Muracchini, Trasformazioni puntuali e loro curve caratteristische, Atti IV. Congr. Un. Mat. It., Taormina, 1951, S. 1–8.

Wenn die Charakteristiken nicht unbestimmt sind (und (43) also keine Projektivität darstellt), jedoch zusammenfallen, ergeben sich die Gleichungen

$$\Gamma^1_{22} = -a, \qquad \Gamma^1_{12} = a\alpha + \frac{1}{3}\frac{\partial w}{\partial y}, \qquad \Gamma^2_{12} = a\alpha^2 + \frac{1}{3}\frac{\partial w}{\partial x},$$

$$\Gamma^2_{11} = -a\alpha^3, \quad \Gamma^1_{11} = -a\alpha^2 + \frac{2}{3}\frac{\partial w}{\partial x}, \quad \Gamma^2_{22} = -a\alpha - \frac{2}{3}\frac{\partial w}{\partial y}$$

mit gewissen Funktionen $a = a(x, y)$ und $\alpha = \alpha(x, y)$. Das System (42″) führt dann auf ein System von drei Gleichungen in drei Unbekannten a, α, w. Wir betrachten den Fall $w = \text{const} \neq 0, \alpha = 0$, für welchen die Gleichungen (42″) besagen, daß a von x unabhängig ist. Entsprechend bekommen wir den Zusammenhang

$$\Gamma^1_{22} = a(y), \quad \Gamma^1_{12} = \Gamma^2_{12} = \Gamma^2_{11} = \Gamma^1_{11} = \Gamma^2_{22} = 0. \tag{43'}$$

Wie leicht ersichtlich, läßt sich jetzt die Transformation (43) in die Gestalt

$$u = x + f(y), \quad v = y \qquad (f'' = -a)$$

setzen, und die charakteristischen Kurven fallen für den Zusammenhang (43′) mit den Geraden $y = c$ zusammen. Ist a eine ganze Funktion, so wird der Raum $A_2(x, y)$ mit dem Raum $E_2(u, v)$ global äquivalent.

Ganze Cremona-Transformationen. Nun sei eine Transformation (15″) gegeben, in welcher die $u^i(x^1, \ldots, x^n)$ Polynome sind, und wir nehmen an, daß diese Transformation eine ganze Cremona-Transformation sei, d. h., daß sich die inversen Transformationsgleichungen wieder durch Polynome ausdrücken. Dann müssen die Beziehungen

$$\frac{\partial u^i}{\partial x^j}\frac{\partial x^j}{\partial u^k} = \delta^i_k$$

bestehen, und das Produkt der Funktionaldeterminanten $\left|\frac{\partial u^i}{\partial x^j}\right|$ und $\left|\frac{\partial x^h}{\partial u^k}\right|$ wird gleich Eins. Da diese Determinanten Polynome einmal in u, das andere Mal in x darstellen, müssen sie konstant sein. Sollen also die Gleichungen (15″) eine ganze Transformation darstellen, so muß die Determinante $\left|\frac{\partial u^i}{\partial x^j}\right|$ konstant ausfallen. B. Segre[29]) hat gezeigt, daß diese Bedingung auch hinreichend ist.

Wenn die Transformation (15″) eine ganze Cremona-Transformation darstellt, so besteht offensichtlich globale Äquivalenz zwischen den Räumen $A_n(x^1, \ldots, x^n)$ vom affinen Zusammenhang Γ^i_{jk} und dem euklidischen Raum E_n. Was den affinen euklidischen assoziierten Zusammenhang Γ^i_{jk} einer ganzen Cremona-Transformation anbelangt, so zeigen uns die Gleichungen (15‴), daß die Γ^i_{jk}

[29]) B. Segre, Propiétés locales et globales des correspondances entre variétés algébriques ou analytiques. Le 3-ème Congrès de Math. soviétiques, Moscou, juin 1956.

Polynome in $x^1, \ldots, x^n$ darstellen, und wir bekommen $\Gamma_k = 0$ für jede Transformation mit konstanter Determinante und damit den

Satz. *Zu jeder ganzen* CREMONA-*Transformation gehört ein polynomialer affin-euklidischer Zusammenhang Γ^i_{jk}, dessen Verjüngung Γ_k verschwindet.*[30])

Die Umkehrung gilt nicht, d. h., liegt ein polynomialer affin-euklidischer Zusammenhang mit verschwindender Verjüngung vor, so kann die zugehörige Punkttransformation gleichwohl eine Transformation sein, die keine CREMONA-Transformation darstellt. Wir bemerken, daß der verjüngte Zusammenhang verschwindet, wenn w eine Konstante ist. Im Fall $n = 2$ hängt daher die Bestimmung der Räume A_2 mit verschwindendem verjüngtem Zusammenhang von der Integration des Systems (42″) (worin $w = 0$ gilt) ab, d. h. von einem System von drei Gleichungen in vier Funktionen $\Gamma^1_{22}, \Gamma^1_{12}, \Gamma^2_{11}, \Gamma^2_{12}$. Für die Untersuchung der CREMONA-Transformationen kommt es jetzt vor allem darauf an, Polynomlösungen dieses Systems zu gewinnen und aus diesen wieder jene herauszusuchen, welche tatsächlich zu ganzen CREMONA-Transformationen gehören.

Im Fall von Räumen A_n mit konstantem lokal-euklidischem affinem Zusammenhang kann man beweisen daß, sobald der A_n mit dem Raum E_n global äquivalent ist, d. h., sobald die linken Seiten der Gleichungen (15^{IV}) ganze Funktionen darstellen, die Transformation, welche A_n in E_n überführt, eine ganze CREMONA-Transformation ist.[31]) Für konstante Zusammenhänge erweist sich also der Fall einer ganzen CREMONA-Transformation als einziger, bei welchem globale Äquivalenz mit dem Raum E_n vorliegt. Dieses Resultat ist mit einem Ergebnis von MOCANU äquivalent, nach welchem die notwendige und hinreichende Bedingung dafür, daß die mit einem konstanten affinen Zusammenhang assoziierte Punkttransformation eine ganze CREMONA-Transformation darstellt, darin besteht, daß der verjüngte Zusammenhang Γ_k verschwindet.

§ 7 Die Formel von GAUSS-BONNET

Ein klassischer Satz, der sich auf globale Eigenschaften geschlossener orientierbarer Flächen bezieht, ist der berühmte *Integralsatz von* GAUSS-BONNET:

$$\iint\limits_{(S)} K d\theta = 4\pi(1 - p), \tag{44}$$

in welchem K die GAUSSsche Krümmung der Fläche bezeichnet, $d\theta$ das Flächenelement und p das Geschlecht der Fläche. Wie man sieht, bedeutet diese Formel eine Verknüpfung einer Differentialinvarianten, der GAUSSschen Krümmung K, mit einer topologischen Invarianten, dem Geschlecht p, der Fläche und zeigt damit ihre Bedeutung für das Studium globaler Eigenschaften geschlossener Flächen.

---

[30]) G. VRANCEANU, Les transformations crémoniennes entières et les espaces à connexion affine, C. R. **243** (1956), S. 1997–1999.

[31]) G. VRANCEANU, Les espaces à connexion affine localement euclidiens à connexion constante. Le IV-ème Congrès des Math. roumains, Bucarest, mai 1956.

Zum Beweis der Gleichung (44) [32]) gehen wir von einer geschlossenen Flächenkurve (C) aus, welche doppelpunktfrei ist, durch stetige Deformation auf einen Punkt zusammengezogen werden kann und dabei immer auf der Fläche liegen bleibt. Das bei dieser Deformation überstrichene Gebiet nennt man das Innere der Kurve (C) auf der Fläche. Wird (C) als eine Parameterlinie der Fläche angenommen, etwa in Gestalt der Gleichung $v = 0$, so ergibt sich für die Metrik der Fläche in orthogonalen Parametern u, v der Ausdruck

$$ds^2 = A^2du^2 + B^2dv^2,$$

wenn man der Einfachheit halber annimmt, daß (C) und das Innere dieser Kurve zur gleichen Umgebung V gehören.

Als Orthogonalkongruenzen auf der Fläche lassen sich die PFAFFschen Formen

$$ds^1 = A\,du, \quad ds^2 = B\,dv \qquad (A > 0, \quad B > 0)$$

verwenden, welche die Rotationskoeffizienten dieser Kongruenzen auf die Werte

$$\gamma_{11}^2 = w_{12}^1 = \frac{A_v}{AB}, \qquad \gamma_{22}^1 = w_{21}^2 = \frac{B_u}{AB}$$

führen. Wenn γ_{11}^2 verschwindet, ist die Kurve $v = \text{const}$ eine geodätische Kurve. Wenn $\gamma_{11}^2 = \dfrac{A_v}{AB} \neq 0$ ist, ergibt sich für die Kurve $v = ct$

$$\frac{1}{\varrho_g} = -\frac{A_v}{AB},$$

wenn die geodätische Krümmung $\dfrac{1}{\varrho_g}$ einer Flächenkurve durch die Determinante

$$\frac{1}{\varrho_g} = \begin{vmatrix} \dfrac{dx}{ds} & \dfrac{dy}{ds} & \dfrac{dz}{ds} \\ \dfrac{d^2x}{ds^2} & \dfrac{d^2y}{ds^2} & \dfrac{d^2z}{ds^2} \\ \xi & \eta & \zeta \end{vmatrix} = \frac{1}{R}\cos\theta \tag{45}$$

definiert wird. Dabei bezeichnen x, y, z kartesische Orthogonalkoordinaten, s ist die Bogenlänge der Kurve, ξ, η, ζ sind die Komponenten der Flächennormalen längs der Kurve, θ ist der Winkel zwischen Flächennormale und Binormale der Kurve. Die Orientierung der Flächennormalen wird so gewählt, daß das Dreibein der Tangenten an die Kurven $u = ct, v = ct$ und der Flächennormalen positiv orientiert ist. Da ϱ_g das Vorzeichen mit dem von B ändert, ist die Orientierung der Kurve $u = ct$ wesentlich.

---

[32]) W. BLASCHKE, Einführung in die Differentialgeometrie, Springer-Verlag, Berlin/Göttingen/Heidelberg 1950; D. J. STRUIK, Classical Differential Geometry, Addison-Wesley Press, Inc., Cambridge 1950, S. 153—159; E. KREYSZIG, Differentialgeometrie, Akademische Verlagsgesellschaft Geest & Portig K.-G., Leipzig 1957, Kapitel V, § 54. Der Satz von GAUSS-BONNET gilt bereits auf dreimal stetig differenzierbaren Flächenstücken.

Wenn die Kurve (C), $v = ct$, geschlossen und doppelpunktfrei ist, kann man das Kurvenintegral

$$I = \int\limits_{(C)} \frac{ds}{\varrho_g} = -\int\limits_{(C)} \frac{A_v}{B} du$$

betrachten und annehmen, daß die positive Richtung auf (C) diejenige ist, für welche der Parameter u wächst.

Ist (C) ein kleiner Kreis auf der Kugel, so betrachten wir als Inneres der Kurve (C) das kleine Stück der Kugelfläche, welches er umschließt. Läßt dann der Umlauf längs (C) dieses Gebiet zur Linken und wird als positive Richtung auf $u = ct$ die gewählt, welche ins Innere von (C) führt, so ergibt sich, daß die Normalenrichtung der Fläche in (45) diejenige der äußeren Kugelnormalen ist.

Dasselbe trifft zu, wenn man als inneres Gebiet der Kurve (C) das große Restgebiet auf der Kugel betrachtet und die Kurve (C) in zum früheren entgegengesetzten Sinne durchläuft. In diesem Sinne können wir sagen, die Bewegung auf (C) läßt die Fläche zur Linken.

Das Integral I ist eine Funktion von v, und man bekommt

$$\frac{dI}{dv} = -\int\limits_{(C)} \left(\frac{A_v}{B}\right)_v du.$$

Jetzt betrachten wir die Gaussche Krümmung K der Fläche. Sie ist nach Band I, S. 268, durch den Ricci-Koeffizienten

$$\gamma^1_{212} = \frac{\partial \gamma^1_{21}}{\partial s^2} - \frac{\partial \gamma^1_{22}}{\partial s^1} - (\gamma^2_{11})^2 - (\gamma^1_{22})^2 \tag{46}$$

definiert und daher durch

$$K = -\frac{1}{AB}\left[\left(\frac{A_v}{B}\right)_v + \left(\frac{B_u}{A}\right)_u\right]$$

gegeben. Mit dem Flächenelement $d\Theta = AB\,du\,dv$ erhalten wir das Doppelintegral

$$T = \iint\limits_{(S)} K\,d\theta = -\iint\limits_{(S)} \left[\left(\frac{A_v}{B}\right)_v + \left(\frac{B_u}{A}\right)_u\right] du\,dv$$

über das Innere der Kurve (C). Auch das Doppelintegral T ist eine Funktion von v und führt durch Differentiation auf

$$\frac{dT}{dv} = \int\limits_{(C)} \left[\left(\frac{A_v}{B}\right)_v + \left(\frac{B_u}{A}\right)_u\right] du.$$

Der Term $\left(\frac{B_u}{A}\right)_u$ rechts ist ein totales Differential, und daher folgt

$$\frac{d}{dv}(I+T)=0.$$

$I+T$ ist also eine Konstante und hängt als solche weder von der Kurve noch von der Fläche ab. Wenn die Fläche eine Kugel und (C) einer ihrer Großkreise ist, wird $I=0$ (der Großkreis ist eine Geodätische) und $T=2\pi$, denn K ist durch $\frac{1}{R^2}$ und die Oberfläche der Halbkugel durch $2\pi R^2$ gegeben. Daher gilt

$$\iint\limits_{(D)} K\,d\theta+\int\limits_{(C)}\frac{ds}{\varrho_g}=2\pi, \tag{47}$$

wobei (C) eine geschlossene Kurve ohne Doppelpunkt bezeichnet und (D) das einfach zusammenhängende Gebiet, welches von (C) auf der Fläche begrenzt wird.

Offensichtlich ist in (47) angenommen, daß die Tangenten der Kurve (C) stetig sind. Hat man es mit einem Eckpunkt auf (C) zu tun, in welchem sich die Tangente sprunghaft um den Winkel ω dreht, so muß man dem Linienintegral in (47) den Winkel ω hinzufügen, da man in diesem Eckpunkt die Kurve (C) durch einen kleinen Kreis ergänzen kann, dessen Mittelpunkt auf diesen Eckpunkt fällt. Längs der Peripherie dieses Ergänzungskreises strebt nämlich das Integral gegen ω, wie sich von (45) ergibt, wenn der Radius des Ergänzungskreises gegen Null strebt.

Ist (C) insbesondere ein geodätisches Dreieck mit den Winkeln $\alpha_1, \alpha_2, \alpha_3$, so sind die äußeren Eckenwinkel ω_i durch $\omega_i=\pi-\alpha_i$ gegeben. Das Linienintegral reduziert sich auf den Ausdruck $3\pi-\alpha_1-\alpha_2-\alpha_3$, und aus (47) wird

$$\iint\limits_{(D)} K\,d\theta=\alpha_1+\alpha_2+\alpha_3-\pi$$

oder

$$KA=\alpha_1+\alpha_2+\alpha_3-\pi,$$

wenn die GAUSSsche Krümmung der Fläche konstant ist. Dabei ist dann A der Inhalt des geodätischen Dreiecks. Man erhält so die klassische Formel für die Summe der Winkel eines geodätischen Dreiecks auf einer Fläche von konstanter Krümmung. Diese Summe ist größer als π, wenn $K>0$ und kleiner als π, wenn $K<0$ ist.[33])

Angenommen, unsere Fläche ist einer Kugel topologisch äquivalent. Dann zerlegt eine geschlossene doppelpunktfreie Kurve (C) die Fläche in zwei einfach zusammenhängende Gebiete D und D'. Neben (47) bekommen wir noch

$$\int\limits_{(C)}\frac{ds}{\varrho_g}+\iint\limits_{(D')} K\,d\theta=2\pi,$$

[33]) Das ist bekanntlich in der Geometrie von LOBATSCHEFFSKY der Fall.

wobei die Kurve (C) als Rand des Gebietes D' in zu (47) entgegengesetztem Sinne durchlaufen wird. Aus (47) und (47') folgt

$$\iint_{(S)} K d\theta = 4\pi,$$

wobei jetzt S das der ganzen Fläche (S) entsprechende Integrationsgebiet bezeichnet. Wenn die Fläche zu einem Torus topologisch äquivalent ist, so kann man als Kurve (C) auf (S) eine solche wählen, die von einem Parallelkreis und einem Meridian gebildet wird. Diese Kurve hat vier Rechtwinkelecken und man erhält, wenn D das Gebiet bezeichnet, welches zur Linken bleibt, wenn (C) durchlaufen wird,

$$\int_{(C)} \frac{ds}{\varrho_g} + \iint_{(D)} K d\theta = 0.$$

Wird (C) im entgegengesetztem Sinne durchlaufen, so ergibt sich analog wie früher

$$-\int_{(C)} \frac{ds}{\varrho_g} + \iint_{(D')} K d\theta = 0$$

und daher

$$\iint_{(S)} K d\theta = 0 \qquad (S = D + D') \tag{48}$$

Ebenso beweist man im Fall einer Fläche vom Geschlecht p, die also topologisch einer Kugel mit p Henkeln äquivalent ist, das Bestehen der GAUSS-BONNETschen Formel

$$\iint_{(S)} K d\theta = 4\pi(1 - p). \tag{49}$$

Diese Formel zeigt, daß man auf einer Fläche vom Geschlecht p keine überall reguläre Metrik finden kann, deren Krümmung stets vom gleichen Vorzeichen ist, wenn dieses Vorzeichen nicht das der Zahl $2(1 - p)$ ist, welche Zahl die EULERsche *Charakteristik* der Fläche heißt. Auf einer Kugel kann man also nicht eine überall reguläre Metrik finden, deren Krümmung negativ ist oder verschwindet.

Andererseits zeigt die Gleichung (48) wiederum, daß man auf einem Torus keine reguläre Metrik angeben kann, deren Krümmung stets positiv oder stets negativ ausfällt. Überdies ist der Torus auch mit einer euklidischen Metrik verträglich, was man auch unmittelbar an der konstanten Maßbestimmung

$$ds^2 = a d\theta^2 + 2b d\theta\, d\varphi + c d\varphi^2$$

sieht, deren Winkelgrößen Punkte des Torus bestimmen.

Die GAUSS-BONNETsche Integralformel ist eine der wichtigsten Formeln der globalen Differentialgeometrie. Wie man sieht, verknüpft sie die Differentialinvariante K mit dem Geschlecht der Fläche, das eine topologische Invariante darstellt. Diese Invariante charakterisiert die geschlossenen orientierbaren (Jordanschen) Flächen, insofern zwei geschlossene orientierbare Flächen genau dann homöomorph sind, wenn sie das gleiche Geschlecht aufweisen.[34])

Wenn wir die Metrik einer Fläche durch die quadratische Differentialform

$$ds^2 = E du^2 + 2F du\, dv + G dv^2$$

beschreiben, so ergibt sich als Gauss-Bonnetsche Integralformel (49)

$$\iint_{(S)} K \sqrt{EG - F^2}\, du\, dv = \omega h \qquad (2h = \chi), \tag{49'}$$

in welcher ω die Oberfläche der Einheitskugel des euklidischen dreidimensionalen Raumes bezeichnet und $2h$ die Eulersche Charakteristik χ der Fläche.

Ebenso erhalten wir aus den Gleichungen (28″) vom ersten Band dieses Werkes, Kapitel V, § 5, die Beziehung

$$R_{1212} = \gamma_{1212}(\lambda_1^1 \lambda_2^2 - \lambda_2^1 \lambda_1^2)^2.$$

Dabei bedeuten die λ_i^a die Momente zweier orthogonaler Kongruenzen auf der Fläche. Da nach Band I, S. 223,

$$a_{ij} = \lambda_i^b \lambda_j^b$$

gilt, bekommen wir

$$R_{1212} = K(EG - F^2)$$

und andererseits nach den Gaussschen Gleichungen von Band I, S. 259,

$$R_{1212} = b_{11} b_{22} - b_{12}^2,$$

worin die b_{11}, b_{12}, b_{22} die Koeffizienten der zweiten Fundamentalform der Fläche bezeichnen. Die Gausssche Krümmung K der Fläche läßt sich also als Quotient der Determinanten b und a der zweiten und ersten Fundamentalform auffassen, und man erhält

$$\iint_{(S)} \frac{b}{a} a^{\frac{1}{2}} du\, dv = \omega h. \tag{50}$$

Ist die Fläche (S) auf ein orthogonales Kongruenzsystem bezogen, in welchem sich die zweite Fundamentalform der Fläche in der orthogonalen Gestalt

$$\varphi = b_{11}(ds^1)^2 + b_{22}(ds^2)^2$$

schreibt, so wird aus (50)

$$\iint_{(S)} b_{11} b_{22}\, ds^1 ds^2 = \omega h,$$

[34]) S. Stoilow, Leçons sur les principes topologiques de la théorie des fonctions analytiques, Gauthier-Villars, Paris 1938, S. 85.

wobei die b_{11}, b_{22} bekanntlich die Hauptkrümmungen $\frac{1}{R_1}$, $\frac{1}{R_2}$ von (S) darstellen im Einklang mit der wohlbekannten Formel

$$K = \frac{1}{R_1}\frac{1}{R_2}.$$

Nach (49′) gilt in mindestens einem Punkt (ξ, η) der Fläche (S)

$$K(\xi, \eta)\,\sigma = \omega h \tag{50'}$$

mit σ als Gesamtfläche von (S). Offenbar ist dann $K(\xi, \eta) \neq 0$, wenn $h \neq 0$, d. h., wenn die Fläche nicht vom Geschlecht 1 ist. Wir nennen im Fall $h \neq 0$ den Punkt (ξ, η) einen Punkt „mittlerer Krümmung" und betrachten das Produkt

$$|K(\xi, \eta)|\sigma = \frac{\sigma}{|R_1(\xi, \eta)\, R_2(\xi, \eta)|}$$

als „unitären" Flächeninhalt von (S). Dann ist nach (50′) der unitäre Flächeninhalt von (S) ein Vielfaches des unitären Flächeninhaltes der Kugel vom Radius 1, und der Proportionalitätsfaktor ist die ganze positive Zahl $|h|$. Für geschlossene Flächen vom Geschlecht $p \neq 1$ gilt also das quantitative Gesetz, daß ihre unitären Flächeninhalte Vielfache des unitären Flächeninhaltes einer Kugel sind. Für Flächen vom Geschlecht 1 verschwindet die Gausssche Krümmung in Punkten mittlerer Krümmung. Ist die Fläche ein Torus mit den Gleichungen

$$x = (2 + \cos u)\sin v, \quad y = (2 + \cos u)\cos v, \quad z = \sin u, \quad 0 \leqq u,\ v \leqq 2\pi,$$

so bestätigt man leicht die Gleichungen

$$ds^2 = du^2 + (2 + \cos u)^2\, dv^2,$$
$$\varphi = du^2 + (2 + \cos u)\cos u\, dv^2$$

und erhält mit

$$ds^1 = du, \quad ds^2 = (2 + \cos u)dv$$

für φ den Ausdruck

$$\varphi = (ds^1)^2 + \frac{\cos u}{2 + \cos u}(ds^2)^2.$$

Die Gausssche Krümmung K des Torus ist daher durch

$$K = \frac{\cos u}{2 + \cos u}$$

bestimmt. In den Punkten mittlerer Krümmung gilt $K = 0$ oder

$$u = \frac{\pi}{2}, \quad u = \frac{3\pi}{2},$$

ihnen entsprechen also die beiden Kreise in den Ebenen

$$z = 1, \quad z = -1.$$

Verallgemeinerungen der Gauss-Bonnetschen Integralformel. Die Gleichung (50) kann auf den Fall einer geschlossenen Hyperfläche V_n in einem euklidischen $(n+1)$-dimensionalen Raum verallgemeinert werden, wenn n eine gerade Zahl ist. Dann stellt nämlich das Verhältnis $\frac{b}{a}$ der Determinanten der beiden Fundamentalformen die sogenannte hypersphärische Krümmung der V_n dar. Diese ist in einem Punkt P der V_n der Grenzwert des Quotienten aus dem hypersphärischen Bild der V_n auf der Einheitshyperkugel und dem zugehörigen Hyperflächenurbild auf V_n.[35])

Nun sei n eine gerade Zahl. Dann kann man die Determinante b durch ihre Minoren zweiter Ordnung ausdrücken und diese wiederum mit Hilfe der Gaussschen Gleichungen durch den Krümmungstensor der V_n. Man erhält

$$b = \frac{1}{n!\,2^{n/2}} R_{\alpha_1\alpha_2\beta_1\beta_2} \dots R_{\alpha_{n-1}\alpha_n\beta_{n-1}\beta_n} \varepsilon^{\alpha_1\dots\alpha_n} \varepsilon^{\beta_1\dots\beta_n}, \tag{51}$$

worin $\alpha_1, \dots, \alpha_n$ und $\beta_1, \dots, \beta_n$ je eine Permutation der Zahlen $1, 2, \dots, n$ bezeichnen. Ferner gilt $\varepsilon^{\alpha_1\dots\alpha_n} = +1$, wenn diese Permutation gerade ist und $\varepsilon^{\alpha_1\dots\alpha_n} = -1$, wenn diese Permutation ungerade ist.

Wir setzen dann

$$K_T = \frac{b}{a}, \tag{51'}$$

wobei b durch (51) gegeben ist und nennen K_T die *Gausssche Krümmung* des Raumes V_n mit geradem n. Diese Formel ergibt sich in gleicher Weise, wenn man die Einbettung des V_n im Raum E_{n+1} benutzt.

Allendörfer und Weil haben für einen geschlossenen und orientierbaren Raum V_{2p} eine Verallgemeinerung der Gauss-Bonnetschen Formel in der Gestalt

$$\iint\limits_{V_{2p}} K_T\, dv = \omega_{2p}\, h \tag{52}$$

erhalten. Dabei bezeichnet dv das Volumenelement des V_{2p} und ω_{2p} den Inhalt der Einheitshypersphäre in E_{2p+1}. h ist eine ganze Zahl, nämlich die Hälfte der Eulerschen Charakteristik χ des V_{2p} und ist also eine topologische Invariante des Raumes. Die Euler-Poincarésche Charakteristik ist die Summe der Indizes der endlich vielen Singularitäten der stetigen Vektorfelder über V_{2p}.[36])

S. S. Chern[37]) hat die Gleichung (52) mit Hilfe des Kalküls der alternierenden Formen (vgl. Band I dieses Werkes, S. 204)

$$\Omega^h_k = \gamma^h_{k\,l\,r}\, ds^l \delta s^r,$$

[35]) T. Levi-Civita, Calcolo differenziale assoluto, Roma, S. 276.

[36]) P. Alexandroff und H. Hopf, Topologie, Band I, Springer, Berlin 1935, S. 550.

[37]) Shiing-Shen Chern, A simple intrinsic proof of the Gauss-Bonnet formula for closed Riemannian manifolds, Ann. Math. 45 (1944), S. 747.

welche in die Strukturgleichungen des Raumes V_{2p} eingehen, bewiesen. Man kann nämlich mit Hilfe dieser Formen Ω^h_k die alternierende Form $2p$-ter Stufe

$$\Omega = (-1)^{p-1} \frac{1}{2^{2p}\pi^p p!} \varepsilon^{i_1 \ldots i_{2p}} \Omega^{i_1}_{i_2} \Omega^{i_3}_{i_4} \ldots \Omega^{i_{2p-1}}_{i_{2p}} \tag{53}$$

konstruieren. Bei einer orthogonalen Kongruenztransformation

$$d\bar{s}^h = c^h_k \, ds^k$$

ändern sich die Ω^h_k gemäß

$$\overline{\Omega}^h_k = \Omega^\alpha_\beta c^h_\alpha c^\beta_k,$$

und daher ist die Form Ω invariant, d. h., man bekommt

$$\Omega = I \, ds^1 \ldots ds^{2p},$$

wobei I eine Invariante bezeichnet und $ds^1 \ldots ds^{2p}$ ein CARTANsches Produkt.

Der Beweis von S. S. CHERN beruht darauf zu zeigen, daß

$$\int\limits_{(V_{2p})} \Omega = 2h\chi$$

ist. Nach (52) existiert mindestens ein Punkt $(\xi^1, \ldots, \xi^n)$ von mittlerer Krümmung, so daß

$$K_T(\xi^1, \ldots, \xi^{2p}) \, V^{2p} = \omega^{2p} h$$

gilt, wobei V^{2p} das Volumen des Raumes V_{2p} bezeichnet. Ist $h \neq 0$ und bezeichnen wir wie im Fall einer Fläche den Ausdruck

$$V = |K_T(\xi^1, \ldots, \xi^{2p})| \, V^{2p}$$

als unitäres Volumen der V_{2p}, so besagt die GAUSS-BONNETsche Formel, daß dieses Volumen V ein Vielfaches des unitären Volumens der Hyperkugel von $2p$ Dimensionen ist.

Nun sei K_T eine Konstante. Dieser Fall tritt immer ein, wenn der Raum eine einfach transitive Gruppe automorpher Transformationen gestattet. Dann sind alle Punkte des V_{2p} Punkte mittlerer Krümmung, und wir bekommen die Gleichung

$$K_T V^{2p} = \omega^{2p} h, \tag{54}$$

welche insbesondere zeigt, daß $\operatorname{sgn} h = \operatorname{sgn} K_T$ ist.

Im Fall eines Raumes V_n von ungerader Dimension n verschwindet die EULER-POINCARÉsche Charakteristik, und man weiß nicht, ob man für solche Räume eine der GAUSS-BONNETschen Formel analoge Formel angeben kann.

Wenn der Raum V_n in einem Raum E_{n+1} eingebettet ist, gibt es ein System orthogonaler Kongruenzen von der Beschaffenheit, daß sich die zweite Fundamentalform auf die kanonische Gestalt

$$\varphi = b_{11}(ds^1)^2 + \cdots + b_{nn}(ds^n)^2 \tag{55}$$

reduziert, worin die b_{ii} die Hauptkrümmungen $\frac{1}{R_i}$ der Hyperfläche V_n ausdrücken. Was die Koeffizienten γ^h_{klr} von RICCI dieses Orthogonalsystems anbetrifft, so verschwinden diese bis auf

$$\gamma^h_{khk} = b_{hh} b_{kk} = \frac{1}{R_h R_k}. \tag{56}$$

Man kann daher für die Determinante b der Form (55) im Fall $n = 2p$ eine der Gleichungen

$$b = b_{11} b_{22} \ldots b_{nn} = \gamma^{i_1}_{i_2 i_1 i_2} \ldots \gamma^{i_{2p-1}}_{i_{2p} i_{2p-1} i_{2p}} \tag{56'}$$

verwenden, wobei die Zahlen $i_1, i_2, \ldots, i_p$ eine Permutation der Zahlen $1, 2, \ldots, n$ darstellen. Summiert man über alle diese Permutationen, so erhält man eine (51) entsprechende Formel im System orthogonaler Kongruenzen.

Für $n = 2p + 1$ gilt dies nicht. Multipliziert man aber die γ^h_{khk} untereinander mit $h < k$ und wählt dabei die h, k als beliebige Paare der Indizes $1, 2, \ldots, n$, so ergibt sich

$$b^{2p} = \Delta, \tag{57}$$

wenn Δ ein solches Produkt bezeichnet.

Berücksichtigt man, daß sich die alternierenden Formen Ω^h_k als Linearformen in den CARTANschen Produkten

$$ds^l\, ds^r = ds^l\, \delta s^r - ds^r\, \delta s^l$$

auffassen lassen, so kann man auch Δ als eine Determinante solcher Formen auffassen, und diese Eigenschaft gilt auch, wenn die zweite Fundamentalform (55) nicht kanonisch reduziert ist. So bekommen wir im Fall $n = 3$

$$b^2 = \Delta = \begin{vmatrix} \gamma^1_{212}, & \gamma^1_{223}, & \gamma^1_{231} \\ \gamma^2_{312}, & \gamma^2_{323}, & \gamma^2_{331} \\ \gamma^3_{112}, & \gamma^3_{123}, & \gamma^3_{131} \end{vmatrix}.$$

Wie man sieht, ist Δ eine absolute Invariante gegenüber orthogonalen Kongruenztransformationen und behält diese Eigenschaft, auch wenn der Raum V_{2p+1} in einem E_{2p+2} eingebettet vorausgesetzt wird.

Nach (57) ist die reelle Klasse eines Raumes V_{2p+1} notwendig ungleich 1, wenn Δ nicht positiv ist. Auch ist, wie man zeigen kann, das Vorzeichen von b nicht mehr eindeutig definiert, da die Determinante b im Fall ungerader n ihr Vorzeichen ändert, wenn man die positive Normale umorientiert; im Fall gerader n ist dies nicht der Fall. Im Fall $n = 2p$ gilt, wenn der Raum V_{2p} in einem E_{2p+1} eingebettet ist,

$$\Delta = (K_T)^{2p+1}.$$

Doch verliert diese Beziehung im allgemeinen ihre Gültigkeit, wenn der Raum V_{2p} nicht in einem E_{2p+1} eingebettet werden kann.

Auf jeden Fall stellt das Integral

$$I = \int_{(V_n)} \Delta\, dV$$

eine numerische Invariante des Raumes dar, da Δ eine absolute Invariante ist. Sind zwei geschlossene und orientierbare Räume äquivalent, so sind die ihnen entsprechenden Invarianten I identisch. Für eine Hyperkugel ist $\Delta = 1$, denn die beiden Fundamentalformen stimmen für diesen Fall überein, und I fällt daher mit dem Volumen der Hyperkugel zusammen.

Betrachten wir einen dreidimensionalen Torus T_3. Man kann ihn durch die Gleichungen[38])

$$x = \sin u, \quad y = (2 + \cos u) \sin v,$$
$$z = (4 + 2 \cos v + \cos u \cos v) \sin w,$$
$$t = (4 + 2 \cos v + \cos u \cos v) \cos w$$

definieren, in welchen die x, y, z, t kartesische Orthogonalkoordinaten in E_4 bedeuten. Für die erste Fundamentalform des T_3 ergibt sich leicht

$$ds^2 = du^2 + (2 + \cos u)^2\, dv^2 + (4 + 2 \cos v + \cos u \cos v)^2\, dw^2, \tag{58}$$

und die zweite läßt sich

$$\varphi = dA\, dx + dB\, dy + dC\, dz + dD\, dt$$

schreiben. Dabei sind die A, B, C, D, die Komponenten des Normalvektors des T_3, durch die Gleichungen

$$A = \sin u, \qquad B = \cos u \sin v,$$
$$C = \cos u \cos v \sin w, \quad D = \cos u \cos v \cos w$$

gegeben, so daß man weiter

$$\varphi = du^2 + (2 + \cos u) \cos u\, dv^2 + (4 + 2 \cos v + \cos u + \cos v) \cos u \cos v\, dw^2$$

erhält. Indem wir

$$ds^1 = du, \quad ds^2 = (2 + \cos u)\, dv,$$
$$ds^3 = (4 + 2 \cos v + \cos u \cos v)\, dw$$

setzen, führen wir in (58) orthogonale Kongruenzen ein und bekommen

$$\varphi = (ds^1)^2 + \frac{\cos u}{2 + \cos u} (ds^2)^2 + \frac{\cos u \cos v}{4 + 2 \cos v + \cos u \cos v} (ds^3)^2$$

[38]) N. Bourbaki, Topologie générale, Livre III, chap. VII, Hermann & Cie, Paris 1942, S. 77.

und daher

$$b = \frac{\cos^2 u \cos v}{(2 + \cos u)(4 + 2\cos v + \cos u \cos v)}, \quad \Delta = b^2. \tag{59}$$

Da ferner

$$dV = ds^1\, ds^2\, ds^3 = (2 + \cos u)(4 + 2\cos v + \cos u \cos v)\, du\, dv\, dw$$

gilt, schreibt sich die GAUSS-BONNETsche Formel in der Gestalt

$$\int\limits_{(T_3)} b\, dV = \int\limits_{(T_3)} \cos^2 u \cos v\, du\, dv\, dw,$$

und man sieht, daß dieses Integral verschwindet.

Das Integral I ist durch

$$I = \int\limits_{(T_3)} \frac{\cos^4 u \cos^2 v}{(2 + \cos u)(4 + \cos u \cos v + \cos v)}\, du\, dv\, dw \tag{60}$$

gegeben und kann mit Hilfe der Perioden gewisser elliptischer Integrale ausgewertet werden.

§ 8 Globale Eigenschaften von Räumen konstanter Krümmung

In § 1 haben wir gezeigt, daß man eine Kugel durch zwei Umgebungen überdecken kann, nämlich durch die Projektionen der Kugel von zwei ihrer Gegenpunkte auf die zu diesen Punkten gehörige Äquatorebene. Dieselbe Eigenschaft zeigen die Hypersphären in einem Raum von beliebiger Dimensionszahl. Ist nämlich eine Hypersphäre S_n durch die Gleichung

$$(y^1)^2 + \cdots + (y^{n+1})^2 = R^2 \tag{61}$$

in einem euklidischen Raum E_{n+1} $(y^1, \ldots, y^{n+1})$ von $n + 1$ Dimensionen gegeben und ist $N(0, \ldots, 0, R)$ der Nordpol dieser Hypersphäre, so ist die Projektion aus dem Nordpol auf die Hyperebene $y^{n+1} = 0$ durch die Gleichungen

$$y^i = \frac{2\xi^i}{k\xi + 1}, \quad y^{n+1} = \frac{k\xi - 1}{\sqrt{k}(k\xi + 1)} \tag{62}$$

definiert, wobei

$$k = \frac{1}{R^2}, \quad \xi = (\xi^1)^2 + \cdots + (\xi^n)^2$$

ist. Die $\xi^1, \ldots, \xi^n$ sind daher kartesische Koordinaten in der Ebene $y^{n+1} = 0$. Mit Ausnahme des Nordpols wird durch die Gleichungen (62) jeder Punkt der Hyperkugel mit endlichen Werten $\xi^1, \ldots, \xi^n$ erfaßt.

Führt man vom Südpol $(0, \ldots, 0, -R)$ aus eine Projektion auf dieselbe Hyperebene $y^{n+1} = 0$ aus, so ergeben sich die Gleichungen

$$y^i = \frac{2\xi'^i}{k\xi' + 1}, \quad y^{n+1} = -\frac{1}{\sqrt{k}}\frac{k\xi' - 1}{k\xi' + 1}, \quad \xi' = (\xi'^1)^2 + \cdots + (\xi'^n)^2, \tag{63}$$

welche mit Ausnahme des Südpols jeden Punkt der Hyperkugel mit endlichen Werten $\xi'^1, \ldots, \xi'^n$ erfassen. Der Übergang von den Koordinaten ξ^i zu den Koordinaten ξ'^i entsprechender Punkte bei Projektion desselben Hyperkugelpunktes, einmal vom Nordpol und einmal vom Südpol, vollzieht sich durch eine Inversion der Gestalt

$$\xi'^i = \frac{\xi^i}{k\,\xi}. \tag{63'}$$

Man kann also die Hyperkugel S_n für beliebige Werte n durch zwei Umgebungen $V_n(\xi^1, \ldots, \xi^n)$ und $V'_n(\xi'^1, \ldots, \xi'^n)$ überdecken.

Die Metrik der in der Parameterdarstellung (62) gegebenen Hyperkugel schreibt sich

$$ds^2 = \frac{4[(d\xi^1)^2 + \cdots + (d\xi^n)^2]}{(1 + k\xi)^2}. \tag{64}$$

Diese quadratische Differentialform wird mit der von Riemann angegebenen kanonischen Form

$$ds^2 = \frac{(dx^1)^2 + \cdots + (dx^n)^2}{\left[1 + \frac{k}{4}[(x^1)^2 + \cdots + (x^n)^2]\right]^2} \tag{64'}$$

(vgl. Band I dieses Werkes, Kapitel V, § 4, Gleichung (48)) äquivalent, wenn man $x^i = 2\xi^i$ setzt, d. h. vom Nordpol auf die Tangentialhyperebene $y^{n+1} = -R$ des Südpols projiziert und daher eine sogenannte stereographische Projektion anwendet. Die Hyperkugel S_n ist somit vom lokalen Standpunkt aus eine Riemannsche Mannigfaltigkeit V_n von konstanter positiver Krümmung. Berücksichtigt man jetzt, daß die Hyperkugel S_n eine geschlossene Mannigfaltigkeit V_n ist, so ergibt sich, daß die Riemannsche Mannigfaltigkeit $V_n(\xi^1, \ldots, \xi^n)$ und die Riemannsche Mannigfaltigkeit $V'_n(\xi'^1, \ldots, \xi'^n)$, deren Metrik ebenfalls durch (64) bestimmt ist, als zwei Umgebungen ein und derselben geschlossenen Riemannschen Mannigfaltigkeit von konstanter positiver Krümmung aufgefaßt werden können, wenn man nur annimmt, daß der Übergang von den Koordinaten der Umgebung V_n zu denen der Umgebung V'_n durch die Inversion (63') geleistet wird.

Somit gehört jeder Punkt aus der Umgebung V_n mit endlichen nicht insgesamt verschwindenden Koordinatenwerten auch zur Umgebung V'_n und umgekehrt.

Jede der Umgebungen V_n und V'_n läßt sich in zwei oder mehrere Umgebungen aufspalten, indem man andere Parameterdarstellungen verwendet. So ergibt sich die Möglichkeit, geschlossene Riemannsche Mannigfaltigkeiten V konstanter positiver Krümmung vom Standpunkt der globalen Differentialgeometrie durch zwei oder mehrere Umgebungen zu definieren.

Unter den Parameterdarstellungen der Hyperkugel ist die Zentralprojektion vom Mittelpunkt auf eine Tangentialhyperebene von besonderem Interesse. Handelt es sich um die Projektion der oberen Halbhyperkugel auf die Tangentialhyperebene im Nordpol und verwendet man als Koordinaten $x^1, \ldots, x^n$ in dieser Tangentialhyperebene solche, deren Ursprung mit dem Nordpol zusammenfällt und als Richtungen diejenigen der Achsen $y^1, \ldots, y^n$, so erhält man die Gleichungen

$$y^i = \frac{x^i}{\sqrt{1+kx}}, \qquad y^{n+1} = \frac{1}{\sqrt{k}} \cdot \frac{1}{\sqrt{1+kx}}, \qquad [x = (x^1)^2 + \cdots + (x^n)^2]. \tag{64''}$$

Die durch (64'') vermittelte Zuordnung der Punkte der Hyperebene $y^{n+1} = 0$ und der oberen Halbhyperkugel ist eindeutig jedoch nicht eindeutig umkehrbar, da jedem Punkt der Hyperebene zwei Gegenpunkte auf der Hyperkugel entsprechen. Abgesehen vom Äquator wollen wir die obere Halbhyperebene als Umgebung betrachten. Wie man leicht bestätigt, ist dann die Maßbestimmung der Hyperkugel in dieser Umgebung durch

$$ds^2 = \frac{(dx^1)^2 + \cdots + (dx^n)^2}{1+kx} - \frac{k(x^1\,dx^1 + \cdots + x^n\,dx^n)^2}{(1+kx)^2} \tag{65}$$

gegeben.

Diese Darstellung der Hyperkugel durch Zentralprojektion ist deshalb von besonderem Interesse, da sie die Geodätischen der Maßbestimmung (65) durch Gerade repräsentiert, insofern die Großkreise der Hyperkugel bei Zentralprojektion in Geraden übergehen.

Wir werden zeigen, daß die Metrik (65) für $k > 0$ in jedem endlichen Punkt $P_0(x_0^1, \ldots, x_0^n)$ des Raumes $V_n(x^1, \ldots, x^n)$ regulär ist. Da eine Drehung der Achsen die Form der Metrik nicht berührt (vgl. Band I, Kapitel V, Gleichungen (42')), kann man den Punkt P_0 in die x^1-Achse hineindrehen, so daß $x_0^2 = \cdots = x_0^n = 0$ wird. Dann ist die Metrik (65) im Punkt P_0 von der Gestalt

$$ds^2 = \frac{(dx^1)^2 + [1 + k(x_0^1)^2]\,[(dx^2)^2 + \cdots + (dx^n)^2]}{[1 + k(x_0^1)^2]^2}$$

und also für $k > 0$ offensichtlich positiv definit. Wenn $k < 0$ ist, ist die Metrik in jedem Punkt innerhalb von

$$1 + k[(x^1)^2 + \cdots + (x^n)^2] = 0 \tag{65'}$$

regulär, und der Raum V_n mit der Metrik (65) ist für $k < 0$ ein vollständiger offener Raum, dessen absolute quadratische Mannigfaltigkeit durch (65') gegeben ist. Für $k = 0$ handelt es sich um einen (vollständigen und offenen) euklidischen Raum. Für $k > 0$ definiert die Metrik (65) keinen im Sinne von CARTAN und HOPF-RINOW vollständigen Raum, da die Entfernung s zwischen den Punkten $O(0, \ldots, 0)$ und $P_0(x_0^1, \ldots, x_0^n)$ durch die Gleichung

$$s = \int_0^{x_0^1} \frac{dx^1}{1 + k(x^1)^2} = \frac{1}{\sqrt{k}} \operatorname{arc\,tg} \sqrt{k}\, x_0^1$$

gegeben ist und gegen $\frac{\pi}{2\sqrt{k}}$ strebt, wenn $x_0^1 \to \infty$; dem Unendlichen im euklidischen Raum der $x^1, \ldots, x^n$ entspricht also nicht das Unendliche des Raumes V_n. Auch ergibt sich für die Gesamtlänge einer geodätischen Kurve des V_n der Wert $\frac{\pi}{\sqrt{k}} = \pi R$, d. h. die Länge eines Halbkreises.

Die Transformationsgruppe der Hyperkugel (61) ist die $(n + 1)$-äre orthogonale Gruppe

$$y'^h = a_k^h y^k, \quad a_k^h a_l^h = \delta_l^k. \tag{66}$$

Nach (64″) bekommen wir

$$x'^i = \frac{\sqrt{k}\, a_j^i x^j + a_{n+1}^i}{\sqrt{k}\, a_j^{n+1} x^j + a_{n+1}^{n+1}}, \quad \left(x^i = \frac{y^i}{\sqrt{k}\, y^{n+1}}\right) \tag{66'}$$

und sehen, daß die Transformationsgruppe der Metrik (65) eine Untergruppe der projektiven Gruppe der Variablen x^i darstellt. Offensichtlich erhält man über die Transformationen der Gruppe (66′)

$$(1 + kx')\,(\sqrt{k} a_j^{n+1} x^j + a_{n+1}^{n+1})^2 = 1 + kx,$$

und diese Gruppe läßt also (65′) invariant. So gewinnen wir das bekannte Resultat wieder (vgl. Kapitel I, § 3), daß die projektive Gruppe, die eine reguläre Hyperquadrik von elliptischem Typus im $(n + 1)$-dimensionalen Raum E_{n+1} invariant läßt, als Bewegungsgruppe eines Riemannschen n-dimensionalen Raumes konstanter Krümmung gedeutet werden kann.

Wir identifizieren jetzt zwei Gegenpunkte der Einheitshyperkugel S_n. Dann gehört nach (64″) zu jedem Punkt $P(x^1, \ldots, x^n)$ der Einheitshyperkugel ein Punkt $Q(y^1, \ldots, y^{n+1})$ des projektiven n-dimensionalen Raumes der homogenen kartesischen Koordinaten $y^1, \ldots, y^{n+1}$. Strebt der Punkt P ins Unendliche, so gilt $y^{n+1} \to 0$, und dem Unendlichen des Raumes $V(y^1, \ldots, y^{n+1})$ entspricht also die Hyperebene $y^{n+1} = 0$. Da ferner für $R = k = 1$

$$x^i = \frac{y^i}{y^{n+1}} \tag{67}$$

gilt, kann man die x^i als Koordinaten einer Umgebung V des projektiven Raumes auffassen; sie enthält die Punkte, für welche $y^{n+1} \neq 0$ ist. Nun sei $V'(x'^1, \ldots, x'^n)$ eine andere Umgebung des projektiven Raumes mit

$$x'^1 = \frac{y^1}{y^n}, \ldots, x'^{n-1} = \frac{y^{n-1}}{y^n}, \; x'^n = -\frac{y^{n+1}}{y^n}. \tag{67'}$$

Gehört ein gegebener Punkt zu beiden Umgebungen V und V', so bestehen für die Koordinaten dieser Umgebungen die Beziehungen

$$x'^1 = \frac{x^1}{x^n}, \ldots, x'^{n-1} = \frac{x^{n-1}}{x^n}, \quad x'^n = \frac{-1}{x^n}. \tag{68}$$

Die Funktionaldeterminante Δ dieser Transformation hat den Wert

$$\Delta = \frac{1}{(x^n)^{n+1}} = \left(\frac{y^{n+1}}{y^n}\right)^{n+1}.$$

Δ ist somit für gerade Werte n positiv oder negativ, je nachdem ob $\frac{y^n}{y^{n+1}}$ positiv oder negativ ausfällt. Daher sind die projektiven Räume gerader Dimension nicht orientierbar, wie wir in § 1 bereits im Fall projektiver zweidimensionaler Räume bewiesen hatten.

Wenn n ungerade ist, ist Δ immer positiv. Dann sei V^p eine Umgebung mit $y^p \neq 0$. In V^p verwenden wir die Größen

$$z^1 = \frac{y^1}{y^p}, \ldots, z^{p-1} = \frac{y^{p-1}}{y^p}, \quad z^p = -\frac{y^{p+1}}{y^p}, \ldots, z^n = -\frac{y^{n+1}}{y^p}$$

als Koordinaten. Der Übergang von den Koordinaten der Umgebung V^p zu denen von $V = V^{n+1}$ wird durch

$$z^1 = \frac{x^1}{x^p}, \ldots, z^{p-1} = \frac{x^{p-1}}{x^p}, \quad z^p = -\frac{x^{p+1}}{x^p}, \ldots, z^n = -\frac{1}{x^p} \tag{69}$$

gegeben. Durch eine Permutation der Veränderlichen $z^p, \ldots, z^n$ kann man z^n an die Stelle von z^p bringen und erhält dabei $n - p$ Vorzeichenänderungen, so daß man leicht sieht, daß die Funktionaldeterminante der Transformation (69) positiv ausfällt und durch $\left(\frac{y^{n+1}}{y^p}\right)^{n+1}$ gegeben wird.

Im allgemeinen wird der Übergang von den Koordinaten einer Umgebung V^p zu Koordinaten einer Umgebung $V^q (p \neq q)$ durch Gleichungen vermittelt, deren Funktionaldeterminante durch $\left(\frac{y^p}{y^q}\right)^{n+1}$ gegeben ist. Berücksichtigt man, daß der projektive Raum durch die Umgebungen $V^p (p = 1, \ldots, n+1)$ überdeckt wird, da für einen Punkt des projektiven Raumes mindestens eine der Koordinaten $y^1, \ldots, y^{n+1}$ nicht verschwindet, so folgt, daß der projektive Raum von ungerader Dimension orientierbar ist (vgl. § 1). So erhalten wir den

Satz. *Die projektiven Räume von ungeraden Dimensionen sind geschlossene orientierbare Räume, dagegen die projektiven Räume von geraden Dimensionen geschlossene nicht orientierbare Räume.*

Die über einen projektiven Raum definierte RIEMANNsche Mannigfaltigkeit V_n, die in jeder Umgebung durch (65) gegeben wird, bildet einen elliptischen Raum. Dieser Raum ist daher geschlossen und orientierbar, wenn n ungerade ist, dagegen geschlossen und nicht orientierbar, wenn n gerade ist.

Die Geodätischen dieses Raumes sind offenbar die Geraden des projektiven Raumes. Durch zwei beliebige Punkte geht daher eine einzige geodätische Linie. Ist dann ein Punkt P und eine geodätische Gerade g gegeben, so schneidet jede Geodätische, welche durch P geht und in der gleichen Ebene wie g liegt, die gegebene Geodätische. Das bedeutet, daß man, wie es das Parallelenpostulat der nichteuklidischen Geometrie eines elliptischen Raumes fordert, durch einen Punkt zu einer Geraden keine Parallele legen kann. Nach den vorhergehenden Betrachtungen gibt es zweierlei geschlossene RIEMANNsche Räume von konstanter positiver Krümmung: Den sphärischen Raum, wie er durch die Hyperkugel S_n definiert wird, der durch zwei Umgebungen überdeckt werden kann, mit der durch (64) gegebenen Metrik und den elliptischen Raum, der durch die Hyperkugel S_n definiert werden kann, sofern man deren Gegenpunkte identifiziert oder durch einen projektiven n-dimensionalen Raum, der durch $n + 1$ Umgebungen überdeckt wird, mit einer durch (65) gegebenen Metrik. Die Ausdrücke für die Maßbestimmungen (64) und (65) lassen sich im Fall einer konstanten negativen GAUSSschen Krümmung K verwenden, solange man die Koordinatenwerte $\xi^1, \ldots, \xi^n$ oder $x^1, \ldots, x^n$ auf das Innere der absoluten Maßhyperfläche vom Radius $\frac{1}{\sqrt{-k}}$ beschränkt.

Für $k < 0$ ist also die Metrik (65) die Maßbestimmung eines hyperbolischen Raumes, und die Geodätischen dieses Raumes sind die durch die Durchstoßpunkte mit der absoluten Maßhyperfläche des Raumes in deren Innerem begrenzten geradlinigen Segmente. Zwei Geodätische schneiden also einander in dieser Geometrie nur dann, wenn die sie definierenden Segmente sich im Innern der absoluten Maßhyperfläche schneiden. In einem hyperbolischen Raum gilt also das *Axiom von* LOBATSCHEFFSKY, nach welchem durch einen Punkt P zu einer Geraden g zwei Parallele gelegt werden können, nämlich die beiden Verbindungssegmente von P zu den Durchstoßpunkten der Geraden g durch die absolute Maßhyperfläche. Man kann dann durch P auch unendlich viele Geraden legen, welche g nicht schneiden, nämlich alle die, welche die Gerade g nur außerhalb der absoluten Maßhyperfläche treffen.

Man sieht auch, daß für $k < 0$ der Raum sowohl bei der Maßbestimmung (65) wie auch bei der Maßbestimmung (64) durch eine einzige Umgebung repräsentiert werden kann und daher als offener Raum angesehen werden muß. Er ist auch einfach zusammenhängend, denn jede seiner geschlossenen Kurven läßt sich stetig, ohne den Raum zu verlassen, derart deformieren, daß sie sich auf einen Punkt zusammenzieht.

Wir beweisen jetzt die globale Äquivalenz der Räume V_n mit den Maßbestimmungen (64) und (65) im Fall $k < 0$. Tatsächlich kann man dann gemäß der Substitution

$$\frac{x^i}{\sqrt{1 + kx}} = \frac{2\xi^i}{1 + k\xi} \tag{70}$$

von der Metrik (64) zur Metrik (65) übergehen und erhält

$$\frac{x}{1 + kx} = \frac{4\xi}{(1 + k\xi)^2},$$

so daß man aus (70)

$$x^i = \frac{2\xi^i}{1 - k\xi}, \quad \xi^i = \frac{x^i}{1 + \sqrt{1 + kx}}$$

gewinnt. Nach diesen Gleichungen erscheinen also die Punkte der Räume (64) bzw. (65) umkehrbar eindeutig zugeordnet. Man kann also einen hyperbolischen Raum auch durch die Metrik (64) definieren, wobei die Veränderlichen ξ^i der Ungleichung $1 + k\xi > 0$ genügen müssen. Für Räume mit konstanter negativer Krümmung hat E. Beltrami eine andere wichtige kanonische Gestalt der metrischen Grundform angegeben

$$ds^2 = \frac{(du^1)^2 + \cdots + (du^n)^2}{-k(u^1)^2} \tag{71}$$

(vgl. Band I, S. 256). Der Übergang von der kanonischen Form (64) zur kanonischen Form (71) ist durch die Gleichungen

$$u^1 = \frac{1 + k\xi}{1 + 2\sqrt{-k}\,\xi^1 - 3k\xi},$$
$$u^h = \frac{2\sqrt{-k}\,\xi^h}{1 + 2\sqrt{-k}\,\xi^1 - 3k\xi}, \qquad [\xi = (\xi^1)^2 + \cdots + (\xi^n)^2] \tag{71'}$$

gegeben. Die Punkte der Ebene $u^1 = 0$ stellen das unendlich ferne (uneigentliche) Gebiet der Metrik (71) dar, deren eigentliche Punkte die Punkte des Raumes sind, für welche $u^1 > 0$ gilt. Durch die Transformation

$$u^1 = e^{-z^1}, \quad u^h = z^h, \qquad (h = 2, \ldots, n)$$

erhält man

$$ds^2 = (-k)^{-1}[(dz^1)^2 + e^{2z^1}((dz^2)^2 + \cdots + (dz^n)^2)], \tag{72}$$

und die Metrik erweist sich somit im ganzen Raum der $z^1, \ldots, z^n$ als eine reguläre Metrik. Setzt man

$$ds^1 = \frac{dz^1}{\sqrt{-k}}, \quad ds^h = \frac{e^{z^1} dz^h}{\sqrt{-k}},$$

so sind die Formen $ds^1, \ldots, ds^n$ die Bogendifferentiale eines Systems von n Orthogonalkongruenzen im durch die Metrik (72) definierten Raum V_n. Für die bilinearen Kovarianten dieser Formen $ds^1, \ldots, ds^n$ ergibt sich

$$\Delta s^1 = 0, \quad \Delta s^h = \sqrt{-k}[ds^h\, ds^1].$$

Die Koeffizienten w^h_{kl} der bilinearen Kovarianten sind daher konstant. Der Raum gestattet daher eine einfach transitive Gruppe automorpher Transformationen, nämlich die Gruppe, welche diese Formen invariant läßt. Wir bekommen dann die Gleichungen

$$dz'^1 = dz^1, \quad e^{z'^1} dz'^h = e^{z^1} dz^h$$

und können mit deren Hilfe die Gruppe in der Gestalt

$$z'^1 = z^1 + a^1, \quad z'^h = e^{-a^1} z^h + a^h \tag{73}$$

schreiben. Diese einfach transitive Gruppe enthält eine $(n-1)$-parametrige ABELsche invariante Untergruppe, nämlich die Gruppe der Translationen in den Veränderlichen $x^2, \ldots, x^n$.

Wie wir schon festgestellt haben, ist der hyperbolische Raum einfach zusammenhängend, da er durch eine einzige Umgebung repräsentiert werden kann. Auch die sphärischen Räume sind einfach zusammenhängend. Wir können es nämlich leicht erreichen, daß eine gewisse geschlossene hypersphärische Kurve nicht durch den Nordpol von S_n hindurchgeht. Dann entspricht ihr im euklidischen Raum der Variablen $\xi^1, \ldots, \xi^n$ eine geschlossene Kurve, die durch stetige Deformation auf einen Punkt zusammengezogen werden kann, da der euklidische Raum offensichtlich einfach zusammenhängend ist. Der elliptische Raum ist nicht einfach zusammenhängend, denn ein Großkreis der Hyperkugel, d. h., eine Gerade des elliptischen Raumes kann nicht auf einen Punkt zusammengezogen werden, da einem Punkt des elliptischen Raumes zwei Punkte auf der Hyperkugel zugeordnet sind. So bekommen wir den

Satz. *Es gibt zweierlei Räume konstanter positiver Krümmung, den einfach zusammenhängenden sphärischen Raum und den nicht einfach zusammenhängenden elliptischen Raum.*

Nun sei ein vollständiger und geschlossener RIEMANNscher Raum V_n mit positiver konstanter Krümmung gegeben (vgl. § 1). Ist dieser Raum auch noch einfach zusammenhängend, so folgt aus seiner Vollständigkeit unter Verwendung der RIEMANNschen Metrik (64), daß alle Punkte des Raumes mit den Punkten des sphärischen Raumes bis auf den Nordpol zusammenfallen.

Ist der RIEMANNsche Raum jedoch nicht einfach zusammenhängend, so fällt er unter Verwendung der Metrik (65) mit dem elliptischen Raum zusammen abgesehen von den uneigentlichen Elementen. Durch einen Grenzübergang gewinnen wir den elliptischen Raum, wenn der Raum von gerader Dimension ist. Damit bekommen wir den

Satz von KILLING.[39]) *Jeder geschlossene vollständige Raum V_{2n} mit konstanter positiver Krümmung fällt mit dem sphärischen Raum zusammen, wenn er einfach zusammenhängend ist, und mit dem elliptischen Raum, wenn er nicht einfach zusammenhängend ist.*

Was die vollständigen Räume V_n konstanter negativer Krümmung anbetrifft, so können sie offene oder geschlossene Räume sein und fallen mit dem hyperbolischen Raum zusammen, wenn sie einfach zusammenhängend sind.

Im Spezialfall verschwindender Krümmung ergibt sich der Fall eines vollständigen einfach zusammenhängenden lokal-euklidischen Raumes, der nach einem Satz von CARTAN (vgl. § 1) mit dem euklidischen Raum zusammenfällt. Für nicht einfach zusammenhängende Räume kennen wir im Fall $n = 2$ zwei andere voll-

---

[39]) W. KILLING, Über die Grundlagen der Geometrie, J. reine angew. Math. **109** (1897), S. 121. É. CARTAN, La géométrie des espaces de Riemann, Paris 1951, S. 172.

ständig lokal-euklidische und orientierbare Räume.[40]) Diese sind der Zylinder des euklidischen Raumes und der Torus, dessen euklidische Metrik durch

$$ds^2 = a d\theta^2 + 2b\, d\theta\, d\varphi + c\, d\varphi^2 \tag{74}$$

mit konstanten $a, b, c, a > 0,\ ac - b^2 > 0$ gegeben ist. θ und φ sind Winkelgrößen, welche die Lage eines Punktes auf dem Torus bestimmen.

§ 9 Lokal nichteuklidische Räume

Ein Raum V_n ist ein Raum konstanter Krümmung, wenn die im Band I, Kapitel V, Gleichung (32), definierte Krümmung K einer beliebigen „Ebene" (u, v) (vgl. Kapitel V, § 8) für jeden Punkt dieselbe ist. Gibt man in V_n ein System orthogonaler Kongruenzen vor, so verschwinden für dieses alle RICCI-Koeffizienten mit vier oder drei verschiedenen Indizes, während diejenigen mit zwei verschiedenen Indizes mit der Krümmung K übereinstimmen. Im Rahmen der globalen Differentialgeometrie kann ein durch eine gewisse Umgebung definierter Raum V_n konstanter Krümmung als ein lokal-nichteuklidischer, d. h. RIEMANNscher Raum angesehen werden. Lokal euklidische Räume sind lokal-äquivalent. Wie wir gesehen haben, läßt sich die Maßbestimmung von Räumen konstanter Krümmung im Fall einer positiven Krümmung auf die beiden kanonischen Formen (64) oder (65) reduzieren und im Fall einer konstanten negativen Krümmung auf die kanonischen Formen (64), (65), (71) oder (72).

Es gibt noch andere bemerkenswerte kanonische Formen für Maßbestimmungen von Räumen konstanter Krümmung.

Bevor wir solche kanonischen Formen einführen, wollen wir eine Klasse quadratischer Formen konstanter Krümmung betrachten, die von einer willkürlichen Funktion abhängen. Man kommt zu dieser Klasse quadratischer Formen, wenn man Räume $V_n(x^1, \ldots, x^n)$ betrachtet, für welche die Stabilitätsgruppe im Koordinatenursprung durch die orthogonale Gruppe der Variablen $x^1, \ldots, x^n$ gegeben ist. Ein Raum konstanter Krümmung gestattet nämlich in jedem Punkt P eine $\frac{n(n-1)}{2}$-parametrige Stabilitätsgruppe, und nach passender Wahl der Veränderlichen kann man annehmen, daß diese Gruppe im Koordinatenursprung durch die orthogonale in den Variablen $x^1, \ldots, x^n$ gegeben ist.

Nach Band I dieses Werkes, Kapitel V, Gleichung (253), ist dann die metrische Grundform des Raumes V_n notwendig von der Gestalt

$$ds^2 = \alpha^2[(dx^1)^2 + \cdots + (dx^n)^2] + \beta[x^1 dx^1 + \cdots + x^n dx^n]^2. \tag{75}$$

Dabei sind α und β Funktionen von $r = \sqrt{(x^1)^2 + \cdots + (x^n)^2}$ allein. Unter welchen Bedingungen ist diese Metrik eine Metrik konstanter Krümmung? Um dies zu prüfen, setzen wir $x^i = \lambda^i r$ mit

$$(\lambda^1)^2 + \cdots + (\lambda^n)^2 = 1. \tag{75'}$$

[40]) N. W. EFIMOW, Höhere Geometrie, VEB Deutscher Verlag der Wissenschaften, Berlin 1960 (Übersetzung aus dem Russischen), Kap. V.

Die $\lambda^1, \ldots, \lambda^n$ sind also Koordinaten auf der Einheitshyperkugel. Die Metrik (75) läßt sich

$$ds^2 = (\alpha^2 + \beta r^2)dr^2 + (\alpha r)^2 d\sigma^2 \tag{76}$$

schreiben. Dabei ist $d\sigma^2$ die Metrik auf der Hyperkugel (75'). Nimmt man $d\sigma^2$ in der kanonischen Form (64) an, d. h., setzt man

$$d\sigma^2 = \frac{4[(d\eta^2)^2 + \cdots + (d\eta^n)^2]}{(1+\eta)^2}, \qquad [\eta = (\eta^2)^2 + \cdots + (\eta^n)^2],$$

so schreibt sich (75) in der Gestalt

$$ds^2 = (ds^1)^2 + \cdots + (ds^n)^2,$$

wobei

$$ds^1 = d\eta^1 = \sqrt{\alpha^2 + \beta r^2}\,dr, \quad ds^h = \lambda d\eta^h, \quad \lambda = \frac{2\alpha r}{1+\eta}, \quad h > 1 \tag{76'}$$

gilt. Dann sind die $ds^1, \ldots, ds^n$ die Bogendifferentiale in einem System orthogonaler Kongruenzen in V_n. Für die bilinearen Kovarianten dieser Formen $ds^1, \ldots, ds^n$ ergibt sich

$$\Delta s^1 = 0, \quad \Delta s^h = \frac{1}{\lambda}\frac{\partial\lambda}{\partial\eta^1}[ds^h ds^1] + \frac{1}{\lambda^2}\frac{\partial\lambda}{\partial\eta^k}[ds^h ds^k],$$

und die Koeffizienten der bilinearen Kovarianten w^a_{bc} sind nach Band I, Kapitel I, Gleichung (36), durch

$$w^1_{kl} = 0, \qquad w^h_{k1} = \delta^h_k \frac{1}{\lambda}\frac{\partial\lambda}{\partial\eta^1}, \quad w^h_{kl} = \delta^h_k \frac{1}{\lambda^2}\frac{\partial\lambda}{\partial\eta^l}, \quad h \neq l$$

gegeben. Riccis Rotationskoeffizienten sind also (entsprechend Band I, Kapitel I, Gleichung (43)) Null, wenn die Indizes a, b, c verschieden sind, dagegen

$$\gamma^h_{11} = 0, \qquad \gamma^1_{hh} = -\gamma^h_{1h} = \frac{1}{\lambda}\frac{\partial\lambda}{\partial\eta^1},$$

$$\gamma^k_{hh} = -\gamma^h_{kh} = \frac{1}{\lambda^2}\frac{\partial\lambda}{\partial\eta^k}, \qquad h, k > 1,$$

wenn zwei Indizes gleich sind. Für Riccis Vierzeigersymbole γ^a_{bcd} ergibt eine einfache Rechnung (nach Band I, Kapitel V, Gleichung (28)) im Fall zweier verschiedener Indizes

$$\gamma^1_{h1h} = -\frac{1}{\lambda}\frac{\partial^2\lambda}{(\partial\eta^1)^2}, \quad \gamma^h_{khk} = \frac{1}{\alpha^2 r^2}\left[1 - \left(\frac{\partial(\alpha r)}{\partial\eta^1}\right)^2\right],$$

während die γ^a_{bcd} mit mindestens drei verschiedenen Indizes verschwinden. Der Raum V_n ist ein Raum konstanter Krümmung, wenn

$$\gamma^1_{h1h} = \gamma^h_{khk} = k$$

mit einer Konstanten k gilt. Dann bekommen wir die folgenden Gleichungen:

$$\frac{\partial^2 \lambda}{(\partial \eta^1)^2} = -k\lambda, \quad 1 - \left(\frac{\partial(\alpha r)}{\partial \eta^1}\right)^2 = k\alpha^2 r^2. \tag{76''}$$

Leiten wir die zweite der Gleichungen (76'') ab und berücksichtigen den Wert (76') für λ, so entsteht die erste der Gleichungen (76''), die also eine Folge der zweiten darstellt. Mit Rücksicht auf (76') läßt sich die zweite der Gleichungen (76'') in die Gestalt

$$(1 - k\alpha^2 r^2)(\alpha^2 + \beta r^2) = (\alpha' r + \alpha)^2 \tag{77}$$

bringen, worin $\alpha' = \frac{d\alpha}{dr}$ ist. Berechnen wir

$$\beta = \left[\alpha'^2 + \frac{2\alpha\alpha'}{r} + k\alpha^4\right] \frac{1}{1 - k\alpha^2 r^2}, \tag{77'}$$

so bekommen wir den

Satz.[41]) *Die Räume mit der Maßbestimmung* V_n

$$ds^2 = \alpha^2[(dx^1)^2 + \cdots + (dx^n)^2] + \left(\alpha'^2 + \frac{2\alpha\alpha'}{r} + k\alpha^4\right) \frac{(x^i dx^i)^2}{1 - k\alpha^2 r^2} \tag{78}$$

sind Räume konstanter Krümmung k.

Im Ursprung muß die Metrik (78) regulär und daher $\alpha \neq 0$ sein, etwa $\alpha > 0$.

Dann besagt (76), daß notwendig $\alpha^2 + \beta r^2 > 0$ ist, und aus (77) gewinnt man $1 - k\alpha^2 r^2 > 0$. Dann ist also (78) regulär, sofern k negativ ist, und wir erhalten den

Satz. *Die Maßbestimmungen* (78) *sind für* $\alpha > 0$ *regulär, wenn* $k < 0$ *und für* $k > 0$ *regulär, wenn* $0 < \alpha < \frac{1}{r\sqrt{k}}$ *ist.*

Von (78) kommt man zu den Maßbestimmungen (64) und (65), wenn

$$\alpha = \frac{2}{1 + kr^2} \quad \text{bzw.} \quad \alpha = \frac{1}{\sqrt{1 + kr^2}}$$

gesetzt wird.

Nun sei $\alpha = 1$. Dann ergibt sich die folgende kanonische Gestalt für die Maßbestimmung eines Raumes konstanter Krümmung:

$$ds^2 = (dx^1)^2 + \cdots + (dx^n)^2 + \frac{k(x^i dx^i)^2}{1 - kr^2}. \tag{79}$$

[41]) G. Vranceanu, Sur les espaces à courbure constante, Studii şi cercetări ştiinţ. Jassy 6 (1955).

Wünschen wir diese kanonische Gestalt für den Fall einer positiven konstanten Krümmung aufzustellen, so nehmen wir an, daß die Projektion der Hyperkugel (61) auf die Hyperebene $y^{n+1} = 0$ parallel zu y^{n+1} erfolgt. Dann ergibt sich

$$y^i = x^i, \quad y^{n+1} = \pm\sqrt{R^2 - r^2} = \pm\frac{1}{\sqrt{k}}\sqrt{1 - kr^2}, \tag{79'}$$

wobei die x^i Koordinaten in der Hyperebene $y^{n+1} = 0$ sind. Um das Vorzeichen von y^{n+1} in (79') zu bestimmen, müssen wir die eine oder andere der durch den Schnitt $y^{n+1} = 0$ bestimmten Halbhyperkugeln heranziehen. Die Metrik (79) ist regulär, wenn $1 - kr^2 > 0$ ist. Setzt man

$$\alpha = \frac{\sin\sqrt{k}\,r}{\sqrt{k}\,r} \quad \text{bzw.} \quad \alpha = \frac{sh\sqrt{-k}\,r}{\sqrt{-k}\,r},$$

so erhält man, je nachdem ob $k > 0$ oder $k < 0$ ist,

$$\beta = \frac{kr^2 - \sin^2\sqrt{k}\,r}{kr^4} \quad \text{oder} \quad \beta = \frac{kr^2 + sh\sqrt{-k}\,r}{kr^4}.$$

Diese (78) entsprechenden Maßbestimmungen sind von BELTRAMI eingeführt worden. Sie sind dadurch charakterisiert, daß die Koordinaten $x^1, \ldots, x^n$ dieser Maßbestimmungen im Koordinatenursprung Normalkoordinaten darstellen.

Nun sei die Maßbestimmung eines RIEMANNschen Raumes V_{n+1} durch

$$ds^2 = \alpha^2[(dx^1)^2 + \cdots + (dx^n)^2] + \beta(x^i dx^i)^2 + \gamma^2(dx^{n+1})^2, \quad i \leqq n \tag{80}$$

gegeben, worin α, β, γ Funktionen von $r = \sqrt{(x^1)^2 + \cdots + (x^n)^2}$ sind. Die Maßbestimmungen (80) gestatten die Orthogonalgruppe der Veränderlichen $x^1, \ldots, x^n$ als Stabilitätsgruppe im Ursprung.

Verwenden wir in diesem Fall die obenstehenden Koordinatentransformationen, so können wir mit Rücksicht auf (76')

$$ds^1 = d\eta^1, \quad ds^h = \lambda d\eta^h, \quad ds^{n+1} = \gamma d\eta^{n+1} \qquad (\eta^{n+1} = x^{n+1})$$

setzen mit $\gamma = \gamma(r) = \gamma(\eta^1)$. Damit bekommen wir

$$\Delta s^{n+1} = \frac{1}{\gamma}\frac{\partial\gamma}{\partial\eta^1}[ds^{n+1} ds^1]$$

und $w_{bc}^{n+1} = 0$, wenn b oder c ungleich 1 und ungleich $n + 1$ ist. Die einzigen nichtverschwindenden Rotationskoeffizienten mit Indizes $n + 1$ sind also

$$\gamma^1_{n+1,\,n+1} = -\gamma^{n+1}_{1\,n+1} = \frac{1}{\gamma}\frac{\partial\gamma}{\partial\eta^1}.$$

Die RICCI-Koeffizienten mit drei oder vier Indizes der Werte $1, \ldots, n$ sind für den Raum V_{n+1} der Metrik (80) dieselben wie für den Raum V_n der Metrik (75), und daher bleibt die für die konstante Krümmung des Raumes V_n bestehende notwendige Bedingung auch für die konstante Krümmung des Raumes V_{n+1} bestehen. Um weitere Bedingungen zu erhalten, müssen wir auch RICCI-Vierzeigersymbole mit Indexwerten $n + 1$ heranziehen. Alle diese Komponenten sind, wie leicht ersichtlich, Null bis auf

$$\gamma^1_{n+1\,1n+1} = -\frac{1}{\gamma}\frac{\partial^2\gamma}{(\partial\eta^1)^2}, \quad \gamma^h_{n+1\,h\,n+1} = \gamma^h_{1h}\,\gamma^1_{n+1\,n+1} = -\frac{1}{\lambda}\frac{\partial\lambda}{\partial\eta^1}\frac{1}{\gamma}\frac{\partial\gamma}{\partial\eta^1}.$$

Sollen nun diese Komponenten gleich k werden, so erhält man die Bedingung $\gamma^2 = 1 - k\alpha^2 r^2$ und damit den

Satz. *Räume, deren Maßbestimmung durch*

$$\begin{aligned} ds^2 = \alpha^2[(dx^1)^2 + \cdots + (dx^n)^2] + \left(\alpha'^2 + \frac{2\alpha\alpha'}{r} + k\alpha^4\right)\frac{(x^i dx^i)^2}{1 - k\alpha^2 r^2} \\ + (1 - k\alpha^2 r^2)\,(dx^{n+1})^2 \end{aligned} \tag{80'}$$

mit $\alpha = \alpha(r)$ *gegeben ist, sind Räume konstanter Krümmung* k.

Setzt man in (80′) $\alpha = 1$, so ergibt sich die auf A. DINGHAS zurückgehende Metrik[42])

$$ds^2 = (dx^1)^2 + \cdots + (dx^n)^2 + \frac{k(x^i dx^i)^2}{1 - kr^2} + (1 - kr^2)\,(dx^{n+1})^2, \qquad i \leqq n. \tag{80''}$$

Für die Koordinaten $y^1, \ldots, y^{n+2}$ einer Hyperkugel S_{n+1} im Raum E_{n+2} und die Parameter $x^1, \ldots, x^{n+1}$ ergeben sich für $k > 0$ die Gleichungen

$$y^i = x^i, \quad y^{n+1} = \sqrt{1 - kr^2}\sin\left(\sqrt{k}x^{n+1}\right), \quad y^{n+2} = \sqrt{1 - kr^2}\cos\left(\sqrt{k}x^{n+1}\right).$$

Eine geometrische Deutung dieser Parameter hat O. VARGA gegeben, bei welcher ein $(n + 1)$-dimensionaler Hyperzylinder benutzt wird, der einer Hyperkugel S_{n+1} längs eines Großkreises umschrieben ist.[43])

§ 10 Globale Eigenschaften einer Klasse von Räumen V_{2p}

Nach § 8 kann man mit Hilfe der Hyperkugel S_n des $(n + 1)$-dimensionalen euklidischen Raumes in globaler Weise zwei RIEMANNsche Räume von konstanter positiver Krümmung definieren, den sphärischen Raum und den elliptischen Raum.

Wir wollen jetzt zeigen, wie man auf globale Weise die in Kapitel II, § 3, Gleichung (30‴), eingeführte Klasse symmetrischer Räume V_{2p} mit Hilfe einer

[42]) A. DINGHAS, Zur Metrik nichteuklidischer Räume, Math. Nachr. 2 (1948), S. 287—291.
[43]) O. VARGA, Bemerkung zur Arbeit des Herrn A. Dinghas, Math. Nachr. 3 (1949), S. 386 bis 388.

nichtholonomen Mannigfaltigkeit V^{2p}_{2p+1} (vgl. Kapitel IV) definieren kann, die ihrerseits durch die symplektische Form

$$d\sigma = v^1 dv^2 - v^2 dv^1 + \cdots + v^{2p+1} dv^{2p+2} - v^{2p+2} dv^{2p+1} = 0$$

als Mannigfaltigkeit auf der Hyperkugel S_{2p+1}

$$(v^1)^2 + \cdots + (v^{2p+2})^2 = R^2 \tag{81}$$

definiert ist. Wir werden auch beweisen, daß die Mannigfaltigkeit V_{2p} eine gewisse „Faktormannigfaltigkeit" der Hyperkugel S_{2p+1} nach Großkreisen darstellt. Wir führen im Raum E_{2p+2} der Veränderlichen $v^1, \ldots, v^{2p+2}$ die komplexen Koordinaten

$$y^h = v^{2h-1} + i v^{2h} = \varrho_h e^{i\theta_h} \qquad h = 1, \ldots, p+1 \tag{81'}$$

ein und können die Gleichung der Hyperkugel mit Hilfe dieser Koordinaten in die Gestalt

$$y^h \bar{y}^h = \varrho_1^2 + \cdots + \varrho_{p+1}^2 = R^2 \tag{82}$$

setzen. Dann verwandelt sich die symplektische Form in

$$d\sigma = \frac{i(y^h d\bar{y}^h - \bar{y}^h dy^h)}{2} = \varrho_1^2 d\theta_1 + \cdots + \varrho_{p+1}^2 d\theta_{p+1} = 0.$$

Die Metrik des Raumes E_{2p+2} läßt sich

$$ds^2 = dy^h d\bar{y}^h = d\varrho_1^2 + \varrho_1^2 d\theta_1^2 + \cdots + d\varrho_{p+1}^2 + \varrho_{p+1}^2 d\theta_{p+1}^2$$

schreiben. Jetzt wenden wir die Variablentransformation

$$\varphi_s = \theta_s - \theta_{p+1}, \quad \varphi_{p+1} = \theta_{p+1}, \qquad s = 1, \ldots, p \tag{82'}$$

an und erhalten in diesen Variablen mit Rücksicht auf die Gleichung der Hyperkugel für die symplektische Form den Ausdruck

$$d\sigma = R^2 d\varphi_{p+1} + \varrho_1^2 d\varphi_1 + \cdots + \varrho_p^2 d\varphi_p = 0$$

und können die Metrik des Raumes E_{2p+2} in der Gestalt

$$\begin{aligned} ds^2 = d\varrho_1^2 + \cdots + d\varrho_{p+1}^2 + \varrho_1^2 d\varphi_1^2 + \cdots + \varrho_p^2 d\varphi_p^2 \\ - 4\lambda(\varrho_1^2 d\varphi_1 + \cdots + \varrho_p^2 d\varphi_p)^2 + 4\lambda d\sigma^2 \end{aligned}$$

schreiben mit $4\lambda R^2 = 1$. Setzen wir jetzt $d\sigma = 0$, so ergibt sich die Maßbestimmung der nichtholonomen V^{2p}_{2p+1}

$$\psi = d\varrho_1^2 + \cdots + d\varrho_{p+1}^2 + \varrho_1^2 d\varphi_1^2 + \cdots + \varrho_p^2 d\varphi_p^2 - 4\lambda(\varrho_1^2 d\varphi_1 + \cdots + \varrho_p^2 d\varphi_p)^2, \tag{83}$$

wobei die $\varrho_1, \ldots, \varrho_{p+1}$ durch die Gleichung (82) verbunden sind. Diese Maßbestimmung ist eine $2p$-äre Metrik, die Metrik der Mannigfaltigkeit V_{2p}. Man kann für sie die Existenz einer $(2p + p^2)$-parametrigen Gruppe nachweisen. Aus Kapitel II, § 8, wissen wir, daß die symplektische orthogonale Gruppe des Raumes E_{2p+2} eine $(p + 1)^2$-parametrige Gruppe ist. In komplexen Koordinaten y^h ist diese Gruppe gleichzeitig eine solche, welche die HERMITEsche Form

$$y^1\bar{y}^1 + \cdots + y^{p+1}\bar{y}^{p+1} \tag{82''}$$

invariant läßt und ist durch die Gleichungen

$$y'^h = a_k^h y^k, \quad a_k^h \bar{a}_l^h = \delta_l^k \tag{83'}$$

gegeben, also für $|a_k^h| = 1$ als eine Gruppe von $(p + 1)^2 - 1 = p^2 + 2p$ Parametern. Wir nehmen jetzt eine Zentralprojektion der Hyperkugel (82) auf die Tangentialhyperebene im Punkt $(0, \ldots, 0, R)$ vor, indem wir

$$\varrho_s = \frac{u_s}{\sqrt{u}}, \quad \varrho_{p+1} = \frac{1}{\sqrt{ku}}, \quad [kR^2 = 1, u = 1 + k(u_1^2 + \cdots + u_p^2)] \tag{83''}$$

setzen und führen die komplexen Koordinaten

$$z^s = u_s e^{i\varphi_s}, \quad u = 1 + k[z^1\bar{z}^1 + \cdots + z^p\bar{z}^p]$$

ein. Dann entsteht mit Rücksicht auf (82')

$$y^s = \frac{z^s e^{i\varphi_{p+1}}}{\sqrt{u}}, \quad y^{p+1} = \frac{e^{i\varphi_{p+1}}}{\sqrt{ku}}. \tag{83'''}$$

Die ersten der Gleichungen (83') lassen sich in die Gestalt

$$\frac{z'^r}{\sqrt{u'}} e^{i\varphi'_{p+1}} = a_s^r z^s \frac{e^{i\varphi_{p+1}}}{\sqrt{u}} + a_{p+1}^r \frac{e^{i\varphi_{p+1}}}{\sqrt{ku}},$$

$$\frac{e^{i\varphi'_{p+1}}}{\sqrt{ku'}} = a_s^{p+1} z^s \frac{e^{i\varphi_{p+1}}}{\sqrt{u}} + a_{p+1}^{p+1} \frac{e^{i\varphi_{p+1}}}{\sqrt{ku}}$$

bringen. Dividiert man die erste Gleichung durch die zweite, so bekommt man

$$\sqrt{k} z'^r = \frac{\sqrt{k}\, a_s^r z^s + a_{p+1}^r}{\sqrt{k}\, a_s^{p+1} z^s + a_{p+1}^{p+1}}, \quad a_k^h \bar{a}_l^h = \delta_l^k. \tag{84}$$

Die Variablen z'^s transformieren sich also projektiv, wenn die y^h symplektisch transformiert werden.

Der komplexen projektiven Gruppe (84) kommt ein Parameter weniger zu als der symplektischen Gruppe, da sie ungeändert bleibt, wenn man die a_k^h mit demselben Faktor multipliziert. Daher können wir $|a_k^h| = 1$ annehmen, und dann enthält die Gruppe $p^2 + 2p$ Parameter. Folglich gestatten die Räume V_{2p} mit der Metrik (83) eine $(p^2 + 2p)$-parametrige Bewegungsgruppe.

Wir zeigen jetzt, daß die Maßbestimmung (83) mit Hilfe der Variablen $z^1, \ldots, z^p$ durch die Gleichung

$$\psi = \frac{dz^s d\bar{z}^s}{u} - \frac{k\bar{z}^s dz^s z^r d\bar{z}^r}{u^2} \tag{85}$$

ausgedrückt werden kann. Durch eine Zentralprojektion der Hyperkugel (82) bekommen wir nämlich

$$d\varrho_1^2 + \cdots + d\varrho_{p+1}^2 = \frac{du_i^2}{u} - \frac{k(u_i du^i)^2}{u^2},$$

und Gleichung (83) läßt sich in der Gestalt

$$\psi = \frac{du_i^2 + u_i^2 d\varphi_i^2}{u} - \frac{k[(u_i du_i)^2 + (u_i^2 d\varphi_i)^2]}{u^2}$$

schreiben, wird also mit (85) identisch. Geht man gemäß $z^s = x^{2s-1} + ix^{2s}$ zu reellen Koordinaten $x^1, x^2, \ldots, x^{2p}$ über, so wird aus (85)

$$ds^2 = \frac{(dx^1)^2 + \cdots + (dx^{2p})^2}{1 + kx} - k\,\frac{(x^i dx^i)^2 + w^2}{(1 + kx)^2} \tag{86}$$

$$[x = (x^1)^2 + \cdots + (x^{2p})^2],$$

wobei

$$w = x^1 dx^2 - x^2 dx^1 + \cdots + x^{2p-1} dx^{2p} - x^{2p} dx^{2p-1} \tag{86'}$$

gesetzt worden ist. So bekommen wir den

Satz. *Die Bewegungsgruppe der Räume* V_{2p} *mit der Maßbestimmung* (83) *ist eine* $(2p + p^2)$*-parametrige Gruppe und die Metrik dieser Räume* V_{2p} *kann durch die Gleichung* (86) *definiert werden.*

Wir bemerken noch, daß sich die Gleichung (85) nach E. Kähler[44]) auch in der Gestalt

$$\psi = \frac{\partial^2 U}{\partial z^\alpha \partial \bar{z}^\beta} dz^\alpha d\bar{z}^\beta \tag{86''}$$

schreiben läßt mit $U = k^{-1} \lg u$. Diese Gleichung ist auch für reelle z^α gültig, und man erhält dann die Maßbestimmung (65).

Projektive unitär-komplexe Räume. Die Maßbestimmung (86) haben wir durch eine Zentralprojektion der Fundamentalhypersphäre (82) gewonnen, und dieser Umstand hat uns gezeigt, daß die Gruppe des Raumes V_{2p} in komplexen Koordinaten durch die Gleichungen (84) gegeben ist. Die Metrik (86) ist somit die Maß-

[44]) E. Kähler, Über eine bemerkenswerte Hermitesche Metrik, Abh. Math. Sem. Hamburg 9 (1933), S. 173—186. Vgl. auch das Buch von S. Bochner, und K. Yano, Curvature and Betti numbers. Princeton University Press, Princeton 1953.

bestimmung eines projektiven komplexen unitären Raumes, der die Gruppe (84), welche in komplexen und homogenen Koordinaten y^h die HERMITEsche Form (82'') invariant läßt, gestattet. In Analogie zum reellen Fall können wir die Metrik (86) als Maßbestimmung eines projektiv-komplexen elliptischen unitären Raumes ansehen bzw. eines solchen hyperbolischen, je nachdem ob $k > 0$ oder $k < 0$ gilt. Wir werden jetzt zeigen, daß die Metrik (86) im Fall $k > 0$ regulär in jedem Punkt $P(x_0^1, \ldots, x_0^{2p})$ ausfällt, dessen Koordinaten $x_0^1, \ldots, x_0^{2p}$ beschränkte Werte behalten. Dazu zeigen wir zunächst, daß man eine solche orthogonale symplektische Transformation angeben kann, welche den Punkt P in eine der Koordinatenachsen befördert. Wir können nämlich von einer orthogonalen Transformation in der (x^{2s-1}, x^{2s})-Ebene ausgehen und $x_0^{2s} = 0$ annehmen. Durch eine symplektische Transformation in den Veränderlichen $x^1, x^3, \ldots, x^{2p-1}$, d. h. durch eine orthogonale reelle Transformation der Veränderlichen z^s können wir erreichen, daß die x_0^{2s-1} bis auf die erste dieser Veränderlichen alle verschwinden. Für einen Punkt $P(x_0^1, 0, \ldots, 0)$ schreibt sich die Maßbestimmung (86) in der Gestalt

$$ds^2 = \frac{(dx^1)^2 + (dx^2)^2 + [1 + k(x_0^1)^2]\,[(dx^3)^2 + \cdots + (dx^{2p})^2]}{[1 + k(x_0^1)^2]^2},$$

und man sieht, daß diese Metrik für $k > 0$ in jedem Punkt regulär und positiv definit ist. Man sieht auch, daß die Metrik (86) für $k > 0$ nicht vollständig ist.

Für $k < 0$ ist die Maßbestimmung für jeden Punkt im Innern der absoluten Hypersphäre

$$1 + k[(x^1)^2 + \cdots + (x^{2p})^2] = 0$$

regulär. Der projektiv-komplexe unitäre hyperbolische Raum ist somit durch eine einzige Umgebung gegeben; er ist einfach zusammenhängend.

Was den komplexen unitären elliptischen Raum anbetrifft, so ist seine Metrik durch (86) durch eine (einzige) Umgebung dieses Raumes gegeben. Sind nämlich die Gleichungen (83'') gegeben, so erhält man $z^s = \dfrac{y^s}{\sqrt{k}\, y^{p+1}}$, und (86) bestimmt also die Metrik für eine Umgebung, für welche $y^{p+1} \neq 0$ gilt, d. h. für eine Umgebung der Hyperkugel S_{2p+1}, für welche mindestens eine der Koordinaten $y^1, \ldots, y^{p+1}$ nicht verschwindet.

Der projektiv-komplexe unitäre elliptische Raum läßt sich durch $p + 1$ Umgebungen überdecken, sofern eine der Koordinaten $y^1, \ldots, y^{p+1}$ nicht verschwindet.

Wir setzen der Einfachheit halber $k = 1$ und betrachten die Umgebung $V'_{2p}(z'^1, \ldots, z'^p)$, für welche

$$z'^1 = \frac{y^{p+1}}{y^p}, \quad z'^2 = \frac{y^1}{y^p}, \ldots, z'^p = \frac{y^{p-1}}{y^p}$$

gilt. Die Transformation der Koordinaten der Umgebung $V_{2p}(z^1, \ldots, z^p)$ in die Koordinaten der Umgebung $V'_{2p}(z'^1, \ldots, z'^p)$ ist dann durch die Gleichungen

$$z'^1 = \frac{1}{z^p}, \quad z'^2 = \frac{z^1}{z^p}, \ldots, z'^p = \frac{z^{p-1}}{z^p}$$

gegeben und schreibt sich bei Übergang zu den reellen Veränderlichen $x^1, \ldots, x^{2p}$ gemäß $z^s = x^{2s-1} + i x^{2s}$ in der Gestalt

$$x'^1 = \frac{x^{2p-1}}{(x^{2p-1})^2 + (x^{2p})^2}, \qquad x'^2 = \frac{-x^{2p}}{(x^{2p-1})^2 + (x^{2p})^2},$$

$$x'^{2s+1} = \frac{x^{2s-1}x^{2p-1} + x^{2p}x^{2s}}{(x^{2p-1})^2 + (x^{2p})^2},$$

$$x'^{2s+2} = \frac{x^{2s}x^{2p-1} - x^{2s-1}x^{2p}}{(x^{2p-1})^2 + (x^{2p})^2}, \qquad s = 1, 2, \ldots, p-1.$$

Man stellt leicht fest, daß die Funktionaldeterminante Δ dieser Transformation durch

$$\Delta = [(x^{2p-1})^2 + (x^{2p})^2]^{-p-1}$$

gegeben ist. Sie ist positiv, und zwar auch für beliebige Umgebungen. Die Mannigfaltigkeit V_{2p} ist also orientierbar.

Symplektische sphärische Räume. Um die Metrik (86) zu bekommen, haben wir eine Zentralprojektion der Hyperkugel (82) herangezogen. Jetzt betrachten wir eine stereographische Projektion aus dem Nordpol ($\varrho_i = R\delta^i_{p+1}$) auf die Tangentialhyperebene im Südpol ($\varrho_i = -R\delta^i_{p+1}$) und setzen

$$\varrho_i = \frac{u_i}{1 + \lambda u^2}, \quad \varrho_{p+1} = \frac{1}{2\sqrt{\lambda}}\,\frac{1 - \lambda u^2}{1 + \lambda u^2}, \quad (4\lambda = k,\ u^2 = u_1^2 + \cdots + u_p^2). \tag{87}$$

Dann hat die Metrik ψ die Gestalt

$$\psi = \frac{du_i^2 + u_i^2\, d\varphi_i^2}{(1 + \lambda u^2)^2} - \frac{4\lambda (u_i^2\, d\varphi_i)^2}{(1 + \lambda u^2)^4}.$$

Wir setzen

$$x^{2s-1} = u_s \cos \varphi_s, \quad x^{2s} = u_s \sin \varphi_s \tag{87'}$$

und bekommen die Maßbestimmung

$$ds^2 = \frac{(dx^1)^2 + \cdots + (dx^{2p})^2}{[1 + \lambda((x^1)^2 + \cdots + (x^{2p})^2)]^2} - \frac{-4\lambda w^2}{[1 + \lambda((x^1)^2 + \cdots + (x^{2p})^2)]^4}, \tag{88}$$

worin w durch Gleichung (86′) bestimmt wird.

Die Gleichung (88) führt uns auf die Metrik des sphärischen symplektischen Raumes. Diese Metrik ist nicht im ganzen Raum der Veränderlichen $x^1, \ldots, x^{2p}$ regulär. Ist nämlich $P_0(x_0^1, \ldots, x_0^{2p})$ ein beliebiger Punkt des Raumes, so kann man nach den vorhergehenden Erwägungen annehmen, daß P_0 auf der „x^1-Achse" liegt. Dann schreibt sich die Metrik in der Gestalt

$$ds^2 = \frac{(dx^1)^2 + (dx^3)^2 + (dx^4)^2 + \cdots + (dx^{2p})^2}{[1 + \lambda(x_0^1)^2]^2} - \frac{[1 - \lambda(x_0^1)^2]^2}{[1 + \lambda(x_0^1)^2]^4}(dx^2)^2,$$

und man sieht, daß man für $\lambda > 0$ den Koeffizienten von $(dx^2)^2$ zum Verschwinden bringen kann. Für die Punkte der Hyperkugel $1 - \lambda[(x^1)^2 + \cdots + (x^{2p})^2] = 0$ artet somit die Metrik aus, und die Maßbestimmung (88) ist daher nur im Innern dieser Hyperkugel eine reguläre Metrik. Wenn $\lambda < 0$ gilt, wird die Metrik (88) auf der Hyperkugel vom Radius $(-\lambda)^{\frac{1}{2}}$ unendlich und man kann den Raum als durch eine einzige Umgebung definiert ansehen.

Wie wir bemerken, lassen sich die Koordinaten $v^1, \ldots, v^{2p+2}$ eines Punktes der Hyperkugel S_{2p+1} mit Rücksicht auf die Gleichungen (81′), (82′), (87) und (87′) durch die Veränderlichen $x^1, \ldots, x^{2p}$ aus der Umgebung V_{2p} mit der Metrik (88) ausdrücken, nämlich durch die Gleichungen

$$v^{2h-1} = \frac{x^{2h-1}}{1 + \lambda x} \cos\varphi - \frac{x^{2h}}{1 + \lambda x} \sin\varphi,$$

$$v^{2h} = \frac{x^{2h-1}}{1 + \lambda x} \sin\varphi + \frac{x^{2h}}{1 + \lambda x} \cos\varphi, \tag{89}$$

$$v^{2p+1} = \frac{1 - \lambda x}{2\sqrt{\lambda}(1 + \lambda x)} \cos\varphi, \qquad v^{2p+2} = \frac{1 - \lambda x}{2\sqrt{\lambda}(1 + \lambda x)} \sin\varphi,$$

$$x = (x^1)^2 + \cdots + (x^{2p})^2.$$

Jedem beliebigen Punkt $P(x^1, \ldots, x^{2p})$ einer Mannigfaltigkeit mit der Maßbestimmung (88) entspricht also nach (89) eine unendliche Menge von Punkten auf S_{2p+1}, die man erhält, wenn man den Parameter φ variieren läßt. Diese Punkte liegen auf einem Großkreis der Hyperkugel S_{2p+1}. Berücksichtigt man, daß für die Umgebung V_{2p} der regulären Metrik (88) die Beziehung $1 - \lambda x^2 > 0$ gilt, so erhält man aus den Gleichungen (89)

$$\cos\varphi = \frac{v^{2p+1}}{A}, \quad \sin\varphi = \frac{v^{2p+2}}{A}, \quad A = \frac{1 - \lambda x}{2\sqrt{\lambda}(1 + \lambda x)} = \sqrt{(v^{2p+1})^2 + (v^{2p+2})^2},$$

und die Gleichungen (89) lassen sich in die Gestalt

$$v^{2h-1} = A_h v^{2p+1} - B_h v^{2p+2}, \quad v^{2h} = B_h v^{2h+1} + A_h v^{2h+2} \tag{90}$$

setzen mit

$$A_h = \frac{2\sqrt{\lambda}\, x^{2h-1}}{1 - \lambda x}, \quad B_h = \frac{2\sqrt{\lambda}\, x^{2h}}{1 - \lambda x}. \tag{90′}$$

Die Gleichungen (90) definieren im euklidischen E_{2p+2} eine Schar von ∞^{2p} Ebenen (linearen zweidimensionale Mannigfaltigkeiten), die durch den Ursprung gehen. Diese Ebenen schneiden die Hyperkugel S_{2p+1} in Großkreisen.

Umgekehrt entspricht jedem Punkt $v_0^1, \ldots, v_0^{2p+2}$ der Hyperkugel (81), dessen Koordinaten v_0^{2p+1}, v_0^{2p+2} nicht gleichzeitig verschwinden, ein Punkt $x_0^1, \ldots, x_0^{2p}$ der Umgebung V_{2p}. Die Gleichungen (90) gestatten nämlich in diesem Fall, die

A_h und B_h zu berechnen, und aus (90') ergibt sich

$$x_0^{2h-1} = \frac{2 v_0^{2h-1} v_0^{2p+1}}{A_0(1 + 2\sqrt{\lambda} A_0)}, \quad x_0^{2h} = \frac{2 v_0^{2h} v_0^{2p+2}}{A_0(1 + 2\sqrt{\lambda}\, A_0)}, \quad A_0^2 = (v_0^{2p+1})^2 + (v_0^{2p+2})^2.$$

So erhalten wir den

Satz. *Der sphärische symplektische Raum* V_{2p} *kann als eine Faktormannigfaltigkeit der Hyperkugel* (81) *nach der Schar der* ∞^{2p} *Großkreise angesehen werden, welche durch* (90) *gegeben sind.*

Wir betrachten jetzt die Umgebung $V'_{2p}(x'^1, \ldots, x'^{2p})$, welche den Punkten der Hyperkugel (81) entspricht, für die nicht beide Koordinaten v^{2p-1} und v^{2p} verschwinden, und setzen

$$v^{2p-1} = \frac{1 - \lambda x'}{2\sqrt{\lambda}(1 + \lambda x')} \cos\psi, \qquad v^{2p} = \frac{1 - \lambda x'}{2\sqrt{\lambda}(1 + \lambda x')} \sin\psi,$$

$$x' = (x'^1)^2 + \cdots + (x'^{2p})^2, \tag{91}$$

$$v^{2s-1} = \frac{x'^{2s-1}\cos\psi - x'^{2s}\sin\psi}{1 + \lambda x'}, \quad v^{2s} = \frac{x'^{2s-1}\sin\psi + x'^{2s}\cos\psi}{1 + \lambda x'},$$

$$s = 1, \ldots, p - 1.$$

Analoge Ausdrücke ergeben sich, wenn man v^{2p+1} und v^{2p+2} durch x'^{2p-1} und x'^{2p} ausdrückt. Eliminiert man jetzt $\cos\psi$ und $\sin\psi$ aus den letzten dieser Gleichungen mit Hilfe der ersten, so ergibt sich

$$\begin{aligned} v^{2s-1} &= A'_s v^{2p-1} - B'_s v^{2p}, & v^{2s} &= B'_s v^{2p-1} + A'_s v^{2p} \quad (s \leqq p), \\ v^{2p+1} &= A'_p v^{2p-1} - B'_p v^{2p}, & v^{2p+2} &= B'_p v^{2p-1} + A'_p v^{2p} \end{aligned} \tag{92}$$

mit

$$A'_h = \frac{2\sqrt{\lambda} x'^{2h-1}}{1 - \lambda x'}, \quad B'_h = \frac{2\sqrt{\lambda} x'^{2h}}{1 - \lambda x'}. \tag{92'}$$

Die Ebenen (92) fallen mit den Ebenen (90) zusammen, wenn

$$\begin{aligned} A'_p &= \frac{A_p}{A_p^2 + B_p^2}, & B'_p &= -\frac{B_p}{A_p^2 + B_p^2}, \\ A'_s &= \frac{A_p A_s + B_p B_s}{A_p^2 + B_p^2}, & B'_s &= -\frac{B_p A_s + A_p B_s}{A_p^2 + B_p^2} \end{aligned} \tag{93}$$

ist. Die Größen A_h, B_h und A'_h, B'_h entsprechen einander umkehrbar eindeutig, wenn $A_p^2 + B_p^2 \neq 0$ ist. Mit Hilfe der Gleichungen (83), (90') und (92') erhält man die Koordinatentransformation für die gemeinsamen Punkte der beiden Umgebungen $V_{2p}(x^1, \ldots, x^{2p})$ und $V'_{2p}(x'^1, \ldots, x'^{2p})$, die dem gleichen Punkt auf der Hyperkugel (81) zugeordnet sind.

Die Mannigfaltigkeit V_{2p} des sphärischen symplektischen Raumes kann also durch $p+1$ Umgebungen $V_{2p}(x^1, \ldots, x^{2p})$ mit der durch (88) gegebenen Maßbestimmung so überdeckt werden, daß jeder dieser Umgebung ein nichtverschwindendes Koordinatenpaar v^{2h-1}, v^{2h} zukommt. Man zeigt, daß diese Mannigfaltigkeit orientierbar ist wie die durch den projektiv-komplexen unitären Raum definierte Mannigfaltigkeit V_{2p}. Zieht man in Betracht, daß die Mannigfaltigkeit des sphärischen symplektischen Raumes durch eine Klassenzerspaltung der Hyperkugel (81) in bezug auf die Schar ihrer ∞^{2p} Großkreise hervorgeht und daß diese Klassifizierung ein stetiger Prozeß ist, so ergibt sich, daß die Mannigfaltigkeit V_{2p} des sphärischen symplektischen Raumes einfach zusammenhängend ist, wie die Hyperkugel S_{2p+1}. Das ist eine allgemeine Eigenschaft topologischer Räume.[45]) Bezeichnen wir die Veränderlichen der Metrik (86) mit $y^1, \ldots, y^{2p}$, so ist der Übergang von dieser Metrik zur Maßbestimmung (88) durch $y^s = x^s(1 - \lambda x)$ gegeben. Daher sind Umgebungen elliptischer und sphärischer V_{2p} zueinander äquivalent, und diese Mannigfaltigkeiten sind also selbst auch global äquivalent, so daß auch die elliptischen Mannigfaltigkeiten V_{2p} einfach zusammenhängend sind.

Die POINCARÉschen Polynome der Räume V_{2p}. É. CARTAN[46]) spricht in einem geschlossenen Raum V_n mit transitiver Bewegungsgruppe G von einem POINCARÉschen Polynom des Grades n im Raum V_n,

$$B_0 t^n + \cdots + B_p t^{n-p} + \cdots + B_n,$$

wenn B_p die Anzahl der gegenüber der Gruppe G invarianten (CARTANschen) Differentialformen p-ten Grades

$$\psi = a_{h_1 \ldots h_p}[dx^{h_1} \ldots dx^{h_p}]$$

bezeichnet, welche vollständige Differentiale sind (deren CARTANsche Ableitungen also verschwinden). Wie G. DE RAHM und H. IWAMOTO gezeigt haben,[47]) ist B_p durch die BETTIsche Zahl der Ordnung p bestimmt. Im Fall unserer Räume V_{2p} ist die invariante CARTANsche Form dw vom zweiten Grade, in welcher w durch (86′) bestimmt wird, offensichtlich ein vollständiges Differential, indem

$$ddw = 0$$

ist. Es ist leicht festzustellen, daß dw die einzige CARTANsche Differentialform zweiten Grades darstellt, da die Stabilitätsgruppe des Raumes V_{2p} die symplektische Gruppe ist. Weitere invariante CARTANsche Differentialformen vom Grad $4, 6, \ldots, 2p$ erhält man aus dw durch CARTANsche Multiplikation. So entsteht das POINCARÉsche Polynom

$$t^{2p} + t^{2p-2} + \cdots + t^2 + 1$$

---

[45]) T. GANEA, Simply connected spaces, Fund. Math. 38 (1951), S. 179—203.

[46]) É. CARTAN, Oeuvres complètes, I-ère partie, vol. 2, Gauthier-Villars, Paris 1955, S. 205.

[47]) G. DE RHAM, Sur l'Analysis situs des variétés à n dimensions, J. math. pures et appliquées 10 (1931), S. 115—200; ferner H. IWAMOTO, On the Relation between homological structure of Riemannian spaces and exact differential forms which are invariant under holonomy groups. Tohoku Math. J. 3 (1951), S. 9—70.

der Räume V_{2p}, und wir bemerken noch, daß sich im Fall eines sphärischen V_n das Polynom $t^n + 1$ ergibt und im Fall eines nicht orientierbaren elliptischen Raumes V_{2p} das Polynom t^{2p}.

§ 11 Eine Klasse symmetrischer Räume V_{4p}

Wir wollen jetzt eine Klasse symmetrischer Räume V_{4p} mit einer $(2p^2 + 5p + 3)$-parametrigen Bewegungsgruppe untersuchen, die als nichtholonome Mannigfaltigkeit V^{4p}_{4p+3} auf den Hyperkugeln

$$(v^1)^2 + \cdots + (v^{4p+4})^2 = R^2 \tag{94}$$

eines euklidischen E_{4p+4} der Parameter $v^1, \ldots, v^{4p+4}$ definiert sind. Als V^{4p}_{4p+3} sind diese V_{4p} durch das PFAFFsche System.[48])

$$\begin{aligned} d\sigma &= v^1 dv^2 - v^2 dv^1 + \cdots + v^{4p+3} dv^{4p+4} - v^{4p+4} dv^{4p+3} = 0, \\ d\sigma_1 &= v^{4s+1} dv^{4s+3} - v^{4s+3} dv^{4s+1} - v^{4s+2} dv^{4s+4} + v^{4s+4} dv^{4s+2} = 0, \\ d\sigma_2 &= v^{4s+1} dv^{4s+4} - v^{4s+4} dv^{4s+1} + v^{4s+2} dv^{4s+3} - v^{4s+3} dv^{4s+2} = 0 \end{aligned} \tag{95}$$

definiert, worin über s von 0 bis p zu summieren ist.

Wir führen quaternionale Veränderliche

$$\xi^h = v^{4h-3} + i v^{4h-2} + j v^{4h-1} + k v^{4h}, \qquad h = 1, \ldots, p+1$$

ein und schreiben die Hyperkugel (81) in der Gestalt

$$\xi^1 \bar{\xi}^1 + \cdots + \xi^{p+1} \bar{\xi}^{p+1} = R^2$$

mit

$$\bar{\xi}^h = v^{4h-3} - i v^{4h-2} - j v^{4h-1} - k v^{4h}.$$

Dabei benutzen wir die Multiplikationsregeln der Quaternioneneinheiten i, j, k

$$i^2 = j^2 = k^2 = -1, \quad ij = -ji = k, \quad jk = -kj = i, \quad ki = -ik = j.$$

Ist ϱ_h die Norm von ξ^h, also

$$\varrho_h^2 = (v^{4h-3})^2 + (v^{4h-2})^2 + (v^{4h-1})^2 + (v^{4h})^2,$$

so erhält man die Gleichung

$$\varrho_1^2 + \cdots + \varrho_{p+1}^2 = R^2 \tag{96}$$

[48]) N. STEENROD, Topology of Fibre Bundles, Princeton University Press, Princeton 1951. C. TELEMAN, Sur certaines espaces symétriques, Bull. Scient. Acad. R. P. R. 7 (1955), S. 987–1002.

und kann ebenso wie vorher im Fall der Räume V_{2p} im Raum von $p+1$ Dimensionen der Variablen $\varrho_1, \ldots, \varrho_{p+1}$ eine Hyperkugel S_p betrachten, die durch dieselbe Gleichung (82) gegeben ist.

Nun sei $\xi^h = \varrho_h \sigma_h$ mit der Norm $\sigma_h = 1$. Wir betrachten eine Parameterdarstellung der Hyperkugel (96), die wir mit Hilfe der Gleichungen (83″) auf dem Wege einer Zentralprojektion gewinnen. Wir bekommen dann

$$\xi^s = \frac{u_s \sigma_s}{\sqrt{u}}, \qquad \xi^{p+1} = \frac{\sigma_{p+1}}{\sqrt{ku}}.$$

Das Pfaffsche System (95) mit der Bedingung $v^h dv^h = 0$ ist durch

$$\xi^1 d\bar{\xi}^1 + \cdots + \xi^{p+1} d\bar{\xi}^{p+1} = 0$$

gegeben, da man

$$\xi^s d\bar{\xi}^s = v^h dv^h + i d\sigma + j d\sigma_1 + k d\sigma_2$$

zu berücksichtigen hat. Wir betrachten jetzt die Gruppe der Transformationen

$$\xi'^h = \xi^k a_k^h, \qquad h, k = 1, \ldots, p+1, \tag{96'}$$

in welchen die Quaternionen a_k^h den Bedingungen

$$a_k^h \bar{a}_l^h = \delta_l^k$$

genügen. Diese Gruppe ergibt sich als eine Untergruppe der orthogonalen Gruppe im Raum E_{4p+4}, welche das Pfaffsche System (95) invariant läßt. An Stelle der homogenen Transformationsgruppe (96′) betrachten wir noch dieselbe Transformationsgruppe in den inhomogenen Veränderlichen

$$z^s = u_s \tau_s = \frac{1}{\sqrt{k}} (\xi^{p+1})^{-1} \xi^s, \qquad s = 1, \ldots, p; \ \tau_s \bar{\tau}_s = 1,$$

die von gleicher Gestalt wie die Gruppe (84) ist und eine zur Metrik (85) ähnliche Maßbestimmung invariant läßt, mit dem Unterschied, daß jetzt die z^s Quaternionen sind. Führt man reelle Veränderliche ein und setzt entsprechend

$$z^s = x^{4s-3} + i x^{4s-2} + j x^{4s-1} + k x^{4s}, \qquad s = 1, \ldots, p,$$

so erhält man

$$ds^2 = \frac{(dx^1)^2 + \cdots + (dx^{4p})^2}{1 + kx} - \frac{(x^i dx^i)^2 + w^2 + w_1^2 + w_2^2}{(1 + kx)^2}, \tag{97}$$

worin die w, w_1, w_2 durch die Gleichungen (95) (jedoch in den Veränderlichen $x^1, \ldots, x^{4p}$) gegeben sind. Damit bekommen wir den

Satz von Teleman. *Die Räume V_{4p} der Maßbestimmung* (97) *sind symmetrische Räume, welche eine* $(2p^2 + 5p + 3)$*-parametrige Bewegungsgruppe gestatten.*

Die für die Räume V_{2p} in § 10 angestellten globalen Betrachtungen lassen sich auf die Räume V_{4p} ausdehnen; insbesondere können diese Räume wiederum mit $p + 1$ Umgebungen überdeckt werden, genau wie projektive p-dimensionale Räume. Man kann sie *quaternionale projektive Räume* nennen.[49])

Wir betrachten jetzt die stereographische Darstellung der Hyperkugel (96), wie sie durch die Gleichungen (87) gegeben wird. Wir bekommen dann

$$\xi^h = \frac{u_h \sigma_h}{1 + \lambda u}, \qquad \xi^{p+1} = \frac{1}{2\sqrt{\lambda}} \frac{1 - \lambda u}{1 + \lambda u} \sigma_{p+1}, \tag{98}$$

und die Metrik des Raumes V_{4p} läßt sich in den Koordinaten

$$u_h \sigma_h = \sigma_{p+1}(x^{4h-3} + i x^{4h-2} + j x^{4h-1} + k x^{4h}) \tag{98'}$$

in die Gestalt

$$ds^2 = \frac{(dx^1)^2 + \cdots + (dx^{4p})^2}{(1 + \lambda x)^2} - \frac{4\lambda(w^2 + w_1^2 + w_2^2)}{(1 + \lambda x)^4} \tag{99}$$

setzen, die eine Verallgemeinerung der RIEMANNschen Metrik (64) ist. Definiert durch $p + 1$ Umgebungen, kann der Raum der Metrik (99) vom globalen Standpunkt als ein quaternionaler sphärischer Raum aufgefaßt werden; er ist abgeschlossen und wie der sphärische Raum von einfachem Zusammenhang.

Wenn wir $\sigma_{p+1} = \alpha + i\beta + j\gamma + k\delta$, $\alpha^2 + \beta^2 + \gamma^2 + \delta^2 = 1$ setzen, können wir die Gleichungen (98) und (98') in die Gestalt

$$\begin{aligned} v^{h-3} &= \frac{x^{4h-3}\alpha - x^{4h-2}\beta - x^{4h-1}\gamma - x^{4h}\delta}{1 + \lambda x}, \\ v^{h-2} &= \frac{x^{4h-3}\beta + x^{4h-2}\alpha + x^{4h-1}\delta - x^{4h}\gamma}{1 + \lambda x}, \\ v^{h-1} &= \frac{x^{4h-3}\gamma - x^{4h-2}\delta + x^{4h-1}\alpha + x^{4h}\beta}{1 + \lambda x}, \\ v^{h} &= \frac{x^{4h-3}\delta + x^{4h-2}\gamma - x^{4h-1}\beta + x^{4h}\alpha}{1 + \lambda x}, \end{aligned} \tag{99'}$$

$$\frac{v^{4p+1}}{\alpha} = \frac{v^{4p+2}}{\beta} = \frac{v^{4p+3}}{\gamma} = \frac{v^{4p+4}}{\delta} = \frac{1 - \lambda x}{2\sqrt{\lambda}(1 + \lambda x)}$$

bringen in Analogie zu den Gleichungen (88). Eliminiert man aus den ersten dieser Gleichungen die Parameter $\alpha, \beta, \gamma, \delta$ mit Hilfe der letzten dieser Gleichungen, so erhält man eine Schar von ∞^{4p} vierdimensionalen Ebenen.

---

[49]) Die projektiven quaternionalen Räume wurden als symmetrische RIEMANNsche Räume von B. A. ROSENFELD studiert. Siehe B. A. ROSENFELD, Symmetrische Räume, in dem Werk von É. CARTAN, Die Geometrie der Lieschen Gruppen und symmetrische Räume (russische Übersetzung), Moskau 1949, und Fußnote 48 auf Seite 378.

Die Gleichungen (99′) zeigen, daß zu jedem Punkt $P(x^1, \ldots, x^{4p})$ der Mannigfaltigkeit V_{4p} eine unendliche Menge von Punkten auf der Hyperkugel (94) gehört, welche als Schnittpunkte der Hyperkugel (94) mit den Hyperebenen (99′) auf einer Hyperkugel S_3 von drei Dimensionen liegen. Die V_{4p} repräsentiert sich also als eine Faktormannigfaltigkeit der Hyperkugel (94) nach diesen S_3. Da aber die Hyperkugel (94) einfach zusammenhängend ist und da ebenso die dreidimensionalen S_3 zusammenhängend sind, folgt, daß auch die Mannigfaltigkeit V_{4p}, für welche die Gleichung (99) die Maßbestimmung in einer ihrer Umgebungen darstellt, einfach zusammenhängend ist.

Der Übergang von den Koordinaten einer Umgebung der Mannigfaltigkeit V_{4p} zu den Koordinaten einer anderen solchen ergibt sich durch ähnliche Rechnungen wie im Fall einer Mannigfaltigkeit V_{2p} (§ 10), und man kann zeigen, daß die Mannigfaltigkeiten der Maßbestimmungen (97) und (99) global äquivalent sind.

Wir bemerken noch, daß die vier Klassen geschlossener RIEMANNscher Räume, nämlich die sphärischen Räume, die elliptischen Räume, die Räume V_{2p} und die Räume V_{4p}, kurz die sphärischen und die projektiven Räume (reelle, komplexe und quaternionale) vier allgemeinen Klassen topologischer Faktorräume der Hyperkugel entsprechen.[50]) Man kann auch beweisen, daß die Bewegungsgruppen dieser Räume einfache Gruppen darstellen, die zu den vier großen Klassen A, B, C, D einfacher Gruppen gehören, wobei die Gruppen der V_{2p} und V_{4p} bzw. zur Klasse A und C gehören, ein Problem, das wir im dritten Band dieses Werkes behandeln wollen.

---

[50]) N. STEENROD, Topology of fibre bundles, Princeton University Press, Princeton 1951.

Anhang

Das Ziel der „einheitlichen Feldtheorie" der theoretischen Physik ist eine Theorie, welche es gestattet, die Erscheinungen des Gravitationsfeldes und des elektromagnetischen Feldes (und tunlichst auch noch die Erscheinungen anderer (Mesonen-)Felder) aus einer einheitlichen weltgeometrischen Struktur zu erklären. Da das Gravitationsfeld in der allgemeinen Relativitätstheorie durch die zehn Komponenten eines quadratischen symmetrischen Tensors $h_{\lambda\mu}$, das elektromagnetische Feld jedoch durch die sechs Komponenten $k_{\lambda\mu}$ eines schiefsymmetrischen Tensors zweiter Stufe dargestellt wird, versuchte A. EINSTEIN 1950[1]) für eine einheitliche weltgeometrische Struktur von Gravitation und Elektromagnetismus von den sechzehn Komponenten

$$g_{\lambda\mu} = h_{\lambda\mu} + k_{\lambda\mu}, \qquad \lambda, \mu = 1, 2, 3, 4$$
$$h_{\lambda\mu} = g_{(\lambda\mu)}, \qquad k_{\lambda\mu} = g_{[\lambda\mu]},$$

eines asymmetrischen kovarianten Tensorfeldes auszugehen. Die geometrischen Möglichkeiten dieser Annahme wurden seither durch zahlreiche Arbeiten von V. HLAVATÝ[2]) geklärt, deren Ergebnisse hier auszugsweise angegeben werden sollen.[3]) Von den beiden Tensoren $h_{\lambda\mu}$ und $k_{\lambda\mu}$ wird $h_{\lambda\mu}$ als metrischer Tensor im raumzeitlichen Kontinuum zu Grunde gelegt. Für die Signatur der Metrik wird $- - - +$ angenommen. Dann ist $h = |h_{\lambda\mu}| < 0$ und $k = |k_{\lambda\mu}| \geqq 0$. Aus Stetigkeitsgründen folgt $g = |g_{\lambda\mu}| < 0$.

Der affine Zusammenhang $\Gamma^{\nu}_{\lambda\mu}$ dieser EINSTEINschen einheitlichen Feldtheorie ist asymmetrisch:

$$S_{\lambda\mu}^{\nu} = \Gamma^{\nu}_{[\lambda\mu]} \neq 0, \qquad \lambda, \mu, \nu = 1, 2, 3, 4$$

und wird durch das System der 64 Gleichungen

$$\partial_\omega g_{\lambda\mu} = \Gamma^{\alpha}_{\lambda\omega} g_{\alpha\mu} + \Gamma^{\alpha}_{\omega\mu} g_{\lambda\alpha}$$

oder auch

$$D_\omega g_{\lambda\mu} = 2 S_{\omega\mu}^{\alpha} g_{\lambda\alpha} \tag{1}$$

---

[1]) Vgl. A. EINSTEIN, The Meaning of Relativity, 3. Auflage, Princeton 1950; 4. Auflage, Princeton 1953, Anhang II.

[2]) Vgl. V. HLAVATÝ, Report on the recent Einstein unified field theory, Rendiconti del Seminario Matematico della Università di Padova 1954, 316—332 und die dort angegebenen Arbeiten.

[3]) Wir folgen dabei vorzugsweise der Darstellung in (2).

definiert, wenn man die gewöhnliche Differentiation ∂_ω durch die kovariante D_ω (in bezug auf den Zusammenhang $\Gamma^\nu_{\lambda\mu}$) ersetzt.

Während in der reinen Gravitationstheorie die Christoffel-Symbole $\{^{\ \nu}_{\lambda\mu}\}$ durch den kovariant konstanten Charakter des metrischen Tensors eindeutig bestimmt werden, gilt dies nicht für die einheitliche Feldtheorie. Die 64 Gleichungen (1) zerfallen offensichtlich in die 40 Gleichungen

$$D_\omega h_{\lambda\mu} = 2 S^{\ \alpha}_{\omega(\mu} g_{\lambda)\alpha} \tag{2}$$

und die 24 Gleichungen

$$D_\omega k_{\lambda\mu} = 2 S^{\ \alpha}_{\omega[\mu} g_{\lambda]\alpha}. \tag{3}$$

Aus (2) ergibt sich nach V. Hlavatý

$$\Gamma^\nu_{\lambda\mu} - \{^{\ \nu}_{\lambda\mu}\} = S^{\ \nu}_{\lambda\mu} + U^{\ \nu}_{\lambda\mu}, \tag{4}$$

worin $\{^{\ \nu}_{\lambda\mu}\}$ die Christoffel-Symbole des Tensors $h_{\lambda\mu}$ bezeichnen und $U^{\ \nu}_{\lambda\mu}$ durch die Überschiebung $2 h^{\nu\alpha} S^{\ \beta}_{\alpha(\lambda} k_{\mu)\beta}$ gegeben wird. Da die rechten Seiten der Gleichungen (4) die Komponenten des Zusammenhanges im Tensor $S^{\ \nu}_{\lambda\mu}$ enthalten, muß zur Auflösung das System (3) herangezogen werden. Die Auflösung des Systems (1) nach $\Gamma^\nu_{\lambda\mu}$ gelingt in eindeutiger Weise, wenn entweder $\frac{g}{h} \neq 0$ gilt $\left(\text{wenn } \frac{k}{h} \neq 0 \text{ ist}\right)$ oder $\frac{g}{h}\left(\frac{g}{h} - 2\right) \neq 0$ $\left(\text{wenn } \frac{k}{h} = 0 \text{ ist}\right)$.

Sind auf diese Weise die Komponenten $\Gamma^\nu_{\lambda\mu}$ des affinen Zusammenhanges durch die Komponenten $h_{\lambda\mu}$, $k_{\lambda\mu}$ und deren erste Ableitungen ausgedrückt, so können die zu $\Gamma^\nu_{\lambda\mu}$ bzw. $\{^{\ \nu}_{\lambda\mu}\}$ gehörigen Krümmungstensoren $R^{\ \ \ \nu}_{\omega\mu\lambda}$ bzw. $H^{\ \ \ \nu}_{\omega\mu\lambda}$ und ihre Verjüngungen eingeführt werden. Von besonderer Bedeutung erweist sich der Tensor

$$P_{\lambda\mu} = \partial_\alpha \Gamma^\alpha_{\mu\lambda} - \Gamma^\alpha_{\mu\beta} \Gamma^\beta_{\alpha\lambda} - \frac{1}{2}\left[\partial_\lambda \Gamma^\alpha_{(\mu\alpha)} + \partial_\mu \Gamma^\alpha_{(\lambda\alpha)}\right] + \Gamma^\beta_{\mu\lambda} \Gamma^\alpha_{(\alpha\beta)} = D_\mu S_\lambda - R_{\mu\lambda}$$

(welcher wegen der Beziehung $S_\lambda = S^{\ \alpha}_{\lambda\alpha} = 0$ im reinen Gravitationsfeld bis auf das Vorzeichen mit dem Einsteinschen Tensor zusammenfällt).

In Analogie zu den Feldgleichungen der Gravitation schlägt A. Einstein jetzt als Feldgleichungen des einheitlichen gravitoelektromagnetischen Feldes die Systeme

$$P_{\lambda\mu} = 0, \qquad S_\lambda = 0 \tag{5}$$

bzw.

$$P_{(\lambda\mu)} = 0, \quad \partial_{[\omega} P_{\mu\lambda]} = 0, \quad S_\lambda = 0 \tag{6}$$

vor. Die Systeme (5) und (6) können durch das System

$$R_{\mu\lambda} = \partial_{[\mu} X_{\lambda]}, \qquad S_\lambda = 0 \tag{7}$$

ersetzt werden, wenn man im Falle (5) unter X_λ einen beliebigen Gradienten und im Falle (6) einen passend gewählten Vektor versteht. Insgesamt ergeben sich für die $64 + 16 + 4 = 84$ unbekannten Funktionen $\Gamma^{\nu}_{\lambda\mu}$, $g_{\lambda\mu}$ und X_λ 84 Gleichungen, deren Verträglichkeit bewiesen werden kann.[4])

Um der so gewonnenen weltgeometrischen Struktur eine physikalische Deutung zu geben, wird man sich zunächst bemühen aus den „Feldgleichungen“ (7) den Anschluß an die Feldgleichungen

$$H_{\lambda\mu} - \frac{1}{2} H h_{\lambda\mu} = M_{\lambda\mu}, \qquad H = H_{\lambda\mu} h^{\lambda\mu} \tag{8}$$

der Einsteinschen Gravitationstheorie zu gewinnen. Tatsächlich ergibt sich das System (8) als symmetrischer Teil der allgemeinen Feldgleichungen, wenn man $M_{\lambda\mu}$ in passender Weise durch die Tensoren $S^{\nu}_{\lambda\mu}$ und $U^{\nu}_{\lambda\mu}$ ausdrückt. Daher ist es naheliegend, den Tensor $h_{\lambda\mu} = g_{(\lambda\mu)}$ mit den Potentialen der Gravitation zu identifizieren. Nicht so einfach verläuft die weltgeometrische Deutung des elektromagnetischen Feldtensors $m_{\lambda\mu} = m_{[\lambda\mu]}$. Zunächst sind die Maxwellschen Feldgleichungen von erster Ordnung im Gegensatz zu den Feldgleichungen der Einsteinschen Gravitationstheorie, welchen (gleichwie der Poissonschen Gleichung der Newtonschen Gravitationstheorie) die zweite Ordnung zukommt. Sollen also die Maxwellschen Feldgleichungen aus den Feldgleichungen des Einheitsfeldes entspringen, so kommen dafür nur die Gleichungen $S_\lambda = 0$ in Frage. Damit entsteht das Problem: Gibt es einen schiefsymmetrischen Tensor $m_{\lambda\mu}$, der sich nur aus dem Fundamentaltensor $g_{\lambda\mu}$ aufbaut und zufolge $S_\lambda = 0$ dem Maxwellschen System

$$\partial_{[\omega} m_{\mu\lambda]} = 0 \tag{9}$$

entweder näherungsweise oder exakt genügt? Während es unendlich viele Näherungslösungen gibt, läßt sich bis auf einen konstanten Faktor eine einzige exakte Lösung

$$m_{\lambda\nu} = \frac{1}{\sqrt{g/h}} \left[\varkappa \sqrt{\left|\frac{k}{h}\right|}\, \varkappa_{\lambda\nu} - \frac{1}{2} e_{\lambda\nu\alpha\beta} \sqrt{|h|}\, k^{\alpha\beta} \right]$$

bestimmen, welche zusätzlich zu (9) noch den Maxwellschen „Materialgleichungen“ genügt.[5]) Dabei bezeichnet $e_{\lambda\nu\alpha\beta}$ die kovariante in allen Indizes schiefsymmetrische Tensordichte, welche in jedem Koordinatensystem nur die Werte $+1$, -1, 0 annimmt. Ferner ist $\varkappa = -\operatorname{sgn} e_{\lambda\nu\alpha\beta} k^{\lambda\nu} k^{\alpha\beta}$.

Setzt man das elektromagnetische Feld der Sonne hinreichend schwach voraus, so können quadratische und höhere Produkte der Komponenten $m_{\lambda\mu}$ vernachlässigt werden. Dasselbe gilt dann notwendig auch für quadratische und höhere Produkte der Komponenten $k_{\lambda\nu}$ und bedingt (als neue Strukturbedingungen für das Feld $g_{\lambda\mu}$) das Verschwinden des Tensors $U^{\nu}_{\lambda\mu}$.

---

[4]) Vgl. V. Hlavatý und A. W. Saenz, Uniqueness Theorems in the Unified Theory of Relativity, Journal of Rational Mechanics and Analysis **2**, No. 3, July 1953, 523—536; A. Lichnerowicz, Compatibilité des Équations de la Théorie Unitaire d'Einstein-Schrödinger, Comptes Rendus des Seances de l'Academie des Sciences **237**, 1383—1386.

[5]) Vgl. V. Hlavatý, Maxwell's Field in the Einstein Unified Field Theory, Niew Archief for Wiskunde (3) **2** (1954), S. 103—114.

Im Rahmen der so eingeschränkten Theorie ergeben sich weitere physikalische Deutungen weltgeometrischer Größen als Stromvektordichte, Ruhmassendichte, Energie-Impulstensor usw. Das elektromagnetische Feld erscheint in dieser Einschränkung als primäres Feld, welches das Gravitationsfeld (und den Energie-Impulstensor) erzeugt. Doch gibt es auch elektromagnetische Felder, welche kein Gravitationsfeld erzeugen. Eine weitere Modifikation der allgemeinen Feldgleichungen führt auf das Ergebnis: Der Bewegung einer Partikel, welche im gravitoelektromagnetischen Feld keinerlei äußeren Kräften unterliegt (nichtgravitationeller und nichtelektromagnetischer Natur), entspricht im raumzeitlichen Kontinuum eine Bahnkurve, die eine Autoparallele des asymmetrischen Zusammenhanges $\Gamma^{\nu}_{\lambda\mu}$ darstellt. Ungeachtet der Gegenwart des elektromagnetischen Feldes ist diese Bahnkurve dieselbe wie im Falle reiner Gravitation in Abwesenheit eines elektromagnetischen Feldes, nämlich eine Geodätische der Maßbestimmung $h_{\mu\lambda}$.

NAMEN- UND SACHREGISTER

Kolibri 360 GmbH
Ferdinand-Jühlke-Straße 7
99095 Erfurt, Deutschland
produktsicherheit@kolibri360.de